E-Book inside.

Mit folgendem persönlichen Code erhalten Sie die E-Book-Ausgabe dieses Buches zum kostenlosen Download.

3r65p-6wpk0-
18402-xv101

Registrieren Sie sich unter **www.hanser-fachbuch.de/ebookinside** und nutzen Sie das E-Book auf Ihrem Rechner*, Tablet-PC und E-Book-Reader.

* Systemvoraussetzungen:
Internet-Verbindung und Adobe® Reader®

Firnkes

SEO und Social Media

Michael Firnkes

SEO und Social Media

Handbuch für Selbstständige und Unternehmer

HANSER

Der Autor:

Michael Firnkes, Teltow bei Berlin

FSC www.fsc.org
MIX
Papier aus verantwortungsvollen Quellen
FSC® C013736

Bibliografische Information der Deutschen Nationalbibliothek:

Die Deutsche Nationalbibliothek verzeichnet diese Publikation in der Deutschen Nationalbibliografie; detaillierte bibliografische Daten sind im Internet über http://dnb.d-nb.de abrufbar.

Lektorat: Sieglinde Schärl
Copy editing: Kathrin Powik, Lassan
Autorenfotos: © Christine Halina Schramm
Herstellung: Irene Weilhart
Umschlagdesign: Marc Müller-Bremer, www.rebranding.de, München
Umschlagrealisation: Stephan Rönigk
Gesamtherstellung: Kösel, Krugzell
Ausstattung patentrechtlich geschützt. Kösel FD 351, Patent-Nr. 0748702
Printed in Germany

print-ISBN: 978-3-446-43550-6
e-book-ISBN: 978-3-446-43608-4

Inhalt

Einleitung IX

Über den Autor XIII

1 SEO – die Geheimdisziplin verstehen lernen 1

1.1 Die häufigsten Fragen an einen SEO und ihre Antworten 3

1.2 Die wichtigsten SEO-Grundlagen 10

1.2.1 OnPage- versus OffPage-SEO 11

1.2.2 Organische versus bezahlte Suche 12

1.2.3 Black-Hat- und Grey-Hat-SEO 14

1.2.4 Organisches oder auch „natürliches“ SEO 16

1.2.5 Der PageRank 19

1.2.6 DoFollow und NoFollow 21

1.2.7 Die Google-Updates – oder was SEO mit Einfühlungsvermögen zu tun hat 24

1.3 Bestandteile und Ziele einer umfassenden SEO-Strategie 29

1.3.1 Was zu einer SEO-Strategie gehören kann 29

1.3.2 Die Ziele von SEO-Maßnahmen 32

1.4 Rankingfaktoren 38

1.4.1 Links und Linkaufbau 40

1.4.2 Der Content 51

1.4.3 Title, Tags, Attribute & Alt-Texte 55

1.4.4 Seitenstruktur und Quelltext 61

1.4.5 Navigation 65

1.4.6 Autorenkennzeichnung 67

1.4.7 Rich-Snippets 69

1.4.8 Google+ Local/Google Places 71

1.4.9 Google News 74

1.4.10 Google-Bildersuche, Videos und Google Shopping 75

1.4.11 Social Media Links und Bewertungen: Social Signals 77

1.4.12 Sonstige Rankingfaktoren 78

1.4.13 Negative Rankingfaktoren 82

1.5 Die richtigen Keywords für Ihr Unternehmen ... 83
1.5.1 Grundlagen der Keyword-Analyse ... 85
1.5.2 Die Keyword-Analyse mit dem Google AdWords Keyword Tool ... 94
1.5.3 Keyword-Analyse mit Google Suggest ... 97
1.5.4 Praxisbeispiel einer Keyword-Recherche ... 98
1.6 Wie suchen Ihre Kunden nach Ihnen? ... 103
1.7 Die Erfolgsmessung ... 105
1.7.1 A/B-Tests ... 106
1.7.2 Die wichtigsten Kennzahlen aus Google Analytics ... 107
1.7.3 Analyse mit den Webmaster Tools von Google ... 121
1.8 Reine SEO-Tools ... 130
1.8.1 Was leisten kommerzielle SEO-Tools? ... 132
1.8.2 Die Sichtbarkeitsindizes ... 133
1.8.3 SEO-Analyse am Beispiel Link Research Tools ... 134
1.8.4 SEO-Analyse am Beispiel OnPage.org ... 137

2 SEO-Wissen aufbauen und nutzen ... 141

2.1 Seriöse von unseriösen Offerten unterscheiden ... 141
2.1.1 Kooperationsanfragen ... 143
2.1.2 SEO-Dienstleister & -Tools ... 146
2.1.3 (Freie) Mitarbeiter ... 151
2.2 SEO selbst erledigen und für Ihr Unternehmen nutzen ... 153
2.2.1 SEO in Eigenregie ... 153
2.2.2 SEO mit eigenen Mitarbeitern ... 156
2.2.3 Wie jeder Ihrer Mitarbeiter zu gutem SEO und Social Media beitragen kann ... 161
2.2.4 Den Vertrieb mit SEO-Maßnahmen optimieren und unterstützen ... 166
2.2.5 Weitere Unternehmensbereiche, die von Ihrem SEO profitieren können ... 176
2.3 SEO outsourcen ... 183
2.3.1 Externe Beauftragung im Vergleich zu Inhouse-SEO ... 184
2.3.2 Selbstständiger SEO-Experte versus SEO-Agentur ... 186
2.3.3 Die Qualität eines Dienstleisters/Beraters richtig einschätzen ... 188
2.3.4 Welche Fragen Ihr SEO stellen sollte ... 191
2.4 Die Kontrolle behalten ... 193
2.4.1 Den SEO verstehen lernen ... 193
2.4.2 Wie messe ich den Erfolg, und welche Rückschlüsse kann ich hieraus ziehen? ... 194
2.4.3 Wie viel darf SEO kosten (und wie viel nicht)? ... 197
2.4.4 Was Ihnen Ihr SEO nicht sagt ... 198
2.4.5 Die Grenzen der Suchmaschinenoptimierung ... 203
2.5 Informationsquellen ... 204
2.5.1 Quellen von Google selbst ... 205
2.5.2 Expertenportale & Blogs ... 206
2.5.3 Communities & Foren ... 207

2.5.4 Fachbücher & Zeitschriften ... 208
2.5.5 Veranstaltungen ... 209

3 Social Media – die neue Marketingmacht? ... 211

3.1 Warum sind die sozialen Netzwerke so wichtig für Unternehmen? ... 211
3.1.1 Motivation für die Firmen und deren Kunden ... 214
3.1.2 Vorüberlegungen für die Social-Media-Strategie ... 217
3.2 Von SEO zu Social Media ... 220
3.3 Was kann Social Media leisten, und was nicht? ... 222
3.3.1 Social Media zur Vertriebs- und Marketing-Unterstützung ... 223
3.3.2 Social Media zur Marktforschung und für das Produktmanagement 228
3.3.3 Crowdsourcing ... 232
3.3.4 Social Baits ... 233
3.4 Die 10 Grundregeln der Social-Media-Kommunikation ... 235
3.4.1 Mensch geht vor Maschine ... 235
3.4.2 Schreiben Sie je Netzwerk individuell ... 236
3.4.3 Reagieren Sie. Immer. ... 238
3.4.4 Bleiben Sie freundlich, sachlich und hilfsbereit ... 240
3.4.5 Stellen Sie Regeln auf ... 242
3.4.6 Legen Sie sich ein dickes Fell zu ... 244
3.4.7 Zensieren oder fälschen Sie niemals ... 247
3.4.8 Bleiben Sie bei sich und „wildern“ Sie nicht ... 248
3.4.9 Werben Sie nicht (nur) für sich ... 250
3.4.10 Bleiben Sie „sauber“. Und halten Sie durch. ... 254
3.5 Ziele und Strategie festlegen ... 255
3.5.1 Wen und was möchten Sie erreichen und warum? ... 256
3.5.2 Lohnenswerte Themen, Empfänger und Medien evaluieren ... 258
3.5.3 Hilfe bei der Umsetzung ... 259
3.6 16 Tipps für die erfolgreiche Social-Media-Kommunikation ... 262
3.6.1 Wer folgt mir (nicht mehr)? ... 262
3.6.2 Wem soll ich folgen? ... 265
3.6.3 Pflegen Sie Ihre treuesten Fans ... 266
3.6.4 Seien Sie aktiv, nicht nur bei sich ... 268
3.6.5 Schnelligkeit gewinnt ... 270
3.6.6 Persönlichkeit und Transparenz ... 272
3.6.7 Lasst Bilder sprechen ... 274
3.6.8 Mitspracherecht ... 276
3.6.9 Bleiben Sie sich selbst treu ... 278
3.6.10 Regionale, Produkt- oder themenspezifische Seiten ... 279
3.6.11 Die Mischung macht es ... 281
3.6.12 Reaktionen beobachten und daraus lernen ... 283
3.6.13 Gestaltung der Social-Media-Accounts ... 284
3.6.14 Verknüpfungen nutzen ... 289
3.6.15 Weiterführende Hinweise rund um Tweets, Facebook-Postings & Co. 293
3.6.16 Social Media No-Gos ... 294

3.7 Social Software/Social Media Monitoring 295
3.7.1 Social-Media-Kennzahlen 296
3.7.2 Anbieter und Werkzeuge 297

4 Grundlagen: Welches Netzwerk für welchen Zweck? 305
4.1 Facebook 306
4.1.1 Warum ist Facebook so attraktiv für Unternehmen? 308
4.1.2 Möglichkeiten und Einsatzzwecke 310
4.1.3 Facebook als Allheilmittel 317
4.1.4 Facebook-Strategien in schwierigen Produktumfeldern 318
4.1.5 Verkaufen über Facebook 320
4.1.6 Facebook Places 324
4.2 Google+ 325
4.2.1 Wie wird in Google+ kommuniziert? 330
4.2.2 Die Google+-Communities 333
4.3 Twitter 335
4.3.1 Hilfsmittel und Bestandteile der Twitter-Kommunikation 338
4.3.2 140 Zeichen – Fluch oder Segen? 341
4.3.3 Twitter als Special-Interest-Kanal 345
4.4 Xing 349
4.5 YouTube 353
4.6 Weitere soziale Netzwerke 356
4.7 Empfehlungsplattformen 359
4.8 Corporate Blogs 361
4.8.1 Erfolgsbeispiele und -Faktoren 363
4.8.2 Gelungene Blog-Kommunikation: Den Mehrwert für die Leser einschätzen 375
4.8.3 Häufige Fragen beim Start eines Corporate Blog 376
4.9 Weiterführende Informationsquellen 378
4.9.1 Onlineportale & Blogs 378
4.9.2 Bücher 379
4.9.3 Veranstaltungen 380

5 Praxisbeispiele für die SEO- und Social-Media-Strategie 381
5.1 Dienstleister & Selbstständige 382
5.2 Kleinere Betriebe 388
5.3 Mittelstand & Industrie 395
5.4 (Online) Handel 402

Ausblick 411

Index 417

Einleitung

Was Sie in diesem Buch erwartet

Als mein Verlag mit der Idee an mich herantrat, ein Buch zum Thema SEO und Social Media für Selbstständige, Unternehmer aber auch Marketing- und Vertriebsverantwortliche zu schreiben, war ich sofort angetan. Weiß ich doch von meinen eigenen Kunden, wie sehr diese mit beiden Disziplinen hadern. Denn einerseits ist ihnen die dringende Notwendigkeit eines fundierten SEO- und Social-Media-Grundwissens durchaus bewusst – kein Unternehmen kommt heutzutage mehr ohne Onlinemarketing aus. Andererseits gibt es wohl nur wenige Bereiche, mit denen so viele Berührungsängste verbunden sind. Man traut nur Experten zu, die Hintergründe zu verstehen. Das gilt vor allem für die Suchmaschinenoptimierung, je nach Online-Erfahrung der Unternehmensverantwortlichen aber ebenso für die Welt der sozialen Netzwerke. Und die Experten selbst schüren nicht selten den Glauben, dass nur sie einen wirklichen Zugang zu entsprechendem Wissen erlangen können.

Dieses Buch soll helfen, den Kreislauf zu durchbrechen. Denn nur, wenn Sie tatsächlich begreifen, wie SEO und Social Media funktionieren, können Sie die zugehörigen Prozesse selbst lenken. Sie sind dann nicht mehr darauf angewiesen, die Ratschläge unternehmensinterner und -externer Fachkräfte ungefragt hinzunehmen. Genau hierfür möchte ich Ihnen das notwendige Rüstzeug mit auf den Weg geben. Folgende Fragen wird der Ratgeber beantworten:

- Warum sind einige Unternehmen, Selbstständige und Freiberufler online so erfolgreich und andere nicht?
- Welche Möglichkeiten gibt es, das eigene Ranking in den Suchmaschinen positiv zu beeinflussen? Was funktioniert diesbezüglich besser, was weniger gut und was schadet gar?
- Facebook, Twitter, Google+ & Co.: Welche sozialen Netzwerke passen zu mir und zu meiner Zielgruppe?
- Welche Maßnahmen kann ich selbst erledigen, welche muss ich delegieren – und an wen? Wie viel darf es kosten – und wie viel nicht?
- Welche Kenntnisse brauchen meine Mitarbeiter, und wie können sie sich diese aneignen?
- Wie kontrolliere ich den Erfolg all meiner Bemühungen?

Was dieser Ratgeber hingegen nicht leistet: Er wird und soll Sie nicht zum absoluten SEO- oder Social-Media-Experten machen. Dazu wäre weder ausreichend Raum vorhanden noch würde dies Sinn machen. Denn zum einen benötigen gute SEO- und Social-Media-Fachkräfte nicht umsonst ein jahrelanges Training. Zum anderen werden Sie gar nicht über die notwendige Zeit verfügen, beide Disziplinen in all ihren Facetten kennen zu lernen oder gar umzusetzen. Dies ist ein Buch für Selbstständige und Entscheider, nicht für angehende SEO-Experten.

Genau dieser Umstand stellt mich als Autor jedoch vor einige Probleme. Ich möchte die Dinge in diesem Buch so erklären, dass jeder sie verstehen kann und ohne dabei allzu sehr in für Ihre Zwecke nebensächliche Details abzuschweifen. Ich werde jene Tipps weglassen oder nicht weiter vertiefen, die Sie eher verwirren als weiterbringen. Das bedeutet jedoch gleichzeitig, dass ich manche Details nur sehr vereinfacht darstellen kann. Und manchmal droht sogar die Gefahr, dass Sie bestimmte Ratschläge falsch verstehen oder deren mögliche Auswirkungen nicht gänzlich überschauen.

Wann immer es angebracht ist, werde ich auf diese vereinfachte Sicht hinweisen. Dies auch als Hinweis für bereits SEO- und Social-Media-versierte Leser, die bei dem einen oder anderen Tipp versucht sein werden, zu sagen: „Ja, aber ...". Bevor mich also böse Briefe aus der Onlinemarketing-Szene erreichen: Ein Buch wie dieses kann immer nur einen Teil der Wahrheit darstellen – jenen Teil, der für Unternehmensverantwortliche wichtig ist. Auch werde ich nicht für mich in Anspruch nehmen, die zu 100 Prozent abgesicherte Wahrheit zu vermitteln. Wenn Ihnen das ein Onlinemarketing-Experte verspricht, dann kann es mit seinem Expertenstatus nicht allzu weit her sein. Zu sehr sind die zu Grunde liegenden Technologien in fortlaufender Bewegung. Gerade im Bereich SEO gründet der Großteil des Wissens ausschließlich auf Erfahrungswerten und einer gehörigen Portion „Ausprobieren". Denn die großen Suchmaschinenbetreiber lassen sich nur ungern in die Karten schauen. Die tatsächlichen Ranking-Kriterien beziehungsweise ihren jeweiligen Einfluss kennt niemand so wirklich. Es sei denn, er arbeitet im absolut innersten Kreis von Google & Co. Allzu spekulative Annahmen werde ich deswegen weglassen oder zumindest als solche kennzeichnen, damit Sie nicht auf die falschen Pferde setzen.

Nach der Lektüre verfügen Sie über die notwendigen Grundlagen, um

1. autark zu werden,
2. zu lenken und zu entscheiden,
3. zu kontrollieren,
4. Ihr Budget nicht unnötig auszugeben und
5. um nicht gar Kampagnen einzukaufen oder Dienstleister zu engagieren, die Ihrem Auftritt eher schaden als nutzen.

Ein wenig möchte ich damit auch den Scharlatanen das Handwerk legen, die täglich Ihr E-Mail-Postfach mit unseriösen SEO- und sonstigen Onlinemarketing-Angeboten fluten. Denn ich weiß, dass manch ein Unternehmer durchaus versucht ist, den schnell und einfach klingenden Lösungen Glauben zu schenken.

Weshalb es ohne fundierte SEO- und Social-Media-Strategie nicht funktioniert

Sie haben sich dieses Buch gekauft, um mehr Umsatz zu machen, neue Kundengruppen zu erobern, Ihr Werbebudget zu reduzieren oder um sich von Ihren Mitbewerbern abzusetzen. Schlicht: Um online erfolgreich zu werden und es auch zu bleiben. Und dies unabhängig davon, ob Sie als „kleiner" Freiberufler oder Selbstständiger und damit Einzelkämpfer auf der Suche nach dem Online-Erfolg sind, als noch junges StartUp oder aber als Mitarbeiter eines gestandenen, großen, multinationalen Unternehmens. Sowohl die Mittel der Suchmaschinenoptimierung als auch jegliche Kommunikation und Kampagnen auf Social-Media-Kanälen können eine hervorragende und zudem auch noch kostengünstige Möglichkeit bieten, mehr aus Ihrem Unternehmen und Ihren Produkten herauszuholen. Wie Sie in diesem Buch lernen werden, gilt dies für alle nur denkbaren Branchen und Institutionen. Vom Bäckermeister, Steuerberater, Architekten oder dem freischaffenden Künstler um die Ecke, über das börsennotierte Industrieunternehmen bis hin zum Verband, der gemeinnützigen Organisation und vielem weiteren mehr.

Meine Kunden, insbesondere aus dem klein- und mittelständischen Bereich, fragen mich immer wieder, warum es denn so wichtig sei, über eine Strategie im Bereich Onlinemarketing aber auch Social Media zu verfügen. In solchen Fällen greife ich gerne auf das Beispiel des Malerfachbetriebes zurück, der schon seit langem bis zu 75 Prozent und mehr seines Umsatzes rein über Online-Kanäle generiert. Und das ausschließlich über den so genannten organischen Bereich bei Google & Co., also gänzlich ohne Geld in bezahlte Online-Werbung zu investieren. Oder ich erwähne den Bestatter, der mit einfachen Mitteln monatlich mehr potenzielle Kunden auf seinen Internetauftritt aufmerksam macht und mit diesen in Kontakt tritt, als seine Mitbewerber – die immer noch hauptsächlich auf Offline-Kanäle setzen – wohl in ihrem gesamten Berufsleben jemals kennen lernen werden.

Dabei ist weder Magie noch ein besonderes SEO-Geheimwissen im Spiel, sondern es wirken letztlich nur jene Mechanismen, denen Sie in diesem Ratgeber begegnen werden. Warum ich die ganz einfachen und bodenständigen Beispiele des Malers oder des Bestatters erwähne, aus deren Stand Sie übrigens noch weitere Beispiele kennen lernen werden? Weil sie der beste Beweis dafür sind, dass sich absolut jeder Unternehmer, jeglicher Branche, erfolgreich im World Wide Web vermarkten kann. Und das abseits der meist verlogenen „Ich bringe Sie auf Platz eins bei Google“-Versprechungen unseriöser Onlinemarketing-Dienstleister. Obwohl ich naturgemäß und berufsbedingt sehr überzeugt von der Macht der Web-Kanäle bin, so konnte ich diese Erfolgsgeschichten ursprünglich selbst kaum glauben. Zumal viele davon in einer Zeit entstanden, in der zumindest die meisten kleineren Unternehmen kaum jemals etwas von SEO oder Social Media gehört hatten.

Auch heute noch sind solche Erfolge durchaus möglich. Selbst wenn das Onlinemarketing nicht gerade einfacher geworden ist, angesichts einer zunehmenden Zahl an optimierten Portalen. Wollen drei miteinander konkurrierende Unternehmen auf den vordersten Rang bei einem Suchmaschinenanbieter, so sind die Erfolgschancen jeweils natürlich deutlich größer, als wenn dutzende, hunderte oder gar tausende Anbieter eben dieses Ziel anstreben. Zum Glück gibt es nach wie vor die Möglichkeit der inhaltlichen Differenzierung sowie der Suchmaschinenoptimierung in der Nische. Egal, ob auf einen bestimmten Sektor oder auf eine lokale Ebene bezogen. Und: Eine genügend große Anzahl Ihrer Mitbewerber arbeitet nach wie vor mit einer wenig optimalen Online-Infrastruktur. Es gibt mehr optimierungsbedürftige Unternehmens-Webseiten als Positivbeispiele. Mehr unglückliche Versuche einer kommerziellen Social-Media-Kommunikation als mustergültige Kampagnen. Von daher können Sie die Lektüre dieses Ratgebers durchaus als große Chance auffassen, einen nicht zu unterschätzenden Wissensvorsprung gegenüber Ihren wichtigsten Mitbewerbern aufzubauen. Dabei spielt es keine Rolle, ob diese in der Hauptsache offline oder aber online um Kunden werben.

In größeren Unternehmen sind die Disziplinen der Suchmaschinen- und Social-Media-Optimierung meist deutlich anerkannter als bei den Selbstständigen oder im Mittelstand. Und dennoch stelle ich immer wieder fest, dass in den relevanten Abteilungen der großen Firmen das zugehörige Wissen fehlt. Und ich spreche dabei nicht von der Marketing- oder gar Onlinemarketing-Abteilung. Auch andere Unternehmensbereiche profitieren von SEO und Social Media, können also ebenfalls einen Ratgeber wie diesen gebrauchen. Doch dazu an anderer Stelle mehr. Einige Hinweise noch, bevor es losgeht:

- Dieses Buch konzentriert sich im SEO-Teil fast ausschließlich auf das Angebot von Google. Zu sehr dominiert das Unternehmen den Markt. Zudem sind nahezu alle Optimierungshinweise für sämtliche anderen Suchmaschinen ebenfalls gültig. Trifft ein Tipp ausschließlich auf Google zu, so weise ich explizit darauf hin.
- Ich möchte den Rahmen des Buches nicht sprengen. Manche Leser werden eine bestimmte Materie stärker vertiefen wollen, während andere diese lediglich überfliegen. Von daher arbeite ich an vielen Stellen mit weiterführenden Hinweisen auf hilfreiche Web-Quellen. Oftmals handelt es sich um Umsetzungstipps für die Praxis, die Google selbst bereitstellt und die meist regelmäßig aktualisiert werden.
- Besonders lange oder kryptische Verweise wurden mit einem URL-Kürzungsdienst lesbarer gemacht. Sie erkennen diese an der Form *www.blogprofis.de/buch/xyz*. In anderen Fällen habe ich die ursprüngliche Version beibehalten, um das Quellportal kenntlich zu machen.
- Die meisten Kapitel beinhalten sehr viele Tipps, in denen teilweise auch auf andere Abschnitte verwiesen wird. Machen Sie sich also während des Lesens Notizen, welche Strategien und Hinweise Sie später in Angriff nehmen wollen. Ob mittels Klebezetteln oder in anderer Form. Dieser Tipp mag banal klingen, hilft aber erfahrungsgemäß enorm. Anschließend können Sie diese Punkt für Punkt durchgehen und hieraus Ihre ganz persönliche Strategie formen.
- Eine kleine Formalie: Der besseren Lesbarkeit wegen verzichte ich darauf, durchgängig mit männlichen und weiblichen Formen zu arbeiten. Auch bei Berufsbezeichnungen und Ähnlichem mehr nutze ich nur eine Variante. Dies stellt keinerlei Bewertung dar.

Ich wünsche Ihnen viel Freude und hoffentlich zahlreiche Erkenntnisse, bei unserem gemeinsamen Streifzug durch die SEO- und Social-Media-Welt.

Teltow bei Berlin, im Mai 2013

Michael Firnkes

Über den Autor

Michael Firnkes war und ist einer der ersten hauptberuflichen Blogger im deutschsprachigen Raum. Er vermarktete erfolgreich diverse eigene Onlineprojekte. Zuvor arbeitete er als Marketing- und CRM-Manager, unter anderem bei einem der größten Internetportale Deutschlands.

Seine Leidenschaft gilt dem Qualitätscontent. Dieser stellt die wichtigste Säule einer erfolgreichen SEO- und Social Media-Strategie dar. Die Blogosphäre arbeitet seit jeher mit hochwertigen und sich selbst verbreitenden Inhalten, aktuell erlebt das Prinzip unter dem Begriff Content Marketing eine Renaissance.

Heute berät der studierte Informatiker Unternehmen und hält Seminare zu den Themen Corporate Blog-Strategien, Social Media und Onlinemarketing. In seinen Büchern und auf seinem Blog *www.blogprofis.de* gibt er Tipps aus seinem Berateralltag weiter.

Bei Fragen oder Anregungen erreichen Sie Michael Firnkes auf folgenden Wegen:

- Twitter: *www.twitter.com/blogprofis*
- Google+: *www.blogprofis.de/buch/plus*
- Xing: *www.xing.com/profile/Michael_Firnkes*
- E-Mail: michael.firnkes@blogprofis.de

1 SEO – die Geheimdisziplin verstehen lernen

Die Welt der Suchmaschinenoptimierung – kurz SEO für das englischsprachige Pendant „Search Engine Optimization“ – ist eine durchaus zwiespältige Disziplin. Während unzählige selbst ernannte SEO-Experten behaupten, die Geheimnisse rund um Google & Co. endgültig gelüftet zu haben, wird die öffentliche Diskussion zum Thema immer noch von zahlreichen Mythen geprägt. Kaum ein Selbstständiger oder Unternehmer mit eigenem Internetauftritt, aber erst recht kein Online-Marketer möchte zugeben, dass er sich nicht wirklich auskennt in der Welt der Keywords und Backlinks, der PageRanks, Crawler und der Algorithmen (keine Angst, all diese Begriffe werden Sie noch kennen lernen). Und so macht viel Halbwissen die Runde. Jeder hat schon einmal von jemandem einen heißen SEO-Tipp gehört, der diesen wiederum von jemandem erfahren haben will, der seinerseits jemanden kannte, der ...

Für uns Dienstleister und Onlinemarketing-Experten ist es gar nicht so einfach, den Schleier zu lüften und für mehr Klarheit im undurchdringlichen Dickicht der Suchmaschinenoptimierung zu sorgen (und zugegebenermaßen leben wir teilweise auch recht gut von dieser Unsicherheit der SEO-Laien, die ja immer auch unsere Kunden sind). Denn auch wir können in den wenigsten Fällen sicher sein, dass unsere Ratschläge tatsächlich die gewünschte Wirkung erzielen. Oder ob diese, selbst wenn sie fruchten, morgen überhaupt noch Gültigkeit besitzen. Allen voran macht Google es den SEOs, also den Experten, die sich mit der Suchmaschinenoptimierung im Allgemeinen befassen, immer schwerer, den Überblick zu behalten. Wurde der Algorithmus, der bestimmt, wer auf welchem Platz des Suchmaschinengiganten „rankt“ in früheren Zeiten nur alle Monate oder gar Jahre einem wichtigen Update unterzogen, so kann dies heutzutage täglich der Fall sein. Das Unternehmen aus Mountain View rüstet, finanziell gut ausgestattet, immer besser und schneller auf, um seine Vormachtstellung gegenüber anderen Suchmaschinen nicht zu verlieren. Etwa im Bezug auf die Suchmaschine Bing von Microsoft, aber auch gegenüber völlig neuen Konkurrenten wie Facebook.

Unter *Ranking* (auch Suchmaschinen-Ranking) versteht man die Reihenfolge, in der Google & Co. ihre Suchergebnisse auflisten. Das sprachlich nicht sonderlich korrekte Verb dazu ist *„ranken“*. Im Prinzip versuchen die Betreiber jene Einträge an erster Stelle zu berücksichtigen, die vom Inhalt her am besten zur getätigten Suchanfrage des Nutzers passen. Maschinen können die unterschiedlichsten Web-Inhalte jedoch nur deuten und längst noch nicht wirklich „verstehen“. Von daher ist das Ergebnis einer Anfrage mal mehr, mal weniger einleuchtend. Welche Faktoren das Ranking – und damit auch die Platzierung Ihrer Homepage – beeinflussen können, erfahren Sie in Abschnitt 1.4.

Die Suchmaschinenoptimierung wird komplexer und beeinflusst dabei Ihr gesamtes Unternehmen. An dieser Spirale sind die SEOs selbst nicht ganz unschuldig. Eine gute Zeit lang war es sehr einfach, sich in die oberen Plätze bei den Suchmaschinen einzukaufen. Die Anzahl der Links, also der Verweise von anderen Webseiten auf die eigene Homepage, galten als wichtigstes Kriterium der Algorithmen von Google & Co. Wer viele Links auf sich vorweisen konnte, der hatte meist gewonnen. Und so wechselten nicht unerhebliche Summen den Besitzer, um mit bezahlten oder gemieteten Links die eigene Position in den Rankings zu optimieren, wie wir im weiteren Verlauf noch lernen werden. Das Resultat hieraus: Qualitativ minderwertige Seiten, auf schnellen Umsatz schielend, mit billig zusammengeschusterten Inhalten und ohne Mehrwert für den Nutzer ausgestattet wurden in nicht wenigen Fällen vor den tatsächlichen „Web-Perlen“ gelistet. Das wiederum sorgte für Unmut bei den Nutzern der Suchmaschinen, die mehr und mehr etwa auf die Link-Empfehlungen der sozialen Netzwerke abzuwandern drohten. Somit führte nicht nur Google neue Ranking-Kriterien ein, welche die inhaltliche Qualität eines Online-Projekts mehr in den Vordergrund rücken. Doch dazu später mehr.

Früher war die Disziplin SEO nur etwas für große, im Onlinesektor tätige Unternehmen. Bei den kleineren oder weniger onlineaffinen Firmen oder gar Selbstständigen war die Web-Konkurrenz noch nicht groß genug, um sich mit den Untiefen der Suchmaschinenlistings herumzuquälen. Nur wenige besaßen überhaupt einen einigermaßen schicken und mit umfangreichen Inhalten versehenen Onlineauftritt, und diese wenigen gewannen dann naturgemäß den Kampf um die vorderen Ränge bei Google und vergleichbaren Anbietern. Nicht weil deren Portale so gut optimiert waren, sondern da online nur wenig Konkurrenz im gleichen Sektor oder auf der gleichen lokalen Ebene existierte. Dieses Bild hat sich völlig gedreht. Wenn Autohändler Maier bei Google den Namen seiner Vertriebsmarke zusammen mit seinem Ort oder seiner Region eingibt, und dann erst deutlich nach seinen Mitbewerbern gelistet wird, spätestens dann weiß er, dass er sich wohl um „irgendetwas mit SEO“ kümmern muss (siehe Bild 1.1).

Aber auch bei großen Firmen und Konzernen wird die Notwendigkeit beim oberen bis hin zum unteren Management immer größer, die wichtigsten Faktoren zur Suchmaschinenoptimierung zu kennen. Die Zeiten, in denen sich lediglich eine kleine, im Geheimen operierende Spezialgruppe des Onlinemarketing-Bereichs um das hauseigene SEO kümmern musste, sind längst vorbei. Schließlich ist heutzutage jeder Vertriebs- bis hin zum Supportmitarbeiter im Online-Kundenkontakt und kann direkt oder indirekt zu einer guten SEO- aber auch Social-Media-Platzierung beitragen. Wie all dies funktionieren kann, das erfahren Sie im weiteren Verlauf. Deswegen gilt nun: „Vorhang auf“ – und hereinspaziert in die äußerst spannende Welt der Suchmaschinenoptimierung.

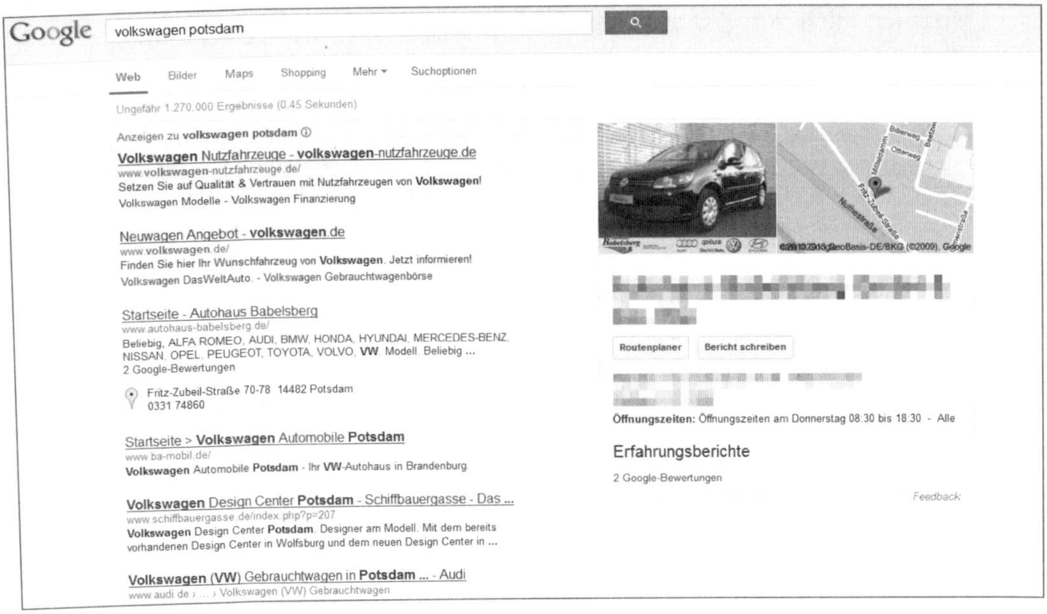

Bild 1.1 Nicht nur in den Großstädten wächst die lokale, aber auch die überregionale Online-Konkurrenz – ganz unabhängig von der Sparte, in der man sich bewegt.

Wer wissen möchte, wie Suchmaschinen generell arbeiten, dem empfehle ich die Beiträge unter *www.google.de/insidesearch/howsearchworks/thestory*. Das dabei vermittelte Wissen bietet eine gute Grundlage, um auch die gebräuchlichsten Ansätze der Suchmaschinenoptimierung besser begreifen zu können. Ebenfalls hilfreich für den Einstieg sind die kostenlosen Online-Videokurse von Google (*www.google.com/intl/de/ads/learn*). Man sollte sich jedoch darüber im Klaren sein, dass der Anbieter dort hauptsächlich für seine eigenen Lösungen und Produkte wirbt. ■

■ 1.1 Die häufigsten Fragen an einen SEO und ihre Antworten

Als kleine Einstimmung in den doch recht vielschichtigen Themenbereich, und damit quasi als „Appetitanreger", möchte ich Ihnen die häufigsten Fragen sowie die dazugehörigen Antworten präsentieren, die von Kunden an mich und meine SEO-Kollegen herangetragen werden. Es sind allesamt Fragen, die Ihnen so oder so ähnlich ebenfalls durch den Kopf gegangen sein werden, bevor Sie sich zum Kauf dieses Buches entschieden haben. In den späteren Kapiteln werden die zugehörigen Hintergründe dann natürlich noch weiter vertieft.

Muss ich mich mit SEO beschäftigen, oder kann ich das nicht anderen überlassen?

Wenn Sie sich diese Frage stellen, so hat dies wohl folgende Gründe:

a) Sie betrachten die Suchmaschinenoptimierung und überhaupt das Onlinemarketing als eher trockene, rein technische, und vor allem komplizierte Wissenschaft. Doch das ist sie, zumindest in Teilen, keineswegs. Moderne Suchmaschinenoptimierung hat ganz viel mit Networking und Empfehlungsmarketing zu tun. Also mit einem sehr lebendigen Austausch zwischen Ihnen und Ihren Kunden oder Ihren Geschäftspartnern, der ohnehin ganz oben auf Ihrer alltäglichen To-do-Liste stehen dürfte.

b) Und/oder Sie arbeiten jetzt schon 12 Stunden am Tag, verfügen also schlicht und einfach nicht über die Zeit, sich mit einer weiteren Disziplin auseinanderzusetzen. Wenn Sie die wichtigsten SEO-Grundlagen kennen, können Sie jedoch nicht nur sehr viel effizienter in die Diskussion mit Ihrem internen oder externen Dienstleister gehen, der die konkrete Umsetzung übernimmt. Gute Suchmaschinenoptimierung macht auch so manche andere Marketing- oder Vertriebsaufgabe schlichtweg überflüssig beziehungsweise automatisiert diese.

Sie können langfristig also sogar Ressourcen einsparen und dies auch noch mit Ihren ganz alltäglichen Aufgabenfeldern verknüpfen, wenn Sie das ABC der Suchmaschinenoptimierung beherrschen und die wichtigsten Ziele, Möglichkeiten sowie Strategien kennen.

> Matt Cutts, der Leiter des WebSpam-Teams von Google, hat übrigens selbst einmal versucht, die generelle Frage „Braucht man SEO eigentlich wirklich?“ zu beantworten. Wenn auch aus der, in diesem Fall recht rosaroten, Google-Brille heraus betrachtet: *www.blogprofis.de/buch/ohneseo*.

Kann ich nicht einfach selbst zum SEO-Profi werden?

Ja und Nein. Sagen wir es so: Sie könnten durchaus. Hinter der Frage steckt wohl der Wunsch, nicht auf andere vertrauen zu müssen, die viel Geld kosten, deren Arbeit Sie nur wenig durchschauen können (was sich nach der Lektüre dieses Ratgebers hoffentlich ändert) oder die Sie vielleicht gar nicht erst finden. Denn einen guten, versierten und auch noch bezahlbaren SEO zu engagieren, das gleicht oftmals einem Lotteriespiel.

Die wichtigsten Eckpfeiler des Onlinemarketings und der Suchmaschinenoptimierung kann man relativ gut lernen. Doch damit ist es leider nicht getan. Ein guter SEO muss sich ständig weiterbilden. Uund er muss über jede Menge Praxiserfahrung verfügen, die idealerweise nicht nur aus einem, sondern aus vielen unterschiedlichen Onlineprojekten resultiert. Vieles bei der Optimierung ist auch schlichtes Ausprobieren, mit nachfolgender Analyse der Auswirkungen, erneutem Ausprobieren und so weiter. Die Auswirkungen eines neuen Google-Updates wirklich verstehen und auch austesten zu können, das kann gut und gerne ein paar Wochen in Anspruch nehmen. Sprich: Suchmaschinenoptimierung ist ein Fulltime-Job. Vieles davon werden Sie selbst erledigen oder zumindest steuern und beauftragen können, aber eben leider meist nicht alles. „Schuster, bleib bei deinen Leisten“, das gilt auch hier. Über einen gewissen Punkt wird man alleine kaum hinauskommen. Aber: Für einen Selbstständigen beziehungsweise für eine kleine Webseite können in Eigenregie durchgeführte Maßnahmen durchaus ausreichend sein. Doch spätestens in mittleren bis größeren Unternehmen würde diese Einzelkämpfer-Mentalität kaum Raum für eine nachhaltige Entwicklung Ihrer SEO-Strategie lassen.

Bleibt noch die Frage, welche der Maßnahmen, die Bestandteil dieses Ratgebers sind, am Ende von Ihnen selbst umgesetzt werden können oder nicht. Auch hier gibt es leider keine pauschale Antwort. Ich werde bei vielen der Tipps in dem Buch darauf eingehen, welches Know-how aber auch welche Zeit diese beanspruchen. Auch zeige ich Ihnen, wie man gegebenenfalls die notwendige personelle Unterstützung findet. Denn selbst wenn Sie nach eingehendem Studium in der Lage wären, vieles oder gar alles in Eigenregie zu erledigen: Ihre eigentliche Arbeit wird Ihnen meist nur wenig Freiraum für diesen anspruchsvollen Prozess einräumen. Je mehr Sie jedoch mitarbeiten und selbst verstehen, umso besser ist es für das Endergebnis.

Wie lange dauert eine Suchmaschinenoptimierung?

Natürlich kann man eine Internetseite, die noch nie aus SEO-Sicht optimiert wurde, in einem einmaligen Projekt quasi „aufräumen". Die Dauer hängt dann sehr vom Umfang der Webseiten ab und ob weitere Bestandteile, wie etwa ein Onlineshop, zu dieser gehören. Unterscheiden muss man hierbei die Zeit, welche rein die Bestandsaufnahme und die Erarbeitung der Optimierungstipps in Anspruch nimmt sowie die Zeit der konkreten Umsetzung der erarbeitenden Maßnahmen, die dann aber ohnehin meist der zuständige Webmaster oder auch Content Manager übernehmen muss.

Für eine kleine, rein Content-basierte Homepage können einige wenige Stunden zur Analyse ausreichen. Bei umfangreichen Unternehmensportalen kann ein solcher Prozess schon einmal eine Woche und deutlich mehr in Anspruch nehmen. Viel schwerer als diese einmalige Analyse wiegt jedoch der Umstand, dass es nicht „die eine" Suchmaschinenoptimierung gibt. SEO ist eine fortlaufende Aufgabe, gerade wenn nachhaltig wirkende Ergebnisse das Ziel sämtlicher Maßnahmen sein sollen. Dazu tragen zwei Faktoren ganz entscheidend bei:

a) SEO wirkt in den seltensten Fällen unmittelbar. In der Regel werden positive Resultate erst nach Wochen oder gar Monaten sichtbar, und selbst diese müssen dem richtigen ursprünglichen Optimierungsschritt zugeordnet, weiter fortlaufend beobachtet sowie ständig weiter optimiert werden. Das gilt beispielsweise für den Aufbau von Backlinks (siehe Abschnitt 1.4.1).

b) Wie bereits angedeutet, ändern sich die Voraussetzungen seitens der Suchmaschinenbetreiber in aller Regelmäßigkeit. Was gestern als Maßnahme gut und richtig war, das muss heute gegebenenfalls korrigiert, ergänzt oder gar rückgängig gemacht werden, um weiterhin seine Wirkung entfalten zu können.

Weitere Einflussgrößen kommen noch hinzu. So etwa die Branche, in der sich ein Unternehmensportal bewegt, aber auch die Wettbewerbssituation. Nicht zuletzt spielt die Erwartungshaltung des Unternehmers eine große Rolle. Will er mit wichtigen Begriffen auf Platz eins bei Google stehen (was in vielen Fällen gar nicht mehr möglich sein wird) oder reicht ihm eine bereits geringere Sichtbarkeit in den wichtigsten Suchmaschinen.

Unter einem *Backlink* versteht man einen Link, der von außen, also von einem anderen Portal, auf eine Ihrer Webseiten führt. Die meisten Suchmaschinen berücksichtigen unter anderem die Anzahl sowie die Qualität solcher Backlinks, um das Ranking eines Onlineportals zu bestimmen. *Linkaufbau* (auch *Linkbuilding* genannt) ist jene SEO-Disziplin, die sich mit der Gewinnung neuer Backlinks beschäftigt.

Wie viel darf eine Suchmaschinenoptimierung kosten – und wie viel nicht?

Eine effektive Optimierung durch einen externen Dienstleister ist keineswegs günstig. Dies hängt vor allem damit zusammen, dass gute SEOs sowie entsprechende Agenturen nicht gerade häufig anzutreffen sind. Durch die Unmenge an kleineren und immer weiter neu entstehenden Webseiten, welche das Thema der Suchmaschinenoptimierung für sich entdeckt haben, wurde diese Situation weiter verschärft. Und wenig Wettbewerb fördert stolze Preise.

Viele Optimierer und Agenturen arbeiten auf Basis eines festgelegten monatlichen Budgets, oder aber sie rechnen nach geleisteten Stunden ab. Gerade für größere Agenturen sind Aufträge unter einem Budget von 1000 Euro netto monatlich nur sehr selten interessant, da der Verwaltungsaufwand dann kaum im Verhältnis zu den erzielbaren Resultaten steht. Einzelkämpfer-SEOs können, wenn Sie denn über entsprechendes Wissen und auch Referenzen verfügen, ab einem Stundenlohn von etwa 80 Euro aufwärts engagiert werden. Bei Angeboten deutlich unter dieser Preisstruktur sollten Sie hingegen vorsichtig sein. Nicht wenige Programmierer, Webmaster und sogar Designer bieten SEO „nebenbei" an. Zu günstigen Preisen, aber mit oft nur wenig vorhersehbaren Ergebnissen. Und eine suboptimal durchgeführte Suchmaschinenoptimierung kann deutlich schlechtere Auswirkungen zur Folge haben als gar keine. Mehr zu den Kosten im SEO Bereich verrät Ihnen Abschnitt 2.4.3.

HINWEIS: Meiden Sie unbedingt E-Mail-Spam-Angebote der Art „Für einmalig 99 Dollar oder Euro optimieren wir Ihre Seite oder bringen Sie in irgendwelchen Web-Katalogen unter". Im besten Fall verlieren Sie nur das eingesetzte Geld, wenn Sie sich auf derlei Offerten einlassen. Im schlechtesten Fall verbannen Google & Co. Ihre Webseite komplett aus dem Suchindex, etwa wenn verbotene und nur sehr kurzfristig wirkende SEO-Maßnahmen zum Einsatz kommen (weitere Informationen hierzu in Abschnitt 1.4).

Kann ich den Erfolg meines SEOs messen?

Unbedingt. Sie können es nicht nur, Sie müssen es sogar. Nur dann können Sie schließlich bewerten, ob Ihr Budget oder aber auch Ihre Personalausgaben sinnvoll eingesetzt werden. Ein guter SEO wird Sie von sich aus mit einem regelmäßigen Reporting ausstatten, das transparent und vor allem verständlich auflistet

- welche Maßnahmen konkret durchgeführt wurden und warum,
- wie sich diese über einen bestimmten Zeitraum auswirken (sofern unmittelbar messbar) und

- wie sich langfristig die wichtigsten Portalkennzahlen, die von der SEO-Strategie beeinflusst werden, entwickeln (beispielsweise Seitenbesuche, Suchmaschinen- und Keywordrankings und vieles mehr).

Aber auch wenn Sie Ihre Maßnahmen zur Suchmaschinenoptimierung selbst durchführen oder Ihnen kein externes Reporting zur Verfügung steht, so gibt es eine ganze Menge an kostenlos verfügbaren Daten und Auswertungsmöglichkeiten, um die Wirksamkeit Ihrer SEO-Strategie auf den Prüfstand stellen zu können. Mehr hierzu erfahren Sie in Abschnitt 1.7.

Welche Maßnahmen garantieren mir einen Platz in den Top 10 von Google & Co.?

Leider absolut keine. Wer Ihnen irgendeine Garantie für eine bestimmte Suchmaschinenplatzierung gibt, der kann vielleicht zaubern, er ist aber kein guter im Sinne von verantwortungsvoller SEO. Es sei denn, Sie vertreiben in Ihrem Ort als einziger Anbieter Damenhüte, und der Optimierer bringt Sie unter dem lokalen Suchbegriff „Damenhüte“ auf Platz eins bei Google. Dafür benötigen Sie mangels Wettbewerb jedoch keinen Dienstleister und noch nicht einmal eine gut optimierte Webseite.

Dennoch kann Ihnen ein SEO-Spezialist durchaus verraten, wie schwierig, langatmig und damit auch teuer eine bestimmte Optimierungsmaßnahme voraussichtlich (!) wird. Etwa, indem er nicht nur Ihr eigenes Onlineportal und dessen bisherige Rankings in den Suchmaschinen analysiert, sondern auch die Webseiten und Positionierungen Ihrer wichtigsten Mitbewerber.

Welche Schlüssel- und Suchbegriffe sind für mich sinnvoll, über die meine Webseite möglichst oft gefunden wird?

Hier greife ich den folgenden Kapiteln ein wenig voraus. Dennoch sei an dieser Stelle gesagt, dass sich derartige Fragen in den seltensten Fällen auf die Schnelle beantworten lassen. Zu viele individuelle Faktoren spielen hierbei eine Rolle. Diese können etwa sein:

- Welche Ziele verfolgen Sie mit Ihrem Onlineauftritt
- Welche Besuchergruppen möchten Sie erreichen, und welche vielleicht auch nicht
- Wie sieht die vorhandene Wettbewerbssituation zu einem bestimmten Schlüsselwort (im Fachbegriff „Keyword“) genannt – aus
- Wie viele unterschiedliche Keywords- oder Keyword-Kombinationen wollen Sie idealerweise besetzen, und machen sich diese unter Umständen gar gegenseitig Konkurrenz

Es gibt dennoch gute Instrumente, um sich einzelnen Schlüsselwörtern immer besser anzunähern, die möglichst viele Suchmaschinennutzer zu Ihrer Web-Präsenz führen sollen. Auch dazu erfahren Sie später noch mehr.

> Ein *Keyword* (auf Deutsch Schlüsselwort) ist ein Wort oder eine Wortkette in Ihren Webtexten, das/die den Suchmaschinen dabei hilft, den Inhalt des Textes einzuordnen. Passen die verwendeten Keywords zu einer Suchanfrage bei Google & Co., so steigt die Chance, dass die zugehörige Seite in den Ergebnissen gelistet wird. Ein Keyword müssen Sie dabei nicht speziell als solches kennzeichnen. Suchmaschinen erkennen selbst, über welche Begriffe sie einen Onlinetext

klassifizieren können. Zum einen wird dabei geschaut, welche Begriffe, inklusive ähnlicher Formulierungen, gehäuft vorkommen. Zum anderen verfügen die Betreiber über eine Art Liste der wichtigsten Schlüsselwörter, mit denen ein Abgleich erfolgt, wobei dies eine stark vereinfachte Erklärung darstellt. In einem Text beziehungsweise auf einer Internetseite können mehrere unterschiedliche Keywords zum Einsatz kommen.

Ein kleines Beispiel: Verwendet ein Dienstleister eines grafischen Bereichs in seinen Webtexten des Öfteren den Begriff „Designer", um sich und seine Angebote zu umschreiben, so wäre dies das Keyword. Darüber findet man seine Seite dann auch bei Google & Co. Fehlt jedoch gleichzeitig das Schlüsselwort „Grafiker", so wäre es sehr unwahrscheinlich, dass er bei entsprechenden Suchanfragen (etwa „Grafiker in xyz") berücksichtigt wird. Idealerweise baut er also beide Begriffe in seine Texte ein. Die Gewichtung ist davon abhängig, über welche Phrase er eher gefunden werden möchte oder was ihm mehr Besucher einbringt. Sie werden diese Prozesse noch im Detail kennen lernen.

Ein *Long Tail Keyword* ist ein Schlüsselwort oder eine entsprechende Kette, die nur wenig Verwendung findet. Also in Nischenbereichen zum Einsatz kommt und dabei meist aus mehreren Begriffen besteht. Wiederum ein Beispiel: „Autoreparatur" wäre ein typisches Keyword. „Oldtimer Reparatur Hamburg" hingegen ein typisches Long Tail Keyword. ■

Content is King – oder etwa doch nicht?

Qualitativ hochwertige Textinhalte sind das beste Mittel, um nachhaltig gute Positionen in den Suchmaschinen erreichen zu können, gerade in hart umkämpften Umfeldern. Und das nicht erst seit Google mit einigen Optimierungen seines Ranking-Algorithmus immer mehr Wert auf Substanz legt. Und nicht nur auf eher technische Kriterien, wie die Anzahl der Verlinkungen zu einem bestimmten Web-Projekt. Ich selbst war schon immer dieser Meinung, aber ich habe in diesem Zusammenhang auch „gut reden". Meine ersten Onlineerfolge erzielte ich mit Blogs (siehe Abschnitt 4.8), und diese werden, ob ihrer regelmäßig erweiterten Inhalte, von den Suchmaschinen fast schon geliebt. Doch nicht jedes Onlineportal hat die Möglichkeit, derart umfangreich mit ständig neuen Inhalten zu arbeiten. Wenn Sie über Ihre Seite beispielsweise sehr spezielle, sehr technische oder sich kaum verändernde Produkte vertreiben, so wird Ihnen irgendwann der Stoff für abwechslungsreiche Onlinetexte ausgehen.

Hinzu kommt: Gute Inhalte alleine bewirken noch nicht viel, denn diese müssen gleichzeitig

a) beim potenziellen Leser erst einmal ankommen beziehungsweise von diesem wahrgenommen und eventuell weiter verteilt werden, womit wir bei den Kapiteln rund um das Thema „Social Media" wären,

b) den „Nerv" einer interessierten Leserschaft treffen,

c) möglichst einzigartig und neu sein und

d) auch von den Suchmaschinen als solche erkannt werden.

Ein in Eigenregie oder in Auftragsarbeit erstellter Content als SEO-Maßnahme hat jedoch gleichzeitig einige sehr entscheidende Vorteile:

- Er ist mit relativ wenig Aufwand selbst erstellbar oder für ein vergleichsweise günstiges Budget in Auftrag zu geben.
- Sie können über unterschiedliche und ständig neue Beiträge auf Ihrem Onlineportal oder in Ihrem Firmenblog sehr gut und schnell erkennen, welche Themen bei den Lesern aber auch bei den Suchmaschinen ankommen und welche nicht.
- Ebenso lässt sich analysieren, welche Inhalte sich durch ihren Mehrwert für den Leser dazu eignen, Verlinkungen anderer Webseiten zu erhalten, in sozialen Netzwerken weiterempfohlen zu werden, Kunden- oder Kooperationsanfragen auszulösen und vieles mehr.
- Sie gehen kein Risiko ein: Google & Co. werden einem einzigartigen Webtext, der also nicht in ähnlicher Form auf einer anderen Plattform nochmals vorkommt, im schlimmsten Fall neutral gewogen sein.

Dieses geringe Risiko ist längst nicht bei allen SEO-Maßnahmen der Fall. Nicht zuletzt deswegen eignen sich Content-Strategien recht gut für Einsteiger.

Lässt sich günstige SEO selbst betreiben, mithilfe von Web-Verzeichnissen, Presseportalen & Co.?

Obwohl so genannte Webkataloge, -Verzeichnisse und Onlineportale für Pressemeldungen längst nicht mehr den Stellenwert genießen, den sie in den Anfangszeiten des World Wide Web hatten, so drehen sich interessanterweise sehr viele Fragen meiner Kunden immer noch um deren Auswirkungen auf die eigene Suchmaschinenoptimierung. Nützt oder schadet es mir, wenn die immer gleiche Pressemeldung auf unzähligen Nachrichtenportalen veröffentlicht wird und dabei auf meinen Internetauftritt verlinkt? Sind Backlinks von kostenlosen Web-Verzeichnissen nützlich? Sollte man für kostenpflichtige Angebote vielleicht sogar Geld ausgeben? Derlei Fragen werden mir oft gestellt.

Schließlich erscheint die Arbeit mit solchen Portalen sehr verführerisch, gerade für Einsteiger in die Welt der Suchmaschinenoptimierung. Denn Backlinks von dort sind relativ einfach und meist auch kostenlos erhältlich. Ein Formulareintrag oder eine selbsterstellte Pressemeldung zu einem x-beliebigen Thema, und schon verweist eine neue Seite auf die eigene Webseite. Der Haken an der Geschichte: Jegliche einseitige Maßnahmen zum Linkaufbau lassen Suchmaschinen in ihrer Einschätzung dazu tendieren, dass hier mit allzu einfachen, „billigen“ oder gar unlauteren Mitteln versucht wird, dem eigenen Web-Portal einen Vorteil zu verschaffen. Und gerade dann, wenn die Seiten Ihrer wichtigsten Mitbewerber über eine deutlich natürlichere Linkstruktur verfügen, so wird es Ihre Webseite sehr schwer haben, sich durchzusetzen. Eine „natürliche“ Linkstruktur bedeutet in diesem Fall, dass sich die eingehenden Backlinks aus einem Mix ganz unterschiedlichster Link-Quellen zusammensetzen. Verweise von Presseportalen, Webverzeichnissen und Ähnlichem spielen dann nur eine untergeordnete Rolle. Kurz und prägnant lässt sich diese Tatsache auf die Aussage subsumieren: „Viel hilft nicht immer viel“. Es ist also besser, Sie sorgen für weniger aber dafür hochwertigere Backlinks, als für massenhafte Verlinkungen aus immer neuen Katalogeintragungen. Was nicht bedeutet, dass Webverzeichnisse & Co. unnütz sind. Als zusätzliche Maßnahme taugen sie durchaus, wenn (!) die Qualität des Verzeichnisses stimmt. In welchem Fall es sich um einen hochwertigen oder eben um einen weniger hilfreichen Backlink handelt, dazu werden Sie in Abschnitt 1.4.1 Näheres erfahren.

Weniger nützlich oder gar schädlich sind hingegen Angebote, die versprechen, Ihre Webseite bei unzähligen Suchmaschinen anzumelden. Egal ob ein solcher Dienst kostenlos oder gar kostenpflichtig angeboten wird: Verzichten Sie besser darauf. Die wichtigen Suchmaschinen finden Ihre Inhalte von ganz alleine. Wie Sie dies am Beispiel von Google überprüfen können, zeigt Abschnitt 1.7.3.

Ist SEO gefährlich oder gar illegal?

Bei nicht wenigen Kunden hält sich hartnäckig das Gerücht, jegliche SEO-Maßnahmen seien von den Suchmaschinenanbietern selbst „verboten". Fakt ist, dass Google & Co. immer stärker gegen bestimmte Praktiken der SEO-Szene vorgehen, die sie noch kennen lernen werden. Meist handelt es sich hierbei um Praktiken, die man grob gesagt als Täuschungsversuche oder auch als unlauteren Eingriff in den Wettbewerb einstufen könnte. Die Gerüchteküche brodelt in all diesen Fällen wohl deswegen so heftig, weil mit viel Halbwissen versucht wird, die von Google verbotenen und erlaubten Maßnahmen voneinander zu trennen. Dabei äußert sich der Suchmaschinenbetreiber diesbezüglich sehr klar. Auch hier hat wohl fast jeder schon einmal von jemandem gehört, der von Google abgestraft und aus dem Suchindex verbannt wurde, angeblich aufgrund einer durchgängig sauberen Optimierung.

Ich will nicht leugnen, dass *theoretisch* in seltenen Einzelfällen eine an sich harmlose Internetseite durch das Raster eines neuen Ranking-Algorithmus rutschen *könnte*. Mir selbst und auch den SEO-Kollegen und -Kolleginnen, die ich kenne, ist jedoch kaum jemals ein solcher Fall begegnet. Meistens kann man ganz genau sagen oder zumindest stark vermuten, durch welche falschen Maßnahmen eine Webseite in Ungnade bei einer Suchmaschine gefallen ist. Zur Entmystifizierung trägt zudem ganz entscheidend bei, dass Google regelmäßig sehr detailliert darüber Auskunft gibt, was als unlauterer Optimierungsschritt angesehen wird und was nicht (siehe Abschnitt 1.4).

> Auch zu der Frage, wie SEO generell zu bewerten ist, äußert sich Google, und dies durchaus positiv (siehe *www.blogprofis.de/buch/seospam*). Besonders hervorgehoben werden dabei all jene Mechanismen, die dem Internetnutzer helfen – etwa die Bedienbarkeit oder die Ladegeschwindigkeit einer Seite. Beides trägt zu einem positiven SEO bei. Gleichzeitig wird in dem Artikel aber auch eindringlich davor gewarnt, unerlaubte Methoden zur Suchmaschinenoptimierung einzusetzen. Welche dies sind, dazu erfahren Sie später mehr.

1.2 Die wichtigsten SEO-Grundlagen

Ich weiß, Sie möchten endlich loslegen und ganz genau erfahren, wie Sie Ihre Onlineprojekte optimieren und damit noch erfolgreicher machen können. Doch zunächst möchte ich Ihnen einige Grundbegriffe der Suchmaschinenoptimierung oder überhaupt des Onlinemarketings näher bringen. Ich mache dies nicht, um Sie mit theoretischen Ausführungen zu ärgern oder Ihnen den Spaß an der Sache zu nehmen. Aber, um Sie in den anschließenden Kapiteln nicht immer wieder mit Fragezeichen im Kopf zurücklassen zu müssen („Wovon schreibt er denn eigentlich gerade?“), und auch, um dort den Lesefluss nicht mit ständig neuen Erklärungen zu unterbrechen: Es macht Sinn, dass Sie sich vorab ein bestimmtes Grundwissen aufbauen.

Die nachfolgenden Hinweise haben dabei keinen Anspruch auf eine bestimmte allzu logische Reihenfolge und auch nicht auf Vollständigkeit. Denn auch im weiteren Verlauf werden Ihnen noch zusätzliche SEO-Begriffe begegnen. Wer die nun folgenden Begriffsdefinitionen schon zu kennen meint, der sollte sie möglichst dennoch lesen. Denn zum einen werde ich darin bereits den einen oder anderen wichtigen Praxistipp verstecken. Zum anderen ist die SEO-Definition des Experten A nicht immer gleichzusetzen mit der Definition des Experten B, und ich möchte sicherstellen, dass Sie und ich im weiteren Verlauf von möglichst denselben Dingen sprechen.

1.2.1 OnPage- versus OffPage-SEO

Die Theorie teilt die Suchmaschinenoptimierung in zwei große Bereiche ein: OnPage- und OffPage-SEO. Mit OnPage-Maßnahmen sind sämtliche Optimierungsschritte gemeint, welche die gesamten sichtbaren Seiteninhalte oder auch nur den Quellcode eines Onlineprojekts beeinflussen. Dazu gehören beispielsweise:

- Die Optimierung der Textinhalte hinsichtlich der Qualität der zum Einsatz kommenden Keywords, der Textlänge, der Textgestaltung und -formatierung sowie der Untergliederung
- Ebenso die optimale Gestaltung und Einbindung von Bildern und Videos sowie der Layout-Elemente
- Benutzte Schlagworte (so genannte Tags) und überhaupt Kategorisierungen
- Die seiteninterne Verlinkung, aber auch die Menü- und Benutzerführung
- Die richtlinienkonforme, „saubere“ Kodierung und Programmierung des HTML- und sonstigen Quelltextes (siehe etwa *www.blogprofis.de/buch/seogrundlagen*)

Viele Suchmaschinenoptimierer zählen zudem auch noch die Usability (Benutzerfreundlichkeit) einer Webseite mit hinzu, da diese sehr oft einen zumindest indirekten SEO-Einfluss hat.

Bei der OffPage-Optimierung handelt es sich, wie der Name ja schon vermuten lässt, um alle Schritte, die von außen auf ein Web-Projekt einwirken. Die also nicht durch den Inhaber oder Webmaster selbst vorgenommen werden können. Hauptsächlich steht hierbei der Aufbau von Backlinks auf externen Seiten im Vordergrund, der in zweierlei Hinsicht wirken kann:

- Er erhöht – richtig durchgeführt – die Attraktivität Ihrer Webseite für Google. Denn in großen Teilen gehen die Suchmaschinen immer noch davon aus, dass ein Onlineprojekt mit vielen Links, welche auf dieses verweisen, mehr Relevanz besitzt, als ein Projekt, welches kaum Backlinks auf sich zieht. Verweise von einer Seite auf eine andere werden also als Empfehlung wahrgenommen. Etwa so wie ein Zitat oder ein Quellenverweis in einem Buch.
- Nie vergessen sollte man die direkte Wirkung eines Links, der – je nachdem wie prominent er platziert ist und über welche Leserschaft der verweisende Beitrag verfügt – eine nicht unerhebliche Anzahl von Lesern auf die Ziel-Homepage aufmerksam macht.

Nicht nur die Verlinkung selbst spielt hierbei jedoch eine Rolle, sondern auch der Ursprung, die Position des Links in einem Text, der Linktext selbst, die passende Themenrelevanz zwischen Linkquelle und Linkziel, bis hin sogar zum Alter beziehungsweise der Permanenz eines Links. Bei der Gestaltung der Informationen, welche eine Suchmaschine wie Google seinen Nutzern über Ihre Homepage präsentiert, handelt es sich um eine weitere OffPage-Maßnahme. Unter anderem ist dies über die Einbindung so genannter Rich Snippets möglich. Doch dazu später mehr. Auch Social-Media-Kampagnen können zu einer sehr effektiven OffPage-Optimierung beitragen. Dieses Buch habe ich übrigens nicht strikt nach OnPage- und OffPage-Maßnahmen strukturiert. Dazu ist die Trennung zwischen beiden Disziplinen oftmals einfach zu ungenau, und es würde den Lesefluss doch arg beeinträchtigen.

1.2.2 Organische versus bezahlte Suche

In die Suche, etwa von Google, kann man sich durchaus auch mit ganz legalen Mitteln einkaufen. Wie viele Nutzer der Suchmaschine nach wie vor nicht wissen oder es zumindest nicht realisieren, so hält Google in seinen Suchergebnissen Bereiche bereit, die aus bezahlten Werbeblöcken bestehen. Buchen kann man diese Anzeigen über das hauseigene System „Google AdWords“ (siehe *http://adwords.google.de*). Über eine Art Auktion – der beste, gerade gebotene Preis je Suchbegriff gewinnt – kann dort jeder auch seine eigenen Internetseiten und damit sein Unternehmen platzieren.

Man unterscheidet also zwischen dem nicht-bezahlten, so genannten organischen Suchergebnisbereich und der bezahlten oder auch „paid“-Suche. SEO-Maßnahmen beeinflussen den organischen Suchbereich und sollen damit gleichzeitig immer auch die Kosten für bezahlte Anzeigen möglichst minimieren. Denn wer über die organische Suche ganz weit vorne bei Google gelistet wird, der kann in der Regel auf die gleichzeitige Besetzung von bezahlten Werbeblöcken verzichten. Für das bezahlte Suchmaschinenmarketing gibt es einen eigenen Begriff, das so genannte SEA (Search Engine Advertising).

Das Search Engine Advertising (SEA) mittels Google AdWords und ähnlichen Werkzeugen ist nicht Bestandteil dieses Ratgebers, da man in diese Materie meist sehr tief einsteigen muss, um wirklich Erfolg haben zu können. Denn ein fundiert durchgeführtes SEA ist eine genauso komplexe Materie wie die Suchmaschinenoptimierung. Wer sich dennoch weiter informieren möchte, dem seien folgende Quellen nahegelegt:

- Die Anleitungen von Google selbst, erreichbar unter *http://support.google.com/adwords/*
- Die interaktive Link-Sammlung unter *www.winlocal.de/blog/2012/08/die-interaktive-google-adwords-anleitung-fur-kmu/*
- Das Buch *Google AdWords* von Alexander Beck (mitp, ISBN 978-3-8266-9113-3)

Der Oberbegriff beider Disziplinen ist übrigens das SEM, das „Search Engine Marketing“. Eine genauere Unterscheidung der leider oftmals widersprüchlich verwendeten Begriffe finden Sie unter *www.blogprofis.de/buch/semsea*.

Wie sich das Ganze in der Praxis darstellt, ist in Bild 1.2 zu sehen.

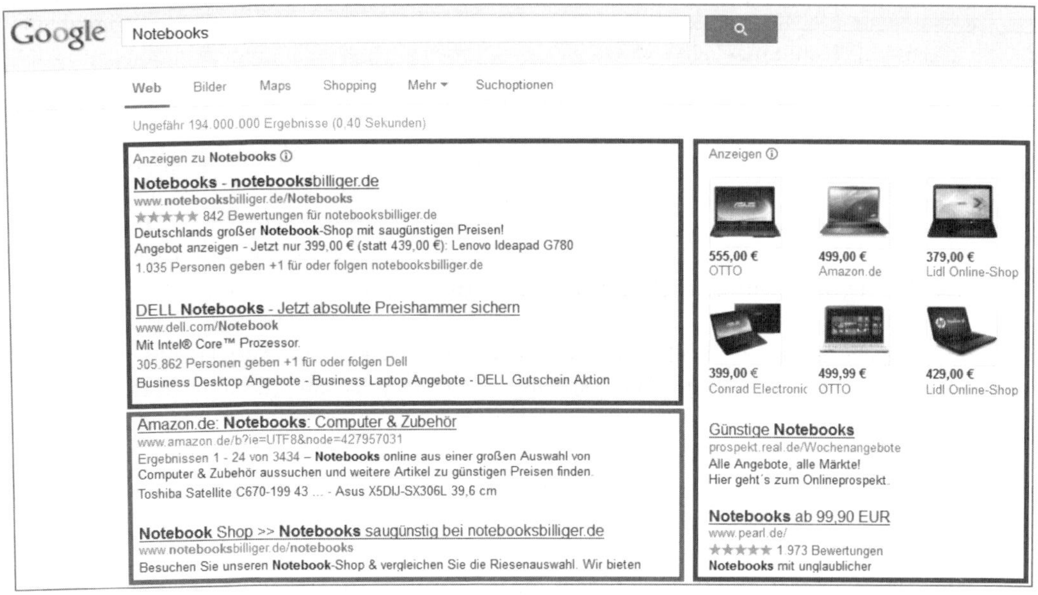

Bild 1.2 Bei dem stark umkämpften Produkt „Notebooks“ beginnt der organische Bereich erst innerhalb der Markierung links unten. Oben und rechts hingegen sind ausschließlich bezahlte Anzeigen beziehungsweise Suchergebnisse zu finden.

Google bekräftigt übrigens immer wieder, dass beide Bereiche strikt voneinander getrennt werden. Das bedeutet: Als AdWords-Kunde haben Sie im organischen Suchbereich keinerlei Vorteil. Wie Sie in Bild 1.2 sehen, kann der bezahlte Suchergebnisbereich durchaus deutlich prominenter ausfallen als der organische. Das bedeutet nicht, dass er per se eine höhere Bedeutung genießt, da

- nur bei sehr stark umkämpften Keywords der bezahlte Bereich einen solch breiten Raum einnimmt,
- nicht wenige Nutzer den rechten und auch oberen Bereich der Google-Suchergebnisse größtenteils ausblenden, da es sich nach und nach herumspricht, dort nur „Werbung“ zu erhalten,
- die inhaltliche Relevanz der bezahlten Anzeigen, ausgehend vom ursprünglichen Suchbegriff, in einigen Fällen deutlich schlechter ausfällt als im organischen Bereich. Auch das merkt sich der Nutzer schnell.

Eine SEA-Kampagne kann zudem recht schnell ein großes Werbebudget verschlingen. Um am Beispiel der „Notebooks“ zu bleiben: Ein einziger Klick eines Suchmaschinennutzers auf eine solche Anzeige würde (Stand der Drucklegung dieses Buchs) bis zu 3 Euro und mehr kosten – und dies unabhängig davon, ob sich der so generierte Besucher dann auch wirklich für die Produkte interessiert oder auch nicht. Da kann SEO im Sinne der Optimierung im organischen Suchbereich deutlich effizienter und vor allem weniger risikobehaftet sein. Ich möchte hier die Möglichkeit der Anzeigenschaltung bei Google & Co. keineswegs schlecht reden. Gerade in größeren Unternehmen werden Sie nicht darum herumkommen, mit SEO- als auch mit SEA-Maßnahmen zu arbeiten. Naturgemäß konzentrieren sich die SEOs jedoch eher auf den organischen Bereich. Womit ich ein wenig vorweggreifen möchte, dass ein guter SEO-Berater nicht unbedingt der ideale Ansprechpartner für Ihre SEA-Strategie sein muss und umgekehrt.

HINWEIS: Ebenfalls wichtig zu wissen: Wenn ein Nutzer über einen Benutzer-Account bei Google verfügt und dort angemeldet ist, so erhält er andere Suchergebnisse angezeigt als normalerweise. Diese werden beispielsweise anhand seines bisherigen Suchverlaufs personalisiert. Mit SEO-Mitteln lässt sich auf diesen Prozess nur über Google+ Einfluss nehmen (siehe hierzu Abschnitt 4.2). Denn auch Inhalte aus den Google+-Kreisen des Nutzers werden teilweise für die Personalisierung berücksichtigt. Weitere Informationen finden sich unter *www.blogprofis.de/buch/suchverlauf* und *www.blogprofis.de/buch/suchefreunde*.

Aber selbst ohne Anmeldung bei Google & Co. können weitere Faktoren die Ergebnisse von Suchmaschinen beeinflussen. Etwa, wenn der Inhalt vorheriger Abfragen mit berücksichtigt wird. Ein typisches Beispiel: Die Suche nach „Restaurant" und danach nach „Berlin". Dieser Versuch der Suchanbieter, einen kausalen Zusammenhang zu erkennen, nennt man die adaptive Suche. ■

1.2.3 Black-Hat- und Grey-Hat-SEO

Eine gute Suchmaschinenoptimierung kann über den Erfolg, aber auch über den Misserfolg eines Unternehmens entscheiden. Vor allem, wenn dieses einen Großteil seiner Umsätze über Online-Kanäle generiert oder zukünftig generieren soll. Wenn man es denn „richtig" macht, und mit ein wenig Glück, so können SEO-Maßnahmen also einen enormen Hebel erzielen. Dieser Hebel bezieht sich auf die Differenz zwischen eingesetztem Budget und resultierender Umsatzsteigerung. Das wiederum weckt Begehrlichkeiten, denen einige Suchmaschinenoptimierer mit unlauteren Methoden begegnen, die unter den Oberbegriff Black-Hat- oder auch Grey-Hat-SEO fallen. Richtlinienkonforme Suchmaschinenoptimierung läuft hingegen unter der Bezeichnung „White-Hat-SEO". Unerlaubte Methoden, das bedeutet:

- Die zum Einsatz kommenden Maßnahmen sind (ganz bewusst) nicht konform mit den Richtlinien von Google.
- Sie manipulieren in irgendeiner Form die Suchergebnislisten (die so genannten SERPs für Search Engine Result Pages), und dies auf eine für Außenstehende nicht erkennbare Art und Weise.
- Im schlimmsten Fall schaden diese Maßnahmen sogar ganz bewusst den Mitbewerbern eines Onlineprojekts, um für die eigene Seite einen Vorteil erreichen zu können (siehe *www.blogprofis.de/buch/negativranking*).

Wie Sie, insbesondere am letzten Punkt, erkennen können, ist das Black-Hat-SEO also oftmals alles andere als ein Kavaliersdelikt. Sie selbst sollten stets darauf achten, dass Ihr SEO oder Ihr Dienstleister keine solchen Maßnahmen einsetzt (dazu später noch mehr). Denn entdeckt Google oder eine andere Suchmaschine ein solches Vergehen, so können die Konsequenzen fatal sein und im schlimmsten Fall bis hin zu einer dauerhaften Verbannung aus den Suchergebnissen führen. Einige Methoden sind schlichtweg strafbar und könnten einen Mitbewerber dazu veranlassen, gerichtlich gegen Sie vorzugehen.

Hier ein Überblick über die wichtigsten Verfahren aus dem schwarzen oder zumindest dem grauen Bereich:

- Linkkauf oder Linkmiete (siehe Abschnitt 1.4.1): Weit verbreitet und gerne gemacht, aber verboten laut den Richtlinien von Google. Der Suchmaschinengigant wird immer besser darin, derartige Methoden zu erkennen.
- Die Schaffung von Brückenseiten („Doorway Pages"), die dann nach Aufruf durch den Suchmaschinenbenutzer automatisiert oder durch manuelle Aktion auf das eigentliche Ziel weiterleiten. Dies kann dann in einer Grauzone geschehen, wenn beispielsweise die Brückenseite dem Nutzer einen anderen Inhalt (etwa einen nicht werblichen) vorgaukelt, als dies bei der Zielseite der Fall ist.
- Anzeige unterschiedlicher Webseiteninhalte für normale Besucher und die „maschinellen" Besucher der Suchmaschinenanbieter (so genanntes „Cloaking", siehe *www.blogprofis.de/buch/cloaking*), etwa um einzelne verbotene Techniken vor Google & Co. verbergen zu können.
- Die Erzeugung von Backlinks durch Spam-Methoden oder gar durch für den Webmaster der Quellseite nicht erkennbare Maßnahmen (etwa versteckte Links in Anzeigen-Quellcodes oder auch im Code von Webtools externer Anbieter, die auf den eigenen Seiten integriert werden können).
- Besonders perfide: Man setzt Backlinks nicht auf sich, sondern auf Mitbewerber. Diese sind dann überoptimiert, bestehen also beispielsweise immer aus dem gleichen Keyword als Linktext. Dies wird in der Hoffnung durchgeführt, dass Google aufgrund des unnatürlichen Linkprofils den Internetauftritt der Konkurrenz abstraft.
- Im Extremfall werden fremde Seiten sogar „gehackt", man verschafft sich also unerlaubt Zugriff zu deren Administrationsbereiche und Content-Management-Systeme. Auch dabei werden meist Backlinks untergebracht, die für den Webmaster oder Betreiber möglichst unsichtbar sind.

Selbst die verstecktesten dieser Methoden sind gar nicht so selten anzutreffen. So wurde mir selbst vor einiger Zeit der Quellcode für einen Online-Rechner eines durchaus namhaften Internetportals angeboten, welchen ich als Mehrwert für meine Leser einbauen sollte. Tief versteckt in diesem Tool (und für Laien somit kaum erkennbar) waren fast ein Dutzend suchmaschinenrelevante Links, welche zu dem betreffenden Portal geführt hätten. Nicht nur ein unlauterer Versuch mir gegenüber, sondern unter Umständen auch höchst gefährlich für mein eigenes Portal, wenn Google hinter diese „Masche" kommen würde und diese dann abstraft.

HINWEIS: Worüber Sie unbedingt Bescheid wissen sollten, sind die Richtlinien von Google: Unter *www.blogprofis.de/buch/googlerichtlinien* finden Sie die komplette Bandbreite dessen, was der Suchmaschinenbetreiber an SEO-Maßnahmen zulässt, und was nicht. Zumindest grob sollten Sie diese Inhalte kennen, selbst wenn ein Dienstleister oder ein Mitarbeiter für die Suchmaschinenoptimierung verantwortlich zeichnet.

1.2.4 Organisches oder auch „natürliches" SEO

Nach so viel Schwarzmalerei kommen wir nun zu den schönen, spannenden und sogar „sportlichen" Seiten des SEOs. Sportlich deswegen, weil die nun zur Sprache kommenden Optimierungsmethoden durchaus den Ehrgeiz wecken können, sie immer weiter zu verfeinern und sich somit auf die Jagd nach den besten Ergebnissen zu begeben. Sportlich aber auch deswegen, weil sie allesamt dem „White-Hat-SEO" zuzuordnen sind. Ein Großteil der SEO-Arbeit besteht nach wie vor darin, Backlinks auf das eigene Portal zu gewinnen, das durften Sie bereits erfahren. Ebenso, dass dafür in nicht unerheblichem Maße Geld ausgegeben wird, um dieses Linkwachstum künstlich zu beschleunigen. Nicht umsonst gibt es mittlerweile zahlreiche Dienstleister und Plattformen im deutschsprachigen Raum, die nichts anderes tun, als zwischen Link-Verkäufern und Link-Käufern zu vermitteln.

Das natürliche SEO hingegen versucht, ohne diese finanziellen Anreize auszukommen. Damit ist es zwar nicht wirklich schnell und leicht zu realisieren, dafür aber deutlich risikoärmer. Und vor allem: Es ist meist günstiger, da nur der zeitliche Aufwand für die Realisierung berechnet werden muss. Man kann den natürlichen Linkaufbau damit auch als die Königsdisziplin der Suchmaschinenoptimierung bezeichnen. Möglich wird das Ganze über so genannte Linkbaits. Mit diesem Begriff der SEO-Szene bezeichnet man eine Art „Köder", der von einem Webseitenbetreiber auslegt wird, um quasi auf virale, sich selbst verbreitende Weise Backlinks von anderen Portalen zu erhalten. In der Regel handelt es sich bei diesem Lockmittel um einzigartigen Content, der für andere Webmaster, Journalisten, Blogger und sonstige Web-Autoren so spannend, hilfreich oder einzigartig ist, dass sie freiwillig auf diesen verlinken. Alleine aus dem Grund, um ihre Leserschaft auf die wertvolle Information aufmerksam zu machen. Hier eine kleine Auflistung, um was es sich bei einem solchen Köder handeln kann:

- Jegliche Veröffentlichung exklusiver Informationen aus erster Hand
- Ebenso einzigartige Statistiken, Tabellen, Hintergrundinformationen
- Kontrovers diskutierte oder auch besonders unterhaltsame beziehungsweise originelle Inhalte, Warnungen jeglicher Art (doch Vorsicht vor der Dynamik, die solche Inhalte entfalten können, ganz abgesehen von der ethischen und verantwortungsvollen Komponente)
- Nachrichten und Ratgeber, die bestimmte saisonale oder regionale Ereignisse aufnehmen, und somit jährlich oder in einem anderen Turnus immer wieder auf das Neue für Aufmerksamkeit sorgen (Ein „So meistern Sie und Ihre Familie längere Staus"-Artikel, kurz vor der Urlaubssaison, oder „Geschenke, die Mann/Frau garantiert nicht mag" kurz vor Weihnachten)

- Detaillierte Schritt-für-Schritt-Anleitungen und Ratgeberbeiträge, die ein ganz bestimmtes Problem lösen
- Die Ausschreibung eines bestimmten Preises, Siegels, Gewinnspiels oder eines sonstigen Wettbewerbs
- Umfragen, Aufrufe zu Produkt- oder Service-Feedbacks und so weiter
- Interviews mit einer bekannten Persönlichkeit oder einem begehrten Experten
- Rezensionen und Produkttests, öffentlich dokumentierte Selbstversuche
- Kostenlose E-Books, PDFs, Designs, Baupläne, Softwaretools etc. (so genannte „Freebies")
- Originelle oder informierende Auflistungen jeglicher Art („Die 10 besten ...", „Die 20 neusten ...")
- Aufwändige, lehrreiche oder einzigartige Multimedia-Inhalte, wie Videos, Audiodateien, Podcasts (siehe *http://de.wikipedia.org/wiki/Podcasting*), Bildersammlungen und mehr
- Die wieder in Mode gekommenen Infografiken (siehe *www.tagseoblog.de/infografiken-im-internet-uber-hype-und-holzwege*)
- Spendenaktionen und sonstige sozialen Aktivitäten, zu denen man andere Portale auch zum Mitmachen (und somit Mitberichten) aufrufen kann, ganz nach dem Motto „Tue Gutes und rede darüber"

Wobei ein guter Linkbait möglichst immer eine enge Zielgruppe ansprechen sollte, die zudem zum inhaltlichen Thema der eigenen Webseite passt. Denn wenn man beispielsweise eine exklusive Fachnachricht veröffentlicht, die dann von einigen wenigen, qualitativ hochwertigen anderen Portalen derselben Branche aufgegriffen und verlinkt wird, so ist dies viel wert. Deutlich mehr, als wenn man bei einem allgemeinen Gewinnspiel plötzlich Verweise aller möglichen kleinen Nischen-Webseiten erhält, von der Kfz-Community bis hin zum Modeblog. Weitere Merkmale erfolgreicher Linkbaits sind meist:

a) Es handelt sich um nicht werbliche Informationen.

b) Diese müssen in irgendeiner Form einen Mehrwert für den Leser oder Empfänger bieten.

c) Im Idealfall bildet bislang noch kein anderes Onlinemedium diesen Mehrwert ab.

Umstritten sind hingegen Aktionen, bei denen ein Backlink zur Pflicht gemacht wird. Dies nach der Art „Du erhältst E-Book x, Tool y oder Siegel z nur dann von mir, wenn du auf meine Seite verlinkst". In der Regel kommt ein solcher Zwang in der Web-Community nicht allzu gut an, zieht also, wenn überhaupt, eher Backlinks qualitativ minderwertiger Webseiten an. Auch die Suchmaschinen könnten solche künstlich geschaffenen Netzwerke leicht erkennen und dementsprechend abwerten.

Ich selbst habe sehr gute Erfahrungen mit Experteninterviews jeglicher Art machen können, die ich auf meinen eigenen Portalen veröffentliche. Nicht nur, dass diese den fachlichen Content meiner Projekte stets sehr gut und umfangreich erweitern, wenn man sich um spannende Fragen und spannende Interviewpartner bemüht. Ich nenne diese Interviews gerne auch „kleine Linkbaits". Denn zumindest der Befragte hat meist ebenfalls ein Interesse daran, den entstandenen Inhalt weiterzuverbreiten. Sei es über einen Backlink als Empfehlung oder über seine eigenen Social-Media-Kanäle. Genauso sorgen die Kontakte und „Fans" dieses Experten dafür, dass daraus eine ganze Welle an Weiterempfehlungen entstehen kann. Auch wenn man als Selbstständiger, Freiberufler oder Unternehmen sehr großzügig mit dem eigenen Wissen umgeht und seine Expertise in Form von Ratgeberbeiträgen auf der eigenen Homepage weitergibt, so ist dies in der Regel eine sehr mächtige Quelle für neue Backlinks. Denn die meisten Firmen sind diesbezüglich leider extrem verschlossen. Dies aus der unbegründeten Angst heraus, „zu viel" verraten zu können. Umso besser für Sie. Denn mit Ihrer Offenheit können Sie in einem solchen Fall gegenüber Ihren Mitbewerbern deutlich punkten. Hier ein paar willkürlich zusammengestellte Beispiele vergleichbarer Aktionen, für unterschiedlichste Branchen und Themen:

- Der Hersteller einer elektronischen Produktgruppe bringt eine detaillierte Web-Anleitung heraus, wie sich ältere Varianten eben dieses Produkts kostengünstig oder gar kostenlos „upgraden" lassen, statt dass man sich immer gleich die aktuelle Version kaufen muss.
- Ein Makler für private Krankenversicherungen veröffentlicht in seinem Firmenblog einen Ratgeber darüber, in welchen Fällen sich solch eine Police eben *nicht* lohnt.
- Der Bäcker publiziert Rezepte einiger seiner beliebtesten Köstlichkeiten oder ruft zu einem Online-Rezepte-Wettbewerb auf. Das eingereichte Gewinner-Backwerk wird dann tatsächlich auch produziert und in seinen Filialen verkauft (virales Onlinemarketing lässt sich hierdurch gut mit Offline-Marketing-Maßnahmen verknüpfen, man beachte jedoch mögliche negative Nebeneffekte, siehe etwa *www.blogprofis.de/buch/pril*).
- Ähnlich: Die Hotelkette veranstaltet einen Wettbewerb zum schönsten Urlaubsfoto aus einem ihrer Häuser. Mutiger, aber auch riskanter: Findet ein Gast tatsächlich Mängel vor, so kann er diese online und für alle sichtbar schildern und erhält eine Prämie hierfür. In solchen Fällen sind detaillierte, schriftlich fixierte Richtlinien zur Teilnahme sehr wichtig.
- Das Steuerbüro gibt online kostenlose Finanztipps, für die sich andere Kanzleien normalerweise bezahlen lassen.
- Ein Freiberufler lässt auf seinem Portal andere Experten zu Wort kommen, die eigentlich in Konkurrenz zu ihm stehen (ich sehe fast schon Ihre zweifelnden Blicke, aber ja, das gibt es tatsächlich).
- Der Autor veröffentlicht eines seiner Werke als Gratis-E-Book (Sie sehen, dieses Buch war nicht als Linkbait gedacht).

Einige der beschriebenen Möglichkeiten sind recht unkonventionell und bedürfen eines gewissen unternehmerischen Mutes. Auch müssen stets bestimmte individuelle, rechtliche Rahmenbedingungen eingehalten werden. So sollten Sie beispielsweise nur mit Inhalten arbeiten, an denen Sie auch wirklich die Rechte besitzen, und die nicht als Wettbewerbsverstoß angesehen werden könnten. Der positive Effekt auf Ihr SEO kann dafür umso größer sein, gerade wenn Sie regelmäßig mit viralen Methoden arbeiten.

PRAXISTIPP: Eine tolle Auflistung verschiedener viraler Linkaufbau-Möglichkeiten findet sich unter *www.akm3.de/blog/kreatives-linkbuilding*. Zahlreiche SEO-Experten geben dort ihren ganz persönlichen Linkbait-Tipp ab. Der Beitrag ist übrigens gleich selbst ein gutes Beispiel dafür, wie man nachhaltiges Interesse auf eine Online-Veröffentlichung ziehen kann.

1.2.5 Der PageRank

Der so genannte PageRank (kurz: PR) ist eine Art Indikator dafür, wie gut ein Internetportal und seine Unterseiten SEO-technisch aufgestellt sind. Er hat nicht unerheblich zu dem Ruf von SEO als Geheimwissenschaft beigetragen. Denn auch um ihn gab und gibt es unzählige Meinungen und Experteneinschätzungen. Gleichzeitig zeigt er eindrucksvoll, wie sehr die Suchmaschinenoptimierung im Allgemeinen und Marktführer Google miteinander verwoben sind. Schließlich geht die zu Grunde liegende Berechnungsmethode auf ein Patent von Larry Page (daher der Name PageRank) und Sergei Brin zurück, den Gründern von Google.

Der Algorithmus hinter dem PageRank ist ursprünglich rein eine Methode, um die Linkpopularität einer Internetseite zu bestimmen. Vereinfacht dargestellt ist der Indikator dabei vor allem umso höher, je mehr externe Links auf eine einzelne Seite verweisen. Er kann von PR 0 für neue und noch nicht oder kaum verlinkte Seiten (aber auch für von Google abgestrafte Projekte) bis hin zu einem Wert von 10 reichen, dem für viele eher theoretisch erreichbaren Höchstwert. So verfügen lediglich Webseiten wie die der U. S.-Regierung oder der „European University Association" über dieses Maximum an Web-Autorität. Und: Wenn eine Seite einen höheren PR hat, so gibt sie über ihre Verweise auf externe Seiten auch mehr Link-„Saft" weiter. Ein PR-4-Backlink kann also deutlich mehr wert sein, als mehrere PR-3-Backlinks, zumindest wenn man rein die Linkpopularität als Kriterium nimmt. Aus dieser mathematisch berechenbaren und von daher eigentlich recht profanen Einstufung (siehe *http://de.wikipedia.org/wiki/PageRank*) wurde jedoch schnell mehr, nämlich *das* Synonym für den Erfolg von Onlineprojekten, ja sogar für eine Art inoffizielle Währung. Denn je höher der PR für eine Internetseite ausfiel, umso mehr war diese wert, da sie ja mehr „Power" an verlinkte Projekte weitergibt. Für den Linkkauf von einer solchen Seite war und ist dieser Wert teilweise sogar in Dollar beziehungsweise Euro umzurechnen, zumindest in eine ungefähre Preisspanne. In Linkkauf-Börsen korrelieren die Preise noch heute hauptsächlich mit dem PageRank der Quellseite.

Der PageRank wurde oft totgesagt. Gerade SEO-Experten rümpfen nur noch die Nase über die Bedeutung, die er bei Laien nach wie vor genießt. Denn obwohl in den vergangenen Jahren

- die Backlink-Struktur als einst mit Abstand wichtigster Faktor für den SEO-Erfolg um immer weitere zusätzliche Faktoren ergänzt wurde und der PR von daher in seiner ursprünglichen Bedeutung als Erfolgsindikator kaum mehr etwas aussagt,
- und obwohl der PageRank sich nach oben oder auch nach unten bewegend nicht einmal direkt mit tatsächlichen Ranking-Veränderungen in den Suchergebnislisten korrespondiert,

so lautet beim gegenseitigen Austausch in Online-Kreisen meist immer noch die erste Frage: „Und, wie hoch ist dein PR?". Das liegt wohl daran, dass sich der PageRank mithilfe vieler Tools sehr einfach bestimmen lässt. Ist aber vor allem auch in der Tatsache begründet, dass es nach wie vor keinen allgemein akzeptierten Ersatz für die internationale und über alle SEO-Wissensstände hinweg bekannte Kennzahl gibt. So wird uns der Indikator wohl noch eine ganze Weile erhalten bleiben. Und weiterhin seine Magie und Freude verbreiten, wenn er im Laufe Ihrer SEO-Maßnahmen hoffentlich langsam aber stetig steigt.

Auch in diesem Buch werden Sie noch von der Kennzahl PR als vereinfachte Messlatte lesen. Ich hatte ursprünglich überlegt, ob ich den PageRank überhaupt beziehungsweise in diesem Umfang vorstellen soll. Doch gerade SEO-Einsteiger können mit ihm recht gut in die Welt der Bewertung von Onlineprojekten eintauchen und so ein Gespür für unterschiedlich erfolgreiche Seiten entwickeln. Auch ich gebe zu, dass ich nach wie vor sehr oft auf diese Zahl schiele, wenn ich mich im World Wide Web bewege. Wohl wissend, dass der PR längst nicht alles ist. Ein weiterer Wert, der Ihnen im Zusammenhang mit der SEO-Einstufung von Webseiten eventuell begegnen wird, ist der so genannte Alexa Rank. Auch dieser ist in seiner Aussagekraft aber auch in seiner Manipulierbarkeit nicht ganz unumstritten. Weitere Informationen hierzu finden sich unter *www.blogprofis.de/buch/alexa.*

PRAXISTIPP: Sie sollten wissen, welcher PR der Hauptseite aber auch den wichtigsten Unterseiten sowie den einzelnen Seitenstrukturen Ihres Onlineprojekts zugeordnet ist. Schließlich dient der PageRank als schnelle Einschätzung, wie es um den fortlaufenden SEO-Zustand Ihrer aber auch fremder Webseiten bestellt ist. Lohnt es sich, ein anderes Portal genauer anzuschauen, um mit diesem eine Online-Kooperation einzugehen, oder dort einen Gastbeitrag zu lancieren? Wie wertvoll ist der neu erhaltene Backlink? Und wie gut ist die Konkurrenz im Vergleich zu mir aufgestellt? All diese Frage kann der PR als erster Indikator nach wie vor recht zuverlässig beantworten, selbst wenn Sie im weiteren Verlauf noch weitere und deutlich ausgeklügeltere Bewertungsmechanismen kennen lernen werden.

Hier eine kleine Auswahl von Werkzeugen, um sich für jede Webseite, die Sie besuchen, den jeweiligen PageRank anzeigen zu lassen:

- *www.google.com/intl/de/toolbar/ie/index.html*
- *www.quirk.biz/searchstatus/*
- *www.seokai.com/tools/pagerank-checker/*

Sie lassen sich als Zusatz zu Ihrem Webbrowser installieren oder teilweise als reines Onlinetool nutzen.

Was ist denn nun ein „guter“, angemessener PR-Wert für ein Onlineprojekt? Dies hängt von sehr vielen Faktoren ab, etwa von der Art der zu betrachtenden Seite (handelt es sich um die Startseite oder eine Unter-unter-Seite), von deren Alter, von den Inhalten bzw. dem Thema des Onlineprojekts, aber auch von der Einstufung der vergleichbaren Seiten Ihrer wichtigsten Mitbewerber.

Bei neuen Onlineprojekten werden Sie sich freuen, wenn Sie nach einigen Monaten einen ersten PR von 1 oder gar 2 erreichen. Ein PageRank von 3 ist schon einmal ein guter Ausgangspunkt, auf den Sie stolz sein können und der Ihnen zeigt, dass Sie auf dem richtigen Weg sind. Für kleinere Projekte mit wenig Konkurrenz reicht ein vergleichbarer Wert meist sogar völlig aus, da diese eh nur begrenzt Links auf sich ziehen können. Den PR 4 kann Ihnen keiner so schnell nehmen, es sei denn, Sie machen einiges falsch (zuvor müssen Sie aber erst einmal einiges richtig gemacht haben). In den meisten Branchen ist dieser Wert eine echte Referenz, was sie deutlich etwa an den stark zunehmenden Kooperations- und Linktauschanfragen spüren werden. Danach gilt: Jeder zusätzliche PageRank-Schritt in Richtung 5 oder sogar 6 wird nicht nur deutlich mühsamer und länger auf sich warten lassen, er setzt zudem sehr gute oder eine sehr hohe Anzahl an Backlinks voraus. Und diese Liga – oder einen sogar noch höheren Wert – können Sie in der Regel ohnehin nur als sehr bekanntes, dementsprechend großes und gut vernetztes Unternehmen erreichen. Zum Vergleich: Bei Drucklegung dieses Buches verfügte die Hauptseite von BMW Deutschland oder auch von Volkswagen nach diversen Google-PageRank-Updates über einen PR von „lediglich" 6.

Mit der Zeit werden Sie ein Gefühl dafür entwickeln, welche SEO-Benchmarks in Ihrem ganz persönlichen Online-Umfeld als Mittelwert gelten. Und wie die Top-10 aufgestellt sind, an denen Sie sich messen möchten. ■

1.2.6 DoFollow und NoFollow

Hier muss ich leider etwas ausholen. Bei „nofollow" handelt es sich zunächst einmal um eine technische Auszeichnung, ein so genanntes Attribut, im Quellcode einer Webseite, die bei einer Verlinkung zum Einsatz kommen kann. Dabei spielt es keine Rolle, ob dieser Link auf ein externes Portal führt, oder einem internen Verweis dient. Normalerweise ist ein Link innerhalb eines Quellcodes wie folgt aufgebaut:

```
<a href="URL des Linkziels">Linktext</a>
```

Ein NoFollow-Link sieht hingegen so aus:

```
<a href="URL des Linkziels" rel="nofollow">Linktext</a>
```

Er ist also mit dem entsprechenden Attribut versehen. Was hat dies nun für eine Auswirkung? „Mithilfe von nofollow können Webmaster Suchmaschinen die Anweisung erteilen, einzelne oder alle Links auf einer Seite nicht zu verfolgen", so sagt es Google. Vereinfacht ausgedrückt, interessiert sich eine Suchmaschine nicht für einen NoFollow-Link beziehungsweise verfolgt die zugehörige Ziel-Webseite nicht weiter. Das bedeutet gleichzeitig aber auch, dass ein mit „nofollow" versehener Link für die Zielseite keine positive SEO-Wirkung hat. Er zählt bei der positiven Bewertung, die Backlinks normalerweise genießen, schlicht und einfach nicht mit. Sprich: Verweisen zehn externe Links ohne das Attribut auf Ihre Homepage, so registriert Google dies als positiv. Sind es hingegen zehn externe NoFollow-Links, so hat dies für Google selbst beziehungsweise für seine Ranking-Einstufung Ihrer Webseite keine Relevanz.

HINWEIS: Dies ist die Ursache dafür, dass NoFollow-Links als „wertlos" gelten. Das sind sie aber keinesfalls. Denn zum einen können über diese Verweise natürlich genauso Besucher von der externen Seite auf Ihr Portal kommen. Der Internetnutzer selbst erfährt schließlich nichts von dem Attribut. Es ist für ihn nicht sichtbar und hat auch keinerlei Bedeutung für seine Suche nach werthaltigen Informationen.

Zum anderen wirken NoFollow-Links indirekt. Etwa, indem Suchmaschinen ein Auge darauf haben, in welchem Verhältnis NoFollow- und „normale“ Links auf ein Onlineportal verweisen. Denn eine zu einseitige Verwendung von suchmaschinenrelevanten Verweisen, die auf das Attribut „nofollow“ verzichten, können als Hinweis für unlautere Methoden gedeutet werden. Beispielsweise für den so genannten Linkkauf (siehe hierzu Abschnitt 1.4.1 sowie die Erläuterungen von Google unter *www.blogprofis.de/buch/verkauftelinks*). Der Beitrag unter *www.seo-trainee.de/warum-nofollow-links-besser-sind-als-ihr-image/* macht die Hintergründe der keineswegs nutzlosen NoFollow-Verwendung auf sehr anschauliche Weise deutlich.

Warum verwenden Internetseiten und Webmaster nun überhaupt dieses Attribut? Nun:

- Portale, bei denen Nutzer selbst einen Link eintragen können, etwa innerhalb der Kommentarfunktion von Blogs oder in Web-Verzeichnissen, haben oft massenweise mit Spam zu kämpfen. Teilweise automatisiert, wird dabei von anderen Webseitenbetreibern versucht, einen suchmaschinenrelevanten Backlink zu erhalten, um das eigene SEO zu stärken. Die Kommentarfunktion wird also ausschließlich zu diesem Zweck missbraucht. Kommt nun das NoFollow-Attribut zum Einsatz, so sinkt die Attraktivität dieser Links deutlich – und damit auch die wenig ernst gemeinten Spam-Einträge.
- Google schreibt bei gekauften Werbelinks vor, dass das Attribut NoFollow eingesetzt werden muss (siehe hierzu ebenfalls die eben erwähnten Erläuterungen des Suchmaschinenanbieters). Alles andere widerspricht den Google-Richtlinien und kann bis hin zum Ausschluss aus dem Suchindex führen. Damit soll verhindert werden, dass Verweise, etwa innerhalb von Werbeanzeigen, ausschließlich der Verbesserung des eigenen SEO dienen und nicht der Generierung von Besuchern als eigentlichem Zweck. Denn innerhalb des Internets ist eine Art Schwarzmarkt für bezahlte SEO-relevante Links entstanden (der eben erwähnte Linkkauf). Google möchte dies unterbinden, da es den Wettbewerb unter den Portalen verzerrt, und gute Suchmaschinenpositionen damit teilweise erkauft werden können. Worunter wiederum die Qualität von Googles Suchergebnissen leidet.
- Unter der Verwendung des Attributs für interne Verweise konnte man früher steuern, welche Bereiche des eigenen Portals von Google eher berücksichtigt werden sollten und welche nicht. Also quasi seiteninternes SEO betreiben. Grob beschrieben, war dies in etwa so: Zeigte die Startseite auf vier Unterseiten, so bekam jede dieser Unterseiten ein Viertel der „SEO-Power“ und des PageRanks der Hauptseite ab. Wurde nun einer dieser internen Links auf NoFollow gesetzt, so verteilte sich die Startseiten-SEO-Power zu nur noch drei Teilen auf die restlichen Unterseiten. Diese profitierten, während die mit NoFollow verlinkte Seite geschwächt wurde. Typischerweise handelte es sich um solche Seiten, die keine Relevanz im Ranking von Google haben sollten, wie etwa das Impressum.

Die Verwendung der Vergangenheitsform im letztgenannten Punkt zeigt bereits, dass Google dem in großen Teilen einen Riegel vorgeschoben hat. Was sich jedoch bei vielen Webseitenbetreibern noch nicht herumgesprochen zu haben scheint.

HINWEIS: Die Steuerung der portalinternen SEO-Vererbung (zu der auch andere technische Methoden gehören) bezeichnet man als PageRank Sculpting. Durch einige Änderungen bei Google ist diese Disziplin deutlich komplexer geworden, wie eben beschrieben. Am Anfang des Kapitels ging es um die Frage, welche SEO-Aspekte Sie selbst übernehmen können. Das PageRank Sculpting gehört definitiv nicht dazu. Hier sollten Sie sich auf die Ratschläge eines SEO-Profis verlassen. Andererseits darf man den zu erzielenden Effekt nicht überschätzen. Zugehörige Maßnahmen machen jedoch beispielsweise dann Sinn, wenn Google Ihre Besucher vermehrt auf die „falschen“ Bereiche Ihres Onlineportals lenkt und dies nicht rein über die Umverteilung von Keywords optimiert werden kann. ■

Und was ist nun „DoFollow“? Lediglich eine Bezeichnung für das Gegenteil von „NoFollow“. Denn es gibt kein gleichlautendes DoFollow-Attribut. Als DoFollow-Link bezeichnet man schlicht und einfach jene Verweise, die auf das NoFollow-Attribut verzichten und damit suchmaschinenrelevant sind.

Ich hoffe, Ihnen raucht nun nicht der Kopf. Wir sind hier bei einem Thema angelangt, was zu den komplexeren Bestandteilen der Suchmaschinenoptimierung zählt, und das man noch beliebig vertiefen könnte. Keine Angst, es folgen auch wieder verständlichere Bereiche. Nur noch ein kleiner Hinweis dazu, wie man NoFollow-Links erkennen kann. Schließlich möchten Sie wissen, wie etwa Ihre Kooperationspartner und andere Webseiten auf Ihr Portal verlinken. Und das, ohne jedes Mal in den Quelltext schauen zu müssen.

Es gibt diverse Tools, um NoFollow-Links sichtbar zu machen (siehe Bild 1.3). Ich selbst verwende SearchStatus (*www.quirk.biz/searchstatus/*), eine Erweiterung für den Firefox Browser. Diese kennen Sie bereits aus den Tipps für Werkzeuge, welche den PageRank einer Webseite ermitteln. Weitere Werkzeuge finden sich über die Google-Recherche „NoFollow Links anzeigen lassen“.

Bild 1.3 Das Tool SearchStatus hebt alle mit NoFollow versehenen Links hervor, während man eine Webseite besucht – hier am Beispiel einer bekannten Onlinezeitung.

1.2.7 Die Google-Updates – oder was SEO mit Einfühlungsvermögen zu tun hat

Wie bereits angedeutet, arbeitet insbesondere der Marktführer unter den Suchmaschinen Google intensiv daran, die Qualität seiner Ergebnislisten immer weiter zu optimieren. Hochwertige und möglichst „treffende" Resultate sollen die Empfehlungen anführen. Denn um nichts anderes als eine Art Empfehlung handelt es sich ja, wenn der Suchschlitz auf eine beliebige Anfrage dazu passende Antworten ausspuckt. Solange Google oder Bing und weitere Anbieter noch nicht tatsächlich verstehen können, was ein Nutzer meint, wenn er „Schloss kaufen Berlin" eingibt (Will er sein Eigenheim oder sein Fahrrad sichern? Oder eine exklusive Immobilie erwerben? Was ist also ein „Schloss", was „kaufen", und was „Berlin"?), so muss ein Algorithmus aus unzähligen indirekten Faktoren dafür sorgen, dass die angezeigten Einträge und Webseiten die gestellte Frage zumindest näherungsweise beantworten. Die Gewichtung innerhalb der Bestandteile dieser Algorithmen verlagert sich zunehmend auf Faktoren, welche ein Indiz für inhaltliche Qualität in sich bergen.

Egal ob Sie SEO zukünftig selbst betreiben oder in Auftrag geben wollen: Es schadet nie, zumindest die wichtigsten Google-Updates der vergangenen Jahre zu kennen. Denn früher oder später werden Sie Diskussionen begegnen, die sich um possierliche Tiere wie „Pandas" oder „Pinguine" drehen. Man wird Sie dann ernster nehmen, wenn Sie wissen, dass es sich in diesem Fall um Begriffe aus der Sphäre der Suchmaschinenoptimierung handelt, und nicht um die Bewohner des städtischen Tierparks. Wobei sich (wie Sie bei den nachfolgend aufgelisteten Updates schnell erkennen werden) die einzelnen Filter und ihre Wirkungsweisen oft nur schwer voneinander trennen lassen. Auch wirklich gesicherte Rückschlüsse der SEO-Szene sind nur bedingt möglich, etwa was zu tätigende Gegenmaßnahmen anbelangt. Für Sie ist es von daher nur wichtig, die generellen Prinzipien und Ideen hinter den Google-Updates zu ergründen: Was will der Marktführer mit seinen Optimierungsschritten bezwecken? Welches Update weist in welche Richtung? Welche neuen Signale werden ausgewertet, und bauen diese jeweils aufeinander auf? Denn die gesamte Suchmaschinenoptimierung hat viel mit Psychologie und Einfühlungsvermögen zu tun.

Stellen Sie sich vor, Sie sind bei Google als Manager dafür zuständig, die Qualität der Suchergebnislisten zu optimieren. Wie würden Sie vorgehen? Woran würden Sie versuchen, zu bemessen, was ein „richtiger", ein „eher richtiger", ein „falscher" und ein „eher falscher" Treffer ist? Und wenn Sie bereits zahlreiche Maßnahmen aus diesen Überlegungen heraus in den Algorithmus eingearbeitet haben, was wären die logischen nächsten Schritte? Wenn Sie sich diese Fragen stets vergegenwärtigen, so werden all die vergangenen aber auch noch kommenden Google-Updates einen roten Faden ergeben. Berücksichtigen Sie dann noch, was an weiteren Maßnahmen und Berechnungsgrundlagen zukünftig kommen beziehungsweise herangezogen werden *könnte*. Verstehen Sie jetzt, warum ich von der Suchmaschinenoptimierung als sportlicher Herausforderung sprach?

Eine schöne zeitliche Auflistung aller (oder besser gesagt aller bekannten) Updates von Google findet sich, leider nur englischsprachig, unter *www.seomoz.org/google-algorithm-change*. Auch einige der in Abschnitt 2.5.2 aufgeführten Onlinemagazine und Blogs sollten Sie regelmäßig verfolgen, um eventuelle Ausschläge in Ihren SEO-Erfolgszahlen einem neuen Update zuordnen zu können.

Unter *www.sistrix.de/google-updates/* verspricht ein SEO-Tool-Anbieter, die Auswirkung diverser Google-Updates auf Ihr Internetportal anzuzeigen. Die Resultate sollten jedoch, gerade von Laien, mit Vorsicht interpretiert werden. Regelmäßig ausgerufen werden Gewinner und Verlierer der Updates (etwa hier: *www.sistrix.de/news/indexwatch-2012-gewinner/*). Dies zu beobachten, macht durchaus Sinn. Lässt sich schließlich nur hierüber erkennen, ob gegebenenfalls die eigene Branche/der eigene Portaltyp betroffen ist.

Das Florida-und Austin-Update

Die ersten größeren Updates, die in SEO-Kreisen rund um das Thema „Qualität der Ergebnislisten" diskutiert wurden, waren „Florida" (Ende 2003) und Austin (Anfang 2004). Im Vordergrund standen dabei insbesondere

- die Filterung sehr stark SEO-überoptimierter Seiten,
- eine Abwertung kommerzieller Portale im Vergleich zu nicht-kommerziellen (zu erkennen etwa, wenn Werbeanzeigen, Shop-Systeme, Affiliate-Links – siehe *http://de.wikipedia.org/wiki/Affiliate-Marketing* – oder Ähnliches eingebaut sind),
- die zunehmende Einführung von Trust-Faktoren zur Identifizierung besonders vertrauenswürdiger Webseiten, die fortan als eine Art Referenz dienten,
- die wachsende Berücksichtigung lokaler Suchergebnisse (mit dem 2012 erfolgenden so genannten „Venice"-Update wurden diese Effekte noch deutlich weiter ausgebaut, so dass Person A in B beheimatet in der Regel nicht mehr dieselben Suchresultate angezeigt bekommt, als C aus D. Was durchaus Sinn macht, denn wenn ich in Flensburg wohne beziehungsweise dort im Web „surfe" und nach einem Augenarzt suche, dann interessiert mich kein Optiker aus Garmisch-Partenkirchen) sowie
- eine stärkere Gewichtung der Themenrelevanz bei Verlinkungen. Das bedeutet, dass Backlinks zu thematisch ähnlichen Beiträgen und Webseiten eher berücksichtigt werden, als wenn beispielsweise das Portal eines Bäckers zu einem Sonnenstudio verweist.

Wie kann eine Suchmaschine denn erkennen, ob es sich um eine überoptimierte Seite handelt, werden Sie sich nun wahrscheinlich fragen. Anhand eines rein hypothetischen, sehr vereinfacht dargestellten Beispiels möchte ich Ihnen dies verdeutlichen. Stellen Sie sich vor, Sie nutzen in Ihrem Content-Management-System ein Werkzeug, welches den Title-Tag (mehr hierzu in Abschnitt 1.4.3) der einzelnen Unterseiten Ihres Onlineportals immer auf maximal 70 Zeichen begrenzt, da Sie irgendwo gelesen haben, das sei SEO-mäßig ganz gut so. Wenn Google nun feststellt, dass alle Portale, die derart vorgehen, in Stichproben eher zu den „falschen" Suchergebnissen zählen, so könnte schnell ein neuer Filter bzw. ein neues Kriterium eingebaut werden. Dieses hieße dann so ähnlich wie „Title-Tag-überoptimierte Seite".

Selbst wenn es noch hunderte oder gar tausende weiterer Kriterien gäbe, Sie also niemals ausschließlich aufgrund dieser doch eher harmlosen Maßnahme den Zorn der Suchmaschinenbetreiber auf sich ziehen: Fallen Ihre Webseiten in das Raster von zwei/drei/vier solcher Überoptimierungsfilter, so könnte ein übergeordneter Schalter nach dem Motto „genug ist genug“ entscheiden, dass Ihr Projekt in den Rankings ein wenig zurückrutscht. Unterschätzen Sie also niemals die pure Datenmacht der Suchmaschinenbetreiber. Wenn Sie sich dafür interessieren, wie aus einer riesigen Ansammlung von Daten vergleichbare Muster herausgelesen werden können, sollten Sie sich einmal zu den faszinierenden Methoden des so genannten „Data Mining“ schlau machen, eine Disziplin der „Business Intelligence“ (siehe etwa das Buch von Tom Gansor, *Von der Strategie zum Business Intelligence Competency Center*, Carl Hanser Verlag, ISBN 978-3-446-42133-2).

Das Bourbon-Update

Hierbei handelt es sich um ein relativ kleines Update aus dem Jahre 2005, das dennoch die alltägliche SEO-Praxis stark beeinflusst. Man geht davon aus, dass Google mit dieser internen Optimierung stärker zwischen gegenseitiger Verlinkung (Portal A verweist auf Portal B und umgekehrt, die so genannte reziproke Verlinkung) und einseitiger Verlinkung unterscheidet. Der Gedanke hinter dieser Einschätzung ist folgender: Verweist eine Webseite auf eine andere, ohne dass ein Gegenlink erfolgt, so handelt es sich in der Regel eher um eine unabhängige (und damit höherwertige) Empfehlung für die Zielseite, als wenn eine gegenseitige Erwähnung vorgenommen wird. Zwei Dinge gilt es hierbei zu beachten, die uns auch im weiteren Verlauf noch weiter beschäftigen werden:

- Wer nun denkt, generell auf solche Rückverweise verzichten zu müssen, indem man beispielsweise im Pressebereich der eigenen Unternehmenswebseite nicht auf Onlineerwähnungen anderer zurückverlinkt, der wird nicht nur möglicherweise zu einseitig im Sinne der Überoptimierung vorgehen. Man ist sich mittlerweile sicher, dass Verlinkungen nach außen durchaus ebenfalls eine Art positives Ranking-Kriterium darstellen. Durch einen solchen „Link-Geiz“ werden andere Portale weniger häufig bereit dazu sein, auf Sie selbst zu verlinken (siehe hierzu Abschnitt 1.4.1).
- Manche schlauen Zeitgenossen meinen, die direkte Verlinkung, etwa anlässlich eines Linktauschs der Art „Ich helfe deinem SEO, du meinem“, wie folgt umgehen zu können: Indem man einfach ein weiteres Portal dazwischenschaltet (nicht-reziproker Linktausch: Domain A in Ihrem Besitz verlinkt auf B des Tauschpartners, Domain C des Tauschpartners dafür auf D von Ihnen). Suchmaschinen können solche Mechanismen durchaus erkennen, selbst in komplexeren Varianten. Gerade gehäuft beziehungsweise von den immer gleichen Portalbetreibern aus auftretend, dürfte dies als Zeichen eines Manipulationsversuchs interpretiert werden.

Google weiß eine ganze Menge von Ihnen, ich kann es leider nicht oft genug betonen. Das ist keinerlei Grund zur Panik, solange Sie in Ihrer Backlink-Strategie nicht zu einseitig vorgehen und nicht, wie im genannten Fall, ausschließlich oder zum Großteil mit Linkpartnerschaften jeglicher Art arbeiten.

Das Panda-Update

Ich überspringe nun eine ganze Reihe kleinerer Updates, die für Sie nicht von größerer Relevanz sind. Im Februar 2011 (in Deutschland hauptsächlich ab August 2011) sorgte eine Optimierung des Google Algorithmus namens „Panda" für so viel Aufsehen, nicht nur in der SEO-Szene, dass viele Webseitenbetreiber vermutlich das erste Mal realisierten, dass solche mehr oder weniger offiziellen Updates überhaupt existieren (Google selbst äußert sich zu seinen Updates meist nur sehr sporadisch, die Deutung sowie die Namensgebung erfolgt in der Regel aus der SEO-Szene selbst).

Um Ihnen die Bedeutung einer solchen Maßnahme einmal zu verdeutlichen:

- Panda sorgte bei den SEOs und Webseitenverantwortlichen gleichermaßen entweder/oder für Panik, Resignation, Wut auf der einen Seite sowie Begeisterung, Erleichterung, Aufbruchstimmung auf der anderen Seite.
- Das Update dürfte so manchen SEO arbeitslos oder um einige Auftraggeber ärmer gemacht haben.
- Von manchen wurde die Disziplin der Suchmaschinenoptimierung mit Panda und dem Pinguin (dazu gleich mehr) gar für „tot" erklärt.
- Die Spekulationen darüber, was Google mit diesem Update erreichen wollte und was als nächstes käme, nahmen teilweise fast schon weltverschwörerische Züge an.
- Panda ist ein langfristiger Prozess. Man geht davon aus, dass Google hier seine Daumenschrauben über Monate und gar Jahre immer weiter anzieht. Die Anpassung entsprechender Filter sorgt in diesem Fall dafür, dass immer wieder einmal neue Portale betroffen sind.

Was macht nun dieses ominöse Panda-Update (in Wirklichkeit handelte es sich um zahlreiche kleinere Updates, die zu einer ganzen Serie gehören und bis heute immer weiter verfeinert werden), was es mit einer solchen Macht und Eigendynamik ausstattet? Es bündelte gleich einen ganzen Blumenstrauß an neuen oder zumindest erweiterten Qualitätskriterien. Es wirkte sich auf sehr viele Portale aus, selbst sehr kleine oder neue Webseiten und Blogs waren betroffen. Man geht davon aus, dass mit dem Panda-Update unter anderem und in jeweils unterschiedlicher Gewichtung folgende Bestandteile berücksichtigt werden:

- Webseiten mit einem hohen Anteil an Werbeflächen
- Portale mit viel doppelten Inhalten (Duplicate Content), die also nicht exklusiv dort veröffentlicht sind
- Seiten mit „dünnen", also durch das ganze Projekt hindurch wenig umfangreichen Inhalten
- Automatisiert erstellte Texte, Produktinformationen, -Listen und Ähnliches in auffällig hohen Anteilen
- Sich auf den einzelnen Unterseiten sehr stark wiederholende Inhaltsbestandteile und Keywords
- Proportional gesehen zu prominent und zu oft eingebundene Affiliate-Links
- Qualitativ minderwertige Backlinks
- Generell Webseiten mit wenig Mehrwert, wie Artikel- und Webverzeichnisse, Frage-/Antwortseiten, Linklisten, Content-Aggregatoren, einzelne Foren und so weiter

In sämtlichen Webmaster- und SEO-Blogs konnte man heiße Diskussionen verfolgen. Während die einen beklagten, einen signifikanten Rückgang ihres PageRanks oder gar die komplette Streichung aus dem Index aufgrund des Updates erfahren zu haben, freuten sich die anderen über einen deutlichen Anstieg sowie eine deutlich bessere Positionierung bei Google. Einige SEO-Experten glauben, dass mittlerweile jede einzelne Webseite, also auch Unterseiten, durch Google auf verdächtige Faktoren hin überprüft wird, zumindest rudimentär.

Generell lässt sich sagen, dass das Panda-Update zu einer Renaissance des bereits erwähnten Stichworts „Content is King" geführt hat. Denn zusammenfassend wurden Webseiten mit wenig, wenig abwechslungsreichen oder wenig nützlichen Inhalten abgestraft, während eigen recherchierende und publizierende Nachrichten- und Content-Seiten jeglicher Art eine Aufwertung erfuhren. Nicht umsonst waren die meisten Blogger deutliche Gewinner des Updates (siehe Abschnitt 4.8) und begrüßten von daher auch die Maßnahmen des Suchmaschinen-Primus. Es wurde schnell klar, dass es in Zukunft nicht mehr ausreichen würde, irgendwelche billig erstellten oder wahllos eingekauften Inhalte zu publizieren. Es musste schon originelle und für den Leser hilfreiche Substanz hinter den Webtexten stecken, um Google beeindrucken zu können. Keine Sorge, auch diese Mechanismen werde ich noch ausführlicher behandeln. Ein gutes Beispiel dafür, mit welchen strategischen Ansätzen einige SEOs dem Panda- und anderen Updates zu entkommen versuchen, liefert zum Beispiel der Beitrag unter *www.seokai.com/panda-checkliste/*. Vergleichbare Berichte sowie Erkenntnisse daraus sollte man jedoch nicht eins zu eins nachahmen, denn dazu sind die Ausgangssituationen zu unterschiedlich. Sie können immer nur Anregungen liefern und sollten zusammen mit einem SEO-Profi diskutiert beziehungsweise umgesetzt werden.

Das Panda-Update wird, wie bereits erwähnt, ständig um neue Varianten erweitert, teilweise fast schon im wöchentlichen Rhythmus. Zudem weist vieles darauf hin, dass es zukünftig auch länderspezifische Panda-Updates geben wird, etwa für den deutschsprachigen Raum. Damit könnte Google die Qualität von Portalen hier zu Lande noch deutlich besser abschätzen. Selbst für einzelne Branchen werden spezifische Updates ausgerollt, etwa für den eCommerce-Bereich.

Vom Panda zum Pinguin

Schon das im April und Mai 2012 eingespielte nächste umfangreiche Update, ebenfalls mit einem einprägsamen Tiernamen versehen, sorgte für einen weiteren Paukenschlag. Für die SEO-Gemeinde (oder zumindest einen Teil dieser) war der „Pinguin" (im Original Penguin) von Google sogar noch schmerzlicher. Traf er doch ein Herzstück der Suchmaschinenoptimierung: Den Linkaufbau. Pinguin gilt mit als Grund dafür, dass seit diesem Zeitpunkt sehr viel mehr in den Kategorien „guter" und „schlechter" Backlink gedacht wird, mit einigen Schattierungen dazwischen natürlich (siehe Abschnitt 1.4.1). Obwohl auch andere Updates zugehörige Signale auswerten.

Der Suchmaschinenbetreiber zeigte mit seinen jüngsten Updates sehr eindrucksvoll, dass er sich durchaus über die Mechanismen kauf- und mietbarer Links bewusst ist. Und dass er diese auch immer öfter als solche erkennen kann (siehe hierzu beispielsweise das Interview unter *www.seo-united.de/blog/seo/matt-cutts-uber-linkkauf.htm*). Zwar überbieten sich die Beiträge einiger SEOs seither vor Panikmache. Diese ist nicht immer und in allen Punkten gerechtfertigt. Fakt bleibt jedoch: Nur wer wirklich sauber arbeitet und die Google Richtlinien beachtet, der muss sich keine oder nur wenige Sorgen machen. „Wenige" deswegen, da ein Update in seltenen Fällen auch die Falschen treffen kann. Analysen zeigen übrigens: Wird eine Webseite aufgrund eines Google-Updates abgestraft, so sind die Auswirkungen meist von längerer Dauer. Das kann selbst dann der Fall sein, wenn sich der Portalbetreiber darum bemüht, die Missstände zu beseitigen.

HINWEIS: Eine eigene, recht aufschlussreiche Einschätzung des Google-Teams zum Pinguin-Update ist unter folgender Adresse nachzulesen, wo auch noch auf weitere Faktoren der Bemessung von Link- und Content-Qualität eingegangen wird: *www.blogprofis.de/buch/penguin*. Anhand der hierüber aufgerufenen Internetadresse sieht man übrigens, dass selbst Google Fehler bei der Optimierung von Links unterlaufen. So fehlt in der URL in „manahme“ das korrekt zum „ss“ konvertierte „ß“. Der Beitrag ist in Google selbst also eher unter „manahme“ aufzufinden – wonach natürlich niemand suchen wird – als unter „Maßnahme“). ■

1.3 Bestandteile und Ziele einer umfassenden SEO-Strategie

Nicht wenige (Online-) Marketingverantwortliche, Selbstständige und Unternehmer machen den Fehler, dass sie relativ plan- und ziellos an die nicht gerade anspruchslose Aufgabe der Suchmaschinenoptimierung herangehen. Dies liegt einerseits in einem mangelhaften Wissen der zu Grunde liegenden Mechanismen begründet, wird aber andererseits durch die vielen verschieden kursierenden SEO-„Wahrheiten“ noch zusätzlich begünstigt. Mangelndes Durchhaltevermögen angesichts fehlender, schneller und vor allem sichtbarer Erfolge, dies spielt sicherlich ebenfalls eine nicht zu vernachlässigende Rolle. Und dann wird eben da einmal ein relativ ziellos ausgewählter Backlink gekauft, hier für ein paar Monate ein externer SEO engagiert, und dort der Seiteninhalt neu strukturiert. Aber alles ohne die einzelnen Maßnahmen untereinander abzustimmen. Es fehlt schlicht und einfach ein roter Faden, der sich durch die gesamten Optimierungen zieht.

Um nun selbst die Bausteine einer nachhaltig wirkenden Strategie bestimmen zu können, ist es wichtig, sich zunächst ein paar grundlegende Fragen zu stellen. Wo möchte ich überhaupt hin? Was will ich mit SEO erreichen? Was sind die Minimal- aber auch die Maximal- beziehungsweise die Wunschziele? Erst nach der Beantwortung solcher Fragen können Sie sich weiter mit dem „*Wie* soll dies erreicht werden?“ und dem „*Wer* soll dies machen?“ beschäftigen.

1.3.1 Was zu einer SEO-Strategie gehören kann

Ich greife nun einigen Folgekapiteln vorweg. Dennoch möchte ich Ihnen an dieser Stelle einen Überblick darüber geben, was alles im Rahmen einer umfassenden SEO-Strategie zu berücksichtigen ist. Was nicht gleichsam bedeutet, dass Sie all diese Handlungsfelder zukünftig auch tatsächlich angehen müssen oder besser können (Stichwort Know-how, Ressourcen und Budget):

- Festlegung der einzelnen Ziele, gegebenenfalls aufgeteilt auf einzelne Portalbereiche (Unternehmensdarstellungen, E-Shop, Onlinemagazin, Blog, Kundenbereiche, Foren ...)
- Analyse und anschließende Optimierung der Programmierung/des Quellcodes Ihres Onlineprojekts; ebenso die Optimierung der technischen Infrastruktur (unter anderem das Webhosting)
- Überprüfung und ggf. Korrektur der Seiten- und Datenstrukturen (Menüführung, Seitenbereichsaufteilung, interne Verlinkung, zielführende Suchfunktionalität und Ähnliches)
- Überarbeitung und fortlaufende Erweiterung der Inhalte (Content) sowie der Meta-Inhalte (siehe Abschnitt 1.4.3)
- Zielführende Keyword-Analyse, -Findung und -Pflege
- Linkaufbau
- Integration von Werkzeugen jeglicher Art, die der besseren Auffindbarkeit bei Google dienen (Content-Widgets, Rich Snippets etc.)
- Umfassende Social-Media-Anbindung, ebenso Einbindung von lokalen Diensten
- Aufbau von mobilen Portalvarianten
- Erfolgsmessung sämtlicher Maßnahmen

Aber auch eher periphere Aufgabenstellungen gehören zu diesem Prozess, wie etwa die Analyse der Fragen:

- Welche sind eigentlich die Zielgruppen, die ich ansprechen möchte?
- Wie können diese Zielgruppen segmentiert werden, um jede einzelne mit spezifischen SEO-Maßnahmen und eigens hierfür eingerichteten Portalbereichen noch effizienter adressieren zu können?
- Was erwarten die Besucher von meiner Webseite, den Inhalten oder gar von mir und meinem Team persönlich? Welches Problem oder Bedürfnis soll mein Auftritt lösen beziehungsweise befriedigen?
- Wie ist es um die Benutzerfreundlichkeit des Portals bestellt, sind meine Inhalte barrierefrei (siehe *www.einfach-fuer-alle.de*)?
- Wie zielführend können die Seitenbesucher mit mir in Interaktion treten?
- Welche weiteren Bedürfnisse beziehungsweise Besucherrollen möchte ich berücksichtigen (Kunden versus potenzielle Kunden und Interessenten, Partner, Lieferanten, Mitarbeiter, potenzielle Mitarbeiter, Presse und vieles mehr)?

Manche der genannten Punkte werden Ihnen möglicherweise etwas seltsam vorkommen, etwa die Frage nach den anzusprechenden Zielgruppen. Schließlich setzt man voraus, dass ein existierendes Unternehmen eben diese Frage längst umfassend für sich beantwortet hat. Ich bin in meinem Berateralltag jedoch immer wieder aufs Neue erstaunt darüber, wie oft die Diskussion um die „richtigen" im Sinne von unternehmensrelevanten Zielgruppen doch noch einmal angestoßen wird. Gerade dann, wenn es um eine neu zu erarbeitende Onlinemarketing-Strategie geht. Denn im Zuge einer solchen können nicht selten neue beziehungsweise inhaltlich leicht verschobene Zielgruppen auftauchen, die man zuvor entweder nicht berücksichtigen wollte oder nicht konnte. Stellen Sie sich vor, Sie etablieren in

Ihrem Unternehmen erstmalig einen Online-Verkaufsprozess. Egal, ob für reale Waren oder aber für Dienstleistungen. Schon damit werden sich Ihnen neue Kundenpotenziale und damit auch Zielgruppen erschließen. Oder aber, Sie möchten Ihrem Unternehmen mit der neuen, optimierten Webseite gleich ein jüngeres, „frischeres“ Erscheinungsbild und damit Image spendieren. Auch das wird starke Auswirkungen darauf haben, wer sich von Ihren Lösungen zukünftig angesprochen fühlt und wer nicht (mehr).

Der reinen SEO-Technik sind Ihre Zielgruppen relativ egal. Zumindest bis zu dem Punkt, an dem Sie sich für eine Reihe von Keywords entscheiden müssen, über welche Sie zukünftig hauptsächlich in den Suchmaschinen gefunden werden wollen. Für eine SEO-Strategie sind sie hingegen von elementarer Bedeutung. Und es geht noch weiter: So müssen Sie, gerade im Keyword-Umfeld, nicht nur wissen, welche Ihre Zielgruppen sind. Sondern auch, welche ganz konkreten (Online-) Bedürfnisse diese haben, wonach diese also bei Google & Co. ganz konkret suchen.

Als kleines Beispiel dient mir eine Manufaktur für hochwertige Herrenmode, auf deren Internetauftritt ich vor einigen Monaten zufällig gestoßen bin. Dieses sehr traditionelle und seit Generationen bestehende Unternehmen im Familienbesitz hatte sein Onlineportal um ein modernes Layout, einen tollen Shop und viele weitere äußerst gelungene Elemente erweitert, um sich damit „fit für die Zukunft“ zu machen. Wenn in einem solchen Fall jedoch nicht auch die Inhalte, Keywords und sonstigen SEO-relevanten Bestandteile auf die neue Situation und die neuen Zielgruppen hin angepasst werden, so kann alleine daran die gesamte Strategie der Erneuerung scheitern.

Das kann sich bis hin zu kleinen Details ziehen, etwa, wenn im Herrenmoden-Umfeld heutzutage das Keyword „Hemd Slim“ deutlich eher gefragt ist, als das frühere „Herrenhemd tailliert“ (siehe Bild 1.4 sowie die Recherchemöglichkeiten mit dem Google AdWords Keyword Tool in Abschnitt 1.5.2). Für nahezu alle Branchen gibt es ähnliche Beispiele, die eine fundierte Analyse voraussetzen. Sonst sind neue oder erweiterte Online-Geschäftsmodelle schnell zum Scheitern verurteilt, und keiner weiß warum. Denn man hat sich ja so viel Mühe mit dem Erscheinungsbild gegeben, die oft viel wichtigeren SEO-Details jedoch vergessen. ■

Keyword	Wettbewerb	Monatliche globale Suchanfragen	Monatliche lokale Suchanfragen	Ungefährer CPC (Suche)
hemd slim	Hoch	14.800	12.100	1,18 €
herrenhemd tailliert	Hoch	320	260	1,16 €

Bild 1.4 Eine Keyword-Analyse im Umfeld des Begriffs „Herrenhemden“. Welche Wortkombination verspricht zum Zeitpunkt dieser Untersuchung wohl mehr potenzielle Webseiten-Besucher, wenn man sich die monatlichen Suchanfragen bei Google anschaut?

Welche ist nun die ideale Reihenfolge der genannten sowie der weiteren in diesem Buch vorkommenden Maßnahmen? Leider lässt sich dies so pauschal nicht beantworten. Es hängt ganz von Ihrer persönlichen Ausgangssituation ab. Diese Frage sollten Sie mit einem SEO-Experten klären, wobei auch Ihr Webdesigner/Webmaster beziehungsweise Ihr Entwicklungsteam mit einbezogen werden sollte. Zudem finden sich im weiteren Verlauf dieses Buches zahlreiche Hinweise, die eine logische Abfolge skizzierbar machen.

1.3.2 Die Ziele von SEO-Maßnahmen

Nicht minder spannend als bei der Frage: „Welche Zielgruppen möchten Sie bedienen?“ fallen meist die Antworten auf die Frage „Warum wollen Sie überhaupt SEO machen (lassen)?“ aus. Dass die Suchmaschinenoptimierung ein Erfolgsgarant und Umsatzmotor sein kann, das ist mittlerweile nicht nur in mittelständischen Betrieben, sondern auch beim Bäcker um die Ecke angekommen. Heutzutage „muss“ man SEO einfach machen, so wie man früher Anzeigen in den Gelben Seiten oder in der lokalen Tageszeitung schalten „musste“. Das ist die einhellige, gesetzte Meinung. Wenn man jedoch nach den konkreten Zielen der zugehörigen Maßnahmen fragt, so macht sich oftmals Unsicherheit breit. Und ein „Na meine Mitbewerber machen das doch auch“ reicht dann nicht unbedingt, um die Budgets begründen zu können, die Sie monatlich an Ihre eigene Onlinemarketing-Abteilung oder aber an einen Dienstleister überweisen.

Natürlich, wenn Sie und Ihr Unternehmen genügend Geld übrig haben, dann können Sie SEO auch „einfach so“ betreiben. Schaden wird es nicht unbedingt, aber es wird auch nicht zielführend sein. Möglicherweise erreichen Sie einen Effekt, der ursprünglich so gar nicht erwünscht war. Etwa, wenn Sie Ihr Onlineportal auf die falschen Keywords und damit Zielgruppen hin optimieren lassen. In diesem Fall kann sogar ein Umsatzrückgang und nicht etwa ein Umsatzplus die schwerwiegende Folge sein. Schauen wir uns also zunächst einmal die Zielsetzungen an, die hinter einer SEO-Strategie stehen können. Und die dabei nicht immer unbedingt in ein und dieselbe Richtung zeigen müssen.

Umsatzsteigerung

Der Klassiker: In der Regel wird Sie bei einer SEO-Strategie vor allem eines interessieren, nämlich was bei dem Ganzen für Sie auf Dauer „herumkommt“. Natürlich muss ein solches Ziel eng überwacht werden. Der Vorteil hierbei: Rein monetäre Ziele sind sehr einfach zu überprüfen.

PRAXISTIPP: Idealerweise schlüsseln Sie ein solches Monitoring auf einzelne Produkt- oder auch Dienstleistungsgruppen auf. Wiederum ein Beispiel: Produkt (oder Dienstleistung) A macht 80 Prozent Ihres Gesamtumsatzes aus, Produkt B 20 Prozent. Nun stellen Sie jedoch fest, dass durch SEO-Maßnahmen, die in etwa zu gleichen Teilen beiden Produktgruppen zugutekommen, bei B Umsatzsteigerungen von 200 Prozent realisiert werden konnten, bei A hingegen „nur“ von 130 Prozent. Diese Tatsache werden Sie dann, neben zahlreichen weiteren unternehmensinternen sowie strategischen Faktoren, in Ihre zukünftige Planung mit einbauen.

Die Überwachung des Ziels „Umsatzsteigerung" geht bis hin zur so genannten Return-on-Investment-(ROI)-Betrachtung (*http://de.wikipedia.org/wiki/Return_on_Investment*). Diese soll verdeutlichen, wie zielführend Sie Ihr SEO-Budget einsetzen. Denn es bringt Ihnen nur wenig, wenn aus einem monatlichen SEO-Topf von 1000 Euro investiertem Kapital eine Umsatzsteigerung im Netto-Gegenwert von 900 Euro resultiert. Wäre dies tatsächlich der Fall, so sollten Sie die Ziele Ihrer Maßnahmen überdenken oder aber den SEO-Dienstleister wechseln. Zu Beginn einer grundsätzlichen Optimierung kann es natürlich durchaus sein, dass man in Vorleistung gehen muss, bis erste Resultate sichtbar werden. Aber auch das erläutert Ihnen ein guter SEO durchaus.

Traffic

Traffic, also mehr Besucher und Visits (Seitenaufrufe) in einem bestimmten Zeitraum, dies wird wohl in den meisten Fällen ebenfalls eine Rolle in Ihrer SEO-Strategie spielen. „Ist das nicht das gleiche Ziel, wie bei der Umsatzsteigerung?", diese Frage drängt sich auf. Natürlich bedeutet, zumindest bei einem kommerziellen Web-Projekt, mehr Traffic auf Ihren Webseiten in der Regel, dass gleichzeitig der unternehmerische Erfolg steigt. Dennoch können Sie auch primär das Ziel verfolgen, zunächst einmal die Online-Leserzahlen und damit die Reichweite Ihres Unternehmens zu erhöhen, bevor an die Monetarisierung gedacht wird. Das ist beispielsweise dann der Fall, wenn

- ein noch sehr junges Onlineprojekt erst einmal auf Akzeptanz bei der Nutzergruppe stoßen soll, bevor man zu einem späteren Zeitpunkt Werbeflächen einbindet oder eigene Produkte zum Kauf anbietet,
- Sie eine neue Web-Strategie antesten möchten, von der Sie wissen, dass diese zunächst kaum oder gar keine Gewinne abwerfen wird,
- Besucherströme von einem Portal, welches quasi der „Mobilisierung" der Massen dient, in Teilen über eingebundene Verlinkungen auf ein anderes, gewinnorientiertes weitergeleitet werden sollen (vermeiden Sie in einem solchen Anwendungsfall unbedingt jegliche automatisierten Weiterleitungstechniken, welche von Google & Co. als Richtlinienverstoß gedeutet werden könnten, siehe Abschnitt 1.2.3),
- Ihre Webseite nicht direkt der Refinanzierung dient. Etwa wenn Sie möglichst viele Besucher oder aber auch Multiplikatoren auf eine weitere Tätigkeit von sich aufmerksam machen möchten, die nicht direkt über das Portal erworben werden kann (eine Consulting-Tätigkeit, ein Buch, eine Vortragstätigkeit ...).

Ebenso natürlich dann, wenn es sich um ein nicht rein gewinnorientiertes Unterfangen handelt, welches Sie vertreten. Etwa das einer Stiftung oder einer politischen bzw. gemeinnützigen Organisation. Denn auch dort gehört SEO zum Alltagsgeschäft, so wie es andere Marketing- und Werbeformen seit jeher tun.

Kosteneinsparung

SEO kann rein dazu dienen, andere Marketing-Aufwände zu minimieren oder gar obsolet zu machen. Dann steht gar nicht immer unbedingt die Gewinnmaximierung im Vordergrund, sondern die Sicherung eines bereits existierenden Geschäfts. Ein gutes Beispiel hierfür sind lokale Einzelhändler und Lieferdienste. Was früher der Flyer im Briefkasten der Nachbarschaft, das Werbeschild an der Einfallsstraße oder die Anzeige im örtlichen Kommunalanzeiger war, wird heute immer mehr durch Onlinemarketing- aber auch SEO-Kampagnen abgedeckt. Offline-Kosten und -Budgets verwandeln sich dementsprechend in Online-Kosten. In Fachkreisen nennt sich dies dann „Location Based Advertising“ oder „Location Based Marketing“: Zielgerichtete Werbung für Smartphones & Co. Damit ist gemeint, dass Apps und weitere Anwendungen auf den Mobiltelefonen der neueren Generation passende Werbeanzeigen idealerweise just dann an den Mann oder die Frau bringen, wenn diese sich im Umfeld des zu bewerbenden Geschäfts bewegen.

Neuere Trends kombinieren diese lokale Komponente sogar noch mit einem zu stillenden Bedürfnis. Der Smartphone-Nutzer signalisiert, dass er Hunger hat, und schon werden die Werbeblöcke der Fast-Food-Niederlassungen und Pizzadienste in seiner nächsten Umgebung aufgerufen. Was all dies mit SEO zu tun hat? Nun, egal ob die Daten für solche Anwendungen von der jeweiligen Homepage (etwa über die mobile Google-Suche) oder von einem anderen Dienst kommen, den der Pizzabäcker mit seinen Informationen versieht: Ohne optimierte und verkaufswirksam aufbereitete Daten wird er kaum eine Chance haben, sich gegen seine Mitbewerber durchsetzen zu können – oder aber er bezahlt Geld für Anzeigen, die nicht zielführend sind. Denn bestimmte, für die umsatzträchtigste Zielgruppe optimierte Keywords müssen darüber Auskunft geben, wo, wann, und was sein Unternehmen zu verkaufen hat. Wobei in diesem Fall die Disziplinen SEO und Social Media Hand in Hand gehen, wie Sie in Kapitel 4 näher erfahren werden. Schwierig wird all dies übrigens für Ladenbesitzer mit einem „Bauchladen“-Sortiment, die von der Pizza über die Tageszeitung bis hin zu den Zigaretten und ÖPNV-Tickets alles verkaufen.

Welche weiteren Möglichkeiten der Kosteneinsparung durch SEO-Kampagnen gibt es? Nun:

- Bereits angedeutet: Online-Kostenblöcke kann man auch untereinander austauschen. Dies ist etwa dann der Fall, wenn eine (günstigere) SEO-Maßnahme einen Großteil der teureren Budgets für AdWords-Bezahltanzeigen ersetzt.
- Ähnlich: Sie müssen immer neuen Traffic generieren, um die Besucher von Ihrem Hauptportal auf untergeordnete Shops zu lenken? Und dies ohne die Garantie zu haben, dass sich diese für die dortigen Produkte überhaupt interessieren? Besser wäre es, zielgerichtete Interessentenströme aus den Suchmaschinen direkt zu Ihren Shops zu lenken. Eben über SEO Maßnahmen.
- Sie könnten aber auch – um teure Stellenanzeigen in Fachzeitschriften und Tageszeitungen aber auch in fremden Onlineportalen zu vermeiden – den hauseigenen Stellenbereich auf Ihrer Webseite für Suchmaschinen optimieren.
- Querdenken ist hierbei ebenfalls angesagt, um Kosten zu senken. So könnte man, gesteuert über eine SEO-Maßnahme, die eigenen Kunden versuchsweise auf einen rein onlinebasierten Kundenservice aufmerksam machen, ehe diese die teurere und möglicherweise ebenfalls in den Google-Suchergebnissen hinterlegte Telefon-Hotline wählen.

Insbesondere am letzten Beispiel merken Sie recht schnell, dass Sie mit SEO nicht nur auf ganze Portale oder einzelne Unterbereiche aufmerksam machen können, sondern ebenso auf spezielle Kampagnen. Egal, ob es sich dabei um Vertriebs-, Marketing-, Support- oder sonstige Kampagnen handelt. Alles was Sie hierfür benötigen ist eine zu diesem Zweck eingerichtete Landingpage sowie eine zielgerichtete SEO-Keyword-Optimierung hierauf. Achten Sie jedoch darauf, dass diese nicht in Konkurrenz zu anderen Kampagnen und Seitenbereichen Ihres Portals stehen.

HINWEIS: Bei einer *Landingpage* handelt es sich um eine eigenständige Unterseite Ihres Onlineauftritts oder um ein eigenes kleines Portal, das sehr fokussiert dem direkten Absatz eines bestimmten Produktes oder einer Dienstleistung dient. Auch andere Zielsetzungen können im Mittelpunkt stehen, etwa die Adressgenerierung oder eine Newsletter-Bestellung. Oder aber man nutzt spezifische Landingpages mit speziell hierfür ausgerichteten Keywords, um einzelne Phasen eines Produktlebenszyklus abzubilden. So würden Nutzer aus den Suchmaschinen genau dort landen, wo man sie „haben" möchte: Der Neukunde bei der generellen Produktinformation, der Gewährleistungsfall-Kunde in einem anderen Portalbereich und so weiter. Mehr zum Thema Landingpages erfahren Sie in Abschnitt 2.2.4.

Bekanntheit, Reputation, Expertenstatus

Kommen wir nun einmal zu einem (zumindest vordergründig) eher nicht-monetären Ziel. Es kann auch das Ziel einer Suchmaschinenoptimierung sein, dem Objekt der Wahl generell mehr Popularität zu verschaffen. Unabhängig von reinen Besucherzahlen oder sonstigen harten Fakten - egal ob es sich dabei um ein neues Produkt, eine Person, eine ganze Branche, eine zu vertretende Meinung (Stichwort: Lobbyarbeit), eine Informations- und Aufklärungskampagne oder Sonstiges dreht. Im Unterschied zum Ziel „Traffic" steht dann nicht unbedingt die Mobilisierung der Massen im Vordergrund. Viel eher geht es darum, eine ganz bestimmte, sehr genau definierte und segmentierte Zielgruppe auf sich aufmerksam zu machen. Das können Multiplikatoren oder Vertreter eines bestimmten Berufszweigs ebenso sein, wie eine lokal definierte Gruppe, Menschen mit bestimmten Hobbys, einem gewissen Lebensstandard, einer familiären Situation und und und. Wobei es zuvor gelingen muss, die Merkmale der Zielgruppe in adäquate Keywords zu übertragen, mit denen voraussichtlich die beste Chance besteht, auch wirklich das gewünschte Publikum zu erreichen. Schließlich geben uns die Suchmaschinen nicht die Möglichkeit, direkt auf soziodemographische und sonstige Merkmale hin zu selektieren (was bei Kampagnen im bezahlten SEA-Bereich übrigens durchaus der Fall sein kann).

Wenn wir das Google AdWords Keyword Tool bemühen, wird diese nicht ganz triviale Aufgabe einer Keyword-Zielgruppen-Segmentierung schnell deutlicher. Betrachten wir noch einmal die Manufaktur für Herrenmode. Nehmen wir an, diese möchte eine neue Herrenhemd-Produktgruppe bekannter machen, die online mit einer eigenen kleinen Stickerei individuell ausgestaltet werden kann, und sich an eine eher wohlhabende Käuferschicht richtet. Unabhängig vom in beiden Fällen recht niedrigen Suchvolumen wäre dann die inhaltlich wertigere Keyword-Kombination „Exklusive Herrenhemden" unter Umständen deutlich besser für die Ansprache einer solchen Zielgruppe geeignet, als „Ausgefallene Herrenhemden" (ich zumindest denke bei Zweiterem eher an Hawaii-Hemden, siehe Bild 1.5 auf der nächsten Seite).

Bild 1.5 „Exklusive Herrenhemden" versus „Ausgefallene Herrenhemden": Bei vielen Suchbegriffen lässt sich erahnen, welche Nutzer- und Kundengruppe sich wohl eher dahinter verbergen könnte.

Um solch eine Vermutung – denn um nichts anderes handelt es sich ja – zu verifizieren, kann im Übrigen ein einfacher Test angewendet werden. Man prüft über einen gewissen Zeitraum hinweg, wie sich eine Optimierung auf „Exklusive Herrenhemden" und ähnliche Keywords auf den Umsatz oder andere Faktoren auswirkt. Etwa, indem man den Content der entsprechenden Zielseite auf diese Wortkombinationen hin ausrichtet. Danach macht man dasselbe mit den weiteren möglichen Kombinationen. Auch hier wird das Resultat mit deutlich öfter angefragten Suchbegriffen wohl um einiges repräsentativer ausfallen und schneller erkennbar sein, als es in dem genannten Beispiel der Fall ist. Das Abschnitt 1.5 wird sich mit derlei Möglichkeiten der Überprüfung nicht nur von Keywords näher beschäftigen.

Doch zurück zum Ausgangspunkt. Neben der reinen Bekanntheit kann auch die (Online-) Reputation im Vordergrund Ihrer Bemühungen stehen. Mit Reputation ist gemeint, welchen Ruf ein Unternehmen, ein Produkt, eine Dienstleistung oder auch eine einzelne Person im Allgemeinen oder bei einer bestimmten Zielgruppe genießt. Bekannte Beispiele sind Apple und Microsoft. Während Apple als Innovationsführer, gar als Kultmarke gilt, so tut sich Microsoft, obwohl es in der Vielzahl seiner Patente und Lösungen wohl kaum hinter Apple zurücktreten müsste, nach wie vor schwer, mit seiner Reputation. „Schwerfällig" oder „monopolistisch" bekommt man bei dem Software-Riesen wohl eher als Merkmale genannt, egal ob man nun Experten oder Laien befragt. Es sei denn, man blickt in die spezifische Unterzielgruppe der jungen Computerspiele-Fans, bei denen Microsofts Konsole „Xbox" einen durchaus sehr guten Ruf genießt. Sie sehen: Die eigene Reputation kann eine sehr vielfältige sein. Unter Hervorhebung bestimmter Produkte aber auch Unternehmensinitiativen, etwa im technologischen oder im Charity-Umfeld, lässt sich eine solche Reputation steuern. Und genau da setzt das gleichlautende SEO-Ziel an, indem es Onlineinhalte in den Vordergrund zu rücken versucht, die ein positives Echo bei den Adressaten versprechen.

Mittlerweile gibt es eine weiterführende Disziplin mit zahlreichen neuen Dienstleistern, die sich rein dem so genannten Online-Reputationsmanagement verschrieben haben (siehe beispielsweise *www.revolvermaenner.com*). Aber auch einige SEO-Dienstleister haben vergleichbare Leistungen in ihrem Portfolio. Hier geht es um unerwünschte Online-Einträge in den Suchmaschinen, die beseitigt werden sollen. Etwa negative Produkttests, aber auch sonstige Verfehlungen. Die Idee dahinter: SEO-Kampagnen sollen dafür sorgen, dass die ursprünglichen Einträge oder auch neue, positivere Berichte an den negativen Listings „vorbeiziehen". Denn der Versuch, die Webseitenbetreiber selbst dazu zu bewegen, unliebsame Berichte zu löschen, fruchtet nur sehr selten. Oder er kann, im Falle von Blogs und Foren, sogar dafür sorgen, die Diskussion noch weiter anzufachen und damit zu verbreiten.

Auch mit bezahlten SEA-Einträgen lässt sich auf ein unerwünschtes Ereignis reagieren. Ein eher zweifelhafter Versuch dieser Art wurde im Rahmen der Ölkatastrophe der Bohrinsel „Deepwater Horizon" 2010 im Golf von Mexiko bekannt. Der Ölkonzern BP buchte damals in diversen Suchmaschinen mutmaßlich Keywords wie „oil spill" (Ölpest) und ähnliche Begriffe, um seine Sicht der Dinge vor den Einträgen der Nachrichtenmagazine und ähnlicher Webseiten zu präsentieren. ■

Sie müssen nicht gleich Sorge um den Ruf Ihres Unternehmens oder Ihrer Person haben, damit vergleichbare SEO-Ziele von Interesse für Sie sein können. Eine weitere Variante, die besonders für Kleinunternehmer, Freiberufler und Consultants aber auch Handwerker infrage kommt, steigert den eigenen Expertenstatus. Ich selbst kann dies in aller Regelmäßigkeit gut beobachten. Veröffentlicht ein Onlinemagazin oder ein Blog ein Experteninterview mit mir – in dem ich natürlich stets versuche, möglichst hilfreiche und einzigartige Antworten zu geben, statt aus meinem Wissen ein Geheimnis zu machen – oder auch einen Gastbeitrag, so hat dies gleich mehrere positive Auswirkungen:

- Die in den Artikeln genannten Verweise auf meine Homepage sind enorm gut für mein SEO.
- Dieser Effekt wird noch dadurch verstärkt, dass durch die Themenrelevanz (die Inhalte des interviewenden Portals oder Experten passen zu meinen Seiteninhalten, der verwendete Linktext sowie die Inhalte um diesen herum spiegeln eine solche Zugehörigkeit meist auch wider) qualitativ sehr hochwertige Backlinks entstehen.
- Abseits der Suchmaschinenoptimierung: Regelmäßig gehen die Anfragen nach meinen Dienstleistungen stark nach oben, wenn ein solches Interview oder ein Gastbeitrag veröffentlicht wird.

Ich kann also meinen Expertenstatus sehr deutlich durch vergleichbare Aktionen steigern, die nicht nur dem Content-Marketing, sondern immer auch einer SEO-Strategie zuzurechnen sind. Denn natürlich kann man gerade zu Beginn einer Tätigkeit das eigene Netzwerk nutzen, um vergleichbare Beiträge zu begünstigen beziehungsweise aktiv anzubieten. Viele Content-Webseiten und Blogger sind froh, wenn Sie Inhalte mit Mehrwert veröffentlichen können. Doch genau in dem Wort „Mehrwert" liegt die Betonung. Nur wenn Sie auch wirklich etwas Spannendes zu sagen haben und keine Allgemeinplätze oder gar Werbung verbreiten, so wird man ein Interesse an Ihren Inhalten haben. Insbesondere der letztgenannte Punkt ist enorm wichtig. Nicht Wenige versuchen die Möglichkeit eines Gastbeitrags oder Interviews für eigene Werbezwecke zu missbrauchen. Sie machen sich mit einer solchen Strategie nicht nur einmal, sondern dauerhaft unbeliebt. Ich selbst nenne in Interviews meine konkreten Leistungen nur dann, wenn ich direkt danach gefragt werde, oder wenn es für die Information und das Verständnis unerlässlich ist. Gerade dann, wenn ich nicht mich, sondern die Fachinhalte in den Vordergrund stelle, so kann ich einen besonders positiven Effekt feststellen. Denn nur dann wird man als „echter" Experte wahrgenommen.

PRAXISTIPP: Haben Sie die Möglichkeit, auf einem anderen Portal als Experte zu Wort zu kommen, so versuchen Sie durch Rückfragen oder durch schlichte Beobachtung ganz genau herauszufinden, welche die Hauptzielgruppe der jeweiligen Webseite ist. Und welche Tipps dort in der Regel besonders gut ankommen oder noch nicht behandelt wurden. Je stärker Ihr Beitrag auf die Bedürfnisse der Leser eingeht, umso nachhaltiger wird der expertenstatusbildende SEO-Effekt sein. Etwa durch Social-Media-Weiterempfehlungen, Backlinks auf den Beitrag oder gar auf Ihre Seite, weitere daraus resultierende Interviewanfragen und Ähnliches mehr. Experte kann dabei nicht nur der Dienstleister im technischen Umfeld sein. Sondern genauso gut der Koch, der sich mit Online-Anleitungen zu innovativen Rezepten einen Namen macht.

Wie sich eine Reputation in unerwünschter Weise mit SEO-Mitteln negativ beeinflussen lässt, das zeigt recht eindrücklich das Beispiel so genannter „Google-Bomben“ (siehe *http://de.wikipedia.org/wiki/Google-Bombe*). Zumindest diese Art der Manipulation muss ein Unternehmen nur sehr selten fürchten. Obwohl es durchaus das so genannte „Negative SEO“ gibt, in dem Firmen als Zielscheibe dienen (mehr hierzu unter *www.blogprofis.de/buch/negativseo*). Die SEO-Bomben dienen an dieser Stelle eher als Beispiel dafür, wie mächtig die zielgerichtete Verwendung bestimmter Keywords sein kann.

1.4 Rankingfaktoren

Sie haben in ersten Grundzügen kennen gelernt, welche Gründe es gibt, SEO zu betreiben und wie einzelne Bausteine einer zugehörigen Strategie aussehen können. Auch zahlreiche Begriffe aus dem Umfeld der Suchmaschinenoptimierung sind Ihnen nun näher vertraut. Bevor ich weiter darauf eingehe, wie sich dieses Wissen konkreter und auf Ihren persönlichen Anwendungsfall hin anwenden lässt, möchte ich zunächst „an's Eingemachte“ gehen. Sie haben sich dieses Buch sicherlich auch gekauft, um zu erfahren, was ein Onlineprojekt denn nun „nach vorne bringt“ bei Google und anderen Anbietern. Sprich: Was bewertet insbesondere Google denn nun als positiv und was nicht? Welche Einflussfaktoren bestimmen darüber, ob ich ganz vorne bei den Suchergebnissen zu einem bestimmten Keyword erscheine oder irgendwo auf Seite 100?

Mit der nun folgenden, sehr umfangreichen Übersicht von Rankingfaktoren unterschiedlichster Art werden Sie ein Gespür dafür erhalten, wie sich der eigene Onlineauftritt fortlaufend optimieren lässt. Sie müssen dabei nicht die gesamte Liste in- und auswendig kennen. Es reicht, und das wird sich erfahrungsgemäß von ganz alleine einstellen, wenn Sie bei jeder Entscheidung, Ihre Webseiten betreffend, kurz innehalten und sich die Frage stellen: Wie könnte dies mein Ranking beeinflussen, positiv oder auch negativ?

Zwar werde ich bei den einzelnen Faktoren jeweils eine Einschätzung dazu geben, wie stark diese die Suchmaschinenoptimierung beeinflussen können. Auch werde ich Sie vorwarnen, wenn einzelne zu optimierende Bereiche mit besonderer Vorsicht zu genießen sind, etwa wenn Google entsprechende Änderungen als Überoptimierung oder Ähnliches deuten könnte. Dennoch wird es leider nicht möglich sein, sämtliche Rankingfaktoren aus Ihrer ganz persönlichen Situation heraus zu beleuchten. Von daher sollten Sie insbesondere umfangreiche Optimierungsmaßnahmen stets mit einem Suchmaschinenexperten Ihres Vertrauens besprechen. Schon alleine deswegen, da die wenigsten dieser Maßnahmen ihre Wirkung kurzfristig entfalten – die Erfolgsmessung gestaltet sich dann dementsprechend schwierig. Dennoch ist es von Vorteil, wenn Sie alle genannten Faktoren zumindest grob kennen lernen und verinnerlichen. Um dann ganz gezielt in die Diskussion mit Ihrem SEO, aber auch mit Ihren Mitarbeitern oder Vorgesetzten, gehen zu können.

HINWEIS: Ich habe jeden Rankingfaktor mit einer kleinen Schnelleinstufung versehen. Diese zeigt Ihnen beispielsweise, wie viel Aufwand in die einzelnen Maßnahmen gesteckt werden muss. Die angezeigten Werte im Überblick:

- **Zeit/Kosten:** Wie zeitaufwändig ist eine Optimierung im jeweiligen Bereich, in Relation zu den sonstigen Maßnahmen gesehen? Da hieraus in der Regel auch der Kostenfaktor resultiert, wurden beide Punkte zusammengefasst.
- **Wirksamkeit:** Welchen Einfluss hat die Technik auf die Rankings in den Suchmaschinen? Auch dies im Verhältnis zu anderen Faktoren. Bei umfangreichen Maßnahmen wurde der jeweilige Mittelwert genommen.
- **Komplexität:** Eignet sich das Verfahren auch für Einsteiger? Oder sollte hiermit ein Profi beauftragt werden? Diese Einschätzung zeigt es Ihnen.
- **Nachhaltigkeit:** Ein klein wenig schaue ich hier in die Glaskugel. Dennoch lässt sich abschätzen, welche SEO-Techniken auch in Zukunft noch Bestand haben werden, beziehungsweise wie unabhängig diese von kommenden Google-Updates sind.
- **Risiko:** Dieser Punkt geht in eine ähnliche Richtung. Läuft man mit der Maßnahme Gefahr, den Zorn von Google auf sich zu ziehen? Egal ob diese falsch angewendet wurde, oder ob es sich um eine Überoptimierung handelt?

Sämtliche Einstufungen können immer nur ein ungefähres Bild abgeben. Viel hängt davon ab, wie Sie oder Ihr SEO mit den einzelnen Themen umgehen. Oder wie die Suchmaschinen sich weiterentwickeln. Auch ist es bei manchen Faktoren schwierig, die unterschiedlichen Sub-Disziplinien in eine einzige Gesamtbewertung zusammenzufassen. Die Werte eignen sich jedoch durchaus für eine erste Einschätzung sowie für einen Vergleich der Maßnahmen untereinander. ■

1.4.1 Links und Linkaufbau

schnell & günstig				★		langwierig & teuer
leicht wirksam					★	stark wirksam
Einsteiger				★		Profis
kurzfristig					★	nachhaltig
wenig Risiko				★		hohes Risiko

Beginnen wir diesen Abschnitt doch gleich einmal mit der Königsdisziplin und mit einem der wohl nach wie vor wichtigsten Rankingfaktoren. Auch wenn Sie mittlerweile wissen, dass Links längst nicht mehr die alleinige Währung sind, was ein gutes SEO anbelangt: Suchmaschinen sind in ihrer Qualitätsbewertung nach wie vor auf die Analyse von Verweisen jeglicher Art angewiesen. Und es wird wohl auch jedem einleuchten, dass ein „Spiegel Online“ mit seinenm, je nach Betrachtungsweise, hunderttausenden Backlinks mehr Aufmerksamkeit von den Suchmaschinen erhält, als eine Online-Tageszeitung mit gerade einmal einigen hundert verweisenden und damit empfehlenden Webseiten. Vor allem in Nischenbereichen können kleine Portale und Blogs dennoch durchaus an den „Großen“ vorbeiziehen, dank zahlreicher weiterer Rankingfaktoren. Denn Google sowie weitere Suchmaschinen berücksichtigen auch diese Projekte durchaus angemessen und mit entsprechenden Filtern, ansonsten würden die Suchergebnisse von den immer gleichen und damit „langweiligen“ Resultaten dominiert. Dennoch: Backlinks sind wichtig. Und: Die Qualität der Verweise zählt hierbei mehr als die reine Quantität.

PRAXISTIPP: Um herauszufinden, wie viele Backlinks bislang bereits ungefähr auf Ihre Seite führen, gibt es so genannte Backlinkchecker. Etwa unter *www.backlinktest.com* (meist nur für kleinere Projekte aussagekräftig) oder *www.seokicks.de*. „Ungefähr“ deswegen, da nicht jedes Tool wirklich jeden Link findet. Auch die Webmaster-Tools von Google selbst bieten eine solche Möglichkeit. Bei diesen müssen Sie Ihre Onlineprojekte jedoch vorab anmelden (siehe *www.google.com/webmasters/tools/*). In den Tools von Google findet sich die Auflistung der auf Ihr Projekt verweisenden Webseiten unter dem Punkt → *Zugriffe* → *Links zu Ihrer Website*.

Alle Nicht-Google-Tools, auch die hier genannten, sind dabei mit Vorsicht zu genießen. Denn wenn der Suchmaschinenbetreiber seine technologischen Voraussetzungen ändert (und das kommt durchaus nicht selten vor), kann ein zuvor funktionierendes Werkzeug quasi über Nacht nur noch wenig nützliche oder gar fehlerhafte Ergebnisse liefern. Übrigens: Der nach wie vor weit verbreitete Tipp einer Suchabfrage der Art `link:www.meinedomain.de` bei Google, zur Ermittlung der Backlinks, bringt leider keine aussagekräftigen Ergebnisse mehr.

Generell unterscheiden muss man hierbei zwischen zwei Dingen:

a) Wie viele Links insgesamt auf Ihr Projekt führen. Also inklusive der vielfachen Verweise von einer einzigen Domain, etwa wenn Sie dort auf mehreren Unterseiten verlinkt sind, und

b) wie viele unterschiedliche Domains auf Sie verweisen. Sämtliche Links zu Ihnen von dieser Domain werden dann als eine Einheit gezählt.

Erstes bestimmt die so genannte Linkpopularität Ihrer Webseite, Zweites die Domainpopularität (siehe auch Bild 1.6). Während es früher von Vorteil sein konnte, von ein und derselben Domain möglichst viele Backlinks auf sich zu ziehen, so ist dies heutzutage kaum mehr von Vorteil. Oder es könnte, wenn ihr Linkprofil fast ausschließlich aus solchen „Massenlinks" besteht, gar schädlich sein. Dementsprechend genießt die Domainpopularität mittlerweile einen deutlich höheren Stellenwert zur SEO-Einschätzung als die Linkpopularität. Noch weiter geht die IP-Popularität, die vereinfacht dargestellt misst, von wie viel unterschiedlichen Servern (mit jeweils unterschiedlichen IP-Adressen) die Links stammen.

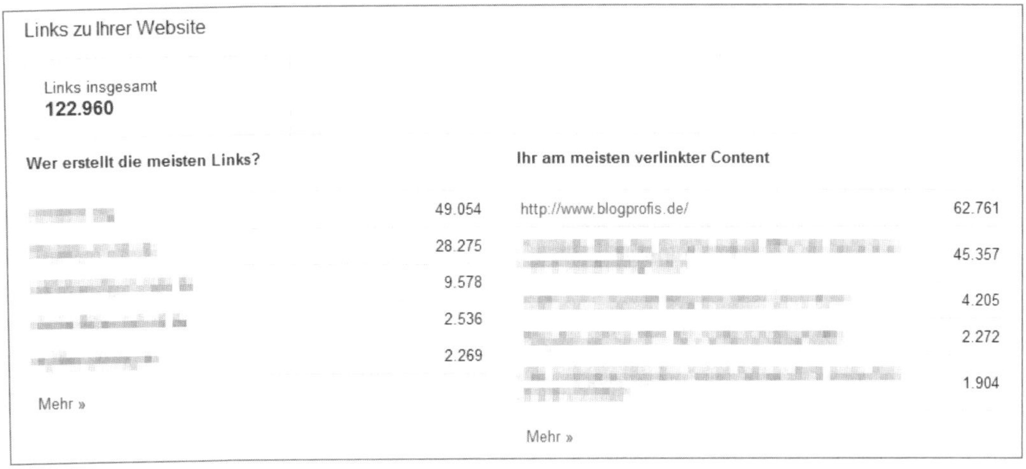

Bild 1.6 Eine Backlink-Auswertung aus den Webmaster-Tools von Google: Auf der linken Seite sieht man sehr gut, was mit Linkpopularität gemeint ist. Wobei nahezu 50 000 Backlinks von einer einzigen Domain nicht sehr vorteilhaft sind, da Qualität vor Masse geht. In diesem Fall muss ich wohl das Gespräch mit dem zugehörigen Webmaster suchen.

Was sind gute und was weniger gute Links?

Was zeichnet nun einen „guten", im Sinne von möglichst wirksamen, Backlink aus? Und was könnte hingegen ein weniger effizienter oder gar schädlicher Verweis sein? In den meisten Fällen wird es die Kombination aus mehreren Merkmalen sein, die einem Link ihr Gewicht verleihen. Je mehr positive Merkmale aus der folgenden Liste also auf einen Backlink zutreffen, umso besser für Ihre Suchmaschinenoptimierung:

- **Die „Lage":**
  Dazu zählt, in welches Linknetzwerk das linkgebende Portal selbst eingebunden ist. Sind dort Links von und nach außen von durchgehend hoher Qualität, so hat dies in der Regel auch einen positiven Effekt auf die einzelnen Verweise. Besonders werthaltig sind Links

von Portalen, die bei Google einen hohen Stellenwert (Trust) genießen (siehe beispielsweise *www.blogprofis.de/buch/wikilink* oder *www.blogprofis.de/buch/trustlinks*).

- Aber auch auf **die interne Lage** kommt es an:
  Verweist das Quellportal in der Regel inhaltsbedingt immer nur auf Webseiten aus dem Bereich „Automobile" und führt nun abweichend hiervon plötzlich auf Ihren Friseursalon, so wäre dies weniger gut oder gar schädlich. Generell sollten die beiden Portal-Parteien sowie der verlinkende und der verlinkte Inhalt thematisch stets so gut wie möglich zueinander passen. Eine allzu große inhaltliche Differenz könnte gar als unlauterer Versuch gewertet werden, das eigene Backlink-Profil künstlich aufzubessern.
- **Die Quelle:**
  Links aus Blogs gelten seit jeher als günstig, ebenso Verweise aus hochwertigen Foren. Dies ist auch hier insbesondere dann der Fall, wenn die inhaltliche Nähe stimmt. Weniger wertig, oder gar minderwertig, sind Backlinks von kaum bekannten Presseportalen, Webkatalogen, Artikelverzeichnissen und ähnlichen Diensten. Vor allem dann, wenn sie zu oft zum Einsatz kommen. Bei Online-Branchenbüchern und Frage-Antwort-Portalen scheiden sich die Geister. Die Gewichtung zwischen all diesen Quellen verschiebt sich in SEO-Kreisen immer wieder einmal. Dann ist die eine Form eher angesagt, die andere weniger. Je hochwertiger und einzigartiger die Beiträge einer solchen Quelle sind, und je besser die zugehörigen SEO-Kennzahlen ausfallen (siehe Abschnitt 1.8), desto eher kann man ihr vertrauen.
- **Die Platzierung im Content:**
  Links, die innerhalb eines Beitrags (statt in der Sidebar, dem Footer o. ä.) und dazu auch noch möglichst prominent platziert sind, werden in vielen Fällen besser gewichtet. Zu einer solchen prominenten Platzierung zählen: Links eher zu Beginn, aber teilweise (hier gibt es widersprüchliche Untersuchungen) auch am Ende des Beitragstextes/der Seite, als „fett" formatierte Links, Überschriften-Links und Ähnliches. Manche SEO-Experten gehen sogar davon aus, dass kursiv markierte oder in Aufzählungen enthaltene Verweise besser gestellt werden könnten. Verlassen würde ich mich hierauf jedoch nicht.
- **Anzahl und Qualität der sonstigen Links:**
  Etwas pauschal formuliert gilt, dass Ihr Backlink umso mehr Beachtung findet, je weniger und je hochwertigere sonstige ausgehende Links in der Quellwebseite enthalten sind.
- **Anzahl der Links zu Ihnen:**
  Wie bereits angedeutet, steigt mit der Anzahl von Backlinks, die von einer Domain oder von einer einzelnen Unterseite zu Ihnen führen, nicht in gleicher Weise der positive SEO-Effekt. Ein bis drei in einem Beitrag untergebrachte Verweise, und dies zu jeweils möglichst unterschiedlichen Zielseiten Ihres Portals, reichen völlig aus.
- **Link-Alter:**
  Man geht davon aus, dass unter anderem angesichts der Diskussion rund um Linkkauf und Linkmiete (dazu gleich mehr) seit Längerem bestehende Verweise besser gewichtet werden, als noch sehr junge Backlinks. Mit einer solchen Maßnahme könnte Google den Effekt einer schnellen Käuflichkeit von SEO-Power ein Stück weit entgegenwirken.
- **PageRank von Haupt- und Unterseite:**
  Je höher der PageRank der Unterseite, die auf Sie verlinkt, ist, umso besser. Aber unabhängig davon kann auch der PageRank der zugehörigen Hauptseite eine große Rolle spie-

len, insbesondere wenn sich dieser in einem hohen Umfeld bewegt (etwa ab PageRank 4 und aufwärts).

- **Geschwindigkeit des Linkwachstums:**
  Verweisen in einem bestimmten Zeitraum plötzlich sehr viele neue Backlinks auf Ihr Portal, oder passt dies nicht zum vorherigen durchschnittlichen Wachstum, so könnte Google dies als Spam-Versuch deuten. Zumindest dann, wenn auch noch andere Merkmale nicht gerade für qualitativ hochwertige Links sprechen.
- Links, die als **DoFollow** gestaltet sind (siehe Abschnitt 1.2.6)
- **Exklusivität:**
  Verweist ein SEO-mäßig gut aufgestelltes Portal oder eine dortige Unterseite nur relativ wenig nach außen, und gehört Ihr Portal zu einem der glücklichen Gewinner dieser Verlinkungen, dann kann sich auch das positiv auswirken.

Wie stark die einzelnen Faktoren von Google berücksichtigt werden, oder ob diese im gerade aktuellen Algorithmus überhaupt noch eine Rolle spielen, das lässt sich leider nicht einwandfrei sagen. Trotz vergleichender Tests ist es zu schwierig, dem Suchmaschinengiganten in die Karten zu schauen. Falsch machen können Sie bei der Berücksichtigung dieser Tipps jedoch nichts. Jeder „gute" Link zählt. So habe ich es bereits des Öfteren erlebt, dass selbst ganz junge oder zuvor in den Suchmaschinen kaum sichtbare Projekte durch zwei/drei gute neue Backlinks einen deutlichen Sprung nach vorne machen konnten. Aber auch bei der Optimierung von Backlink-Merkmalen gilt (ich kann es leider nicht oft genug betonen): Niemals mit einer Maßnahme einseitig übertreiben.

PRAXISTIPP: Lassen Sie sich generell nicht verrückt machen. Gute Suchmaschinenoptimierung lebt davon, einen möglichen Optimierungsschritt auch einmal nicht zu berücksichtigen. Nicht jeder Backlink oder jeder interne Link muss perfekt sein. Denn Google vergleicht Linkprofile und sonstige auswertbare SEO-Kennzeichen mit natürlich entstandenen Linkprofilen, etwa von nicht-kommerziellen Seiten. Da dort längst nicht alles „richtig" gemacht wird, so kann es nicht schaden, einen zum Content passenden Link einfach einmal nach Lust und Laune einzufügen oder auf einem fremden Portal einfügen zu lassen, ohne konkrete Vorgaben Ihrerseits.

Bleibt mir noch aufzulisten, welche Merkmale, die sich nicht bereits aus der vorangegangenen Aufzählung ableiten lassen, auf eher „schlechte" Links hinweisen:

- Übermäßige Verwendung von **Keyword-Links**
- Backlinks von Seiten, die sich in einer so genannten **„Bad Neighbourhood"** befinden. Das kann Verlinkungen betreffen (siehe *www.blogprofis.de/buch/nachbarschaft*), aber auch unlautere Webseiten, die auf dem gleichen Webserver wie Ihr Projekt gehostet werden (*www.blogprofis.de/buch/serverseo*).
- Offensichtlich **gekaufte oder gemietete Links** (dazu gleich noch mehr): Entsprechen diese beispielsweise nicht dem Verlinkungs-Muster (Lage im Content, Linktext, Häufigkeit, NoFollow/DoFollow), das ein Webmaster normalerweise nutzt, so kann auch dies erkannt werden.

Treffen gleich mehrere positive oder negative Faktoren auf einen Link zu, so wird der jeweilige Effekt insgesamt meist noch verstärkt.

HINWEIS: Bei einem *Keyword-Link* handelt es sich um einen Verweis, der, wie der Name schon vermuten lässt, in seinem Linktext ausschließlich aus Keywords und Keyword-Kombinationen besteht. Er besteht also aus jenen oft unnatürlichen Phrasen, die als generische Suchbegriffe verwendet werden, und welche in diesem Fall in der Regel ein sehr deutliches kommerzielles Interesse verfolgen (so genannte Money-Keywords). „*Notebooks günstig*“ wäre der Linktext eines typischen Keyword-Links in einem Fließtext, im Gegensatz zu „*hier vergleicht er mobile Computer auf den Preis hin*“ (siehe auch *www.blogprofis.de/buch/linkbuildingtipps*). Google möchte die einseitige Verwendung solcher Links vermeiden. Denn diese zielen meist rein auf die künstliche Optimierung des Rankings und nicht auf einen inhaltlichen Mehrwert für die Internetnutzer.

Einige SEO-Experten meinen übrigens, eine Formel dafür entdeckt zu haben, ab welchem Verhältnis von verwendeten Keyword-Links zu Nicht-Keyword-Links die Gefahr einer Abstrafung durch Google droht. Ich würde hierauf keinesfalls vertrauen. Ganz im Gegenteil: Ich selbst vermeide reine Keyword-Links mittlerweile fast vollständig, oder ich ergänze diese um weitere Wörter. Als Faustregel gilt: Für Ihre Inhalte relevante Keywords in Linktexten sind gut, um Google, aber auch „menschlichen“ Besuchern, zu zeigen, um was es in Ihrem Internetportal geht. Gleichzeitig sollten sich die Linktexte jedoch so natürlich in den sie umgebenden Fließtext einfügen wie möglich. Um beim zuvor genannten Beispiel zu bleiben, so wäre es wohl natürlicher zu schreiben „Auf seiner Webseite *vergleicht er mobile Computer auf den Preis hin* ...“ als „Auf seiner Webseite vergleicht er *Notebooks günstig* ...“. Denken Sie daran: Google kann die semantische Qualität Ihrer Inhalte immer besser beurteilen und somit mögliche Manipulationsversuche erkennen (siehe auch den nachfolgenden Abschnitt zum Thema Linkkauf).

Wie Links gestaltet sein sollten

Aus den vorangegangenen Erläuterungen ergeben sich einige Rückschlüsse, wie ein Link beziehungsweise ein Backlink gestaltet sein sollte, um seine volle Wirkung zu entfalten. Hier die wichtigsten Punkte in der Übersicht:

- Der Linktext, auch Ankertext genannt, sowie die Ziel-URL (falls Sie diese mitgestalten können) sollten einen inhaltlichen Bezug zum Thema des Beitrags haben.
- Gleichzeitig kann man den Umfang der zum Einsatz kommenden und von Google berücksichtigten Worte in einem gewissen Umfang erweitern, indem man den Linktext unabhängig von der URL gestaltet. Ein Beispiel: Die URL enthält „umsatzsteuer-berechnen-online“, der Linktext abweichend davon „Anleitung zur Berechnung der Mehrwertsteuer“. Auch hier gilt: Die Inhalte dürfen nicht zu weit voneinander abweichen, weisen also in die gleiche thematische Richtung.

- Keywords sollten dezent beziehungsweise abwechslungsreich untergebracht werden. Je populärer/lukrativer ein Keyword/eine Keyword-Kombination ist, umso mehr Vorsicht ist hierbei angesagt. Oftmals ist es angebracht, einfach nur den Domainnamen Ihres Portals als Linktext zu verwenden. In jedem Kontext, jedem Umfeld und jeder Branche gelten dabei andere Gepflogenheiten. Für Sie wird es nicht immer ganz einfach sein herauszufinden, in welchen Fällen es sich um eine möglichst „natürliche" Verlinkung handelt. Denn auch Ihre Mitbewerber verwenden überoptimierte Ankertexte. Stimmen Sie diesen äußerst wichtigen Punkt im Zweifelsfall regelmäßig mit einem SEO-Experten ab.
- Unabhängig vom SEO-Effekt: Gestalten Sie die Linktexte sprechend und attraktiv. Der Leser muss einen Eindruck gewinnen, was sich hinter einem Link an Inhalten verbirgt. Idealerweise lässt sich gleich ein Lösungsvorschlag unterbringen („10 Tipps, wie man xyz erreicht"), und/oder der Ankertext muss entsprechend neugierig machen. Wobei es dann gilt, die aufgebaute Erwartungshaltung auch tatsächlich zu bedienen. Beide Maßnahmen bewirken, dass sich die Klickrate erhöht.
- Dementsprechend schlecht sind Texte wie „hier", „hier klicken", „diese Seite" und Ähnliches mehr.
- Einige Worte oder ein kurzer Satz genügen. Alles was deutlich über 50 bis 70 Zeichen geht, gilt es zu vermeiden.
- Der Linktext muss semantisch sauber sein. Dazu gehört, dass Umlaute korrekt umgewandelt werden („weiterfuehrende" statt „weiterfuhrende").
- Insgesamt gilt: Wechseln Sie zwischen Ankertexten unterschiedlicher Art und Weise ab. Es darf dann auch einmal nur ein einzelnes Wort sein. Onlinetexten aber auch SEO leben generell von der Vielfalt. Eine zu starre Ausrichtung an bestimmten mustergültigen Inhalten schadet eher.
- Hinzu kommt die layout-technische Gestaltung von Links auf Ihrer Webseite. Ein Verweis sollte auch als solcher zu erkennen sein. Das typische Blau und Unterstrichen von Google & Co. mag langweilig wirken. Ein dezentes, nicht-unterstrichenes Grau Ihren Designer deutlich eher zufrieden stellen. Und dennoch kann die Klickrate von Variante eins um mehrere 100 Prozent höher ausfallen. Sind alle Verweise auf Ihrem Portal einheitlich gestaltet, was zu empfehlen ist, so ergibt sich alleine aus dieser sehr einfachen Maßnahme ein enormes Potenzial. Testen Sie die verschiedenen Varianten gegeneinander, da je nach designtechnischer Gestaltung Ihres Portals eine andere Kombination wirkt.
- Liegt Ihnen ein Linkziel ganz besonders am Herzen, etwa hin zu Ihrem Onlineshop, sollten Sie zudem mit grafischen Verweisen experimentieren (so genannte Call-to-Action-Elemente, wie Buttons etc., siehe zur Inspiration *http://playground.ebiene.de/call-to-action-buttons/*). Selbst wenn diese nicht in gleichen Maßen SEO-wirksam sein sollten, steigen die Klicks unter Umständen deutlich an. Auch die Kombination aus beidem (Textlink sowie an leicht anderer Stelle ein grafisches Linkelement mit demselben Ziel) ist oft sehr hilfreich. Hier bleibt nur eines: Ausprobieren und ständiges Optimieren.

Der richtige Linkmix

Ein ausgewogener Backlink-Mix wird immer wichtiger. Insbesondere seit Google an weniger organisch gewachsenen Link-Strukturen erkennen kann, ob unter Umständen manipulative Versuche in Form von gekauften Verweisen und Ähnlichem mehr vorliegen. Ein paar Punkte haben Sie bereits kennen gelernt, dennoch an dieser Stelle noch einmal eine Zusammenfassung. Der ausgewogene Backink-Mix berücksichtigt jeweils eine Mischung aus:

- Links auf die Startseite sowie auf Unterseiten (also nicht alle Verweise nur auf „Home", oder nur auf einen einzigen Beitrag, den Sie besonders gut monetarisieren können).
- Links von unterschiedlichen Quellen/Seitenarten (Foren, Blogs, Nachrichtenseiten, Webkatalogen, Soziale Netzwerke, Statische Seiten, private/kommerzielle Seiten).
- Ebenso: Verweise von möglichst unterschiedlichen Seitenbetreibern, Servern, IPs.
- Sind bzw. in welcher Tiefe sind Keywords im Linktext enthalten oder nicht?
- Ein ausgewogener PageRank-Mix gehört ebenfalls dazu, gemäß der natürlichen Verteilung entsprechend vorhandener Portale. Ausschließlich vier PR-5-Backlinks wäre „verdächtiger" als beispielsweise 20 PR0, 15 PR1, 7 PR2, 3 PR3 und 1 PR5. Wie die PageRank-Verteilung Ihrer eigenen Webseite aussieht, das verraten Werkzeuge wie der Backlink Checker unter *www.backlinktest.com*.
- Es gibt jeweils leider kein Patentrezept der Art „30 Prozent dürfen auf die Startseite verweisen" oder „7 Prozent sollten von Blogs kommen". Wiederum ist dies zu sehr von der Art des Portals abhängig. Zumal selbst in absolut gleichen Branchen eine Varianz vorherrscht, da jeder ein anderes Netzwerk mit sich bringt, anderes Marketing und SEO betreibt etc. Je mehr Wege Sie für den Linkaufbau nutzen, aber auch je natürlicher Sie hierbei vorgehen (etwa über wertvolle Portal- und Corporate-Blog-Inhalte, die von ganz alleine sehr „bunte" Backlinks erzeugen), umso ausgewogener wird das Ergebnis sein. Genauso gehört hierzu, in welcher Geschwindigkeit Ihr Linkprofil aufgebaut wird. Ein plötzlicher oder zyklischer starker Anstieg an neuen, werthaltigen Backlinks kann als Signal für guten Content verstanden werden. Aber genauso auch für künstlich herbeigeführte Effekte stehen. Google wird in den seltensten Fällen nur diesen einen Faktor für eine Einstufung heranziehen. In der Kombination mit anderen auffälligen Indikatoren droht jedoch durchaus Unheil.

Als Fazit könnte man nun, etwas provokant formuliert, auch sagen: Je weniger Sie sich Gedanken um Ihren Linkmix machen, und je mehr Sie diese Energie stattdessen in den Aufbau guter Inhalte und neuer Kooperations-Kontakte stecken, aus denen eher als angenehmer Nebeneffekt qualitativ hochwertige neue Verlinkungen resultieren, umso besser. Denn dann gehen Sie von ganz alleine „natürlich" vor.

Die interne Verlinkung

Wie Sie noch erfahren werden, dienen portalinterne Verweise dazu, den Besucher auf Ihrer Webseite zu halten. Sie sind aber gleichzeitig wichtig, um relevante Inhalte miteinander zu verknüpfen. Wie Suchmaschinen Ihr Portal betrachten, also etwa, welche Themen und Schlüsselwörter sie diesem zuordnen, das hängt nicht zuletzt von einer möglichst logischen internen Verlinkung ab. Logisch, das heißt in diesem Zusammenhang:

- In dem Kontext, in dem interne Verweise zum Einsatz kommen, müssen sie auch für den Leser Sinn machen. Also beispielsweise dann, wenn zwecks näherer Erläuterung eines Sachverhaltes auf einen anderen Beitrag verwiesen wird, der sich näher mit der besprochenen Thematik auseinandersetzt, oder wenn dem Leser am Ende eines Textes Appetit auf ähnliche Artikel gemacht wird (siehe hierzu auch Bild 1.48).
- Die Verlinkung soll eine Navigation durch das Portal ermöglichen. Diese muss ebenfalls intuitiv und möglichst zielführend sowie schlank gestaltet sein. Kein Nutzer klickt sich durch zig Unterseiten, nur um an sein eigentliches Ziel zu gelangen.
- Zwar ist es immer gut, dem Besucher mehrere Möglichkeiten zu geben, sich durch ein Portal zu navigieren. Zu viele parallele Verweise sind aber weder gut für Ihr SEO, noch nützlich. Hat ein Leser das Gefühl, über diverse Wege doch letztendlich immer wieder bei den gleichen Inhalten zu landen, so wird er den Besuch abbrechen. Und Google geht es sehr ähnlich.

Übrigens: Ganz banale Textlinks sind in der Regel SEO-technisch besser geeignet, als grafische verweisende Elemente (wie etwa ein mit Grafikelementen gestaltetes Menü im Header der Seite). Hier gilt es zwischen Design und Effizienz abzuwägen. Wenn man jedoch den Großteil der Links als Textverweis gestaltet, so ist der negative Effekt einzelner Grafiklinks meist zu vernachlässigen. Wobei auch einzelne Textlink-Bereiche mit der richtigen Programmierung durchaus „schick" gestaltet werden können.

Linkkauf und Linkmiete

Beim Linkkauf wird die linkgebende Webseite mit einer Einmalsumme dafür bezahlt, dass sie einen dauerhaft bestehen bleibenden, in der Regel suchmaschinenrelevanten DoFollow-Backlink auf das Portal des Auftraggebers setzt. Dieser Auftraggeber bestimmt meist das Linkziel sowie den Linktext. Der Hintergrund derartiger Deals liegt auf der Hand: Die Backlink-SEO-Power soll gestärkt werden. Die Linkmiete erfolgt ähnlich. Dort läuft die Vereinbarung jedoch nur über einen bestimmten Zeitraum, für den sich der Auftragnehmer verpflichtet, den Link bestehen zu lassen. Dafür wird dann auch nur dieser Zeitraum vergütet, beispielsweise über eine monatliche Pauschale. Mit Ablauf der Mietzeit (wenn diese nicht verlängert wird) könnte der Link also wieder entfernt werden, obwohl einige Auftragnehmer diesen weiterhin bestehen lassen. Dies oft aus der Befürchtung heraus, dass die Suchmaschinenbetreiber mit dem nach einem bestimmten Zeitraum wieder entfernten Link der Vereinbarung auf die Schliche kommen.

Auch wenn Google selbst den Kauf und die Miete in seinen Richtlinien untersagt, so ist dieses Geschäftsgebare, trotz drohender Abstrafung beider beteiligter Parteien, nach wie vor Alltag. Daran hat selbst das Pinguin-Update (siehe Abschnitt 1.2.7) wenig geändert. Leider, sagen nicht wenige Webseitenbetreiber, denn die finanziellen Gegenleistungen für Backlinks sind äußerst umstritten. Nicht nur, dass sie den Wettbewerb verzerren. Indem sie eine gute Positionierung in den Suchmaschinen doch zu einem guten Teil käuflich machen, und so finanziell besser gestellte Portale profitieren. Sie sind auch den Internetnutzern gegenüber unfair. Diese sehen einen Verweis auf eine andere Webseite als Empfehlung an. Bezahlte Links untergraben dieses Vertrauen. Denn man kann als Laie nicht erkennen, ob es sich um eine „echte" oder um eine „bezahlte" Link-Empfehlung handelt.

Hallo,

Sollten Sie nicht wissen wovon ich spreche würde es mich freuen wenn Sie diese eMail an Ihren Marketing- / SEO- Manager weiterleiten könnten.

Mir ist aufgefallen, dass Sie hier und da Links bzw. Artikel kaufen. Wir sind eine kleine Zwei-Mann Agentur die unter anderem schon Artikel platziert hat für [redacted] etc.

Ich denke mir mal die Kunden sprechen für sich! Auch wenn wir nur eine kleine Agentur sind so überzeugen wir doch meist durch unsere günstigen Preise und gleichzeitig qualitativ hochwertigen Artikel. Wir haben uns spezialisiert auf sehr **hochwertige Artikel von Tageszeitungen und Online-Größen die eigentlich jeder kennt spezialisiert. Selbst aus den AGOF-Top500 Charts haben wir rund ein dutzend Seiten wo wir Artikel platzieren können!**

Um zum Punkt zu kommen: Ich würde Ihnen gerne unser Angebot präsentieren und würde mich über eine Rückmeldung freuen!

Selbstverständlich werden wir auch für kleine Kunden tätig! Backlinks fangen bei uns bei 25 Euro einmalig an und gehen bis zu 800 Euro einmalig. Alle Artikel werden zu einem einmaligen Betrag dauerhaft platziert. Link-Miete oder ähnliches bieten wir nicht an.

Mit freundlichen Grüßen
[redacted]

E-Mail: [redacted]seo.de

Bild 1.7 Ein unmoralisches Angebot, das massenweise verschickt wird und mit Unwahrheiten wirbt („Ich weiß, dass Sie hier und da Links kaufen …“). Im schlimmsten Fall ist dabei deutlich mehr als nur das eingesetzte Geld weg. Es gibt aber auch seriöse Plattformen, die sich rein auf die Vermittlung von Linkkauf und -Tausch spezialisiert haben.

Andere Webseiteninhaber und vor allem die SEOs argumentieren hingegen, dass man sich als Unternehmen dem Linkkauf und der Linkmiete gar nicht entziehen könne, wenn die wichtigsten Mitbewerber auf eben dieses Mittel setzen. Ganz nach dem Motto: Wer kein Geld für seinen Linkaufbau ausgibt, der hat automatisch einen Nachteil auf dem Markt. Hier beißt sich die Katze also ein gutes Stück weit selbst in den Schwanz. Denn wenn in einer spezifischen Branche aufgrund der großen Konkurrenz alle Linkkauf und -Miete machen *müssen*, dann gewinnt irgendwie keiner der Beteiligten. Außer der SEO-Dienstleister sowie der Linkverkäufer, bei denen es sich oft um Content-Portale und Blogs handelt. Die aber wiederum selbst teilweise Backlinks für sich einkaufen, um den eigenen SEO-Stellenwert nicht zu verlieren, um dann weiterhin Links verkaufen zu können und so weiter und so fort. Sie sehen, nicht gerade ein einfaches Thema. Nicht nur die größeren Unternehmen und Portale setzen auf die käuflichen Links. Erst jüngst begegnete mir die Anfrage einer Friedhofsgärtnerei, die auf der Suche nach SEO-wirksamen Bezahlt-Verweisen war. Der Druck, sich gut bei Google zu positionieren, erreicht mittlerweile selbst eher exotische Branchen, die von ihrem Hintergrundwissen und ihrem Onlinemarketing-Budget ausgehend sicherlich nicht immer unbedingt wissen, was sie da eigentlich tun, und welche Konsequenzen ihr Handeln haben könnte.

Ich habe lange überlegt, welchen Rat ich Ihnen diesbezüglich geben soll. Prinzipiell bin ich der Meinung, dass man das Budget für bezahlte Links besser in guten Content stecken sollte, um so für einen natürlichen Linkaufbau zu sorgen. Auch ich finde vergleichbare Manipulationen unfair, sowohl anderen Webseitenbetreibern als auch den eigenen Lesern gegenüber. Dennoch weiß ich natürlich, dass es gerade für einige noch sehr junge Onlineprojekte sowie in hart umkämpften Märkten enorm schwierig sein kann (nicht sein muss), ohne einige unterstützende Bezahlt-Links auszukommen. Doch Linkkauf und Linkmiete sind alles andere als ungefährlich. Google wird immer besser darin, solche Verweise aufzuspüren. SEO-Experten sind sich darin einig, dass noch so manches Portal eine böse Überraschung erleben wird, das mit Kauf- oder Mietlinks arbeitet. Denn mit jedem Google-Update werden die Mechanismen verfeinert. Dann reicht es, dass erneut ein bestimmter Schwellenwert heruntergesetzt wird, und schon geraten das linkgebende sowie das linknehmende Portal in die Mühlen der Abstrafung. Wie Google bezahlte Links erkennen kann, dazu erfahren Sie gleich mehr.

Hinzu kommt: Linkkauf und Linkmiete kann man schlau, aber auch weniger schlau anstellen, was die potenzielle Erkennbarkeit anbelangt. Diesbezüglich sollten Sie Ihren SEO-Dienstleistern auf die Finger klopfen. Mich selbst erreichen nahezu täglich Anfragen von solchen Dienstleistern, die im Auftrag Ihrer Unternehmenskunden einen Link bei mir kaufen oder mieten wollen. Blogger werden diesbezüglich sehr oft kontaktiert. Bei gefühlten 80 Prozent dieser Anfragen, die durchaus auch von seriösen Agenturen stammen, denke ich mir insgeheim: „Wenn der Kunde wüsste, was er sich mit derart gestalteten Links antut ...". Selbst wenn der Kauf durchdacht strukturiert und der Link unauffällig gestaltet ist, so hat man niemals die Zukunft des linkgebenden Portals unter Kontrolle. Manche Webseiten, die Backlinks verkaufen, entwickeln sich zu regelrechten Link-Schleudern. Ganz nach dem Motto „Wenn Google mich bald eh abstraft, dann kann ich ja noch einmal schnell Kasse machen". Dann werden alle Aufträge angenommen, eben auch die weniger „schlauen" – und schon findet sich Ihr eigener gekaufter Backlink in einem Umfeld wieder, das alles andere als günstig ist.

Lassen Sie es am besten sein, wenn Sie zu 100 Prozent sicher gehen wollen, nicht eines Tages bei den Suchmaschinen in Ungnade zu fallen. Arbeiten Sie lieber mit Verweisen von guten, qualitativ hochwertigen Kooperationspartnern, die nicht käuflich sind, oder generieren Sie Backlinks über gute Inhalte und virale Aktionen. Sie finden in diesem Buch zahlreiche Beispiele hierzu. Wenn Sie nun, unabhängig von meiner Empfehlung dies nicht zu tun, dennoch Links kaufen oder mieten möchten, so achten Sie darauf, dass

- Sie das Quellportal kennen beziehungsweise vor der Buchung kennen lernen können (was bei einer Vermittlung durch Linkkauf-Portale nicht immer der Fall ist). Nur so lässt sich sicherstellen, dass bei diesem nicht jeder zweite Beitrag mit einem verkauften Link ausgestattet ist, nicht auf inhaltlich völlig artfremde Projekte verlinkt wird und nicht schnell erkennbare Keyword-Links zum Einsatz kommen. Manche Auftraggeber gehen so weit, dass sie ein anonymes Angebot in einem Linkkauf-Portal zunächst bei einem von den anderen Webseiten völlig unabhängigen, nicht wichtigen Projekt „vortesten". Um dann über dessen Eignung für eine zweite, eigentliche Buchung zu entscheiden.
- Der gekaufte Link auf dem gebuchten Quellportal nicht aus der dortigen Link-Masse heraussticht (alle Verweise sind normalerweise NoFollow, nur die verkauften DoFollow; völlig andere Content- oder Linkgestaltung; normalerweise nur ein Link in jedem Beitrag, bei Ihrem vier ...).
- Zugehörige Texte zu den sonstigen Inhalten passen, sowohl thematisch als auch von der „Sprache" her. In diesem Zusammenhang kann es Sinn machen, den Auftragnehmer mit der Verfassung des Beitrags zu beauftragen.
- Der Auftragnehmer nicht öffentlich sichtbar damit wirbt, dass bei ihm Links käuflich erworben werden können (ja, auch das gibt es).
- Nur hochwertige Beiträge und Portale als Auftraggeber angenommen werden.
- Das beauftragte Portal nicht zuvor einen deutlichen PageRank-Verlust oder Ähnliches hinnehmen musste. Denn dies könnte darauf hindeuten, dass Google eben dieses Portal bereits beobachtet.

So oder so sollten käufliche Verweise immer nur einen möglichst kleinen Teil Ihrer Linkstruktur ausmachen. Ansonsten macht man sich allzu leicht zur Zielscheibe für eine Abstrafung. Obwohl auch schon einige wenige „falsche" Links hierfür ausreichen können. Wie Sie anhand einiger Punkte der Aufzählung nur unschwer erkennen können, ist es alles andere als einfach, geeignete Portale für bezahlte Einträge zu finden. Da kann der „Umweg" über virale Inhalte als natürlicher Köder manchmal einfacher und schneller sein – oder man nutzt zunächst einmal das bereits vorhandene Offline- und Online-Netzwerk für die Gewinnung von Links, eine aus meiner Erfahrung heraus sehr oft vernachlässigte Quelle. Gleiches gilt für lokale Partner (regionale Portale und Onlinepresse, Verbände, Kammern etc.). Nicht umsonst wird der Linkaufbau immer öfter als Disziplin des generellen Marketings (über PR-Aktionen und Inhalte) oder gar des Vertriebs/der Kundenbetreuung/des Produktmanagements (über Kooperationen und bestehende Kontakte) betrachtet – weniger als reine SEO-Aufgabe im technischen Sinne. Hierzu erfahren Sie im weiteren Verlauf dieses Buches noch mehr.

Lehrreiche Praxisbeispiele weniger erfolgreicher Kampagnen zum Thema Linkbuilding weist der Beitrag unter *www.blogprofis.de/buch/linkbuilding* auf, er ist jedoch leider nur in englischer Sprache verfügbar.

HINWEIS: Übrigens: Man kann Webseiten, die vermutlich Links kaufen oder verkaufen, bei Google sogar melden, also „anschwärzen". Der Suchmaschinenbetreiber hat hierfür ein eigenes Onlineformular bereitgestellt. Wenn Sie auf solche Methoden setzen, droht Ihnen also auch die Gefahr, dass Ihnen ein missliebiger Mitbewerber einen Strich durch Ihre manipulierten Linkaufbau-Pläne macht. Glaubt man einzelnen Beiträgen in einschlägigen Foren, so ist diese Gefahr keineswegs rein theoretische Natur.

Und noch ein Hinweis: Die Google Webmaster Tools versenden unter Umständen „Warn"-Nachrichten an Sie, wenn dort ein Verhalten auffällt, das als Versuch zur unerlaubten Beeinflussung des Rankings gewertet werden könnte. Egal, ob Sie zu Recht oder zu Unrecht irgendeines unnatürlichen Verhaltens verdächtigt werden: Alleine deswegen lohnt sich eine Anmeldung bei den Webmaster Tools (siehe hierzu *www.blogprofis.de/buch/warnhinweise*). ■

HINWEIS: Wie leicht es Google oftmals gemacht wird, bezahlte Beiträge zu erkennen, das zeigen die sich immer wieder einmal ändernden Trends bei vergleichbaren Beauftragungen. Dominierten in den Linkkauf-Plattformen früher die Buchungen der Art „zwei/drei Money-Keywords-Verlinkungen unterbringen, in einem Text mit direktem Bezug auf das Linkziel, keine sonstigen externen Links", so ändert sich dies derzeit. Subtile Verlinkungen nach beispielsweise dem Muster „Ein Nicht-Money-Keyword zu mir, ein Link zu einem unbeteiligten Blog, ein so genannter Trustlink zu Wikipedia o. ä." sind nun gefragt – und das immer und immer wieder. Muster wie diese sind für moderne Software-Algorithmen leicht zu erkennen. Denn sie führen zu einer unnatürlichen Ansammlung entsprechender Links. Dabei ist es egal, ob Sie als Auftraggeber nur sehr vereinzelt solche Links einsetzen. Aufspürbar wird das Ganze über den Auftragnehmer, der ja in der Regel für viele Unternehmen gleichzeitig arbeitet. Eine weitere Methode, mit der generell verdächtige Aktivitäten aufgedeckt werden können, ist hingegen hier beschrieben: *www.seo-united.de/blog/seo/wie-google-seo-spammer-entlarvt.htm*. ■

1.4.2 Der Content

schnell & günstig			★			langwierig & teuer
leicht wirksam				★		stark wirksam
Einsteiger		★				Profis
kurzfristig					★	nachhaltig
wenig Risiko		★				hohes Risiko

Die SEO-Szene ist sich darin einig, dass insbesondere seit dem Panda-Update, das Sie in Abschnitt 1.2.7 bereits kennen gelernt haben, qualitativ hochwertige Inhalte einen zunehmend wichtiger werdenden Ranking-Faktor darstellen. Gewinner des Panda waren sehr oft Blogs sowie unabhängige Nachrichtenseiten mit eigenerstelltem Content. Beide Portalformen sind prädestiniert dafür, ihre Leser mit Inhalten zu versorgen, die auch tatsächlich auf nachhaltiges Interesse stoßen und einen Mehrwert darstellen. Wie Google dies messen und bewerten kann, dazu erfahren Sie gleich mehr. Web-Projekte mit eher austauschbaren oder auf den einzelnen Unterseiten „dünnen", wenig umfangreichen Inhalten wie Presseportale und sonstige Zweitverwerter, aber auch Bewertungsplattformen, Gutscheinportale und ähnliche mehr gehörten hingegen zu den Verlierern, wie die Analyse unter *www.blogprofis.de/buch/pandaverlierer* recht eindrucksvoll zeigt. Eigentlich ist all das nicht neu, die Relevanz guter Inhalte für die Suchmaschinenoptimierung eine Selbstverständlichkeit. Man muss sich nur einmal vor Augen führen, zu welchem Zweck Google & Co. benutzt werden. Und schon wird das Prinzip zielführenden Contents sehr einleuchtend.

Obwohl wir bereits auf einige Punkte eingegangen sind, hier noch einmal eine Auflistung, was einen solchen guten, SEO-wirksamen Content ausmacht:

- Die Inhalte sind umfangreich und gut strukturiert (Zwischenüberschriften, Aufzählungen, Schriftformatierungen, enthaltene Bilder und Grafiken).
- Sie stammen idealerweise von einem von Google authentifizierten Autor. Eine Anleitung hierzu findet sich beispielsweise unter dem Link *www.blogprofis.de/buch/googleauthor*, aber auch in Abschnitt 1.4.6. Die persönliche Vorstellung des Verfassers sorgt für zusätzliches Vertrauen.
- Der Beitrag bietet so nützliches, exklusives oder unterhaltsames Wissen, dass er aufmerksam studiert wird, sich viral weiterverbreitet, in den sozialen Medien empfohlen wird etc. (siehe Abschnitt 1.4.2).

- Er generiert durch den guten, kontroversen oder Fragen aufwerfenden Inhalt zahlreiches Feedback. Und damit weiteren, zusätzlichen, von den Lesern erstellten Content. Idealerweise direkt im Anschluss an die Beiträge, als Kommentare (auch deswegen werden Blogs von Google oft so sehr geliebt, siehe Bild 1.8).
- Es werden nicht nur positive Faktoren beleuchtet, sondern auch kritische/negative Aspekte klar benannt. Generell ist guter Content in der Regel nicht-werblicher Art.
- Es erfolgt immer wieder einmal eine Aktualisierung oder Ergänzung mit abwechslungsreichen und wiederum möglichst umfangreichen Inhalten (hierfür sind Kommentare ebenso prädestiniert). Auch ansonsten hilft Dynamik: Mit recht einfachen Mitteln kann man, etwa auf der Startseite, regelmäßig andere Beiträge anteasern oder sonstige Sidebar-Inhaltsblöcke etc. automatisiert austauschen. Prädestiniert hierfür sind Blogs (siehe Abschnitt 4.8). Diese erzeugen, wenn sie regelmäßig gepflegt werden, von ganz alleine eine solche Dynamik. Dann hilft es dem Hauptportal, dort die jeweils neusten Blogbeiträge mit einem Vorschautext anzureißen und auf diese zu verlinken.
- Aber auch: Die Inhalte werden gegebenenfalls zusammen mit einem Partner erstellt (ein anderes Portal, ein Fachexperte). Hieraus erfolgt eine zusätzliche Verbreitung in dessen (sozialem) Netzwerk, mehr Backlinks und sonstige Erwähnungen.
- Es gibt keine ähnlichen oder gar gleich lautenden Inhalte auf anderen Portalen.
- Die einzelnen Beiträge passen thematisch zueinander. Bauchladen-Seiten mit sehr unterschiedlichen Inhalten haben es meist deutlich schwerer, als Portale mit fokussiertem Content. Ähnliches gilt für einzelne Unterseiten. Schreibt der Bäcker plötzlich über Blumen, so wird das Gewicht der normalerweise verwendeten Keywords ein eigenständiges Ranking unter „Blumen" deutlich erschweren.

Texte, die rein aus technischer Sicht suchmaschinenoptimiert sind (Auswahl der richtigen Keywords, Keyword-Dichte etc.) haben zudem einen weiteren gewichtigen Nachteil: Sie verlieren nicht selten den eigentlichen Zweck Ihrer Unternehmenskommunikation aus den Augen. Passen also weder zur Zielgruppe, noch zu Ihren Botschaften. Schauen Sie sich einmal die erfolgreichsten nicht-kommerziellen Portale in Ihrem inhaltlichen Segment an. Etwa private Blogs. Diese dienen als Referenz dafür, was gute Inhalte im Sinne der genannten Punkte ausmacht. In Abschnitt 4.8 werde ich ebenfalls noch einmal auf diese Mechanismen eingehen.

„Umfangreiche Inhalte" heißt in diesem Zusammenhang: Ein Wert von mindestens 400 Wörtern je Webseite/Beitrag hat sich diesbezüglich als hilfreich herauskristallisiert – wobei ich selbst diese Messlatte nur ungern kommuniziere. Denn manche Unternehmen schaffen daraufhin Portale, in denen tatsächlich jeder Artikel um die 400 bis 450 Wörter umfasst. Guter Content ist schließlich teuer. Diese Strategie dafür umso durchschaubarer. Je abwechslungsreicher der Umfang, und je länger (bei werthaltigen Informationen versteht sich), umso besser. Dann dürfen einzelne Beiträge auch einmal deutlich nach unten hin abweichen. Zu lang ist ebenfalls nicht gut. Muss der Leser seitenweise scrollen, so verliert er, gerade online, schnell die Lust. Dann sollte man den Text lieber in eine Beitragsserie aufteilen. Mit einzelnen, logisch aufeinander aufbauenden „Häppchen", welche um die 600 Wörter umfassen.

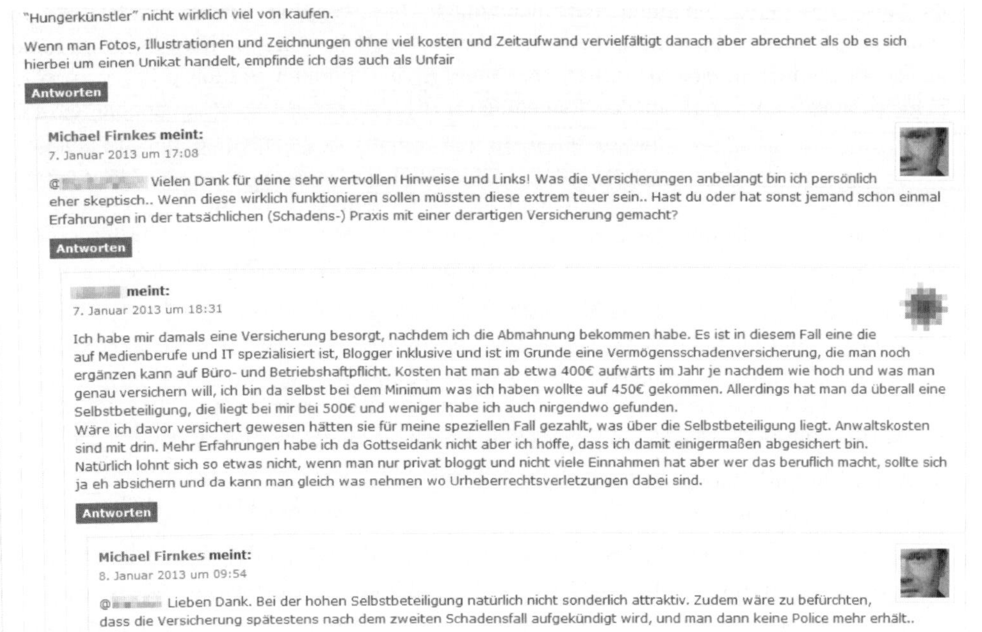
"Hungerkünstler" nicht wirklich viel von kaufen.

Wenn man Fotos, Illustrationen und Zeichnungen ohne viel kosten und Zeitaufwand vervielfältigt danach aber abrechnet als ob es sich hierbei um einen Unikat handelt, empfinde ich das auch als Unfair

Antworten

Michael Firnkes meint:
7. Januar 2013 um 17:08

@[redacted] Vielen Dank für deine sehr wertvollen Hinweise und Links! Was die Versicherungen anbelangt bin ich persönlich eher skeptisch.. Wenn diese wirklich funktionieren sollen müssten diese extrem teuer sein.. Hast du oder hat sonst jemand schon einmal Erfahrungen in der tatsächlichen (Schadens-) Praxis mit einer derartigen Versicherung gemacht?

Antworten

[redacted] meint:
7. Januar 2013 um 18:31

Ich habe mir damals eine Versicherung besorgt, nachdem ich die Abmahnung bekommen habe. Es ist in diesem Fall eine die auf Medienberufe und IT spezialisiert ist, Blogger inklusive und ist im Grunde eine Vermögensschadenversicherung, die man noch ergänzen kann auf Büro- und Betriebshaftpflicht. Kosten hat man ab etwa 400€ aufwärts im Jahr je nachdem wie hoch und was man genau versichern will, ich bin da selbst bei dem Minimum was ich haben wollte auf 450€ gekommen. Allerdings hat man da überall eine Selbstbeteiligung, die liegt bei mir bei 500€ und weniger habe ich auch nirgendwo gefunden.
Wäre ich davor versichert gewesen hätten sie für meine speziellen Fall gezahlt, was über die Selbstbeteiligung liegt. Anwaltskosten sind mit drin. Mehr Erfahrungen habe ich da Gottseidank nicht aber ich hoffe, dass ich damit einigermaßen abgesichert bin.
Natürlich lohnt sich so etwas nicht, wenn man nur privat bloggt und nicht viele Einnahmen hat aber wer das beruflich macht, sollte sich ja eh absichern und da kann man gleich was nehmen wo Urheberrechtsverletzungen dabei sind.

Antworten

Michael Firnkes meint:
8. Januar 2013 um 09:54

@[redacted] Lieben Dank. Bei der hohen Selbstbeteiligung natürlich nicht sonderlich attraktiv. Zudem wäre zu befürchten, dass die Versicherung spätestens nach dem zweiten Schadensfall aufgekündigt wird, und man dann keine Police mehr erhält..

Bild 1.8 Aus einer Kommentarfunktion heraus können sich ganze Diskussionen sowie sehr umfangreiche, thematisch passende Äußerungen der Leser ergeben. Diese Inhalte „strecken" quasi den ursprünglichen Content und halten ihn lebendig – und das ohne größeren Aufwand Ihrerseits (außer der Moderation).

Wie kann Google messen, was gute Inhalte sind?

Google hat nicht nur rein technische Faktoren wie die Textlänge je Beitrag bzw. Internetseite zur Verfügung. Man geht zudem davon aus, dass die Qualität von Onlinetexten an sich bewertet werden kann, zumindest rudimentär. Möglichkeiten hierzu gäbe es zur Genüge:

- Wie umfangreich ist der Wortschatz, der zum Einsatz kommt?
- Wie oft wiederholen sich einzelne Wörter, auch Füllwörter?
- Wie ist es um Satz-, Wort- und Absatzlängen bestimmt, wie gut sind die Inhalte strukturiert oder eben nicht?
- Ähnelt der Text anderen, sehr oft vorkommenden Inhalten im World Wide Web, oder ist er einzigartig (sogar: Ähnelt der Text einem anderen fremdsprachigen Inhalt)?
- In welcher Dichte kommen welche Wortarten und Wortformen vor (etwa in Relation zu bereits bewerteten und in Qualitätsklassen eingestuften Mustertexten)?
- Selbst Lesbarkeits-Indizes gibt es, die zum Einsatz kommen könnten (siehe *http://de.wikipedia.org/wiki/Lesbarkeitsindex*).

Die Frage ist nur, ob und wie intensiv Google oder auch andere Suchmaschinen, welche dieser Bewertungsmöglichkeiten einsetzen. Denn die dahintersteckenden Techniken sind, je nach Tiefe der Untersuchung, sehr rechenintensiv. Einfache Aufgabenstellungen sollten jedoch durchaus bereits heute machbar sein. So etwa das Erkennen von rein maschinell erstellten Texten, die manche „billigen" Webseiten tatsächlich einsetzen. Noch weiter geht die Vermutung, dass der Suchmaschinenprimus zukünftig sogar die Rechtschreibung von Onlinetexten beurteilen könnte. Denn in sehr vielen Fällen ist eine gute Rechtschreibung gleichzeitig ein Indikator für inhaltliche Qualität. Die Werkzeuge hierzu hätte Google im Prinzip. Man denke nur an das firmeneigene Übersetzungswerkzeug Google Translate (*http://translate.google.de*), das ebenfalls immer bessere Ergebnisse erzielt. Sie müssen es sich so vorstellen: Erkennen (die meisten) Menschen, dass es sich bei einem Onlinetext um ein versteckt werbliches Angebot handelt, so können Maschinen dies irgendwann auch. Selbst wenn vergleichbare Mechanismen derzeit noch nicht oder nur sehr rudimentär Verwendung finden: Das wird keineswegs so bleiben. Gutes SEO hat also immer auch etwas damit zu tun, für kommende Zeiten vorzusorgen.

Gleichzeitig gilt es als relativ sicher, dass der Suchmaschinenbetreiber auf eine Datenbasis von unschätzbarem Wert zurückgreift (die Frage ist nur mit welcher Gewichtung): Das Verhalten der eigenen Nutzer. Stellen Sie sich vor, Sie geben bei Google einen bestimmten Suchbegriff ein und klicken auf das erste Ergebnis. Dort angekommen, stellen Sie jedoch fest, dass die Inhalte nicht das verraten, nach dem Sie suchen. Beziehungsweise dass diese nicht das einlösen, was Sie sich vom Beschreibungstext in der Suchergebnisliste her versprochen haben. Sie gehen also sehr zügig zurück zu Google und klicken auf das zweite Suchergebnis. Da Sie sich dort besser aufgehoben fühlen, bleiben Sie länger auf dem entsprechenden Portal, klicken sich dort gar durch mehrere Unterseiten. Jeder kennt eine solche Situation. Nun stellen Sie sich vor, dass nicht nur Sie bei diesem Suchbegriff so vorgehen, sondern viele Nutzer – und schon hat Google einen perfekten Indikator dafür, welche Webseiten von den Usern selbst als inhaltlich gut bewertet werden und welche nicht.

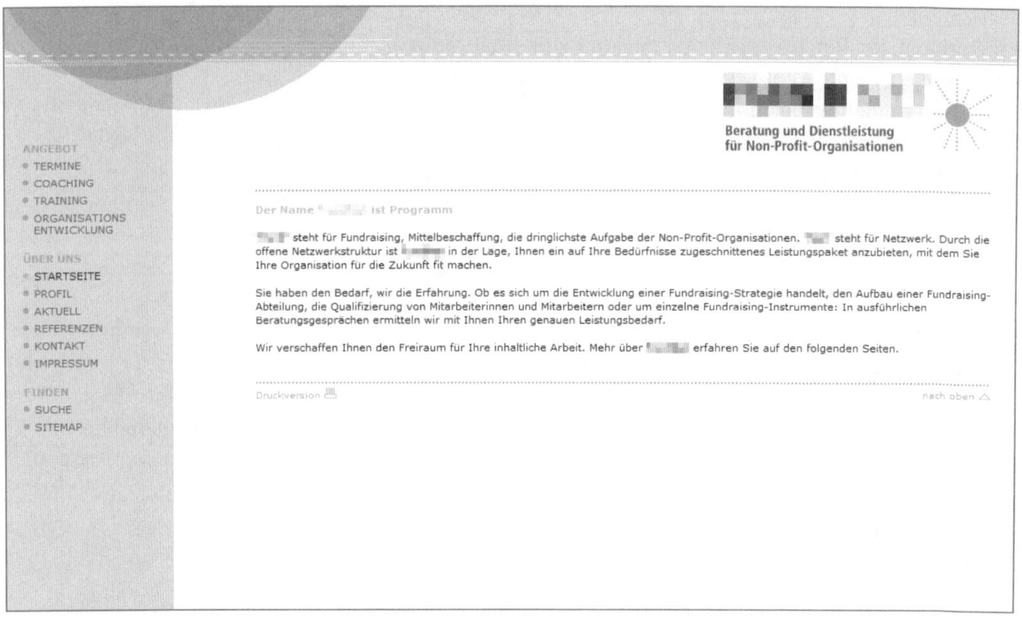

Bild 1.9 Ein Negativbeispiel: Sind die Inhalte eines Portals, wie hier auf der Startseite, derartig dünn bemessen, aber auch statisch, dann bietet man wenig verwertbares Futter für Google und andere Suchmaschinen.

> **HINWEIS:** Es gibt Werkzeuge, die versprechen, über Automatismen aus einem Originaltext beliebig viele individuelle Kopien anzufertigen. Dabei wird der Satzbau umgestellt, oder Wörter werden durch Synonyme ersetzt. Man will damit günstige Inhalte generieren, etwa zur Verwendung auf Zweitportalen, die nicht als Duplicate-Content erkannt werden. Man nennt diesen Vorgang Text-Spinning oder Article-Spinning. Lassen Sie besser die Finger davon. Die meisten dieser Tools sind längst nicht so ausgereift, als dass Google die Ergebnisse nicht als Kopie oder als schlechte inhaltliche Qualität erkennen könnte. Spätestens Ihre Leser würden merken, dass die so entstandenen Texte kaum einen Mehrwert bieten.

1.4.3 Title, Tags, Attribute & Alt-Texte

schnell & günstig		★				langwierig & teuer
leicht wirksam			★			stark wirksam
Einsteiger			★			Profis
kurzfristig				★		nachhaltig
wenig Risiko		★				hohes Risiko

Willkommen im Reich der Metadaten und des Quellcodes! Bei Metadaten und ähnlichen Bestandteilen einer Webseite handelt es sich um beschreibende Textbausteine, welche Ihr Portal in irgendeiner Form inhaltlich kategorisieren: Für die Suchmaschinen. Diese können Ihre Onlinebeiträge und Texte dann schneller und besser zuordnen, über enthaltene Keywords auch zu einzelnen Suchanfragen. Somit wird die SEO-Bedeutung der Metadaten schnell klar. Meist sind diese nicht unmittelbar als Content-Bestandteil auf einer Webseite sichtbar, sondern wirken, im Quellcode hinterlegt, eher im Hintergrund. Google „sieht" eine Internetseite quasi als Mixtur aus dem tatsächlichen Textinhalt und den Metadaten. Diese werden bei der Anlage von Seiten- und Beitragstexten in einem Content Management mit angelegt und gepflegt, entweder per Hand oder aber automatisiert. Ein kleines Beispiel soll dies verdeutlichen. Den so genannten *Title-Tag*, der eine sehr gewichtige Rolle bei der SEO-Optimierung spielt, kennt jeder Suchmaschinennutzer, wenn auch nicht unter diesem Namen. Denn dieser wird in den Suchergebnislisten von Google in der Regel (falls dort auswertbare Informationen enthalten sind) als Überschrift verwendet, wie in Bild 1.10 dargestellt.

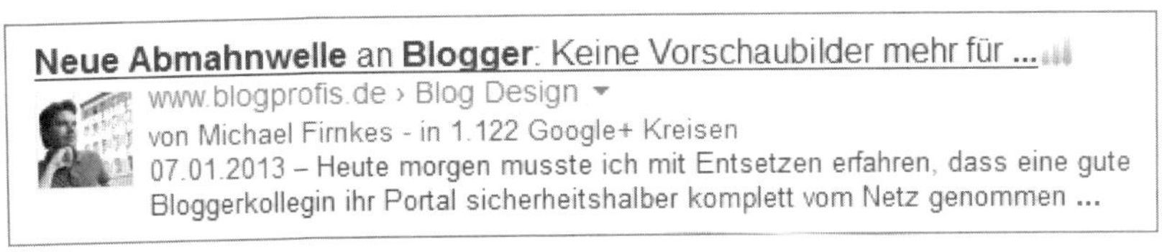

Bild 1.10 Die Überschrift dieses Eintrags aus den Google-Suchergebnissen („Neue Abmahnwelle ...") wurde aus dem Title-Tag übernommen.

Den Quellcode der zugehörigen Webseite zeigt Bild 1.11.

```
<!-- Diese Seite wurde SEO-optimiert von wpSEO (http://www.wpseo.de) -->
<title>Neue Abmahnwelle an Blogger: Keine Vorschaubilder mehr für Facebook, Google+ &amp; Co.? »
BlogProfis.de</title>
<meta name="description" content="Heute morgen musste ich mit Entsetzen erfahren, dass eine gute
Bloggerkollegin ihr Portal sicherheitshalber komplett vom Netz genommen hat, aufgrund" />
<meta name="keywords" content="Facebook, Problem, Doch, Fotografien, Ausland, Abmahnung" />
<meta name="robots" content="index, follow" />
```

Bild 1.11 Der im Quellcode hinterlegte Title-Tag.

In diesem Fall wurde der Title-Tag übrigens automatisiert aus der Überschrift des entsprechenden Beitrags/der entsprechenden Webseite generiert, wie aus Bild 1.12 hervorgeht.

Bild 1.12 Die Beitragsüberschrift als (bei diesem Beispiel) Grundlage für den Inhalt des Tags

Sie wüssten nicht, wer bei Ihnen im Unternehmen (Webmaster, Onlineredakteur, Autoren und so weiter) derartige Informationen wie den Title-Tag pflegen würde? Dann kommt sicherlich auch bei Ihnen ein Automatismus zum Einsatz, der wie hier etwa die Seitenüberschrift zum Title-Tag werden lässt. Ich setze für mein Content-Management-System (WordPress) auf Lösungen, bei denen dieser Tag zwar manuell gepflegt werden kann, ansonsten jedoch automatisch gebildet wird. Damit habe ich mich als relativ bequem (um nicht zu sagen faul) enttarnt und nicht gerade als ein Vorbild in Sachen eigener Suchmaschinenoptimierung. Denn wenn man den Title-Tag sowie die Beitragsüberschrift unabhängig voneinander befüllt, so bleibt natürlich mehr Raum für zusätzliche Inhalte. Und Google findet dann dementsprechend auch mehr Informationen, so dass die Suchmaschine Ihren Beitrag weiteren, zusätzlichen Suchanfragen zuordnen könnte. Zudem kann es ab und an Sinn machen, in der Suchmaschine einen anderen, da „appetitanregenderen“ Text zu verwenden, als auf dem Portal selbst.

Am vorangegangenen Beispiel erläutert: Google wird meine Seite unter anderem über Schlagwörter im Title-Tag, wie *„Abmahnwelle“*, *„Vorschaubilder Facebook“* etc., aber auch über semantisch ähnliche Keywords, wie *„Abmahnung Blogger“*, in die Suchergebnislisten mit aufnehmen. Sind nun in der Überschrift weitere, davon unabhängige Schlagwörter und Textphrasen enthalten, so ist die Wahrscheinlichkeit groß, dass man auch über diese bei Google gefunden wird. Was mehr Besucher auf Ihrem Portal zur Folge hat, und ein schönes Beispiel für Keyword-SEO ist.

PRAXISTIPP: Die Informationen im Title-Tag versus Beitragsüberschrift und anderen Content-Bestandteilen sollten jedoch niemals zu weit voneinander entfernt sein oder gar in eine völlig andere inhaltliche Richtung weisen. Nicht nur Google würden Sie damit verwirren oder „verärgern". Stellen Sie sich beispielsweise vor, Sie selbst suchen nach einer „Bauanleitung Hochbett" bei Google. Sie finden dort auch ein entsprechendes Ergebnis, da der Seitenanbieter die „Bauanleitung Hochbett" in seinen Title-Tag eingepflegt hat. Auf dem Portal gelandet, dreht sich die Überschrift und der Textinhalt jedoch um das Thema „Matratzen für Hochbett kaufen", da der Anbieter unbedingt seine entsprechende Ware loswerden möchte. Nicht nur, dass Sie sich mit einer solchen Vorgehensweise nur wenig Online-Freunde machen werden. Eine hohe Abbruchquote zurück zu den Google-Suchergebnissen dürfte der Fall sein, was der Suchmaschinenanbieter als Indiz dafür nimmt, dass es um die Qualität der „Bauanleitung Hochbett"-Seite nicht allzu gut bestellt sein kann. ■

Wie sollten nun Metadaten, wie der sehr wichtige Title-Tag, inhaltlich gestaltet werden? Im Prinzip gelten hier alle bisherigen Empfehlungen aus den Abschnitten „Guter Content" (siehe Abschnitt 1.4.2) und „Keyword-Bildung" (siehe Abschnitt 1.5). Nur eben in komprimierter Form. Denn wie Bild 1.10 zeigt, sollte ein Title-Tag nicht zu lang ausfallen und nicht mit zu vielen Wörtern versehen sein. Google wertet allzu umfangreiche Title-Tags nur begrenzt aus, diese werden in den Suchergebnislisten auch nur teilweise angezeigt. Als kleine Faustregel gilt: Um die sechs bis acht Wörter sind optimal. Bis zu etwa 70 Zeichen werden in den Suchergebnissen von Google berücksichtigt, manchmal mehr. Aber auch deutlich kürzere Title-Tags können ihre Wirkung entfalten – wenn diese nicht zu sehr beziehungsweise zu oft mit Keywords gespickt sind (was generell zutrifft).

Ein Mix aus folgenden Eigenschaften ist dementsprechend ideal für die Ausgestaltung nicht nur des Title-Tags:

- Er sollte möglichst sprechend formuliert sein. Die Suchmaschinennutzer können idealerweise sofort erfassen, welche konkreten Inhalte sich dahinter verbergen.
- Ein effizienter Title-Tag muss Aufmerksamkeit erregen und Neugier wecken.
- Die Verwendung von Keywords ist wichtig, aber genauso eine möglichst natürliche Formulierung. Hier gilt es, ein ausgewogenes Verhältnis zu entwickeln, bei nicht zu hoher Keyword-Dichte bzw. mit semantisch ähnlichen Schlüsselwörtern statt der immer gleichen Begriffen.
- Jede Seite Ihres Portals sollte unbedingt über einen möglichst eigenständigen Title verfügen, exakt doppelte Inhalte sind gar schädlich.

An dieser Stelle verweise ich auf mein Buch *Professionelle Webtexte. Handbuch für Selbstständige und Unternehmer* (Carl Hanser Verlag, ISBN 978-3-446-43334-2) als weiterführende Quelle. Dort erfahren Sie nicht nur, wie man wirkungsvolle Online-Beiträge schreibt, sondern lernen zusätzlich jede Menge über die Aufmerksamkeit erregende Ausgestaltung von Überschriften und Ähnlichem mehr. Dieses Wissen lässt sich ebenso gut auf Metadaten anwenden. ■

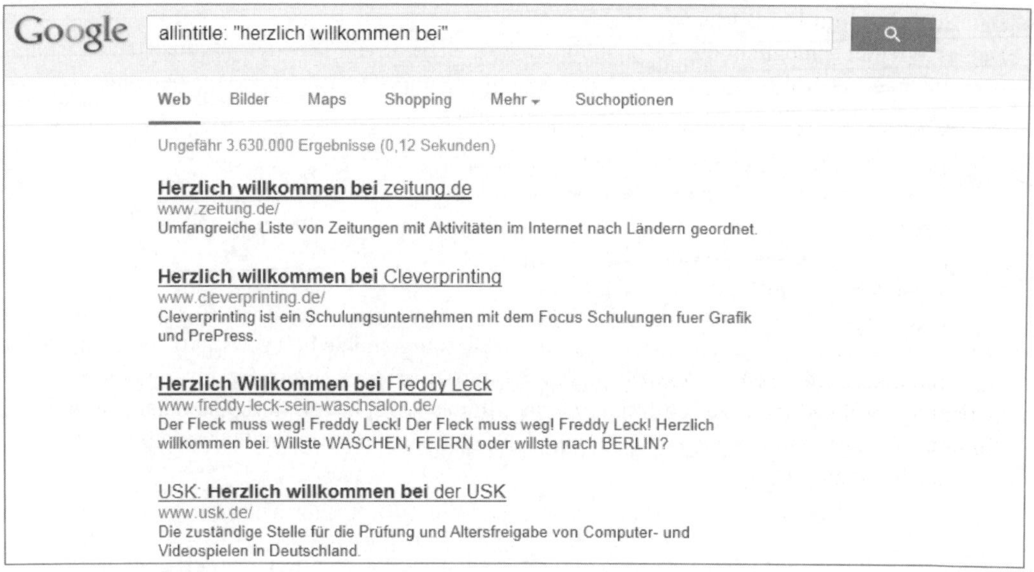

Bild 1.13 Es ist erstaunlich, wie viele Webseiten immer noch die Phrase „Herzlich Willkommen" in ihrem Title führen. Das ist deutlich verschenktes Potenzial. Denn wer sucht schon nach eben dieser Begrüßungsfloskel, um einen der Anbieter ausfindig zu machen?

Welche dieser Metadaten und ähnliche, nicht direkt sichtbare Bestandteile gibt es nun noch, die einen Einfluss auf das Ranking bei Google & Co. haben können?

- Das **Meta-Tag „description"** (auch „Beschreibung" genannt):
  Vereinfacht ausgedrückt handelt es sich bei dieser Inhaltsauszeichnung um die Erweiterung des Title-Tags. Die Beschreibung wird in der Regel unterhalb des Links in den Suchergebnislisten angezeigt, quasi als einleitender Text, siehe hierzu auch Bild 1.10 und Bild 1.11. In dem dortigen Beispiel können Sie erkennen, dass die abgebildete „description" nicht SEO-optimiert wurde. Es kommen nämlich keinerlei Schlüsselbegriffe vor, nach denen ein potenzieller Besucher meines Portals wohl normalerweise in Google suchen würde. Das Meta-Tag „description" ist also, wie der Title-Tag, Türöffner und Lockmittel für die Suchmaschinennutzer auf der einen Seite. Auf der anderen Seite bietet er zusätzlichen Raum, um SEO-relevante Textbestandteile unterzubringen. Von der Länge her umfasst die Beschreibung ungefähr den doppelten bis dreifachen Rahmen des Title-Tags.
- Die **Meta-Tags „keywords"**:
  Diese Metainformation hatte noch vor einigen Jahren einen deutlich höheren Stellenwert bei der SEO-Optimierung. Hier konnte man pro Webseite Schlüsselbegriffe unterbringen, die den Inhalt umschreiben sollten. Man musste sich also gar nicht lange um natürliche Satzformulierungen Gedanken machen. Google verwendete diese Keywords quasi eins zu eins für die inhaltliche Bewertung einzelner Seiten. Das wiederum hatte zur Folge, dass die Keyword-Meta-Tags in umkämpften Branchen überall gleich ausgefüllt waren – somit verloren sie ihre ursprüngliche Funktion. Man geht davon aus, dass diese Tags heutzutage kaum mehr eine Rolle spielen. Nicht wenige SEO-Experten sind gar der Meinung, die dortigen Inhalte seien völlig irrelevant.

- Das **„alt"-Attribut bei Bildern:**
  Dieses Attribut ermöglicht die Bereitstellung einer alternativen Textinformation, falls Bilder auf einer Webseite nicht korrekt dargestellt werden. Etwa dann, wenn der Zugriff mobil und über eine wenig stabile Internetverbindung erfolgt. Zudem ist dies wichtig für barrierefreie Internetangebote, um blinden und sehbehinderten Nutzern Ersatzinformationen bereitzustellen. Gleichzeitig schaut sich natürlich auch Google diese „versteckten" Inhaltsbestandteile an und nutzt sie gegebenenfalls als „Treffer" bei entsprechend oder ähnlich lautenden Suchanfragen.
- Das **„title"-Attribut bei Bildern:**
  Der Text dieses Attributs erscheint, wenn man mit der Maus über ein Bild auf einer Webseite fährt. Hier gelten dieselben Regeln und Anmerkungen wie beim „alt"-Attribut. Nur dass Sie dieses Bilder-SEO noch zusätzlich optimieren können, wenn Sie für die beiden Attribute jeweils einen anderen Inhalt wählen. In der Regel bieten übrigens nahezu alle Content-Management-Systeme eine Möglichkeit, diese Daten beim Publizieren eines Bildes gleich mit zu pflegen.

Bleibt noch die **URL** (eigentlich sprachlich korrekt: der URL, Uniform Resource Locator), also die Webadresse einer Seite. Diese gehört nicht wirklich zu den Metadaten & Co. Dennoch will ich sie an dieser Stelle mit aufführen. Auch eine URL muss sprechend sein, um auf die Suchmaschinen, aber auch auf die menschlichen Nutzer, zu wirken. Folgendes Negativbeispiel in Bild 1.14 verdeutlicht dies recht deutlich.

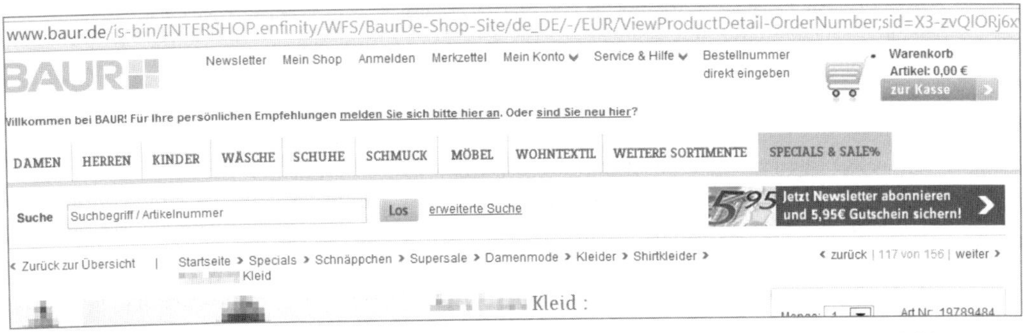

Bild 1.14 Hinter dieser URL (im Bild oben hervorgehoben) steckt ein schönes rotes Sommerkleid. Ob Google viel mit dieser kryptischen Zeichenfolge anfangen kann? Und ob Besucher sich die URL merken können? Oder ob sich dieser Link in einer E-Mail als Empfehlung an Freunde so gut macht?

Ein Problem, das übrigens viele Onlineshops haben. Denn die kryptischen Zeichen dienen dazu, den Besucher durch den gesamten Shopping- und Kaufprozess steuern zu können. Weswegen die meisten Shops, auch der oben abgebildete, mittlerweile dazu übergehen, zumindest die ersten Bestandteile der URL sprechend zu gestalten. SEO-technisch weit günstiger dürfte dennoch die Variante in Bild 1.15 eines zugegebenermaßen deutlich kleineren E-Shops sein – und das selbst, wenn Google nach eigenen Angaben immer besser darin wird, sogar recht kryptische URL- und Linkstrukturen aufzulösen.

HINWEIS: Eine URL sollte nicht zu lange sein beziehungsweise nicht aus zu vielen einzelnen Wörtern bestehen. Im Prinzip gilt: Je mehr Wörter in einer URL enthalten sind, umso weniger wird jedes einzelne davon gewichtet. Einige SEOs gehen davon aus, dass eine URL nicht mehr als 60 bis maximal 80 Zeichen umfassen beziehungsweise nicht mehr als drei bis fünf Keywords enthalten sollte. Auch hier gilt: Die zu einseitige oder häufige Verwendung bestimmter Keywords kann zu Problemen führen. URLs lassen sich kürzen, indem man nicht unbedingt notwendige Füllwörter weglässt. Bleiben dann jedoch nur noch Keywords übrig, so ist fraglich, ob Google dies in Zukunft als verdächtig einstufen könnte. Eine Überoptimierung sämtlicher URLs ist daher meines Erachtens nicht anzustreben.

Bild 1.15 Die Art des Produkts, die Farbe, das Muster, die Accessoires, die Marke – alles direkt untergebracht in der URL

In seiner „Einführung in die Suchmaschinenoptimierung" gibt Google übrigens noch einige weiterführende Hinweise und Tipps, die optimale Anlage von Metainformationen betreffend. Diese finden Sie unter der Adresse *www.blogprofis.de/buch/seoeinfuehrung*.

1.4.4 Seitenstruktur und Quelltext

schnell & günstig				★		langwierig & teuer
leicht wirksam			★			stark wirksam
Einsteiger				★		Profis
kurzfristig					★	nachhaltig
wenig Risiko				★		hohes Risiko

Den Suchmaschinenbetreibern ist sehr daran gelegen, vernünftig strukturierte Webseiten (und damit leicht zu analysierende Daten) vorzufinden. Keiner macht sich seine Arbeit gerne unnötig schwer, auch Google & Co. nicht – zumal gerade dort Zeit gleich Geld ist. Je länger eine Suchmaschine benötigt, um zu verstehen, welche Inhalte eigentlich hinter Ihren Webseiten verborgen sind und wie diese inhaltlich zueinander gehören, umso weniger Zeit bleibt für die Analyse der zig-Millionen anderen Portale. Doch was gehört nun zu einer gut strukturierten Internetseite? Zunächst einmal eine einfache und möglichst logisch aufgebaute Verzeichnis- bzw. Kategoriestruktur. Google selbst gibt in der „Einführung in die Suchmaschinenoptimierung“ die Tipps, dass

a) Diejenige Struktur gut geeignet ist, in der auch ein menschlicher Besucher jederzeit erkennen könnte, an welcher Stelle eines Portals er sich gerade befindet. Und wie diese Stelle inhaltlich mit der Ebene darüber bzw. darunter zusammenhängt.

b) Eine zu hohe „Verschachtelung“ von Unterverzeichnissen möglichst vermieden werden sollte.

c) Verzeichnisnamen gut sind, die einen Bezug zu den jeweilige Inhalten haben.

Ein kleines Beispiel zu Punkt a) und b), welches ich bei meiner Recherche zu dem „roten Sommerkleid“ aus Bild 1.15 entdeckt habe, wäre die URL-Struktur *www.beispielseite.de/bademode/strandmode/strandkleider/kleid/rot/*.

Einerseits ist „Strandmode“ sicherlich ein Unterbegriff zu „Bademode“. Aber, ob man fünf Ebenen benötigt, um ein rotes Kleid zu klassifizieren? Und ob die Besucher den exakten Unterschied zwischen Strandkleid und Strandmode verstehen? Ein kleiner Test zur Verständlichkeit einer Verzeichnisstruktur lautet hier wie folgt: Könnten Sie oder einer Ihrer Besucher eines Ihrer Produkte/Textbeiträge/Dienstleistungen ohne Weiteres zwei zum Einsatz kommenden Kategorien zuordnen, dann haben Sie eigentlich eine Kategorie zu viel. Denn was nützt es Ihnen, wenn ein potenzieller Kunde in der Kategorie „Strandkleider“ stöbert, während in der Kategorie „Strandmode“ ebenso passende Produkte auf ihn warten? Unabhängig von Ihrem Geschäftsmodell gebe ich Ihnen daher folgende Tipps:

- Überlegen Sie sich Ihre Verzeichnis- und Webseitenstruktur sehr gut, und das möglichst im Vorfeld. Hinterher Kategorien zusammenzufassen oder neu zu ordnen, ist in der Regel nicht nur mit jeder Menge Arbeit verbunden, auch Google könnte hierdurch verwirrt werden.
- Nehmen Sie sich von Anfang an vor, mit so wenig Kategorien und Unterverzeichnissen wie möglich auszukommen. In den meisten Fällen verwirrt zu viel Auswahl den Besucher eher, als das es ihm weiterhilft, zumindest bei Content-Portalen. Dann sinkt die Interaktionsrate, oder es kommt zum Abbruch. Aber auch im E-Shop-Bereich kann es schnell

unübersichtlich werden, wie Sie eben erfahren durften. Arbeiten Sie zur Zuordnung und Keywordbildung einzelner Unterprodukte bzw. Beiträge lieber mit Mechanismen wie Tags (siehe *http://robertlender.info/blog/archives/142-Was-sind-Tags* oder *www.buildblog.de/2009/11/03/was-ist-eigentlich-ein-tag/*). Ihr Webseitenverantwortlicher wird Ihnen die Wirkungsweise sowie den Unterschied, Vor- und Nachteile zwischen Kategorien und Tags anhand Ihres jeweiligen Geschäftsmodells verdeutlichen können.

- Ordnen Sie Ihre Webtexte, wenn irgend möglich, nicht mehreren Haupt-Verzeichnispfaden bzw. Kategorien gleichzeitig zu. Findet man den Beitrag a oder einen Vorschautext zu diesem unter der URL xyz.de/kategorie-a/ und gleichzeitig unter xyz.de/kategorie-b/, und damit auch in mehreren Unterpunkten Ihrer Webseiten-Menüs, dann verwirren Sie den Nutzer. Dieser denkt dann bei der Navigation durch Ihr Portal: „Da sind ja überall die gleichen Inhalte vorhanden, egal wo ich hinklicke" – und Google denkt das auch. Ein Beispiel ist in Bild 1.16 dargestellt.

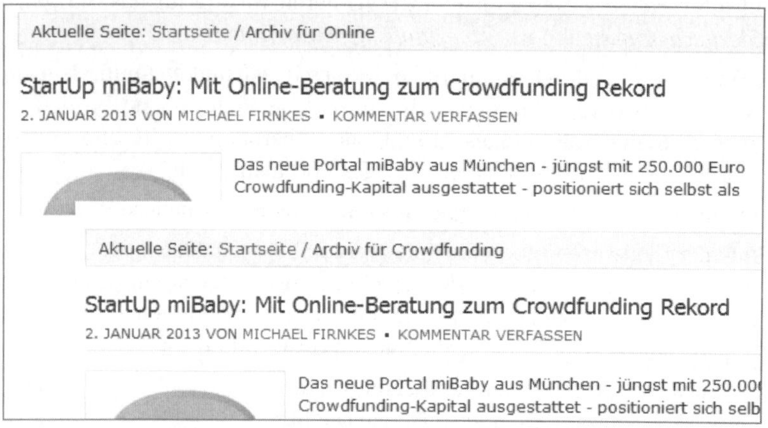

Bild 1.16 Ein Webtext, der über mehrere Kategorien und damit Haupt-Verzeichnispfade gleichzeitig aufzurufen ist? Das lässt sich inhaltlich manchmal kaum vermeiden, ist aber nicht ideal für die Suchmaschinenoptimierung.

Zum genannten Punkt „Der Besucher soll jederzeit erkennen können, an welcher Stelle des Portals er sich befindet", gibt es übrigens einen kleinen aber feinen Tipp. Die so genannte Breadcrumb- oder auch Brotkrümelnavigation. Dabei handelt es sich um eine Art Link-Verzeichnispfad, der in Bild 1.17 aufgeführt ist.

Bild 1.17 Die Breadcrumb-Navigation eines Onlineshops: Man kann darüber direkt zu einer der übergeordneten Navigationsebenen springen. Zudem weiß man, an welcher Stelle des virtuellen Kaufhauses man sich gerade befindet. Der gleiche Mechanismus funktioniert auch für die Struktur von Content statt von Produkten.

Weitere Merkmale einer gut strukturierten Webseite sind:

- Übersichtliche Gliederung der einzelnen Seiteninhalte mit logisch aufeinander aufgebauten Überschriften sowie Zwischenüberschriften. Weiterhin die Nutzung von Aufzählungen und nummerierte Listen, passende aber nicht zu bunt durcheinandergewürfelte Textauszeichnungen (Fett, Schriftgrößen etc.).
- Aufteilung sehr umfangreicher Inhalte auf mehrere, miteinander verlinkte Seiten (generell: eine durchdachte und nutzergerechte interne Verlinkung)
- Falls Seitenbereiche wie Header, Sidebars, Footer und so weiter vorhanden sind: Befüllung dieser mit vom Aufbau her passenden sowie zueinander gehörenden Inhalten
- Reihenfolge der Inhalte: Wichtiges eher nach „oben", weniger wichtiges nach „unten"
- Einheitliche, einfach gestaltete und zugängliche Navigationselemente; inhaltsbezogene, nicht zu flache aber auch nicht zu verschachtelte Hierarchien
- Der Verzicht auf die veraltete Frames-Technologie (generell wichtig für das SEO, siehe *www.blogprofis.de/buch/frames* und *www.blogprofis.de/buch/frameseo*)
- Darstellung der Informationen durch Standard konformes HTML und nicht durch andere Technologien: Mit Java/Javascript, Flash oder iFrames umgesetzte Inhalte werden von Suchmaschinen oftmals nur sehr eingeschränkt oder überhaupt nicht interpretiert, zumindest derzeit noch. Das kann für ein vernünftiges SEO tödlich sein.
- Möglichst viel Inhalte im Verhältnis zu möglichst wenig sonstigem Quellcode
- Berücksichtigung der Software-Ergonomie (siehe *http://cornelia-boenigk.de/content/software-ergonomie*): Diese angegebene Link-Empfehlung ist übrigens ein schönes Beispiel dafür, wie gute, nicht werbliche Webinhalte dem Onlineauftritt von Freiberuflern und generell Dienstleistern nützen können, da man sie gerne „weitersagt".

Dazu gehört immer auch die gut gegliederte, effizient gestaltete und vor allem fehlerfreie Programmierung des HTML- sowie CSS- und sonstigen Quellcodes.

PRAXISTIPP: Wie gut und fehlerfrei eine Webseite programmiert ist, das kann man ganz einfach selbst herausfinden: Mit dem Markup-Validation-Service (siehe Bild 1.18) des *World Wide Web Consortium (W3C)*, einer Art Organisation zur Standardisierung von Internettechnologien. Erreichbar ist dieses frei verfügbare Überprüfungs-Tool unter *http://validator.w3.org*. Nach Eingabe einer beliebigen Web-Adresse bekommt man dort aufgelistet, wo im Quellcode mögliche Fehlerquellen versteckt sind.

Wer sich näher mit einer effizienten, nutzergerechten Seitenstruktur auseinandersetzen möchte, dem sei der *Yale Web Style Guide* empfohlen. Dieser ist in einer Print- als auch in einer Onlinevariante erhältlich (siehe *http://webstyleguide.com/wsg3/index.html*). Ebenso leistet das „Usability Toolkit" der Universität Hildesheim gute Dienste (siehe etwa *http://usability-toolkit.de/usability/navigationsgestaltung-fuer-websites/* oder *http://usability-toolkit.de/usability/filterfunktion/gestaltung-von-filterfunktionen/*). Einen ersten Überblick über SEO-Aspekte speziell für Webdesigner liefert *http://webdesign.tutsplus.com/articles/general/seo-checklist/*.

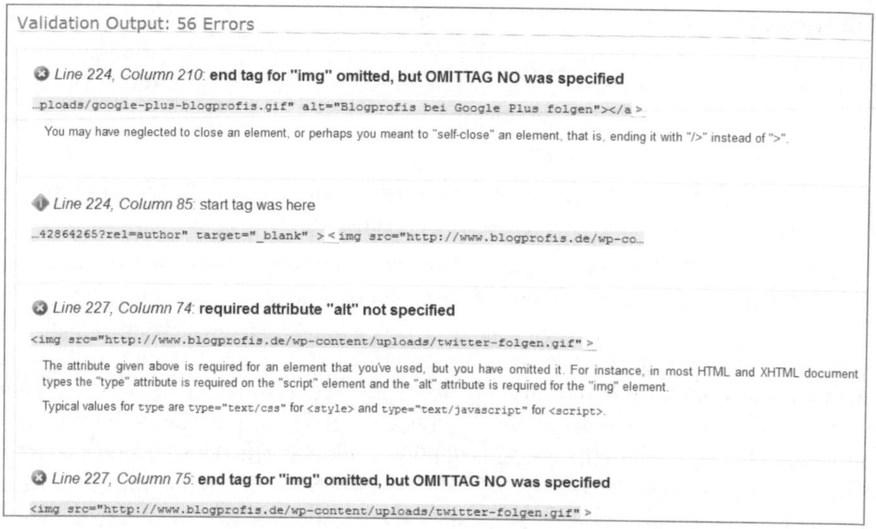

Bild 1.18 Der Markup-Validation-Service ist gnadenlos, wenn es um die Aufdeckung von Programmierfehlern geht. Die zugehörige Seite kann trotzdem korrekt dargestellt werden. Dennoch gehört zu einem suchmaschinenoptimierten Portal, dass es ohne solche vermeidbaren Qualitätslücken auskommt.

Noch ein kleiner Tipp: Es gibt ein schönes Werkzeug, das anzeigt, wie ein Suchmaschinen-Crawler Ihre Seite sieht. Den SEO-Browser (*www.seo-browser.com*, siehe Bild 1.19). Zumindest in einer einfachen Variante (Ausführungsart „Simple") ist dieser derzeit noch kostenlos. Sind die ganzen Design-Elemente und Grafiken erst einmal weg, so erkennt man durch die Brille des Tools schnell, wie wenig Content oftmals als Futter für Google & Co. dienen muss. Insbesondere bei Startseiten ist die Ausbeute teilweise erschreckend. Kommen dann noch schwer lesbare Technologien wie Flash hinzu, so bleibt fast gar nichts mehr übrig:

Bild 1.19 Im Hintergrund eine beeindruckende interaktive Flash-Seite. Der SEO-Browser beziehungsweise eine Suchmaschine sieht davon jedoch nur ein paar wenige Zeilen (unten rechts im Bild). Mehr nicht.

1.4.5 Navigation

schnell & günstig			★			langwierig & teuer
leicht wirksam				★		stark wirksam
Einsteiger				★		Profis
kurzfristig				★		nachhaltig
wenig Risiko			★			hohes Risiko

Dieser Punkt geht in eine sehr ähnliche Richtung wie das Thema Seitenstruktur. Manche Onlineportale erschlagen ihre Besucher regelrecht mit sehr überdimensionierten Navigationselementen, wie Menüleisten und Auswahlboxen. Wenn der Nutzer einer Webseite auch nur gefühlt zu viele Auswahlmöglichkeiten angeboten bekommt, entscheidet er sich am Ende möglicherweise für keine einzige. „information overload" (zu Deutsch Informationsüberflutung) nennt man diesen Zustand, der sehr gefährlich für Ihr Onlineprojekt werden kann. Denn wie Sie teilweise bereits erfahren haben:

- Ein Besucher, der nicht sofort das findet, wonach er Ausschau gehalten hat, der ist schnell wieder weg. Die Besuchszeit sinkt, was die Suchmaschinen ebenfalls registrieren.
- Je mehr Auswahlmöglichkeiten zur Verfügung stehen, umso größer ist die Gefahr, dass sich der Nutzer „verklickt". Also das für ihn in seiner momentanen Situation falsche auswählt. Dann verlieren Sie ihn ebenfalls. Zudem gilt meist: Je mehr Navigationsmöglichkeiten es gibt, umso unschärfer ist die inhaltliche Trennung zwischen den einzelnen Elementen.
- Jede Navigationsmöglichkeit ist ein interner oder gar ein externer Link. Damit streuen Sie die SEO-Pagerank-Power Ihrer Hauptseiten, statt sie auf wenige lukrative Punkte zu konzentrieren.
- Als kleine Faustregel gilt: Je schwerer es ein Nutzer hat, sich von der Startseite aus über diverse Stufen zu einer bestimmten Unterseite „durchzuklicken", umso schwerer tut sich in der Regel auch Google. Das wiederum ist schlecht für das SEO der entsprechenden untergeordneten Seiten.

Je erfahrener die Internetnutzer mit den Mechanismen von Onlineportalen werden (und heutzutage verfügt fast jedes Kind über eine solche Erfahrung), umso mehr überfliegen sie einzelne Seiten nur noch. Nicht nur Inhalte wie Werbebanner büßen dabei in den letzten Jahren nachweislich an Aufmerksamkeit ein, sondern auch allzu bunte und üppige Navigationen. Der Trend im Webdesign geht daher immer stärker zu sehr schlichten Portal-Auftritten, die den Fokus auf das Wesentliche richten, und fast schon Landingpage-Charakter haben (siehe Abschnitt 2.2.4). Für Sie als Unternehmer bedeutet diese Fokussierung mehr Umsatz.

Als Beispiel für eine derartige Reduzierung auf das Wesentliche dient der Internetauftritt der Deutschen Postbank, der Ende 2012 einer deutlichen Designoptimierung unterzogen wurde (siehe Bild 1.20 und Bild 1.21). Auch wenn dies nicht ganz zutreffend ist, da sich bei der neuen Version hinter scheinbar reduzierten Menüelementen nun zusätzliche, aufklappbare Submenüs verstecken. Dennoch weist das Projekt gestalterisch in die richtige Richtung.

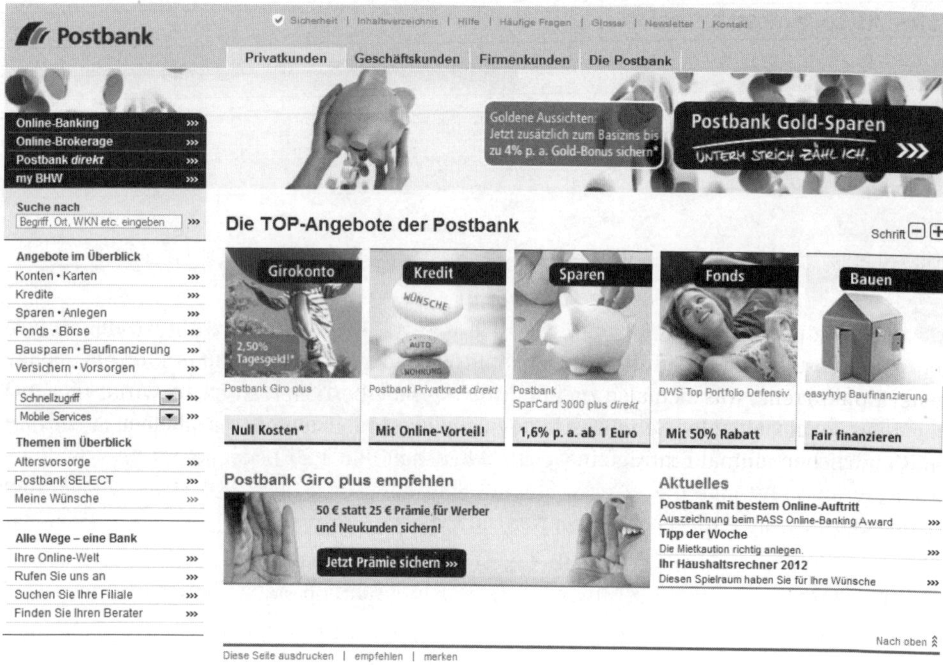

Bild 1.20 Die „alte“ Webseite der Postbank: Zahlreiche Navigations- und Auswahlmöglichkeiten erschweren die Orientierung.

Bild 1.21 zeigt im Kontrast hierzu die runderneuerte Präsentation.

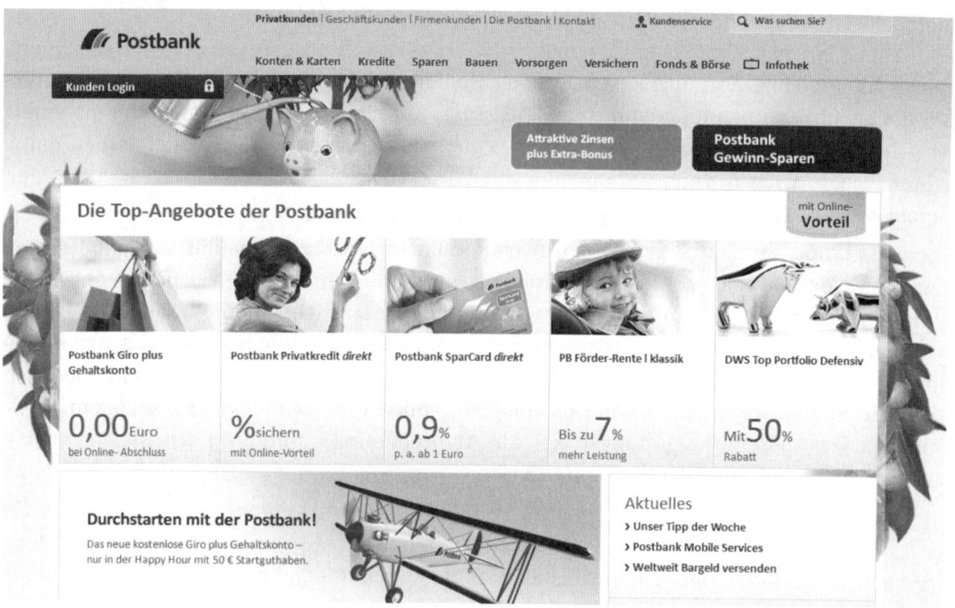

Bild 1.21 Der Fokus liegt nun auf den wesentlichen Produkten. Das ist auch im Sinne einer suchmaschinenoptimierten Onlinestrategie.

1.4.6 Autorenkennzeichnung

schnell & günstig			★			langwierig & teuer
leicht wirksam				★		stark wirksam
Einsteiger			★			Profis
kurzfristig					★	nachhaltig
wenig Risiko		★				hohes Risiko

Hierbei handelt es sich um einen Tipp, der das Ranking hauptsächlich indirekt beeinflusst. Indem mehr Nutzer in den Suchergebnislisten von Google auf Ihre Seiten klicken, als auf die der Konkurrenz, was sich also zudem positiv auf die Besucherzahlen auswirkt. Im Prinzip geht es darum, einzelne Seitenresultate in den Ergebnislisten hervorzuheben. Sicherlich sind Ihnen schon einmal Einträge in Google wie der in Bild 1.22 begegnet.

Bild 1.22 Ein Eintrag bei Google, mit Vorschaubild des Autors.

Dabei wird neben dem eigentlichen Vorschautext ein kleines Bild der Person angezeigt, die im Inhalt der dahinter liegenden Seite als Autor genannt wird. Hinzu kommen der Name des Autors sowie die Anzahl seiner Kontakte bei Googles sozialem Netzwerk Google+. Sie können sich sicherlich vorstellen, dass solche Einträge im Vergleich zu „normalen" Texteinträgen in den Suchergebnislisten für mehr Aufmerksamkeit sorgen und von daher höhere Klickraten erzielen. Zumindest derzeit noch, da längst noch nicht alle Portale und Autoren diese Möglichkeit nutzen. Zudem sind viele Unternehmen leider generell nicht bereit, einen persönlichen Ansprechpartner bei ihren Webtexten zu hinterlegen. Inhalte werden dann hinter Pseudonymen, wie „Admin" oder „Redaktion", versteckt. Trauen Sie sich aus der Defensive, und nennen Sie Ihre Autoren beim Namen, so erzielen Sie einen Heimvorteil.

Google „bastelt" derzeit noch an der zu Grunde liegenden Funktionalität, deshalb werden sich hier eventuell noch Änderungen ergeben. Da die Autorenbilder jedoch eine gute Werbung für Google+ sind, könnte ich mir vorstellen, dass der Mechanismus weiter ausgebaut wird. Es sei denn, die Wettbewerbshüter machen dem Unternehmen aus Kalifornien einen Strich durch die Rechnung (was bezüglich Google+ nicht das erste Mal wäre). Schließlich ist die Verknüpfung Ihrer Webseiten mit entsprechenden Profilen in Googles sozialem Netzwerk eine Voraussetzung, um diese Art von Autorenkennzeichnung in den Suchergebnissen nutzen zu können. Wie das Ganze technisch funktioniert, das lässt sich unter folgendem Link nachlesen: *www.blogprofis.de/buch/autoreninformation*. Man sollte jedoch zuvor unbedingt die zugehörigen Hinweise studieren, damit die Anzeige wie gewünscht funktioniert: *www.blogprofis.de/buch/autoreninformation2*. Direkte Ranking-Einflüsse des dahinter liegenden Prinzips werden ebenfalls immer öfter beobachtet. Man spricht in diesem Zusammenhang vom Aufbau eines so genannten „Author Ranks". Beiträge von Verfassern mit einem positiven Author Rank bringen demnach ihren SEO-Vorteil gleich mit. Was etwa bei der Auswahl von Gastautoren eine wichtige Rolle spielen kann, wenn man deren Google+-Verknüpfung in den entsprechenden Beitrag auf der eigenen Seite einbindet. Erste Portale werben bereits damit, Autoren mit einem möglichst hohen Author Rank aufspüren zu können (siehe etwa *http://acc.onpage.org/authors/*). Wie ein solcher persönlicher Ranking-Wert positiv beeinflusst wird, das verraten die Beiträge unter *http://primweb.de/den-authorrank-pushen/* sowie *http://primweb.de/pagerank-authorrank-authorship/*.

Aber auch eine normale Autorenangabe, die nicht durch die Suchmaschinen mit einer bestimmten Person verknüpfbar ist, kann übrigens das SEO begünstigen – zumindest über Umwege. Wenn auf einer Webseite ein Mitarbeiter persönlich als Urheber genannt wird, statt nur ein anonymes Kürzel wie „H. K." oder Ähnliches zu verwenden, so steigt die Reputation der Seite. Die Besucher werden den Inhalten, wenn deren Qualität stimmt, eher vertrauen, weniger Abbrüche generieren, länger auf dem Portal bleiben, sich gegebenenfalls andere Beiträge des Autors anschauen (die also idealerweise verlinkt sein sollten). All dies „freut" Google, wie Sie ja bereits wissen.

PRAXISTIPP: Als besonders hilfreich in diesem Zusammenhang erweisen sich kleine Autorenboxen bei jedem Beitrag. Darin enthalten sind dann:

- Ein persönliches Bild des Autors
- Eine kleine Vita, die Zuständigkeit im Unternehmen
- Kontaktmöglichkeiten zum Autor (E-Mail-Adresse, Links zu seinen Profilen bei Twitter, Facebook, Xing, Google+ und so weiter)
- Gegebenenfalls der Verweis auf ein Archiv mit allen seinen anderen Beiträgen

Dies lässt ein Portal nicht nur deutlich persönlicher wirken. Bei einem qualitativ hochwertigen Webtext werden zudem recht häufig die Kontaktmöglichkeiten genutzt, was Ihrem Unternehmen neue Anfragen potenzieller Kunden beschert. Ich bin immer wieder erstaunt darüber, bei wie vielen kommerziellen Online-auftritten man sehr lange recherchieren muss, bis man einen persönlichen Ansprechpartner oder gar eine zugehörige personalisierte E-Mail-Adresse genannt bekommt (oder auch nicht). Seien Sie mutig, und zeigen Sie Offenheit. Es wird sich auszahlen.

PRAXISTIPP: In meinen eigenen Tests haben sich Verknüpfungen einzelner Webseiten mit einem persönlichen Google+-Profil übrigens meist als sehr wirkungsvoll erwiesen. Ob nun durch eine direkte Aufwertung seitens Google verursacht oder durch die höheren Klickraten: Die Rankings in den Suchergebnissen verbesserten sich teilweise innerhalb weniger Stunden, nachdem ich zuvor „neutrale" Beiträge mit einem persönlichen Beitragsautor und seinem Google+-Profil versehen hatte. Auch Sie sollten damit experimentieren, ob und wie diese positiven Auswirkungen weiterhin anhalten. Dies jedoch nur, wenn die Qualität Ihrer Inhalte stimmt. Ich könnte mir durchaus vorstellen, dass sich deutlich SEO-überoptimierte Texte (zu hohe Keyworddichte und so weiter) oder gar Portale, die nicht den Google-Richtlinien entsprechen, in irgendeiner Form negativ auf das Google-interne Renommee eines Google+-Profils auswirken.

1.4.7 Rich-Snippets

schnell & günstig				★		langwierig & teuer
leicht wirksam			★			stark wirksam
Einsteiger					★	Profis
kurzfristig				★		nachhaltig
wenig Risiko		★				hohes Risiko

Bei den so genannten Rich-Snippets handelt es sich ebenfalls um eine Technik, die Aufmerksamkeit auf einzelne Suchmaschineneinträge zu lenken. Auch sie wirken nur indirekt auf Suchmaschinenrankings. Rich-Snippets sind kleine Ergänzungen im Quelltext Ihrer Webseiten, welche in den zugehörigen Suchergebniseinträgen zusätzliche Informationen anzeigen lassen. Google weitet diese Möglichkeit derzeit immer weiter aus, wohl um einen Mehrwert für die Nutzer zu generieren, aber auch um die Suchlisten nicht ganz so „langweilig“ wirken zu lassen. Der große Konkurrent Facebook, mittlerweile mit einer eigenen Suchmaschine am Start, lässt grüßen (siehe Abschnitt 4.1). Das derzeit wohl bekannteste Beispiel für Rich-Snippets sind die kleinen „Sternchen“ (siehe Bild 1.23), die zur Bewertung eines Produkts oder eines Beitrags dienen. Diese lassen sich mittlerweile direkt in die Suchergebniseinträge integrieren:

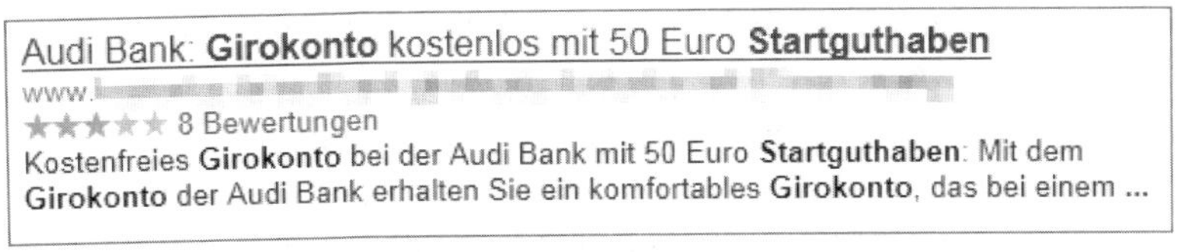
Audi Bank: **Girokonto** kostenlos mit 50 Euro **Startguthaben**
www.
★★★★★ 8 Bewertungen
Kostenfreies **Girokonto** bei der Audi Bank mit 50 Euro **Startguthaben**: Mit dem **Girokonto** der Audi Bank erhalten Sie ein komfortables **Girokonto**, das bei einem ...

Bild 1.23 Die Nutzer dieses Portals können auf einzelnen Seiten eine Bewertung zu einem Produkt oder dem Beitrag abgeben. Das Ergebnis lässt sich dann in die Suchergebnisse für die betreffende Seite integrieren.

Im Falle der Sternchen hat dies leider dazu geführt, dass nicht wenige Portalanbieter die Nutzerbewertungen manipulieren. „Fünf-Sterne“-Bewertungen dominieren dann die Suchergebniseinträge. Denn diese werden wohl deutlich häufiger angeklickt, als ein Beitrag mit nur drei Sternen. Man wird sehen, ob und wie Google auf solche Manipulationsversuche reagiert. Die zugehörige Datenbasis hierfür hat der Suchmaschinengigant.

Es gibt derzeit noch einige weitere Rich-Snippets, die sich in die Ergebnislisten von Google einblenden lassen. Unter anderem sind dies:

- Informationen zu Veranstaltungen
- Breadcrumb-Navigationen (siehe Abschnitt 1.4.4): Damit erhöht sich, ähnlich wie bei den Sitelinks, die Anzahl der Verweise zu Ihrem Portal, die in einem einzelnen Suchmaschineneintrag gelistet sind. In Bild 1.24 ist die Mini-Version einer solchen Breadcrumb-Einblendung zu sehen.
- Erfahrungsberichte (diese werden dann als „Erfahrungsbericht von …“ ausgewiesen)
- Informationen zu Personen hinter einer Webseite (Berufsbezeichnungen, Verknüpfung zum privaten Portal etc.)

- Ein Sonderformat „Rezepte“, mit Vorschaubild zum Rezept, einer Bewertungsmöglichkeit und Weiterem mehr. Es ist davon auszugehen, dass Google zukünftig mit immer neuen speziellen Eintragsformen experimentiert, etwa zu Buchrezensionen und Ähnlichem.
- Eine spezielle Darstellungsform für Seiten zu Software-Apps
- Snippets für Musikformate (mit Titellisten, Interpreten, Laufzeiten ...) sowie für Videos
- Spannend für viele Unternehmen: Ein Format für Produktangebote (siehe *www.blogprofis.de/buch/produktesnippet*). Darin können Produktfotos und -Beschreibungen, Markennamen, Testergebnisse und so weiter enthalten sein.
- Die Kennzeichnung, welche Softwaretypen oder Betriebssysteme bestimmte Seiten hinter einzelnen Suchergebnissen unterstützen

Die genannten Werkzeuge werden immer wieder einmal um neue Möglichkeiten ergänzt. Einige befinden sich zudem noch im experimentellen Status, könnten also wieder „verschwinden“ oder in ihren Inhalten verändert werden. Die komplette Auflistung der jeweils aktuell einsetzbaren Rich-Snippets findet sich bei Google unter *www.blogprofis.de/buch/richsnippets*. Jede dieser Möglichkeiten ist an bestimmte Nutzungsbedingungen geknüpft. Dadurch will der Suchmaschinenbetreiber verhindern, dass allzu viel Wildwuchs und „Spam“ die Ergebnislisten beherrschen. Hinter dem oben angegebenen Link finden Sie Praxisbeispiele für die einzelnen Snippets, die jeweiligen Nutzungsbedingungen sowie technische Informationen zur Einbindung der Quellcode-Schnipsel. Selbst Videoanleitungen hierfür sind unter *www.blogprofis.de/buch/snippetsvideos* verfügbar.

Bild 1.24 zeigt ein Beispiel für das Produkte-Snippet.

Bild 1.24 Vor allem Preisvergleichsseiten setzen auf das Rich-Snippet „Produkte“. Hier wurden beispielsweise der Produktname oder die abgebildete Preisspanne als Daten zugesteuert. Die entsprechende Aufmerksamkeit dürfte dem Eintrag sicher sein.

Falls Sie Events anbieten oder an diesen teilnehmen, so könnte das Rich-Snippet zum Thema „Veranstaltungen“ spannend werden (siehe Bild 1.25).

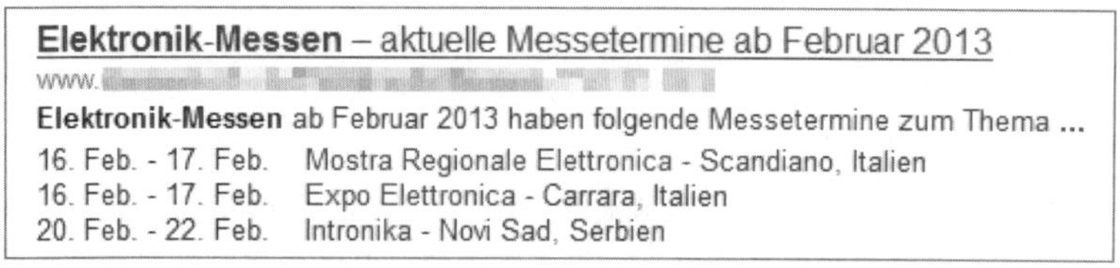

Bild 1.25 Ein Suchergebniseintrag bei Google mit eingebundenen Veranstaltungshinweisen

1.4.8 Google+ Local/Google Places

schnell & günstig			★			langwierig & teuer
leicht wirksam					★	stark wirksam
Einsteiger		★				Profis
kurzfristig					★	nachhaltig
wenig Risiko		★				hohes Risiko

Google stellt seine lokalen Firmeneinträge namens Google Places (*www.google.de/local/add/*) derzeit auf ein neues, Google+-basiertes System namens Google+ Local um (*www.google.com/+/learnmore/local/*). Leider zeigt sich das Unternehmen bezüglich der Kommunikation über diesen Wechsel nicht gerade von seiner besten Seite. Die bestehenden Informationen fallen teils widersprüchlich aus. Zudem ist die Umstellung im US-amerikanischen Raum wohl schon weiter gediehen als hier zu Lande. Momentan sieht es so aus, dass für eine Übergangsfrist die Unternehmen ihre Informationen und ihr Profil weiterhin bei Google Places pflegen können, die Bewertungen und Einträge der Kunden erfolgen hingegen bei Google+ Local (siehe den Beitrag „Wie geht es mit Google Places weiter?“ unter der Adresse *www.blogprofis.de/buch/placeslocal*). Einzelne ehemalige Places-Profile wurden bereits automatisch in eine neue Google+-Seite übertragen, die Administration erfolgt mal hier, mal dort. Unschön, aber das Ergebnis zählt.

Denn egal wie Google sein Baby nun zukünftig nennen mag. Gerade bei lokalen Suchanfragen, also für lokal operierende Ladengschäfte und Restaurants, aber auch für Dienstleister jeglicher Art, ist ein Firmeneintrag in Google Places/Google+ Local ein absolutes Muss, was die Suchmaschinenoptimierung anbelangt. Manche Unternehmer erhalten mittlerweile mehr Besucher über den lokalen Dienst, als über die Standard-Suchmaschineneinträge ihrer Webseiten. Bei einzelnen, regional ausgerichteten Suchen werden die zugehörigen Einträge zudem noch vor den eigentlichen organischen Suchergebnissen gelistet, wie Bild 1.26 (nächste Seite) zeigt.

Diese Einträge erscheinen manchmal gar in Form einer sehr prominenten Einzeldarstellung auf der rechten Seite der Suchergebnisse. Wobei hier nicht immer die Unternehmensdarstellung gewinnt, die im Bereich der linken Seite ganz oben steht. Sondern etwa das vom Standort aus am nächsten gelegene Geschäft (in vielen Fällen kennt Google Ihren Standort, gerade wenn Sie mit einem Smartphone „surfen“), das mit den meisten Bewertungen und so weiter. Der genaue Algorithmus lässt sich hierbei kaum bestimmen.

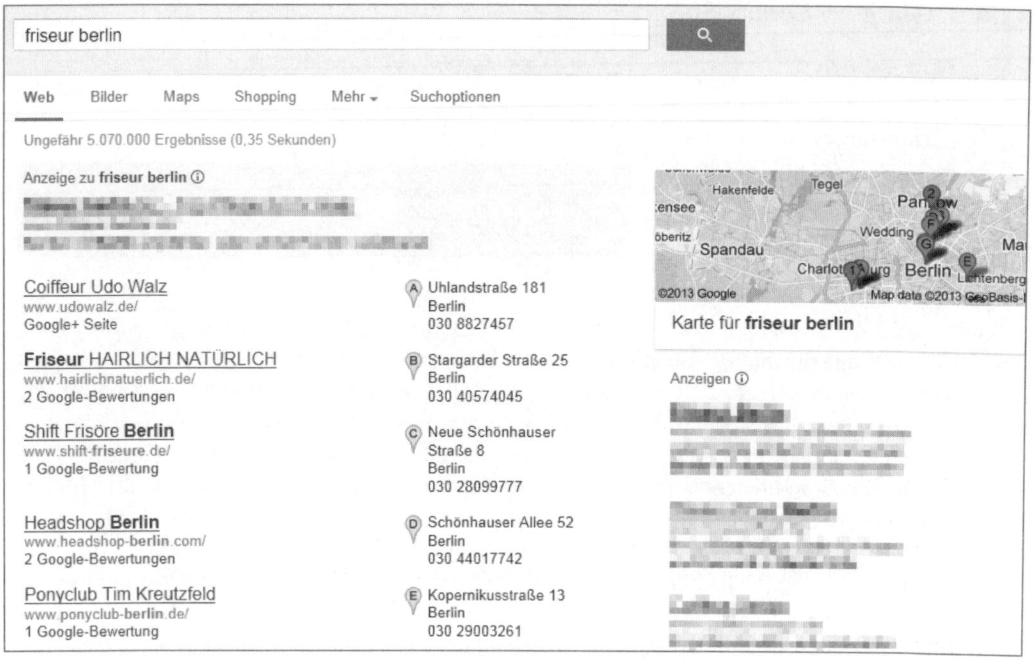

Bild 1.26 Bei vielen Suchanfragen zu potenziell lokal ausgerichteten Geschäftsmodellen dominieren mittlerweile die Google-Places-Einträge. Zu erkennen an den kleinen durchbuchstabierten Markierungsobjekten, die gleichzeitig auch in einer Google-Maps-Landkarte dargestellt werden.

In den Firmeneinträgen selbst lassen sich Angaben zum Firmensitz machen, natürlich zum Geschäftsmodell, den Öffnungszeiten, zu Kontaktdaten und mehr. Dies nebst Fotos und gegebenenfalls Videos des Unternehmens. Die Einträge werden dann nicht nur in den Suchergebnislisten angezeigt, sondern zusätzlich in Diensten wie Google Maps. Spannend: Nutzer mit einem Google-Account können das Unternehmen bewerten und einen Erfahrungsbericht hierzu abgeben. Die Places/Local-Einträge eignen sich also nicht nur für die Suchmaschinenoptimierung, sondern dienen gleichzeitig dem Empfehlungsmarketing (siehe Abschnitt 4.7). Sie sollten als Unternehmer stets ein Auge darauf haben, wie Ihre Firma bei den Google-nutzenden Kunden ankommt, oder eben nicht. Hüten Sie sich dabei vor gefälschten beziehungsweise bestellten positiven Bewertungen. Ein solches Gebaren kann manchmal leichter aufgedeckt werden, als man denkt. Und wer weiß schon, welche Ranking-Kriterien Google zukünftig nutzt.

Doch wie kommt man nun in dem Places/Local-Teil der Suchergebnisse möglichst weit nach vorne? Nach den Untersuchungen einiger SEO-Dienstleister spielen vor allem folgende Faktoren eine Rolle:

- Stimmt der lokale Bezug? Befindet sich die Unternehmens- beziehungsweise Filialadresse also in der Region des Suchenden? Für Filialen gilt es dementsprechend, jeweils eigene Profile anzulegen (siehe hierzu jedoch die Google-Places-Qualitätsrichtlinien unter *www.blogprofis.de/buch/placesrichtlinien*).
- Passt die gesuchte Branche?

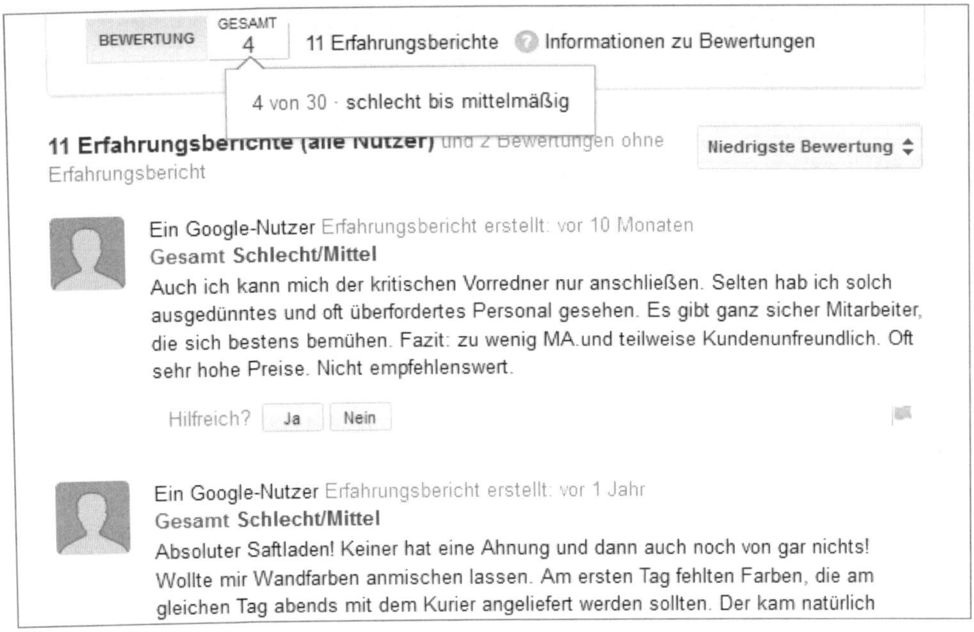

Bild 1.27 Erreichte 4 von 30 Punkten, im Durchschnitt betrachtet: Ob dieser Baumarkt weiß, wie schlecht es um ihn in Google+ Local bestellt ist?

- Wie vollständig ist das Profil ausgefüllt?
- Anzahl der Bewertungen (wohl noch nicht bzw. nicht nachgewiesen: erreichte Punktezahl der Bewertungen)
- Verwendung der richtigen Keywords in den Beschreibungstexten (wird hauptsächlich ein Lieferdienst gesucht, dann eben das Keyword „Lieferdienst“ und nicht „Lieferservice“, siehe Abschnitt 1.5 zu Google Trends), Verwendung der Stadt/des Ortes in den Texten
- Einbindung von Fotos

Eine schöne Auflistung zu möglichen weiteren Ranking-Kriterien für Google Places-/Google+-Local-Einträge findet sich unter der Adresse *www.blogprofis.de/buch/placesranking*. Dort erfährt man auch, wie ein Profil bei dem lokalen Dienst gestaltet sein sollte. Ebenfalls interessant, auch für das eigene Internetportal: Nach welchen Inhalten recherchieren die Internetnutzer bei der lokalen Suche hauptsächlich? (Nachzulesen unter *www.textbroker.de/content/inhalte-marketing-fuer-lokale-unternehmen*).

1.4.9 Google News

schnell & günstig					★	langwierig & teuer
leicht wirksam				★		stark wirksam
Einsteiger					★	Profis
kurzfristig					★	nachhaltig
wenig Risiko	★					hohes Risiko

Auch Nachrichten erhalten bei vielen Suchanfragen einen eigenen Platz in den Suchergebnislisten von Google – mal prominenter platziert, mal weniger prominent (siehe Bild 1.28). Dies hängt beispielsweise von Faktoren der aktuellen Relevanz des zugehörigen Suchthemas ab. Fakt ist: Schafft es ein Unternehmen mit seinen Beiträgen in die Google News, so sorgt dies in der Regel für nützlichen zusätzlichen Traffic.

Bild 1.28 So sehen News-Einträge in den Suchergebnislisten aus.

Gleichzeitig werden die dortigen Meldungen auch im separaten Nachrichten-Bereich von Google angezeigt (siehe Bild 1.29).

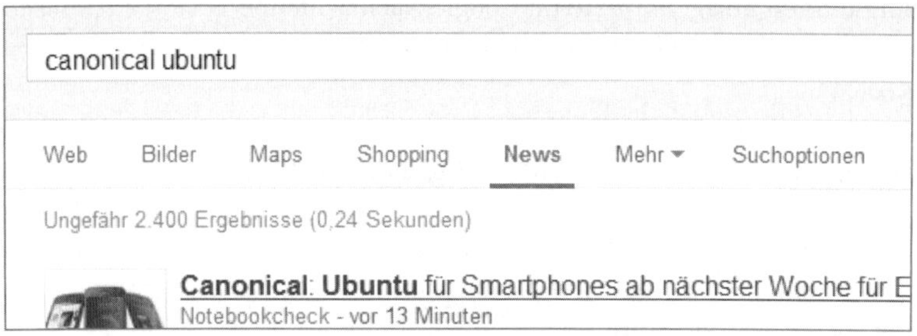

Bild 1.29 Der Suchbereich „News“ von Google.

Es ist nicht ganz einfach, in den Nachrichtenbereich von Google aufgenommen zu werden. Typischerweise sind dort Online-Nachrichtenmagazine mit ihren neusten Meldungen vertreten. Aber auch Inhalte von nicht werblichen Nachrichten-Subportalen einzelner Unternehmen, die über eine gewisse wirtschaftliche/politische/gesellschaftliche Relevanz verfügen. Instanzen, wie der DAX-Konzern mit seinen offiziellen AdHoc-Unternehmensmeldungen, haben es hierbei natürlich einfacher, gelistet zu werden. Aber auch kleine Firmen und Portale schaffen es immer wieder einmal, die teils manuelle Aufnahme-Überprüfung durch Google zu bestehen.

Wichtig hierbei:

- Die Textqualität und der inhaltliche Mehrwert **aller** eingereichten Meldungen hat höchste Priorität, Beiträge müssen also nach journalistischen Grundsätzen erarbeitet werden (siehe *www.blogprofis.de/buch/pressekodex*). Rein werbliche Inhalte haben hier nichts zu suchen.
- Die Meldungen sollten auf einer eigenen Unterseite Ihres Onlineauftritts aggregiert sein, idealerweise gar auf einem Sub- oder einem eigenständigen Portal.
- Die einzelnen Meldungen sollten mit auswertbaren Autoreninformationen ausgestattet werden (siehe Abschnitt 1.4.6).
- Ihr Unternehmen muss Urheber der Beiträge sein oder aus fremden Quellen zusammengestellte Texte von den Originalinhalten möglichst trennen.

Genauere Informationen zum letzten Punkt erfahren Sie unter *www.blogprofis.de/buch/googlenews* sowie *www.blogprofis.de/buch/newssitemap*. Dort erhalten Sie zudem weitere Hinweise, wie bei Google eingereichte News-Beiträge technisch ausgezeichnet werden müssen, welche Qualitätsrichtlinien für die Google News gelten und wie der Aufnahmeantrag erfolgt. Nachrichten aus Blogs nimmt Google übrigens teilweise automatisch mit in seine Nachrichtenbereiche auf, wenn diese von den Suchanfragen aber auch von der Prominenz des Weblogs her passen. Das Ranking innerhalb des News-Bereichs in den Suchergebnislisten hängt von sehr vielen Faktoren ab, etwa von der Aktualität, der Relevanz des Nachrichtenthemas zum Zeitpunkt der Suchanfrage, aber auch von der SEO-Power des zugehörigen Portals.

Verfügen Sie über ein Portal mit hochwertigen, auch über Ihr Unternehmen hinaus, relevanten aktuellen Meldungen, so können Sie – nach guter Vorbereitung unter der in den Google-Richtlinien genannten Punkte – durchaus einen Versuch starten. Sollten Ihre Beiträge in die Google News aufgenommen werden, so gilt es, die inhaltliche Qualität sowie den Turnus der Meldungen eher noch zu erhöhen. Schließlich ist nicht gewährleistet, dass Sie diese einmalige SEO-Chance auf Dauer behalten können. Leser von Google (aber auch missliebige Konkurrenten) können übrigens Texte im Google-Nachrichtenbereich melden, etwa falls diese nicht den journalistischen Grundsätzen entsprechen.

1.4.10 Google-Bildersuche, Videos und Google Shopping

schnell & günstig			★			langwierig & teuer
leicht wirksam			★			stark wirksam
Einsteiger			★			Profis
kurzfristig				★		nachhaltig
wenig Risiko		★				hohes Risiko

Neben Nachrichten werden zudem Bilder, Videos und Produkte separat in den Suchergebnissen gelistet, falls dies zu der entsprechenden Suchanfrage passt. Die Suchmaschinenoptimierung mit diesen drei Inhaltsgruppen ist auch deswegen interessant, da Google mit seinen Suchbereichen Bilder, Videos & YouTube (siehe Abschnitt 4.5) sowie Shopping jeweils über eigene kleine Unter-Suchmaschinen verfügt. Diese werden immer öfter genutzt, um spezielle Inhalte und Dokumente aufzuspüren. Stößt ein Nutzer beispielsweise in der Bildersuche von Google (*http://images.google.de/*) auf eine spannende Fotografie oder Grafik, so ist er schnell auch auf dem Portal, welches diese eingebunden hat (siehe Bild 1.30). Die Pflege der zugehörigen Metadaten ist sehr wichtig, um mit Grafiken, Videos und Produkten möglichst optimal in den Suchergebnissen präsent zu sein (siehe hierzu die Erläuterungen in Abschnitt 1.4.3). In Ihr Portal eingebundene Bilder und Videos werden übrigens meist automatisch in die zugehörigen Bereiche bei Google übernommen, ohne dass Sie hier selbst tätig werden müssen.

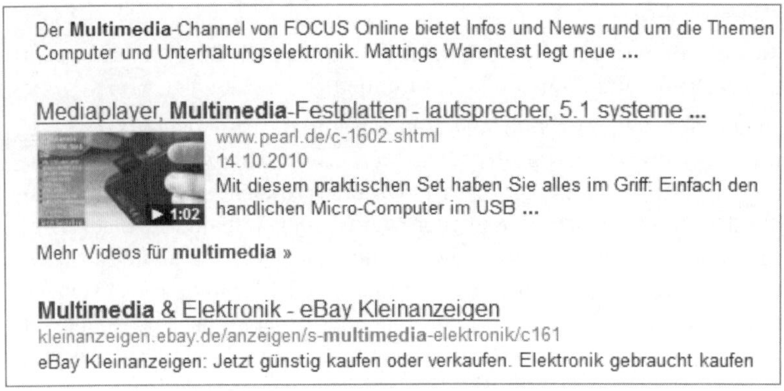

Bild 1.30 Ein Video-Eintrag in den Suchergebnislisten von Google

Das Hinterlegen von Produktinformationen in einem für Google lesbaren Format lohnt sich insbesondere für Onlineshops aller Art. Erhöht sich doch damit die Chance teils deutlich, bei relevanten Suchanfragen mit berücksichtigt zu werden. Der Suchmaschinenanbieter untergliedert seine Produktsuche (erreichbar unter *www.google.de/products* bzw. *www.google.de/shopping*) in einen bezahlten und einen nicht-bezahlten Bereich, ähnlich wie bei der Standardsuche auch. Wundern Sie sich übrigens nicht, wenn eines Ihrer Produkte in Google Shopping auftaucht, ohne dass Sie hierfür irgendwelche Schritte unternommen hätten. Dann ist einer Ihrer Vertriebspartner bereits in der dortigen Suche gelistet.

Wie Sie Ihre Inhalte und Produkte in den drei genannten Bereichen bestmöglich unterbekommen, das können Sie auf den Hilfeseiten von Google nachlesen:

- **Bildersuche:** *www.blogprofis.de/buch/bildersuche*
- **Videosuche:** *www.blogprofis.de/buch/videosuche* sowie *www.blogprofis.de/buch/youtubesuche*
- **Produktsuche:** *www.blogprofis.de/buch/produktsuche*

Insbesondere bei den Produkten gilt es, hierbei zahlreiche Hinweise zu berücksichtigen, die der Suchmaschinenanbieter momentan unter *www.blogprofis.de/buch/produkterichtlinien* auflistet. Derzeit wird Google Shopping wohl nach und nach auf einen komplett kostenpflichtigen Dienst umgestellt.

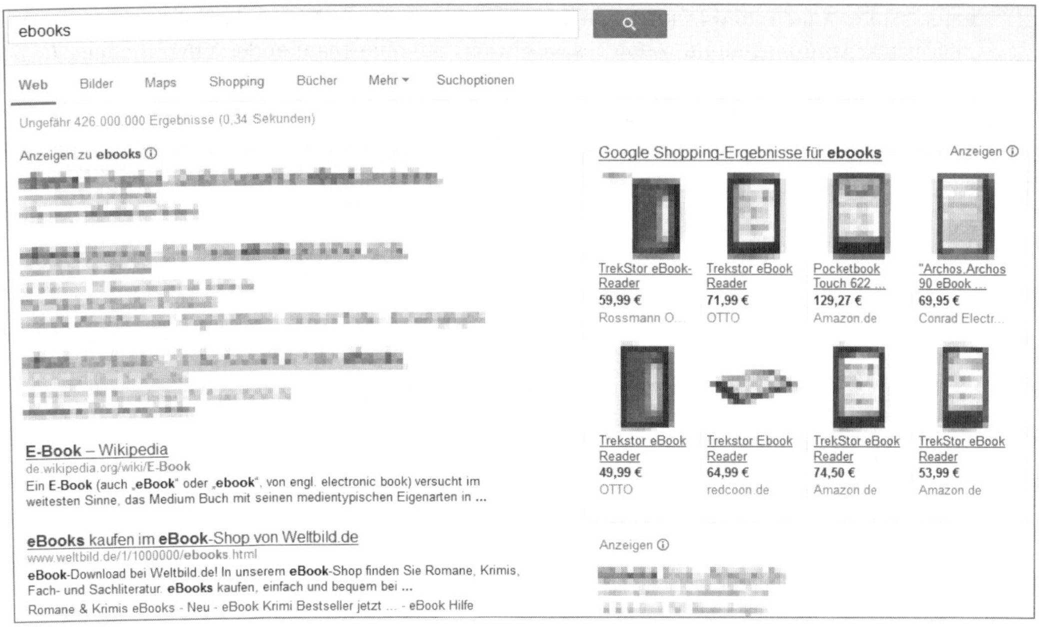

Bild 1.31 Im rechten Bereich: Eine der möglichen Darstellungsformen für Produkte in den Suchergebnislisten

1.4.11 Social Media Links und Bewertungen: Social Signals

schnell & günstig				★		langwierig & teuer
leicht wirksam				★		stark wirksam
Einsteiger			★			Profis
kurzfristig					★	nachhaltig
wenig Risiko		★				hohes Risiko

Untersuchungen und Tests kommen zu sehr unterschiedlichen Ergebnissen, was den SEO-Effekt von Links, Likes und sonstigen Erwähnungen (Social Signals genannt) in den diversen sozialen Netzwerken anbelangt. Auch die Expertenmeinungen gehen hier weit auseinander. Die Frage ist jedoch weniger ob, sondern wie sehr diese Signale wirken. Zumindest bei den großen Drei: Facebook, Twitter sowie Google+ sind direkte oder indirekte Auswirkungen offensichtlich. In welchem Umfang Google sein eigenes Netzwerk nutzt, um die Suchergebnisse zu optimieren, das ist nicht wirklich abschließend geklärt. Möglicherweise fürchtet das Unternehmen auch schlicht die Wettbewerbshüter (siehe *www.blogprofis.de/buch/kartellstrafe*). Schließlich ist die Kombination aus marktführender Suchmaschine und aufstrebendem sozialen Netzwerk nicht gänzlich harmlos.

Die Anzahl der Nachrichten in den einzelnen Kanälen, das Alter des Social Media Accounts, die Anzahl der Follower, der Bewertungen, der Umfang der Aktivitäten und vieles weitere mehr. All dies kann und wird zunehmend eine Rolle spielen. Näheres hierzu wird in Kapitel 3 erläutert. An dieser Stelle sollen Sie nur schon einmal darauf vorbereitet werden, dass SEO und Social Media keineswegs getrennt voneinander betrachtet werden können.

1.4.12 Sonstige Rankingfaktoren

Um den Rahmen nicht zu sprengen, möchte ich die nachfolgenden Erfolgsbausteine für ein gutes Ranking bei Google nur kurz vorstellen. Dies mit ihrer jeweiligen (teils vermuteten) Wirkung sowie gegebenenfalls weiterführenden Quellen. Einige Hinweise kennen Sie möglicherweise bereits aus vorangegangenen Abschnitten, diese führe ich der Vollständigkeit halber noch einmal auf. Studieren Sie diese Tabellen gut. Sie entdecken darin so manchen Hinweis für Ihre SEO-Strategie, der bislang noch keine Verwendung findet, und der sich ohne größeren Aufwand umsetzen lässt.

HINWEIS: Es gibt übrigens SEOs und Webseitenprojekte, die versuchen, sämtliche Rankingfaktoren von Google zu entschlüsseln. Heraus kommen dann Auflistungen mit hunderten Einträgen (siehe beispielsweise *www.blogprofis.de/buch/200faktoren*). Solche Projekte können durchaus als Inspirationsquelle dienen, sind ansonsten aber mit Vorsicht zu genießen. Vieles darin ist reine Spekulation. Diskutieren Sie die einzelnen Punkte also gegebenenfalls mit Ihrem SEO-Berater, bevor Sie daraufhin optimieren möchten.

Im Bereich Content/Inhalte gibt es folgende weitere Faktoren:

Beschreibung	Erläuterung/Wirkung	Weiterführende Hinweise und Umsetzbarkeit
Auszeichnung der Überschriften	Wie bereits angedeutet, werden Überschriften und Zwischenüberschriften von Google stärker berücksichtigt. Hierzu gibt es spezielle Auszeichnungsformate (<h1> bis <h6>), je nach Wichtigkeit der Überschrift. Diese sollten im Quelltext bzw. bei der Inhaltserstellung im CMS Verwendung finden, und dies möglichst hierarchisch aufgebaut (h1 vor eventuell mehreren untergeordneten h2 vor eventuell mehreren h3 und so weiter). Fragen Sie Ihren Webmaster, was davon bereits Verwendung findet.	▪ *www.blogprofis.de/buch/seoeinfuehrung* (Punkt „Überschriften-Tags“) ▪ *www.websitestartup.de/seo-onpage-optimierung-ueberschriften/* ▪ *www.seo-united.de/blog/seo/formatieren-text-gestalten-seo.htm* ▪ *http://bjoerntantau.com/top-10-seo-fehler-05102012.html* ▪ *http://mizine.de/suchmaschinenoptimierung-internet/website-struktur/* Große Wirkung bei leichter Umsetzbarkeit, sofern das Content-Management-System dies unterstützt (was in aller Regel der Fall sein sollte). Gegebenenfalls müssen/können bereits bestehende Inhalte nachträglich überarbeitet werden.

Beschreibung	Erläuterung/Wirkung	Weiterführende Hinweise und Umsetzbarkeit
Verwendung von Bildern und Videos im Content	Man geht davon aus, dass Webseiten und Beiträge mit Bildern und Videos einen Vorteil vor reinen Textseiten haben (dem steht jedoch die geringere Ladegeschwindigkeit zumindest teilweise gegenüber). Zudem bei Bildern wichtig: Die Verwendung gebräuchlicher Dateiformate, wie JPEG, GIF und PNG.	Siehe *www.blogprofis.de/buch/seoeinfuehrung* (Punkt optimierte Verwendung von Bildern). Leicht zu integrieren und leicht/günstig zu beschaffen, bei Bildlizenzen und Ähnlichem. Videos sind deutlich aufwändiger in der Produktion (siehe Abschnitt 4.5).
Aktualität, Einzigartigkeit, Wachstum und Länge der Beiträge	Portale mit aktuellen, nach und nach wachsenden (Stichwort Kommentare), inhaltlich einzigartigen sowie umfangreicheren Texten je Seite haben einen SEO-Vorteil. Ebenso, wenn stetig neue Seiten und Beiträge hinzukommen.	Leicht umzusetzen, gegebenenfalls über geeignete externe Fachkräfte, aber zeitaufwändig (siehe Abschnitt 1.4.2)
Keyword-Dichte	Relevante Keywords müssen zum Einsatz kommen, wenn Sie gefunden werden wollen. Aber niemals zu einseitig bzw. zu häufig.	Leicht umzusetzen (siehe Abschnitt 1.5). Achtung: Gegebenenfalls müssen Altlasten aus früheren Beiträgen bereinigt werden.
Vorhandensein eines Logos, einer Corporate Identity, Einbindung Impressum, Nennung von Ansprechpartnern, Kontaktmöglichkeit	Eher indirekte Faktoren, welche das Vertrauen seitens der Besucher in die Inhalte erhöhen	Bis auf größere Layout-Änderungen: Normalerweise leicht umzusetzen
Content im sichtbaren Bereich	Sind die Inhalte im sichtbaren Bereich (also ohne dass man auf der Webseite scrollen muss) sehr dünn gesät, so bewertet dies Google mittlerweile als ungünstig. Wohl selbst dann, wenn weiter unten auf der Seite weitere gute Inhalte folgen.	Gegebenenfalls eine Frage des Seitenlayouts, dann ist Programmieraufwand erforderlich. Ansonsten einfach umzusetzen.

Eher technische Merkmale, die einen Einfluss auf die Bewertung durch Google haben können:

Beschreibung	Erläuterung/Wirkung	Weiterführende Hinweise und Umsetzbarkeit
Ladegeschwindigkeit der Seiten	Je performanter Ihr Portal aufgerufen werden kann, umso besser.	▪ *www.blogprofis.de/buch/pagespeed* ▪ *www.bookofspeed.com/chapter5.html* Erfordert einiges an technischem Know-how und ist abhängig von externen Faktoren (siehe den nachfolgenden Punkt)
Webhosting	Besser ein eigener Server mit eigener IP je Portal, als ein so genannter „Shared Webspace" (*http://de.wikipedia.org/wiki/Webhosting*)	Siehe *www.blogprofis.de/buch/hostingseo*. Der Wechsel des Pakets oder des kompletten Dienstleisters kann sehr aufwändig werden und ist mit einigen SEO-Risiken verbunden („findet" Google die Inhalte später genauso gut). Sie sollten dies von einem Fachmann begleiten lassen.
Alter der Domain	Je länger Google eine Domain kennt, umso besser. Dies erhöht quasi das „Vertrauen" in diese. Manche SEOs gehen sogar so weit zu sagen, dass Google analysiert, ob beziehungsweise wie oft eine Domain den Besitzer wechselt. Kontinuität würde dann einen höheren Stellenwert genießen.	Meist nicht zu beeinflussen, es sei denn, man kauft eine bereits seit längerem existierende Domain. Dann nicht selten sehr teuer.
Keyword(s) in der Domain	Hier gehen die Meinungen weit auseinander. Während früher Keyword-Domains einen Vorteil hatten, so geht man heutzutage davon aus, dass dieser Faktor deutlich eingeschränkt wurde. Eine allzu offensichtlich gewählte Keyworddomain könnte sich gar negativ auswirken (also etwas in der Art *www.keyword1-keyword2-keyword3.de*)	Siehe *www.blogprofis.de/buch/keyworddomain*. Aber auch Fragen wie „Sind Unterstriche oder Bindestriche besser in einer URL?" gehören hierzu (siehe *www.blogprofis.de/buch/bindestriche*). Im Nachhinein nicht mehr änderbar, es sei denn, durch kompletten Domainwechsel. Im Zweifelsfall SEO-Fachkraft vor dem Kauf hinzuziehen.
Unterverzeichnis versus Subdomain	Sollten neue, eigenständige Portalbereiche besser über ein Unterverzeichnis (*www.xyz.de/unterverzeichnis*) oder eine Subdomain (*subdomain.xyz.de*) gestaltet werden?	Es zeichnet sich ab, dass die SEO-Unterschiede zwischen beiden Varianten nicht mehr allzu groß sind. Ein Unterverzeichnis gibt in der Regel mehr SEO-Power an die Hauptdomain ab und umgekehrt. Eine Subdomain kann hingegen in gewissen Teilen unabhängig von der Hauptdomain ranken. Zu berücksichtigen gilt es jedoch auch, dass Unterverzeichnisse technisch meist einfacher einzurichten sind als Subdomains.

Beschreibung	Erläuterung/Wirkung	Weiterführende Hinweise und Umsetzbarkeit
Einbindung von Google AdSense/ Generelle Einbindung von Werbung	Hier nahm man früher an, dass die Einbindung des Google-eigenen Anzeigendienstes (*www.google.de/adsense*) zur zusätzlichen Monetarisierung einer Webseite positive Auswirkungen haben würde. Neuere Messungen bestätigen eher das Gegenteil. Es ist jedoch fraglich, ob Google sein eigenes Produkt in nennenswerter Weise abstraft. Fest steht, dass Seiten mit zu vielen Werbeblöcken einen generellen direkten, aber auch indirekten (höhere Abbruchquote) SEO-Nachteil haben.	Leicht in die eine oder die andere Richtung zu ändern, abhängig vom Content-Management-System

Bleiben noch die folgenden Einflussgrößen, die sich der Kategorie „Links" und sonstigen Themenfeldern zuordnen lassen:

Beschreibung	Erläuterung/Wirkung	Weiterführende Hinweise und Umsetzbarkeit
Backlinks von Wikipedia und *dmoz.de*	Beide Verweisarten sind schwierig zu bekommen, da die Portale jeweils sehr restriktiv alle Links herausfiltern, die nach kommerziellen Angeboten „riechen". Wer es dennoch schafft, einen Backlink von diesen zu erhalten, der kann sich glücklich schätzen. Beiden Varianten wird ein besonderer Stellenwert bei Google zugeschrieben, wobei der Wirkungsgrad selbst umstritten ist.	▪ *www.blogprofis.de/buch/wikilink* ▪ *www.blogprofis.de/buch/dmoz*. Normalerweise relativ schwer zu erreichen, abhängig von der Branche und der Art der Inhalte. Gegebenenfalls kann man bei bekannteren Unternehmen einen kompletten Firmeneintrag bei Wikipedia erhalten (siehe zum Beispiel *http://de.wikipedia.org/wiki/Sto*).
Backlinks aus Blogs, Blogkommentaren, Foren, Presseportalen, Bewertungsseiten, Web-Verzeichnissen, Link-Sammel-/ Social Bookmarking-Diensten wie Delicious etc.	Zur Unterstützung eines möglichst natürlichen Linkprofils	Je nach Portal leicht bis schwer generierbar, zeitaufwändig. Zu viele Links aus kostenlosen Linkverzeichnissen, Bookmark-Diensten etc. im Verhältnis zur sonstigen Linkstruktur gelten mittlerweile als kontraproduktiv. Zudem muss unbedingt auf die Qualität der Anbieter geachtet werden. Massenhafte Einträge, wie sie manche Dienste automatisiert anbieten, sollte man unbedingt vermeiden.

Beschreibung	Erläuterung/Wirkung	Weiterführende Hinweise und Umsetzbarkeit
Backlinks von Seiten mit sehr hochwertigen beziehungsweise nur exklusiv vergebenen Top-Level-Domains (etwa *.edu*, *.gov*)	Ähnliche Wirkung wie bei den Backlinks von Wikipedia und *dmoz.de*	In der Regel nicht bzw. nur in sehr seltenen Fällen zu erhalten
Der richtige Link-Mix	DoFollow- und NoFollow-Links sollten sich in einem ausgewogenen Verhältnis befinden. Wie dieses genau aussieht, das hängt sehr von Begleitumständen ab (Branche, Keywords etc.). 10 Prozent+ NoFollow-Links sollten es in der Regel schon sein. Man kann sich zudem am Verhältnis bei den wichtigsten Wettbewerbern orientieren. Ansonsten hilft (selbst wenn dieser Rat etwas einfach klingen mag) ein natürliches Linkwachstum dabei, auch automatisch den richtigen Link-Mix zu finden.	Siehe Abschnitt 1.4.1 mit den dortigen weiterführenden Hinweisen zu einer ausgewogenen Linkstruktur Nur über einen kontinuierlichen Prozess zu erreichen. Im Nachhinein schwer änderbar.
Einseitige statt gegenseitige Verlinkung	Wie bereits angedeutet, wirkt eine einseitige Verlinkung (Portal A verlinkt auf B, B aber nicht zurück auf A) meist stärker, als eine gegenseitige. Prozentual zu viele/zu einseitige gegenseitige Verlinkungen können sich gar schädlich auswirken.	In der Regel gilt: Gezielt initiiert nur zu erreichen im Rahmen einer Kooperation, bei welcher der linkgebende Partner einen anderen Ausgleich als Gegenleistung erhält. Vorsicht: Hier kann schnell der Eindruck von Linkkauf entstehen.

1.4.13 Negative Rankingfaktoren

Zur Sicherheit nenne ich Ihnen abschließend noch einige eher negative Rankingfaktoren, die bislang nicht oder nur indirekt zur Sprache kamen. Sie wirken sich meist ungünstig auf Rankingpositionen bei Google aus. Dies sind:

- Bad-Neighbourhood-Links, etwa auf durch Google abgestrafte Portale verweisend (siehe *www.blogprofis.de/buch/bad*).
- In diesem Zusammenhang: Zu viele Links beispielsweise in den Kommentaren Ihres Blogs oder Portals, die massenhaft/per Spam gesetzt wurden (mehr hierzu unter *www.blogprofis.de/spam-reloaded/*).
- Nicht mehr funktionierende (so genannte „broken") Links zu externen oder internen Seiten, die bereits nicht mehr existieren: Überprüfbar ist dies mit dem W3C Link Checker (*http://validator.w3.org/checklink*).

- Zu viele doppelte Inhalte/Duplicate Content (siehe Abschnitt 1.4.2): Was Google als ursprüngliche Quelle festlegt, wird meist durch das Alter des Beitrags festgelegt (der früheste Eintrag gilt als Original). Aber auch andere Faktoren können dabei eine Rolle spielen, etwa wie es um die generelle SEO-Qualität des jeweiligen Portals bestellt ist.
- Beiträge und Seiten, die zu einem anderen Ort/zu einer anderen Domain verschoben wurden, ohne dies für Google durchschaubar zu machen: In diesem Falle geht deren positive SEO-Wirkung verloren. Wie man es richtig macht, verrät *www.blogprofis.de/buch/verschieben*.
- Mit indirekter Auswirkung: Benutzung „aggressiver" Werbeformen, wie PopUps, Layer-Formate etc.
- Übertrieben werbliche bzw. unseriös erscheinende Inhalte: Wie manche SEOs vermuten, handelt es sich hier um die Benutzung verdächtiger Keywords, wie „Poker" oder solche aus dem Erotikumfeld.
- Verweise hin zu anderen Portalen mit fragwürdiger Qualität/Inhalten
- Beiträge, die sich nicht bereits in den Suchergebnislisten (über das dort genannte Datum), sondern erst auf der Webseite als völlig veraltet herausstellen: Auch daraus kann eine besonders hohe Abbruchquote/Bounce-Rate resultieren (siehe Abschnitt 1.7.2). Gegebenenfalls sollte man diese Texte gleich zu Beginn mit einem inhaltlichen und als solchem gekennzeichneten Update versehen.
- Nicht gerade selten: Falsch codierte Artikel, bei denen etwa die deutschen Umlaute als kryptische Zeichen dargestellt werden, oder die aus einem anderen Grund unleserlich sind (etwa zu geringer Textkontrast)
- Unbedingt verboten seitens Google: Versteckte Textpassagen oder verborgene Links, etwa durch weiße Schrift auf weißem Hintergrund oder durch extrem kleine Schriftauszeichnung. Dies kann gar zu einer kompletten Verbannung aus Googles Suchindex führen.

Sie sollten zukünftig also nicht nur „die Ohren spitzen" bezüglich der Methoden, die Ihr Portal in den Suchmaschinen voranbringen können. Ebenso gilt es, unnütze oder gar gefährliche Praktiken aufzuspüren.

1.5 Die richtigen Keywords für Ihr Unternehmen

In den bisherigen Abschnitten konnten Sie unschwer erkennen, welch große Rolle die Wahl der richtigen Keywords („Schlüsselwörter") für Ihren Webauftritt einnimmt. Ohne zu übertreiben lässt sich die Keywordanalyse als der wichtigste Baustein des Onlineerfolgs bezeichnen. Enthalten Ihre Seiten nicht die Begriffe, nach denen Ihre Kunden und potenziellen Kunden bei Google & Co. suchen, so sind alle anderen SEO-Maßnahmen vergebene Liebesmühe. Gleichzeitig kann man mit den falschen Keywords oder der übermäßigen Verwendung dieser sehr viel falsch machen, wie Sie gleich noch erfahren werden.

Nehmen wir als Beispiel für die positive Wirkung von Keywords einen Fleischermeister oder einen fleischverarbeitenden Betrieb, der online auf seine Produkte aufmerksam machen möchte. Dabei lernen Sie gleich ein spannendes Werkzeug zur Keyword-Recherche kennen: Google Trends (zu erreichen unter *www.google.com/trends/*), früher bekannt unter dem Namen „Google Insights for Search". Gibt man in den dortigen Suchschlitz die beiden Begriffe „Fleischerei" und „Metzgerei" ein (durch ein Komma getrennt), und schränkt man die Ergebnisse in der linken Seitenleiste unter → *Begrenzen auf* → *Deutschland* ein, so erhält man in etwa das in Bild 1.32 dargestellte Ergebnis.

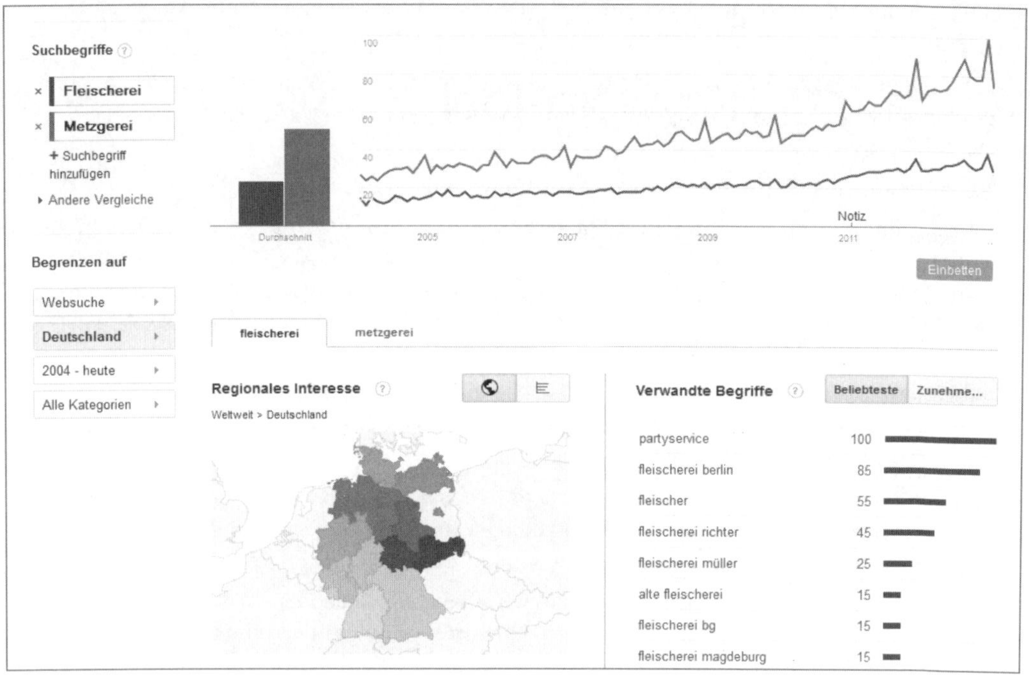

Bild 1.32 Wo und wie wird in Deutschland nach „Fleischerei" gesucht, und wie sieht es im Vergleich dazu mit der „Metzgerei" aus? Google-Trends zeigt es Ihnen – bei Bedarf auch nur für bestimmte Suchkanäle, etwa die Bilder-, Produkt- oder YouTube-Suche.

Was lehrt uns dies nun? Dass das Interesse an Fleischwaren in Deutschland generell zuzunehmen scheint. Was uns in diesem Fall aber mehr interessiert: Wechselt man zwischen dem Reiter „Fleischerei" und „Metzgerei", so wird schnell deutlich, dass in manchen Bundesländern viel öfter nach dem „Fleischer" gegoogelt wird, in anderen hingegen nach dem „Metzger". Gleichzeitig werden jeweils die beliebtesten und die im Suchvolumen zunehmenden Keyword-Kombinationen zu den beiden Begriffen angezeigt, die unter Umständen als weitere Inspiration für Long Tail Keywords dienen können. Je mehr man mit den Filtern auf der linken Seite, wie Region oder Zeitraum, der abgefragten Suchen experimentiert, umso größer ist die Auswahl der potenziellen Ergebnisse. Sie erkennen sicherlich, worauf ich mit diesem beliebigen Beispiel hinziele: Ein lokal agierender Metzgermeister, der in bestimmten Regionen Deutschlands seine Homepage hauptsächlich oder ausschließlich mit dem Begriff „Fleischer" oder „Fleischerei" kennzeichnet, der könnte also schon verloren haben. Es sei denn, alle seine örtlich ansässigen Wettbewerber nutzen das Keyword „Metzgerei“, und er kann sich mit der „Fleischerei“ die eigene kleine regionale Online-Nische schaffen.

Die Suchbegriffe mit dem höchsten Volumen müssen also nicht immer die beste Wahl darstellen, da die Anzahl an konkurrierenden Portalen meist ebenfalls höher ist. Bei der Keywordanalyse für ein Unternehmen handelt es sich demzufolge stets um einen Abwägungsprozess sowie um eine absolute Einzelfallbetrachtung. Die, neben der reinen Recherche, viel Kreativität, ein ausgeklügeltes Brainstorming und einiges an „Ausprobieren“ erfordert. Und: Verwendete Keywords müssen immer zu den Antworten passen, die sich der Leser verspricht, wenn er über Google auf Ihr Portal gelangt. Doch dazu erfahren Sie gleich noch Näheres.

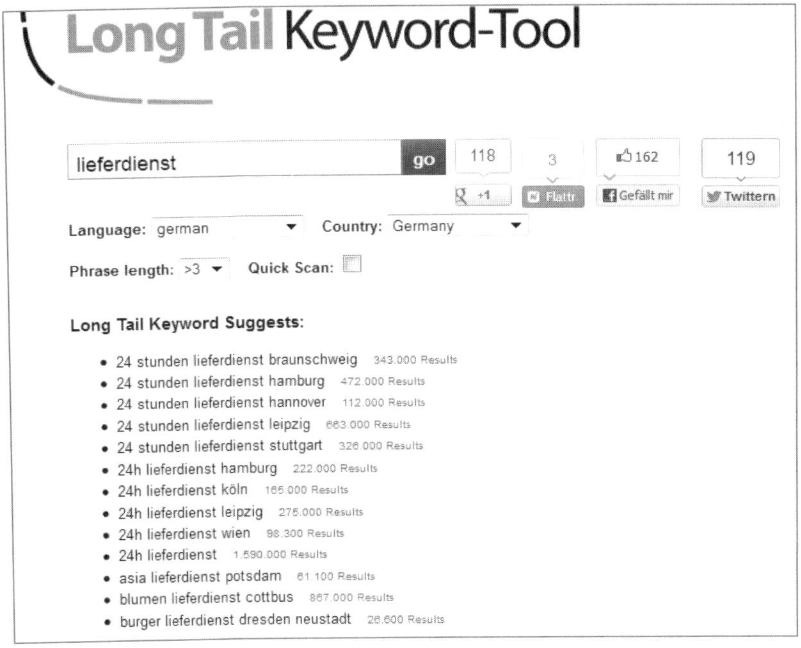

Bild 1.33 Das Long Tail Keyword-Tool liefert gute Ideen für Ihr Brainstorming (erreichbar unter *www.seokai.com/tools/long-tail-keyword-tool*).

1.5.1 Grundlagen der Keyword-Analyse

Das vorangegangene Beispiel mag ziemlich konstruiert wirken. Tatsächlich gibt es derlei falsche Keyword-Belegungen im World Wide Web öfter, als man denken mag. Ich begegnete einmal einem Reiseportal, das auf nahezu allen seiner Unterseiten mit eben diesem Begriff „Reise“ im Content arbeitete. Dagegen wäre nun absolut nichts einzuwenden, wenn nicht gleichzeitig das Schlüsselwort „Urlaub“ gefehlt hätte. Stellen Sie sich eine Landingpage mit Pauschalangeboten für die Türkei vor. Welches Potenzial unter Umständen mit der Reduzierung auf dieses eine Keyword „Reise“ verloren geht, das zeigt Bild 1.34 mit einer weiteren Auswertung von Google Trends.

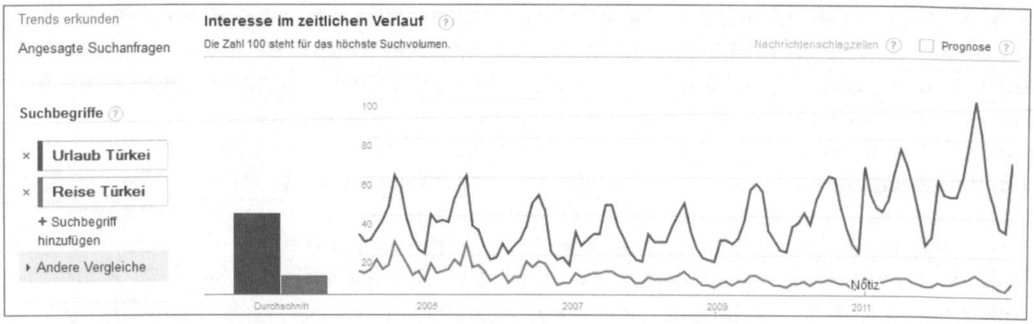

Bild 1.34 Die meisten Suchenden bei Google möchten nicht nach einer „Reise Türkei" oder ähnliche Begriffskombinationen recherchieren, sondern nach dem „Urlaub Türkei".

Wann entsteht nun eigentlich ein solches Keyword? Beziehungsweise: Wann „weiß" Google, dass es sich bei einem Wort oder einer Wortkombination in Ihren Webseiteninhalten um einen solchen Schlüsselbegriff handeln soll? Im Prinzip fließen sämtliche Content-Bestandteile in die Analyse der Suchmaschinen mit ein, welche Inhalte Ihre Webseite bietet. Lediglich Füllwörter oder grammatikalische Begriffe, wie beispielsweise Artikel, Adverbien („hier", „da", „wo", „wie" etc.), Bindewörter und Ähnliche, werden weniger oder gar nicht gewichtet. Vereinfacht gesagt, entscheiden die folgenden beiden Faktoren darüber, ob Google und andere Suchmaschinen Ihre Webseiteninhalte einem bestimmten Keyword zurechnen. Ob Ihre Seiten also bei den zugehörigen Suchanfragen möglichst direkt berücksichtigt werden („direkt" deswegen, da die Suchergebnisse teilweise auch grammatikalisch oder thematisch sehr ähnliche Begriffe umfassen):

a) Wie häufig und prominent (in Überschriften, als Fettschrift ausgezeichnet etc.) kommt ein Wort/eine Wortkombination auf Ihrem Portal oder auf einzelnen Unterseiten zum Einsatz?

b) Besteht überhaupt ein zahlenmäßig relevanter Suchmarkt nach diesen Wörtern, kann Google sie also einer bestimmten Wortgruppe zuordnen?

Denn Suchmaschinen können miteinander verwandte oder ähnlich geschriebene Begriffe einer Keyword-Gruppe zuordnen. Beispiel: *Bankkonto* und *Bankkonten*, aber gegebenenfalls auch *Bankkonto* und *Girokonto*. Für jede Sparte gelten hier andere Regeln, die nur Google kennt.

Wichtig dabei: Google ordnet Ihre Webseiteninhalte keineswegs nur jeweils einem einzigen, sondern theoretisch beliebig vielen darin vorkommenden Wörtern, Wortkombinationen, Satzbestandteilen und Keywords zu. Wenn Sie mit Google Analytics (siehe Abschnitt 1.7.2) unter *Besucherquellen* → *Übersicht* → *Keywords* nachverfolgen, über welche, teilweise recht seltsamen Suchbegriffe Ihre Onlinebesucher zu Ihnen finden, dann bekommen Sie ein gutes Gespür hierfür. Als Keywords bezeichnet man in diesem Zusammenhang lediglich all jene Worte/Wortkombinationen in Ihren Portalinhalten, die im Sinne des Aufzählungspunkts a) über eine überdurchschnittliche Gewichtung verfügen und hierdurch auch häufiger gefunden werden. Es bestimmen also nicht nur ausschließlich die Keywords, welcher Suchmaschinenbenutzer wie zu Ihnen gelangt. Der größte Anteil an vermittelten Suchanfragen geht jedoch auf das Konto der Schlüsselwörter.

Ich hoffe, ich habe Sie durch diese Erläuterungen nun nicht allzu sehr verwirrt. Die Mechanismen der Suchmaschinen im Zusammenhang mit Keywords zu erläutern, ist gar nicht so einfach. Für Sie ist es eigentlich nur wichtig zu wissen, dass Ihr Webseiten-Content sowie einzelne Bestandteile darin darüber bestimmen, bei welchen Suchanfragen Sie überhaupt berücksichtigt werden. Beziehungsweise wie weit „vorne“ Sie dabei in den Suchergebnislisten landen. Je besser Ihr Portal bezüglich der unterschiedlichsten Rankingfaktoren aufgestellt ist und je besser Ihre Inhalte zu einer Suchanfrage passen, desto eher rücken Ihre Seiten auf einen vorderen Platz bei Google und anderen Suchmaschinen. Indem ich Ihnen ein weiteres Werkzeug zur Keyword-Analyse vorstelle, wird die Auswirkung der Schlüsselbegriffe sicherlich deutlicher. Die Google Webmaster Tools (*www.google.com/webmasters/tools/?hl=de*) erlauben Ihnen für jedes Ihrer Onlineprojekte einen Einblick darauf, welche Keywords Google dem Content des Portals hauptsächlich zuordnet. Diese finden Sie unter dem Punkt *Optimierung → Content-Keywords* (siehe Bild 1.35).

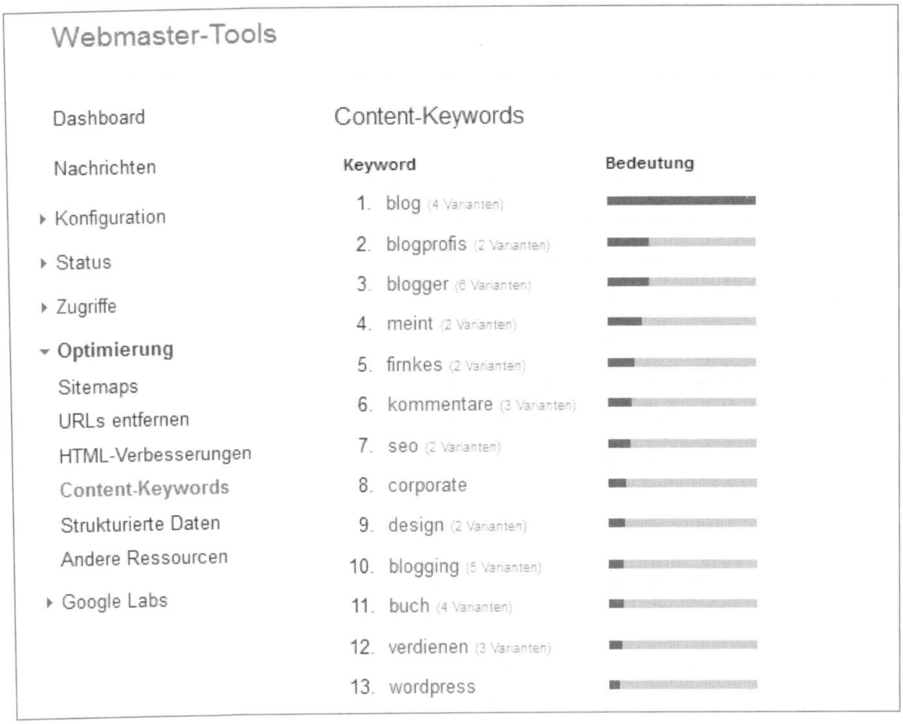

Bild 1.35 So „sieht“ Google zum jeweiligen Zeitpunkt der Abfrage die Content-Keyword-Verteilung meines eigenen Portals *www.blogprofis.de*.

Anhand der zusätzlichen Angabe der „Varianten“ sehen Sie in Bild 1.35 übrigens, welchen verwandten Begriffen Google den einzelnen Keywords zuordnet. Welche Keyword-Gruppen also gebildet werden. Mit einem Klick auf das jeweilige Schlüsselwort werden diese Varianten angezeigt. Im Fall von „Blog“ hat der Suchmaschinenbetreiber beispielsweise die ähnlichen Begriffe „blogs“, „blogger“ und „blogging“ assoziiert. Und dies, obwohl „blogging“ noch einmal als eigenständiges Keyword auf Platz 10 gelistet ist, mit wieder anderen verknüpften Varianten.

Schauen Sie sich in Bild 1.35 nun einmal den Platz 2 und Platz 3 etwas genauer an. Die zugehörigen Keywords „blogprofis“ und „blogger“ liegen in ihrer Bedeutung, also in ihrer Gewichtung durch Google, nahezu gleichauf. Eine der folgenden Maßnahmen, eventuell mehrfach wiederholt, könnte nun schon ausreichen, die „blogger“ an den „blogprofis“ vorbei auf Platz 2 zu schieben:

- Eine neue Unterseite oder ein neuer Firmenblog-Beitrag (wenn der Blog in das zu analysierende Portal integriert ist), der sich rund um das Thema „blogger“ dreht
- Ein zusätzlicher Verweis mit dem Linktext „blogger“ auf der Startseite, ein zusätzlicher Menüeintrag, eine zusätzliche Seitenabschnitt-Benennung
- Ja sogar eine einzige zusätzliche h1- oder h2-Überschrift, die das Keyword enthält, eine entsprechend geänderte Bildunterschrift, eine zusätzliche Metainformation und vieles mehr

Je enger zwei Schlagwörter im Ranking aneinander liegen, umso weniger beziehungsweise umso kleinere Textanpassungen reichen hierfür aus. Wobei man jeweils experimentieren muss, welche konkreten Änderungen tatsächlich erforderlich sind. Die vorangegangene Auflistung hat lediglich beispielhaften Charakter. Stellen Sie sich eine ähnliche Maßnahme für Ihr Unternehmensportal vor. Sie oder Ihr SEO könnten also dafür sorgen, dass je nach gerade aktueller Sales-Kampagne einmal das Produkt-Keyword A von Google eher berücksichtigt wird und einmal das Produkt oder die Dienstleistung B. Haben Sie sich auf einige wenige Haupt-Keywords geeinigt, die

a) regelmäßig in Ihren Inhalten zum Einsatz kommen, und die von daher

b) die etwa ersten 5 Plätze in der Content-Keyword-Tabelle belegen,

so lässt sich mit immer ähnlichen oder gar gleichen Textänderungs-Maßnahmen die Reihenfolge der Plätze untereinander fast nach Belieben festlegen. Dies ist extrem praktisch, wenn je nach saisonaler oder inhaltlicher Begebenheit mal der eine, mal der andere Schlüsselbegriff für Ihre Online-Umsätze wichtig wird.

HINWEIS: Die beispielhafte Keyword-Auflistung in Bild 1.35 ist ein gutes Beispiel für einige Herausforderungen, die bei der Keywordgestaltung und -Verwendung regelmäßig auftreten:

- Das Schlüsselwort „Blog“ steht mit sehr großem Abstand an erster Stelle. Das ist angesichts der Themen, über die ich schreibe, kaum verwunderlich, könnte aber für Probleme bei der Einschätzung von Google sorgen. Solch eine Fixierung auf ein einziges Keyword bzw. eine Keyword-Gruppe kann eine Suchmaschine durchaus als Überoptimierung betrachten, also als künstlich herbeigeführte übermäßige Verwendung des immer gleichen Schlüsselbegriffs. Je umkämpfter ein Keyword ist, und je öfter es kommerziell genutzt wird (etwa im Rahmen von Google-AdWords-Buchungen), umso eher droht hierbei die Gefahr einer Abstrafung. Dann würden Ihre Seiten unter eben diesem Keyword nicht mehr so stark in den Suchergebnissen berücksichtigt, wie man es sich durch die Optimierungsmaßnahme eigentlich erhoffte.

- Sehr prominent kommt zudem das Keyword „blogprofis" auf meiner eigenen Seite zum Einsatz. Bei Ihnen könnte dies Ihr Firmenname oder die Bezeichnung eines häufig beschriebenen Produktes sein. Es ist jedoch nicht immer von Vorteil, mit solch einem Eigenbegriff so weit vorne in der Keywordverteilung gelistet zu sein. Denn a) suchen meine potenziellen Leser und Kunden wohl weniger nach dem Begriff „blogprofis" (sondern idealerweise nach „Corporate Blog Beratung", „Blog SEO", „Blog Marketing" und Ähnlichem mehr), so wie auch Ihre potenziellen Kunden nicht unbedingt nach Ihrer Marke suchen. Und b) würde mangels Konkurrenz beim Keyword „blogprofis" meine Seite wohl auch so als erster Treffer bei Google angezeigt werden.
- Ähnliches gilt für meinen Nachnamen auf Platz 5. Für einen Freiberufler, Buchautor, Künstler etc. mag dies von Vorteil sein, vor allem wenn er mit anderen Personen mit dem gleichen Nachnamen um einen der vorderen Plätze in den Suchmaschinen kämpft. Für ein großes Unternehmen hingegen würde man wohl lieber einen anderen, inhaltlichen Begriff so weit vorne in der Keywordtabelle sehen.
- Die angezeigten Schlüsselwörter „meint" und „Kommentare" sind ein Indiz dafür, dass ich eigentlich die Kommentarfunktion in meinem Blog umgestalten müsste, damit diese beiden Begriffe nicht mehr so häufig oder an so prominenter Stelle zum Einsatz kommen (Sie sehen, auch ein Onlinemarketing-Fachmann hat Leichen in seinem SEO-Keller). Denn natürlich bringt es mir nichts, wenn Google meine Bloginhalte diesen für das Portal absolut nicht relevanten „Keywords" zuordnet.

Ein fortlaufender Blick in die eigenen Keyword-Tabellen der Webmaster-Tools oder ähnlicher Werkzeuge ist ein Muss für jeden SEO, aber auch für jeden Unternehmer. Nur so können Sie vergleichbare Fehler aufdecken. Und diese durch die häufigere/prominentere oder auch seltenere Verwendung einzelner Begriffe in Ihrem Content korrigieren. ■

Man könnte nun versucht sein zu glauben, der zuvor geschilderte Metzgermeister müsste einfach nur 20-mal (oder mehr) die Keyword-Kombination „Metzgerei Bochum" in einen Seitentext von insgesamt gerade einmal 400 Wörtern einbauen, und schon würde er bei Google an all seinen Bochumer Online-Mitbewerbern vorbeirücken. Früher war dies tatsächlich einmal so oder so ähnlich der Fall. Denn der Suchmaschinengigant hat natürlich hinzugelernt. Sie können sich vorstellen, dass eine solche Art von Keyword-Stuffing – darunter versteht man die übermäßige Verwendung der immer gleichen Keywords auf einem Portal oder einer Unterseite (siehe auch Bild 1.36 auf der nächsten Seite) – zu zwei sehr unangenehmen Effekten führte:

1. Die Webseitentexte wurden qualitativ immer minderwertiger.
2. Viele Portale der gleichen unternehmerischen Branche waren inhaltlich kaum mehr voneinander zu unterscheiden.

Das wiederum verärgerte die Suchmaschinennutzer, die bei sehr vielen Abfragen immer lästigere, unnützere Inhalte als Ergebnis vorfanden. Denn den möglichen Kunden des Metzgers interessiert es herzlich wenig, wenn er 20+-mal auf einer kleinen Seite erfährt, dass hier eine „Metzgerei Bochum" oder seine Varianten „Metzger Bochum" etc. zugange sind. Das weiß er schließlich schon zu Beginn seines Besuchs. Vielmehr möchte er Produktbeschreibungen, Produkttests, Inhaltsangaben, Öffnungszeiten, derzeitige Sonderangebote, regelmäßig aktualisierte Rezeptvorschläge, Kontakt- und Wegbeschreibungen und Ähnliches mehr nachlesen. Keyword-Stuffing als SEO-Maßnahme wurde von Google dementsprechend immer stärker geahndet.

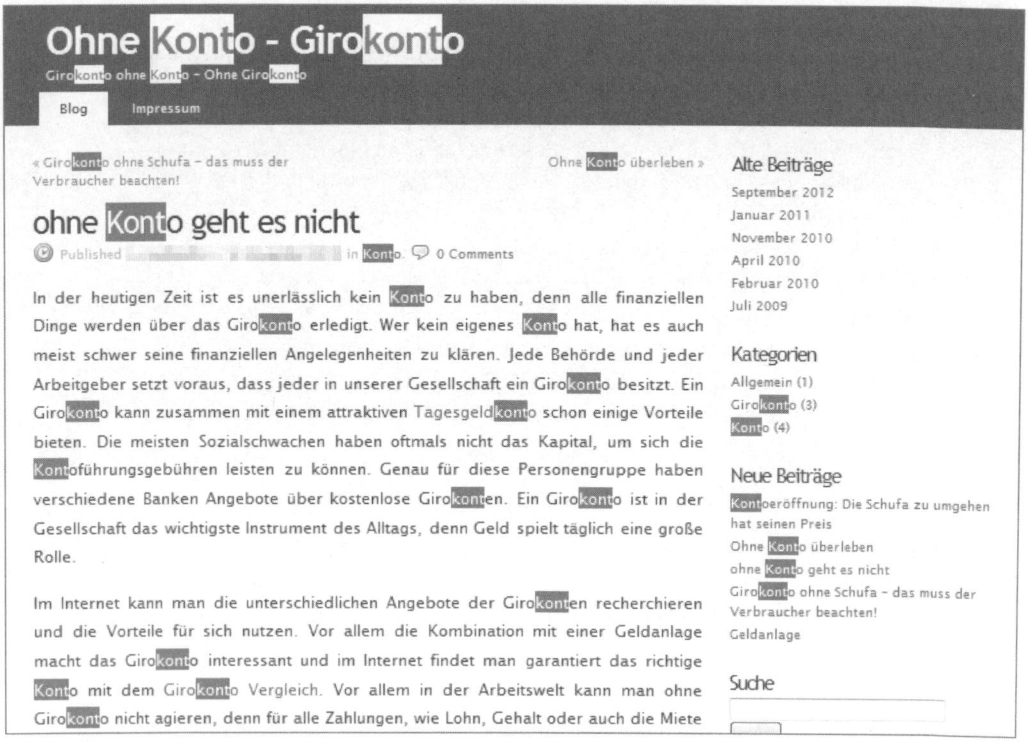

Bild 1.36 Gerade bei umkämpften Themen (wie hier im Finanzumfeld) kommt Keyword-Stuffing immer noch häufig vor, zum Glück mit immer weniger Erfolg. Konto, Konten, Girokonto, Girokonten (hier hervorgehoben) im Überfluss – wer will das schon ernsthaft lesen?

Manche Portalbetreiber versuchen, den dünnen Content, etwa auf der Startseite, mit einem kleinen Informationsfeuerwerk im Footer auszugleichen. Vor allem im E-Shop-Umfeld ist diese Variante immer noch anzutreffen. Dabei kann die Grenze zum Keyword-Stuffing ebenfalls recht schnell überschritten werden. In Bild 1.37 ist ein Beispiel dargestellt.

Die SEO-Kunst besteht also nun darin, relevante Keywords so natürlich wie möglich in die Texte der eigenen Webseiten einfließen zu lassen. Die Keywords dürfen hierbei nicht zu oft im Verhältnis zur restlichen Text- bzw. Wortmenge vorkommen, und sie dürfen auch nicht zu ähnlich lauten. Die Einzahl durch Mehrzahl ersetzen oder aus „Girokonto" einfach „Girokontovergleich" zu machen, das hilft also wenig bis gar nichts. Selbst wenn dies ansonsten durchaus ein probates Mittel zur Auflockerung Ihrer Texte und Schlüsselwörter darstellt. Mal „Kontomodelle“, mal „Bankverbindung“, dann vielleicht „Sparbuch“ und „Gehaltskonto“. All dies, thematisch passend versteht sich, wäre schon deutlich besser. Möglichkeiten zur Diversifizierung – teils mehr, teils weniger für Suchmaschinen als ähnliche Begriffe zu deuten – sind hierbei unter anderem:

- Fach- versus Umgangssprache
- Regionale Begriffe
- Wortstellung („Werkstattmeister“ und „Meisterwerkstatt“), aber auch Wort-Trennung
- Austausch einzelner Wortbereiche („Lieferdienst“ und „Lieferservice“)

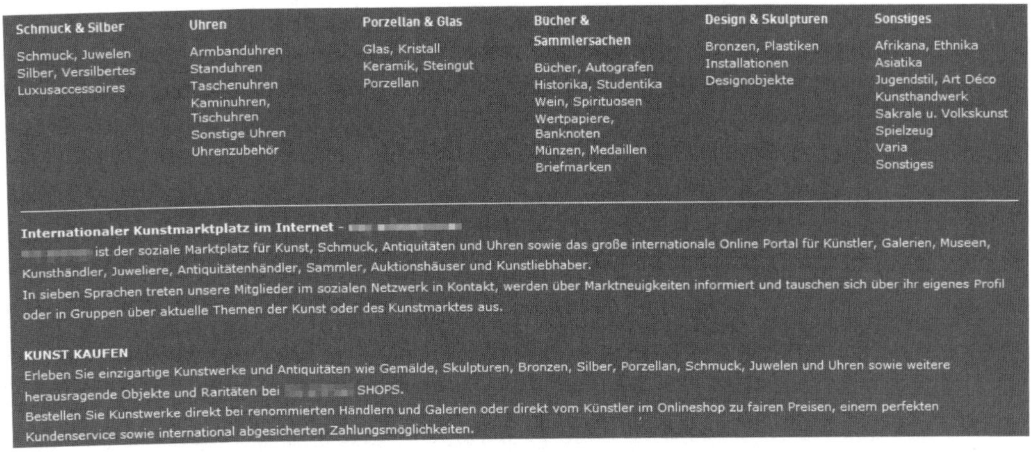

Bild 1.37 Die reihenweise Auflistung von Keywords (siehe etwa die ersten beiden Sätze unter „Internationaler Kunstmarktplatz“ und „Kunst kaufen“) kann von Suchmaschinen unter Umständen als Manipulationsversuch gedeutet werden.

Selbst die alte versus die neue Rechtschreibung kann zum Einsatz kommen, was jedoch nicht immer wirklich professionell wirkt.

PRAXISTIPP: Zur Auffindung alternativer Keyword-Varianten eignen sich Synonymdatenbanken wie beispielsweise OpenThesaurus (*www.openthesaurus.de*), „Wie sagt man noch“ (*www.wie-sagt-man-noch.de*) oder Woxikon (*http://synonyme.woxikon.de*). Auch Abkürzungen, verwandte Wortgruppen und alternative Schreibweisen lassen sich dort recherchieren.

Im Prinzip sind jene Texte SEO-mäßig oft am besten, die von einem guten, anspruchsvoll und besonders abwechslungsreich schreibenden Texter verfasst werden, der noch nie etwas von der Suchmaschinenoptimierung und Keywords gehört hat. Baut er rein zufällig – da die Themenstellung entsprechend lautet – die „richtigen“ SEO-Wörter mit ein, umso besser. Ansonsten ersetzt man seine Wortwahl an zwei, drei, vier relevanten Stellen durch die passenden Schlüsselbegriffe. Ich selbst mache, wenn ich Webtexte bei Onlinebörsen wie *www.textbroker.de* oder *www.content.de* beauftrage, niemals irgendwelche Vorgaben, wie oft welches Keyword darin vorkommen soll (die Texter-Dienste stellen im Autorenbriefing extra

Felder für derlei Vorgaben zur Verfügung). Denn das verwässert die Qualität der Ergebnisse sehr deutlich. Lieber arbeite ich den Text manuell nach, falls die für mich relevanten Schlüsselwörter überhaupt nicht enthalten sind.

Wie oft sollte nun ein Keyword, inklusive seiner Abwandlungen, in einem Onlinetext vorkommen, im Verhältnis zur gesamten Textlänge betrachtet? Im Internet und in der SEO-Szene kursieren zahlreiche Formeln, die der Ermittlung einer optimalen Keyword-Dichte dienen. Von zwei bis zu sechs Prozent und gar mehr reichen hierbei die Angaben, zu welchem Verhältnis die Schlüsselwörter möglichst unterzubringen seien. Ich selbst halte nicht allzu viel von derlei Formen, da

- sich diese Schlagzahlen je nach gerade aktuellem Suchmaschinen-Algorithmus immer wieder ändern können,
- die Schwelle bis ein Keyword-Stuffing erreicht sein kann je nach Prominenz bzw. Wettbewerb bei den zugehörigen Keywords unterschiedlich ausfallen dürfte,
- die strikte Einhaltung der immer gleichen Formel in allen Texten ebenso als Überoptimierung gedeutet werden kann,
- eine solche Vorgehensweise die Entstehung hochwertiger, organisch gewachsener Texte fast unmöglich machtm, und sich Portalbetreiber sowie Autoren somit rein auf Zahlen und Prozentwerte konzentrieren, statt viel wirkungsvollere Inhalte mit Mehrwert zu schaffen.

Die Natürlichkeit beim Onlinetexten geht stets vor.

Derzeit ist eine Erweiterung der einfachen Keyword-Dichte in SEO-Kreisen recht populär, die so genannte WDF*P*IDF-Formel. Diese berücksichtigt mehrere weitere Faktoren. Etwa den Kontext, der die Keywords aber auch das zugehörige Dokument umgibt. Die Formel basiert nicht umsonst auf sprachwissenschaftlichen Theorien. Für einige Keyword-Situationen scheint eine solche Berechnung recht brauchbare Ergebnisse zu erzielen. Auch wenn zugehörige Überlegungen und Strategien meines Erachtens immer nur als ergänzende Content-Optimierung dienen können.

Die genaue Erläuterung der Formel würde an dieser Stelle zu weit führen. Wer sich hierfür interessiert, dem seien folgende Quellen empfohlen:

- *www.karlkratz.de/onlinemarketing-blog/seo-keyword-density/*
- *www.online-marketing.net/termgewichtung/*
- *www.seo-newsticker.de/wdf-p-idf-die-neue-zauberformel-fuer-seo-optimierte-texte/232/*
- *www.seo-book.de/onpage/was-wdfpidf-bedeutet-und-warum-das-wichtig-ist*

Und noch eine Frage, die sich Ihnen nun wahrscheinlich aufdrängt: Auf wie viele Keywords beziehungsweise Keyword-Kombinationen sollte man sich nun für ein Onlineprojekt insgesamt und je Unterseite festlegen? Auch hier lässt sich leider keine generelle Aussage treffen. Es hängt ab von Faktoren, wie der Art der Inhalte je Seite und Gesamtportal, der Ausprägung der Keywords, wie prominent die einzelnen Schlüsselwörter möglichst ranken sollen, der Wettbewerbssituation und Ähnlichem mehr. In der Regel werden bis zu 10 unterschiedliche Keywords, jeweils inklusive deren ähnlichen Varianten, einen deutlich spürbaren Anteil am gesamten Traffic aus den Suchmaschinen erzielen können. Wobei der Effekt pro Keyword umso stärker verwässert wird, auf je mehr Schlüsselwörter hin gleichzeitig optimiert wird. Das dürfte logisch erscheinen, schließlich machen sich die einzelnen Begriffe dann untereinander Konkurrenz. Google erkennt in einem solchen Fall nicht einige wenige von der Gewichtung her hervorgehobene Inhalte, sondern gleich mehrere.

Hier hilft wieder nur Ausprobieren. Doch es gibt eine Möglichkeit, trotzdem mit deutlich mehr unterschiedlichen Keyword-Kombinationen zu arbeiten. Denn je Unterseite Ihres Portals können eigene Keywords herausgebildet werden, die nicht unbedingt in direktem Zusammenhang mit Ihrer Hauptseite oder anderen Portalbereichen stehen müssen (gleichzeitig macht es Sinn, wie Sie bereits erfahren haben, dass die Themen der jeweiligen Inhalte möglichst nicht zu sehr voneinander abweichen). In diesem Zusammenhang spricht man dann oft auch von Long Tail Keywords (siehe Abschnitt 1.1). Ein Beispiel aus der Praxis: Ich selbst betreibe ein Informationsportal aus dem Finanzumfeld. Dieses rankt nun auf der Hauptseite, und generell über alle Seiten hinweg, sehr gut mit den Keywords *Girokonto, Tagesgeld, Geldanlage und Kreditkarten*, da sich die Berichte auf dem Portal häufig um diese und ähnliche Themen drehen. Dieses Ergebnis ziehe ich aus den eben vorgestellten Webmaster Tools von Google, aber auch aus dem Google Analytics Tool. Würde ich nun auf einen weiteren Bereich hin optimieren bzw. ein anderes Thema ebenso oft bedienen (beispielsweise mit Inhalten rund um „Festgeld"), so würde dies zwangsläufig eher zu Lasten der bisherigen vier Keywordgruppen gehen. Ich hätte also zusätzliche Besucher aus Suchanfragen rund um „Festgeld", die anderen Suchbegriff-Quellen würden hingegen mit großer Wahrscheinlichkeit zurückgehen – der Traffic würde sich anders verteilen. Selbst wenn jede neue Unterseite mit jedem neuen Thema generell die Zahl der Besucher nach und nach ansteigen lässt. Einzelne Unterseiten des gleichen Portals ranken hingegen mit hiervon teils unabhängigen Long Tail- oder Nischenkeywords. Diese lauten beispielsweise

> *„P Konto Nachteile", „*Name einer bestimmten Bank* Geldautomaten", „*Name eines Produkts* Erfahrungen", „Kontokorrentkredit Formel", „Pro und Contra Betreuungsgeld"*

und vieles mehr. Dies zeigt vor allem die Google-Analytics-Auswertung unter der bereits genannten Dimension *Besucherquellen → Übersicht → Keywords.* Solche Nischenkeywords belasten nun nicht unbedingt die Haupt-Keywords des Portals, da sie

a) nur auf einzelnen Unterseiten zum Einsatz kommen,

b) thematisch immer noch zum Umfeld Finanzen/Geldanlage/Verbraucher passen.

Zwar bringen diese einzelnen Nischenkeywords jeweils nur relativ wenige Besucher auf meine Seiten. Schlicht und einfach deswegen, weil kein großer Suchmarkt hierfür vorhanden ist. Und dennoch sorgen all diese kleinen Long-Tail-Schlüsselbegriffe in der Summe für einen ordentlichen und immer größer werdenden Anteil des Traffics, zusätzlich zu „Girokonto", „Tagesgeld" & Co. Die Diversifizierung von mehreren Themen/Produkten/Dienstleistungen, die Sie gleichzeitig online vermarkten möchten, läuft also meist über Unter-, Produkt- und Themenseiten bzw. auch über Landingpages und Subportale. Das macht deutlich mehr Sinn, als hauptsächlich mit einer einzigen, dementsprechend „vollgestopften" Hauptseite zu arbeiten.

HINWEIS: Wichtig zu wissen: Einzelne Unterseiten, die jeweils auf dieselben oder auf sehr ähnliche Keywords hin optimiert sind, konkurrieren ebenfalls miteinander. Man nennt diesen Effekt auch „Keyword-Kannibalismus". Wenn also eine Unterseite zu einem bestimmten Schlagwort sehr gut rankt, so erhalten Sie nicht zwingend immer mehr Besucher auf eben dieses Keyword, indem Sie weitere Seiten mit derselben Keywordoptimierung hinzufügen. In diesem Sinne lässt sich ein inhaltlich besonders erfolgreicher Teil Ihres Portals nicht direkt kopieren beziehungsweise skalieren. Es sei denn, über andere Long-Tail-Schlüsselwörter. Sogar der gegenteilige Effekt kann eintreten, man erhält dann also insgesamt weniger Besucher zu der betreffenden Suchanfrage.

Stattdessen lohnt es sich, die eine bereits gut aufgestellte Unterseite immer weiter zu optimieren (mit erweiterten Inhalten, neuen Backlinks und so weiter) und den dortigen Traffic im Sinne Ihrer Umsatz- oder sonstigen Ziele bestmöglich zu nutzen. Oder aber Sie verweisen von dieser ursprünglichen Seite aus auf verschiedene weitere Zielseiten. Da viele Faktoren die zugehörigen Mechanismen beeinflussen, sollten Sie experimentieren: Was bringt die Aufstellung paralleler, ähnlicher Seiten auf der einen Seite, und wie wirkt sich die Optimierung existierender Inhalte auf der anderen Seite aus? ■

1.5.2 Die Keyword-Analyse mit dem Google AdWords Keyword Tool

Das Google AdWords Keyword Tool (erreichbar unter *https://adwords.google.com/select/KeywordToolExternal*) ist eigentlich als Werkzeug für AdWords-Kunden gedacht, um nach Keyword-Ideen für ihre Bezahlt-Kampagnen Ausschau zu halten. Denn wenn man bei AdWords eine Anzeige im nicht-organischen Suchbereich von Google schaltet, so muss man festlegen, bei welchen Keywords bzw. Suchanfragen der Nutzer diese Anzeige eingeblendet werden soll.

Noch ist dieses Tool für alle Internetnutzer frei zugänglich, wobei die Zugriffe für Nutzer ohne Google-Account teilweise beschränkt werden: Man kann dann nicht beliebig viele Anfragen hintereinander ausführen. Das Keyword Tool lässt sich prima zweckentfremden, um nicht für AdWords-Kampagnen, sondern für die Keyword-Optimierung des eigenen Portals zu recherchieren. Schauen wir uns ein Beispiel an. Ihr Unternehmen produziert oder verkauft Spielzeug. Wenn man nun diesen Begriff im Feld „*Wort oder Wortgruppe*" in das Keyword Tool eingibt, so erhält man unter dem Reiter „Keyword-Ideen" in etwa das in Bild 1.38 dargestellte Ergebnis.

Die Liste in Bild 1.38 wurde mit einem Klick auf „Monatliche lokale Suchanfragen" absteigend sortiert. Das Werkzeug spuckt also, abhängig von der Popularität des eingegebenen Keywords beziehungsweise Suchbegriffs bei Google, eine unter Umständen sehr umfangreiche Liste an ähnlichen Keyword-Kombinationen rund um die Google-Suche „Spielzeug" aus. In diesem Fall wurden zum Zeitpunkt der Abfrage beinahe 400 verschiedene Kombinationen angezeigt. Das dient Ihnen als Inspiration dafür, wonach die Nutzer von Google sehr oft im Umfeld von „Spielzeug" suchen, welche Begriffe Sie also erfolgreich als Keywords in

Ihren Seiten und den dortigen Inhalte einsetzen können. Fast noch spannender sind die weiteren Informationen, die das Google AdWords Keyword Tool verrät:

- Der **Wettbewerb:**
  Dieser leider nur in drei Stufen „Hoch, Mittel, Niedrig" ausgegebene Wert sagt eigentlich aus, wie oft AdWords-Kunden ihre Anzeigen auf diese Keyword-Kombination hin buchen möchten. Das „Hoch" bei „Baby Spielzeug" bedeutet also, dass bei diesem Suchbegriff sehr viele Werbekunden um eine Schaltung in den zahlenmäßig begrenzten Anzeigenboxen bei Google kämpfen. Ein „niedriges" Keyword wird hingegen kaum angefragt. Für die Suchmaschinenoptimierung interessanter: Indirekt lässt dieser Wert gleichzeitig einen Rückschluss darauf zu, wie viele Webseiten auf diese Keyword-Kombination hin optimiert sind. Denn wenn sich eine begehrte und hierdurch teure AdWords-Platzierung lohnt (für Besucher aus dem bezahlten Suchbereich), lohnt sich gleichzeitig die Webseiten-Keyword-Optimierung auf den gleichen Begriff (für Besucher aus dem organischen Suchbereich). Bei Keywords mit niedrigem Volumen hat man dementsprechend mit weniger SEO-Konkurrenz zu rechnen und gelangt nicht selten eher auf lukrative Suchmaschinenplatzierungen.
- Die **monatlichen lokalen/globalen Suchanfragen:**
  Hier wird ersichtlich, wie oft im Monat jemand in Google nach der einzelnen Suchbegriff-Kombination sucht. Um die monatlich 22 000 Nutzer der Suchmaschine geben also „Spielzeug für Baby" in den berühmten Suchschlitz ein. Das ist sehr aufschlussreich, vor allem wenn man Spielzeug produziert oder verkauft, finden Sie nicht? Im Keyword Tool kann man diverse Filter setzen, etwa aus welchen Ländern und in welchen Sprachen Suchanfragen berücksichtigt werden sollen. Das erklärt den Unterschied zwischen lokalen und globalen Suchergebnissen.

Keyword	Wettbewerb	Monatliche globale Suchanfragen	Monatliche lokale Suchanfragen	Ungefährer CPC (Suche)
spielzeug	Hoch	823.000	673.000	0,57 €

✓ Alle speichern **Keyword-Ideen (376)** 1 - 100 von 376

Keyword	Wettbewerb	Monatliche globale Suchanfragen	Monatliche lokale Suchanfragen	Ungefährer CPC (Suche)
www spielzeug	Hoch	823.000	673.000	0,54 €
spielzeug shop	Mittel	33.100	27.100	0,84 €
shop spielzeug	Mittel	33.100	27.100	0,90 €
spielzeug baby	Hoch	27.100	22.200	0,51 €
baby spielzeug	Hoch	27.100	22.200	0,54 €
spielzeug für baby	Hoch	27.100	22.200	0,55 €
spielzeug kinder	Hoch	18.100	14.800	0,49 €
kinder spielzeug	Hoch	18.100	14.800	0,53 €
spielzeug laden	Mittel	18.100	14.800	0,47 €
spielzeug online	Hoch	18.100	14.800	0,84 €
online spielzeug	Hoch	18.100	14.800	0,87 €
spielzeug aus holz	Hoch	14.800	12.100	0,51 €
spielzeug holz	Hoch	14.800	12.100	0,46 €

Bild 1.38 Die Recherche nach „Spielzeug" zeigt ähnliche Keyword-Kombinationen, und wie oft monatlich nach diesen gesucht wird.

- Der **ungefähre CPC:**
  Hierbei handelt es sich um den ungefähren Klickpreis, den man aktuell für eine AdWords-Anzeige, welche unter dem jeweiligen Keyword geschaltet wird, bezahlen müsste. Diese Kennzahl dient in Ergänzung zum „Wettbewerb" zur Einschätzung, wie begehrt einzelne Keywords/Keyword-Kombinationen sind.

Aus diesen Zahlen lässt sich nun eine Menge herauslesen. So würde man eine neue Unterseite Ihres Portals erst einmal mit Keywords testen, die monatlich möglichst oft gesucht werden, bei denen jedoch gleichzeitig der Wettbewerb möglichst niedrig ist. Die Idee dahinter: Je mehr Suchende es für einzelne Schlüsselwörter gibt, umso mehr Nutzer werden auf Ihre Einträge zu diesem Keyword in den Suchergebnislisten (kurz SERPs) klicken können – theoretisch zumindest. Denn ein hoher Wettbewerb bei diesem Keyword würde gleichzeitig dafür sorgen, dass Sie direkt nach dem Start einer neuen Seite relativ weit hinten in den SERPs landen. Hier gilt es durch viel Ausprobieren die richtige Balance zu finden: Welche Worte und Wortkombinationen, auf die Sie einzelne Seiten oder Ihr komplettes Portal hin optimieren, erlauben eine relativ gute Platzierung bei Google, bei gleichzeitig möglichst vielen zugehörigen Suchanfragen? Das tolle daran ist, dass Sie (etwa in einem Firmenblog oder in einem sonstigen Bereich mit aktuellen Unternehmensnachrichten etc.) theoretisch beliebig viele Inhalte parallel publizieren können, die jeweils auf eine andere Keyword-Kombination hin optimiert sind. So werden Sie sehr schnell ein Gespür dafür entwickeln, welche Keywords sich eher lohnen (gut ranken, viele Besucher anziehen) und in ähnlichen Kombinationen weiter ausgebaut werden können, und welche nicht. Denken Sie jedoch daran, nicht zu viel mit derlei sehr nah aneinander liegenden Keyword-Kombinationen und zugehörigen Beiträgen zu arbeiten, damit Google dies nicht als Spam-Versuch deutet. Es lohnt sich, nach jedem auf diese Weise optimiertem Artikel mindestens zwei oder drei weitere Beiträge zu veröffentlichen, die thematisch nichts oder nur relativ wenig mit den dabei verwendeten Keywords zu tun haben, und die auch ansonsten möglichst wenig SEO-optimiert sind. Das ist selbst dann der Fall, wenn Sie es mit der Keyword-Dichte in den optimierten Texten keinesfalls übertrieben haben.

	Keyword	Besuche ↓	Seiten/Besuch	Durchschnittl. Besuchsdauer	% Neue Besuche	Absprungrate
1.	(not provided)	[redacted]	1,45	00:00:52	93,46 %	79,81 %
2.	p konto nachteile	[redacted]	1,61	00:01:39	95,88 %	70,45 %
3.	kontokorrentkredit formel	[redacted]	1,08	00:00:24	94,69 %	93,42 %
4.	[redacted] bankautomaten	[redacted]	1,57	00:00:52	95,44 %	75,03 %
5.	zinsentwicklung 2012	[redacted]	1,72	00:01:04	98,20 %	78,56 %
6.	p-konto nachteile	[redacted]	1,69	00:01:50	95,93 %	62,05 %
7.	[redacted] bank	[redacted]	2,24	00:02:10	91,50 %	53,86 %
8.	[redacted] bank test	[redacted]	1,69	00:01:18	96,22 %	79,50 %
9.	[redacted] prämie	[redacted]	1,69	00:01:18	83,68 %	70,92 %
10.	[redacted] geldautomaten	[redacted]	1,35	00:00:35	94,51 %	86,73 %
11.	konto eröffner [redacted]	[redacted]	1,38	00:00:30	93,99 %	86,30 %
12.	[redacted] direktbank erfahrungen	[redacted]	1,40	00:00:42	97,82 %	82,32 %

Bild 1.39 Mit Google-Analytics wiederum lässt sich anschließend überprüfen, welche der eingesetzten Nischenkeywords über welche Seiten wie viele Besucher anlocken. Damit schließt sich dann der Kreis der Analyse. Alles andere ist Erweiterung und Verfeinerung der bisherigen Strategie.

PRAXISTIPP: Man kann mit den Filtern und weiteren Funktionen des Google AdWords Keyword Tools noch viele weitere schöne Dinge anstellen. Google selbst stellt unter der Adresse *www.blogprofis.de/buch/keywordanleitung* eine kleine Anleitung zur Verfügung. Zudem ist das AdWords-Community-Forum recht hilfreich (*https://www.de.adwords-community.com*). Auf jeden Fall sollten Sie bei der Nutzung des Tools auch einmal abwechselnd mit angeschaltetem/abgeschaltetem Filter „Nur Ideen anzeigen, die meinen Suchbegriffen sehr ähnlich sind" experimentieren. Nicht immer sind die Ergebnisse bei nicht-ähnlicher Recherche brauchbar. Dafür bringt diese wertvolle Keyword-Ideen zutage, die über den Tellerrand hinaus blicken lassen. ■

1.5.3 Keyword-Analyse mit Google Suggest

Wenn Sie im Google Suchschlitz eine Anfrage eintippen, so werden Ihnen bereits nach mehreren Buchstaben Vorschläge für Suchanfragen gemacht, die gemeint sein könnten. Diese Funktion, welche Sie sicherlich kennen, heißt Google Suggest (auch Google Autocomplete oder Google Instant genannt). Nur wenige Nutzer wissen, dass sich damit auch Keyword-Recherche betreiben lässt. Denn bei den von Google gemachten Vorschlägen handelt es sich um Suchanfragen anderer Nutzer, die des Öfteren getätigt werden. Zudem tauchen diese nicht immer in den sonstigen Werkzeugen von Google, wie Google Trends oder dem AdWords Keyword Tool, auf.

Nehmen wir doch noch einmal den Spielzeug-Shop. Wenn man bei Google die Suchanfrage „Holzspielzeug" eingibt und danach beispielsweise mit einem „F" fortsetzen möchte, so schlägt der Suchmaschinenanbieter zum Zeitpunkt der Abfrage die in Bild 1.40 aufgeführten Begriffe vor.

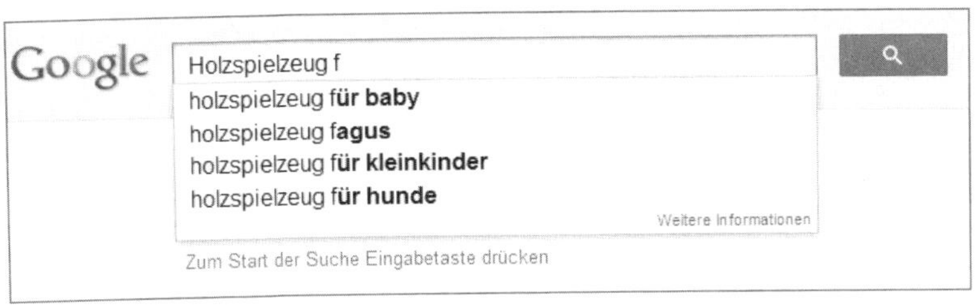

Bild 1.40 Wonach suchen andere Nutzer, wenn sie sich für Holzspielzeug interessieren? Auch Google Suggest verrät dies.

Mit diesen Vorschlägen lässt sich ebenso prima für die eigenen Webseiteninhalte experimentieren. „Holzspielzeug für Hunde" finde ich zum Beispiel spannend, doch es scheint sich längst nicht mehr um eine Nische zu handeln, wenn man sich die zugehörigen Ergebnisse betrachtet. Gleiches ist natürlich für alle anderen Keywords möglich sowie mit jeweils unterschiedlichen nachfolgenden Buchstaben von „A" bis „Z". Doch damit nicht genug: Setzt man die Detailabfrage „Holzspielzeug für Hunde" mit einem Leerzeichen fort, so geht es noch eine Ebene tiefer, wie in Bild 1.41 zu sehen.

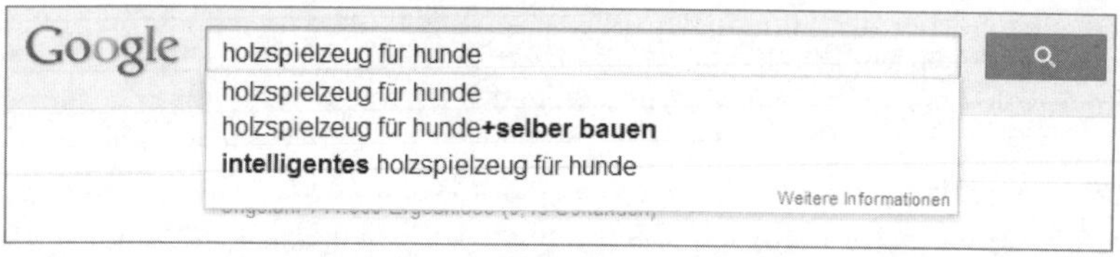

Bild 1.41 Es gibt nicht nur Holzspielzeug für Hunde, sondern sogar „intelligentes" Holzspielzeug für Hunde. Hätten Sie das gedacht?

Ein Artikel zum Thema „Holzspielzeug für Hunde selber bauen" wäre doch eine prima Nischen-Artikelidee für den Blog eines Hunde-Onlineshops, denken Sie nicht? Womit wir beim Thema „Inhalte mit Mehrwert" aus Abschnitt 1.4.2 wären. Denn natürlich möchte ein solcher Onlineshop hauptsächlich fertiges Spielzeug verkaufen. Doch zunächst einmal muss man die potenziellen Besucher und damit Kunden auf sich aufmerksam machen. Wenn der Leser dann merkt, dass es gar nicht so einfach ist, selbst zu Hammer und Säge zu greifen, um Bello eine Freude zu machen, dann hilft ein dezenter Link zur entsprechenden Produktkategorie des Shops weiter.

Längst nicht alle Keywords/Suchbegriffe werden bei Google Suggest so detailliert aufgeschlüsselt. Einen Versuch ist es dennoch wert. Nicht wenige Webseitenbetreiber und SEOs finden über den Google Suchschlitz lukrative Content-Nischen. Die Chance ist recht groß, dass Ihre (lokalen) Mitbewerber noch nicht auf die Idee gekommen sind, die dortigen Keyword-Vorschläge auszuprobieren. Gerade wenn Sie als Handwerker, Freiberufler, Berater etc. eine kleinere Firma Ihr Eigen nennen. Zudem ändern sich die Suggest-Ergebnisse von Google immer wieder einmal, was Platz für neue Ideen schafft.

Eine schöne Auflistung sonstiger, teils frei verfügbarer Werkzeuge zur Keyword-Recherche findet sich unter *www.karlkratz.de/onlinemarketing-blog/keyword-tools/*. Auch auf Möglichkeiten zur weiteren Analyse bereits bestehender Schlüsselbegriffe wird dabei eingegangen.

1.5.4 Praxisbeispiel einer Keyword-Recherche

Ich möchte, zusammen mit Ihnen, einmal einen beispielhaften Prozess durchspielen, wie man eine Keyword-Recherche beginnt. Dies über mehrere Werkzeuge hinweg und für eine beliebig ausgewählte Dienstleistung (in diesem Fall „Steuerberatung"). Wichtig dabei: Es handelt sich im Folgenden um eine sehr basishafte Analyse, die nicht sämtliche Faktoren berücksichtigt, welche normalerweise zu einem detaillierten Prozess gehören. Das können regionale Aspekte ebenso sein, wie fachliche Anforderungen. Schließlich habe ich wenig Ahnung vom Geschäft eines Steuerberaters, mit dem ich eine solche Analyse von daher gemeinsam durchführen müsste. Ich weiß also nicht, ob die gemachten Keyword-Vorschläge inhaltlich zutreffend sind. Doch darum geht es auch nicht. Sie sollen mehr ein generelles Gespür dafür bekommen, wie sich eine Keyword-Recherche nach und nach aufbauen lässt.

Schaut man sich den „Steuerberater“ im AdWords Keyword Tool an, so wird schnell klar, dass man sich vom Suchvolumen her gleichzeitig mit Schlagwörtern wie

- Steuerberatung,
- Wirtschaftsprüfer,
- Kanzlei,
- Rechtsanwalt und
- Steuerfachwirt

auseinandersetzen sollte. Aber ebenso mit unter anderem folgenden peripheren Begriffen, etwa für anlockende Unterseiten-Inhalte, wie Steuer-Tipps etc.:

- Steuererklärung, Buchhaltung, Einkommenssteuer …
- Steuerberater Kosten, Steuerberater Preise (für die „Angebote und Leistungen“-Seite der Webseite)
- Steuerberater Verein (Vorsicht in diesem Fall vor Inhalten, die einem Steuerverein als Angriffsfläche dienen könnten)
- Steuerberater online
- Vorbereitung Steuerberater (Für diese Suchanfrage habe ich keinen einzigen vernünftigen Beitrag in den vorderen Suchergebnissen von Google gefunden. Hier wäre die Veröffentlichung einer nicht nur auf sein Unternehmen hin zugeschnittenen Checkliste sehr hilfreich für das SEO des Steuerberaters: Was sollte man vor einem Steuerberater-Besuch generell beachten, an Unterlagen mitbringen etc.?)
- Haftung Steuerberater (Warum nicht einen selbstkritischen beziehungsweise ehrlichen Artikel genau hierüber veröffentlichen?)
- „Kündigung Steuerberater“ (Da sucht wohl jemand nach einer alternativen Kanzlei?), aber auch „Steuerberater kostenlos“
- Eher amüsant, da rein über eine Suchanfrage wohl kaum zu ermitteln: „Guter Steuerberater“
- Zahlreiche Begriffe in Nischenbereichen, wie Steuerberater Ärzte, Steuerberater für Existenzgründer, Steuerberater Freiberufler, Türkische Steuerberater und vieles weitere mehr

Natürlich würde man mit solchen allgemeinen Themen auch Seitenbesucher auf sich aufmerksam machen, die aus einem gänzlich anderen Teil Deutschlands kommen. Doch da man gleichzeitig auch den Ortsnamen des Kanzlei-Sitzes als Keyword verwendet, so erreicht man immer noch genügend lokale Interessenten. Und wer weiß, vielleicht empfiehlt ein Onlinebesucher aus Berlin die Münchner Steuerberatergesellschaft seinem dort ansässigen Schwager weiter, weil er von den Inhalten überzeugt ist? Die hier geschilderte Analyse hat insgesamt keine halbe Stunde gedauert. Sie sehen, bereits in solch einer kurzen Zeit lassen sich zahlreiche wertvolle Ideen für mögliche Keywords und Inhaltsthemen finden – und das alleine für den Begriff „Steuerberater“. Ähnlich viele, teils sehr unterschiedliche Ergebnisse erhält man bei der Eingabe von „Steuerberatung“ und so weiter und so fort. Diese halbe Stunde kann nicht nur die Grundlage für Ihren kompletten zukünftigen Onlineerfolg und -Umsatz bilden. Sie dient zudem so manchem als Anregung, in welchen inhaltlichen Nischen er sich fortan bewegen könnte. Warum sich nicht, wie in den obigen Rechercheergebnissen aufgeführt, als „Steuerberater für Existenzgründer“ anbieten und spezialisieren?

Die Keyword-Analyse geht in ihrer unternehmerischen Bedeutung weit über die reine Suchmaschinenoptimierung hinaus.

Um bei der eben erwähnten lokalen Ebene (eben zum Beispiel „Steuerberater Potsdam“) zu bleiben: Dort lassen die Auswertungsmöglichkeiten mit zunehmender Tiefe nach. Zumindest, wenn man diese für kleinere Städte, wie die Kategorie Ravensburg, Schweinfurt, Esslingen, Hameln oder Singen, nutzen möchte. Die erreichten Suchvolumina sind dann schlicht zu klein, als dass sich weiter nach entsprechenden Keyword-Kombinationen recherchieren ließe. Aber immerhin dürfte der Großteil der Steuerberater damit abgedeckt sein. Spannend in diesem Zusammenhang: Es gibt relevante Suchanfragen im Bundesland-Umfeld, etwa nach „Steuerberater Sachsen“ oder „Steuerberater NRW“. Ich schätze, dass nur sehr wenige Steuerberater-Portale diese Keywords nutzen. Beim „Steuerberater Sachsen“ ist auch der Wettbewerb als „Niedrig“ angegeben.

Wenn man auf Stadtebene weiter recherchieren möchte, so hilft im hier beleuchteten Fall nur noch ein Blick auf Google Suggest. Nach dem Eintippen von „Steuerberater Potsdam“ (siehe Bild 1.42) erhält man dort immerhin einige weiterführende Hinweise auf Stadtteile und Straßennamen, welche zusammen mit „Steuerberater“ in den Google-Suchschlitz eingegeben werden. Auch diese Information auf sub-lokaler Ebene kann gut genutzt werden und wird gerne übersehen.

Überhaupt liefert Google Suggest einige ideenstiftende Keyword-Kombinationen zum „Steuerberater“, die das AdWords Keyword Tool nicht bereithält, etwa die „Steuerberater Gebührentabelle“ oder die „Steuerberater Jahresabschluss Kosten“. Natürlich muss jeweils in Erwägung gezogen werden, ob die gefundene Kombination zur gewünschten Zielgruppe passt. Ein auf Kunden oberer Einkommensschichten spezialisierter Steuerfachmann würde mit dem Keyword „Jahresabschluss Kosten“ vielleicht nicht unbedingt jene weniger auf günstige Preise bedachten Klienten anlocken, die er sich wünscht.

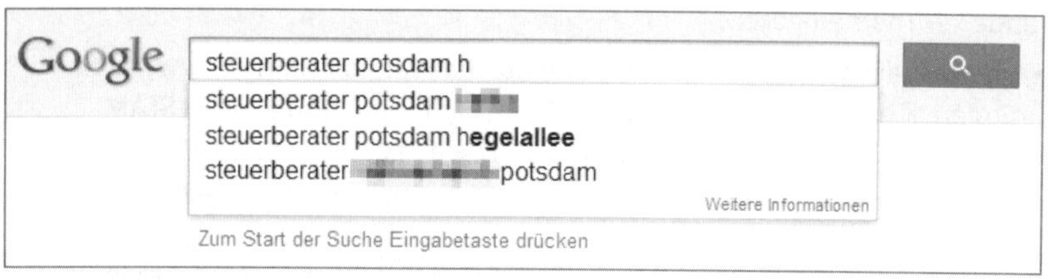

Bild 1.42 Namen von Mitbewerbern (hier anonymisiert) werden in Google Suggest ebenfalls gelistet. Das hat weniger damit zu tun, wie gut SEO-optimiert deren Portal ist, sondern wie bekannt diese in der Öffentlichkeit sind – wie oft also bei Google nach ihnen gesucht wird.

Bleibt noch ein Blick in Google Trends. Wählt man dort den Zeitraum der Untersuchung mit „Letzte 90 Tage“ relativ kurz, so kommt eine weitere Komponente zutage, die es bei den Webseiteninhalten zu berücksichtigen gilt: Die zeitliche Dimension. So haben just in diesem Betrachtungszeitraum (die Analyse erfolgte im Januar) die Suchanfragen nach „Steuerberater 2013“ oder „Steuererklärung 2013“ um bis zu 350 Prozent zugelegt. Sichtbar war dies im Abschnitt *Verwandte Begriffe → Zunehmende (Suchanfragen)*. Für die zweitgenannte Kombination zeigte ein Sprung zurück in das Google AdWords Keyword Tool ein monatliches Suchvolumen von immerhin rund 2400 Anfragen. Wohl dem Steuerfachmann/der Steuerfachfrau, der zu dieser Kombination einen aktuellen News- oder Blogbeitrag verfasst, zumindest bei derzeit noch „mittlerem" Wettbewerb. Diesen etwa nach der Art und in der Überschrift lautend:

Steuererklärung 2013: Was sich jetzt für Sie ändert

Oder besser:

Steuererklärung 2013: Aus Lohnsteuerkarte wird ELStAM, keine getrennte Veranlagung mehr, höherer Grundfreibetrag

da auf diese Weise mehr aktuelle Keywords abgegriffen werden. Auch wenn die Überschrift in diesem Fall sehr lang gerät, und somit die letzten Schlüsselbegriffe kaum mehr einen Einfluss haben (dann kann man mit der Reihenfolge der Begriffe arbeiten). Wenn nun jemand als einziger auf lokaler Ebene diese Schlagwort-Kombinationen nutzt, so dürften einige zusätzliche Besucher garantiert sein.

PRAXISTIPP: Die zweite vorgeschlagene Überschrift zeigt, dass man nicht nur die eigenen Haupt-Keywords (wie hier: Steuererklärung) optimieren und mit ihnen experimentieren sollte. Auch für alle weiteren Begriffe lohnt sich dies. Am Beispiel: „Grundfreibetrag steigt" wird zum Zeitpunkt der Texterstellung deutlich mehr gesucht, als „höherer Grundfreibetrag". Und statt „ELStAM" wurde (noch) mehr nach „elektronische Lohnsteuerkarte" recherchiert. Ein Beitragstitel der Art „Steuererklärung 2013: Grundfreibetrag steigt, elektronische Lohnsteuerkarte kommt, keine getrennte Veranlagung mehr" hätte also wohl noch mehr Webseitenbesucher zur Folge gehabt. Sogar der konkrete Freibetrag („8130 Euro") wird in den Google Suchschlitz eingegeben. Also gibt es mit „... Grundfreibetrag steigt auf 8130 Euro" eine weitere Alternative – gegebenenfalls aufgeteilt in drei separate Artikel („Elektronische Lohnsteuerkarte", „Grundfreibetrag" und „getrennte Veranlagung"), da ein Mix der Keywords zu Lasten der jeweils anderen Themen geht.

Selbst grammatikalisch beziehungsweise inhaltlich nicht ganz korrekte Keyword-Kombinationen können zum Erfolg führen. So war mit Einführung von ELStAM die Suche „Elektronische Lohnsteuerkarte beantragen" recht populär. Einige Steuerberater und Informationsportale reagierten prompt mit einem gleichlautenden Onlinetext, selbst wenn man diese neue Karte als Verbraucher so gar nicht beantragen kann. Ein solches Vorgehen ist Geschmackssache, und man muss schnell reagieren. Denn kaum wurde ELStAM angekündigt, existierten bereits die ersten (wenn auch wenigen) Webseiteninhalte, die auf eben diese Keyword-Kombination hin optimiert waren.

Sie können nun nicht jedes Wort aus jedem neuen Onlinetext dahingehend untersuchen, wie dieses Keyword-technisch zu kombinieren und zu optimieren wäre. Erstens aus Zeitgründen, und zweitens kämen wohl allzu unnatürliche Ergebnisse dabei heraus. Für wichtige Bestandteile wie die Überschrift, den Seitentitel, die Zwischenüberschriften, Aufzählungen, Bildunterschriften etc. lohnt sich dieses Vorgehen jedoch sehr. Jeweils kombiniert mit „normalem", nicht Keyword-behaftetem Text – insbesondere dann, wenn Sie nach Kombinationen Ausschau halten, die nicht schon auf jedem zweiten Portal Ihrer Branche zum Einsatz kommen, und wenn Sie zwischendurch immer wieder auch mit Überschriften, Seitentiteln und so weiter arbeiten, die *nicht* optimiert sind. ■

Durch Untersuchungen in einer Datenbank für Synonyme würde die hier vorgestellte Keyword-Analyse nun noch abgerundet. Das Ergebnis wären Begriffe rund um Steuerfragen wie etwa

> *Abgaben, Abzüge, Beiträge, Versteuerung, Besteuerung, Pflichtabführung, Steuerveranlagung, Steuerpflichtiger, Steuerhebel*

und Ähnliches mehr. Selbst wenn ein einzelnes Wort hieraus, wie etwa „Pflichtabführung“, nur noch sehr selten als Suchbegriff bei Google & Co. Verwendung findet: Benutzen nur Sie dieses Wort in einem entsprechenden Fachartikel, Ihre Mitbewerber aber nicht, so hat Ihre Webseite bereits gewonnen.

All diese auf die unterschiedlichsten Arten und in diversen Tools gefundenen potenziellen Keywords sollten Sie nun sammeln. Etwa in einer Excel-Tabelle oder in einer Datenbank. Als kleiner Tipp: Das Google AdWords Keyword unterstützt unter dem Punkt „Herunterladen“ im Kopf der Keyword-Tabelle den Export unter anderem nach Excel, CSV und XML. Sollten einzelne Schlagwörter nicht aus dem Keyword Tool stammen, so recherchieren Sie dort die zugehörigen Kennzahlen, wie „Monatliche Suchanfragen“ oder „Wettbewerb“, und ergänzen diese in Ihrer Tabelle. Danach können Sie die für Ihr Unternehmen spannendsten Schlagwortideen herausfiltern. Dies erfolgt anhand der miteinander zu kombinierenden Kriterien:

- Möglichst hohe Anzahl der Suchanfragen
- Möglichst niedriger Wettbewerb
- Relevanz für Ihre Webseite/Ihr Unternehmen
- Bereits im Einsatz/Noch nicht im Einsatz (bei Ihnen aber auch bei den direkten Konkurrenten)
- Mögliche Verwendung für das Hauptportal und/oder Unterseiten
- Gegebenenfalls: Mögliche Verwendung für Kategorien/Tags/Menüs/Unterseiten/Beitragsideen etc.

Mit den hieraus resultierenden Top 20, Top 100 können Sie dann a) die ersten Inhalte umsetzen, und b) weiterrecherchieren. Denn der Steuerexperte, der sich aus der initialen Analyse heraus für die Spezialisierung „Steuerberater für Existenzgründer“ entschieden hat, für den beginnt der komplette Rechercheprozess von neuem (siehe auch Bild 1.43).

Und somit schließt sich dann der Kreis. Sie mögen nun einwenden, dass all dies sehr aufwändig ist. Das ist es durchaus. Aber wie schon gesagt: In einer solchen Analyse steckt das komplette Fundament Ihres Online-Geschäfts. Es ist vergleichbar mit der Suche nach einem Ladenlokal in möglichst guter Lage. Sparen Sie an dieser so existenziell wichtigen Stelle, so werden Sie dies möglicherweise für immer bereuen oder es treibt Sie sogar in den Ruin. Das ist keineswegs übertrieben: Ein nicht Keyword-optimiertes Onlineportal wird sich gegenüber den deutlich besser aufgestellten Mitbewerbern auf Dauer nicht am Markt behaupten können, und das gilt für sämtliche Branchen. Noch vor wenigen Jahren war es sehr einfach für einen Schreinerbetrieb, gute Rankings in Google zu erhalten – und das ganz ohne sich mit SEO, Keywords & Co herumschlagen zu müssen. Denn es gab schlicht und einfach kaum Mitbewerber, die mit regelmäßig neuen Inhalten online präsent waren. Doch diese Zeiten ändern sich gerade fundamental.

Keyword	Wettbewerb	Monatliche globale Suchanfragen	Monatliche lokale Suchanfragen	Ungefährer CPC (Suche)
steuerberater existenzgründer	Hoch	1.600	1.600	2,05 €

Alle speichern **Keyword-Ideen (465)** 1 - 100 von 465

Keyword	Wettbewerb	Monatliche globale Suchanfragen	Monatliche lokale Suchanfragen	Ungefährer CPC (Suche)
ich ag	Niedrig	20.400.000	20.400.000	0,45 €
businessplan	Mittel	1.830.000	1.830.000	1,12 €
was ist ein steuerberater	Mittel	1.000.000	1.000.000	1,80 €
steuerberater in	Mittel	1.000.000	1.000.000	1,72 €
steuerberater werden	Mittel	1.000.000	1.000.000	1,74 €
steuerberater für	Mittel	1.000.000	1.000.000	1,84 €
steuerberater	Mittel	1.000.000	1.000.000	1,69 €
steuerberatung	Mittel	823.000	823.000	1,87 €
steuerberater steuerberatung	Mittel	673.000	673.000	1,84 €
steuerberaters	Mittel	550.000	550.000	1,73 €
selbstständig und	Mittel	301.000	301.000	1,95 €
selbstständig werden	Mittel	301.000	301.000	1,99 €
für selbstständige	Mittel	301.000	301.000	2,87 €
für selbständige	Mittel	246.000	246.000	3,34 €
zur selbstständigkeit	Mittel	246.000	246.000	1,92 €
existenzgründung	Hoch	165.000	165.000	1,59 €

Bild 1.43 Über welche relevanten Themen kann der „Steuerberater (für) Existenzgründer" seine potenziellen Kunden ansprechen? Auf geht's zur nächsten Runde der Keyword-Analyse.

Doch zugegeben: Eine Keyword-Analyse, wie hier geschildert (und wir waren ja erst am Anfang einer sehr basishaften Recherche), ist nicht nur ein Zeitfaktor. Sie benötigt einiges an Hintergrundwissen und Erfahrung. Gegebenenfalls (gerade wenn Sie sich nicht sicher in Ihrer Entscheidungsfindung sind) sollten Sie die Analyse für Ihr Unternehmen gemeinsam mit einer SEO-Fachkraft durchführen.

1.6 Wie suchen Ihre Kunden nach Ihnen?

Der Confiseur (oder Confiseure/Konfiseur) möchte seine edlen Konfekt-Kreationen unter das (Online-) Volk bringen? Das selbige ist jedoch viel eher an ganz profanen Pralinen interessiert? Das wird in Zeiten des Onlinemarketings schwierig, wie die nachfolgende Analyse mittels Google Trend zeigt (Bild 1.44 auf der nächsten Seite).

Im Schaufenster ausliegend ist es egal, wie man die süße Ware nun bezeichnet. Der Passant weiß sofort: Lecker. Für Google hingegen spielt es sehr wohl eine Rolle, was denn nun genau gewünscht ist – und das selbst dann, wenn zunehmend auch ähnliche Begrifflichkeiten mit in die Suchmaschinenergebnisse einbezogen werden. Denn

a) auf die vorderen Ränge kommt man bei Eingabe einer anderslautenden, peripheren Keyword-Bezeichnung nur sehr selten und

b) nicht in jeder Branche/für jedes Wort erkennt Google die Zusammenhänge auf ähnlich treffende Weise.

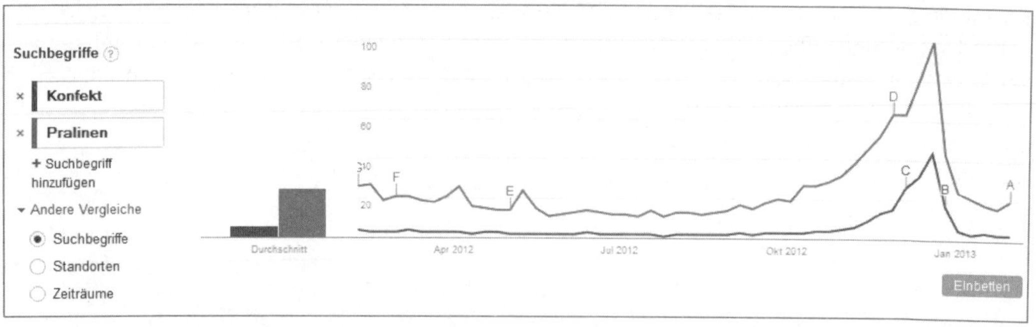

Bild 1.44 Das Keyword „Konfekt" kann die richtige Entscheidung hin zum Online-Alleinstellungsmerkmal sein, wenn man sich eine geschäftliche Nische schaffen will. Es wird aber auch deutlich weniger nachgefragt.

Wie potenzielle Kunden unserer Meinung entsprechend online nach uns suchen *sollten*, und wie sie es tatsächlich *tun*, das sind sehr oft zweierlei paar Schuhe. Kennen Sie diesen Effekt, bezogen auf Ihre Branche, nicht, so kann dies zu einer Wahl der völlig falschen Schlüsselbegriffe führen. Sie selbst als Unternehmer oder Marketing-/Vertriebsverantwortlicher haben stets eine Fachbrille auf. Ganz so wie der Confiseur sein Produkt als „Konfekt" und nicht als „Pralinen" bezeichnet, so werden auch Sie unternehmensinterne Begriffe nutzen, mit denen Ihre Kunden als fachliche Laien unter Umständen nur wenig anfangen können. Das kann selbst eine Frage der richtigen Zielgruppe sein, wie Bild 1.45 zeigt.

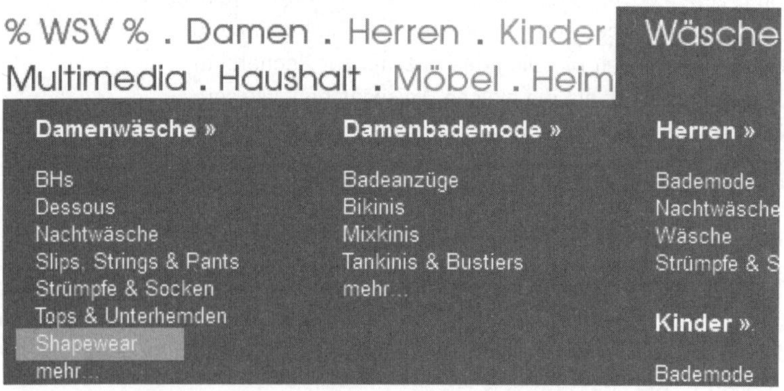

Bild 1.45 Soll man nun auf „Shapewear" optimieren, immerhin rund 15 000-mal gesucht im Monat? Oder doch besser auf das bei Google deutlich gefragtere „Mieder", „Korsett" & Co.? Dieser sehr bekannte Onlineshop wird sich Gedanken zu seiner Zielgruppe gemacht haben – oder auch nicht.

Ein Suchmaschinenoptimierer kann in dieser Hinsicht sogar noch betriebsblinder sein. Schließlich denkt er zwar nicht in Ihrer fachlichen Dimension, dafür jedoch oftmals in Terminologien, die nur einem sehr online-affinen Publikum bekannt sind. Zudem bringt die Keyword-Analyse nicht immer jene Schlagworte zutage, nach denen die Zielgruppe seines Kunden hauptsächlich sucht. Zu einer fundierten Recherche gehört also immer auch die spannende Frage, wie der normal-sterbliche Online-Nutzer bei der Suche nach einem bestimmten Produkt oder einer Dienstleistung vorgeht, und welche Begriffe hierbei zum

Einsatz kommen. Befragen Sie Freunde, Bekannte, gute Kunden, aber gegebenenfalls auch völlig Unbeteiligte. Ebenso Personen mit ganz unterschiedlichem Wissensstand, bezüglich Ihrer Angebote und Branche, wenn diese zu Ihrem Kundenkreis gehören könnten oder sollen. Aus einer solchen Befragung (oder besser noch einer passiven Beobachtung des „Googelns“ am Bildschirm) können Wörter und Wort-Kombinationen resultieren, die Ihnen kein Werkzeug der Welt verrät. Die also nur Ihnen bekannt sind, und die einen großen Teil Ihres zukünftigen Traffics ausmachen. Die Ergebnisse aus einer derartigen Nutzerbefragung fließen dann in Ihre eigene Keyword-Tabelle ein. Als zusätzliches Auswahlkriterium oder eben als ganz neue Schlüsselwortideen.

HINWEIS: Aufschlussreich ist in dieser Hinsicht ebenfalls, wie Ihr Unternehmen oder Ihre Produkte von Kunden und Interessenten getaggt, also verschlagwortet werden. Sie kennen diese Funktionalität höchstwahrscheinlich: In immer mehr Web-Diensten sowie im Rahmen von Smartphone Apps kann man Kontakte, Adressen, Links und Ähnliches mit bestimmten Schlagwörtern, den Tags versehen. So dass man später sofort wieder weiß, warum und für welchen Zweck man eine bestimmte Notiz angelegt hat. Diese Tags stellen gleichzeitig dar, mit welchen Begriffen (und damit auch Keywords) man Ihre Angebote verbindet und sucht. ■

HINWEIS: Im B2B-Umfeld müsste man eigentlich vermuten, dass die suchenden Kunden und Interessenten über eine gewisse Such- und Online-Affinität verfügen, also „Profis“ in der Nutzung von Google und anderen Netzdiensten sind. Und sich somit genau so verhalten, wie man es als Unternehmen von ihnen erwartet. Doch das ist keineswegs immer der Fall. Ein Einkäufer oder Prokurist, der nach 30 Jahren Tätigkeit plötzlich das Internet zur Recherche nutzen soll oder möchte, der wird nicht auf die gleiche Weise suchen, wie sein junger Kollege. Gleiches gilt, wenn im Rahmen einer Suchabfrage nach Dienstleistern Ausschau gehalten wird, die nur wenig mit der eigenen Branche zu tun haben. Dann können ebenfalls Begriffe zum Einsatz kommen, die das Zielunternehmen so niemals vermuten würde. Ein Beispiel: Die Rechtsanwaltskanzlei ist auf der Suche nach einem neuen IT-Dienstleister. ■

1.7 Die Erfolgsmessung

Mit der Erfolgsmessung hat man es bei der Suchmaschinenoptimierung nicht immer ganz einfach. Welchen Erfolg wünschen Sie sich denn hauptsächlich? In der Regel

a) mehr Besucher/Leser auf Ihrer Webseite, die
b) auch noch möglichst gut zu Ihrer Zielgruppe passen, und die sich
c) möglichst lange auf Ihrem Portal aufhalten, dort möglichst viele Beiträge lesen oder ein Produkt kaufen etc., also die gewünschten Aktionen auslösen.

Punkt a) lässt sich mit den verschiedensten SEO-Maßnahmen steuern, die dafür sorgen, dass Ihr Portal und seine Unterseiten möglichst weit oben bei Google gelistet werden. Aber auch über Backlinks, die nicht rein der Suchmaschinenoptimierung dienen, sondern die Besucher eines fremden Portals auf Ihre Webseite weiterleiten. Punkt b) ist eine Frage der Keyword-Optimierung, aber auch der generell zielgruppengerechten Inhalte. Punkt c) hängt von der Qualität Ihres Contents sowie der effizienten Gestaltung von Landingpages etc. ab. Während sich die Erfolge von a) und c) sehr gut messen lassen, so wird dies bei b) schon schwieriger.

Folgende Herausforderungen treten bei der SEO-Erfolgsmessung auf:

- Wenn Ihre Besucherzahlen steigen, so muss dies nicht unbedingt unmittelbar mit zuvor erfolgten SEO-Maßnahmen zusammenhängen. Änderungen im momentanen Google-Nutzerverhalten, ein Google-Update, welches kaum etwas oder nichts mit Ihren Optimierungsschritten zu tun hat, oder ein generell gesteigertes Interesse an der Art Ihrer Inhalte bzw. Produkte könnte ebenso für diesen Anstieg verantwortlich sein.
- Umgekehrt betrachtet können sich einige Ihrer Optimierungsmaßnahmen eventuell erst in Wochen, Monaten oder gar Jahren auswirken – dann positiv, aber auch negativ. Oder überhaupt nicht.

Ursache und Wirkung lassen sich im SEO-Umfeld also nur selten eindeutig bestimmen. Genau deswegen lassen sich manche SEO-Experten so ungern in ihre Karten schauen. Schließlich kann man so gut wie nie vorhersagen, welche Maßnahme welche Folgen haben *könnte*. Dennoch sollte man die wichtigsten Erfolgskennzahlen eines Portals stets im Auge haben. Schließlich sollen sämtliche Optimierungsschritte in Summe dafür Sorge tragen, dass sich diese stetig nach oben entwickeln. Ganz abgesehen davon, dass Sie Ihr Portal nur unter der Kenntnis dieser Kennzahlen aktiv steuern können. Peaks – also Ausschläge einzelner Werte nach oben oder unten – verraten Ihnen, welche neuen Inhalte, Layouts, Seitenstrukturen und -funktionen, Backlinks, Webseiten-Kooperationen etc. besonders gut wirken oder auch nicht. Sie verraten Ihnen auch, was es deswegen zu beobachten und nachzuahmen gilt, oder was zukünftig vermieden werden sollte.

1.7.1 A/B-Tests

Bevor wir auf einzelne Kennzahlen eingehen, möchte ich Ihnen kurz die Vorgehensweise der so genannten A/B-Tests (auch Split-Run-Test genannt) näher bringen. SEO hat sehr viel mit Ausprobieren zu tun, das blieb Ihnen in den vorangegangenen Abschnitten sicherlich nicht verborgen. Zwar ist es schwierig, etwa komplette interne Linkstrukturen gegeneinander auszuprobieren. Zum einen da Google hier eine gewisse Konstanz erwartet. Zum anderen wirken sich die Ergebnisse zu sehr in der Zukunft oder zu wenig messbar aus. Doch zu einem optimalen Portal gehören auch Analysen der Art: Wie wirkt sich ein zusätzlicher Menüpunkt oder ein neues Navigationselement auf die Klickraten aus, oder auf wichtige Kennzahlen, wie „Seitenanzahl je Besuch“ (hierzu gleich mehr)? Bringt der Textlink auf meiner Landingpage mehr als der grafische Banner? Finden die Benutzer mit meiner neuen Sidebar-Struktur noch die richtigen Einstiegspunkte? All dies verrät Ihnen ein A/B-Test.

Wie der Name bereits andeutet, testen Sie hierbei mehrere Varianten Ihrer Webseite gegeneinander und das über einen festgelegten Zeitraum hinweg. Entweder, Sie liefern in diesem

Zeitraum toolgesteuert beispielsweise 50 Prozent der Seitenbesucher Variante A aus, 50 Prozent Variante B. Oder, etwas unschärfer, aber in der Regel leichter umzusetzen: Zwei Monate wird allen Besuchern Variante A angezeigt, die nächsten zwei Monate Variante B. Zuvor legt man fest, welche Messwerte beobachtet werden, etwa die „Seitenanzahl je Besuch". Geht dieser Wert bei Variante B deutlich nach unten, so sollten Sie die geplante Änderung noch einmal überdenken. Wichtig ist hierbei natürlich eine kritische Masse an Besuchen, um zufällige Fehler ausschließen zu können. Obwohl dies sehr von der Ausgangssituation abhängt, sollten es schon mindestens ab 1000 Besucher beziehungsweise 2000 Aufrufe der entsprechenden Seiten sein. Manchmal gewinnt man wertvolle Erkenntnisse bereits weit darunter, ein andermal ist deutlich mehr fällig. Und: Wiederholen Sie einen einmal durchgeführten Test regelmäßig. Onlinenutzer ändern ihre Vorlieben öfter als Ihnen lieb sein kann. Auch kaum zu erkennende periphere Umstände können eine Neubewertung notwendig machen.

Sprechen Sie mit Ihrem Webmaster, wie er Sie bei der Implementierung solcher Tests unterstützen kann. Auch Google hilft bei entsprechenden Tests (siehe *www.blogprofis.de/buch/contenttest*).

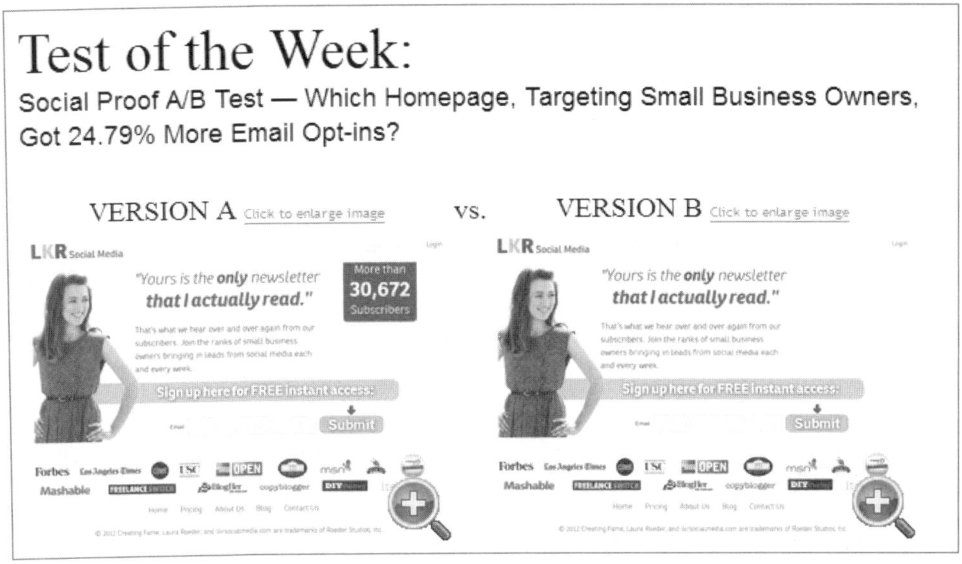

Bild 1.46 Der Newsletter von *http://whichtestwon.com* liefert regelmäßig Praxisbeispiele von A/B-Tests anderer Unternehmen. Welche Variante in diesem Fall wohl mehr Newsletter-Anmeldungen brachte? Die Erkenntnisse hieraus sind nicht nur für die SEO-Strategie sehr wertvoll.

1.7.2 Die wichtigsten Kennzahlen aus Google Analytics

Das für bei Google angemeldete Benutzer frei verfügbare Google Analytics (*www.google.com/analytics/*) dient sehr vielen Unternehmen als Quelle für die wichtigsten Kennzahlen zu ihrem Onlineerfolg generell, aber auch zur Beurteilung einer wirkungsvollen SEO-Strategie. Von daher möchte ich Ihnen dieses sehr mächtige Werkzeug näher vorstellen, bevor ich auf weitere, hauptsächlich kostenpflichtige SEO-Tools eingehe. Im Folgenden lernen Sie, wie man für die Suchmaschinenoptimierung relevante Kennzahlen extrahiert. Gleichzeitig verrate ich Ihnen, wie diese zu lesen und zu deuten sind.

Die Möglichkeiten von Google Analytics sind bei den Datenschutzbehörden in Deutschland hoch umstritten und werden sehr misstrauisch beobachtet. Bei nicht datenschutzkonformer Nutzung kann sich ein Unternehmen strafbar machen und/oder sich der Gefahr von Abmahnungen aussetzen. Wie Google Analytics diesbezüglich abgesichert werden kann sowie weitere Hintergrundinformationen lesen Sie in folgenden Quellen:

- *www.blogprofis.de/buch/sicheresanalytics*
- *www.blogprofis.de/buch/aufsicht*
- *www.google.com/intl/de_de/analytics/privacyoverview.html*
- *www.blogprofis.de/buch/datenschutzaufsicht*
- *www.lda.bayern.de/onlinepruefung/Beschluss_Reichweitenmessung.pdf*

Unter anderem der verschärfte Datenschutz ist übrigens der Grund dafür, dass die Dimension „Keywords" immer schwerer mittels Google Analytics untersucht werden kann. In immer mehr Fällen wird dabei „not provided" als Ergebnis zurückgeliefert (zu den Hintergründen siehe *www.blogprofis.de/buch/notprovided*). Wie man diese Lücke zumindest teilweise schließen kann, das verraten die Beiträge unter *www.ranksider.de/talk/not-provided-keywords-aus-google-analytics-entschluesseln* sowie *www.linkbird.de/blog/tipps/google-analytics-not-provided-schluss-damit/*.

	Keyword	Besuche	% Besuche
1.	(not provided)	3.311	66,25 %
2.	blogprofis	36	0,72 %
3.	nischenblog	14	0,28 %
4.	wordpress mehrsprachig	14	0,28 %
5.	blog übersicht	13	0,26 %
6.	michael firnkes	10	0,20 %

Bild 1.47 Wenn die Anzahl der „not provided"-Einträge bei Google Analytics solche Dimensionen annimmt, sind fundierte Rückschlüsse über das Nutzerverhalten immer schwieriger zu gewinnen.

1.7.2.1 Basis-Analyse

Die Startseite von Google Analytics – nach erfolgter Anmeldung und Registrierung der zu beobachtenden Domains (siehe *www.blogprofis.de/buch/einstieganalytics*) – liefert bereits die wichtigsten Erkenntnisse zum aktuellen Stand eines Web-Projekts (siehe Bild 1.48).

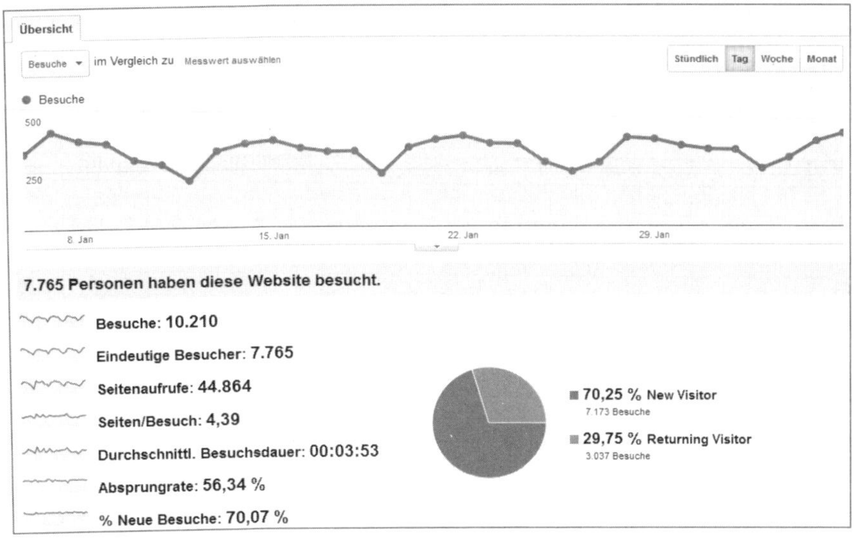

Bild 1.48 Die wichtigsten Kennzahlen im Überblick: Seitenbesucher, Seitenaufrufe und Angaben zur Seitennutzung

Standardmäßig werden in der Verlaufsgrafik des Startbereichs die „Besuche" mit den Zahlen des letzten Monats dargestellt. Und das, zumindest in der Grundeinstellung, für das komplette ausgewählte Portal mit all seinen Unterseiten. Rechts über der Verlaufskurve kann der Betrachtungsmaßstab eingestellt werden: wöchentliche, tägliche oder gar stündliche Auswertung. Unter der Grafik folgen weitere Kennzahlen. Mit einem Klick auf die Vorschau-Charts links neben den einzelnen Bereichen, wie etwa „Eindeutige Besucher", gelangt man in die nächste Analyseebene. In dieser wird dann der Verlauf für den ausgewählten Wert sichtbar. Was bedeuten nun die einzelnen Angaben?

Die Besuche versus „Eindeutige Besucher"

Wenn ein einzelner Internetnutzer beziehungsweise ein einzelner Rechner Ihre Webseite oder eine Unterseite hiervon aufruft, so zählt er als (ein) *Besucher*. Ruft er nach einer festgelegten Weile innerhalb des Betrachtungszeitraums wieder Ihr Portal auf, so zählt Google Analytics dies als mehrere *Besuche* (Genaueres zur konkreten Zählweise verrät der Suchmaschinenbetreiber unter *www.blogprofis.de/buch/besuche*). Dementsprechend kann ein und derselbe Besucher mehrere Besuche zur Folge haben. Ein solcher, nur einmal je gewähltem Betrachtungszeitraum gezählte Besucher bildet die Grundlage für die Analytics-Kennzahl „Eindeutige Besucher".

In der Regel ist diese um Dubletten bereinigte Zahl aussagekräftiger als die „Besuche". Dies hängt jedoch auch davon ab, welches Ziel Ihre SEO-Maßnahmen verfolgen. Ist es für Ihr Unternehmen wichtiger, einen Onlinenutzer möglichst oft mehrfach hintereinander zu erreichen (Branding), oder reicht bereits ein einziger Kontakt (Lead oder Sales)? Je nach Antwort auf diese Frage wird man eher die Entwicklung der „Besuche" oder eher die der „Eindeutigen Besucher" im Auge haben.

HINWEIS: In der Außendarstellung – also wenn es gegenüber potenziellen Kooperations- oder Werbepartnern darum geht, welche Reichweite und damit potenzielle Leserschaft ein Portal erreicht – wird oft die Kennzahl „Besuche" kommuniziert. Denn diese Zahl fällt höher aus, als die der eindeutigen Besucher. Den potenziellen Partner interessiert die zweite, eindeutigere Zahl sehr viel mehr. Haken Sie gegebenenfalls genau nach, wenn es um die monatliche Leserschaft einer Webseite geht: Sind tatsächlich die eindeutigen Besucher gemeint, oder doch „nur" die Besuche?

Die Seitenaufrufe

Hier ist die Definition schon eindeutiger.

„Seitenaufrufe" ist die Gesamtanzahl der aufgerufenen Seiten. Wiederholte Zugriffe auf eine Seite werden gezählt.

So die Erläuterung von Google. Klickt sich also ein Besucher an einem Tag durch vier Ihrer Seiten auf dem Portal (egal ob Haupt- und/oder Unterseiten) und an einem anderen Tag durch drei Seiten, und liegen beide Tage in Ihrem Betrachtungszeitraum, so werden alle sieben Aufrufe gezählt. Die Seitenaufrufe werden – nicht ganz korrekt – oft auch als Seitenabrufe, Page Impressions oder Page Views bezeichnet (siehe etwa *www.myblogtrainer.de/google-analytics-eindeutige-seitenaufrufe/*). Manchmal leider auch fälschlicherweise als „Visits" (denn dabei handelt es sich in Wirklichkeit um die „Besuche").

Dieser Wert ist, neben den „eindeutigen Besuchern", mit die wichtigste Messlatte für Ihre Online-Reichweite. Denn:

- Sie sagt aus, wie oft tatsächlich einzelne Seiten auf Ihrem Portal betrachtet wurden (aber nicht, ob diese Seiteninhalte jeweils nur eine Sekunde oder aber 10 Minuten angeschaut wurden, oder gar nicht. Auch ein Nutzerabbruch während/direkt nach dem Laden wird unter Umständen gezählt.)
- Bei eingebetteten Werbeflächen zeigt sie in etwa (siehe den Hinweis zu Page Impressions und Page Views), wie oft diese insgesamt eingeblendet wurden. Dabei zählen Mehrfach-Aufrufe durch ein und denselben Besucher mit.

Zudem ist es für das SEO Ihres Portals sehr spannend, wenn sich die Seitenaufrufe überproportional gut im Verhältnis zu den „Besuchen" entwickeln. Doch dazu gleich noch mehr.

HINWEIS: Google Analytics weist gleichzeitig noch die Zahl „Eindeutige Seitenaufrufe" aus. Etwa unter *Content → Übersicht*. Dabei handelt es sich um die Anzahl der Besuche, während derer die zu analysierende Seite mindestens einmal aufgerufen wurde. In der Regel sind jedoch die zuvor erläuterten „normalen" Seitenaufrufe Gegenstand der entsprechenden Betrachtung.

Seiten je Besuch

Diese leider sehr oft übersehene Zahl (in Google Analytics als „Seiten/Besuch" ausgezeichnet) verrät die durchschnittliche Anzahl von Seiten, die pro Besuch Ihres Portals angezeigt werden. Vereinfacht dargestellt: Wie viele Seiten Ihres Portals schaut sich ein Besucher im

Durchschnitt an und liest sie sich im besten Fall auch noch durch? Wie bereits erläutert, kann Google hiermit teilweise bemessen, wie inhaltlich attraktiv Ihre Webseiten sind. Denn klicken sich die Nutzer durch sehr viele Ihrer Inhalte, und damit über einen längeren Zeitraum hinweg, so müssen sie ja schließlich irgendetwas an diesen „finden".

In Bild 1.48 (S. 109) ist ein Wert von 4,39 Seiten je Besuch ausgewiesen. Das ist bereits ein sehr guter Wert. Sie müssen nicht gleich verzweifelt sein, wenn Ihr Portal lediglich einen Wert von 1,5 oder gar weniger aufweist. Denn wie hoch die Seiten/Besuch ausfallen können, das hängt nicht nur von der Qualität des Contents ab, sondern gleichzeitig unter anderem von:

- Den internen Verlinkungsmöglichkeiten. Hat der Benutzer kaum eine Wahl, über die von ihm aufgerufene Seite auch noch zu anderen Ihrer Inhalte zu gelangen, so darf ein niedriger Wert nicht verwundern. Allerdings gilt es dann möglicherweise, eben diese interne Verlinkung zu optimieren. Etwa durch die Anzeige ähnlicher Beiträge/Produkte/Dienstleistungen in der Sidebar oder unterhalb der Artikeltexte (siehe Bild 1.49). Bei Landingpages hingegen ist es meist gar nicht erwünscht, dass sich der Nutzer von anderen Verlinkungen ablenken lässt. Der Wert „Seiten je Besuch" kann dann nur sehr niedrig ausfallen.
- Das Thema sowie die Art der Webseite: Durch einen Firmenblog mit spannenden Beiträgen und Anleitungen wird sich ein (potenzieller) Kunde mehr hindurchklicken, als durch eine statische Produktseite.
- Dem Ziel der Besucher: Recherchiert man über Google nach einem bestimmten Produkt, und findet man dieses auf Anhieb, so wird man sich nicht auf weitere Seiten begeben.
- Selbst die Branche sowie die Zielgruppen haben einen Einfluss auf die Kennzahl: Klicken sich Nutzer eines Mode-Shops durch zig Unterkategorien und Produkte, so wird dies im Online-Baumarkt vielleicht weniger der Fall sein.

Sie sollten dafür Sorge tragen, dass möglichst viele Ihrer Portalbereiche (durch die entsprechenden Inhalte und Navigationsmöglichkeiten) einen möglichst hohen Wert „Seitenaufrufe je Besuch" generieren – insbesondere, wenn Sie ein Content-Portal betreiben. Nicht nur für die Suchmaschinenoptimierung ist dies wichtig. Je mehr Seiten ein Besucher nutzt, und je länger er sich dementsprechend auf Ihrem Portal aufhält, umso größer ist die Wahrscheinlichkeit, dass er irgendeine Ihrer Ziel-Aktionen auslöst (Kontaktaufnahme, Newsletter-Bestellung, Kauf und so weiter). Gleichzeitig ist eine lange Aufenthaltsdauer gut für eine nachhaltige Wahrnehmung durch den Besucher, also für Ihr Branding. All dies hängt jedoch sehr von Ihrem Online-Geschäftsmodell ab. Soll der Nutzer möglichst sofort kaufen, wenn er auf einer Seite landet, so erübrigt sich diese Strategie.

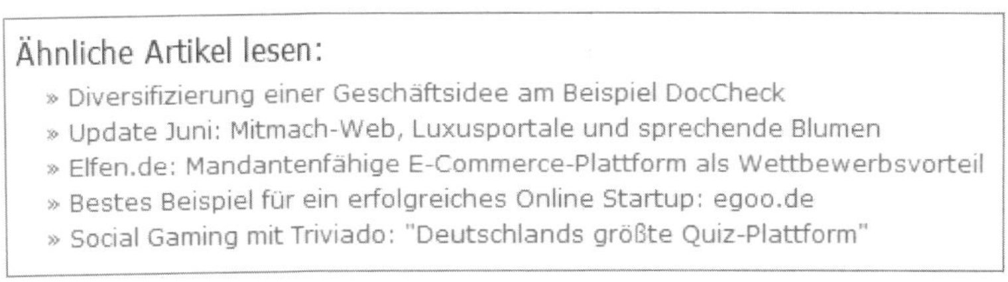

Bild 1.49 Schlicht, aber wirkungsvoll für einen möglichst andauernden Besuch auf Ihrem Portal: Die Anzeige ähnlicher Beiträge (oder Produkte, Dienstleistungen etc.)

Durchschnittliche Besuchsdauer, Absprungrate und Neue Besuche

Die Kennzahl „Durchschnittliche Besuchsdauer" (auch: Verweildauer) ist in ihrer Wirkung ähnlich zu sehen wie der Indikator „Seiten je Besuch". Beide Werte korrelieren in der Regel auch in irgendeiner Form. Google berechnet diese Besuchsdauer nach einem recht komplexen Verfahren, da ja nicht in jedem Fall gemessen werden kann, wann ein Besucher seine Sitzung beendet (etwa durch das komplette Schließen des Browserfensters). Somit handelt es sich nicht um einen exakten Wert, sondern um eine Richtgröße. Diese kann in ihrer zeitlichen Entwicklung beobachtet oder auch im Vergleich mit anderen Portalen gemessen werden. Ohne sich um diese Details zu kümmern: Je länger sich die Besucher durchschnittlich auf Ihren Seiten aufhalten, umso besser für Ihr SEO – aber auch generell. Die Gründe hierfür sind analog denen des vorangegangenen Abschnitts zu sehen.

Wer diese Kennzahl zum ersten Mal beobachtet, der dürfte recht schockiert sein. Durchschnittliche Besuchsdauern von unter einer Minute sind keine Seltenheit. Werte ab drei, vier Minuten bereits sehr gut. Auch dies abhängig von der Art des Portals, den Inhalten sowie der Zielgruppe. Natürlich denkt man sich bei einem Wert von weniger als einer Minute spontan: „Die Besucher müssten sich doch viel mehr Zeit nehmen für das, was wir ihnen zu sagen haben. Ist es so schlimm um unseren Onlineauftritt bestellt?" Doch beobachten Sie einmal Ihr eigenes Surf-Verhalten im Netz. Wie oft scannen Sie einen Seiteninhalt, greifen den in dieser Situation wichtigsten Informationsbestandteil heraus, und schon sind Sie wieder „weg". Über den Zurück-Button oder über einen auf der Seite enthaltenen externen Link. Und all dies ohne dass man denkt „Was war das doch für ein grauenhaftes Portal." Gleichzeitig sind im Durchschnitt der Kennzahl auch jene „Besucher" enthalten, die innerhalb von Millisekunden wieder zurück zu Google oder einer anderen Ursprungsseite gehen. Nur weil sie nicht sofort exakt das gefunden haben, was ihnen vorschwebte. Doch ich will nichts beschönigen. Eine niedrige Besuchsdauer kann durchaus hausgemacht sein. Zum Beispiel durch:

a) Verbesserungswürdige oder schlecht strukturierte Inhalte

b) Unklares Layout, schlechte Usability, lange Ladezeiten etc.

c) Durch die Wahl falscher Keywords, welche nicht die „richtigen" Besucher auf Ihre Seiten aufmerksam machen

Von daher sollten Sie Ihren SEO oder einen guten Geschäftsfreund fragen, wie es sich mangels allgemeingültiger Erfahrungswerte mit der durchschnittlichen Besuchsdauer auf inhaltlich sehr ähnlichen Portalen verhält. Nur so erhalten Sie einen verlässlichen Referenzwert, an dem sich Ihre SEO-Strategie messen lassen kann.

PRAXISTIPP: Eine andere Möglichkeit: Sie ermitteln unter *Content → Übersicht → Seiten → Vollständigen Bericht anzeigen* welche Bereiche Ihres Portals über die höchste Verweildauer verfügen. Daraufhin lässt sich analysieren, wie sich diese Seiten von den restlichen unterscheiden, was also vermutlich zu der höheren Besuchsdauer führt. Wenden Sie nun die mutmaßlich positiv wirkenden Strukturen bzw. Inhaltsbestandteile auch in anderen Portalbereichen an, eventuell über A/B-Tests. Damit lässt sich die Verweildauer nach und nach für jede einzelne Seite steigern. Ähnliches gilt natürlich genauso für alle anderen Werte, welche zu den einzelnen Unterseiten angezeigt werden (siehe Bild 1.50). ■

	Seite	Seitenaufrufe ↓	Eindeutige Seitenaufrufe	Durchschn. Besuchszeit auf der Seite	Einstiege	Absprungrate	% Ausstiege
1.	[illegible]	6.595	5.049	00:01:19	4.656	44,01 %	42,34 %
2.	[illegible]	1.338	1.060	00:00:55	48	41,67 %	13,68 %
3.	[illegible]	887	660	00:00:51	63	60,32 %	12,74 %
4.	[illegible]	848	682	00:00:48	19	73,68 %	11,32 %
5.	[illegible]	711	557	00:00:48	46	56,52 %	13,22 %
6.	[illegible]	608	480	00:00:49	12	41,67 %	9,38 %
7.	[illegible]	571	481	00:00:51	36	63,89 %	16,81 %
8.	[illegible]	474	354	00:00:51	10	40,00 %	9,92 %
9.	[illegible]	453	360	00:00:46	5	0,00 %	9,27 %
10.	[illegible]	350	275	00:01:02	44	47,73 %	17,71 %

Bild 1.50 Wie entwickeln sich die Kennzahlen auf der Haupt- und auf welcher Unterseite? Was kann von den Top-Performern gelernt und für andere Portalbereiche übernommen werden? Der Seitenbericht von Google Analytics bildet die Grundlage für die Beantwortung dieser Fragen.

Zu den noch nicht erläuterten Kennzahlen „Einstiege“ und „Ausstiege“ aus Bild 1.50 muss man noch ein paar Worte sagen. Der Einstieg ist recht schnell erklärt: Hierbei handelt es sich um jene Seite eines Portals, die bei einem Besuch zuerst aufgerufen wurde (bevor also eventuell weitere Seiten des gleichen Portals folgten). Als Ausstieg oder besser Ausstiegspunkt wird jene Seite bezeichnet, bei der das Portal wieder verlassen wird. „% Ausstiege“, die so genannte Ausstiegsrate, ist der prozentuale Anteil an Ausstiegen, die von der jeweiligen Seite aus erfolgt. Dies basierend auf den einzelnen Besuchersitzungen. Denn wie Sie in Bild 1.50 sehen, können sehr viele einzelne Seiten eine jeweils hohe Ausstiegsrate erreichen – die Raten addieren sich nicht auf insgesamt 100 Prozent.

Womit wir auch schon bei der Absprungrate wären, im Gegensatz zur Ausstiegsrate. Bei der Absprungrate, auch Bounce Rate genannt, handelt es sich um den prozentualen Anteil jener Besuche, die nur einen einzelnen Seitenaufruf Ihres Portals zur Folge haben. Die danach eben diese Seite also gleich wieder verlassen, hin zu einem anderen externen Portal. Dies im Verhältnis zu allen Besuchen betrachtet. Was sagt der Wert nun bei einer einzelnen Seite aus? Wenn diese also sehr häufig gleich wieder verlassen wird, ohne weitere Seitenbesuche zu generieren? Nun, wenn es sich um eine Landingpage handelt, bei der die gewünschte Aktion möglichst oft ausgelöst wird, oder bei der das Ziel im Aufruf eines externen (Verkaufs-) Portals besteht, ist eine hohe Absprungrate keineswegs schlimm. Die ungünstige Absprungrate bei der Start- oder einer sonstigen Seite, die den Besucher möglichst weiter hinein in das Portal locken soll, wäre da schon deutlich kritischer zu bewerten. Wenn Sie Ihre einzelnen Unterseiten sowie die Hauptseite hinsichtlich der jeweiligen Absprungrate untersuchen, so werden Sie ein gutes Gespür dafür bekommen, welche Bereiche optimierungsbedürftig sind. Ansonsten gilt – wiederum abhängig vom Einzelfall, dem jeweiligen Ziel sowie der Art Ihres Unternehmens/Ihrer Webseite: Absprungraten unter 20 Prozent wird man wohl als „normal“ bezeichnen, unter 10 Prozent als „gut“. Bei über 40 Prozent sollten Sie sich Gedanken darüber machen, mit welchen umgestalteten oder zusätzlichen

Inhalten solche Abbrüche vermieden werden können. Alles über 60 bis 70 Prozent geht in den deutlich kritischen Bereich.

Zu guter Letzt noch die Kennzahl „% Neue Besuche“ (Prozentsatz der Erstbesucher).

> *„% neue Besuche“ ist der Prozentsatz der Besuche, bei denen es sich um Erstbesuche gehandelt hat. Ein Erstbesuch wird gezählt, wenn eine Person Ihre Webseite aufruft, die diese noch nie zuvor besucht hat.*

Sagt Google selbst zu diesem Wert. „Noch nie zuvor“ ist hierbei etwas übertrieben, da Google diesen Zustand gar nicht immer einwandfrei bemessen kann (wer mehr hierzu wissen möchte, dem sei beispielsweise die Seite *www.blogprofis.de/buch/neuebesuche* empfohlen). Dennoch ist dieser Messwert natürlich ein guter Indikator dafür, ob es Ihnen und Ihren SEO-Maßnahmen gelingt, ausreichend Neu-Besucher (und damit höchstwahrscheinlich potenzielle Neu-Kunden) statt der immer gleichen Stammleser (die aber natürlich ebenfalls zum Potenzial zählen) zu erreichen. Wie wichtig für Ihr Unternehmen der Anteil an Erstbesuchern ist, hängt sehr von der individuellen Zielsetzung ab. Spannend hierbei: Der Verlauf der Kennzahl über Monate oder gar Jahre hinweg. Schließlich spiegelt sich in diesem Verlauf, ob Ihr Portal mit hochwertigen Inhalten für wiederkehrende Nutzer und damit für einen nachhaltigen Eindruck sorgen kann.

1.7.2.2 Weitere Kennzahlen

Wie Sie in den vorangegangenen Abschnitten erkennen konnten, lassen sich bereits aus den Basis-Kennzahlen von Google Analytics wertvolle Erkenntnisse für Ihre SEO-Strategie gewinnen. Doch das Werkzeug von Google bietet noch viel mehr. Deshalb möchte ich Ihnen noch einige weiterführende Reportings vorstellen, mitsamt ihrem Einsatzzweck für das Onlinemarketing.

An dieser Stelle auf sämtliche Möglichkeiten von Google Analytics einzugehen, das würde deutlich den Rahmen sprengen. Nicht umsonst gibt es Fachbücher zu dem Thema, die bis zu 700 Seiten und mehr umfassen. Und deren Lektüre macht durchaus Sinn. So können die Auswertungsmöglichkeiten von Google Analytics noch deutlich mächtiger gestaltet werden. Unter anderem mit selbst hinzugefügten so genannten „Ereignissen“. Dabei handelt es sich um eine bestimmte ausgelöste Aktionen (ein Klick, ein Kauf ...) in einem Onlineshop, auf Landingpages, in Formularen, interaktiven Elementen, mit eingebundenen Werbemitteln und so weiter. Falls Sie sich tiefer in die Materie des Google-Tools einarbeiten möchten, so empfehle ich Ihnen:

- *Google Analytics: Implementieren. Interpretieren. Profitieren* von Timo Aden, ebenfalls erschienen im Hanser-Verlag (ISBN 978-3-446-43225-3).
- Etwas technischer: *Web Analytics. Metriken auswerten, Besucherverhalten verstehen, Website optimieren* von Marco Hassler (mitp Verlag, ISBN 978-3-8266-9122-5). Wobei Google Analytics & Co. eh kein allzu leicht verdauliches Thema darstellt.

Die Hilfefunktion von Google Analytics selbst (siehe *http://support.google.com/analytics/?hl=de*): Die dortigen Inhalte sind jedoch oftmals sehr technisch und wenig praxisorientiert gehalten.

Der Besucherfluss

Zugriff auf diese Metrik erhalten Sie unter *Besucher → Besucherfluss*. Die Visualisierung bietet einen äußerst hilfreichen Einblick dahingehend, wie sich die Besucher auf Ihrem Portal bewegen. Welche Unterseiten werden von der Startseite aus am häufigsten aufgerufen? Und, dort gelandet, wohin klicken sich die Nutzer als nächstes? Wann und wie geht es zurück zur Startseite oder zu anderen Portalbereichen? Für die Webseiten- und damit gleichzeitig für die Suchmaschinenoptimierung sind die Ergebnisse hieraus von äußerster Wichtigkeit. Zeigen sie doch, ob die Besucher Ihres Onlineauftritts tatsächlich so navigieren, wie es für Ihre individuellen Ziele günstig wäre. Tun sie das nicht, so lässt sich mit geänderten Menüführungen und internen Verweisen gegensteuern. Gleichzeitig bekommen Sie ein zusätzliches Gespür dafür, welche Verweise und/oder welche Inhalte als Ziel besonders wertvoll betrachtet werden, welche Seiten eher zur „Durchreise" animieren und vieles weitere mehr. So lassen sich gut funktionierende Strukturen in anderen Portalbereichen nachahmen oder aber verbesserungswürdige Prozesse zukünftig vermeiden.

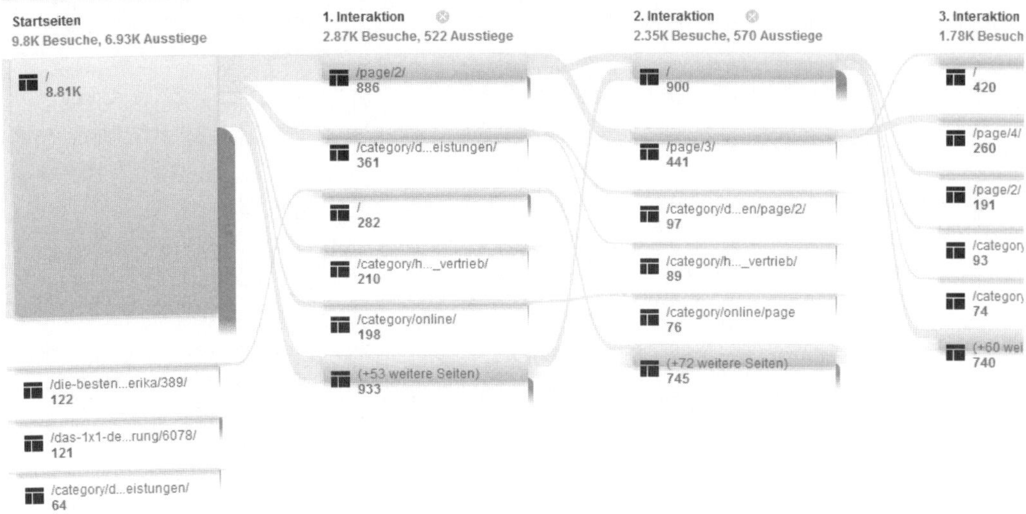

Bild 1.51 Welchen Pfaden folgen Ihre Besucher? Wo kann optimiert oder umgelenkt werden? Das Besucherfluss-Diagramm zeigt es ganz genau.

Besucherquellen

Die Übersicht des Bereichs *Besucherquellen* kennen Sie bereits aus der Keyword-Analyse (siehe Abschnitt 1.5). Sie ist direkt als Hauptmenüpunkt in Google Analytics erreichbar. Tatsächlich bildet die dortige Tabelle „Keywords" (erweiterbar unter dem Punkt „Vollständigen Bericht anzeigen") die wohl wichtigste Funktionalität des Tools. Über welche eingegebenen Suchbegriffe die Google-Nutzer auf Ihr Portal gelangen, hier erfahren Sie es. Und dennoch lässt sich aus den „Besucherquellen" noch mehr herauskitzeln. Etwa durch die Übersicht *Besucherquellen → Quellen → Alle Zugriffe*. Im Gegensatz zu den reinen Suchbegriffen als Traffic-Quelle, so erfährt man an dieser Stelle, über welche externen Portale und Verweise die Besucher auf Ihre Webseiten kommen. Suchmaschinen, wie Google und Bing, aber auch soziale Netzwerke und Webkataloge sind dort ebenso gelistet, wie jegliche sonstige Internetportale, die auf Sie verlinken.

Statt der reinen SEO-Backlink-Power, welche durch externe Links gebildet wird, lässt sich damit also der tatsächlich messbare Mehrwert ermitteln: In Form von tatsächlichen Besuchern. Wie oft finden Facebook-Nutzer zu mir? Erreiche ich mit eingestellten Meldungen in Online-Presseportalen potenzielle Besucher? Welche Kooperationspartner lohnen sich tatsächlich, was die Anzahl der vermittelten Webseitenbesucher anbelangt? Welches in der Tabelle gelistete Portal kenne ich möglicherweise noch gar nicht? Lassen sich in diesen zusätzliche Inhalte und Links unterbringen, um den Traffic von dort noch zu stärken? Ich weiß, all das sind keine SEO-Kennzahlen im eigentlichen Sinne. Schließlich geht es dabei nicht in erster Linie um Besucher aus den Suchmaschinen. Und dennoch: Die Beantwortung dieser Fragen gehört zu jedem strategischen Onlinemarketing-Ansatz mit dazu.

	Quelle/Medium	Besuche ↓	Seiten/Besuch	Durchschnittl. Besuchsdauer	% Neue Besuche	Absprungrate
1.	google / organic	**317.517**	6,85	00:05:41	73,54 %	42,45 %
2.	(direct) / (none)	**66.591**	3,88	00:03:48	62,50 %	57,47 %
3.	facebook.com / referral	**8.421**	1,81	00:01:31	73,01 %	76,82 %
4.	feedburner / feed	**4.004**	2,02	00:01:49	36,06 %	75,20 %
5.	google.de / referral	**3.505**	5,61	00:05:07	73,64 %	47,65 %
6.	bing / organic	**2.925**	7,56	00:06:27	76,96 %	37,47 %
7.	blogprofis.de / referral	**2.305**	3,09	00:03:28	61,52 %	58,83 %
8.	suche.t-online.de / referral	**2.269**	7,15	00:05:24	81,75 %	40,02 %
9.	yahoo / organic	**1.820**	7,69	00:06:14	75,82 %	39,40 %
10.	twitterfeed / twitter	**1.737**	2,66	00:02:43	47,44 %	72,88 %

Bild 1.52 Es wird sogar angezeigt, wie „werthaltig" die Besucher von den einzelnen Quellportalen sind. Jemand der von Twitter kommt setzt sich intensiver mit der hier analysierten Homepage auseinander, als jemand von Facebook? Interessant, und möglicherweise ein wichtiges Indiz für die Social-Media-Strategie.

Bei der in Bild 1.52 als „(direct)" angezeigten Quelle handelt es sich übrigens um direkte Zugriffe, die nicht aus Suchmaschinen oder von sonstigen verweisenden Portalen stammen. Das können in den Browser eingegebene Webadressen sein, aufgerufene Lesezeichen oder Verweise aus Newslettern ohne Tracking-System etc.

Soziale Netzwerke

Der Aufruf erfolgt unter *Besucherquellen → Soziale Netzwerke*. Dieser Bereich ist ähnlich den „Besucherquellen" zu sehen, filtert jedoch ausschließlich soziale Netzwerke heraus. In der Übersicht sowie in den untergeordneten Abschnitten lässt sich erkennen:

- Welche sozialen Netzwerke am meisten Besucher hin zu Ihrem Portal vermitteln (über in dortigen Beiträgen, „Shares" und Empfehlungen enthaltenen Links zu Ihren Webseiten): Dabei wird schnell deutlich, welche Netzwerke beziehungsweise welche Nutzer noch intensiver von Ihnen betreut werden könnten. Aber auch: Welche Netzwerke so wenig zum Erfolg Ihrer Onlinestrategie beitragen, dass sie möglicherweise zu vernachlässigen sind.

- Welche Ihrer einzelnen Seiten am häufigsten Besucher aus den sozialen Netzwerken generieren
- Zu beiden Kennzahlengruppen zusätzlich: Wie intensiv nutzen diese Besucher dann weiterhin Ihr Portal (Besuchsdauer und Seiten je Besuch)?

Ebenso kann auch hier der Besucherfluss eingesehen werden: Vom sozialen Netzwerk hin zu Ihrem Portal, und von dort weiter durch die einzelnen Unterseiten.

	Soziales Netzwerk	Besuche ↑	Seitenaufrufe	Durchschnittl. Besuchsdauer	Seiten/Besuch
1.	Sina Weibo	1	1	00:00:00	1,00
2.	goo.gl	2	2	00:00:00	1,00
3.	Instapaper	2	11	00:07:13	5,50
4.	YouTube	2	2	00:00:00	1,00
5.	gutefrage.net	3	3	00:00:00	1,00
6.	Pinboard	3	5	00:00:55	1,67
7.	Read It Later	3	3	00:00:00	1,00
8.	paper.li	4	10	00:07:58	2,50

Bild 1.53 Die Besucherquellen aus sozialen Netzwerken, sortiert nach den niedrigsten Einträgen: Befinden sich hierunter aktiv von Ihnen betreute Portale, so kann diese Betreuung durchaus auf den Prüfstand gestellt werden.

In-Page-Analyse

Bei der In-Page-Analyse handelt es sich um eine innovative Funktion von Google Analytics, nicht um eigenständige Kennzahlen. Der Zugriff erfolgt unter *Content → In-Page-Analyse.* Direkt in das zu analysierende Portal eingeblendet, können dort die wichtigsten Erfolgsdaten je Seite, Seitenbereich und je Verweis nachvollzogen werden:

- Wohin klicken die Besucher am häufigsten, ausgehend von der gerade aufgerufenen Seite, welcher Menüpunkt wird wie oft gewählt, bis in welche Tiefe navigieren die Nutzer etc.?
- Wie lange halten sich die Besucher auf dieser Seite im Durchschnitt auf, wie lange benötigt die Seite zum Laden, wie hoch sind Absprungrate und die prozentualen Ausstiege?
- Wie stark nehmen die Interaktionen im unteren Portalbereich ab?

Unter Umständen auch:

- Bei zwei Links zu ein und demselben Ziel, aber an zwei verschiedenen Stellen eingebunden: Welcher wird eher geklickt?
- Dementsprechend auch: Welche verweisenden Layout-Elemente werden besonders intensiv genutzt, erregten also die Aufmerksamkeit des Betrachters?
- Welche Elemente werden hingegen kaum oder gar nicht genutzt, sind von daher falsch gestaltet, überflüssig, oder werden von den Nutzern nicht verstanden?
- Wie effizient sind eingesetzte Call-to-Action-Bausteine?

- Finden die Nutzer jene Seitenbereiche und Informationen, nach denen a) sie auch tatsächlich suchen und die b) gleichzeitig in Ihrem unternehmerischen Fokus stehen?

„Unter Umständen" deswegen, da bei der Interpretation der Daten Vorsicht angesagt ist. Wie Sie in Bild 1.54 sehen können, wird etwa beim obersten Beitrag viermal derselbe Wert an prozentualen Klicks angezeigt. Und das, obwohl es sich einmal um einen Bildlink, einmal um den Beitragstitel-Link, den Link zu den Kommentaren sowie den Verweis *„Weiterlesen"* handelt – jeweils jedoch hin zu ein und derselben Seite. Es werden die gleichen Werte angezeigt, obwohl die Ziel-URL zumindest des Kommentar-Links tatsächlich über eine zusätzliche Erweiterung verfügt (*„.../#comments"*). Google Analytics kann in der Standardeinstellung also nicht zwischen einzelnen verweisenden Seitenbereichen an sich unterscheiden, sondern lediglich zwischen komplett unterschiedlichen URLs der Zielseiten. Es gibt jedoch eine Möglichkeit, das Tool auch die voneinander abweichenden Klickraten mehrerer Link-Elemente auf einer Seite ermitteln zu lassen, die alle auf dasselbe Ziel führen (siehe hierzu den Beitrag unter *www.blogprofis.de/buch/linkzuordnung*).

Im Prinzip können Sie alle die zuvor aufgezählten Erkenntnisse auch aus den normalen Datentabellen von Google Analytics ziehen. Doch derart visualisiert erschließen sich bestimmte Optimierungsansätze und -Ideen oftmals viel deutlicher und schneller. So erfährt man beispielsweise, ob Navigationselemente auch tatsächlich benutzt werden, welche Linkarten (Textlinks, Buttons, grafische Verweise) und sonstige Bausteine Ihre Besucher bevorzugen, welche Seitenbereiche attraktiv sowie nutzerfreundlich gestaltet sind und welche weniger, welche Seitenbereiche sich für die Unterbringung wichtiger Elemente eignen und Weiteres mehr.

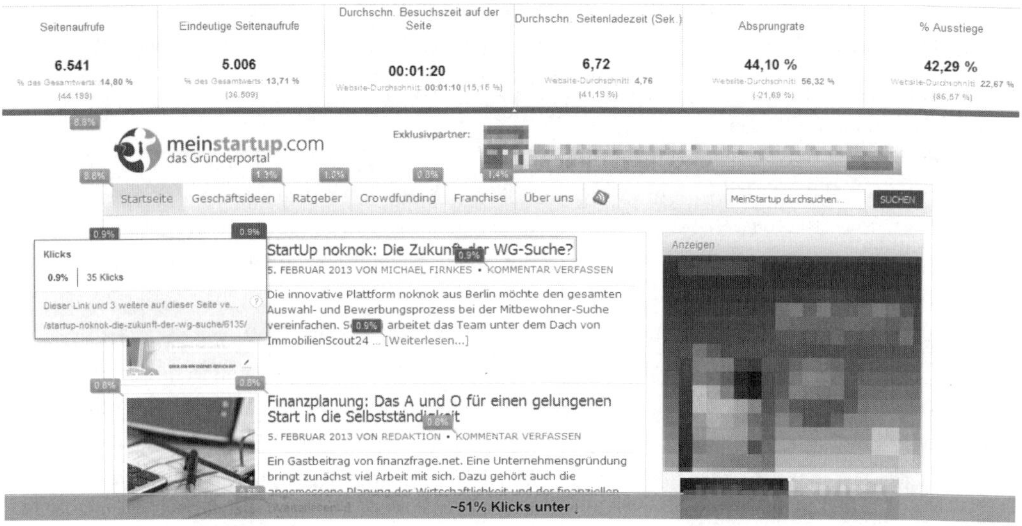

Bild 1.54 Ein mächtiges Werkzeug: Die In-Page-Analyse von Google Analytics, direkt eingebettet in das zu untersuchende Portal

Suchmaschinenoptimierung

Google Analytics beinhaltet einen eigenen Datenbereich namens Suchmaschinenoptimierung, als Unterpunkt von *Besucherquellen*. Dieser zeigt an, wie gut Ihr Portal in den Suchergebnislisten von Google positioniert ist. Nehmen wir zunächst einmal die Kennzahlen unter *Suchmaschinenoptimierung → Suchanfragen*. Hier wird ersichtlich

a) welche Suchanfragen im Betrachtungszeitraum zu wie viel Impressionen Ihrer Webseiten führten. Wie oft also aufgrund einer Suche mit diesem Suchbegriff Ihre Seiten in den Suchergebnislisten angezeigt wurden.

b) wie oft tatsächlich auf eine dieser Impressionen geklickt wurde.

c) wie sich dementsprechend die CTR (Click Through Rate oder auch Klickrate) entwickelt. Dabei handelt es sich um das prozentuale Verhältnis von Klicks zu den Impressionen (siehe *http://de.wikipedia.org/wiki/Click-Through-Rate*).

d) welche durchschnittliche Position in den Suchergebnislisten erreicht wurde.

Wie die Google-Analytics-Hilfe selbst ganz richtig verrät, gibt diese Tabelle etwa folgenden Hinweis für die Suchmaschinenoptimierung:

> *Mithilfe dieses Berichts können Sie Suchanfragen identifizieren, für die Ihre Website gute durchschnittliche Positionen aufweist, jedoch über geringe Klickraten verfügt ... Dabei kann optimierter Content zu mehr Besuchern führen.*

Sprich: Eventuell liegt es an den im Suchergebnis dargestellten Inhalten, wie etwa dem Seiten- und Beitragstitel, dem einleitenden Satz im Content etc., dass die Google-Nutzer sich nicht für Ihren Eintrag entscheiden, sondern für den darüber oder den darunter. Ihre Inhalte sind dann möglicherweise zu „langweilig", nicht zielführend genug, enthalten nicht die gesuchten Schlagwörter oder aber auch, bei gemachten Datumsangaben, versprechen keine aktuellen Inhalte und vieles mehr. Ein weiterer Ansatzpunkt: Insbesondere der Wert unter *„Durchschnittliche Position"* verrät, bei welcher Suchanfrage/welchem Keyword mit gezielten SEO-Maßnahmen ein lohnenswerter Hebel erzielt werden kann. Etwa mittels hochwertiger Backlinks in diesem Keyword-Umfeld, auf die zugehörigen Seiten Ihres Portals verweisend, oder aber mittels einer Keyword-Optimierung des Seiten-Contents selbst. Dies gilt vor allem für Suchanfragen mit einer möglichst hohen Impressions-Anzahl. Denn dann würde sich eine höhere Positionierung in den Suchergebnislisten umso stärker auf den zu erwartenden Traffic auswirken.

Nun folgt noch der Bereich *Besucherquellen → Suchmaschinenoptimierung → Zielseiten*. Hier aufgelistet sind die Unterseiten Ihres Portals, welche die meisten Impressionen in den Suchergebnislisten erzielen konnten – ebenfalls ergänzt um Klicks, Klickraten und die durchschnittliche Ranking-Position. Und was sagt Google selbst zu der Auswertungsmöglichkeit?

> *Anhand dieses Berichts können Sie Zielseiten Ihrer Website identifizieren, die gute Klickraten aufweisen, jedoch über niedrige durchschnittliche Positionen in den Suchergebnissen verfügen. Hierbei kann es sich um Seiten handeln, die Nutzer anzeigen möchten, jedoch schwierig zu finden sind.*

Oder anders formuliert: Es kann sehr lohnenswert sein, jene Seiten von extern (Offpage) oder intern (Onpage) aus nach SEO-Gesichtspunkten zu optimieren, die auch im Vergleich zu konkurrierenden Seiten überdurchschnittlich oft aufgerufen werden. Denn die Qualität des Contents scheint dort bereits zu stimmen. Wandern diese Seiten durch die weitere Optimierung in den Suchergebnislisten nach oben, so verstärkt sich das wachsende Ranking durch die guten Klickraten möglicherweise noch zusätzlich (siehe Abschnitt 1.4.2 „Wie kann Google messen, was gute Inhalte sind?").

Sonstige Reportings

Aufschlussreich sind weiterhin die folgenden Analysemöglichkeiten, auf die ich jeweils nur kurz eingehen möchte:

Kennzahl/ Auswertung	Erreichbar unter	Erkenntnisse für Ihr SEO
Verteilung Anzahl der Besuche je Besucher	*Besucher* → *Verhalten* → *Häufigkeit und Aktualität* (ähnlich auch: *Besucher* → *Verhalten* → *Interesse*)	Wie intensiv wird Ihre Plattform genutzt, und lässt sich dies nach und nach steigern? Gibt es Stammleser, und wenn ja, wie oft kehren diese wieder (eventuell wichtig für die optimale Schreibfrequenz aktueller Beiträge)?
Eingesetzte Technologie der Besucher	*Besucher* → *Technologie* → *Browser und Betriebssystem*	Spannend für Ihre IT-Entwicklungsabteilung oder Ihren Webmaster: Auf welche Technologien hin sollte das Portal optimiert werden, um für das beste und performanteste Nutzererlebnis zu sorgen?
Mobile Nutzung/ Besucher	*Besucher* → *Mobil* → *Übersicht* und *Besucher* → *Mobil* → *Geräte*	Wie wichtig ist eine mobil-optimierte Variante Ihres Portals? Muss diese nur auf Smartphones hin ausgerichtet werden oder lohnt sich auch eine eigene Tablet-Version? Für welche Endgeräte sollte optimiert und getestet werden?
Website-Geschwindigkeit	*Content* → *Website-Geschwindigkeit* → *Übersicht*	Hier weist Google Analytics die durchschnittliche Ladezeit für einzelne Referenzseiten aus. Durch eine Reihe von Unschärfefaktoren sind diese Zahlen jedoch nicht zu 100 Prozent genau. Sie fallen in der Regel positiver aus, als dort dargestellt. Dennoch kann der aufgeführte Chart als Indikator dienen, ob es generell verstärkt negative Ausschläge nach oben gibt, die für den Rankingfaktor „Seitengeschwindigkeit" zum Problem werden könnten. Und die einer tieferen Analyse der Hosting- und Servertechnologie aber auch der Programmierung bedürfen.
Conversions	Eigener Unterbereich *Conversions*	Wie bereits angedeutet, unterstützt Sie Google Analytics bei der Bemessung von erreichten Zielen auf Ihrem Portal. Dabei kann es sich um eine erreichte URL, aber auch um eine definierte Schlagzahl der Art „Besuchszeit" oder „Seiten je Besuch" handeln. Wie derartige Ziele eingerichtet werden, das verrät der Beitrag unter *www.blogprofis.de/buch/ziele*.

PRAXISTIPP: Google Analytics kann nicht nur die Nutzung interner Links auf einem Web-Projekt untersuchen. Sondern genauso die Klicks auf Verweise, die von Ihrer Webseite wegführen. Damit lässt sich unter anderem bemessen:

- Wie performen Call-to-Action-Elemente, die auf ein Ziel außerhalb Ihres eigenen Portals führen? Dies ist besonders hilfreich, wenn Sie beispielsweise Werbeflächen oder Affiliate-Links (siehe *http://de.wikipedia.org/wiki/Affiliate-Marketing*) einbinden. Und wenn Ihnen dann kein Reporting seitens des externen Vertriebspartners zur Verfügung steht, oder Sie dessen Reporting selbst überprüfen möchten.
- Ebenso: Wie hoch ist das Interesse an Ihren Produkten/Dienstleistungen, die Sie über externe Onlinepartner vermarkten. Zusammen mit der Zahl an tatsächlichen Verkäufen lässt sich so eine Konvertierungsquote ermitteln.
- Welchem Ihrer Kooperationspartner vermitteln Sie, wie viele Leads/Verkaufschancen in Form von Webseitenbesuchern? Dieses Wissen macht sich gut als Argument bei der nächsten Kooperationsverhandlung oder aber zur Vereinbarung von Provisionszahlungen für die vermittelten Kontakte.
- An welche externen Webseiten verlieren Sie welche Besucherströme, und wie lassen sich diese Ströme möglicherweise umlenken oder für interne Zwecke besser nutzen?

Um dieses Tracking externer Verweise nutzen zu können, müssen Sie eine zugehörige Funktionalität in der Google-Analytics-Einbindung, aber auch bei jedem zu beobachtenden Link freischalten. Eine Anleitung hierzu findet sich an dieser Stelle: *www.blogprofis.de/buch/linktracking*. Die anschließende Anzeige der registrierten Klicks erfolgt dann im Bereich *Content → Ereignisse → Übersicht*. ■

HINWEIS: Was die mobile Suche von Smartphone, Tablet & Co. aus anbelangt, so gibt Google selbst gute Hinweise zu möglichen SEO-Optimierungsstrategien. Insbesondere, was das so genannte Responsive Webdesign betrifft, also die zielgerichtete Gestaltung von Webseiten für einzelne Endgeräte-Typen. Diese Tipps bewegen sich meist im programmiertechnischen Umfeld, bedürfen also spezieller Kenntnisse. Nachzulesen sind sie unter der Adresse *www.blogprofis.de/buch/mobiloptimierung*. ■

1.7.3 Analyse mit den Webmaster Tools von Google

Die Google Webmaster Tools (siehe auch Abschnitt 1.5.1) leisten nicht nur bei der Keyword-Analyse wertvolle Hilfe. Hinter der Werkzeug-Sammlung verbergen sich jede Menge mehr oder weniger offensichtlicher Tipps für die Suchmaschinenoptimierung. Welche davon man kennen sollte, das erfahren Sie in den nachfolgenden Abschnitten.

Webseiten-Status

In dem Unterpunkt *„Status"* der Webmaster Tools finden Sie eine Reihe von Hinweisen darauf, ob Google Ihr Portal und seine Unterseiten ohne Probleme aufrufen kann. Ob sich dieses also für die Eintragungen in die Suchergebnislisten indexieren, also „scannen" und inhaltlich zuordnen lässt. Werden bei einem der dort genannten Punkte Fehlermeldungen und Optimierungsvorschläge gelistet, so sollten Sie diese mit Ihrem Webmaster oder Ihrer IT-Abteilung besprechen. Die einzelnen Funktionen in der Übersicht:

- Die **Crawling-Fehler** machen Bereiche Ihres Portals sichtbar, die von der Suchmaschine, und damit höchstwahrscheinlich gleichzeitig von Ihren Besuchern, nicht mehr korrekt aufgerufen werden können. Dabei kann es sich jedoch auch um URLs handeln, die so gar nicht zum öffentlichen Besuch vorgesehen sind, beziehungsweise die Google fälschlicherweise als eigene Seite einstuft. Häufen sich in diesem Bereich die Fehlermeldungen, so sollte man dringend handeln. Denn zu viele Crawling-Fehler können Google durchaus dazu verleiten, ein Web-Projekt in seiner Gewichtung und Qualitäts-Einschätzung herunterzustufen.
- Die **Crawling-Statistiken** zeigen, wie häufig Google Ihre Seiten „besucht", um diese auf noch vorhandene, aktualisierte oder neue Inhalte hin zu überprüfen. Grob gesagt gilt: Je eher die Kurve unter *„Pro Tag gecrawlte Seiten"* im zeitlichen Verlauf nach oben geht, und je eher die Summe der durchschnittlich gecrawlten Seiten mit der tatsächlichen Anzahl an Unterseiten Ihres Projektes übereinstimmt, umso mehr Interesse zeigt die Suchmaschine an den Inhalten. Was natürlich gut für Ihr SEO ist. Denn es erhöht, vereinfacht ausgedrückt, die Chance, aktuell und gut bei Google gelistet zu werden. Eine regelmäßige Berichterstattung mit neuen aber auch aktualisierten/erweiterten Inhalten, Beiträgen und Seiten sorgt für ein solches gesteigertes Interesse. Der Messwert *„Dauer des Herunterladens einer Seite"* ist ein Indiz dafür, wie schnell Ihre Seiten im Mittel geladen werden. Ähnlich wie beim Punkt „Website-Geschwindigkeit" von Google Analytics.
- Der Bereich **Blockierte URLs** gibt an, welche Unterseiten oder Webseitenfunktionen von Ihrem Webmaster oder Ihrem SEO für den Zugriff durch das Google Crawling gesperrt wurden. Dies geschieht deshalb, weil es sich um Informationen handelt, die nicht in den Suchergebnislisten auftauchen sollen. Einzelheiten hierzu sollten Sie zwischen Ihrem Suchmaschinenoptimierer und Ihrem Webmaster abstimmen lassen – etwa hinsichtlich der Frage, ob die gesperrten Seiten aus der Sicht beider Parteien Sinn machen (siehe auch *www.seo-book.de/onpage/was-der-seo-uber-die-robots-txt-wissen-sollte*).
- Über den Unterpunkt **Abruf wie durch Google** können Sie eine Webseite so anzeigen lassen, wie Google diese „sieht" – also mitsamt den Quellcode-Informationen, die einem normalen Betrachter verborgen bleiben. Dazu rufen Sie die Startseite oder eine beliebige Unterseite über das dortige URL-Feld auf. Das Ergebnis wird sichtbar, wenn danach der Link unter *Abrufstatus → Erfolgreich* geklickt wird. Sie werden bei Betrachtung eines solchen Ergebnisses in der Regel erst einmal erschrecken. Sieht man bei einem normalen Webseitenaufruf klar strukturierte Text- und Bildinformationen, so gleicht der „Abruf wie durch Google" meist einer sehr unverständlichen Quellcode-Wüste. Je schwerer Sie sich dabei mit dem Lesen dieser Informationen tun, umso schwerer wird es auch Google haben. Oder anders formuliert: Je mehr steuernde Quellcode-Informationen im Verhältnis zu den eigentlich öffentlich sichtbaren Textinhalten sichtbar sind, umso ungünstiger für Ihr SEO. Insbesondere dann, wenn die Textinhalte erst sehr weit unten in

dem Dokument oder sehr verstreut abgebildet werden (siehe dazu auch die Hinweise unter *www.blogprofis.de/buch/googleabruf*). Sprechen Sie mit Ihrem Webmaster, Programmierer oder Webdesigner, wie hier gegebenenfalls unnötiger Ballast abgebaut werden kann, was auch der Seitenladegeschwindigkeit dienlich ist. Sehen Sie im „Abruf wie durch Google“ überhaupt keine Content-Informationen, so wurde Ihre Webseite in einer Technologie programmiert, die kaum oder überhaupt nicht von Google zu lesen ist. Dies kann sich deutlich negativ auf alle Ihre SEO-Bemühungen auswirken, woraufhin manchmal sogar eine komplette Neu-Programmierung notwendig wird.

- **Indexierungsstatus:** Der Status zeigt an, wie viele Seiten Ihres Projektes tatsächlich dem Google-Suchindex bekannt sind. Dazu gleich an anderer Stelle noch einmal mehr.
- **Malware:** Google untersucht Ihre Seiten teilweise auch auf so genannte Malware, also auf schadhaften Quellcode (siehe *http://de.wikipedia.org/wiki/Schadprogramm*). Solcher Quellcode könnte von außen auf Ihren Webserver bzw. Ihre Webseiten gelangt sein, etwa durch einen Hacker-Angriff. Malware stellt eine Bedrohung für die Besucher Ihres Portals dar. Entdeckt Google solche Schadsoftware, so wird die infizierte Seite in den Google-Suchergebnislisten als solche markiert. Was natürlich einem „Todesurteil“ gleichkommt. Entdecken Sie einen Eintrag in dieser Liste, so muss sofort gehandelt werden (weitere Informationen unter *www.blogprofis.de/buch/malware*). Sie bekommen von Google jedoch in der Regel auch eine entsprechende Warn-E-Mail.

Bild 1.55 zeigt ein kleines Anschauungsbeispiel zum Punkt „Abruf wie durch Google“. Und dies von einer Seite, die sogar einigermaßen SEO-Quellcode-optimiert ist. So wird aus einem schlichten Navigationsmenü wie in Bild 1.55 für den Google Webcrawler eine Textwüste wie in Bild 1.56.

Bild 1.55 Ein Menü, wie es auf sehr vielen Webseiten zum Einsatz kommt

```
</div><!-- end .widget-area --></div><!-- end .wrap --></div><!--end #header--><div id="nav"><div class="wrap"><ul id="menu-meinstartup" class="menu menu-primary super
<li id="menu-item-3311" class="menu-item menu-item-type-custom menu-item-object-custom menu-item-3311"><a>Geschäftsideen</a>
<ul class="sub-menu">
        <li id="menu-item-3314" class="menu-item menu-item-type-taxonomy menu-item-object-category menu-item-3314"><a href="http://www.meinstartup.com/category/dienstl
        <li id="menu-item-3320" class="menu-item menu-item-type-taxonomy menu-item-object-category menu-item-3320"><a href="http://www.meinstartup.com/category/handel_
        <li id="menu-item-3324" class="menu-item menu-item-type-taxonomy menu-item-object-category menu-item-3324"><a href="http://www.meinstartup.com/category/online/
        <li id="menu-item-3316" class="menu-item menu-item-type-taxonomy menu-item-object-category menu-item-3316"><a href="http://www.meinstartup.com/category/freizei
        <li id="menu-item-3323" class="menu-item menu-item-type-taxonomy menu-item-object-category menu-item-3323"><a href="http://www.meinstartup.com/category/nebenjo
        <li id="menu-item-3317" class="menu-item menu-item-type-taxonomy menu-item-object-category menu-item-3317"><a href="http://www.meinstartup.com/category/gastron
        <li id="menu-item-3318" class="menu-item menu-item-type-taxonomy menu-item-object-category menu-item-3318"><a href="http://www.meinstartup.com/category/gesells
        <li id="menu-item-3319" class="menu-item menu-item-type-taxonomy menu-item-object-category menu-item-3319"><a href="http://www.meinstartup.com/category/ernaehr
        <li id="menu-item-3321" class="menu-item menu-item-type-taxonomy menu-item-object-category menu-item-3321"><a href="http://www.meinstartup.com/category/mode_ac
        <li id="menu-item-3322" class="menu-item menu-item-type-taxonomy menu-item-object-category menu-item-3322"><a href="http://www.meinstartup.com/category/natur_t
        <li id="menu-item-3326" class="menu-item menu-item-type-taxonomy menu-item-object-category menu-item-3326"><a href="http://www.meinstartup.com/category/busines
</ul>
</li>
<li id="menu-item-3325" class="menu-item menu-item-type-taxonomy menu-item-object-category menu-item-3325"><a href="http://www.meinstartup.com/category/sonstiges/">Rat
<li id="menu-item-3310" class="menu-item menu-item-type-taxonomy menu-item-object-category menu-item-3310"><a href="http://www.meinstartup.com/category/crowdfunding/">
<li id="menu-item-3308" class="menu-item menu-item-type-taxonomy menu-item-object-category menu-item-3308"><a href="http://www.meinstartup.com/category/franchise/">Fra
<li id="menu-item-512" class="menu-item menu-item-type-post_type menu-item-object-page menu-item-512"><a href="http://www.meinstartup.com/uber-uns-2/">Über uns</a>
<ul class="sub-menu">
        <li id="menu-item-3309" class="menu-item menu-item-type-post_type menu-item-object-page menu-item-3309"><a href="http://www.meinstartup.com/uber-uns-2/">Über u
        <li id="menu-item-4677" class="menu-item menu-item-type-post_type menu-item-object-page menu-item-4677"><a href="http://www.meinstartup.com/ihr-unternehmen-ode
        <li id="menu-item-1918" class="menu-item menu-item-type-post_type menu-item-object-page menu-item-1918"><a href="http://www.meinstartup.com/werben/">Werben</a>
        <li id="menu-item-4897" class="menu-item menu-item-type-post_type menu-item-object-page menu-item-4897"><a href="http://www.meinstartup.com/ihre-geschaeftsidee
        <li id="menu-item-513" class="menu-item menu-item-type-post_type menu-item-object-page menu-item-513"><a rel="nofollow" href="http://www.meinstartup.com/uber-u
        <li id="menu-item-5100" class="menu-item menu-item-type-post_type menu-item-object-page menu-item-5100"><a rel="nofollow" href="http://www.meinstartup.com/impr
        <li id="menu-item-5101" class="menu-item menu-item-type-post_type menu-item-object-page menu-item-5101"><a rel="nofollow" href="http://www.meinstartup.com/date
</ul>
</li>
<li id="menu-item-518" class="menu-item menu-item-type-custom menu-item-object-custom menu-item-518"><a href="http://www.meinstartup.com/feed/"><img src="http://www.me
<li class="right search">
                <form method="get" class="searchform" action="http://www.meinstartup.com/" >

                        <input type="text" value="MeinStartup durchsuchen&hellip;" name="s" class="s" onfocus="if (this.value == 'MeinStartup durchsuchen&hellip;') (th
```

Bild 1.56 Und hier das gleiche Menü, so wie Google es sieht

Zugriffe

Der hier gelistete Unterpunkt **„Suchanfragen"** zeigt Ihnen eine ähnliche Analyse, wie Sie sie aus Google Analytics bereits kennen. Unter welchen Suchbegriffen erhält eine Ihrer Webseiten wie viele Impressionen und Klicks? Und wie sieht es mit der durchschnittlichen Position im Google Ranking aus? Interessanterweise stimmen die Daten aus beiden Tools nicht immer überein und können sogar sehr deutlich voneinander abweichen. Google selbst äußert sich hierzu in folgendem Statement: *www.blogprofis.de/buch/datenloch*. Meine Stichproben haben ergeben, dass – was etwa die Positionierung in den Suchergebnislisten anbelangt – eher den Daten in den Webmaster Tools zu vertrauen ist. Doch das muss nicht in jedem Fall so sein. Meine Empfehlung lautet daher, stets beide Tabellen im Auge zu behalten, und die im Abschnitt 1.7.2 geschilderten Analysemöglichkeiten gleichzeitig ebenso auf die Webmaster-Tools-Daten anzuwenden. Ansonsten entgeht Ihnen möglicherweise in einem der beiden Werkzeuge ein Peak oder eine Optimierungsmöglichkeit. Der Vorteil bei der Suchanfragen-Analyse der Google Webmaster Tools: Mit einem Klick auf die Suchbegriffe erhalten Sie eine Detailansicht für einzelne Unterseiten, und es sollten zum zugehörigen Suchbegriff mehrere dieser in den Suchergebnislisten erscheinen. Die dortigen Daten sind mangels Impressionen auf den nachgelagert gerankten Seiten jedoch nicht immer sehr aussagekräftig.

Den Punkt **„Links zu Ihrer Website"** haben Sie bereits kurz in Abschnitt 1.4.1 zu Links und Linkaufbau kennen gelernt. Hier werden zwar nicht immer alle Backlinks aufgeführt, die zu Ihrer Webseite führen. Auch kann es immer eine Weile dauern, bis neue Backlinks erkannt werden. Und dennoch sind die wichtigsten Verweise enthalten, die Google demnach auch nachweislich „kennt" und somit für seine Ranking-Auswertungen nutzen dürfte. Folgende Rückschlüsse lassen die „Links zu Ihrer Website" zu:

- **Wer erstellt die meisten Links?**
  So heißt, für sich sprechend, der erste Abschnitt auf dieser Seite. Ein Klick auf die komplette Abfrage (unter *„Mehr..."*) zeigt die wichtigsten Link-Quellen, und auf wie viele Ihrer Seiten diese jeweils verweisen. Also: Wer Ihrem SEO hilft. Wenn es sich um qualitativ hochwertige Portale handelt, die sich möglichst auch noch in Ihrem inhaltlichen Segment bewegen. Grob gesagt, gilt jedoch gleichzeitig: Sehr viele Verweise von einer einzigen Quelle bringen nicht dementsprechend viel Link-Power. Linken zahlreiche Portale jeweils sehr oft auf Sie, so kann sich dies gar negativ auswirken. Google könnte berechtigterweise annehmen, Sie hätten sich beispielsweise in die früher sehr begehrten Footer-Links mehrerer Portale „eingekauft". Denn bei diesen erhält man von jeder Portal-Unterseite einen Backlink. Vor den Google-Qualitäts-Updates konnten solche Massenlinks SEO-technisch durchaus hilfreich sein. Ob es hingegen nützlich ist, wenn ein öfter auf Sie verweisendes Portal möglichst auch auf unterschiedliche Ihrer Seiten verlinkt, das hängt sehr von den Begleitumständen, wie der Link-Positionierung und den Linktexten ab. Unnatürliche, in irgendeiner Form sich wiederholende Muster und Keyword-Verwendungen sollten hier auf jeden Fall vermieden werden.
- **Ihr am meisten verlinkter Content:**
  Hier ist nicht nur die reine Menge an Links ausschlaggebend, die zu einer Unterseite Ihres Portals führen, sondern – was die SEO-Qualität anbelangt – vor allem das Verhältnis von „Anzahl an Quelldomains" (erst in der kompletten Abfrage ersichtlich) zur „Anzahl der Links". Stammen die Backlinks aus möglichst vielen unterschiedlichen Quellen, so spricht dies natürlich für Ihre Seite sowie deren Inhalte.

- **So sind Ihre Daten verlinkt:**
Leider zeigen die Webmaster Tools an dieser Stelle nicht, wie oft einzelne Linktexte, auch Ankertexte genannt, bei den Backlinks zum Einsatz kommen. Dennoch lassen sich hier zwei wichtige Punkte ableiten: Weisen diese Ankertexte, vor allem die oft verwendeten, inhaltlich und von den darin vorkommenden Keywords her überhaupt in die richtige Richtung? So wie Ihr Portal von Google gesehen und eingestuft werden soll? Oder liegt vielleicht gar eine Überoptimierung vor, indem immer wieder sehr ähnliche oder gar die gleichen Keywords und Keyword-Kombinationen in den Linktexten Verwendung finden? Je nach Ausprägung hin zur Unter- oder Überoptimierung sollten Sie dann mit entsprechend anderweitig gestalteten Backlinks gegensteuern. Etwa über Links von Kooperationspartnern, deren Ausprägung und damit Ankertexte Sie aktiv mitgestalten können.

HINWEIS: Obwohl die Analyse „So sind Ihre Daten verlinkt" unter dem Bereich „Links *zu* Ihrer Website" gelistet ist, so sind teilweise auch Ankertexte von internen Verlinkungen aufgeführt. Dies muss bei der Betrachtung berücksichtigt werden. Sollten Ihnen nicht alle Ihre internen Linktexte geläufig sein, erkennen Sie diese in der Ankertext-Liste meist daran, dass sie inhaltlich kaum Sinn als externe Verlinkung machen. Bei individuellen, mehrere Wörter umfassenden Linktexten hilft zudem eine schlichte Google-Recherche zu eben diesem Linktext weiter: Erscheint Ihr oder ein fremdes Portal als Ergebnis. ■

Was den als Letztes unter „Zugriffe" aufgeführten Bereich **Interne Links** anbelangt: Je mehr seiteninterne Links auf eine Unterseite oder einen Unterbereich Ihres Portals verweisen, umso eher kann diese SEO-technisch gestärkt werden. Dies hängt jedoch gleichzeitig davon ab, wie gut die verweisenden Seiten selbst aufgestellt sind. Dies wird etwa anhand des jeweiligen PageRanks deutlich. Verweist Ihre Hauptseite mit PageRank 4 auf die zu betrachtende Unterseite, so wird dies mehr gewichtet, als wenn eine Unter-Unter-Seite mit PageRank 1 zu dieser führt. Hier gilt ebenso: Viel hilft nicht viel. Die Qualität der internen Verweise geht vor die Quantität. Zum einen sollen Ihre Besucher interne Verweise vorfinden, die sie in der jeweiligen Situation auch inhaltlich weiterbringen. Ansonsten ist die Gefahr eines Abbruchs groß. Zum anderen helfen künstlich in die Höhe getriebene Verweise auf eine Unterseite auch SEO-technisch nicht viel, oder diese schaden gar dem Rest des Portals.

HINWEIS: Noch ein Hinweis zu den internen Links: Führen viele dieser Verweise auf eine Unterseite, die für Ihre Unternehmensziele nicht oder kaum relevant ist, so sollten Sie diese Anzahl nach Möglichkeit zurückfahren. Das wird sich zu Gunsten der restlichen, wahrscheinlich deutlich wichtigeren Seiten auswirken. ■

Optimierung

Wie der Name dieses Abschnitts in den Webmaster Tools bereits vermuten lässt, hält Google hier einige wichtige kleine Werkzeuge parat, die der Suchmaschinenoptimierung dienlich sind. So etwa der erste Punkt **Sitemaps**. Bei einer Sitemap handelt es sich um eine Auflistung der Seiten Ihres Portals. Nicht immer „findet" Google alle Unterseiten Ihres Onlineprojekts, selbst wenn diese intern gut verlinkt sind. Doch dann können diese natürlich auch nicht in den Suchergebnislisten auftauchen. Für einen solchen Fall reicht man bei Google eine so genannte XML-Sitemap ein, damit auch die noch nicht bekannten Seiten zukünftig berücksichtigt werden. Möglich ist dies über den Button *„Sitemap hinzufügen/testen"*. Wie eine Sitemap für Google vorab erstellt werden kann, das verrät der Beitrag *www.blogprofis.de/buch/sitemap*. Eine Auflistung von Tools und Plugins für verschiedene Content Management Systeme (CMS), welche diesen Prozess automatisieren, findet sich unter *www.blogprofis.de/buch/sitemaptools*.

Wichtig hierbei: Eine Sitemap muss regelmäßig neu erstellt werden, wenn neue Seiten zu Ihrem Onlineportal hinzukommen. Die jeweils neuste Version wird dann über eines der CMS-Tools am immer gleichen Ort auf Ihrem Webserver gespeichert. Diesen Ort gibt man bei „Sitemap hinzufügen/testen" an. Google schaut dann regelmäßig nach, ob eine aktualisierte Version vorliegt. Wie erkennen Sie nun, ob bei Google alle Ihre Unterseiten gelistet sind, ob also die Einreichung einer Sitemap notwendig wird oder nicht? Auch dies verraten die Webmaster Tools, unter dem bereits kurz erwähnten Eintrag *Status → Indexierungsstatus*. Hier ist zu sehen, wie viele Ihrer Seiten von Google indexiert und damit in die Suchergebnislisten aufgenommen wurden. Liegt diese Anzahl unter der tatsächlichen Anzahl an Unterseiten, so empfiehlt es sich, eine Sitemap einzureichen. Um danach zu beobachten, ob sich die Ist- und Soll-Werte angleichen. Sind übrigens deutlich mehr Seiten indexiert, als Ihr Portal überhaupt beinhaltet, so ist auch das schädlich für Ihr SEO. Denn dann werden meist Unterseiten-Varianten mit verschiedenen URL-Parametern mit in den Index aufgenommen, hinter denen jedoch jeweils derselbe Inhalt steckt. Solche Parameter dienen beispielsweise der Nutzersteuerung oder der Produktanalyse in Onlineshops. Google ist nicht sehr erfreut über doppelte Inhalte in seinem Suchindex. Auf die Lösung dieses Fehlers werde ich gleich noch einmal gesondert eingehen.

HINWEIS: Gerade in Onlineshops lassen sich doppelte Inhalte, wie Produktbeschreibungen, nicht immer vollkommen verhindern. Es gibt eine Möglichkeit, den Suchmaschinen wie Google anzuzeigen, welche Variante bevorzugt berücksichtigt werden soll. Etwa für die Anzeige in den Suchergebnislisten. Die Rede ist vom so genannten canonical-Tag. Wie man dieses anwenden kann, und was es hierbei zu berücksichtigen gilt, das verrät der Beitrag unter *www.blogprofis.de/buch/canonincal*. Für mehrsprachige Portale gibt es ähnliche Möglichkeiten (siehe *www.blogprofis.de/buch/alternate* für das Tag „alternate" sowie *www.blogprofis.de/buch/hreflang*).

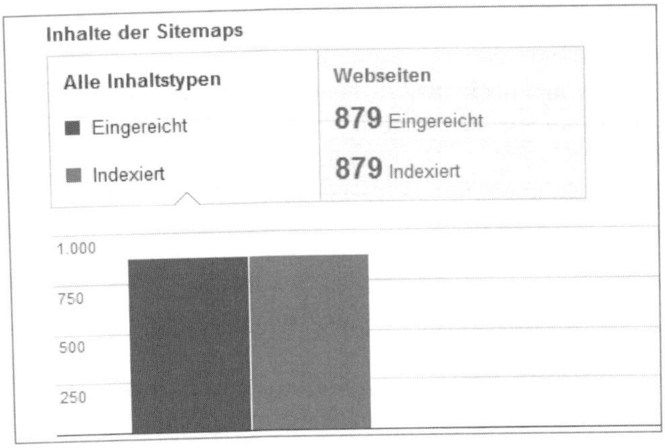

Bild 1.57 Nach erfolgreich eingereichter Sitemap sollten die Zahlen „Eingereicht" und „Indexiert" möglichst miteinander übereinstimmen. Eine größere Anzahl an nicht indexierten Seiten ist in der Regel ein Hinweis darauf, dass deren Inhalte nicht oder nur sehr schlecht von Google interpretiert werden können.

Damit zum nächsten Eintrag unter „Optimierung". Es gibt mehrere Möglichkeiten, bestimmte Unterseiten aus dem Suchindex von Google entfernen zu lassen, weil die dortigen Inhalte nicht oder nicht mehr öffentlich sichtbar sein sollen (aufgelistet sind diese Möglichkeiten unter *www.blogprofis.de/buch/googleblockieren*). In der Regel wird Google eine solche Seite mit der Zeit eh nicht mehr aufführen, sobald diese in Ihrem Content-Management-System gelöscht oder auf „Nicht publiziert" umgestellt ist. Besteht jedoch einmal dringender Handlungsbedarf, etwa wenn Sie eine Seite aufgrund einer wettbewerbsrechtlichen Abmahnung oder Ähnlichem entfernen müssen, und diese auch bei Google nicht mehr aufgelistet sein darf, hilft gegebenenfalls die Funktion **URLs entfernen** weiter. Damit sollten Sie jedoch sparsam umgehen. Zudem sind hierbei einige Voraussetzungen zu erfüllen (siehe *www.blogprofis.de/buch/entfernen*).

Die Auflistungen im Bereich **HTML-Verbesserungen** sind äußerst hilfreich für die Einschätzung, wie sauber Ihre Webseiten programmiert sowie inhaltlich betreut sind, und wie es um die Pflege der Metadaten bestellt ist (siehe Abschnitt 1.4.3). Tauchen hier Fehler gleich auf mehreren Unterseiten auf, so besteht Handlungsbedarf. Die Webmaster Tools benennen Ihnen dabei sehr detailliert, um welche Arten von Fehlern es sich handelt, und auf welchen Unterseiten diese auftauchen. Zudem verlinken die Fehlermeldungen der Art „Doppelte Metabeschreibungen", „Fehlende title-Tags" etc. jeweils auf kleine Hilfeseiten, mit einer Anleitung zur Optimierung. Werden einzelne Verbesserungshinweise für alle Unterseiten gelistet, so sollten Sie sich mit Ihrem Webmaster oder Content Manager zusammensetzen. Denn dies spricht für einen systematisch auftretenden Fehler bei der Programmierung und/oder der inhaltlichen Pflege.

Den Abschnitt **Content-Keywords** kennen Sie bereits aus den Grundlagen der Keyword-Analyse (siehe Abschnitt 1.5). Zusammen mit den Auswertungsmöglichkeiten von Google Analytics dürfte Ihnen deren Bedeutung nun noch klarer werden. Die Funktion **Strukturierte Daten** wertet die korrekte Verwendung so genannter Rich-Snippets aus (dazu mehr in Abschnitt 1.4.7). Im Unterpunkt **Andere Ressourcen** befindet sich ein weiteres Tool zur Überprüfung der korrekten Einbindung dieser Funktionalität.

Google Labs

Werkzeuge, die unter Google Labs abrufbar sind, wechseln immer wieder einmal. Google nutzt diesen Bereich, um neue Analysemöglichkeiten zu testen und dabei die Rückmeldungen der Nutzer zu sammeln. Einige finden dann dauerhaften Einzug in die Webmaster Tools oder in ein anderes Google-Produkt. Andere „verschwinden“ teilweise wieder. Zum Zeitpunkt der Drucklegung dieses Buches waren in den Labs unter anderem enthalten:

- Autorenstatistiken, welche die ordnungsgemäße Einbindung von Autoreninformationen in Webseiteninhalte überprüft (mehr hierzu in Abschnitt 1.4.6).
- Ein noch nicht ganz ausgereiftes Tool zur Kontrolle der Vorschau-Funktion in den Google-Suchergebnislisten (siehe Bild 1.58).

Es lohnt sich, ab und an in die Google Labs zu schauen. Denn mitunter werden dort temporär Funktionen freigeschaltet, die neue Erkenntnisse für Ihre SEO-Strategie liefern.

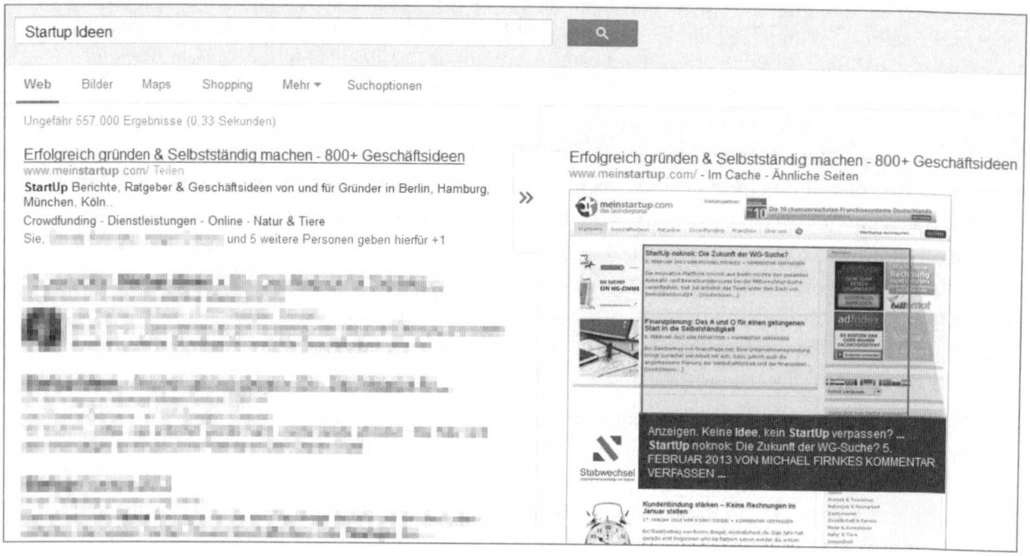

Bild 1.58 Die Vorschau einer Seite wird unter anderem eingeblendet, wenn man über ein Suchergebnis fährt, und danach den doppelten Rechtspfeil daneben klickt. Für das eigene SEO aber auch die Wettbewerbsanalyse interessant: Google zeigt gleichzeitig, an welcher Stelle auf der Webseite die Suchbegriffe beziehungsweise zugehörige Keywords gefunden wurden.

Weiterführende Hinweise

Ein paar Ratschläge im Zusammenhang mit den Webmaster Tools möchte ich Ihnen noch mit auf den Weg geben, die sich nicht direkt in die vorangegangenen Abschnitte einordnen ließen. Für Google macht es einen Unterschied, ob Ihr Portal und seine Unterseiten das URL-Format *http://www.beispielseite.de* oder aber nur *http:// beispielseite.de* (ohne „www“) bevorzugen. Erreichbar und von außen verlinkbar sind beide Varianten. Normalerweise wird jedoch – wenn eine Webseite auf die Form *http://www.beispielseite.de* optimiert ist – der Aufruf von *http://beispielseite.de* bei der Eingabe in die Browser-Adresszeile automatisch in das *http://www* umgeleitet und umgekehrt. Ist dem nicht so, bleiben also die Varianten mit und ohne *www* nach dem entsprechenden Aufruf in der Adresszeile bestehen, so ist dies nachteilig für Ihr SEO. Denn Google interpretiert dann möglicherweise beide Varianten als zwei „separate“ Portale, mit entsprechend jeweils doppelten Inhalten (Duplicate Content).

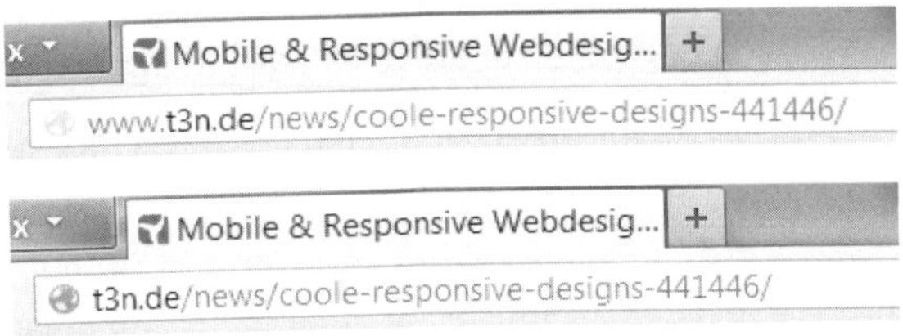

Bild 1.59 Gibt man bei diesem Portal die Seitenadresse mit „www“ ein, und drückt danach auf „Enter“, so wird die dort voreingestellte Variante ohne www aufgelöst. Auch die umgekehrte Version kann der Fall sein (ohne www wird automatisch zu mit www).

Die Programmierung Ihres Portals sollte bereits so erfolgt sein, dass automatisch eine bevorzugte Variante festgelegt ist. Dies können Sie mit dem in Bild 1.59 gezeigten Browser-Test ganz einfach selbst ausprobieren. Sollten Ihre Webseiten hier nicht wie gewünscht reagieren, so sprechen Sie mit dem technischen Ansprechpartner für Ihr Portal. Dieser kann und sollte für Abhilfe sorgen. Wobei eine solche Korrektur in die Hände eines Fachmanns gehört, da bei der Einrichtung auch jede Menge schief gehen kann. Was hat all dies nun mit den Google Webmaster Tools zu tun? Nun, ist das Kind einmal in den Brunnen gefallen, ist dieser Optimierungsschritt also bislang nicht durchgeführt worden, so kann man unter dem dortigen Punkt *Konfiguration → Einstellungen* die gewünschte Variante angeben. Wichtig: Nach der Festlegung einer bevorzugten Domain-Form in den Webmaster Tools gibt es jedoch noch ein paar weiterführende Hinweise zu beachten, damit dieser Schritt wirksam wird (siehe hierzu den Beitrag *www.blogprofis.de/buch/bevorzugtedomain*).

Ebenfalls unter *Konfiguration* können die Sitelinks eines Portals beeinflusst werden. Dabei handelt es sich um automatisch generierte Verweise, die unter einzelnen Suchergebnissen erscheinen können, wenn das Portal über genügend Unterseiten verfügt und genügend Suchanfragen generiert. Sie haben solche Sitelinks, wie in Bild 1.60 dargestellt, sicherlich schon einmal beobachtet.

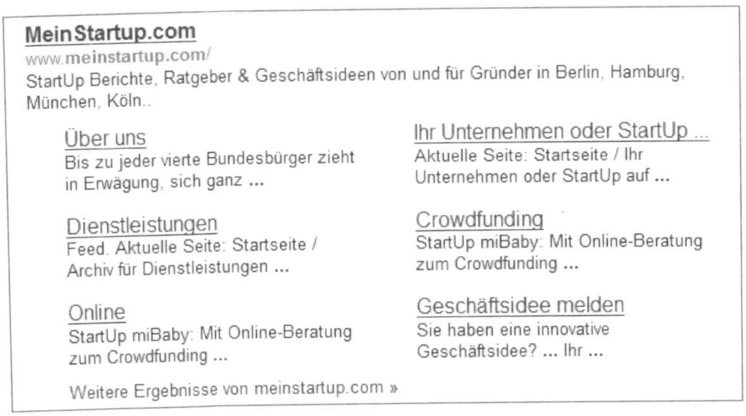

Bild 1.60 Weitere Webseiten, die bei einem Suchergebnis eingeblendet werden, die so genannten Sitelinks

Unter dem Webmaster-Tools-Bereich *Konfiguration → Sitelinks* lassen sich nun einzelne Unterseiten von dieser Funktionalität ausschließen und werden danach dort nicht mehr gelistet (wobei dieser Ausschluss seitens Google eine Weile dauern kann). So könnte im Beispiel von Bild 1.60 entweder die Archivseite „Online" oder aber „Crowdfunding" ausgeschlossen werden, da beide zum Zeitpunkt der Abfrage zu ein und derselben Information führen (was SEO-technisch generell nicht vorteilhaft ist). Wie Sitelinks auch inhaltlich beeinflussbar sind, dazu erfahren Sie mehr in der Google-Hilfe unter *www.blogprofis.de/buch/sitelinksgestalten.*

Und schließlich gibt es noch die Möglichkeit, unter *Konfiguration → URL-Parameter* bestimmte URLs mit spezifischen Parametern von der Indexierung auszuschließen, falls diese jeweils zu identischen Inhalten führen. Dabei kann man Google über die Webmaster Tools sogar mitteilen, um welche Art von Parameter es sich handelt. Beispielsweise, ob diese rein statistischen Zwecken dienen, also den Seiteninhalt nicht verändern. Oder ob diese tatsächlich dafür zuständig sind, je nach Parameterausprägung voneinander unterschiedliche Seiteninhalte auszugeben. Parameter zur Steuerung von Sortierungen, inhaltlichen Eingrenzungen oder Übersetzungen wären ein Beispiel hierfür. Je nach Ausprägung werden die einzelnen Seiten dann unterschiedlich behandelt, was das Crawling und die Indexierung anbelangt. Beispiele für derartige Parameter sowie eine Art Gebrauchsanleitung zum Sperren vergleichbarer Inhalte finden sich unter *www.blogprofis.de/buch/urlparameter.* Dabei sollten Sie jedoch unbedingt den Rat eines Experten hinzuziehen. Denn Google warnt zu Recht:

> *Verwenden Sie diese Funktion nur, wenn Sie mit der Funktionsweise von Parametern vertraut sind. Wenn Sie URLs fälschlicherweise ausschließen, kann dies dazu führen, dass viele Seiten aus der Suche verschwinden.*

Und das kann sich nicht nur für den Moment als schädlich erweisen, sondern möglicherweise gar längerfristig auswirken – etwa dann, wenn Google Ihr Portal aufgrund vieler plötzlich „fehlender" Inhalte anders einstuft, als dies zuvor der Fall war. Eine hilfreiche kostenlose E-Book-Anleitung zu den Webmaster Tools ist unter *www.trustagents.de/blog/google-webmaster-tools-e-book-zweite-version* erhältlich.

■ 1.8 Reine SEO-Tools

Der Hype rund um die Suchmaschinenoptimierung hat mittlerweile zahlreiche kommerzielle Analyseprogramme am Markt entstehen lassen, die sich rein mit der Gewinnung von SEO-Kennzahlen befassen. Kamen die ersten dieser Tools noch aus dem englischsprachigen Raum, so existieren mittlerweile gut ein Dutzend größere Lösungen, die sich auf Deutschland, Österreich und die Schweiz konzentrieren. Manche SEOs behaupten, ein Unternehmen könne kein vernünftiges Onlinemarketing betreiben, wenn nicht ständig mindestens eines oder gar mehrerer dieser Lösungen zum Einsatz kommen. Für Ihren SEO-Dienstleister oder einen unternehmensinternen Spezialisten mag dies zutreffen. Doch für Sie als Unternehmer, Selbstständiger, Marketing- oder Vertriebsverantwortlicher alleine lohnt sich die Anschaffung einer SEO-Lösung nicht in jedem Fall.

Dies hat gleich mehrere Gründe:

- Arbeiten Sie mit einem SEO-Dienstleister zusammen, so wird dieser Sie mit den Daten und Analysen aus solchen Tools versorgen. Es schadet jedoch keinesfalls, wenn Sie sich ebenfalls in die entsprechende Software einarbeiten (lassen). Nur so können Sie schließlich die richtigen Rückfragen stellen, Tabellen selbstständig lesen und interpretieren oder kleinere Sub-Auswertungen beziehungsweise wiederkehrende Analysen auch einmal in Eigenregie erledigen.
- Über eine solche Softwarelösung zu verfügen, das ist die eine Sache. Genügend Zeit oder gar das notwendige Wissen für die Interpretation der resultierenden Daten aufzubringen, die andere.
- Im gleichen Zusammenhang: Sie als (Halb-) Laie können bei falscher Deutung der Analysen aus diesen Tools manchmal mehr Schaden anrichten, als Ihnen die Resultate helfen. Es sei denn, Sie bilden sich zum SEO-Profi weiter.
- Nicht zu vergessen – vor allem für kleinere Unternehmen, Freiberufler, Handwerker und Selbstständige: Reine SEO-Tools, welche diesen Namen auch verdienen, sind meist teuer. Bis zu 500 Euro und mehr im Monat können als Nutzungsgebühr anfallen, möchte man sämtliche Funktionalitäten nutzen.

Die Werkzeugsammlungen basieren in der Regel auf rein online verfügbaren Modulen, für deren Nutzung eine monatliche oder jährliche Gebühr anfällt. Ich will den SEO-Software-Suiten keineswegs ihre Existenzberechtigung absprechen. Diese leisten wertvolle Dienste, aber nur dann, wenn man sie auch „lesen" kann, oder wenn man auf eine Person zurückgreift, welche dieses Lesen übernimmt.

HINWEIS: Hinzu kommt, dass Google in letzter Zeit den SEO-Softwarelösungen zunehmend das Leben schwerer macht. Die Tools greifen zur Keyword- und Link-Betrachtung automatisiert jede Menge Daten aus der Suchmaschine Nummer eins ab, um ihre umfangreichen Analysen ermöglichen zu können. Denn mit einem SEO-Tool kann man nicht nur zahlreiche Werte des eigenen Portals, sondern auch die der Mitbewerber abfragen. Dabei entsteht schnell ein Datenvolumen in beträchtlichem Umfang. Bei Google sorgen diese Abfragen deswegen für Kosten, für die das Unternehmen aus Kalifornien keine Gegenleistung erfährt. Deswegen versucht der Suchmaschinenbetreiber zunehmend, den SEO-Softwareanbietern den Weg zu seinen Daten abzuschneiden.

Während die einen schon „Das Ende der SEO-Tools" voraussagen, gehen andere Experten entspannter mit der Situation um. Die Tool-Anbieter selbst sehen naturgemäß keinerlei Gefahren auf sich zukommen. Aber das müssen sie wohl auch so kommunizieren, um nicht Kunden zu verlieren. Im Zweifelsfall sollten Sie genau beim Software-Anbieter Ihrer Wahl nachfragen, bevor Sie einen langfristigen Vertrag mit diesem abschließen. Zumindest sind derzeit wohl Werkzeugsammlungen zu bevorzugen, die monatlich gekündigt werden können. Oder die ihren Schwerpunkt eher auf andere OnPage-Maßnahmen statt auf die reine Keyword- und Backlink-Analyse legen.

Im Folgenden möchte ich Ihnen nach einer kleinen Einführung zwei SEO-Tools und deren wichtigste Funktionen beispielhaft vorstellen: Zum einen als Entscheidungsfindung, ob Sie ein derartiges Werkzeug benötigen oder auch nicht, und zum anderen, damit Sie Ihren SEO-Dienstleister oder internen Suchmaschinenoptimierer nach vergleichbaren Analysen fragen können.

Ich habe lange überlegt, welche Softwarelösungen ich Ihnen konkret zeigen soll. Schließlich möchte ich keinen Anbieter bevorzugen. Dabei habe ich selbst ein kleines Lehrstück in Sachen Social-Media-Kommunikation von Unternehmen erfahren dürfen. Einigen Anbietern, die ich persönlich noch nicht kannte oder noch nicht selbst genutzt habe, schickte ich über diverse Social-Media-Kanäle eine Anfrage. Darin schilderte ich, dass ich deren Lösungen gerne für das Ihnen vorliegende Buch testen würde. Die Antwortquote war sehr bescheiden. Diejenigen Ansprechpartner, bei denen meine Anfrage landete, schienen nicht an ein wenig kostenloser Werbung interessiert zu sein. Denn um nichts anderes handelt es sich ja, wenn ein SEO-Buch SEO-Lösungen vorstellt. Andere reagierten zwar, aber recht lustlos. Dies nur als kleine Anekdote am Rande, wie ernst man jede einzelne Anfrage über Social-Media-Kanäle nehmen sollte.

1.8.1 Was leisten kommerzielle SEO-Tools?

Die meisten SEO-Softwareangebote ähneln sich in ihrem Funktionsumfang. Oft werden einzelne Aufgabengebiete in spezielle Module ausgelagert, die man separat hinzubuchen kann. Typische Leistungen sind beispielsweise:

- Die Ermittlung von **Rankings** für einzelne Keywords, Unterseiten und Domains: Besonders interessant ist, dass dies meist auch im Vergleich mit frei wählbaren Projekten Ihrer Mitbewerber geschieht. Somit erfahren Sie, welches Portal in Ihrem geschäftlichen Umfeld SEO-technisch wie gut aufgestellt ist und warum.
- Die Recherche einzelner lohnenswerter **Keywords** und Long Tail Keywords: Dies oft tiefergehend, als es etwa die Untersuchung mit den Google-eigenen Werkzeugen erlaubt, und unter Berücksichtigung des spezifischen Wettbewerbs
- Eine Analyse der **Backlinks**, inklusive der Betrachtung von Linkarten, Linktexten sowie der Mächtigkeit einzelner Verweise: Dies dient der Erarbeitung einer nachhaltigen Linkaufbau-Strategie, aber auch der Findung des richtigen Link-Mix. Gleichzeitig wird die Effizienz der eigenen **internen und externen Links** durchleuchtet und bewertet.
- Aufdeckung von **OnPage-Potenzialen**:Wo ist die Keyword-Dichte zu hoch oder zu niedrig? Wo versteckt sich eine unsaubere Programmierung? Wo sind Metadaten falsch oder unsauber gepflegt? Wo lauern doppelte Inhalte, ins Leere laufende Verlinkungen, ineffiziente Verzeichnisstrukturen?
- Wie ist es um **Erfolgs-Kennzahlen**, wie Reichweite, Besucherströme, Abbruchquoten etc. bestellt? Auf welchen Unterseiten schlummern Potenziale zur Optimierung dieser Faktoren? Viele SEO-Suiten lassen sich dabei mit bereits im Einsatz befindlichen Google-Tools verknüpfen.
- Aber auch: Die Verknüpfung von **SEO- & SEA**-Kennzahlen, zum Aufbau einer einheitlichen und aufeinander abgestimmten Strategie

- Neu bei vielen Tools: Auswertung der Sichtbarkeit und der Reichweiten in den **sozialen Netzwerken**, inklusive der Nennung von Optimierungsmöglichkeiten

Trotz der oftmals recht ähnlichen Inhalte gibt es Qualitätsunterschiede bei den SEO-Softwaresammlungen. Insbesondere was die Erläuterung und Deutung einzelner gelieferter Kennzahlen anbelangt. Denn Ihnen bringt jenes Tool am meisten, das nicht nur aufweist, *wo* einzelne Optimierungspotenziale ausfindig gemacht werden konnten. Sondern welches möglichst verständlich einen Weg aufzeichnet, *wie* nun ganz konkret vorgegangen werden muss, um eine Verbesserung zu erreichen. Zudem hängt die Qualität jeder Werkzeugsammlung natürlich immer von der Datenbasis ab, die jeweils zur Verfügung steht. Diese kann nicht nur je Anbieter von Zeit zu Zeit schwanken. Sie werden auch kaum belastbare Aussagen darüber finden, welche Software in welchem Branchen-Bereich wie gut aufgestellt ist. Nicht jede Analyse mit einem solchen Werkzeug muss von daher immer zu einem Großteil stimmen. Manche Ergebnistabellen, vor allem im Vergleich mehrerer Portale untereinander, dienen mehr der allgemeinen Orientierung sowie der Erfolgsbetrachtung im zeitlichen Verlauf. Denn was eine solche Software für Ihr Portal als Werte ausspuckt, das können Sie möglicherweise noch auf Richtigkeit und Plausibilität hin überprüfen. Wenn es um die Wettbewerbsanalyse geht, dann wird dies schon deutlich schwieriger. Diesen Hinweis sollten Sie stets im Hinterkopf behalten, wenn Sie mit einem SEO-Tool arbeiten.

Fachzeitschriften, wie etwa das Magazin *Website Boosting* (siehe Abschnitt 2.5.4), testen regelmäßig einzelne Tools auf Herz und Nieren. Oder aber Sie lassen sich von den Anbietern eine Referenz aus einer Branche nennen, die Ihrem Unternehmen möglichst nahe ist. Denn während die aufgelisteten Analysen für Unternehmensgegenstand A wunderbar funktionieren können, sind sie für B möglicherweise nur wenig aufschlussreich.

1.8.2 Die Sichtbarkeitsindizes

Einige der Anbieter arbeiten mit einem so genannten Sichtbarkeitsindex, der sich für Ihr Onlineprojekt, aber auch für Konkurrenzplattformen, berechnen lässt. Dabei handelt es sich um einen Wert, der (wie der Name schon sagt) beschreiben soll, wie „sichtbar" ein Projekt bei Google ist. Der also aufweist, wie gut das Portal bei einzelnen inhaltlich relevanten Suchanfragen im Ranking abschneidet. Wobei ein Platz eins in den Suchergebnislisten bei einem kaum nachgefragten Nischen-Keyword weniger gewichtet wird, als etwa ein Platz sechs bei einem sehr umkämpften Suchbegriff. Jeder Index der einzelnen Anbieter wird auf unterschiedliche Art und Weise berechnet. Nach Angaben dieser werden dabei regelmäßig „Hunderttausende" oder gar „Millionen" von Keywords berücksichtigt und untersucht, um die Datenbasis für die Berechnung der Werte gewinnen zu können.

Die Sichtbarkeitsindizes sind zu einer Art Ersatzwährung für den PageRank geworden. Die meisten SEOs messen der Kennzahl eine sehr hohe Bedeutung zu (siehe etwa *www.blogprofis.de/buch/sichtbarkeit*), so dass ein regelrechter Wettbewerb um Portale mit der höchsten Sichtbarkeit entbrannt ist. Das ist durchaus berechtigt, da der Sichtbarkeitsindex in den meisten Fällen auf einer breiteren Erfolgs-Datenbasis beruht, als andere ähnliche Werte. Teilweise berechtigt, muss man der Vollständigkeit halber sagen. Denn nicht für alle Webseiten und alle Keywords funktioniert das Prinzip auch tatsächlich. Ich selbst war mit einem meiner Portale lange Zeit über zwei Schlagworte auf Platz eins und zwei bei Google vertreten, die mit immerhin um die 150 000 monatlichen Suchanfragen, einem hohen CPC von damals über 2 Euro sowie nahezu 8 Millionen konkurrierenden Ergebnisseiten bei Google sehr prominent aufgestellt waren. Trotz dieses guten Rankings verzeichneten die SEO-Tools für eben dieses Portal einen Sichtbarkeitsindex, der nicht der Rede wert war. Meine „Konkurrenten" hingegen – in den Suchergebnislisten damals weit hinter mir – schnitten durch die Bank deutlich besser ab. Es hängt also immer davon ab, welche Keywords ein Sichtbarkeitsindex für welche zu bewertenden Portale berücksichtigt – und genau da lassen sich die Anbieter nur selten in die Karten schauen.

Was ich damit sagen will: Ein niedriger Sichtbarkeitsindex heißt nicht unbedingt, dass Sie nicht gut bei Google positioniert sind, mit den Schlagwörtern die eben wichtig für Ihren Geschäftserfolg und Ihre ganz persönliche Situation sind. Der Wert hat auch nicht immer unmittelbar etwas mit dem Traffic auf Ihren Webseiten zu tun. Man muss bei einem niedrigen Index also nicht gleich in Panik ausbrechen. Andererseits hilft die Kennzahl dabei, den nachhaltigen Erfolg Ihrer SEO-Strategie beobachten zu können, und das im besten Fall über Ihr komplettes Portal hinweg. Zudem kann der Wert sehr hilfreich sein, wenn man sich direkt mit Wettbewerbern vergleichen möchte, die zum großen Teil mit denselben Schlüsselbegriffen arbeiten. Wenn Sie jedoch in einem Nischenbereich unterwegs sind, dann kann es durchaus sein, dass Sichtbarkeitsindizes kein probates Mittel zur SEO-Erfolgsmessung darstellen. Hier können die Ergebnisse aus den Indizes sogar Schaden anrichten: Wenn man, angetrieben durch einen scheinbar schlechten Wert, in unnötigen Aktionismus verfällt. Und damit das zuvor erfolgreiche Portal SEO-technisch „verschlimmbessert".

PRAXISTIPP: Unter der Adresse *www.sichtbarkeitsindex.de* kann der Index eines Tool-Anbieters kostenfrei ermittelt werden. Etwas detaillierter geht dies zudem unter *http://suite.searchmetrics.com/de/research/domains/visibility/*. Geben Sie dort doch einmal die URL Ihres Portals ein und danach jene Ihrer wichtigsten Mitbewerber. Derart für sich alleine stehend und ohne tiefergehende Analyse sind die Ergebnisse hieraus jedoch mit Vorsicht zu genießen.

1.8.3 SEO-Analyse am Beispiel Link Research Tools

Die „Link Research Tools" (erreichbar unter *www.linkresearchtools.de*) sind seit 2010 auf dem Markt. Entwickelt wurden Sie von einem Team rund um den österreichischen SEO-Experten Christoph C. Cemper. Auf seinem Portal *www.cemper.com* finden sich übrigens spannende Hintergrundberichte rund um Google-Updates, SEO-Trends & Co. Die Tools kommen mit einer ganzen Fülle an Analysewerkzeugen daher. Diese decken die Prozesse der Backlink-, SERP- und Mitbewerber-Analyse, der Keyword-Findung, der OnPage-Seitenbewertung sowie des Linkaufbaus und mehr ab.

Mit dem „Competitive Keyword Analyzer" etwa lassen sich nicht nur potenziell lukrative Keywords aufspüren. Er zeigt zudem, welche Seiten Ihrer Mitbewerber unter welchen Schlagwörtern wie gut bei Google aufgestellt sind, und warum dies möglicherweise so ist. Dabei funktioniert er selbst in Nischenbereichen sowie in kleineren lokalen Märkten gut, wie Bild 1.61 zeigt.

URL	Keyword	Siege #	BL	DomPop	Theme	SiteType
suchen...	suchen...	von.. bis..	von.. bis..	von.. bis..	filtern...	filter
[illegible]	Fitness Brühl	2	8	18	n/a	General
[illegible]	Fitness Brühl	1	2	18	Sports/Recreation	General
[illegible]	Fitness Brühl	4	633	18	Sports/Recreation	General
[illegible]	Fitness Brühl	2	395	44	n/a	General
[illegible]	Fitness Brühl	0	49	6	Health	CMS
[illegible]	Fitness Brühl	0	25	5	Sports/Recreation	General
[illegible]	Fitness Brühl	7	6	1,067	Sports/Recreation	CMS
[illegible]	Fitness Brühl	0	7	5	n/a	General
[illegible]	Fitness Brühl	1	10	6	n/a	General
[illegible]	Fitness Brühl	3	1	1,258	Government/Legal	General
[illegible]	Fitness Freising	0	2,035	93	Health	CMS
[illegible]	Fitness Freising	0	443	80	Health	CMS
[illegible]	Fitness Freising	0	107	32	n/a	General
[illegible]	Fitness Freising	7	3	1,067	Sports/Recreation	CMS

Bild 1.61 Welcher Fitness-Anbieter ist in „Brühl" oder „Freising" wie gut aufgestellt? Wie sieht es jeweils aus mit Kennzahlen wie der Anzahl der Backlinks, den Positionierungen und der Domainpopularität? Gewinnt wirklich immer das Portal mit den meisten eingehenden Links?

Eine weitere Auswertung zeigt, welches der frei definierbaren Wettbewerbs-Portale über welche Backlinks verfügt. Eine überaus wichtige Funktion. Vielleicht entdeckt man so neue Link-Kooperationspartner oder stößt generell auf neue Linkaufbau-Ideen. Andere Tool-Anbieter bieten recht ähnliche Werkzeuge. Link Research Tools unterfüttert seine Ergebnisse zudem mit einer Reihe von hausintern ermittelten Benchmarks, welche die Stärke der untersuchten Portale in einzelnen Disziplinen verdeutlichen sollen. Für eine schnelle Übersicht vor einer tiefergehenden Analyse ist dies natürlich recht wertvoll.

Aufschlussreich beispielsweise auch die Metrik „Competitive Link Velocity", mit der man das Link-Wachstum verschiedener Domains miteinander vergleichen kann. Bereits an diesem Beispiel wird jedoch deutlich, dass solche Übersichts-Reports einer nachgelagerten weiterführenden Untersuchung bedürfen, um die richtigen Rückschlüsse zu ziehen. Am Beispiel von Bild 1.62 (nächste Seite) gehen die Backlink-Werte für mein eigenes Portal nach Juli 2012 deutlich zurück. Dies lag jedoch daran, dass ich einige Sidebar-Links von anderen meiner Projekte abbaute, die von jeder Unterseite aus auf die zu betrachtende Domain verwiesen – hausgemachtes Link-Spamming quasi. Was hier also zunächst eher „negativ" aussieht, erweist sich bei näherer Betrachtung – in einem anderen Modul der Tool-Sammlung ersichtlich – als durchaus sinnvolle SEO-Maßnahme.

Es sind übrigens gar nicht immer die technisch raffiniertesten Reports, die gute Ansatzpunkte für eine SEO-Strategie liefern. Das stellt das „SERP Research Tool" des österreichischen Anbieters unter Beweis. Man gibt einige für das eigene Unternehmen wichtige Keywords ein, und schon erhält man Hinweise auf andere Portale, die bei Google mit diesen Schlüsselwörtern sehr gut aufgestellt sind. Das hilft natürlich enorm bei der Suche nach potenziellen und in diesem Fall sehr wertvollen Backlink-Partnern. Zumal sich viele der Ergebnisse eben nicht mit einer einfachen Google-Recherche erschließen. Selbst wenn sich

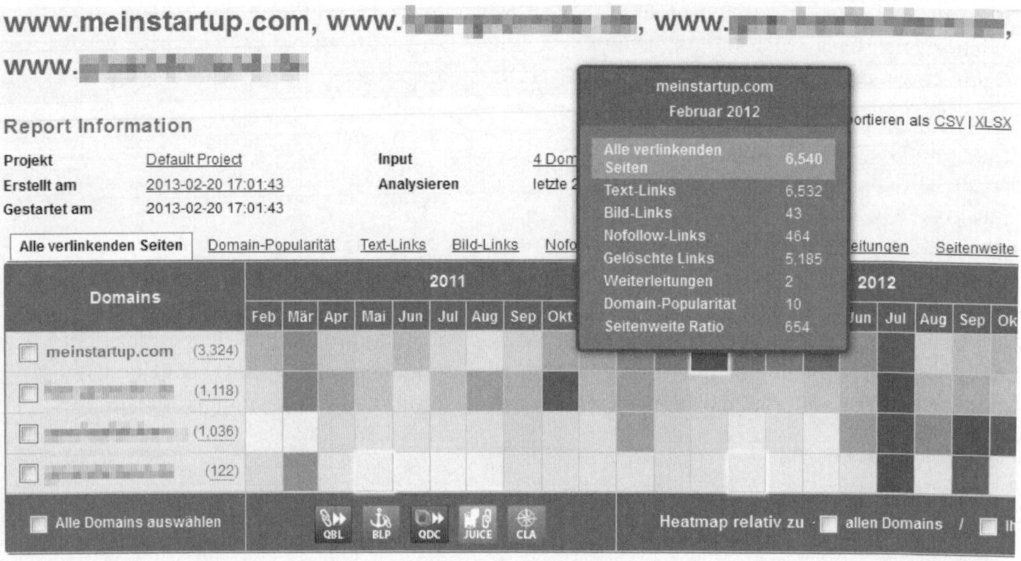

Bild 1.62 Wie aktiv sind die SEOs meiner Mitbewerber beim Backlink-Aufbau? Diese Analyse zeigt es auf einen Blick.

in der Liste auch zahlreiche Mitbewerber und sonstige weniger geeignete Seiten verstecken, die wohl kaum für eine Verlinkung infrage kommen.

Folgende weitere Werkzeuge in der Sammlung sind ein gutes Beispiel für die Funktionalitäten von SEO-Software:

- Der **Link Juice Thief:** „Finden Sie heraus, wohin Ihre Konkurrenten verlinken und holen Sie sich indirekt Links von der Konkurrenz“, verspricht der Anbieter. Dahinter steckt der Gedanke, dass Google von den Portalen Ihrer Mitbewerber über eine Zwischenseite, auf der man nun versucht, einen Backlink unterzubekommen, zu Ihnen findet. Sind Ihre Konkurrenten SEO-technisch besonders gut aufgestellt, würden demnach auch Sie indirekt von deren „Power“ profitieren.
- Das Tool **Link Detox** analysiert Links zu Ihrer Webseite hin, ob sich darunter „giftige“ Verweise befinden – etwa von Portalen, die vermutlich aufgrund einer Abstrafung aus dem Google-Index entfernt wurden. Zwar sind die Ergebnisse jeweils einzeln zu betrachten und daher mit Vorsicht zu genießen. Aber schon ein/zwei Hinweise auf tatsächlich schädliche Verweise können unter Umständen „Gold“ wert sein. Dann sollte man versuchen, diese Links durch den Webmaster der anderen Seite entfernen zu lassen (sofern dieser sich darauf einlässt).
- Das **Strongest Subpages Tool** zeigt die stärksten Unterseiten eines beliebigen Web-Projekts an. Damit können Sie sowohl gute Seiten Ihres Portals für eine interne Verlinkung ausfindig machen, als auch lohnenswerte Unterseiten auf fremden Projekten ermitteln. Etwa um dort einen Backlink im Rahmen einer Link-Partnerschaft unterzubringen.
- Links aufspüren, die Ihrer Konkurrenz im Ranking helfen, die jedoch (noch) nicht von Ihnen genutzt werden: Das verspricht das **Missing Links Tool**.

- Ein **Juice Tool** verrät Ihnen unter anderem, warum ein oder mehrere Mitbewerber möglicherweise besser als Sie aufgestellt sind, obwohl diese über weniger Backlinks verfügen – etwa über Einschätzungen, in welchen Disziplinen die Backlinks der Konkurrenten besser aufgestellt sind.

Einige der Werkzeuge sind in ihrer jeweiligen Aussagekraft selbst für SEO-Anfänger sowie Fortgeschrittene gut nutzbar. Andere wiederum bedürfen schon eines geschulten Auges, um ihre volle Kraft entwickeln zu können. Insbesondere da nahezu jede Analyse über so genannte Drilldown-Navigationen nach weiteren Metriken hin aufgeschlüsselt werden kann. Insofern leistet eine Software, wie die Link Research Tools, natürlich noch deutlich mehr, als hier angedeutet wird. Der Anbieter begegnet dieser Tatsache mit einem umfassenden Hilfeteil. Anleitungs-Videos mit Beispielen aus der Praxis sollen ihr Übriges dazu beitragen, die Suite nicht nur durch den Pofi nutzbar zu machen. Jeden SEO-Tool-Hersteller sollten Sie unter anderem daran messen, wie gut die jeweilige Dokumentation ausfällt.

	www.meinstartup.com	[illegible]
CEMPER Power*Trust™	12	15
CEMPER Power™	IIII	IIIII
CEMPER Trust™	III	III
Google Page Rank (PR)	4	5
Thema der Domain	Business/Economy	Business/Economy
Hosting-Land	DE	DE
Rankende Keywords	154	4,032
Domain-Popularität	386	524
IP-Popularität	310	425
ClassC-Popularität	260	349
Links zur Domain	24,646	9,451
.EDU-Links	0	0
.GOV-Links	0	0
Siege #	1	7

Bild 1.63 Derartige einfache Schnellvergleiche erleichtern den ersten Einstieg in die SEO-Analyse, bedürfen jedoch oft weiterer Interpretationsschritte.

1.8.4 SEO-Analyse am Beispiel OnPage.org

Wie der Name bereits vermuten lässt, konzentriert sich die Tool-Sammlung (siehe *http://de.onpage.org*) hauptsächlich auf das Aufdecken von Optimierungspotenzialen im OnPage-Bereich. Aber auch Ranking- sowie Wettbewerbs-Untersuchungen sind damit teilweise möglich. Ich gehe an dieser Stelle lediglich auf Funktionalitäten zur Seitenanalyse ein. Ein Team aus bekannten und erfahrenen SEO-Spezialisten steckt hinter OnPage.org. Das Werkzeug besteht erst seit relativ kurzer Zeit, hat sich aber bereits einen guten Namen in der Szene gemacht. Die erste Einrichtung ist schnell geschehen: Man gibt die zu untersuchende Domain an, wartet ein paar Stunden auf die Ergebnisse der OnPage.org-Crawler, und schon stehen detaillierte Daten bereit. Die meisten Nutzer dürften erst einmal erschrecken, wenn sie diese zum ersten Mal betrachten (siehe Bild 1.64).

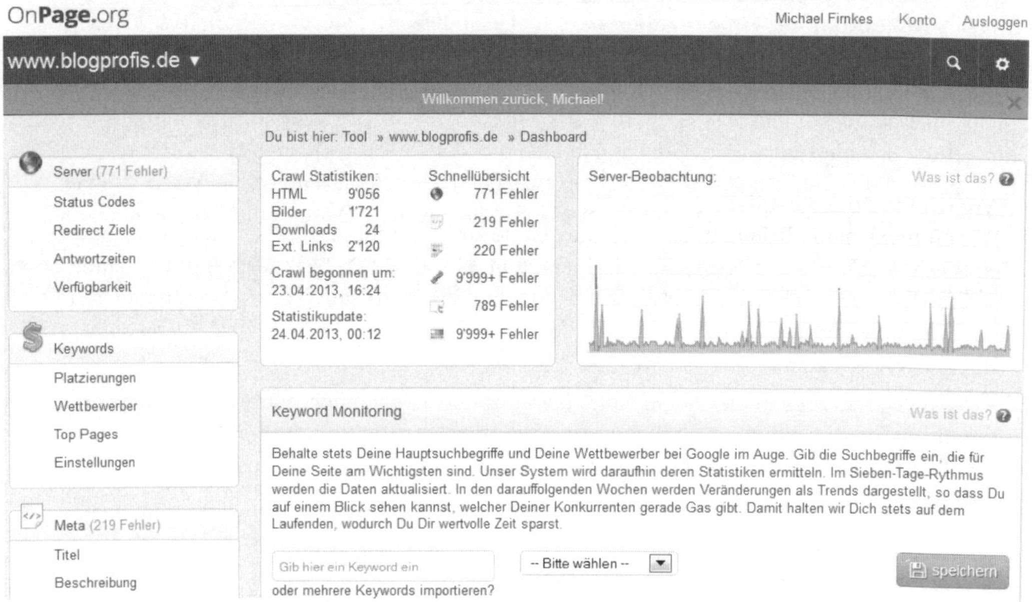

Bild 1.64 So viele Fehlermeldungen? Das sieht niemand gerne.

Wobei bei näherer Betrachtung nicht sämtliche Meldungen allzu kritisch zu sehen sind, oder aber kleinere Optimierungspotenziale werden immer wieder je Unterseite angezeigt. Unter anderem untersucht das Tool folgende Bereiche:

- **Serverbezogene Meldungen:**
  Hier geht es um die Erreichbarkeit von Unterseiten, Downloads, Funktionalität von Skripten, Designelementen, Sitemaps, Antwortzeiten (Geschwindigkeit des Web-Servers) und mehr.
- **Analyse des Contents:**
  Sind die Inhalte unique oder werden Kopien im Netz gefunden? Können einzelne Bereiche und Dateien komprimiert und damit schneller gemacht werden? Besonders aufschlussreich: Stimmt die logische Verteilung von Überschriften-Tags (siehe Abschnitt 1.4.3)? Sind Autorenverknüpfungen auch wirklich auf allen Unterseiten richtig gesetzt (siehe Abschnitt 1.4.6)? Diese und mehr Fragen werden beantwortet. Selbst eine WDF*IDF-Analyse gibt es (siehe Abschnitt 1.5.1).
- **Metadaten:**
  Gibt es Probleme bei der Verwendung von Title-Tags (sind diese zu lang, zu kurz, nicht vorhanden, doppelt gesetzt etc.)? Wie sieht es mit den Meta-Beschreibungen aus, welche Seiten sind für die Crawler der Suchmaschinen gesperrt, wird das Canonical-Tag korrekt

eingesetzt und Ähnliches mehr. Spannend die Analyse: Welche Keywords können mit welchen einfachen Änderungen besser unterstützt werden?

- **Links:**
Verweisen die gleichen Linktexte auf unterschiedliche interne oder externe Zielseiten (das kann bei Google für Irritationen sorgen), wie viele externe und interne Verweise gibt es pro Unterseite, werden einzelne Links korrekt weitergeleitet, gibt es verwaiste Links oder Verweise hin zu Malware oder Phishing-Seiten, wie ist die Verteilung von NoFollow/DoFollow-Links zu bewerten, existieren zu optimierende relative Pfade etc.?
- **Bilder:**
Sind interne und externe Grafiken korrekt eingebunden, findet das ALT-Attribut Verwendung, gibt es doppelte Bildattribute?
- **Architektur des Portals:**
Wie oft muss man klicken, um von der Startseite zu bestimmten Unterseiten zu gelangen, ist die Anzahl der Verzeichnisebenen ideal, gibt es für Google blockierte Inhalte, fehlen bestimmte Seiten in der Sitemap, sind einzelne URL's zu lang, sind Dateinamen mit ungültigen Sonderzeichen vorhanden?
- **Weitere Werkzeuge:**
Ist Google Analytics oder Google AdSense auf allen Unterseiten vollständig integriert, Detailreports je Unterseite, Keyword-Analyse einzelner Textinhalte, grafische Auswertung zur Entwicklung bestimmter Metriken sowie eine Author-Rank-Auswertung.

Bild 1.65 Plakative Statusmeldungen sowie praxisnahe SEO-Tipps helfen dem Nutzer weiter.

Die einzelne Ergebnisse und Tipps beziehungsweise deren SEO-Bewertung können durchaus kontrovers diskutiert werden. Schön sind die eingebundenen grafischen Elemente, die schnell und plakativ zeigen, wie gut oder nicht gut das Portal in den einzelnen Disziplinen aufgestellt ist. Erklärungstexte bei jedem Eintrag helfen zusätzlich, um die Ergebnisse interpretieren zu können. Für Nicht-Experten sind diese mal mehr, mal weniger verständlich gehalten. Dennoch eignet sich die Werkzeugsammlung mit all diesen Funktionalitäten auch für Einsteiger: Die meisten Optimierungspotenziale erklären sich mit ein wenig Basiswissen fast von selbst, gestützt von der gelungenen Darstellung. Doch bei der Umsetzung der Tipps wird der Nutzer dennoch auf Expertenwissen zurückgreifen müssen. Hier sind Webmaster, Webdesigner oder Programmierer gefragt. Nur einige Elemente lassen sich rein administrativ über das Content-Management-System steuern. Aber das ist ein generelles Problem der fundierten OnPage-Optimierung.

Nach der erfolgten Optimierung zeigt der Dienst übrigens die positiven Veränderungen im Vergleich zum vorherigen Stand an. Auch das ist ein hilfreiches Feature. Alles in allem dürfte ein Werkzeug wie OnPage.org bei vielen Unternehmern aber auch (Online-) Marketingverantwortlichen einen Aha-Effekt auslösen. Oftmals weiß man bereits um einzelne Optimierungspotenziale. Doch derart plakativ dargestellt, erhöht sich die Motivation deutlich, die Bearbeitung dieser auch tatsächlich anzugehen. Zudem macht die Tool-Sammlung auf Probleme aufmerksam, die man selbst als SEO gerne einmal vernachlässigt oder an deren Datengrundlage man nicht ganz so einfach gelangt. Ein weiterer Einsatzzweck: Unternehmensverantwortliche können die Arbeit ihres Onlinemarketing-Teams sowie ihrer Webmaster überprüfen. Bei jeder Webseite werden Fehlermeldungen auftauchen. Ihre Mitarbeiter sollten Ihnen dann jedoch ganz genau erklären können, warum diese bislang nicht beseitigt wurden, oder warum diese nicht relevant für die jeweilige Situation sind.

2 SEO-Wissen aufbauen und nutzen

In diesem Kapitel erfahren Sie, wie sich ein fundiertes Wissen rund um die Suchmaschinenoptimierung aufbauen lässt, und wie man den erreichten Stand halten kann. Aber auch, wie sich dieses Wissen nutzen lässt, um externe SEO-Partner zu steuern. Oder um einzelne, von außen empfohlene Maßnahme besser einschätzen zu können. Wenn Maßnahmen zur Suchmaschinenoptimierung heutzutage bei fast jedem Geschäftstermin und Netzwerk-Treffen diskutiert werden, dann hat dies Vor- aber auch Nachteile. Denn nicht immer sind solche Gespräche mit der notwendigen fachlichen Substanz hinterlegt. Eine solche Substanz ist gerade im SEO-Umfeld von enormer Bedeutung, will man nicht so manch unnützem oder gar gefährlichem Tipp aufsitzen. Diesbezüglich ist es umso wichtiger, dass Sie nicht nur die Grundlagen aus diesem Buch verinnerlicht haben, sondern sich in Eigenregie weiter fortbilden.

Was das Thema Outsourcing anbelangt, das ebenfalls Bestandteil dieses Kapitels ist: In der Regel werden Sie nicht sämtliche anfallende Arbeiten in Eigenregie übernehmen können, ohne Ihr eigentliches Kerngeschäft zu vernachlässigen. Doch selbst wenn Sie mithilfe weiterführender Quellen nach und nach selbst zum SEO-Profi werden möchten, so gebe ich Ihnen in den nachfolgenden Abschnitten einige nützliche Hinweise mit auf den Weg. Diese sind auch dann hilfreich, wenn Sie als Einzelkämpfer nicht über die notwendigen Mittel verfügen, um auf externe Fachkräfte zurückzugreifen.

2.1 Seriöse von unseriösen Offerten unterscheiden

Ich hatte es bereits angedeutet: Die steigende Nachfrage nach SEO-Experten weckt Begehrlichkeiten. Mit steigendem Onlineerfolg oder auch bereits direkt nach der Anmeldung einer neuen geschäftlich genutzten Domain werden Sie Anfragen wie in Bild 2.1 erhalten.

Guten Tag, wir haben bemerkt, dass Ihre Internetseite in Google nicht gut sichtbar ist. Das kann zur Folge haben, dass Ihre Kunden Sie nicht auffinden können. Falls Sie das ändern möchten, bieten wir Ihnen die Optimierung Ihrer Webseite an.

Die Optimierung der Internestseite bringt sehr schnelle und langhaltige Ergebnisse ohne zusätzliche Monatsgebühren!

Auf Ihrer Webseite haben wir ziemlich schwerwiegende Optimierungsfehler sowohl im Code der Seite als auch in ihrem Inhalt gefunden. Das ist der Hauptgrund für die niedrige Position Ihrer Webseite in den Suchmaschienen.

Dank den von uns vorzunehmenden Änderungen wird Ihre Webseite die Top-Ten-Position in Google erreichen.

Wir laden Sie auf unsere Webseite ein.

[redacted]

Speziell für Sie haben wir einen Rabatt in Höhe von 15 Prozent für die Optimierung der Webseite vorbereitet.
In der Bestellung reicht es nur den Code: [redacted] einzugeben.

[redacted].net

Bild 2.1 „Sehr schnelle Ergebnisse", angeblich entdeckte „schwer wiegende Optimierungsfehler" und Ähnliches mehr: Superlative und das Arbeiten mit Ängsten sind deutliche Indikatoren für ein unseriöses SEO-Angebot.

Oder aber man schickt Ihnen Nachrichten wie die aus Bild 2.2., in diesem Fall als Offerte zum Link-Aufbau.

Hallo und guten Tag,

wir sind Inhaber der Internetseite [redacted].

FÃ¼r Suchmaschinen ist es sehr wichtig, Links zu der eigenen Internetseite zu bekommen.
Bei meiner Recherche bin ich hierbei auf Ihre Seite gestoÃŸen.

Wenn Sie einen Link von meiner Seite zu Ihrer Seite [redacted] einrichten mÃ¶chten, kÃ¶nnen Sie dies selber hier ganz einfach vornehmen.
Dadurch erhÃ¶hen Sie sich und unsere Suchmaschinen rankings. Somit haben Sie und wir etwas davon - also ein WIN-WIN Situation.

Klicken Sie einfach auf folgenden Link um Ihre gewÃ¼nschten Daten zu vervollstÃ¤ndigen.

http://www.[redacted]/show.php?aHR0cDovL3d3dy50b3Atc3Ryb20uY29tLw==

Ihr Eintrag ist vÃ¶llig kostenlos und verpflichtet Sie zu nichts und ist eine reine SEO-Aktion!

Mit freundlichen GrÃ¼ssen

Bild 2.2 Bei automatisiert erstellten E-Mails gilt nicht nur im Falle falscher Rechtschreibung und Zeichencodierung: Finger weg!

Die Inhalte selbst sind hierbei nahezu austauschbar. Sie werden gleich noch im Detail erfahren, auf welche Warnzeichen man hierbei achten kann. Es geht mehr um die generelle Intention solcher E-Mails: Immer, wenn besonders schnelle und einfache Lösungen versprochen werden, dann hat die Sache meist einen „Haken". Und denken Sie daran: Ein wirklich guter SEO beziehungsweise eine vernünftig arbeitende Agentur wird es nicht nötig haben, auf solche Art und Weise auf (Massen-) Akquise zu gehen. Denn deren Auftragsbücher sind bereits voll, so dass eher Sie sich mit Ihrem Projekt „bewerben" müssten. Anders ausgedrückt: Ich selbst erhalte täglich etwa ein gutes Dutzend an Nachrichten, wie sie oben abgebildet sind. Alleine das beweist schon, dass man sich nicht wirklich mit meiner Person auseinandergesetzt hat. Und so gut wie nie steckt eine Offerte dahinter, bei dem es sich zumindest einmal lohnen würde, den Anbieter oder Absender näher in Augenschein zu nehmen. Wirksame Suchmaschinenoptimierung bedeutet viel Arbeit, und in 99 Prozent aller Fälle muss die Initiative zu einer solchen Optimierung von Ihnen selbst ausgehen.

Auch auf eine Onlineanzeige wie in Bild 2.3 sollten Sie nicht hereinfallen.

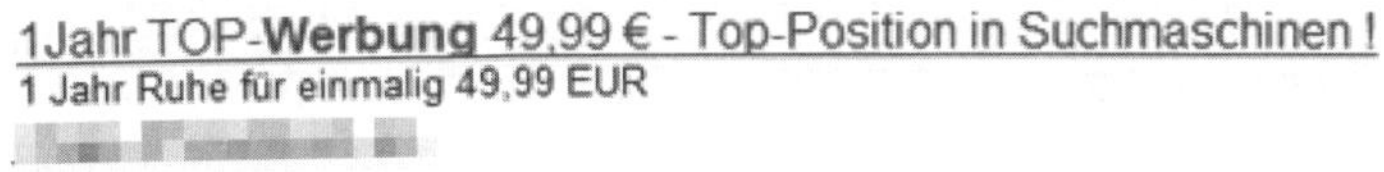

Bild 2.3 SEO für einmalig 49,99 €? Schön wäre es.

Betrachten wir nachfolgend also einmal die wichtigsten Fälle, in denen Sie mit Kooperationspartnern oder auch Dienstleistern interagieren werden, um Ihrem eigenen Onlineauftritt die notwendige SEO-Kraft zu verleihen.

2.1.1 Kooperationsanfragen

Kooperationsanfragen anderer Webseitenbetreiber sind im SEO-Umfeld in den allermeisten Fällen stets gleichzusetzen mit Linktausch- oder Linkplatzierungs-Anfragen. Da möchte jemand auf Ihrer Seite einen Backlink unterbringen und bietet Ihnen als Ausgleich einen Gegenverweis an, oder aber (die elegantere Methode) er offeriert Ihnen einen Gastbeitrag und Ähnliches mehr. In beiden Fällen wird viel geschummelt. Dies mit der Intention, in erster Linie einmal selbst einen SEO-Vorteil zu erreichen. Es handelt sich also um alles andere als eine Win-Win-Situation.

Linktausch

Ich weiß noch genau, wie stolz ich war, als mich kurz nach der Veröffentlichung meines ersten Onlineprojekts eine Anfrage der Art erreichte:

> *„Ihre Website www.xyz.de ist uns aufgefallen und gefällt uns sehr gut. Denn Sie bieten für Nutzer gut aufbereitete Informationen/Entscheidungshilfen an … Lassen Sie uns gegenseitig verlinken, denn im Gegensatz zu einigen anderen Webmastern setzen wir Backlinks nur auf thematisch passenden Seiten, die redaktionell gepflegt werden …“*,

und so weiter und so fort. Heutzutage, nachdem ich zigtausende solcher Anfragen erhalten habe, kenne ich die Merkmale von E-Mails, die meist einzig und alleine dem Zweck dienen sollen, an Ihren bisherigen (und demnach bereits guten) SEO-Bemühungen zu partizipieren. Unseriöse Linktausch-Anfragen lassen sich anhand folgender Komponenten erkennen:

- Sie werden nicht namentlich angesprochen, es fehlt der Bezug zur inhaltlichen Ausrichtung Ihres Portals, der Nachrichtentext ist komplett austauschbar, Sie bekommen ein und dieselbe Nachricht an unterschiedliche E-Mail-Adressen oder Projekte geschickt.
- Ihr Portal wird ohne erkennbaren Grund „über den Klee“ gelobt. Man verspricht Ihnen einen „ganz besonders wirkungsvollen Effekt auf das Google Ranking“.
- Der Absender stellt sich nicht mit vollen Adressdaten und seiner Webseite vor, oft kommen gar fingierte Namen zum Einsatz. Oder: Es gibt eine Webseite, aber diese ist gespickt mit Links (unter Umständen zu unseriösen Seiten), dort fehlen Inhalte oder das Impressum.

- Die Anfrage wird von einer frei erhältlichen, anonymen E-Mail-Adresse aus verschickt (web.de, gmx.de, yahoo etc.).
- Es werden verschiedenste Themenbereiche genannt, aus denen man Ihnen Backlinks „besorgen" könne. Das Originalzitat aus einer Anfrage an mich: *„Ich habe Animation, Gehirn-, Bildungs-, Modell-, Mode-, Hotel-, Spiele, Business, Sport und Glücksspiel-Websites."* Gehirn-Websites? Nein Danke.
- Die Anfrage enthält einen kryptischen Link, über den die gesamte „Abwicklung" erfolge (solche Massenanfragen können über einige SEO-Tools an unzählige Empfänger verschickt werden).
- Es wird damit geworben, man könne mit der Maßnahme „Google austricksen" oder Ähnliches. Ihnen wird ein finanzieller Ausgleich angeboten.
- Man wirbt mit dem Namen von großen, allseits bekannten Portalen, auf denen man Sie angeblich „unterbringen" kann. Oder es werden Maßnahmen versprochen, die „andere Linktausch-Partner so nicht anbieten".
- Der Absender versucht, Sie mit SEO-Fachausdrücken zu beeindrucken. Hierzu wiederum ein Originalzitat: *„Ich biete nicht reziproken Linktausch, kostenlose Backlinks mit frei wählbaren Parametern, themenrelevante Links stärken Ihre Projekte in Trust/Google-Ranking."*

Generell lässt sich erkennen: Je mehr eine Link-Kooperation auf reine SEO-Aspekte hin reduziert wird, umso fraglicher ist in der Regel das dahintersteckende Angebot. Eine gute Kooperation hat nicht nur einen Linktausch oder Ähnliches im Auge, sondern ist generell daran interessiert, sich auch inhaltlich gegenseitig zu bereichern. Linktausch-Angebote können zudem meist nur dann sinnvoll für Ihr Portal sein, wenn die Mehrzahl der folgenden Bedingungen zutrifft:

- Das anfragende Portal ist inhaltlich von sehr guter Qualität und passt thematisch optimal zu Ihrem Content.
- Der Anfragende hat ein gutes Online-Renommee (er tritt Ihnen gegenüber und auf seinem Portal mit dem Echtnamen auf, es handelt sich um ein anerkanntes Unternehmen oder einen auch anderen Portalen bekannten Blogger, er tritt aktiv in diversen Social-Media-Kanälen auf etc.).
- Er sorgt sich mit seiner Anfrage nicht nur um seinen, sondern auch um den Mehrwert Ihrer Leser. Dementsprechend steht die Frage im Vordergrund, von welchen Inhalten die jeweiligen Leser profitieren könnten. Nicht von welchen Links.
- Es werden weitere Kooperationsmöglichkeiten angesprochen.
- Idealerweise kennen Sie den Anfragenden schon von einer vorherigen Zusammenarbeit oder von einem vorherigen Kontakt (etwa offline, in den sozialen Medien, über einen Kommentar auf Ihrem Portal).
- Die beiden Portale begegnen sich zumindest einigermaßen auf Augenhöhe, was Kennzahlen, wie die Besucherzahlen, den PageRank und Ähnliches mehr anbelangt.

Ein paar Worte noch zum letztgenannten Punkt der Aufzählung, denn ich möchte hier nicht falsch verstanden werden: Wenn Ihre Webseite monatliche Besucher im sechsstelligen Bereich und mehr erreicht, so kann es sich durchaus lohnen, die Offerte eines „kleinen" Nischen-Bloggers in Ihrem Segment in Betracht zu ziehen. Niemand sollte hier auf seinem hohen Ross sitzen, denn das Internet lebt von gegenseitigen Empfehlungen. Und der Verweis eines gut aufgestellten Fachbloggers kann manchmal mehr Wert haben, als der Backlink eines Branchenprimus. Dennoch könnte eine zu starke Abweichung der Kennzahlen auch darauf deuten, dass man ohne inhaltliche Begründung einfach nur von Ihrem starken Portal profitieren möchte. Dementsprechend geht auch die Anzahl der Linkanfragen deutlich nach oben, je stärker Ihre Webseite SEO-mäßig wächst.

HINWEIS: Auf eine als unseriös erkennbare E-Mail-Anfrage sollten Sie niemals antworten, auch nicht um Näheres über den angeblich hochwertigen Austausch oder die möglichen Backlink-Quellen zu erfahren. Jegliche Antwort Ihrerseits wird als solche registriert und erhöht das zukünftige Spam-Aufkommen in Ihrem Postfach deutlich. Im schlimmsten Fall landet Ihre E-Mail-Adresse auf einer Liste lohnenswerter Ziele oder wird gar weiterverkauft. ■

Hallo zusammen und einen angenehmen Tag!

Auf der Suche nach potentiellen Kooperationspartnern im Netz bin auf Ihre Seite gestoßen. Da ich von deren Qualität und auch den Inhalten überzeugt bin, habe ich mich entschlossen Kontakt mit Ihnen aufzunehmen. Gerne würde ich in einem (digitalen) Dialog einmal mögliche Herangehensweisen beleuchten und schauen, was machbar ist. Da ich derzeit sozusagen noch beim Sondieren bin, kann ich zum jetzigen Zeitpunkt leider keine weiteren Details bereitstellen. Diese hoffe ich jedoch in einer weiteren E-Mail an Sie weiterleiten zu können - Interesse Ihrerseits vorausgesetzt.

Auf eine Rückmeldung freue ich mich schon jetzt und wünsche Ihnen optimistisch bereits ein schönes Wochenende!

Freundliche Grüße von den britischen Inseln,

Bild 2.4 Man kann „zum jetzigen Zeitpunkt leider noch keine weiteren Details bereitstellen"? Das ist nicht wirklich seriös. Auch hier gilt: Keinesfalls antworten.

Gastbeiträge & Co.

Gastbeiträge, Experteninterviews und Ähnliches sind eine tolle Möglichkeit, für natürliche und sehr hochwertige Inhalte und damit auch für einen äußerst wirksamen Backlink-Aufbau zu sorgen (siehe Abschnitt 1.4.1). Ernsthafte Anfragen in diese Richtung kann man von daher gar nicht hoch genug wertschätzen. Etwa, wenn ein Fachexperte, ein Journalist oder ein Blogger Sie um eine entsprechende Möglichkeit bittet. Und dies unabhängig davon, ob die resultierenden Inhalte dann bei Ihnen platziert werden sollen, auf dem externen Portal oder im gegenseitigen Austausch. Idealerweise nutzen Sie Ihr bereits existierendes Netzwerk, um vergleichbare Kooperationen zu ermöglichen.

Leider haben auch die „Link-Tausch-Spammer" diese so wertvolle Möglichkeit erkannt. Und so werden Sie heutzutage nicht nur - mal mehr, mal weniger plump - nach einem Link gefragt. Man bietet Ihnen mehr an:

> *„Bei der Recherche nach interessanten hochwertigen Webseiten zum Thema xyz bin ich auf Ihre Seite www.xyz.de gestoßen. Gerne würde ich Ihnen vorschlagen, einen hochwertigen Gastbeitrag zu einem xyz-Thema auf Ihrem Portal zu veröffentlichen. Ich publiziere regelmäßig Fachartikel im Internet zu Themen, mit denen ich mich gut auskenne.*

Meine Artikel sind inhaltlich von hoher Qualität, haben mind. 400 Wörter und würden einen ausgehenden Link auf eine themenrelevante hochwertige Zielseite enthalten. Den Artikel würden Sie kostenlos und fertig zum Einbinden erhalten.“

Klingt doch ganz gut, oder etwa nicht? Ein hochwertiger Fachbeitrag, von einem renommierten Autor (dessen Name bei Google jedoch keinerlei Ergebnisse liefert), fix und fertig aufbereitet. Klingt nach einer schnellen Lösung, und genau das ist der Haken. SEO hat sehr viel mit gesundem Menschenverstand zu tun. Und ein solcher fragt sich: Warum macht diese nette Person ausgerechnet mir ausgerechnet dieses unschlagbare Angebot? Hat es ein Fachautor nötig, auf diese Weise um Gastbeiträge fast schon zu betteln? Wohl kaum. Lässt man sich auf dieses Angebot ein, so würden Sie anschließend von Ihrem hochwertigen Portal auf ein vermutlich deutlich weniger wertiges verweisen. Und im Gegenzug vielleicht noch einen ebenfalls „billigen“ Backlink erhalten – wenn überhaupt.

Im Prinzip gelten zur Einschätzung vergleichbarer Angebote dieselben Maßstäbe, wie ich Sie Ihnen im Bereich Linktausch bereits genannt habe. Diese können jedoch bei Anfragen zum Austausch von Inhalten um nachfolgende Faktoren erweitert werden:

- Es wird mit dem Attribut „kostenlos“ geworben, was bei einer seriösen Anfrage gar nicht genannt werden müsste. Natürlich sind gegenseitige Gastbeiträge und Experteninterviews kostenlos.
- Es wird nicht darauf eingegangen, warum und wodurch der Absender auf die Idee gekommen ist, ausgerechnet Sie zu kontaktieren.
- Generell fehlt eine wie auch immer geartete Beziehung zwischen Ihnen und dem Anfragenden – und sei es nur, dass Sie ihm von einem gemeinsamen Online- oder Offline-Kontakt weiterempfohlen wurden.
- Bei den Inhalten handelt es sich nicht um Unique Content, diese sind bereits vorgefertigt, und gehen nicht auf die Bedürfnisse Ihrer Leser ein.
- In diesem Zusammenhang: Der Absender fragt gar nicht erst, welche Inhalte für Ihre Besucher von besonderem Mehrwert sein könnten. Das hat durchaus seinen Grund. Schließlich möchte er seinen Content so gestalten, dass diese *seinem* SEO-Zweck und *seinen* Keywords am ehesten zu Gute kommen.

Leider sind mindestens 9 von 10 solcher Angebote nur wenig auf einen Ausgleich in Augenhöhe bedacht. Dann lohnt sich das Knüpfen von Offline-Kontakten. Etwa auf Fachveranstaltungen, aber auch generell bei Ihrem alltäglichen Networking. So können Sie die gleichen Interessen bereits im Vorfeld überprüfen und pro-aktiv auf passende Content-Partner zugehen.

2.1.2 SEO-Dienstleister & -Tools

Einen guten SEO oder eine SEO-Agentur muss man aufspüren, dieses Wort trifft es eigentlich ganz gut. Denn wie bereits erwähnt wachsen jegliche Spezialisten in der Disziplin des Onlinemarketings nicht gerade an den Bäumen. Man muss sie suchen. Womit ein erläuternder Abschnitt fast schon obsolet wird, welche unaufgefordert erhaltenen Werbe-E-Mails von (in diesem Falle eher selbsternannten) Experten als gut und welche als weniger gut eingestuft werden können. Mir jedenfalls ist nicht bekannt, dass SEO-Größen und -Dienstleister auf der Suche nach neuen Kunden solche Formen der Kaltakquise einsetzen. Wenn überhaupt aktiv von einem SEO ausgehend, dann geschieht dies auf Veranstaltungen der Szene (siehe Abschnitt 2.5.5), in Form eigener Onlinemarketing-Maßnahmen der Dienstleister oder über persönliche Kontaktanfragen.

Nicht nur angebliche SEOs werden sich um Sie als Kunden reißen. Auch Tool-Anbieter jeglicher Art bieten ihre Dienste an. Sei es in den Bereichen Erfolgskontrolle & Monitoring, Backlink-Aufbau, der Suche nach Link- und Content-Partnern, dem suchmaschinenoptimierten Web-Texten, der Keyword-Analyse, dem OnPage-SEO, dem Social-(Media)-SEO, der Integration von SEO-Bausteinen in Ihr Content-Management-System (CMS) und vieles weitere mehr. Es ist angesichts dieser Fülle an Anbietern und Disziplinen im erweiterten SEO-Umfeld nicht ganz einfach, die Spreu vom Weizen zu trennen. Die Größe eines Anbieters alleine dient kaum als Qualitätsmerkmal. Gibt es doch eine Menge an kostengünstigen oder gar kostenfreien Lösungen, etwa im Bereich der freien CMS, wie WordPress, TYPO3 oder Joomla!. Hinzu kommt, dass sehr viele „normale" Marketing-Dienstleister ihr Portfolio um SEO-Komponenten aufrüsten. Nannte man sich früher Experte für die Online-Pressearbeit, so handelt es sich heutzutage um einen Experten für SEO-optimierte Online-Pressearbeit. Neue Märkte erfordern eine neue Zielgruppenansprache. Und keiner will sich die Blöße geben, über eine gute Marketing-Lösung zu verfügen, von der man aber nicht unbedingt behaupten kann, dass diese auf reine SEO-Kriterien hin ausgerichtet ist.

Wenn Sie (noch) keinen bereits vorhandenen SEO-Berater hinzuziehen können, um die Eignung einer wie auch immer gearteten SEO-Unterstützung einschätzen zu können, so gibt es zumindest ein paar gute allgemeine Hinweise.

Werkzeuge und Add-ons für Ihr Content-Management-System

Solche Erweiterungen können die richtigen Metadaten für Ihre Webseiten zusteuern (siehe Abschnitt 1.4.3) und/oder Keywords vorschlagen, Link- und Seitenstrukturen optimieren, den Zugriff für Google verbessern, Code-Snippets verwalten und integrieren (siehe Abschnitt 1.4.7), die Ladegeschwindigkeit Ihrer Seiten erhöhen, SEO-Kennzahlen je Unterseite ermitteln, teilweise sogar den Quellcode suchmaschinenfreundlich umgestalten und vieles weitere mehr. Allesamt Funktionen also, die einen sehr erheblichen Einfluss auf den Erfolg Ihres Onlineprojekts haben können.

Wichtig bei vergleichbaren Tools ist es, dass diese inhaltlich entweder von ausgewiesenen SEO-Experten selbst entwickelt wurden oder in Zusammenarbeit mit solchen. Gerade kostenpflichtige Werkzeuge sollten eine solche Verbindung auch transparent machen. Denn nur so können Sie die wahre Expertise einschätzen, die hinter dem Projekt steht. Ein möglichst offener Umgang mit den gegebenen Funktionen ist generell ein gutes Indiz dafür, dass sich das Tool nicht hinter einer ominösen Geheimwissenschaft versteckt, die unter Umständen mehr Schaden als Nutzen anrichten kann. Und: Ein vorbildliches Werkzeug wird Ihnen nicht nur sehr detailliert aufzeigen, wie man die einzelnen Funktionen rein von der Technik her bedient, sondern auch welche konkrete Auswirkungen deren Nutzung jeweils hat. Schön ist es auch, wenn ein Anbieter gar selbst vor der Nutzung einzelner Funktionalitäten seiner CMS-Erweiterung warnt. Etwa, indem er aufzeigt, welche Bestandteile nur von SEO-Experten bedient und mit Inhalten befüllt werden sollten. Denn ein suboptimal eingestelltes SEO-Add-on kann schlechter in seiner Wirkung sein, als gar kein vergleichbares Werkzeug zu benutzen. Weiterhin wird ein gutes Programm zur Suchmaschinenoptimierung stets aktuell gehalten. Bringt Google ein neues größeres Algorithmus-Update auf den Markt, und der Tool-Anbieter reagiert umgehend, dann ist dies ein Zeichen für nachhaltige Kompetenz, aber auch genügend personelle „Power" hinter dem Projekt.

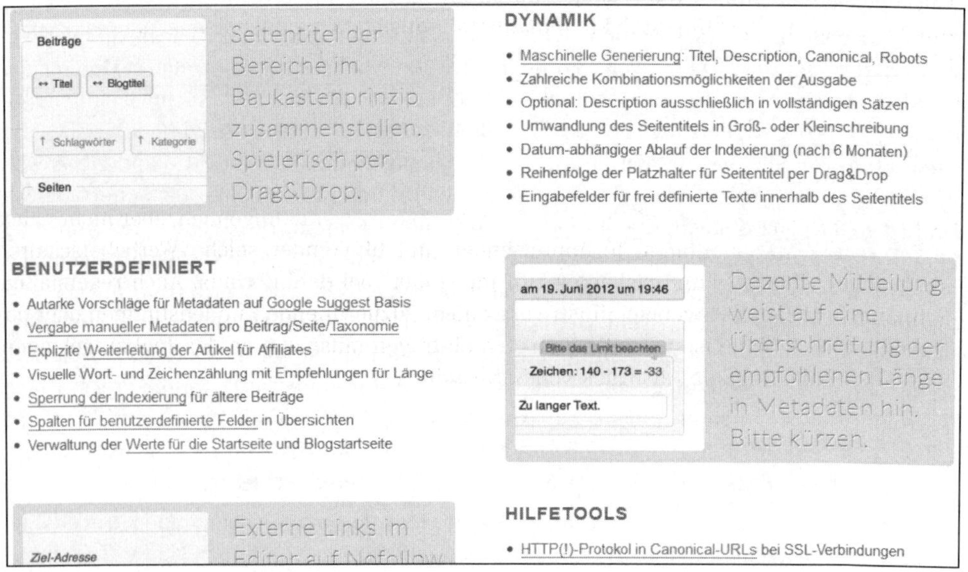

Bild 2.5 Am Beispiel der im deutschsprachigen Raum sehr populären WordPress-Erweiterung wpSEO (*http://wpseo.de*): Die einzelnen Funktionen werden detailliert aufgelistet ...

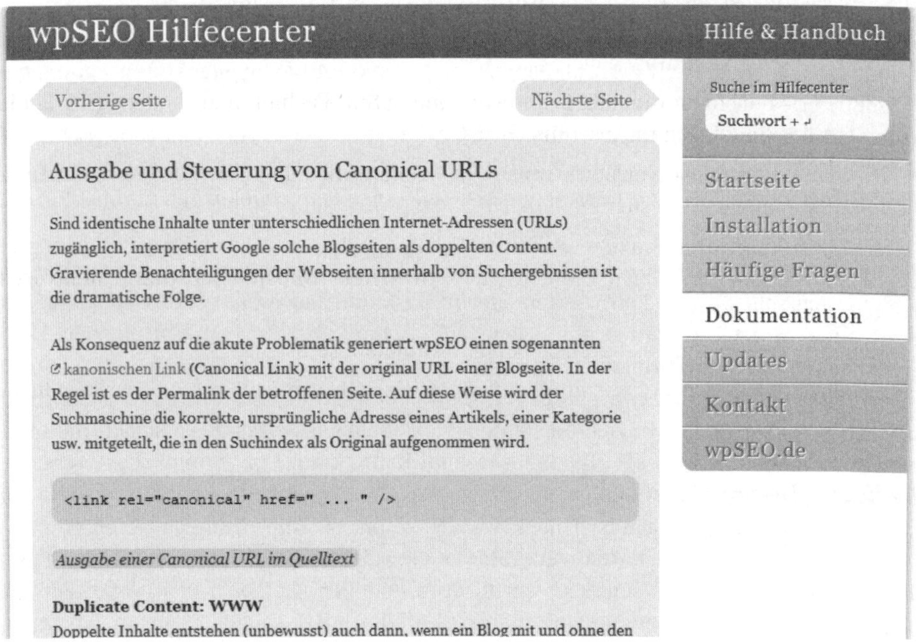

Bild 2.6 ... und deren konkrete Anwendung aber auch Wirkungsweise in verständlichen Anleitungen erläutert – mit Vor- und Nachteilen der jeweiligen Methode.

Etwas kritisch zu sehen sind in diesem Zusammenhang Werkzeuge, die eine Art „Automodus" anbieten. Die also generelle Voreinstellungen für Nutzer anbieten, die sich nicht mit den Aspekten der Suchmaschinenoptimierung auskennen. Das ist dann zwar schön und bequem für den Nutzer. Kann aber – durch die Vielzahl an Voraussetzungen, welche die unterschiedlichsten Onlineprojekte nun einmal mit sich bringen – auch zu einem verhängnisvollen Sicherheitsgefühl führen. Ganz nach der Devise: „Das Tool wird es schon richten". Generell gilt: Je komplexer und vielfältiger die Bestandteile eines SEO-Tools in die Funktionalitäten Ihres Onlineprojekts eingreifen, desto weniger eignen sich diese Autopilot-Modi. Und hüten Sie sich vor Werkzeugen hauptsächlich (aber nicht nur) aus dem US-amerikanischen Markt stammend, die für „99,95 USD" den Platz eins bei Google in wenigen Tagen versprechen. Und das mit in ihrer angeblichen Wirkung wohl klingenden, aber nicht näher erläuterten Funktionalitäten. Je anpreisender und blinkender solche Werbebotschaften sind, umso schlechter und riskanter fällt meist das Tool dahinter aus. Auch regelmäßige Schnäppchen-Rabatt-Angebote, illustre aber nicht zuzuordnende Kundenstimmen oder gar irgendwelche E-Mail-Listen, in die man sich eintragen muss, um an das Tool zu gelangen, sind nicht unbedingt ein Ausdruck von Seriosität.

Bild 2.7 Bei dem eben erwähnten Tool wpSEO hilft zudem eine kleine Google-Recherche, um die Qualität einschätzen zu können. 943 überwiegend sehr gute Bewertungen, in diesem Fall bei Trusted Shops? Das überzeugt.

Positive Merkmale sind hingegen:

- Echten Personen zuzuordnende Besprechungen in SEO-Fachforen und -Blogs (eine Auflistung solcher findet sich in Abschnitt 2.5.2)
- Eine hohe Anzahl positiver Bewertungen in Communities und Download-Ressourcen der Content-Management-Systeme
- Auszeichnungen und Praxistests durch Fachmagazine (etwa bei *www.t3n.de* oder in dem sehr guten deutschsprachigen SEO-Print-Titel „Website Boosting", siehe *www.websiteboosting.com*)
- Belastbare Referenzen des herausgebenden Anbieters selbst,
- aber auch (vor allem bei kostenpflichtigen Tools) ein erreichbarer und verständlicher Kundensupport

Marketing-Dienstleister

Egal ob Sie Inhalte für Ihre Webseite durch einen externen Partner schreiben lassen, die Online-Pressearbeit outsourcen oder jemand Ihre Social-Media-Kanäle betreut: Ein fundiertes SEO-Wissen ist nicht immer eine zwingende Voraussetzung, um derlei Tätigkeiten möglichst wirkungsvoll ausüben zu können. Es kann jedoch genau das ausschlaggebende i-Tüpfelchen auf dem Weg zu Ihrer ganzheitlichen SEO-Strategie darstellen. Denn je mehr all Ihre Onlinemarketing-Bemühungen konsequent und quasi mit einer Stimme sprechend auf eine solche Strategie ausgerichtet sind, umso eher und nachhaltiger werden sich erste Erfolge einstellen. Wenn Sie also (egal, welche Tätigkeit ihren Onlineauftritt betreffend) die Wahl zwischen einem SEO-erfahrenen Dienstleister und einem eher weniger versierten haben, so sollte dieser Aspekt berücksichtigt werden.

Doch Vorsicht vor dem reinen SEO-Etikett. Dieses heften sich einige Dienstleistungsunternehmen und Freiberufler gerne an, ohne dass sich dahinter allzu fundierte Kenntnisse der Suchmaschinenoptimierung oder generell der Onlinevermarktung befinden müssen. Der einfachste Weg wäre nun, die fachliche Eignung durch Ihren hauseigenen oder beauftragten SEO überprüfen zu lassen. Möglicherweise kann Ihnen dieser auch jeweils einen Partner für periphere Onlinemarketing-Aufgaben empfehlen. Ansonsten sollten Sie sich von dem Partner in spe ganz genau erklären lassen: Welche konkreten Projekte hat er durchgeführt, die im Zusammenhang mit SEO-Optimierungstechniken stehen? Und was konkret haben die Maßnahmen hieraus den Kunden gebracht? Gibt es belastbare Zahlen, etwa eine Erhöhung der Besucher/Reichweite, der wichtigsten SEO-Kennzahlen oder der Social-Media-Follower? Wie lassen sich die Erfolge belegen?

HINWEIS: Kritisch sind SEO-Partner und Agenturen zu begutachten, die neben ihrer ursprünglichen Aufgabe von der Social-Media-Betreuung über die Content-Erstellung für unterschiedlichste Branchen bis hin zur (suchmaschinenoptimierten) Web-Programmierung quasi sämtliche Disziplinen abdecken wollen. Jeder sollte nur das anbieten, was er am besten kann, dieser Grundsatz hat sich stets bewährt. Wenn es sich um eine größere Agentur handelt, welche die einzelnen Maßnahmen durch jeweils spezialisierte und eigens hierfür ausgebildete Fachkräfte abdeckt, dann gut. Dann sollten Sie sich aber auch zusichern lassen, dass Mitarbeiter xy die wichtigsten Arbeiten erledigt oder für diese maßgeblich verantwortlich zeichnet und nicht der Praktikant (aufgrund des Luxusgutes qualifizierter Mitarbeiter in den betroffenen Segmenten muss man sich solche Fragen durchaus stellen).

Aber auch reine SEO-Dienstleister muss man mit Vorsicht genießen. Erst jüngst zeigte mir einer meiner Kunden ein solches Beispiel. Eine Agentur – nach eigenen Angaben spezialisiert auf „professionellen Backlinkaufbau" – besorgte diesem Kunden für ein monatliches Budget im mittleren dreistelligen Bereich Backlinks aus Foren und Blogs. Als ich mir die entsprechenden Verweise näher anschaute, sträubten sich mir die Haare. Die Links sind in ihrer Ausgestaltung eher gefährlich, als dass sie zu einem guten SEO beitragen. Nur mit ein wenig Glück wird das Portal des Kunden keinen Schaden davontragen. Selbst vor Anfängerfehlern wurde dabei nicht zurückgeschreckt, etwa was die massenhafte Verwendung von Money-Keywords anbelangt (siehe Abschnitt 1.4.1). Nach außen hin macht die entsprechende Agentur einen durchaus guten Eindruck. Lassen Sie vergleichbare Arbeiten also unbedingt von einem ausgewiesenen SEO-Experten überprüfen.

Ein anderer Ansatzpunkt, um die SEO-fachliche Tauglichkeit einschätzen zu können: Beobachten Sie ganz genau, wie der Dienstleister an einen ersten Testauftrag herangeht. Ich werde auf diesen Punkt noch gesondert eingehen. Doch wenn die Agentur von sich aus (!)

nach den Zielen Ihrer Onlinemarketing-Bemühungen fragt, dann ist dies schon einmal ein recht gutes Zeichen. Denn leider gehört die Definition von Bestandteilen, Zielen und Meilensteinen, so wie sie in Abschnitt 1.3 nachzulesen sind, längst nicht in allen Fällen zum Alltag der Berater- und Dienstleisterszene. Dabei ist es egal, ob es sich um eine SEO-relevante Aufgabe im Bereich Programmierung, Content oder was auch immer handelt. Konkrete Zielvorgaben sind ein Muss.

Und: Diese Ziele müssen zur ganzheitlichen SEO-Strategie passen, die Sie und Ihr Unternehmen erarbeitet haben. Der Dienstleister sollte also genauso abfragen, welche weiteren Onlinemarketing-relevanten Bausteine wer, wann, wie und in welchem Umfang für Sie leistet. Denn es nützt nur wenig, wenn er Ihnen Arbeitspakete vorschlägt, die nicht mit anderen Maßnahmen verzahnt sind. Oder welche sich gar gegenseitig konterkarieren. Ein wirklich guter Berater wird Sie um die Kontaktdaten der weiteren Dienstleister bitten, um sich aktiv mit diesen abzustimmen.

2.1.3 (Freie) Mitarbeiter

Einige Mitarbeiter werden Sie unter dem Gesichtspunkt einstellen oder beauftragen wollen, wie es um deren Kenntnisse in Onlinemarketing- und SEO-Disziplinen bestellt ist. Wie Sie in Abschnitt 2.2 noch erfahren werden, müssen solche Kenntnisse nicht nur für die SEO-typischen Abteilungen „Marketing" oder „Onlinemarketing" von Relevanz sein. Ich mag in diesem Zusammenhang natürlich nicht von unseriösen und seriösen Offerten potenzieller Mitarbeiter sprechen, so wie es die ursprüngliche Kapitelüberschrift vorgibt. Dennoch ist es wichtig, die tatsächliche fachliche Substanz einzuschätzen, die sich in SEO-relevanten Stellenbewerbungen verbirgt.

Hat ein Bewerber nicht direkte Erfahrung in den Onlineabteilungen anderer Unternehmen sammeln können, so zählt für mich persönlich vor allem die Eigenschaft, ob er oder sie selbst über ein eigenes Onlineprojekt verfügt, welches regelmäßig gepflegt und betreut wird. Je mehr SEO-Affinität die Stellenbeschreibung voraussetzt, umso wichtiger sind vergleichbare Vorkenntnisse. Diese sind gar nicht so selten anzutreffen. Alleine, wenn man sich die geschätzte Zahl der Blogs und sonstigen privaten Webseiten im deutschsprachigen Raum anschaut – man geht von einer hohen sechsstelligen Zahl und mehr aus –, so lauert hier viel Wissen im Verborgenen. Nicht wenige Bewerber verheimlichen eine solche Tätigkeit gar vor ihrem (potenziellen) Arbeitgeber, aus der Angst heraus, mit dieser Nebentätigkeit, die ja doch nicht selten mit gewissen Einnahmen verbunden ist, negativ aufzufallen. Doch gerade wenn Sie auf der Suche nach Online- und Onlinemarketing-affinen Mitarbeitern sind, dann können vergleichbare Tätigkeiten und die damit verbundene Erfahrung von unschätzbarem Wert für Ihr Unternehmen sein. Besser als direkt am eigenen Projekt kann man SEO und verwandte Disziplinen gar nicht ausprobieren und sich so zugehöriges Know-how aneignen. Mutige Unternehmer und Personalverantwortliche sollten sich über ein derartiges Merkmal also eher freuen, als gleich eine spätere Abwanderung des Mitarbeiters zu befürchten – etwa, indem dieser mit seinen eigenen Portalen durchstartet (was im Onlinemarketing-Umfeld immer wieder einmal vorkommt, schließlich kann ein guter SEO mit eigenen Werbe-refinanzierten Projekten viel Geld verdienen). Selbst wenn dieser Fall eintritt, so bestehen immer noch Möglichkeiten einer weiteren fruchtbaren Zusammenarbeit.

Ansonsten sollten Sie bei freien und auch festen Onlinemarketing-Mitarbeitern, je nach Umfang des Aufgabengebiets sowie je nach Ihrer Erwartungshaltung, darauf achten:

- Welche Tätigkeiten hatten diese bei ihrem bisherigen Arbeitgeber genau zu verantworten? Denn Onlinemarketing/SEO, aber auch Social Media, ist ein „weites Feld".
- Waren diese eigenverantwortlich tätig? Oder haben sie unter der Anleitung einer übergeordneten SEO-Instanz lediglich vordefinierte Maßnahmen abgearbeitet?
- Wenn es Ausbildungszertifikate und Ähnliches gibt: Wo genau wurden diese erworben? Heutzutage bieten auch viele kleinere, wenig spezialisierte Institute und selbst Volkshochschulen SEO-&-Social-Media-Ausbildungen an, die nicht immer das halten, was auf dem Papier steht.
- Aber auch: Wie bilden sich diese potenziellen Mitarbeiter regelmäßig fort, wie ist ihr aktueller Kenntnisstand, und wann genau haben sie zuletzt ein SEO-relevantes Projekt betreuen dürfen?

Es klingt in der vorangegangenen Aufzählung bereits an: Ebenso wichtig ist natürlich auch eine fundierte Praxiserfahrungen im Bereich Social Media. Zu tief sind beide Disziplinen miteinander verstrickt, als dass SEO ohne die sozialen Netzwerke auskommen könnte. Nun kann heutzutage nahezu jeder Bewerber von sich behaupten, über „Social-Media-Erfahrung" zu verfügen. Die Generation Facebook und Twitter lässt grüßen. Doch mit fundierten Erfahrungen ist eben nicht das alltägliche chatten mit Freunden und Bekannten gemeint. Fragen Sie Social-Media-Kenntnisse also beispielsweise wie folgt ab:

- Wird nicht nur ein privater Account genutzt, sondern eine Facebook- oder Xing-Gruppe, eine Google+-Community oder Ähnliches mehr aktiv betreut und moderiert?
- Wurden für eine solche Gruppe oder eine sonstige Institution bereits Kampagnen zur Gewinnung neuer Follower und Fans initiiert, wenn ja, wie und mit welchen Ergebnissen?
- Was verstehen die Bewerber unter einer sich viral verbreitenden Social-Media-Botschaft, wie würden sie eine Idee für eine solche erarbeiten und skizzieren (auf Ihr Geschäftsmodell ausgerichtet)?
- Welche Erfahrungen im Umgang mit kritischen Kommentaren, Tweets und Ähnlichem sind vorhanden? Wie würden die Kandidaten mit einem „Shitstorm" (siehe *http://de.wikipedia.org/wiki/Shitstorm*) umgehen und diesen eindämmen, der Ihr Unternehmen bedroht?
- Wie kann man die private Social-Media-Nutzung idealerweise von jener trennen, die im Geschäftskontext erfolgt und umgekehrt?
- Welche ethischen Grundsätze vertreten potenzielle Mitarbeiter hinsichtlich der unternehmerischen Social-Media-Nutzung, zum Beispiel was die Trennung zwischen werblichen und redaktionellen Inhalten anbelangt?
- Besonders spannend: Wie ist es um das Wissen rund um rechtliche Social-Media-Bestimmungen, aber auch rund um das Thema Datenschutz bestellt?

Registrieren Sie jegliche Unsicherheiten, die bei einer solchen Frage auftauchen, und haken Sie nach. Es geht nicht darum, einen Bewerber bloßzustellen. Aber einzelne der hier überprüften Kenntnisse – etwa im rechtlichen Umfeld oder hinsichtlich einer unternehmerischen Kommunikations-Kompetenz – könnten für Ihr Unternehmen zur ernsthaften Bedrohung führen, wenn diese nicht oder nur unzureichend vorhanden sind. Eignet sich ein Kandidat dennoch, so sollte er in den „schwachen" Bereichen dringend nachgeschult werden.

PRAXISTIPP: Ähnliches lässt sich natürlich auch bewerkstelligen, um die Eignung eines reinen SEO-Mitarbeiters oder -Dienstleisters zu überprüfen. Welche Grey-Hat- oder Black-Hat-Methoden werden von diesem beherrscht (als provokante Frage zu verstehen)? Welches Link-Netzwerk bringt er mit in Ihre Firma ein? Welche Risiken sieht er bei Linkkauf und -Miete, oder vielleicht auch nicht? Würde er für Ihr Unternehmen solche Risiken in Kauf nehmen (da sie ihn ja nicht unmittelbar selbst betreffen)? Wie würde er in Ihrem unternehmerischen Segment eine natürliche Linkaufbau-Kampagne bewerkstelligen und Anreize hierfür schaffen?

Subtil gestellt, können Fragestellungen vergleichbarer Art einen Kandidat souverän kontern lassen, oder aber er wird „aufs Glatteis" geführt. Bedenken Sie: Ein SEO kann in seinen bisherigen Tätigkeiten noch so gut gewesen sein. Passt er nicht zu Ihren Vorstellungen einer wirksamen, aber eben auch risikoarmen, Optimierungs-Strategie, so werden wohl beide Seiten nicht glücklich. ■

2.2 SEO selbst erledigen und für Ihr Unternehmen nutzen

Sie haben sich dieses Buch gekauft, da Sie oder Ihr Team Suchmaschinenoptimierung in Eigenregie erledigen möchten, oder aber Sie sind schlichtweg dazu gezwungen, da bislang keine geeignete externe Fachkraft hierfür gewonnen werden konnte. Wenn ich mich unter meinen Lesern und Kunden umhöre, so kommt der letztgenannte Fall nicht gerade selten vor. Selbst wenn Sie bislang mit einem SEO-Experten außerhalb Ihres Unternehmens zusammengearbeitet haben oder dies noch tun, kann sich von heute auf morgen die Notwendigkeit ergeben, diesen Prozess wieder umzukehren. Sei es durch Unzufriedenheit mit oder aufgrund mangelnder Zeit bei dem externen Dienstleister. Was es in solchen Fällen zu beachten gilt, das lernen Sie in den folgenden Abschnitten kennen. Gleichzeitig zeige ich Ihnen aber auch Wege auf, wie ungenutzte SEO-Potenziale in Ihrem Unternehmen genutzt werden können, von deren Existenz Sie bislang noch nichts wussten.

2.2.1 SEO in Eigenregie

Wenn Sie sich für diese Zeilen interessieren, dann sind Sie entweder ein selbstständiger oder freiberuflicher Einzelkämpfer oder aber Sie haben niemanden unter Ihren Mitarbeitern, den Sie mit Aufgaben der Suchmaschinenoptimierung betrauen könnten oder möchten. SEO als wichtigster Baustein Ihres Online-Erfolgs betrifft die Substanz eines jeden Unternehmens. Deshalb hat es nur bedingt mit mangelndem Vertrauen in die eigene Belegschaft zu tun, wenn man diese Schlüsselmaßnahme nicht aus der Hand geben möchte. Andererseits ist Ihre Firma wahrscheinlich zu klein, um über die Anstellung einer eigenen Onlinemarketing- und/oder Social-Media-Fachkraft nachzudenken.

Und dennoch: Sie sollten sich diesen Schritt gut überlegen. Gutes SEO, das wissen Sie nun schon, erfordert ein hohes zeitliches Engagement. Sich nach einem regulären 12-Stunden-Tag noch mit Backlinks und PageRanks auseinandersetzen zu müssen, das liegt nicht jedem. Ein kleines Indiz gibt es, ob Sie sich eine solch verantwortungsvolle Aufgabe selbst zutrauen können. Haben Sie bislang schon bei sämtlichen konventionellen Marketingmaßnahmen das Gefühl gehabt, dass diese regelmäßig zu kurz kommen, dann sehe ich ehrlich gesagt schwarz. Denn warum sollte es bei einer neuen, noch weit komplexeren Materie dieser Art besser laufen? Andererseits haben Sie mit dem Kauf dieses Ratgebers erkannt, dass Sie Ressourcen in das Onlinemarketing und SEO stecken *müssen*, damit Ihnen nicht ein Großteil Ihres (potenziellen) Umsatzes wegbricht. Reservieren Sie sich regelmäßig Zeitblöcke, um sich um Ihren Onlineerfolg zu kümmern, diesen Rat möchte ich Ihnen mit auf den Weg geben. Notfalls delegieren Sie lieber andere Aufgaben, die sich besser intern oder extern auslagern lassen.

Wenn ich Sie nun hoffentlich nicht allzu sehr verschreckt habe, so beachten Sie beim SEO in Eigenregie vor allem die nun folgenden Punkte.

Reflektieren Sie Ihre Maßnahmen regelmäßig ...

... oder lassen Sie diese reflektieren? Gerade als Laie und alleiniger SEO-Kämpfer in Ihrem Unternehmen ist es wichtig, die geplanten aber auch bereits vorgenommenen Optimierungsschritte immer wieder aufs Neue zu überprüfen. Stellen Sie dabei infrage: Stimmen die Maßnahmen mit meinen ursprünglichen Zielen überein? Ergibt sich eine messbare Wirksamkeit? Wie (hoffentlich nicht) riskant ist mein Vorgehen? Haben die Optimierungen eher langfristigen (beispielsweise Qualitäts-Content) oder nur kurzfristigen (schnell in ihrer Popularität abnehmende Backlinks aus Presseportalen) Bestand? Wie sieht es mit dem Thema Return on Investment aus, bekomme ich durch die Maßnahmen also mehr zurück, als ich darin zeitlich und monetär investiere?

Es gibt mehrere Möglichkeiten, diese Reflektion von außen bestärken zu lassen:

- Besuchen Sie SEO-Veranstaltungen (siehe Abschnitt 2.5.5). Scheuen Sie sich nicht, sofern möglich, dort einen Ihnen wichtigen Fall zur Diskussion zu stellen. Oder schnappen Sie sich in den Pausen einen Experten, den Sie „löchern“ können.
- Nutzen Sie SEO-Foren, um dort ähnliche Fragestellungen zu verfolgen oder eigene Punkte zur Diskussion zu stellen. Zu basishaft sollten Ihre Fragen allerdings nicht ausfallen, damit Sie nicht den Zorn anderer Mitglieder auf sich ziehen (vorher recherchieren, ob es nicht bereits Antworten zu der Thematik gibt). Beachten Sie jedoch, dass sich in solchen Foren nicht nur ausgewiesene Experten zu Wort melden. Diesen Punkt sollten Sie bei der Gewichtung der Antwort berücksichtigen. Oder diese notfalls an anderer Stelle validieren.
- Lesen Sie, so oft es Ihnen möglich ist, in wichtigen Fachblogs mit, abonnieren Sie Newsletter von Branchengrößen, und folgen Sie den fortlaufenden Empfehlungen von Google (siehe zu all diesen Punkten Abschnitt 2.5).
- Engagieren Sie temporär einen SEO. Beauftragen Sie diesen auf Projektbasis damit, Sie zu schulen, Ihre SEO-Maßnahmen zu begutachten, Ihnen Hinweise zu geben, was es noch alles umzusetzen gilt, ein Monitoring zu erarbeiten etc.
- Tauschen Sie sich mit anderen Selbstständigen und Unternehmern aus: Was hat bei diesen funktioniert und was nicht? Aber dies nur dann zum Zwecke der Reflektion eigener

Optimierungen, wenn vom Kenntnisstand her eine Kommunikation auf Augenhöhe erfolgt. Ansonsten besteht die Gefahr, dass Sie sich von fremdem Halbwissen verunsichern lassen.

Mit jeder fundierten Rückmeldung auf Ihre Optimierungsschritte werden Sie nicht nur an Sicherheit gewinnen und neues Know-how erlangen. Auch Ihre SEO-Strategie wird mehr und mehr zwischen nützlichen und weniger nützlichen Bausteinen unterscheiden.

Bauen Sie auf nachhaltige und einfache Maßnahmen

Im Abschnitt zu den Rankingfaktoren habe ich Ihnen ein Gefühl dafür gegeben, wie komplex welche Sachverhalte umzusetzen sind. Aber auch, welches Risiko hinter einzelnen Maßnahmen steckt, sollte man diese nicht sachgerecht durchführen, oder sollten sich die Voraussetzungen bei Google und anderen Betreibern ändern. An anderen Stellen in diesem Buch gilt: Methoden, die Sie nicht auf Anhieb einigermaßen selbst verstehen, oder die Ihnen selbst nach dem Studium der weiterführenden Quellen nicht einleuchten, von denen sollten Sie die Finger lassen. Auch wenn ich Warnhinweise zur Umsetzbarkeit gebe, so ist Vorsicht angesagt. Hier spart man nichts ein, indem man selbst aktiv wird – ganz im Gegenteil.

Wenn es die Kostenfaktoren sind, die Sie davon abhalten, einen Profi zu engagieren: Prüfen Sie, ob sich ein Fachmann/eine Fachfrau temporär beauftragen lässt. Immer dann, wenn Sie ein Maßnahmenpaket selbst erarbeitet haben, so wird dies final von dem Dienstleister oder dem Freiberufler geprüft. Entweder per E-Mail-Austausch, telefonisch oder per kleiner Web-Konferenz. Gerade kleinere Dienstleister und selbstständige SEO-Berater lassen sich nicht selten auf eine solche Vereinbarung ein. Für die „großen“ hingegen ist ein derartiges Vorgehen nur wenig attraktiv.

Konzentrieren Sie sich auf Ihre Stärken und Ihr Bauchgefühl

Mit diesem Hinweis folgt nun noch ein recht abstrakter Tipp, der jedoch von großer Tragweite ist. Einen entscheidenden Vorteil hat es, wenn Sie SEO alleine betreiben. Niemand kann Ihnen in Ihre Entscheidungen hineinreden. Sie haben es in der Hand, auf welche Methoden der Suchmaschinenoptimierung Sie vertrauen möchten. Quellcode-Optimierung ist für Sie ein Buch mit sieben Siegeln? Dann lassen Sie es sein, und konzentrieren Sie sich lieber auf andere Maßnahmen. Link-Kauf kommt für Sie nicht infrage? Gut so. Sie möchten stattdessen viel lieber Ihr bereits vorhandenes Netzwerk nutzen, um organischen Backlink-Aufbau zu betreiben? Dann machen Sie sich nicht allzu viele Gedanken über fehlende künstliche Keyword-Kombinationen in den Linktexten. Vermutlich betreiben Sie ein kleineres Web-Projekt, wenn Sie Einzelkämpfer sind. Und wenn Sie es dann nicht mit übermächtigen Online-Mittbewerbern zu tun haben, so reicht eine gesunde SEO-Basis in der Regel völlig aus. Ganz abgesehen davon, dass Sie ohne großes Onlinemarketing-Budget wohl eh nur wenig Chancen gegen diese Mitbewerber hätten.

Ziehen Sie also das aus all den Ratschlägen in diesem Buch, was zu Ihnen und Ihrer Situation passt, und bei dem Sie sich nicht „verbiegen“ müssen. Wenn Sie stets die inhaltliche Qualität Ihres Portals sowie den Mehrwert für die Kunden im Auge haben, dann ist dies mehr Wert, als SEO bis in das kleinste Detail zu betreiben. Die Suchmaschinenoptimierung kann die „Seele“ einer Webseite prima ergänzen, aber niemals ersetzen.

2.2.2 SEO mit eigenen Mitarbeitern

Wenn Sie die Aufgaben der Suchmaschinenoptimierung an Ihre Mitarbeiter delegieren können, so gibt es dabei zwei Szenarien. Entweder, Sie oder Ihr Unternehmen beschäftigt einen oder gar mehrere Vollblut-SEOs. Diese konzentrieren sich also völlig oder zum größten Teil darauf, sowohl das OnPage- als auch das OffPage-SEO fortlaufend zu perfektionieren. Nicht nur, dass diese eine Optimierungs-Strategie in Eigenregie entwickeln werden, sie passen diese Strategie zudem den jeweils gültigen Bedingungen der Suchmaschinen an. Die zweite Möglichkeit: Jemand aus der Belegschaft kümmert sich neben anderen Aufgabengebieten auch um das SEO. Üblicherweise „sitzt" dieser Mitarbeiter/diese Mitarbeiterin in der Marketing- oder gar in einer bereits separat geschaffenen Onlinemarketing-Abteilung. IT und Produktmanagement sind weitere typische Bereiche, in welche SEO-Fachkräfte gerne eingegliedert werden. Auf beide Varianten werde ich gleich noch näher eingehen.

Die Frage, zu welchem Fachbereich Ihr SEO organisatorisch zugeordnet wird, spielt eine große Rolle. Sie sollte also nicht danach entschieden werden, wo im Unternehmen gerade noch Budget vorhanden ist, oder welcher Abteilungsleiter gerade „dran" ist, mit einem weiteren Mitarbeiter. Wenn Sie die Suchmaschinenoptimierung aus der IT-Abteilung heraus planen, steuern und erledigen lassen, dann wird diese mit einer hohen Wahrscheinlichkeit eine andere Ausrichtung erhalten, als innerhalb einer Marketing-Organisation. Ein dem SEO übergeordneter Manager aus der Informationstechnologie wird mit eher weichen SEO-Faktoren wie dem Qualitäts-Content oder viralen Social-Media-Kampagnen möglicherweise nicht allzu viel anfangen können. Auch, wenn er diese nicht selbst durchführen muss, sollte er sie beurteilen und forcieren können. Dafür wird es eher seine Sache sein, Quellcode-Optimierungen zu steuern oder die Performance des Webservers bis in das letzte Detail zu optimieren, um den Rankingfaktor „Ladezeit" zu berücksichtigen. Ein Marketingmanager hingegen würde derartige Aufgabengebiete eher vernachlässigen, weil er sich damit nicht auskennt. Es stellt sich also die Frage: Wo soll der Schwerpunkt Ihrer SEO-Strategie gelegt werden, und welche Aufgabengebiete lassen sich dann immer noch an andere Abteilungen in Ihrem Unternehmen delegieren?

PRAXISTIPP: Sie sollten darüber nachdenken, wo und auf welche Weise Sie einen neu einzustellenden SEO-Spezialisten suchen. Ob Sie eine auf die IT oder das Marketing spezialisierte Agentur mit der Suche beauftragen, aber auch welche Schwerpunkte Sie in der Stellenausschreibung selbst legen, all das wird Einfluss auf die möglichen Kandidaten haben. Im Bewerbungsgespräch selbst gilt es zu überprüfen, ob die Ausbildungs- und Tätigkeitsschwerpunkte der potenziellen Mitarbeiter in Einklang mit Ihrer SEO-Strategie stehen. Kann es sich Ihr Unternehmen leisten, gleich mehrere Onlinemarketing-Spezialisten einzustellen, so lassen sich unterschiedliche solcher Schwerpunkte miteinander kombinieren. ■

Bestehen Ihre Suchmaschinenoptimierungs-Bemühungen zu 90 Prozent aus eher (Online-) marketing-lastigen Tätigkeiten, so lassen sich die restlichen 10 Prozent wohl relativ einfach an weitere Unternehmensbereiche delegieren. Der SEO in der IT-Division hätte in einem solchen Fall jedoch mit Kompetenz- und Ressourcenstreitigkeiten zu kämpfen, müsste er doch einen Großteil seiner Arbeit mit den Marketing-Kollegen koordinieren. Selbst wenn die eben aufgeführten Überlegungen ein wenig pauschal formuliert sein mögen: Ihr Unternehmen wäre nicht das erste, dem die dahinter steckenden Mechanismen zu schaffen machen. Dass ein in seinen Bemühungen ausgebremster Suchmaschinenspezialist nicht das Optimale aus Ihrem Onlineauftritt herausholen kann, das versteht sich von selbst. Noch schlimmer: Gerade da sich ein guter SEO jederzeit aussuchen kann, für wen er arbeitet, so besteht sehr schnell die Gefahr, einen für Ihren Unternehmenserfolg extrem wichtigen Mitarbeiter zu verlieren.

Immer Sinn macht es, über den Bereich Suchmaschinenoptimierung beziehungsweise Onlinemarketing als unabhängige Stabsstelle nachzudenken, welche direkt der obersten Managementebene berichtet. Denn auch die Leitung des Marketing-Bereichs kann Interessen verfolgen, die nicht unbedingt einer ganzheitlichen, unternehmensweiten SEO-Strategie dienen. Etwa dann, wenn aufgrund der Zielvorgaben eine ganz bestimmte Marketingkampagne x mit SEO-Mitteln vorangetrieben werden soll, und das, obwohl diese Bemühungen in Konkurrenz mit anderen Maßnahmen und Keywords stehen, die möglicherweise viel zielführender wären. Selbst Vertriebsabteilungen und andere Bereiche haben ein Interesse daran, von einer Unterstützung der Suchmaschinenoptimierung zu profitieren. Keinem SEO möchte man wünschen, in die nicht gerade seltenen Grabenkämpfe zwischen Marketing und Vertrieb zu geraten. Je mehr eigenständige „Macht" Sie ihm in einem solchen Fall einräumen, umso besser.

HINWEIS: All dies gilt gleichermaßen für externe SEO-Fachkräfte. Diese müssen ebenso an einer (!) geeigneten Stelle in Ihrem Unternehmen angedockt sein, den Rückhalt des gesamten Managements genießen und von ihrer Ausrichtung her zur gemeinsamen Onlinestrategie passen. Gute externe Dienstleister weisen Sie jedoch auch darauf hin, wenn sich ein Konflikt abzeichnet, der dem Auftragsziel entgegensteht. ■

SEO als teilweise Aufgabe

Soll oder muss Ihr Suchmaschinenspezialist auch noch weitere Aufgabengebiete übernehmen, so ist es müßig zu erwähnen, dass diese Aufgaben inhaltlich so nahe wie möglich am Onlinemarketing im Sinne der Suchmaschinenoptimierung liegen sollten. Ein SEO, der sich gleichzeitig auch noch um die Gestaltung von Print-Werbebroschüren kümmern muss, wird kaum wirkungsvoll arbeiten können. Aber auch die zeitgleiche Zuständigkeit für den Newsletterversand – obwohl zumindest peripher dem Onlinemarketing zuzurechnen – kann schon deutlich zu viel sein. Oft anzutreffende Aufgabenteilungen wären beispielsweise die Kombinationen aus:

- SEO und SEM (siehe Abschnitt 1.2.2), inklusive der Betreuung von Mobile-Marketing-Kampagnen
- SEO und Social Media
- SEO und Online-PR
- SEO und Content-Betreuung (Firmenportal, aber auch Corporate Blog, E-Shop, Foren und so weiter)
- SEO und Programmierung/Webentwicklung oder gar Webdesign
- SEO und Usability

- Oder gar die Suchmaschinenoptimierung in Kombination mit der kompletten Steuerung des Onlineportals/Onlineshops und all seiner Inhalte. Wobei bei einer derart anspruchsvollen Aufgabe die reinen SEO-Aufgaben dann zwingenderweise eher an den Rand gedrängt würden.

Obwohl einige der genannten Kombinationen durchaus Sinn machen, wie etwa SEO und Social Media (Zweites vor allem auf steuernder Ebene, der SEO muss nicht unbedingt selbst zur Tastatur greifen, um mit Kunden und „Fans" zu kommunizieren), so sieht dies bei anderen Paarungen schon wieder weniger günstig aus. Selbst wenn diese, vordergründig betrachtet, sehr nahe beieinander liegen. Im Zusammenspiel von SEO und SEM etwa können bei ein und derselben verantwortlichen Person Synergieeffekte ebenso auftreten wie konkurrierende Interessen. Unabhängig davon, dass die Maßnahmen beider Disziplinen natürlich stets untereinander abzustimmen sind. Denn ein rein auf Optimierungstechnologien spezialisierter SEO dürfte möglicherweise versucht sein, SEM als unnötig zu deklarieren, ganz nach dem Motto „Meine Suchmaschinenoptimierung ist gut genug und reicht völlig aus". Dabei kann ein Onlineprojekt SEO-technisch sehr gut aufgestellt sein und dennoch von zusätzlichen SEM-Maßnahmen profitieren. Das ist immer eine Frage von Aufwand und Nutzen. Wer möchte schon auf On-Top-Gewinne aus Bezahlt-Kampagnen etwa bei Google AdWords verzichten. Außerdem könnte ein noch so gut optimiertes Onlineportal von heute auf morgen in den Suchergebnislisten „abstürzen". Dann ist es natürlich gut, auf SEM-Know-how von der gleichen Person zurückgreifen zu können, um die fehlenden Klicks aus dem organischen Suchbereich zu kompensieren. Dies so lange, bis sich die Ranking-Situation wieder entspannt hat.

Sie sehen, all die oben aufgeführten Kombinationen sind gegeneinander aufzuwägen. Möglicherweise verzichtet man deswegen auf die eine oder andere Zusatzqualifikation, oder lässt deren Ausführung ruhen, und vergibt die entsprechenden Tätigkeiten an einen externen Dienstleister. Dessen Arbeit kann und muss dann immer noch durch Ihren eigenen Mitarbeiter koordiniert werden.

Zu Ihrem Aufgabengebiet zählt:

- Sie entwickeln und steuern unsere E-Mail-Marketing-Strategie mit Fokus auf Marktsegmentierung und transaktionsfördernde Mail-Kampagnen
- Übergreifendes Management aller E-Mail-Kampagnen samt Content-Entwicklung, Organisation und Aufbau der Kampagnen, Testen, Durchführen und Analyse
- Sie überwachen, analysieren, kontrollieren und optimieren die Reichweite aller Kampagnen (E-Mail, Print, PPC/AdWords usw.)
- In Zusammenarbeit mit unseren Country Managern passen Sie diese Kampagnen an kulturelle und sprachliche Gegebenheiten unserer Zielgebiete an
- Aktiver Einsatz der analysierten Ergebnisse zum Verbessern und Optimieren der Kampagnen und Aktionen
- Sie stellen Marketing-Kennzahlen für unsere Aktivitäten auf und sichern die Rentabilität
- Sie analysieren internationale Messen auf Relevanz für unser Produkt und übernehmen Auswahl und Mengeneinschätzung der benötigten Kommunikationsmittel zusammen mit unserer Redaktion, externen Designern und Standbauern
- Management der E-Mail-Datenbank und der Marketing-Tools
- Management der Social-Media- und SEO-Tools und übertragen der Ergebnisse auf unsere Strategie
- Zusammenarbeit mit unserer AdWords/SEM-Agentur

Bild 2.8 E-Mail-Marketing, inklusive Erstellung, Kampagnenmanagement, SEO, SEM, Social Media: Wer weiß, wie anspruchsvoll jede dieser einzelnen Aufgaben an sich schon ist, der wird die Anforderungen einer solchen Stellenausschreibung wohl eher kritisch beäugen.

HINWEIS: Kleinere Unternehmen verfügen in diesem Zusammenhang nicht unbedingt über eine Ausrede, um all die unterschiedlichen Disziplinen einem einzigen Mitarbeiter anzuvertrauen. Wollen Sie, um bei dem Beispiel zu bleiben, E-Mail-Marketing *richtig* betreiben, so wird dies sehr schnell zu einem Full-Time-Job. Das Gleiche gilt für das Kampagnenmanagement über alle Kommunikationskanäle hinweg (Print & Online). Wenn dann noch SEO und SEM und so weiter hinzukommen soll, so haben Sie oft nichts Ganzes und nichts Halbes als Ergebnis. In der Regel ist es dann besser, einzelne Bereiche komplett an einen externen Dienstleister zu übertragen, der sich mit Ihrem Mitarbeiter „nur" noch bezüglich gemeinsamer Ziele abstimmen muss. ■

SEO als Hauptaufgabe

Ein Mitarbeiter, der den lieben langen Arbeitstag nichts anderes macht, als Suchmaschinenoptimierung. Purer Luxus? Mitnichten. Bei größeren Unternehmen, oder wenn im Bereich B2C (Business-to-Consumer, also mit Produkten für Endverbraucher) der Umsatz aus dem Onlineportal eine große Rolle spielt, kann sich ein hauseigener SEO schnell finanziell amortisieren. Stellen Sie sich beispielsweise einen E-Shop mit einem jährlichen Ertrag im mittleren sechsstelligen Bereich vor. Gelingt es nun, durch SEO-Maßnahmen den Umsatz/Ertrag um 20 Prozent zu steigern, was keine Seltenheit wäre, so hat sich der Einsatz bereits gelohnt. Denn eine externe Agentur würde für Optimierungsmaßnahmen in ähnlichem Umfang wohl kaum günstiger arbeiten können.

Solch ein Mitarbeiter kann dann die gesamte Palette an anfallenden SEO-Aufgaben abdecken:

- Inhaltliche aber auch technische Betreuung sämtlicher Maßnahmen, OnPage wie Offpage. Dies für die „normale" Webseite als auch die mobile Version. Die technische Betreuung bedeutet in diesem Fall meist die Steuerung und Kontrolle der Arbeiten, welche in der praktischen Ausführung durch die IT-Entwicklungsabteilung durchgeführt werden:
- Der fortlaufende Backlink-Aufbau und das Keyword-Monitoring
- Die SEO-technische Betreuung der Content-Strategie
- Gewinnung neuer Content- und Linkpartner
- Koordination mit bzw. Management von SEA & Social Media
- Nicht zu unterschätzen: Die fortlaufende Analyse, Marktbeobachtung und das Reporting
- Die strategische und konzeptionelle Beratung der Management-Ebene
- Gegebenenfalls Inhouse-SEO-Schulungen aller in den Prozess involvierten Mitarbeiter (wie wichtig dies ist, dazu gleich mehr)
- Administrative Aufgaben, wie Budget- und Projektplanung, sowie die Steuerung externer Dienstleister

Sie sehen also: In einer solch verantwortungsvollen Position wird einem kaum langweilig werden. Zumal, wenn die Schlagkraft der SEO-Maßnahmen erst einmal entdeckt wurde, unterschiedlichste Abteilungen mit immer neuen Anforderungen für diverse Kampagnen auf den Plan treten werden. Und wenn es sich dabei nur um den Verantwortlichen der Rechtsabteilung handelt, der dafür sorgen möchte, dass bestimmte Inhalte des Onlineportals nicht unbedingt die höchste Sichtbarkeit genießen.

HINWEIS: Es ist schwierig, geeignetes SEO-Personal zu finden. Daher stellt sich die Frage, ob man nicht selbst eine entsprechende Fachkraft ausbilden sollte. Normalerweise bin ich ein großer Freund des „Training-on-the-Job"-Modells. Doch in diesem sehr komplexen Umfeld gilt es einiges zu berücksichtigen:

- Da es nur wenige offizielle Ausbildungsstätten gibt, muss der Junior/Trainee in vielen Punkten durch einen externen Experten begleitet werden. Ein Dienstleister wird dies verständlicherweise nur sehr ungern übernehmen. Gegebenenfalls kann man sich mit einem anderen Unternehmen zusammentun.
- Die Nachwuchskraft wird auch anhand Ihres Portals üben müssen. Das erfordert ein enormes gegenseitiges Vertrauen.
- Wenn die Ausbildung erfolgreich verläuft, so ist die Gefahr einer Abwanderung im Nachhinein groß. Aufstrebende SEOs sind vielen Verlockungen ausgesetzt. Und sei es der Perspektive, das Geld mit eigenen Portalen zu verdienen. Hier muss die Motivation abgeklopft werden oder man schnürt ein sehr attraktives Paket, mit Unternehmensbeteiligungen und Ähnlichem. Für eine Juniorstelle ist dies nicht gerade üblich.
- Dass ein Mitarbeiter zu den besten Kräften in Ihrer IT-Abteilung oder im Marketing gehört, das prädestiniert ihn noch lange nicht dazu, ein guter Onlinemarketer zu werden. Nicht selten haben potenzielle Bewerber zudem die falschen Vorstellungen von diesem Beruf. Er eignet sich nicht dazu, „schnell und einfach reich zu werden". Mancher denkt jedoch genau dies.

Koordination SEO-relevanter Aufgaben und Quellen im Unternehmen

Unabhängig davon, ob Ihre Entscheidung nun zu Gunsten eines eigenen Mitarbeiters oder einer externen Kraft ausfällt: Die Person der Wahl sollte sich nicht nur um die rein technischen Aspekte der Suchmaschinenoptimierung kümmern. Vielmehr dient jeder SEO, der sich innerhalb einer Unternehmensstruktur bewegt, als eine Art Mediator. Er muss die unterschiedlichen Zielsetzungen je Abteilung erfassen, das zugehörige Know-how abgreifen, etwa zur Erstellung fachlicher aber zugleich SEO-wirksamer Inhalte, und die Mitarbeiter zu aktiver Beteiligung motivieren (mehr hierzu im nachfolgenden Abschnitt). Seine Aufgabe ist es, die wichtigsten Protagonisten regelmäßig an einem Tisch zu versammeln. Um dabei die kurz-, mittel- und langfristige Strategie zu erarbeiten, und diese mit konkreten Maßnahmen zu hinterlegen. Das klingt übertrieben? Ab einer mittleren Unternehmensgröße und/oder ab sehr regen Onlineaktivitäten wird Ihnen gar nichts anderes übrig bleiben, um nachhaltige Ergebnisse zu erzielen. Gerade in Branchen mit einem starken Wettbewerb. Denn wie Sie nun wissen, besteht der Alltag eines SEOs in weit mehr, als ab und an einen Meta-Tag zu setzen oder eine Linkkooperation anzuberaumen.

Falls Sie mit einem Dienstleister zusammenarbeiten, so müsste dieser eigentlich die beschriebene Koordination übernehmen. In der Praxis wird das oft schwierig. Denn nicht jeder SEO-Dienstleister ist geeignet für eine solche Aufgabe, die doch sehr weit in Ihr Unternehmen hineinwirkt. Zudem können die anfallenden Kosten schnell ausufern. Dann sollten Sie darüber nachdenken, der externen Fachkraft eine Art Gegenpol im Unternehmen zur

Seite zu stellen. Ein interner Mitarbeiter übernimmt die unternehmensinterne Moderation, besorgt die notwendigen Informationen und Ressourcen und tauscht sich regelmäßig mit dem Dienstleister aus. Zwar muss sich eine solche Person in den unterschiedlichsten Abteilungen durchsetzen, um effektiv zuliefern zu können. Es ist dann jedoch nicht unbedingt ein absoluter SEO-Profi für diese Rolle notwendig. Vorausgesetzt, das jeweilige Briefing durch den Dienstleister stimmt.

HINWEIS: Es gibt SEOs, die – ähnlich den meisten IT-Programmierern – recht introvertiert sind. Diese kümmern sich dann tatsächlich am liebsten um Analyse, Coding und vergleichbare Themen. Eher steuernde oder gar moderierende Tätigkeiten liegen ihnen weit weniger. Daran sollten Sie denken, etwa wenn es um die Auswahl eines geeigneten Mitarbeiters geht. Auch solche Fachkräfte können „Gold" wert sein und Ihrer SEO-Strategie genau den richtigen Anschub geben. Meist benötigen sie jedoch einen weiteren Mitarbeiter an ihrer Seite, der die eher weichen Faktoren abdeckt. ■

2.2.3 Wie jeder Ihrer Mitarbeiter zu gutem SEO und Social Media beitragen kann

Dass SEO sehr oft als Geheimdisziplin verstanden und gelebt wird, das rührt nicht zuletzt daher, wie viele mittlere und große Unternehmen mit ihren hausinternen bzw. von außen engagierten Suchmaschinenoptimierern umgehen. In nicht wenigen Fällen, die ich kennen gelernt habe, wird diese Fachkraft geradezu von einer magischen, unnahbaren Aura umgeben. Was weniger von dem Mitarbeiter selbst ausgeht, sondern von seinen Vorgesetzten. Ein solcher SEO ist

a) teuer, man will ihn also vor vermeintlich ablenkenden Einflüssen nicht direkt in die Thematik involvierter Mitarbeiter und Abteilungen fernhalten,

b) mit einem extrem guten Wissen in Unternehmensinterna ausgestattet (Online-Umsatzstrategien, Keywords, Wettbewerbssituation, Umsätze, ggf. das Wissen über die Verwendung von SEO-Maßnahmen, die nicht den Google-Richtlinien entsprechen). Das alles soll nicht unbedingt die Runde in der Belegschaft machen.

Dies führt wiederum dazu, dass

- man diesen Mitarbeiter/diese Mitarbeiterin oder den externen Dienstleister kaum zu Gesicht bekommt. Teilweise nicht einmal in der Abteilung, der er organisatorisch zugeteilt ist.
- er in wichtigen Meetings fehlt oder sich dort nur zu bestimmten Aspekten äußern darf.
- kein Mitarbeiter, außer seinen direkten Vorgesetzten, wirklich weiß, was dieser SEO eigentlich den ganzen Tag so macht.

Der letztgenannte Punkt der Aufzählung führt manchmal sogar so weit, dass nicht einmal die oberste Unternehmensleitung versteht, wie der Optimierungsexperte zum Erfolg der Firma beiträgt. Denn der Abteilungsleiter im Onlinemarketing möchte gar nicht unbedingt, dass man allzu gut über Erfolge aber eben auch Misserfolge seines Mitarbeiters beziehungsweise Dienstleisters Bescheid weiß. Dies liegt begründet in der Angst vor plötzlichen, nicht direkt zu beeinflussenden Problemen in der SEO-Strategie (fallende Rankings etwa aufgrund eines Google-Updates) sowie damit verbundenen unangenehmen Fragen. Zu dem fehlenden Wissen über die Tätigkeit eines SEOs trägt gleichzeitig bei, dass nur die wenigsten in der Belegschaft überhaupt etwas mit den Mechanismen der Suchmaschinenoptimierung anfangen können.

Selbst wenn die Thematik Social Media (falls diese von anderen Mitarbeitern als dem SEO betreut wird) in der Regel offener gelebt wird, so treten hier nicht selten ähnliche Effekte zutage, die SEO und Social Media zu einer Art Insel-Know-how in einem Unternehmen werden lassen. Das wiederum ist extrem schade. Können beide Disziplinen ihre volle Wirkungskraft doch meist erst dann entfalten, wenn sie möglichst offen gelebt werden. Ich möchte Ihnen dies anhand einiger Beispiele verdeutlichen.

Beispiel 1: Keywords

Wie Sie in Abschnitt 1.5 erfahren haben, stellt es für einen SEO mit die größte Herausforderung dar, die richtigen im Sinne von wirkungsvollsten Keywords für sein Unternehmen herauszufinden. Wie suchen welche Kunden und potenzielle Kunden bei Google nach den Produkten und Dienstleistungen, die angeboten werden? Und in wie weit steht diese Suche im Widerspruch zum unternehmensinternen Bild, das man von eben diesen Produkten und Dienstleistungen hat? Betriebsblindheit ist das größte Hindernis bei einer zielführenden Keyword-Recherche. Ein Online-Möbel-Shop, der fachlich und nach dem hausinternen Sprachgebrauch vielleicht korrekt „Polstergarnitur" als Keyword besetzt, während seine Kunden in spe eigentlich nach einem schlichten „Sofa" suchen, der wird sich unnötig schwer tun.

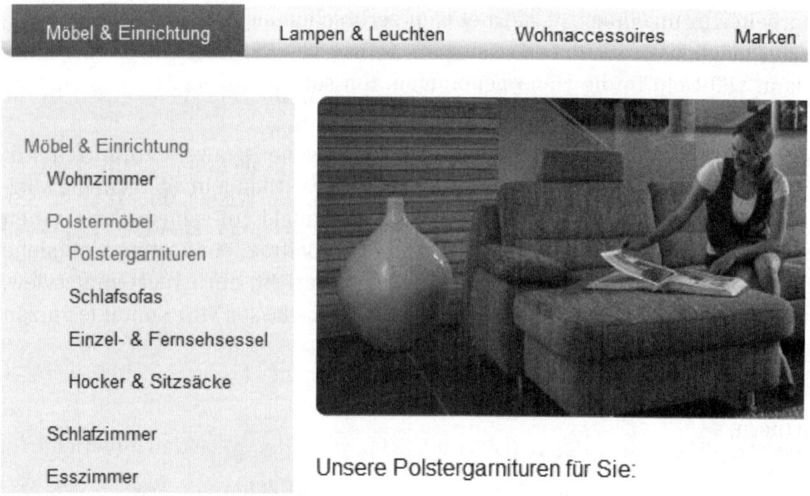

Bild 2.9 Diese E-Shop-Navigation bestimmt auch die Keywords mit. Polstergarnituren, Polstermöbel und mehr, aber eben kein „Sofa". Und Achtung: Auch über das Keyword „Schlafsofa" erhält man aus den Suchmaschinen heraus nicht unbedingt Interessenten für ein „Sofa".

Wie finden Sie denn nun heraus, welche Begriffe Ihre Kunden und Interessenten benutzen? Natürlich kann ein SEO über die Auswertung der Dimension *Besucherquellen → Suche → genutzte Keywords* in Google Analytics (siehe Abschnitt 1.7.2) ein Gespür genau hierfür bekommen. Er wird dabei aber hauptsächlich auf jene Begriffe stoßen, die auf seinen und fremden Internetseiten eh bereits sehr prominent zum Einsatz kommen. Doch was, wenn Sie „neue" Keywords benötigen? Nicht selten setzen sich dann illustre und hochkarätig besetzte Mitarbeiterrunden aus dem Marketing zusammen und überlegen, wonach die anzusprechenden Kundengruppen denn suchen *könnten*. Dabei könnte der direkte Kontakt zu Ihrer Zielgruppe so viel zielführender sein.

Wieso also nicht jene Ihrer Mitarbeiter für diese Tätigkeit akquirieren, die den (potenziellen) Kunden ohnehin den ganzen Tag „auf den Mund" schauen? Denn daraus lässt sich nicht nur ableiten, wonach diese innerhalb von Google & Co. suchen. Selbst Ideen für völlig neue Content- aber auch Produktbereiche Ihrer Unternehmens-Webseiten und -Shops werden sich ergeben. Gerade wenn es darum geht, den für ein Unternehmen manchmal im Nebel liegenden „Mehrwert" zu bestimmen, der die Zielgruppen auf Ihr Onlineportal lenken könnte. Egal, ob Sie also die Teams aus dem Vertrieb, dem Support, dem Produktmanagement, der Marktforschung, der PR, den Callcentern, den lokalen Niederlassungen oder der Ladenlokale dafür sensibilisieren, die inhaltlichen Bedürfnisse der Kunden zu ergründen und in Worte zu fassen, welche bei der ganz alltäglichen Suche nach Ihren Produkten und Dienstleistungen eine Rolle spielen. Sie können mit solch einer Strategie nur gewinnen. Und (was leider viel zu selten passiert): Wieso sollten Sie nicht auch genau jenen Mitarbeitern oder deren Vorgesetzten eine grundlegende SEO-Schulung spendieren? Denn nur wer wirklich versteht, wonach er suchen soll, der wird auch Erfolg haben.

Beispiel 2: Linkaufbau

Unzählige Mitarbeiter in unzähligen Unternehmen zerbrechen sich täglich den Kopf darüber, wie man auf möglichst natürliche Weise zum Aufbau von Backlinks beitragen kann. Schnell wird dann viel Geld in die Hand genommen, um solche Links zu kaufen oder zu mieten. Obwohl man sich der Gefahren bewusst ist.

Dabei wäre es so viel zielführender, zunächst einmal das eigene Netzwerk zu nutzen. Mit einem Kooperationspartner beispielsweise lässt sich darüber verhandeln, ob nicht die Möglichkeit besteht, dass dieser in einem Content-relevanten Umfeld auf seinem Portal einen wertvollen Backlink zu Ihnen setzt. Sei es über einen Gastbeitrag, ein Testimonial (siehe *http://de.wikipedia.org/wiki/Testimonial*), einen Anwenderbericht, ein Experteninterview, eine Partnervorstellung und Ähnliches mehr. In gleicher Weise lassen sich Kontakte nutzen zu

- Lieferanten,
- Vertriebspartnern,
- externen Dienstleistern,
- Schulungs- und Zertifizierungspartnern,
- Ausbildungsstätten, Instituten und Hochschulen, mit denen man zusammenarbeitet (gerade aus der Hochschul-Szene heraus können sehr hochwertige Backlinks entstehen),

- Unternehmen im gleichen Konzernverbund (selbst dies wird bei großen Unternehmen oft nur selten erschöpfend ausgenutzt).

Es sollte jedoch jeweils eine möglichst große inhaltliche Nähe zwischen dem verlinkenden und Ihrem Portal gegeben sein. In diesem Zusammenhang reicht es jedoch oftmals aus, wenn der Unterbereich des externen Links über diese inhaltliche Nähe verfügt, während die beiden Kerngeschäfte der Partnerunternehmen möglicherweise nur wenig miteinander zu tun haben. Wenn Sie nun nicht nur die Netzwerke des Firmenchefs, des Marketingleiters, des SEOs, des Produktmanagers oder des Vertriebsleiters zur Auffindung potenzieller Linkquellen nutzen, sondern die der gesamten Belegschaft, so dringen die sich hieraus ergebenden Möglichkeiten unter Umständen in völlig neue Dimensionen vor.

HINWEIS: Als „Manövriermasse" für derlei Verhandlungen kann es sein, dass Sie ebenfalls einen Backlink als Ausgleich anbieten müssen, der von Ihnen auf die Webseiten des Partners führt. Natürlich wäre eine rein einseitige Verlinkung SEO-technisch effizienter. Dennoch können auch gegenseitige Backlinks eine sehr gute Wirkung erzielen, wenn nicht unbedingt der überwiegende Hauptteil Ihrer Linkstruktur hieraus besteht.

Obwohl Google derlei gegenseitige Verlinkungen in der Regel erkennen wird, so macht es dennoch Sinn, dass die Rückverlinkung nicht von derselben Unterseite aus erfolgt, auf die auch der externe Backlink führt. Machen Sie sich hierüber jedoch nicht allzu viele Gedanken. Je unterschiedlicher die einzelnen Link-Kooperationen in ihrer linktechnischen und lokalen Unterbringung ausgeprägt sind, umso besser ist dies für Ihre natürliche Linkstruktur. Nutzen Sie hierfür also auch stets Ihre untergeordneten Sub-Portale (Pressebereich, Firmenblog, Onlineshop, ggf. Investor Relations-Bereich etc.). Das erweitert zudem das Portfolio an möglichen Links, die Sie einem Partner anbieten können. Nichtreziproke Verlinkungen (siehe Abschnitt 1.4.1) können hierzu ebenfalls dienen, wenn Sie mehrere Domains besitzen und inhaltlich pflegen. Aber auch das sollten Sie nicht übertreiben. Denn wie bereits erwähnt, erkennen Suchmaschinen selbst solche ausgeklügelten Konstrukte.

Beispiel 3: Usability

Die Usability einer Webseite trägt nicht nur indirekt zum SEO-Erfolg bei, wie Sie unter anderem in Abschnitt 1.4.5 bereits nachlesen konnten. In größeren Unternehmen und in reinen Online-Firmen beschäftigen sich ganze Abteilungen damit, die Bedienbarkeit des Web-Portals fortlaufend zu verbessern. Doch selbst dann gelingt es nicht immer, den direkten Kundenkontakt als wichtigsten Gradmesser für die Usability-Bewertung zu nutzen. Das ist alleine daran zu erkennen, dass sich nur sehr wenige Unternehmen trauen, die eigenen Nutzer offen und für jedermann ersichtlich nach Verbesserungspotenzialen zu befragen.

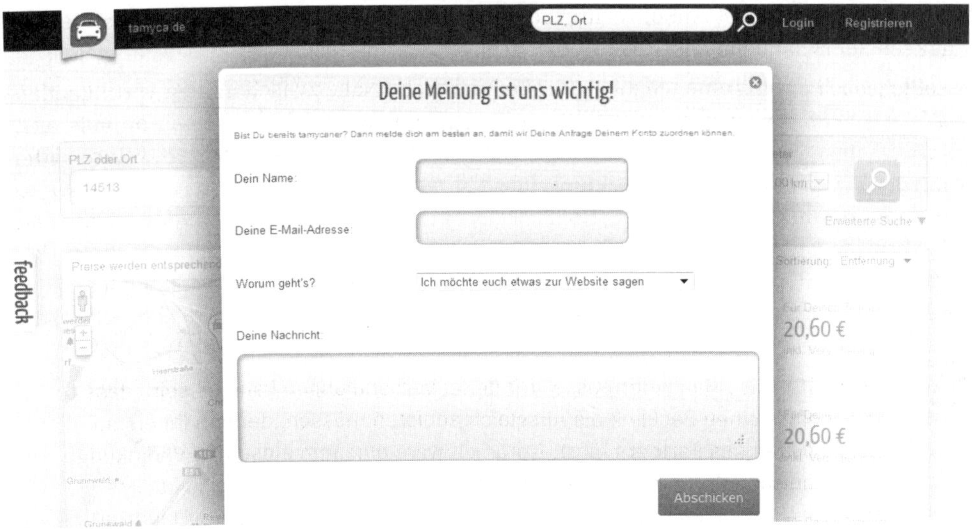

Bild 2.10 Leider nutzen oft nur StartUps im Onlinebereich die Möglichkeit, den Nutzer direktes Feedback zur Webseite und den dortigen Funktionalitäten geben zu lassen.

Wie bereits am Beispiel „Keywords“ erläutert, so sollten Sie für diese Aufgabe alle Mitarbeiter mit einspannen, die direkt oder indirekt im Kundenkontakt stehen. Wie oft habe ich es in einem Unternehmen oder als Kunde selbst erlebt, dass wertvolles Feedback, etwa an einen Außendienst-, Filial- oder Kundenservice-Mitarbeiter gerichtet, niemals ankommt, da der direkte Adressat denkt „Wenn ich das weitergebe, dann kümmert sich eh niemand darum.“ Oder aber: „Ich weiß sowieso nicht, wer hierfür zuständig ist.“ Nicht nur zwischen den Zeilen geben immer mehr Kunden Feedback zum Onlineauftritt eines Unternehmens – und sei es in einer subtilen Äußerung der Art „Ach, auf Ihrer Internetseite habe ich das gar nicht gefunden.“ Meist werden derartige Hinweise schlicht und einfach überhört.

Was auf einer Internetseite nicht gefunden werden kann, das wird auch in den Suchmaschinen nicht gefunden. Wenn also sonst niemand in Ihrer Firma Interesse an den Rückmeldungen der Kunden und potenziellen Kunden zeigt, wird sich Ihr SEO darüber freuen. Denn Hinweise zur Menüführung, nicht vorhandenen Inhalten (und damit zu schaffendem Content der „gebraucht“ wird, also einen Mehrwert darstellt), der Suchfunktion etc. sind für die Suchmaschinenoptimierung extrem hilfreich. Helfen diese doch nicht nur dabei, die Usability Ihres Portals stark zu verbessen. Nein, solche kleinen Hinweise können gar absolute Alleinstellungsmerkmale hervorbringen, über die Ihre Mitbewerber, welche dem Kunden eben nicht gebührend zuhören, nicht verfügen.

Beispiel 4: Social Media

Noch deutlicher werden die unterstützenden Möglichkeiten der Belegschaft im Bereich Social Media – und zwar unabhängig davon, ob es sich um Mitarbeiter im Kundenkontakt handelt oder nicht. Denn *jedes* Mitglied Ihres Unternehmens kann:

- Den unternehmenseigenen Social-Media-Kanälen nicht nur selbst beitreten und dort mitwirken (sofern dies von Ihnen jeweils gewünscht ist, dazu mehr in Kapitel 3), sondern diese Kanäle oder einzelne Inhalte auch an andere weiterempfehlen.

- In Erfahrung bringen, wie diese Kanäle denn von den Außenstehenden genutzt werden, welche Informationen und Diskussionen man sich dort wünscht, welche hingegen als eher störend empfunden werden etc. (das gilt ebenso für gewünschte Inhalte auf Ihrem Internetportal und/oder Onlineshop).
- Dabei helfen, die zielgruppengerechte Ansprache in den einzelnen sozialen Netzwerken auf den Prüfstand zu stellen. Denn mit Ihren Mitarbeitern potenziert sich gleichzeitig die Anzahl an Nutzergruppen, die befragt werden kann. Findet der Sohn der Vertriebsmitarbeiterin die neue Facebook-Kampagne nun „cool“ oder einfach nur „peinlich“? Wie stehen technikbegeisterte „Nerds“ zu den Twitter-Bemühungen der Marketingabteilung? Und welche Senioren würden die Produkt-Erklär-Videos auf YouTube nutzen bzw. verstehen? Solche Fragen und mehr können beantwortet werden.
- Aber auch: Zufällig aufgegriffenes Lob, Kritik und sonstige Hinweise über das Unternehmen in externen Social-Media-Kommunikationen sowie in Portalen und Blogs an die geeignete Abteilung weiterleiten, denn nicht immer greift in allen Fällen das hausinterne Social Media Monitoring (siehe Abschnitt 3.7).

Nicht nur bestehende, auch neu zu platzierende Inhalte und Kampagnen lassen sich auf diese Weise in ihrer Wirkung testen und weiterverbreiten. Ich persönlich kann mich nicht daran erinnern, beispielsweise im telefonischen Kontakt mit einer Firma jemals darauf hingewiesen worden zu sein:

> *„Sie wollen sehen, wie andere Kunden genau Ihre Frage in der Praxis gelöst haben? Folgen Sie doch unserem Twitter-/Facebook-Kanal“,*

oder

> *„In unserem Blog können Sie mit anderen Nutzern/mit unseren Mitarbeitern/mit unserem Firmenchef genau darüber diskutieren“,*

und Ähnliches mehr. Schade eigentlich. Ihnen kommen die beiden Hinweise unpassend vor, oder diese wirken sehr fremd? In Zukunft werden sie zum Repertoire jedes Vertriebsmitarbeiters zählen.

PRAXISTIPP: Natürlich sollte ein vergleichbarer Hinweis nicht zu werbe-/verkaufslastig sein, oder nach Schema „F“ im Gesprächsleitfaden des Callcenter-Mitarbeiters erfolgen. An der richtigen Stelle eingebracht, nutzen diese Empfehlungen jedoch nicht nur Ihrer SEO- und Social-Media-Strategie. Sie können unter Umständen gar Bereiche wie den Support oder Ähnliches entlasten. Beispielsweise, wenn auf bereits existierende Online-Diskussionen sowie -Lösungen hingewiesen wird, statt wiederkehrende Probleme und Fragen stets aufs Neue zu beantworten. ▪

2.2.4 Den Vertrieb mit SEO-Maßnahmen optimieren und unterstützen

Vertrieb und SEO? Ja, Sie haben richtig gelesen. Ganz im Sinne der zuvor angeführten Beispiele lässt sich eine positive Wechselwirkung zwischen Onlinemarketing- und sonstigen Abteilungen auf vielfache Weise erzielen. Die Sales-Mitarbeiter können nicht nur Ihre Suchmaschinenoptimierung unterstützen, auch umgekehrt ist dies der Fall. Und ich spreche in diesem Fall nicht von den generellen Online-Umsatzsteigerungen, die aus einer besseren Platzierung Ihres bestehenden Portals in den Suchmaschinen und damit aus mehr Besuchern auf Ihrem Portal resultieren. Wenn Sie die nachfolgenden Tipps richtig nutzen – egal ob als selbstständiger Einzelkämpfer oder als große Vertriebsorganisation eines Konzerns –, so kann die Hebelwirkung beträchtlich sein.

Im Prinzip geht es auch hier wieder um Keywords, und wie man einzelne Seiten Ihrer Onlineprojekte auf diese hin optimieren kann. Generell arbeitet jeder Vertriebler mit solchen Keywords, selbst wenn er von SEO noch nie etwas gehört haben sollte. Denn um Interessenten anzusprechen oder Leads zu generieren (siehe *http://de.wikipedia.org/wiki/Leadgenerierung*) macht dieser Folgendes: Er überlegt sich, *wo* er *wen* und *wie* ansprechen soll, der an einem Abschluss oder einem Kauf interessiert sein könnte. Das *wo* schafft man nun mit einem speziellen Ort im Internet, der nur diesem einen Zweck der spezifischen, kampagnenbezogenen Interessentenansprache dient. Dieser Ort muss dabei keineswegs die eigentliche Homepage sein, die ja höchstwahrscheinlich auch noch weiteren Zielen dient, oder aber nicht zu vertriebslastig erscheinen soll. Das *wen* und das *wie* übernehmen dann ausgewählte Keywords, die ausschließlich der Optimierung einer solchen neu zu schaffenden Kampagnenseite dienen. Auch diese Keywords können unabhängig vom restlichen Onlineportal verwendet werden.

Landingpages & Microsites

In der Praxis wird zuvor beschriebene Mechanismus an so genannten Landingpages und Microsites am deutlichsten sichtbar. Dabei handelt es sich um Unter- oder Zusatzseiten eines bereits existierenden Onlineauftritts. Diese dienen einzig und alleine dem Zweck, den Vertrieb bei einer speziellen, in sich abgegrenzten Kampagne zu unterstützen. Nehmen wir als Beispiel einen holzverarbeitenden Betrieb, der bislang vor allem Carports, Terrassenüberdachungen und Ähnliches online vertrieben hatte. Nun will sich das Unternehmen breiter aufstellen und in Zukunft Holz-Kinderspielgeräte für den Garten anbieten, also Schaukelgerüste, Spieltürme und weiteres mehr. Diese neuen Produkte nun hauptsächlich auf dem bisherigen Hauptportal beziehungsweise auf der Startseite zu präsentieren, das wird möglicherweise nicht zielführend sein, da

a) über die bisherigen Keywords rund um das Thema „Carport“ Suchmaschinenbesucher generiert werden, die nur zu kleinen Teilen auch der Zielgruppe für Kinderspielgeräte zuzuordnen sind,

b) eine gleichzeitige Stärkung der neuen Keyword-Gruppe „Spielgeräte“ – etwa durch häufigere Verwendung im Webseiten-Content oder durch Backlinks mit Keywords in dem Umfeld – höchstwahrscheinlich zu Lasten der bisherigen Schlüsselbegriffe gehen würde.

Die alte und die neue Produktpalette stehen also in einer gewissen Online-Konkurrenz zueinander. In einer solchen Situation schafft eine Landingpage meist sehr gute Abhilfe. Diese wird zwar von der Startseite oder auch von anderen Portalbereichen aus mit passenden Keywords verlinkt, die hauptsächliche Präsentation der Inhalte „Spielgeräte“ erfolgt jedoch auf der Landingpage selbst. Es handelt sich bei einer Landingpage also um nichts anderes, als um eine eigens eingerichtete Webseite, die auf ein bestimmtes Angebot und damit auch auf eine bestimmte Zielgruppe hin optimiert wird.

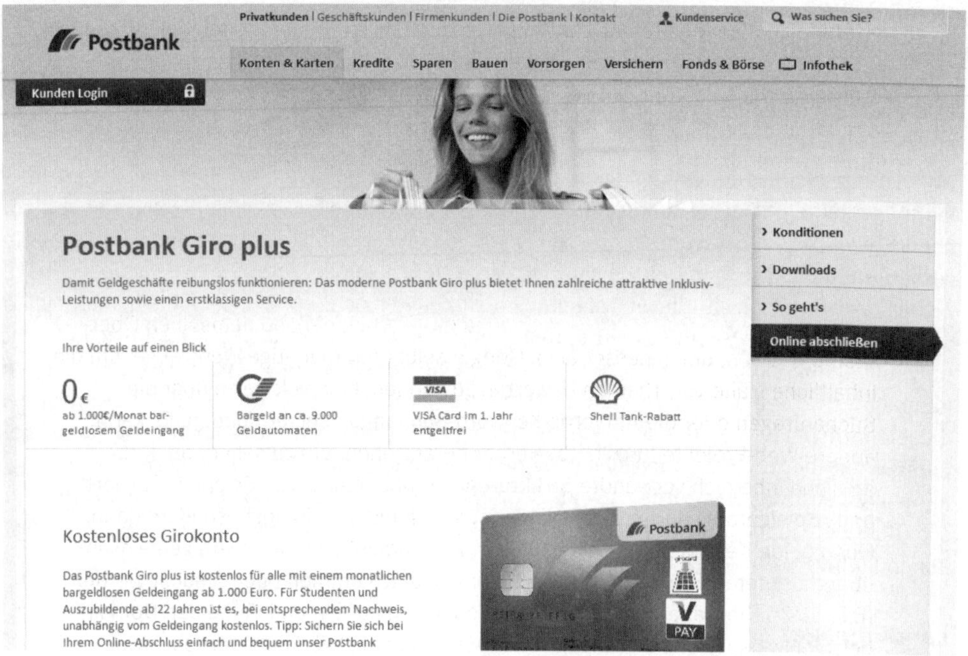

Bild 2.11 Nicht nur die Finanzindustrie arbeitet sehr gerne mit dem Mittel von Landingpages. Im hier dargestellten Fall wird in der oberen Menüführung zwar auch noch auf andere Produktgruppen verlinkt. Im Vordergrund steht jedoch ein einzelnes, keywordoptimiertes Produkt „Girokonto“ bzw. „Giro plus“.

Man kann sich eine solche Landingpage im Prinzip wie ein einzelnes Regal in einem Warengeschäft vorstellen. Nehmen wir einen Modehändler als Beispiel. Von außen betrachtet wird dem Besucher dieses Ladens schnell klar, hier kann man „Kleidung“ kaufen. Würden nun jedoch in dem Geschäft sämtliche Kleidungsarten auf einem einzigen undefinierbaren Haufen zusammengeworfen und präsentiert, so würde kein Käufer das finden, wonach er wirklich sucht. Gibt es jedoch ein Regal mit „Hosen“, eines mit „Kleidern“, eines mit „Jacken“ etc., so passen Produkt(gruppe) und Gesuch zusammen. In dieser Analogie wäre das Regal dann die Landingpage, „Hose“, „Kleid“ etc. wären die hierzu passenden Keywords.

Eine Landingpage kann in den Suchergebnislisten unter Umständen sehr gute Rankings erreichen und zwar unabhängig von den Keywords der Hauptseite und sonstiger Portalbereiche. Dieses Ranking wird dabei umso höher sein, je

- näher die Landingpage in der Navigations- beziehungsweise Linkhierarchie bei der Startseite oder einer sonstigen Seite mit möglichst hohem PageRank liegt,
- mehr externe Backlinks auf die Landingpage verweisen.

Auch enthaltene Keywords in den Linktexten der Backlinks a) zur Landingpage und b) zu allen anderen Seiten können damit unabhängig voneinander gestaltet werden. Der holzverarbeitende Betrieb aus dem Beispiel könnte also seine bisherigen Carport-Links auf die Hauptseite bestehen lassen, und die Verweise auf die Landingpage mit „Holzspielgeräte“ oder Ähnlichem optimieren. Bitte achten Sie darauf, wie in Abschnitt 1.4.1 beschrieben, dass möglichst wenig bzw. keine reinen Keyword-Links zum Einsatz kommen sollten. Und, dass Linktexte mit darin vorkommenden Keywords zudem in einem gesunden Verhältnis zu Linktexten stehen, die völlig unabhängig von diesen Schlüsselbegriffen sind.

HINWEIS: Die Inhalte der Landingpage und der restlichen Seiten sollten jedoch nicht zu sehr voneinander abweichen. Denn sonst könnte dies eine Abschwächung für das gesamte Onlineprojekt bedeuten. Wie bereits an anderer Stelle angedeutet, so tut sich Google vereinfacht ausgedrückt schwer mit Webseiten, die einem Bauchladen an verschiedensten Themen gleichen. Man geht davon aus, dass Nachrichtenseiten wie Online-Tageszeitungen in irgendeiner Form extra gewertet werden, da diese ja naturgemäß über sehr verschiedene Inhalte von Sport über Kultur bis Politik verfügen, und dieser Logik folgend ja eigentlich einen Nachteil haben müssten.

Je mehr sich die Inhalte über alle Unterseiten hinweg ein und demselben Oberthema widmen, umso besser also. Google selbst hat mächtige Werkzeuge, um die inhaltliche Nähe von Themen bewerten zu können, beispielsweise über die Suchanfragen oder die AdWords-Keyword-Buchungen seiner Kunden. Es kann andere Web-Projekte Ihrer Mitbewerber heranziehen, um zu sehen, ob dort ähnliche inhaltlich verwandte Strukturen erkennbar sind. Am Beispiel „Carport" und „Spielgeräte" dürfte diese Nähe noch vorhanden sein. Insbesondere dann, wenn beide Keyword-Gruppen häufig im Zusammenhang mit einem gemeinsamen übergeordneten Segment wie „Holz" zum Einsatz kommen oder gesucht werden (Bild 2.12). Die Nähe geht jedoch verloren, wenn auf ein und derselben Domain beispielsweise „Versicherungen" und „Medikamente" verkauft werden, sowie dementsprechend voneinander abweichender Content hinterlegt ist. Sie glauben gar nicht, welch seltsame Kombinationen mir in diesem Zusammenhang bereits begegnet sind. Liegt keine erkennbare Nähe vor, dann sollte man die sehr verschiedenen Inhalte besser auf zwei unabhängige Projekte und Domains verteilen. ■

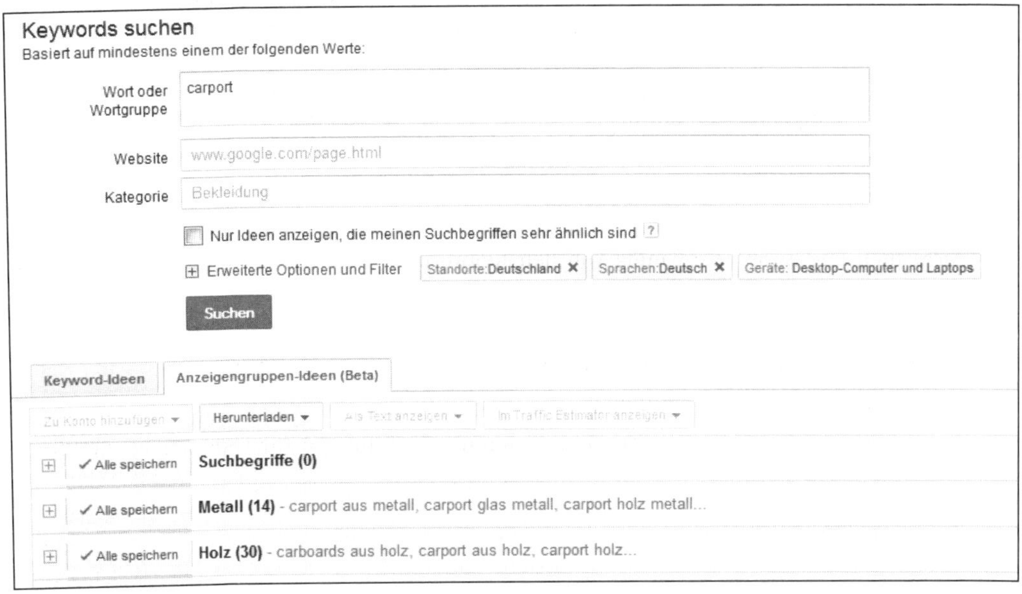

Bild 2.12 Gibt man im Google AdWords Keyword Tool den Begriff „Carport" ein, erscheinen unter „Anzeigengruppen-Ideen" Keywords, die in einem Bezug zu „Carport" gesehen werden – darunter auch „Holz", was die Verknüpfung zu ähnlichen Produktgruppen eines holzverarbeitenden Betriebs herstellt.

Die Ziele einer Landingpage können übrigens sehr vielfältig sein. Mögliche Einsatzgebiete als Unterstützung Ihrer Vertriebsstrategie wären:

- Der direkte Verkauf eines bestimmten Produkts bzw. der Hinweis auf eine spezifische Dienstleistung
- Unterstützung der Markenbildung/des Expertenstatus, etwa wenn dort ein hochwertiges kostenloses E-Book mit Antworten auf die wichtigsten Fragen Ihrer Kunden zum Download angeboten wird
- Das Einsammeln von E-Mail-Adressen, Leads und sonstigen Qualifizierungsmerkmalen
- Ebenso die Gewinnung von Followern/Fans für die Social-Media-Kanäle
- Sonderaktionen, wie Gewinnspiele, Prämien- und Partnerangebote, die Bewerbung von Produktauszeichnungen/Testergebnissen und Ähnliches mehr
- Seiten für lokale oder saisonale Angebote

Ich möchte Ihnen an dieser Stelle noch ein paar Hinweise zur Optimierung von Landingpages mit auf den Weg geben, damit diese Ihre volle SEO-Power entfalten können: Solche Seiten verfügen in der Regel über keine externen Verlinkungen, um den Besucher nicht abzulenken, oder ihn an andere, vermeintlich spannendere Inhalte zu verlieren. Es sei denn natürlich, hinter diesem externen Link verbirgt sich das Ziel, welches mit der Seite erreicht werden soll (Man beachte: Je weniger Schritte zu dem Ziel einer Landingpage führen bzw. hierfür ausgeführt werden müssen, umso geringer wird die Abbruchquote sein). Aus dem gleichen Grund der Konzentration auf die Inhalte der Landingpage kommen interne Verlinkungen ebenso spärlich zum Einsatz. Meist sind jene Seiten am effektivsten, die auf die üblichen Seitennavigationen, Sidebars, Footer etc. der restlichen Webseiten verzichten. Es sollte jedoch zumindest ein Verweis auf die Hauptseite eingebunden werden, falls sich der Besucher über das Unternehmen hinter dem Angebot informieren möchte. Auf jeden Fall muss Ihr Impressum in irgendeiner Form erreichbar sein (gesetzliche Impressumspflicht/Anbieterkennzeichnung).

Anstatt vieler externer und interner Links enthalten die meisten Landingpages ein oder mehrere so genannte „Call-to-Action"-Elemente. Dabei handelt es sich um ein zentrales, meist grafisches Element, welches den Seitenbesucher zum Handeln auffordert. Dies, um das Ziel der Webseite (Verkauf, Newsletter-Abo) und damit die „Action" auszuführen oder anzustoßen. Die Idee dahinter: Ihre Besucher scannen die Inhalte einer Internetseite meist nur oberflächlich. Besonders wirkungsvolle, hervorzuhebende Inhalte und Keywords im Landingpage-Fließtext sollen dabei, etwa „fett" ausgezeichnet, das Interesse wecken. Um dieses Interesse anschließend möglichst schnell auf das prominent platzierte Call-to-Action-Element umzuleiten, bevor es sich der Nutzer doch noch anders überlegt. Verkaufs- aber auch Webseiten-Gestaltungs-Psychologie spielt hierbei eine große Rolle. Wobei längst nicht immer die „hübscheste" oder durchdachteste Landingpage das Rennen um möglichst hohe Konversions- und Abschlussraten gewinnt (siehe *www.blogprofis.de/buch/konversion*).

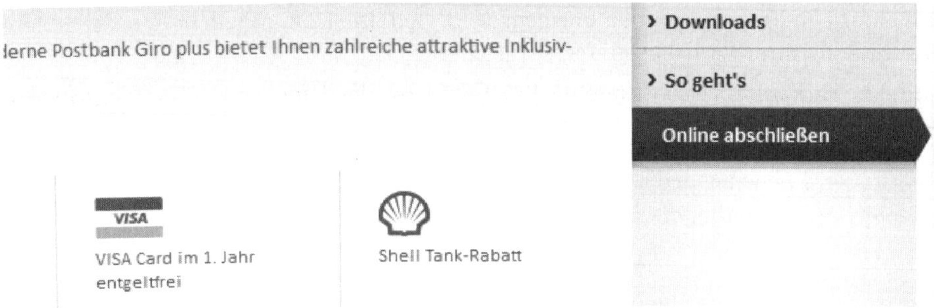

Bild 2.13 Im Falle der Postbank-Landingpage wären die mit Icons versehenen Punkte („VISA", „Shell" etc.) die Aufmerksamkeit-erregenden Inhaltsauschnitte, das farblich hervorgehobene „Online abschließen" ist das Call-to-Action-Element.

Ich kann Ihnen in diesem Zusammenhang das bereits kurz vorgestellte Portal *http://whichtestwon.com* (siehe Bild 1.46, S. 107) wärmstens empfehlen. Dort werden wöchentlich vergleichende A/B-Tests (siehe Abschnitt 1.7.1) von optimierten Landingpages präsentiert, die sehr aufschlussreich sind. Auch Sie selbst sollten regelmäßig verschiedene Versionen Ihrer Landingpages gegeneinander testen. Dies nach der Art „Wie viele Abschlüsse/Zielerreichungen gelingen mit Variante A in einem bestimmten vordefinierten Zeitraum, und wie viele mit Variante B?". Ich muss wohl nicht erwähnen, dass eine derart optimierte Seite einen unglaublichen Umsatzschub zur Folge haben kann. Denn manchmal reichen kleine, unscheinbare Änderungen aus, um die Anzahl der Konversionen um 200 Prozent und mehr zu steigern. Das sehr mächtige Mittel der Call-to-Action-Elemente eignet sich natürlich genauso gut für Ihre restlichen Webseiten.

Als weiterführende Quellen rund um das spannende Thema Landingpages möchte ich Ihnen die folgenden Webseiten empfehlen. Auch auf die optimale Gestaltung dieses Seitentyps wird dabei näher eingegangen:

- *www.karlkratz.de/onlinemarketing-blog/was-kostet-eine-landingpage/*
- *www.blogprofis.de/buch/landingpagestipps*
- *http://webdesignblog.de/webdesign/10-tipps-fur-bessere-landing-pages/*
- *http://blog.121watt.de/blog/5-regeln-fur-erfolgreiche-landingpages*
- *http://playground.ebiene.de/call-to-action-buttons/*

PRAXISTIPP: Eine Landingpage kann auch „unsichtbar" in ein vorhandenes Web-Projekt eingebunden werden. Das bedeutet: Die Seite ist unter einer spezifischen URL erreichbar, die von extern verlinkt wird. In den Menüs und sonstigen Navigationselementen der Hauptseite wird jedoch nicht auf die Landingpage verwiesen. Dies kann beispielsweise dann Sinn machen, wenn:

- Sie eine Aktion nur einem bestimmten Nutzerkreis zugänglich machen wollen. Etwa nur potenziellen Kunden, die über dementsprechende Keywords wie beispielsweise „Girokonto Neukunden Aktion" generiert werden, nicht aber bereits bestehenden Kunden.

- Die Keywords der Landingpage nicht auf Ihren sonstigen Seiten vorkommen sollen, um die dortigen Schlüsselbegriffe nicht zu verwässern.
- Es sich um ein zu testendes Produkt oder Ähnliches handelt.

Damit eine derart eingebundene Landingpage dennoch gute Rankings bei Google & Co. erreichen kann, so sollten andere, dezentere interne Links auf diese führen. Oder aber hochwertige Backlinks von außen.

Microsites stellen eine recht ähnliche Variante zur Bewerbung eines bestimmten Produkts oder einer bestimmten Maßnahme Ihres Vertriebs dar. Dabei handelt es sich um eine eigene kleine Webseite, die thematisch in sich geschlossen ist. In der Regel werden sie mit einer eigenen Domain oder zumindest Sub-Domain (Beispiel: http://subdomain.xyz.de) ausgestattet. Ein meist unabhängiges Design sowie sehr schlanke Inhalte zeichnen diese Sonderform aus. Produkte und Dienstleistungen können damit, wie bei der Landingpage auch, unabhängig vom Hauptportal eines Unternehmens beworben und SEO-technisch optimiert werden. Der Unterschied besteht lediglich in einer noch deutlicheren Trennung von der zentralen Domain. Zudem können Microsites mit eigenen Unterseiten umfangreichere Inhalte aufnehmen, als dies bei einer (einseitigen) Landingpage der Fall ist.

Bild 2.14 Beetle.de ist ein prominentes Beispiel einer eigenständigen, vom Hauptportal Volkswagen.de nahezu unabhängigen Microsite.

Bei einigen Microsites wird erst bei einem Blick in das Impressum deutlich, welcher Anbieter dahintersteckt. Denn sie eignen sich zudem als Anlauf- bzw. Sammelpunkt für virale Onlinekampagnen, bei denen der Überraschungseffekt und nicht die unmittelbare Markenbildung im Vordergrund steht.

Um die Einsatzzwecke und Eigenschaften von Landingpages und Microsites vergleichen zu können, dient die folgende Tabelle.

	Landingpage	Microsite
Typischer Einsatzzweck	Bewerbung einzelner Produkte und Dienstleistungen, die inhaltlich zum Portfolio des Hauptportals passen	Eigenständige Produktgruppe oder Medienkampagne, die unabhängig vom Hauptportal platziert und beworben wird
Integration	Als Unterseite eines bestehenden Projekts	Als eigene Domain oder Subdomain eines bestehenden Projekts
Skalierbarkeit	Beliebig, über mehrere Landingpages je Produkt/Dienstleistung. Je mehr Landingpages es gibt, umso geringer kann jedoch die Sichtbarkeit einzelner Seiten in den Suchmaschinen ausfallen. Vor allem bei interner Konkurrenz der Keywords	Beliebig, über jeweils eigene Domains. Wobei die einzelnen Domains über ein voneinander möglichst unabhängiges Backlink-Profil/Backlink-Quellen verfügen sollten
SEO-Aufbau	Über interne Links des Hauptportals + externe Links von außen	Über externe Links von außen
Umfang	Eine einzelne Seite ohne Unterseiten und interne Navigation	Mehrere Seiten mit eigener Seitenstruktur, Navigation und interner Verlinkung
Mögliche negative Auswirkung auf das Hauptportal	Kann mit den anderen Seiten bezüglich PageRank und Keywords konkurrieren	Bei unabhängiger Linkstruktur kaum bis gar keine Auswirkung
Mögliche positive Auswirkungen auf Hauptportal	Von Backlinks auf die Landingpage profitiert auch das Hauptportal; entstehender Traffic/Besucher können ggf. auf das Hauptportal weitergeleitet werden	Bei möglichst unabhängiger Link-Struktur und gutem PageRank kann ein Verweis auf das Hauptportal dieses unterstützen; entstehender Traffic/Besucher können auf das Hauptportal weitergeleitet werden
Kosten	Keine eigenen Kosten, außer Content-Erstellung/-Pflege und SEO-Maßnahmen, die rein der Landingpage gelten	Domain- und Hosting-Kosten, Webdesign, Content-Erstellung und -Pflege, SEO-Maßnahmen

Übrigens sollten auch Filialen von größeren Unternehmen mit einem eigenen Onlineauftritt erreichbar sein – egal, ob es sich dabei um einen Unterbereich des Hauptportals, eine Microsite, eine Landingpage oder gar eine eigene Domain handelt. Selbst namhafte Firmen vergeben diese Chance, wie das folgende Beispiel in Bild 2.15 unter Beweis stellt.

Nur externe Anbieter liefern hier, direkt über Suchmaschinen erreichbar, die gewünschten Informationen, wie Anschrift, Öffnungszeiten und mehr. Diese Informationen sind zudem recht spärlich und bergen die Gefahr, falsch oder veraltet zu sein. Klickt man die Verweise der Commerzbank selbst an, so landet man auf dem Hauptportal des Konzerns, ohne einen einzigen Hinweis auf die gesuchte Filiale. Den hauseigenen Filialfinder zu erreichen ist gar nicht so einfach. Der Dienst versteckt sich hinter dem alles andere als logischen Menüpunkt *Weitere Onlineservices*, der zweimal vorhanden ist, und dann *Kontakt*. Dort angelangt, muss man erneut Ausschau halten, bis man die *Filialsuche* entdeckt. Wobei man im entsprechenden Prozess über zwei weitere Subportale geleitet wird. So schwer kann man es seinen Kunden, aber auch interessierten Neukunden, machen, online gefunden zu werden.

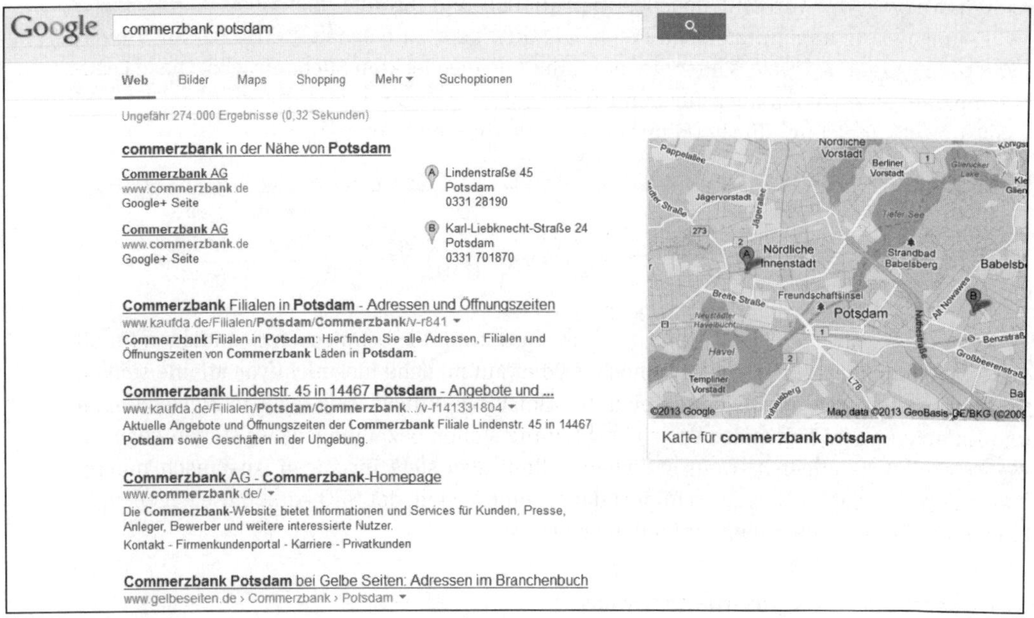

Bild 2.15 Informationen zu einzelnen Filialen der Commerzbank, direkt vom Anbieter? Fehlanzeige.

Lead- & Sales-Generierung

Nicht nur Landingpages sind ein geeignetes Mittel, um neue Adressen oder Leads für den Vertrieb oder die PreSales-Abteilung bereitzustellen oder aber um direkte Verkäufe zu generieren, etwa im E-Commerce-Umfeld. Generell kann SEO, in gewissen Grenzen natürlich, dafür sorgen, den Internetnutzer auf jene Bereiche des Unternehmensportals zu lenken, die Ihrer Zielstellung möglichst nahe kommen. Die meisten Suchmaschinenoptimierer arbeiten jedoch interdisziplinär. Von daher ist deren Mitwirkung an weiteren Szenarien zur Lead-Generierung und zur Verkaufsförderung üblich. Etwa bei:

- Der Planung von bezahlten SEA-/AdWords-Kampagnen: Diese greifen dann möglichst exakt genau jene Suchmaschinennutzer ab, die nicht über SEO-Kanäle gewonnen werden können, und leiten sie an einen spezifischen Online-Punkt zur Adresseingabe, Kontaktaufnahme etc., weiter. Hilfreich ist dies etwa bei sehr umkämpften Keyword-Kombinationen. In solchen Fällen ist eine enge Abstimmung zwischen SEA und SEO notwendig, um unnötige Anzeigen-Budgets zu vermeiden.
- Medienübergreifenden Aktionen (online & offline), bei denen Mittel wie QR-Codes (*http://de.wikipedia.org/wiki/QR-Code*) und Ähnliches zum Einsatz kommen, um die Interessenten an einen Online Point of Sale/Lead zu bringen.
- Der generellen Überarbeitung von Seiten- und E-Shop-Strukturen, die sowohl SEO- als auch Usability- und Absatzinteressen gleichermaßen bedienen: Das geht bis hin zum Mitspracherecht beim Einsatz von Call-to-Action-Elementen und mehr. Hier wird jeweils ein Kompromiss gefunden werden müssen: Zwischen den nicht selten gegenläufigen Interessen des SEOs, der Vertriebsabteilung, des Marketings sowie der Designabteilung.

- Einer Analyse der vorhandenen Besucherquellen und -Ströme über Google Analytics & Co., um bislang ungenutzte Lead-Potenziale ausfindig zu machen – etwa bei noch nicht mit einem eigenen Prozess oder eigenen Inhalten abgedeckten Suchanfragen: Diese Lead-Potenziale sind zudem auch für den Offline Sales von Interesse. Insofern kann ein SEO selbst Marktforschung für herkömmliche Marketing- und Vertriebskanäle leisten.
- Spannend, wenn auch aus Datenschutzgründen sehr mit Vorsicht zu genießen, ist in diesem Zusammenhang zudem die Auswertung von Providerdaten, um einzelne Webseitenbesucher zu identifizieren (mit der Rechtsabteilung oder dem Datenschutz-Beauftragten abklären, siehe *www.seo-butze.de/2013/01/google-analytics-lead-generierung-uber-netz-provider/*).

Sie sollten sich darüber bewusst sein, dass Ihr SEO zwar die technischen Grundlagen für all diese Möglichkeiten beherrscht. Dennoch wird er auf manche Idee nicht von alleine stoßen. Schlicht und einfach deswegen, da er unter Umständen nicht weiß, welche Zielsetzungen und Kampagnen im Fokus der Vertriebsabteilung stehen beziehungsweise stehen *könnten*. Die beiden zuständigen Verantwortlichen sollten also stets im engen Austausch miteinander sein. Der Sales Manager schildert dabei seine Vision, der SEO kann diese gegebenenfalls in konkrete Maßnahmen einfließen lassen.

Integriertes Kampagnenmanagement

Noch einen Schritt weiter geht SEO, wenn man es als Baustein eines integrierten Kampagnenmanagements betrachtet. Von der Markt- und Zielgruppenanalyse, den zugehörigen Data-Mining-Prozessen, der Ermittlung geeigneter Kanäle, der konkreten Planung mehrstufiger Kampagnen, der Analyse bis hin zur fortlaufenden Optimierung: An vielen Stellen kann der SEO-/SEA-Spezialist wertvolle Impulse geben. Nur wenige (größere) Marketingabteilungen schaffen eine direkte Verknüpfung etwa zwischen der CRM- und der Onlinemarketing-Abteilung. Tut man dies nicht, so gehen ungeahnte Potenziale verloren. Denn der SEO kann nicht nur alternative Marketingkanäle aufzeigen, um potenzielle aber auch bereits bestehende Kunden zielgerichteter und kostengünstiger anzusprechen. Er wird zudem auf bereits vorhandene Datenquellen und Interaktionspunkte verweisen.

Nicht wenige Kunden und Interessenten sind heutzutage frustriert. Obwohl sie teilweise die Portale eines Anbieters regelmäßig nutzen, also genau darüber über neue Angebote und Aktionen informiert werden könnten, werden sie weiterhin „bombardiert". Mit Newslettern, Direkt-E-Mails, Offline-Mailings, Telefonanrufen und mehr. Die Response-Raten sinken dabei immer weiter. Denn irgendwann bleibt dem Nutzer nur noch eines: Abschalten. Ein dezidiertes Online-Kampagnenmanagement unter Einbeziehung von SEO-Maßnahmen wird hingegen oftmals vernachlässigt. Genauso die gezielte Ansprache von Kunden auf dem Unternehmensportal selbst. Marktführer wie Amazon machen vor, was es bedeutet, die Kunden und Interessenten am genau richtigen Ort mit der richtigen Maßnahme abzuholen.

Bild 2.16 Kommt man über Google zu Amazon, wird man selbst als Gast (nicht angemeldet), aber auch als Kunde (angemeldet) mit zahlreichen auf die Suchanfrage abgestimmten Produkten und Aktionen empfangen.

2.2.5 Weitere Unternehmensbereiche, die von Ihrem SEO profitieren können

Nicht nur der Vertrieb, auch weitere Abteilungen in Ihrem Unternehmen können von SEO- und Social-Media-Kampagnen profitieren, wie ich Ihnen anhand der folgenden Beispiele zeigen möchte. Die Tipps sind dabei auf Bereiche ausgerichtet, wie sie eher in mittleren bis größeren Unternehmen vorkommen. Dennoch können Selbstständige und Einzelunternehmer die Maßnahmen auf die anfallenden Arbeitspakete in ihrem jeweiligen Berufsalltag herunterbrechen. Schließlich beschäftigen sich auch Handwerker mit Disziplinen wie dem Personalaufbau, dem Produktmanagement oder dem Support. Selbst wenn hierfür keine eigenen Firmenbereiche und Mitarbeiter zur Verfügung stehen.

Außendienst & Filialorganisationen

Egal, ob Filiale oder der einzelne Mitarbeiter vor Ort, aber auch ganze ausgegliederte Unternehmensbereiche und Konzerntöchter: Diese profitieren in gleichem Maße von den im Abschnitt 2.2.4 skizzierten Maßnahmenpaketen. Lokale oder aber auf ein bestimmtes inhaltliches Segment hin optimierte Kampagnen und Keywords werden hierbei eine Rolle spielen. Weiterführende Ideen in diesem Zusammenhang wären:

- Außendienstmitarbeiter bekommen eine eigene persönliche Landingpage, besser noch eine Microsite, oder einen (sehr SEO-wirksamen) Blog. Darin spielt der jeweilige Expertenstatus sowie die lokale Komponente die Hauptrolle. Regelmäßige Ratgeber-Inhalte, direkt von den jeweiligen Mitarbeitern und in deren Namen geschrieben, sorgen dafür, dass diese ausgegliederten Webseiten nachhaltig gute Rankings in den Suchmaschinen erhalten. Das hilft sowohl dem Mitarbeiter vor Ort für seine Akquise, dient aber gleichzeitig dem Branding und gegebenenfalls dem SEO der Hauptmarke. Microsites für einzelne an einen Dachkonzern angegliederte Versicherungsmakler wären ein typisches Beispiel hierfür.

- Das Gleiche ist mit lokal verfügbaren Waren und Dienstleistungen der Fall. Eine Produktgruppe ist in einer Filiale aus irgendeinem Grund der absolute „Renner"? Kurbeln Sie diesen Verkauf doch zusätzlich an, mit spezifischen SEO-Kampagnen und einer eigenen Microsite. Die zugehörige Internetadresse kann nicht nur online, sondern auch in örtlichen Offline-Werbeaktionen zum Einsatz kommen.
- Bietet eine Filiale oder ein Außendienstmitarbeiter sehr spezifische Angebote, die inhaltlich deutlich von Ihrer sonstigen Produktpalette abweichen, oder auf die Sie Kunden in anderen Regionen nicht unbedingt aufmerksam machen wollen, so bietet sich dieselbe Herangehensweise an. Lokale Rabattaktionen fallen beispielsweise unter diese Kategorie.
- Ihr Angebot kann auf ganz ähnliche Weise örtlich oder nach bestimmten Segmenten diversifiziert werden. So lassen sich Sub-Marken gründen, die über einen eigenen Onlineauftritt präsentiert werden. Marke A kann man dann über die Keywords xy SEO-technisch bewerben, Marke B hingegen über die Keywords yz. Nicht nur, dass Sie damit eine größere Bandbreite an Keywords und Zielgruppen ansprechen: Sie vermeiden zudem, dass die Angebotsgruppen direkt miteinander konkurrieren. Zusätzlich lässt sich auf diese Weise sehr gut herausfinden, welche Keywords sich wie auf die Suchmaschinen, die Besucherzahlen und die Umsätze auswirken. Außerdem können Sie Ihre Produkte in verschiedenen Varianten anbieten (zum Beispiel Hoch- und Niedrigpreissegment), ohne dass dies Ihrer eigentlichen Hausmarke schadet.

In diesen Fällen muss sich der SEO (oder dann wohl besser die SEO-/Onlinemarketing-Abteilung) mit den externen Vertriebsorganisationen eng abstimmen. Wobei es durchaus zu Konflikten zwischen einzelnen Divisionen kommen kann – etwa, wenn mehrere Einheiten die Nutzung der gleichen Keyword-Kombinationen für sich in Anspruch nehmen, und sich somit gegenseitig Konkurrenz machen.

PRAXISTIPP: Jegliche lokal agierenden Geschäfte und Dienstleister sollten sich immer auch bei Google+ Local/Google Places anmelden und dort ein Profil hinterlegen. Dies ist wichtig, um in Diensten wie Google Maps sowie bei lokalen Suchanfragen gefunden zu werden. Nicht wenige Einzelhändler und ähnliche Unternehmer generieren einen immer größeren Teil ihres Neukundengeschäfts hierüber. Ebenfalls spannend: Der ortsbezogene Empfehlungsdienst Qype (*www.qype.com*). Weitere Informationen hierzu finden Sie in Abschnitt 1.4.8 sowie 4.7. ■

Bild 2.17 Eine in den Hauptauftritt integrierte Microsite für einen Versicherungsmakler: Eine eigene Domain statt *vorname.name.ergo.de/...*, vor allem aber deutlich mehr selbst erarbeitete, regelmäßig erweiterte konzernunabhängige Inhalte würden hier für ein besseres SEO und mehr Besucher sorgen.

Support/Helpdesk

Ein gut funktionierender Support stellt nicht nur Ihre Bestandskunden zufrieden. Gerade im Zeitalter des Web 2.0 und der Social-Media-Kommunikation spricht es sich schnell auch bei potenziellen Kunden herum, wie gut beziehungsweise weniger gut der Kundenservice eines Unternehmens funktioniert. Nicht umsonst gibt es große Konzerne etwa im Telekommunikationsumfeld, die mit einem schlechten Ruf diesbezüglich fast schon assoziiert werden. Gleichzeitig möchten Sie als Unternehmer Ihren Kundendienst natürlich so effizient wie möglich gestalten. Dabei helfen offizielle Onlineratgeber, -Anleitungen und öffentlich zugängliche FAQs (*http://de.wikipedia.org/wiki/Frequently_Asked_Questions*).

Ihre (potenziellen) Kunden greifen immer seltener zum Telefonhörer, wenn es darum geht, eine Frage zu einem Produkt oder zu einer Dienstleistung zu lösen, und das unabhängig davon, ob es sich um eine PreSales- (vor dem Kauf) oder um eine AfterSales-Frage (zur Handhabung, Gewährleistung, Reparatur etc.) handelt. Stattdessen wird „gegoogelt". Dann können jedoch Effekte eintreten, wie in Bild 2.18 dargestellt. Die Suche führt ihn also nicht immer zu Ihrer „offiziellen" Antwort. Was das bedeutet, ist offensichtlich. Nicht nur, dass er möglicherweise mit falschen, eventuell gar rufschädigenden (Stichwort Foren, wie auch in der Abbildung aufgelistet) oder nicht mehr aktuellen Informationen versorgt wird. Manchmal mischen sich sogar Mitbewerber unter die Suchergebnisse. Und wenn deren Einträge dann eine vermeintlich bessere Antwort oder ein günstigeres Angebot enthalten, dann ...

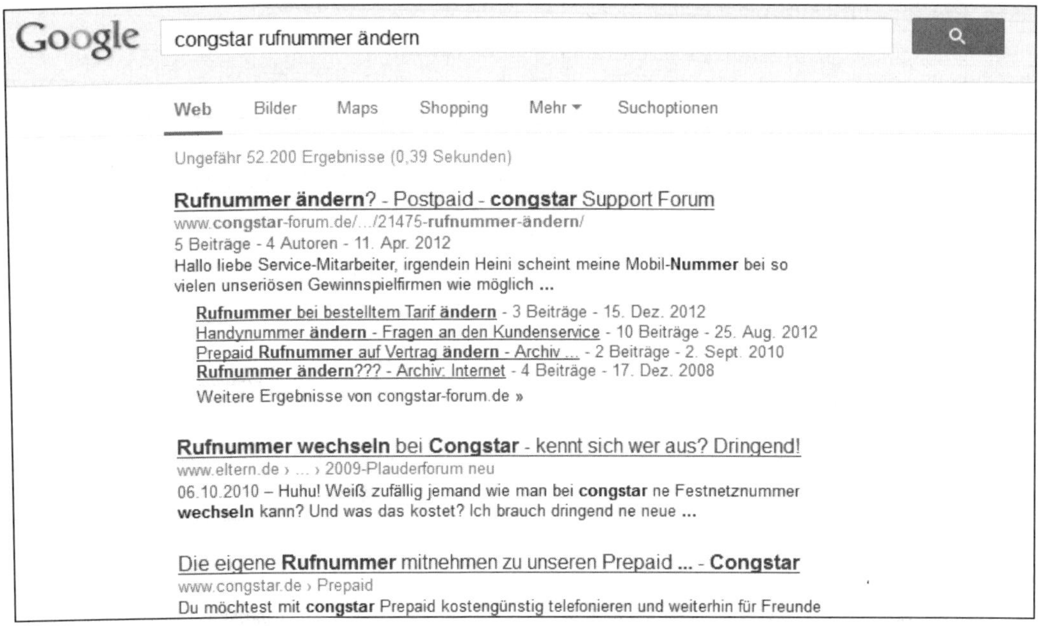

Bild 2.18 Der Kunde möchte seine Telefonnummer ändern lassen. Doch wo landet er? Das zugehörige Unternehmen wird erst an dritter Stelle gelistet, oftmals sogar erst auf einer nachfolgenden Suchergebnisseite.

Vorbeugen kann man diesem Effekt mit SEO-Kampagnen auf die wichtigsten unternehmenseigenen Hilfebereiche und FAQ-Antworten. Diese lassen sich gezielt stützen, zum Beispiel mit internen aber auch externen Backlinks.

PRAXISTIPP: Auf diese Weise lässt sich sogar der Kommunikationskanal beeinflussen, den Sie für Ihre Support-Abteilung bevorzugen. Der Kundenservice soll möglichst online erledigt werden? Dann optimieren Sie Ihre interne Linkstruktur sowie externe Verweise hin zu den Webseiten, welche eben jenen Onlinedienst beinhalten. Möchten Sie von Kunden und vor allem von potenziellen Kunden lieber telefonisch kontaktiert werden? Dann sollten Ihre Bemühungen dahin gehen, dass bei den wichtigsten Suchanfragen, die sich auf Lösungen zu Ihren Produkten beziehen, Webseiten mit dieser Kontaktmöglichkeit ganz oben stehen.

Einfacher ist natürlich die folgende Möglichkeit: Wenn zu einer solchen Suchanfrage eine Ihrer Seiten bereits sehr gut positioniert ist, sollten Sie die Inhalte genau dieser Seite so umgestalten, dass dort die gewünschte Aktion/Kontaktmöglichkeit ausgelöst werden kann. Dabei muss der Content jedoch behutsam umgestaltet oder besser nur erweitert werden. Denn die bisherigen Inhalte könnten ja mit ein Grund dafür sein, dass die Seite so prominent in den Rankings vertreten ist. ■

Personalabteilung

Diese Möglichkeit hatte ich bereits angedeutet. Recruiting von Fachpersonal ist oft eine sehr teure Angelegenheit. Aber auch Handwerksbetriebe buhlen in vielen Regionen verzweifelt um Nachwuchs. Die SEO-optimierte Personalseite, eine eigene Microsite oder ein eigenes kleines Stellenportal können die Lösung sein, um mehr Bewerber online auf freie Stellen sowie Ausbildungsplätze aufmerksam zu machen. Enthalten solche Seiten genügend inhaltlichen Mehrwert, so eignen sie sich zudem auf ideale Weise dazu, über soziale Medien weiterverbreitet zu werden. Gerade die Zielgruppe der Auszubildenden und jungen Menschen auf der Suche nach dem richtigen Beruf ist in Facebook & Co. Zuhause. Weiterempfehlungen der Art „Schau mal, wäre das nicht ein Job für dich?", tun ihr Übriges, um diesen Prozess zu unterstützen.

Zu publizierende Mehrwerte sind dabei:

- Ausführliche generelle Informationen zu dem zu Grunde liegenden Berufsbild (unabhängig von Ihrem Unternehmen), die so in dieser Form bislang noch nicht online veröffentlicht wurden. Die Beantwortung konkreter Fragen sollte dabei im Vordergrund stehen. Etwa: Welche Bildungswege führen zu dem Beruf? Wer ist mit welchen Voraussetzungen für den Beruf geeignet und wer eher nicht? Welche Verdienstmöglichkeiten und Karriereoptionen bestehen? etc.
- Nicht werbliche (!) Interviews und Praxisbeispiele mit Ihren bisherigen Mitarbeitern: Wieso haben sich diese für den Beruf (nicht unbedingt: Ihr Unternehmen) entschieden? Welche Vorteile aber auch Herausforderungen gibt es?
- Checklisten zum Beruf aber auch zur den konkreten Stellenanzeigen selbst
- Weiterführende Verweise auf unabhängige externe Informationsquellen
- Eigenständige Beiträge oder Blogartikel zu jedem Stellenangebot, die über die sozialen Medien weiterverbreitet werden können: Diese sollten redaktionell aufbereitet werden, und nicht in der üblichen sehr formellen, technischen und knappen Stellenanzeigen-Sprache gehalten sein.
- Ein persönliches „Gesicht" hinter jedem Beitrag, idealerweise mit Foto und direkten Kontaktdaten versehen: Dabei muss es sich keineswegs immer um den Personalleiter/die Personalleiterin handeln. Der Job-spezifische Abteilungsleiter oder gar ein normal-sterblicher Mitarbeiter kann für die Bewerber unter Umständen viel spannender sein.

Ist ein solches Portal sehr informativ aber auch unabhängig genug gestaltet, so ergibt sich möglicherweise der eine oder andere wertvolle Verweis bzw. Backlink von Onlineportalen wichtiger Institutionen, wie den örtlichen Handwerkskammern, Berufsgenossenschaften etc. Dies hilft dem SEO Ihrer Jobseite, aber natürlich auch Ihrer Optimierungsstrategie insgesamt.

HINWEIS: Hüten Sie sich jedoch vor eher „peinlichen" Ideen, die auf der Suche nach neuen Mitarbeitern schon einmal deutlich am eigentlichen Ziel vorbeigehen können. Einige Beispiele für vergleichbare Kampagnen finden sich in dem Beitrag unter *www.blogprofis.de/buch/unternehmensvideos* sowie unter *www.blogprofis.de/buch/recruiting*. Die offene, ehrliche Kommunikation sollte also stets im Vordergrund stehen, und nicht eine recht offensichtliche Selbstbeweihräucherung, oder die falsch verstandene Nachahmung der angeblichen Sprach- und Bilderwelt Ihrer jugendlichen Zielgruppen.

Produktmanagement/Marktanalyse

Die potenzielle Wirkung von SEO und Social Media auf das Produktmanagement eines Unternehmens bleibt in der Praxis leider sehr oft ungenutzt. Wobei „Produktmanagement" möglicherweise etwas hochtrabend klingt, denn damit ist in diesem Fall auch die Innovationsfindung sowie die Wettbewerbsanalyse eines jeden Selbstständigen, Handwerkers und Freiberuflers gemeint.

Mit den bereits erläuterten Möglichkeiten lassen sich neue Produktideen auf ideale Weise testen und auf ihre Marktchancen hin überprüfen. Ein neues Internetportal oder eine neue Microsite ist heutzutage mit sehr wenig finanziellem aber auch zeitlichem Aufwand umzusetzen. Und gerade für einen Testlauf müssen Sie an einer solchen Seite auch nicht bis ins letzte Detail feilen, um diese online zu stellen. Dann lässt sich klären: Welche Arten von Besuchern kommen über welche Keywords auf das Portal meiner neuen Produkt- oder Dienstleistungsidee? Welche Rückschlüsse kann ich aus diesen Suchanfragen ziehen? Was passiert, wenn ich einzelne Keywords auf den Seiten anpasse? Durch welche Begriffe fühlen sich potenzielle Kunden also am ehesten angesprochen? Sollte ich mein neues Produkt so oder so am Markt platzieren/benennen/ausrichten? Welche Detailinformationen/-Seiten werden wann am häufigsten gelesen und geklickt, die Aufschluss über die Ausgestaltung Ihrer Idee geben könnten? Sie sehen: SEO und Marktforschung können sich auf ideale Weise ergänzen.

Bild 2.19 Diese Idee einer Dienstleistung habe ich selbst einmal angetestet, mit einer Microsite. Leider bin ich zeitlich nicht dazu gekommen, das Konzept weiterzuverfolgen. Der Aufwand zur Erstellung hielt sich jedoch in engen Grenzen. Zudem konnte ich auf spannende Feedbacks von potenziellen Nutzern zurückgreifen.

Ganz ähnlich funktioniert dies mit der Kommunikation in den sozialen Netzwerken und in Blogs. Beispielsweise, wenn Produktideen vorab ganz gezielt unter ausgesuchten Fachbloggern lanciert werden. Welche Rückfragen ergeben sich, die ich bei der Produktgestaltung möglicherweise noch gar nicht berücksichtigt habe? Welche Zielgruppe reagiert wie? Aber vor allem: Welche Produktankündigung sorgt sofort für Gesprächsstoff und welche verhallt eher ungehört? Es gibt Unternehmen, die anhand der Vorab-Reaktionen in den Social-Media-Kanälen darüber entscheiden, ob eine Idee tatsächlich realisiert wird oder nicht. Eine solche Vorgehensweise erfordert natürlich eine sehr offene Unternehmenskommunikation. Nicht jeder Firmeninhaber oder Selbstständiger wird dazu bereit sein, über neue Innovationen öffentlich zu diskutieren. Dabei hat die zu Grunde liegende Strategie zwei ganz entscheidende Vorteile: Zum einen können Markteintrittschancen direkt und mit wenig Aufwand an der unmittelbar betroffenen Zielgruppe überprüft werden. Zum anderen sorgen Ihre Produkte bereits für mediale Aufmerksamkeit, *bevor* diese überhaupt auf den Markt kommen. Was auch den SEO- und Social-Media-Bemühungen insgesamt zu Gute kommt. Berichtet ein prominenter Fachblog über Ihr (möglicherweise) kommendes Produkt, so folgen schnell weitere, einschließlich der traditionellen Presse. Werthaltige Backlinks und ein enormes Kundeninteresse können die Folge sein. Dann sollte jedoch von vornherein die zum Einsatz kommende URL sowie die grobe Verzeichnisstruktur stehen. Ansonsten entfallen bei einer späteren Umstellung gegebenenfalls wertvolle Backlinks.

Übrigens: Der sehr erfolgreiche Konzern Apple ist ein Meister in dieser Disziplin der gezielt gestreuten Produktankündigungen. Warum also nicht auch hier von den „Großen" lernen?

IT-/Web-Entwicklung

Egal, ob es sich um die IT-Entwicklungsabteilung oder auch einfach nur um den Webmaster eines kleineren Onlineprojekts handelt: Beide Parteien stehen unter ständigem Zugzwang. Sie sollen fortlaufend Webdesigns optimieren, das Nutzererlebnis und die Usability steigern, mit neuen Seitenbereichen die Besucher zur Interaktion oder zur Kontaktaufnahme/zum Vertragsabschluss animieren und und und. Wie Erfahrungen aus der Praxis belegen, scheitern solche Projekte nicht selten daran, dass nicht von Anfang an ein versierter SEO mit in die Überlegungen einbezogen wurde. Ich habe schon einige Unternehmer „jammern" hören:

> *Unser Portal ist seit dem Relaunch doch so viel schöner geworden, warum haben wir dann plötzlich weniger statt mehr Besucher?*

Gerade bei Neugestaltungen aber auch Erweiterungen/Umstrukturierungen eines Onlineprojekts kann man SEO-technisch sehr viel falsch machen. Denn „hübsch" ist eben nicht immer gleichzusetzen mit „effizient" und „wirksam". Die folgende Tabelle soll verdeutlichen, welche Änderungen zu welchen unerwünschten Nebeneffekten führen können.

Maßnahme	Mögliche Auswirkung
Kompletter oder teilweiser Relaunch	Seiten, Seiteninhalte, Beiträge, Kommentare, Kategorien, Tags, Keywords, Bilder, Videos, Metadaten und so weiter gehen verloren, die das Ranking zuvor positiv beeinflusst haben; Quellcode ist weniger gut zu lesen für Google & Co.
Verwendungen neuer Technologien	Diese werden von den Suchmaschinen nur teilweise oder überhaupt nicht interpretiert (beispielsweise Flash, AJAX, JavaScript, PDF, iFrames).
Umwandlung von Textinhalten in Video-/Grafikinformationen	Neue Inhalte werden von den Suchmaschinen nicht mehr beziehungsweise nicht mehr in der gleichen Weise interpretiert.

Maßnahme	Mögliche Auswirkung
Umgestaltung der Seiten- und Menü-Struktur	Zugehörige Keywords und Verlinkungen sind für Google weniger oder nicht mehr sichtbar, interne PageRanks werden neu verteilt.
Umgestaltung der inhaltlichen Darstellung einzelner Seiten und Beiträge	Durch das ungewohnte Nutzererlebnis sinken Kennzahlen, wie die Verweildauer oder die Weiterempfehlungen an soziale Netzwerke.
Sonstige Bausteine, wie etwa die Anzeige ähnlicher Artikel bei einem Beitrag, Werbeeinblendungen und so weiter fallen weg, kommen hinzu oder ändern sich	Indirekter SEO-Effekt, wenn durch die Änderungen die Abbrecherquote steigt, oder die Anzahl der Seitenaufrufe je Besuch sinkt
Neues, grafik- oder videolastigeres Design	Seitenperformanz als Rankingfaktor sinkt
Neueinbindung der Inhalte, Änderung der URLs/URL-Struktur	Backlinks verweisen nicht mehr auf das richtige Ziel und werden weniger wirksam/unwirksam, gesetzte Lesezeichen und andernorts vermerkte Links funktionieren nicht mehr (→ Abbruch durch den Besucher)
Hinzufügen neuer Seiten und Seitenbereiche	Konkurrenz zu bisherigen Inhalten und Keywords, neue PageRank-Verteilung
Umgestaltung interaktiver Elemente (Kommentarfunktion, Bewertungsfunktion, Kontaktmöglichkeiten und Ähnliches)	Kommunikation der Nutzer auf/mit dem Portal nimmt ab, weniger nutzergenerierter Content entsteht

Sie sehen also: Es lohnt sich, die SEO-Strategie sowie die zuständigen Mitarbeiter und Dienstleister von Anfang an in derartige Prozesse mit einzubeziehen, wollen Sie keine bösen Überraschungen erleben. Denn ist ein Onlineportal erst einmal neu gestaltet, und sind diese Änderungen bereits kommuniziert beziehungsweise werden diese dem Nutzer deutlich, so lassen sich die Änderungen meist kaum mehr zurücknehmen.

Positiver dargestellt kann die IT-Abteilung die Dienste Ihres SEO-Spezialisten pro-aktiv nutzen, wenn eine Idee für neue Webseiteninhalte entsteht oder diese getestet werden soll. Der SEO könnte beispielsweise einen Teil Ihrer Besucherströme auf diese neuen Inhalte lenken, ohne dass diese gleich für alle sichtbar in das Hauptportal integriert werden. Weiterhin hilft er mit seiner Analyse dabei, die positiven aber eben auch negativen Auswirkungen der neuen Bestandteile einschätzen und voraussagen zu können. Gleiches könnte jedoch genauso mit SEA-Mitteln erreicht werden.

2.3 SEO outsourcen

Für viele Leser wird es unter Umständen, insbesondere nach der Lektüre der bisherigen Kapitel, kaum eine andere Option geben, als sich nach einem externen SEO-Dienstleister umzuschauen. Ob mangels interner Ressourcen oder einfach nur, um die hausgemachten, nicht wirklich kompletten Optimierungsbemühungen zu ergänzen. Sie haben bereits einiges darüber erfahren, wie man Onlinemarketing-Experten auf den Prüfstand stellen kann. Dieses Wissen möchte ich nun noch verfeinern und mit einigen Strategien aus der Praxis versehen.

2.3.1 Externe Beauftragung im Vergleich zu Inhouse-SEO

Zunächst einmal will ich deutlich machen, welche Vor- aber auch Nachteile das Auslagern von SEO-Prozessen mit sich bringt – auch dies wieder der Übersichtlichkeit halber anhand einer kleinen Tabelle.

	Hausinternes SEO	Externes SEO
Unternehmensspezifisches Wissen	Ziele, Produkte, Portale und Prozesse des Unternehmens sind bereits bekannt, ebenso die Wettbewerbssituation. Auch branchenspezifisches Wissen ist vorhanden.	Dieses Wissen muss sich eine Fachkraft von außen erst erarbeiten; es wird zudem niemals den Stand erreichen, den ein interner Mitarbeiter hat.
SEO-Wissen	Jeder SEO-Spezialist kennt sich in einigen Bereichen des Onlinemarketings besser aus, in anderen dafür weniger gut.	Eine Agentur kann unter Umständen auf Branchenexperten unterschiedlichster Ausrichtung zurückgreifen.
Netzwerk	Das Netzwerk, das zur Verfügung steht (etwa für Link-Kooperationen, fachlicher Austausch), ist begrenzt.	Meist stehen bei einem Dienstleister mehr potenzielle Kooperations- und Wissenspartner zur Verfügung.
Kommunikation	Ein eigener Mitarbeiter kann offener und direkter nach innen kommunizieren. Er kennt zudem die „Befindlichkeiten“ einzelner in das Projekt involvierter Personen und kann ggf. auf diese eingehen.	Dafür muss ein externer Mitarbeiter nicht unbedingt Rücksicht auf solche Interna nehmen, was durchaus von Vorteil sein kann.
Ressourcen	In der Regel besteht voller Zugriff auf notwendige Ressourcen (Mitarbeiter, vorhandenes Budget, Entwicklungsressourcen etc.).	Zugriff auf einzelne Ressourcen kann erschwert sein oder muss immer wieder neu geklärt werden.
Flexibilität/ Kosten	Ein fest angestellter SEO muss auch dementsprechend dauerhaft eingesetzt werden. Insbesondere für junge Unternehmen kann das ein Kostenrisiko darstellen.	SEO-Maßnahmen lassen sich zeit- oder projektabhängig buchen. Peaks, etwa nach einem Google-Update, können besser abgefangen werden (jedoch nur dann, wenn die Ressourcen zu diesem Zeitpunkt tatsächlich verfügbar sind). Eine Agentur lässt sich, abhängig von vertraglich festgelegten Vereinbarungen, relativ einfach gegen eine andere austauschen. Ihr Unternehmen kann sich auf das Kerngeschäft konzentrieren, ohne eine weitere Disziplin firmenintern bewältigen zu müssen.
Risiko	Der Mitarbeiter/die Mitarbeiterin kann kündigen.	Auch die SEO-Agentur kann aufgrund zu hoher Auslastung kündigen oder die Arbeit vernachlässigen. Dann besteht ebenfalls die Möglichkeit eines Dienstleisterwechsels.

	Hausinternes SEO	Externes SEO
Motivation	Ein hausinterner SEO kann andere Abteilungen/Mitarbeiter möglicherweise besser dazu motivieren, sich in die Optimierungsstrategie einzubringen.	Ein externer Berater steht oft nur im Austausch mit einem einzigen direkten Ansprechpartner oder einer einzigen Abteilung.
Vertrauen	Dem eigenen Mitarbeiter wird unternehmensweit unter Umständen deutlich mehr Vertrauen eingeräumt, als einer externen Kraft.	Vertrauensbasis muss erst hergestellt werden.
Identifikation	Der fest angestellte SEO hat ein Interesse daran, auf nachhaltig wirksame SEO-Methoden zu setzen. Er identifiziert sich mit seinem Unternehmen und müsste bei schlechter Arbeit mit den direkten Konsequenzen leben.	Auch eine Agentur hat natürlich einen guten Ruf zu verlieren. Dennoch wird man als Dienstleister in Kauf nehmen müssen, nicht alle Kunden gleichermaßen zufrieden stellen zu können.
Verfügbarkeit	Der Inhouse-SEO kann bei jedem Meeting dabei sein, egal ob im Hause oder bei einem Offsite-Wochenende und Ähnlichem mehr. Sein Schreibtisch ist auch bei kleineren Rückfragen und für alle Abteilungen schnell erreichbar.	In der Regel nur selten Präsenztermine bei Ihnen im Unternehmen.
Mitarbeiterfindung	Die Anzahl potenzieller Mitarbeiter in diesem Bereich ist deutlich eingeschränkt. Einen guten SEO, der fest für ein Unternehmen arbeiten möchte, den muss man erst einmal finden.	Gute SEO-Agenturen mit genügend Zeit für neue Kunden sind ebenfalls nicht allzu oft anzutreffen. Dennoch sind hier weniger organisatorische aber auch räumliche Grenzen zu berücksichtigen, als bei einem festen Mitarbeiter.
Zeit/Effizienz	Ein Mitarbeiter bekommt sein festes Gehalt. Er hat also kein Interesse daran, Maßnahmen unnötig in die Länge zu ziehen oder besonders kompliziert zu gestalten.	Dienstleister können versucht sein, die Anzahl der abzurechnenden Stunden/Maßnahmen künstlich in die Höhe zu treiben.

Einige Unternehmen, die sich dies allerdings auch leisten können, kombinieren aufgrund der aufgelisteten Vor- und Nachteile eine interne SEO-Stelle mit einem zuarbeitenden externen Dienstleister. Das bietet durchaus große Chancen. So können sich nicht nur Wissen und Netzwerke beider Parteien gegenseitig ergänzen. Der interne SEO wird zudem die Strategie und die einzelnen Maßnahmen des externen Beraters auf den Prüfstand stellen und umgekehrt. Gleichzeitig kann sich jeder auf seine jeweiligen Stärken konzentrieren, etwa was die Aufteilung zwischen strategischem SEO und eher technischem SEO anbelangt. Zu einer solchen Vorgehensweise müssen jedoch beide beteiligten Gruppen von vorneherein bereit sein.

2.3.2 Selbstständiger SEO-Experte versus SEO-Agentur

Prinzipiell gibt es zwei Möglichkeiten, die Dienste von Suchmaschinenoptimierern in Anspruch zu nehmen. Man heuert einen selbstständigen oder freiberuflichen Experten an, der für sich alleine arbeitet, oder aber man vertraut auf eine Agentur beziehungsweise auf die Division einer Agentur, die sich auf SEO-Maßnahmen spezialisiert hat. Beides hat Licht- aber auch Schattenseiten, wie Sie sich sicherlich denken können.

Vor- und Nachteile eines selbstständigen SEOs

Ein in Eigenregie arbeitender Onlinemarketing-Fachmann (oder eine Fachfrau) hat stets den Vorteil, unabhängig arbeiten zu können. Unabhängig von Agenturvorgaben, unabhängig von eventuellen Zielvorgaben, Mindestumsätzen, Kunden-Unternehmensgrößen etc. Aber auch unabhängig von dem Druck, sich stets und ständig möglichst agenturgerecht präsentieren und verkaufen zu müssen. Auch *kann* (nicht: muss) ein selbstständiger SEO unter Umständen kosteneffizienter arbeiten, da er nur verpflichtet ist, zu seinem eigenen Gewinn und nicht zu dem eines Unternehmens beizutragen. Seine administrativen Ausgaben, die Sie als Kunde ja mitbezahlen müssen, können niedriger aber auch höher, als bei einer Agentur ausfallen, je nachdem wer wie effizient wirtschaftet. Wobei es im SEO-Umfeld eh auf die Wirksamkeit der Maßnahmen ankommt und weniger auf Stundenlöhne. Denn die Leistungen sind keinesfalls beliebig austauschbar.

Sie haben es bei einem selbstständigen SEO immer nur mit einem einzigen Ansprechpartner zu tun. Das ist der größte Vorteil, zugleich aber auch der größte Nachteil. Sie müssen sich und Ihre Strategie in diesem Fall nicht stets und ständig neu erklären. Sie müssen auch nicht befürchten, dass die eine Hand etwas mühsam aufbaut, was die andere dann mangels effizienter Kommunikation wieder zu Nichte macht. Dafür buhlen Sie mit diversen weiteren Kunden um einen Mann bzw. eine Frau. Ich kenne Kunden, die recht verzweifelt zu mir kamen, mit der Aussage:

> *Der SEO-Spezialist, der für mich arbeitet, der meldet sich von heute auf morgen plötzlich nicht mehr bei mir, und ist abgetaucht!*

SEOs sind begehrt, und gerade in der Selbstständigkeit können einem die zahlreichen Kundenaufträge schon einmal über den Kopf wachsen. Auch SEO-Experten können krank werden oder anderweitig ausfallen. Dann jedoch ist guter Rat sehr teuer, insbesondere wenn

a) eben dieser SEO mit einigen Maßnahme gerade erst angefangen hat, die für Ihre Wirkung erst noch komplettiert werden müssen, oder ohne diese Komplettierung gar negativ wirken,

b) es kaum eine oder gar keine Dokumentation der bisherigen Arbeiten gibt, und der Kunde gleichzeitig auch nicht verstanden hat, was bislang für ihn erledigt wurde (verständlicherweise, denn hätte es der Kunde verstanden, dann bräuchte er womöglich keinen externen Experten).

Ein einzelner SEO kennt sich zudem nicht in allen Gebieten der Suchmaschinenoptimierung gleichermaßen aus. Vor allem dann, wenn periphere Wissensgebiete, wie Content Marketing, Social Media, SEA, Web Analytics und weitere mehr gefragt sind, so kann er unter Umständen nicht auf einen weiteren Mitarbeiter zurückgreifen, der ihm aushilft oder seine Maßnahmen zumindest kontrolliert. Gleichzeitig wird er immer nur auf eine begrenzte

Anzahl an Kundenprojekten zurückgreifen können, die ihm als Erfahrungswerte für den aktuellen Auftrag dienen.

HINWEIS: Es macht immer Sinn, einen Suchmaschinenexperten zu beauftragen, der sich auf das jeweilige inhaltliche Segment Ihres Unternehmens spezialisiert hat. Sind Sie oder Ihr Unternehmen im Pharma-Umfeld tätig, so wird Ihnen ein SEO eher weiterhelfen können, der bereits für mehrere ähnliche Kunden gearbeitet hat. Egal, ob beim Backlinkaufbau, der Content-Strategie oder bei der Berücksichtigung rechtlicher Rahmenbedingungen: Jede Branche ist SEO-technisch differenziert zu betrachten, möchte man das Maximum aus der Optimierung herausholen. ■

Vor- und Nachteile einer Agentur

Die Arbeit in einer Agentur lebt vom gegenseitigen Austausch, zumindest dann, wenn das Betriebsklima stimmt. Wie haben wir das damals bei Kunde x gelöst? Welche Auswirkungen hat das neue Google-Update beim ähnlichen Kunden y? Können wir nicht auf Backlink-Quelle z zurückgreifen? Bei solchen Fragen haben mehrere zusammenarbeitende SEO-Experten oft einen enormen Know-how-Vorteil. Sicherlich verfügt ein gut aufgestellter selbstständiger Fachmann über ähnlich effiziente Netzwerke mit befreundeten SEOs, auch wenn die SEO-Szene teilweise recht einzelkämpferisch und verschlossen ist. Und dennoch wird der Heimvorteil hier in der Regel bei der Agentur liegen.

Eine professionelle Agentur verfügt zudem über ganz andere Prozesse, als ein Einzelkämpfer. Hieraus folgt eine bessere Dokumentation, aber auch eine detailliertere Abrechnung der einzelnen Leistungen. Bei einer größeren Agentur erreichen Sie immer einen Ansprechpartner, auch wenn die Telefonleitung Ihres Ihnen zugewiesenen Spezialisten besetzt ist, dieser in Urlaub weilt und so weiter. Ein selbstständiger SEO ist hingegen durchaus auch einmal am Wochenende erreichbar, und das nicht nur in Notfällen oder gleich zu einem höheren Stundenpreis. Der Agenturmitarbeiter holt vielleicht eher einen Kollegen mit ins Boot, als ein Einzelkämpfer zugeben mag, dass er sich bezüglich einer gestellten Frage nicht wirklich perfekt auskennt. Es ist also die reine Größe, welche hier dem breiter aufgestellten Dienstleister zum Vorteil gereicht.

Natürlich gibt es ebenso mögliche Nachteile:

- Nicht jeder Dienstleister arbeitet zu 100 Prozent transparent und fair. Das kann gar so weit führen, dass Sie als (vermeintlich) kleinerer Kunde einen schlechteren Support oder weniger versierte/erfahrene Mitarbeiter zugewiesen bekommen, als ein Großkunde.
- Auch die SEO-Agenturen sind sehr gut mit Aufträgen ausgelastet. Gleichzeitig kann deren Mitarbeiterfluktuation recht hoch sein, da gute Mitarbeiter nicht selten von anderen Dienstleistern abgeworben werden. Die Folge: Ihr zuständiger Berater wechselt im schlimmsten Fall ständig. Notfalls sollten Sie sich vertraglich zusichern lassen, dass ein Mitarbeiter, den Sie zuvor gemeinsam mit der Agentur bestimmen, und der bereits möglichst lange im Unternehmen ist, exklusiv für Sie arbeitet.
- Manche Dienstleister lassen sich nur wenig Zeit damit, Sie, Ihr Projekt und Ihre SEO-Ziele ausgiebig zu ergründen und tatsächlich auch zu verstehen. Ein Grund: Solche vorberei-

tenden Maßnahmen können nicht immer voll abgerechnet werden, woran der Kunde durchaus eine Mitschuld trägt, wenn er auf einen schnellen Start des Projekts oder möglichst niedrige Kosten drängt. Zudem gehört die Bestands- und Prozessaufnahme nicht immer zu den Lieblingsbeschäftigungen der SEO-Profis. Besteht eine Agentur auf einem sehr umfangreichen Vorab-Prozess, so ist dies hingegen ein gutes Zeichen. Dieser Punkt gilt gleichermaßen für selbstständige SEO-Berater.

- Ein Dienstleister und seine Mitarbeiter müssen stets zahlreiche, mitunter sehr unterschiedliche Kundenprojekte im Auge haben. Das kann einerseits zu Synergieeffekten führen, andererseits aber auch zu Verwechslungsgefahr und schlichtweg „Chaos“ beitragen. Der Blick für einzelne Details eines bestimmten Kunden geht dann schon einmal verloren. Und Details entscheiden im SEO-Umfeld nicht selten zwischen Erfolg und Misserfolg.

Dieser zuletzt genannte Effekt ist bei einem Einzelkämpfer-SEO zwar ebenso zu beobachten, denn jeder Freiberufler oder Selbstständige muss/möchte in der Regel auf mehreren Hochzeiten tanzen. Bei Agenturmitarbeitern kann die Anzahl an parallel betreuten Kundenprojekten, bei denen jeweils nur für kurze Zeit oder auch nur teilweise mitgearbeitet wird, jedoch deutlich höher ausfallen. Wie hoch dieser Unterschied ausfällt, ist davon abhängig, ob der selbstständige Suchmaschinenexperte eher einige wenige große oder aber sehr viele kleine Kunden unterstützt. Unter der Adresse *www.seo-united.de/seo-agenturen/* sind zahlreiche SEO-Agenturen bundesweit gelistet. Dabei kann nach Kriterien wie Ort, verfügbares Budget oder Vergütungsart gefiltert werden.

2.3.3 Die Qualität eines Dienstleisters/Beraters richtig einschätzen

Zu einem externen Berater muss man immer erst Vertrauen fassen können. Und in allen Dienstleistungsberufen gibt es gute und weniger gute Vertreter der jeweiligen Zunft. Dennoch kann wohl kaum eine Fehlbesetzung gravierendere Folgen haben, als die eines SEOs. Zumal Sie in der Regel nicht immer mitsprechen können, bei dem, was ein beauftragter Suchmaschinenspezialist für Sie unternimmt. Zu komplex und zu wenig unmittelbar wirkend ist diese Profession. Zwar werden Sie einen externen Experten nach der Lektüre dieses Buches besser steuern und kontrollieren können. Und dennoch bleibt Ihnen manchmal nur, seinen Empfehlungen Glauben zu schenken.

Umso wichtiger ist es, die Qualität und das Know-how eines selbstständigen SEOs oder einer Agentur im Vorfeld einschätzen zu können. Also bevor es zum Abschluss eines möglicherweise längerfristigen Vertrags kommt, den nicht wenige SEO-Dienstleister zur Bedingung machen. Die wichtigsten Indikatoren für eine solche Einschätzung werde ich Ihnen gleich nennen. Gleichzeitig dienen diese als Hinweis dafür, wo und wie Sie einen guten externen Dienstleister überhaupt auffinden können, abseits der relativ blinden Suche etwa rein nach einem lokal ansässigen Experten.

Empfehlung, Empfehlung und nochmals Empfehlung

Die beste Quelle, um einen guten externen SEO-Berater ausfindig zu machen, sind Empfehlungen anderer Webseitenbetreiber und Unternehmer. Obwohl dieser Rat sehr einfach klingt, wird er doch nur selten berücksichtigt. Sicherlich, Sie können wohl kaum Ihren Mitbewerber fragen, auf welchen Dienstleister er setzt. Aber Sie können Ihr eigenes Netzwerk nutzen, unabhängig von Ihrer Branche. Ob Business-Stammtisch, Xing-Gruppe, die Management-Schulung oder der Informationsabend der örtlichen Innung: Hören Sie sich genau um, wer auf welche Weise Onlinemarketing betreibt, und wer dabei mit externer Unterstützung arbeitet.

Bitten Sie auch Ihre bisherigen Dienstleister im Marketing-Umfeld um Hilfe (Designer, Web- und PR-Agentur, Onlinevermarkter etc.): Arbeiten diese in irgendeiner Form mit einem SEO-Experten zusammen, oder kennen sie eine fruchtbare Zusammenarbeit eines anderen Kunden mit einem solchen? Gab es bei einem ihrer Projekte schon einmal Berührungspunkte mit einer SEO-Agentur? Natürlich kann eine solche Empfehlung nicht mehr als ein erster Hinweis sein. Schließlich könnte der Empfehlende durchaus mit dem externen Suchmaschinenoptimierer zufrieden sein, ohne dessen Arbeit jedoch mangels Fachwissen richtig einschätzen zu können. Fragen Sie also, falls überhaupt möglich, konkret nach:

- Wie lange besteht die Zusammenarbeit schon?
- Um welche Art von Dienstleister handelt es sich (Agentur, Freiberufler, Selbstständiger), für welche Branchen ist er tätig, welche weiteren Kunden hat er?
- Welche SEO-Bausteine übernimmt dieser Dienstleister konkret, hat er sich auf die Suchmaschinenoptimierung spezialisiert oder bietet er auch noch andere Leistungen an?
- Mit welchen Methoden arbeitet er (organisches SEO versus Linkkauf & Co.)?
- Wie ist es um Faktoren wie Kundenfreundlichkeit, Erreichbarkeit, Support, Dokumentation, Verständlichkeit oder Transparenz bestellt?
- Vor allem: Was hat der SEO bereits für konkrete Erfolge erreicht (Ranking, Backlinks, steigende Besucherzahlen und vieles mehr)?

HINWEIS: In Foren, den sozialen Medien und Blogs ausgesprochene Empfehlungen sind teilweise mit Vorsicht zu genießen – zumindest dann, wenn man nicht weiß, wer genau diese Empfehlung ausgesprochen hat, und in welcher Beziehung er mit der empfohlenen Agentur steht. Denn solche Verweise können durchaus „gekauft" sein. Wieso sollte ein SEO-Dienstleister, der für seine Kunden Link- und Artikelkauf durchführt oder vordefinierte werbliche Inhalte ohne Kennzeichnung in anderen Onlinemedien platziert, nicht auch selbst auf dieses Instrument setzen?

Das SEO des SEO

Zu Beginn hatte ich Ihnen die beispielhafte E-Mail eines unseriösen SEO-Dienstleisters gezeigt. Wenn derartige Anbieter über eine eigene Internetpräsenz verfügen, so ist diese meist sehr unprofessionell gestaltet – interessanterweise, und damit sehr aufschlussreich, insbesondere unter SEO-Gesichtspunkten. Ein Suchmaschinenoptimierer, bei dessen eigenem Portal die wichtigsten Faktoren einer SEO-optimierten Seite fehlen, der ist kein Suchmaschinenoptimierer. Ein sehr niedriger oder gar fehlender PageRank, eine Abstrafung durch Google (wie diese erkannt werden kann, erfahren Sie unter *www.seo-tricks.net/google/google-penalty-erkennen/*), keine qualitativ hochwertigen Textinhalte, eine exotische Top-Level-Domain (also nicht etwa .de), ein langsamer Seitenaufbau und mehr: All dies sind Zeichen dafür, dass hier mehr Schein als Sein vorherrscht.

Auch die Außendarstellung auf der Onlinepräsenz eines SEO-Dienstleisters spricht manchmal Bände. So etwa, wenn Kundenaussagen wie die folgende abgebildet werden, die ich keineswegs erfunden habe:

> *Nur zwei Wochen nach der Optimierung war ich plötzlich auf Platz x bei Google. Ich empfehle die Firma yz.*

Solch ein Statement ist – wenn es tatsächlich stimmen sollte – eher ein Indiz dafür, dass die entsprechende Seite bislang überhaupt nicht bei Google sichtbar war, und es zudem kaum oder keine Konkurrenz gab. Mit Ihrem Projekt wird es derselbe SEO wohl deutlich schwerer haben, den üblichen Erfahrungswerten entspricht die getroffene Aussage zumindest nicht. Und falsche Erwartungen sollte kein Dienstleister wecken.

Referenzen

Was nicht bedeutet, dass durch den Dienstleister genannte Kundenreferenzen generell zu vernachlässigen wären. Viele Agenturen werben mit Bestandskunden, die sich wie das „Who is Who" der nationalen oder gar internationalen Unternehmerschaft lesen. Doch Vorsicht, auch hier wird getrickst (was übrigens für die Dienstleistungsbranche generell gilt, keineswegs nur für den Bereich Onlinemarketing): Haben die Berater tatsächlich für den allseits bekannten Konzern optimiert oder aber nur für ein kleines unbedeutendes Tochterunternehmen? Diese Arbeit muss zwar keineswegs schlecht gewesen sein, steht aber nicht im Einklang mit der Erwartungshaltung, die durch die Nennung der Konzernmutter als Referenz ausgelöst wird. Auch stellt sich die Frage, welche Arbeiten genau für den Kunden erledigt wurden. Galt es eine komplette SEO-Strategie zu erarbeiten, die dann erfolgreich und in allen Bestandteilen umgesetzt wurde? Oder hat man lediglich einmalig eine Inhouse-Schulung durchgeführt.

Im gleichen Kontext: Besteht die Referenz überhaupt noch? Arbeitet der Dienstleister also weiterhin für das genannte Unternehmen, oder liegt das Projekt 10 Jahre zurück? Nicht gerade selten schmücken sich beratende Firmen mit fremden oder zumindest nicht mehr ganz taufrischen Federn.

PRAXISTIPP: Lassen Sie sich nicht nur die Referenzen selbst nennen, sondern verlangen Sie immer nach einem konkreten Ansprechpartner in dem jeweiligen Unternehmen. Ist die Zusammenarbeit wirklich so erfolgreich verlaufen, so wird es auch möglich sein, eben diesen Ansprechpartner direkt zu kontaktieren. Greifen Sie zum Telefon, und stellen Sie dem Referenzkunden die gleichen Fragen, wie ich Sie im Punkt „Empfehlung" aufgelistet habe.

Das Renommee in der Szene

Es gibt äußerst bekannte Gurus in der internationalen aber auch deutschsprachigen SEO-Szene. Diese werden Sie aber wohl kaum jemals zu Gesicht bekommen, wenn Sie nicht gerade einen Großkonzern Ihr Eigen nennen und sehr viel Geld investieren möchten. Doch es geht auch eine Nummer kleiner. Zahlreiche bekannte aber eben (noch) nicht berühmte Suchmaschinenoptimierer haben sich einen guten Expertenruf aufgebaut. Manchmal handelt es sich dabei um die Gründer oder Inhaber einer eigenen SEO-Agentur, von dessen

Know-how dann meist auch die jeweiligen Mitarbeiter profitieren, oder aber um fleißige Einzelkämpfer. Auf jeden Fall lohnt es sich darüber nachzudenken, Ihr Projekt einer solchen Instanz oder dessen Agentur anzuvertrauen.

Einen solchen Expertenstatus kann man selbst als Außenstehender erkennen. Achten Sie in diesem Zusammenhang darauf:

- Auf welchen SEO-Veranstaltungen sprechen welche Fachleute, die auch als Berater arbeiten? Wie kommen diese Vorträge beim (Fach-) Publikum an?
- Welche Agentur richtet eine solche Veranstaltung selbst aus?
- Wer hat ein Fachbuch, ein viel beachtetes Whitepaper oder E-Book zur Suchmaschinenoptimierung veröffentlicht?
- Wer betreibt einen eigenen SEO-Blog, der viel gelesen wird und dem viele „Fans" folgen (siehe Abschnitt 2.5.2)?
- Welcher Gastbeitrag eines SEO-Experten findet große Beachtung, messbar etwa anhand der Anzahl/Inhalte der Kommentare, der Social-Weiterempfehlungen und so weiter?
- Wer schreibt Fachartikel in angesehenen Magazinen, wie etwa Website Boosting (*www.websiteboosting.com*), t3n (*http://t3n.de*) oder suchradar (*www.suchradar.de*)?
- Wer wird von der Fachpresse als „Influencer" genannt (siehe beispielsweise *www.blogprofis.de/buch/influencer*)?

Nicht immer werden diese erfolgreichen SEOs einfach zu erreichen oder gar zu beauftragen sein. Oder aber sie sprengen schlicht das zur Verfügung stehende Budget. Wenn es sich jedoch um Mitarbeiter oder Inhaber eines Dienstleisters handelt, so lohnt sich der Blick auf das zugehörige Unternehmen selbst.

2.3.4 Welche Fragen Ihr SEO stellen sollte

Haben Sie auf diese Weise zwei/drei potenzielle Kandidaten für eine Zusammenarbeit ausfindig gemacht, so gilt es, diese in einem persönlichen Erstgespräch auf „Herz und Nieren" zu überprüfen. Einige grundsätzliche Punkte, die es dabei zu klären gilt, haben Sie bereits kennen gelernt. Etwa wie es der Suchmaschinenoptimierer mit dem Einsatz von Methoden hält, die eher dem grauen oder gar schwarzen SEO-Bereich zuzuordnen sind.

Doch zunächst einmal sollten Sie genau analysieren, welche Fragen *Ihnen* in einem solchen Erstgespräch gestellt werden. Der erste Schritt des Dienstleisters muss dahin gehen, Ihre konkreten Ziele zu ergründen (siehe Abschnitt 1.3.2). Was ist generell die Philosophie des Unternehmens, welche Werte werden vertreten? Was sind Alleinstellungsmerkmale, wie sind die Wettbewerber aufgestellt? Warum genau möchten Sie SEO betreiben? Welche konkreten Vorteile erhoffen Sie sich davon? Geht es ausschließlich um monetäre Ziele, wie die Umsatzsteigerung, oder auch um Markenplatzierung und ähnliche Dinge? Welche Maßnahmen wurden bislang getroffen? Welche Content-Strategie existiert bislang (oder auch nicht)? In welchen Onlinemedien war Ihr Unternehmen präsent, und warum ausgerechnet in diesen? Wie stehen Sie zu sozialen Netzwerken, wie Facebook, Twitter und Co.? Warum sind Ihnen diese möglicherweise suspekt? Sie merken, ein angehender Onlinemarketing-Partner kann gar nicht genügend Fragen stellen.

Jeder SEO (und davon schließe ich mich keineswegs aus) ist versucht, zu schnell einem gewissen Aktionismus zu verfallen. Ein neues Unternehmen kommt mit einem Auftrag. Statt nun erst einmal genau hinter die Kulissen zu schauen, um die Beweggründe dieses Auftrags tatsächlich zu verstehen und gegebenenfalls zu hinterfragen, so denkt der Berater schnell in potenziellen Backlink-Quellen, Keyword-Analysemodellen, Ranking-Auswertungen und Ähnlichem mehr. Das mag sehr gut funktionieren, auf dem Weg hin zu einer nachhaltig besseren SEO-Positionierung. Doch schnell gerät man mit diesem Vorgehen auch an Grenzen. So kann Folgendes passieren: Man optimiert ein Onlineprojekt auf Inhalte und Keywords hin, die man selbst (und auch die Inhaber des Unternehmens) für am naheliegendsten hält. Der Pizzabote um die Ecke möchte eine SEO-Optimierung. Also müsste man sich doch eigentlich darum bemühen, ihn mit Schlagworten rund um den Begriff „Pizza Lieferdienst" möglichst weit nach vorne bei Google & Co. zu bringen. Gedacht, getan. Bis man feststellt, dass das Pizzabacken eigentlich ein Verlustgeschäft für eben diesen Kleinunternehmer darstellt, und er sehr viel mehr Umsatz mit seinem „Getränke Lieferservice" macht. Ich denke, Sie verstehen, worauf ich mit diesem Beispiel hinaus möchte.

Wer als Dienstleister also nicht Ihre unternehmerische Situation kennt, Ihre mittel- und langfristigen Ziele, Ihre Erfolge, Wünsche und Visionen, aber auch Ihre Befürchtungen und Probleme, der wird nur halbherzig agieren können. Ein guter SEO ist immer auch ein klein wenig Psychologe, etwa wenn er mit Fragen der Art konfrontiert wird:

> *„Wir geben uns so viel Mühe mit unseren Onlinetexten, und dennoch scheint keiner diese wahrzunehmen"*

oder

> *„Mein Mitbewerber ist schon seit Ewigkeiten auf Platz eins bei Google, und das obwohl er seinen Kunden doch viel weniger bietet als wir"*

Die Antworten hierauf müssen in der Lage sein, über rein technische Aspekte der Suchmaschinenoptimierung hinauszugehen. Oder anders formuliert: Ein guter SEO sorgt durchaus einmal dafür, dass der Auftraggeber seine generelle Online-Verkaufsstrategie in Teilen oder gar komplett über den Haufen wirft. In diesem Sinne muss ein SEO-Berater immer auch kaufmännisch und unternehmerisch denken. Was ursprünglich als reine Suchmaschinenoptimierung angefangen hat, wird schnell zur ganzheitlichen Management-Beratung. Ist ein selbstständiger SEO oder eine SEO-Agentur nun auf diesen Prozess vorbereitet, so wird er/sie „den Spieß umdrehen". Dann fragt der Berater, warum die Onlinebeiträge auf dem Firmenblog bislang nicht kommentiert und in sozialen Medien weiterempfohlen werden, oder wie Konkurrent x in den Suchergebnislisten bei Google vorbeiziehen konnte. In einem gemeinsamen Prozess ergibt sich hieraus eine SEO-Strategie, die auch wirklich diesen Namen verdient.

Google selbst gibt ein paar spannende Hinweise, worauf Sie bei der Auswahl eines SEO-Dienstleisters achten sollten. Auch geht der kleine Ratgeber darauf ein, welche verbotenen beziehungsweise fraglichen Praktiken von weniger seriösen Agenturen und Beratern eingesetzt werden könnten. Der Text findet sich unter *www.blogprofis.de/buch/seodienstleister*.

2.4 Die Kontrolle behalten

Egal ob Sie sich für eine Inhouse- oder eine externe Lösung entscheiden: Sie möchten die Fäden in der Hand halten, Sie möchten jederzeit wissen, was vor sich geht, und wie es um welche Phase oder welchen Baustein der erarbeiteten Strategie bestellt ist. Sie sollten sich hierfür in regelmäßigen Zeitabständen mit Ihrem SEO zusammensetzen. Dies sowohl für einen Rückblick als auch für einen Ausblick. Die Frage: „Wie haben sich die wichtigsten SEO- und Ranking-Indikatoren entwickelt?“ (siehe Abschnitt 1.4) gehört dabei ebenso auf den Tisch, wie die Analyse: „Welche bereits getätigten Maßnahmen können wir nun wie weiter verfeinern?“. Ein Suchmaschinenoptimierer kann Ihnen einzelne Optimierungsschritte vorschlagen, Vor- und Nachteile benennen und danach zur Umsetzung schreiten. Entscheiden müssen und sollen Sie selbst.

2.4.1 Den SEO verstehen lernen

Zunächst einmal ist es zwingend notwendig, dass Sie und Ihr SEO sich auf der gleichen sprachlichen Ebene treffen. Dieser Ratgeber wird einen Beitrag hierzu leisten. Dennoch werden Ihnen so manche Äußerungen Ihres Mitarbeiters oder Beraters wie die sprichwörtlichen „Böhmischen Dörfer“ vorkommen. Manchmal ist es auch leichter für einen Suchmaschinenoptimiere, sich hinter Fachbegriffen zu verstecken. Immer alles bis ins letzte Detail zu erklären, das fällt hingegen nicht nur den SEO-Spezialisten schwer. Sicherlich sollten Sie sich ein fundiertes Grundwissen zulegen, was die wichtigsten Stichwörter der Suchmaschinenoptimierung anbelangt. Denn kein Experte freut sich, wenn er Ihnen zum x-ten Mal den Unterschied zwischen DoFollow- und NoFollow-Links erklären muss. Ganz unabhängig davon, dass dies Ihre Zeit und Ihr Geld kostet. Aber, dass Sie dieses Buch in Ihren Händen halten und bereits bis hierher vorgedrungen sind, das ist schon einmal ein sehr gutes Zeichen. Ansonsten gilt: Haken Sie nach. Sie sind der Kunde oder der Vorgesetzte, und Sie müssen die Hintergründe sämtlicher Optimierungsmaßnahmen verstehen. Tun Sie dies nicht, so geben Sie jegliche Kontrolle ab. Und dürfen sich dann nicht wundern, wenn es zu unerwünschten Ergebnissen kommt.

Ganz konkret rate ich Ihnen: Bleiben Sie unabhängig von den Bemühungen Ihres SEOs auf dem Laufenden. Lesen Sie in Newslettern, Blogs, Foren und Communities mit, welche aktuellen SEO-Themen und -Strömungen derzeit diskutiert werden. Denn diese Strömungen wechseln recht häufig. Ist heute das Thema Qualitätscontent gefragt, so sind dies morgen Social-Links, und übermorgen geht nichts mehr ohne Autorenprofile/Author Rank, Mobile Marketing & SEO, Predictive SEO (siehe *www.blogprofis.de/buch/vorhersagend*) oder Voice Search Optimization (*www.blogprofis.de/buch/voicesearch*). Konfrontieren Sie Ihren SEO-Mitarbeiter oder Ihre Agentur mit diesem Wissen – selbst auf die Gefahr hin, sich damit nicht immer allzu beliebt zu machen. Warum sollten Sie dies tun? Nun, ganz einfach:

a) Sie zeigen damit, dass Ihnen die eigene SEO-Strategie sehr wichtig ist, und dass Sie mitdenken möchten. Das motiviert Ihr Gegenüber, und es regt an.

b) Sie helfen dabei, neue Schwerpunkte zu setzen, oder die alten fortlaufend zu überprüfen.

c) Ganz im Sinne von „Die Kontrolle behalten" kann man auf diese Weise überprüfen, ob und wie sich ein Suchmaschinenoptimierer mit diesen Themen beschäftigt. Oder warum er möglicherweise seine guten Gründe hat, nicht gleich jedem neu ausgerufenen SEO-Trend hinterherzulaufen.

d) Sie lernen selbst eine Menge dazu.

In ähnlicher Weise lohnt es sich, darüber Bescheid zu wissen, welche Ansätze aktuell in der SEO-Szene kontrovers diskutiert werden. Sie merken dies schnell anhand der Anzahl aber auch der Art von Kommentaren, die durch derlei Ansätze provoziert werden. Je hitziger und gegenläufiger die Debatte ausfällt, umso eher können Sie sich sicher sein, dass das zu Grunde liegende Thema auch irgendeine Rolle für Ihre zukünftige SEO-Strategie spielt. Welchen Standpunkt vertritt Ihr eigener SEO bei der Diskussion? Das sollten Sie durchaus wissen. Es geht dabei nicht so sehr um „Richtig" oder „Falsch" (denn das lässt sich bei den allermeisten SEO-Themen gar nicht so leicht bestimmen), sondern darum, welche Rückschlüsse für Ihre ganz persönliche unternehmerische Situation getroffen werden können.

Um dies am Beispiel „Mobile SEO" zu verdeutlichen: Fragt mich ein Selbstständiger oder Unternehmer, ob er für die Mobilversion seines Onlineauftritts eine separate SEO-Strategie benötigt, dann kann ich nur antworten: „Es kommt darauf an ...". Zu viele Faktoren, die ein eigenes kleines Buch füllen könnten, spielen dabei eine Rolle, etwa wie die Mobilversion bislang ausgestaltet ist, ob man für mobile Zielgruppen/Besucher grundlegend andere Ziele verfolgt als für die Besucher der Desktop-Variante, ob es sich um ein reines Content-Portal handelt oder um Shop-Komponenten, ob der finanzielle Aufwand für eine Umprogrammierung im Verhältnis zu den zu erwartenden Einnahmen steht und und und. Meine Antwort auf die Frage, ob eine separate Strategie nötig ist, mag also durchaus lauten: „Nein". Und dennoch werden Sie und Ihr SEO sich nur dann über vergleichbare Strategien Gedanken machen können, wenn diese gemeinsam diskutiert und auch verstanden werden.

2.4.2 Wie messe ich den Erfolg, und welche Rückschlüsse kann ich hieraus ziehen?

Die Erfolgsmessung schließt sich nahtlos an das Thema „Verstehen" an. In den Abschnitten 1.7 und 1.8 habe ich Ihnen gezeigt, wie man mit SEO-Tools und Reporting-Werkzeugen die wichtigsten Indikatoren für eine wirksame Suchmaschinenoptimierung gewinnen kann. Idealerweise sollten Sie sich diese Zahlen und Tabellen stets zusammen mit einem versierten Fachmann anschauen und sich diese erklären lassen. Denn, um aus solchen Daten bestimmte Muster bzw. Ansatzpunkte für weitere Optimierungsschritte herauslesen zu können, dazu bedarf es doch einiger Erfahrung. Ihr SEO dient hier als eine Art Übersetzer. Wie sich aus diesen Zeilen herauslesen lässt, ist das korrekte Deuten der Zahlenwerke in vielen Fällen reine Interpretationssache, und dies unabhängig davon, in welche Richtung die jeweiligen Kurven zeigen. Wenn Ihnen Ihr Mitarbeiter oder Berater also sagt

„Den leichten Abwärtstrend bei dieser Kennzahl können wir vernachlässigen, da ..."

oder

„Dieser Messwert bedeutet, dass wir noch mehr investieren müssen in ..."

so können Sie dem vermutlich nur wenig entgegensetzen. Deswegen möchte ich Ihnen einige Ansatzpunkte mit auf den Weg geben, die Ihnen dabei helfen sollen, dennoch die richtigen Rückfragen für ein besseres Verständnis aber auch eine bessere Kontrolle parat zu haben. Ich stelle hierbei die wichtigsten Erfolgs-/Misserfolgsfaktoren und Metriken den jeweiligen Fragestellungen gegenüber, welche in dieser Situation ausgelöst werden sollten, um auf die Veränderungen angemessen zu reagieren.

Ausgangslage	Hieraus resultierende Fragen
Die Besucherzahlen steigen deutlich an/die Relation „Besucher aus Suchmaschinen" zu „Besucher aus anderen Quellen" ändert sich	Betrifft dieser Effekt das gesamte Portal oder nur bestimmte Unterseiten? Lässt sich erkennen, woran dies liegt (besonderes saisonales, regionales oder thematisches Interesse an einzelnen Inhalten, neuer wichtiger Backlink, Berichterstattung in anderen Onlinemedien, erfolgreiche Social-Media-Kampagne, Veränderung in den Rankings)? Und kann der positive Effekt Dank dieser Erkenntnis genutzt/wiederholt werden? Aber auch: Gab es SEA- oder andere Bezahltkampagnen?
Die Besucherzahlen gehen zurück.	Welche Seiten sind besonders betroffen? Handelt es sich um einen saisonalen Effekt (Vergleich zum Vorjahreszeitraum)? Sind andere Kennzahlen, wie PageRank, Sichtbarkeitsindizes und so weiter ebenfalls zurückgegangen, die eine Erklärung bieten können? Welche Rankings, bei welchen Keywords haben sich verschoben? Sind meine Keywords generell von einem sinkenden Interesse betroffen (→ Google Analytics Keyword Tool), oder betrifft es nur unser Unternehmen? Wie sieht es bei den Mitbewerbern aus? Kann dieser Effekt durch neue Long Tail Keywords ausgeglichen werden? Hat ein Google-Update stattgefunden? Ist eine wichtige Verweisquelle eines anderen Portals verloren gegangen? Gab es (bei sehr deutlichem Rückgang) gar eine Abstrafung durch Google?
Kennzahlen, wie PageRanks oder der Alexa-Rank, ändern sich.	Auch hier wieder: Welche Unterseiten sind betroffen? Ist der Effekt generell in der jeweiligen Branche/beim jeweiligen Portaltyp zu spüren (durch ein Google-Update)? Auf welche Maßnahmen in den letzten Wochen und Monaten könnte die Änderung zurückgehen, gab es eine Umgestaltung des Portals/der Seitenstruktur als mögliche Ursache, sind wichtige Backlinks hinzugekommen oder weggefallen? Hat diese Veränderung Auswirkungen auf den Traffic/die Besucherzahlen (dies muss nämlich keineswegs der Fall sein)?
Anstieg/Abstieg der Werte „Seitenaufrufe je Besuch", „durchschnittliche Besuchsdauer" oder „Absprungrate"	Welche Inhalte sind neu hinzugekommen, wurden umstrukturiert oder sind weggefallen? Gab es Anpassungen im Seitenlayout oder in der internen Menü-, Archiv- und Verweisstruktur? Gibt es Peaks, die mit der Veröffentlichung/Änderung/Verlinkung einzelner Beiträge zusammenhängen?
Die Sichtbarkeit/das Ranking insgesamt oder bei einzelnen Keywords bzw. Keyword-Kombinationen geht zurück.	Gab es inhaltliche Anpassungen, Änderungen bei wichtigen Backlinks, bei den Seitentiteln und Metadaten, bei Produktbeschreibungen und so weiter? Hat ein Online-Mitbewerber seine Aktivitäten für dieses Keyword verstärkt und ist deswegen an Ihnen vorbeigezogen?

Ausgangslage	Hieraus resultierende Fragen
Die Gewichtung der verwendeten Keywords untereinander verschiebt sich (siehe in den Google Webmaster Tools die Dimension *Optimierung → Content-Keywords*).	Auch hier: Wurden Texte, Titel, Überschriften, Menü-, Bild- und Linkbezeichnungen, Metadaten, Textformate und -Auszeichnungen, Tabellen, Aufzählungen, Header- Sidebar- oder Footer-Inhalte geändert/hinzugefügt/gelöscht?
Die Interaktion der Besucher auf dem Portal steigt oder sinkt (Kommentare, Social Shares, Kontaktanfragen, Follower-Zahlen).	Welche Themenbereiche sind hinzugekommen oder weggefallen, gibt es neue Autoren mit anderen Inhalten, wurde die Anbindung an soziale Netzwerke/die Kommentarfunktion neu gestaltet oder neu positioniert, besteht generell mehr/weniger Interesse an einem bestimmten Thema (messbar mit Google Trends)?
Die Anzahl der Backlinks steigt/sinkt.	Welche neuen Inhalte gibt es und über welchen Mehrwert verfügen diese bzw. was wurde an bisherigen Inhalten verändert, welche neuen Link-Kooperationspartner sind hinzugekommen/weggefallen, welche Backlinks aus Presseportalen oder Webkatalogen eventuell zeitlich abgelaufen?
Die Weiterempfehlung und Nennung in den sozialen Netzwerken steigt/sinkt.	Wurden weniger neue Inhalte publiziert, Themenschwerpunkte angepasst, einzelne Themen nicht mehr aktiv veröffentlicht und gestreut? Änderte sich die eigene Aktivität in den sozialen Netzwerken? Wird auf den eigenen Unternehmensseiten in den Netzwerken intensiver oder weniger intensiv moderiert?
Veränderungen in der Art/den Inhalten der wichtigsten Suchanfragen (Google Analytics)	Gab es seiteninterne Keyword-Verschiebungen oder neue Inhalte mit bislang nicht verwendeten Keywords? Gibt es durch bestimmte Ereignisse ein neues saisonales, regionales oder thematisches Interesse an einzelnen Themen?
Anstieg der Crawling-, HTML- oder sonstigen Fehler, Ausschläge in den Crawling-Statistiken (siehe jeweils die Google Webmaster Tools)	Wurden Anpassungen in der Programmierung oder bei den Seiteninhalten vorgenommen, URL-Strukturen geändert, Inhalte gelöscht, gab es einen Server- bzw. Providerumzug, Anpassungen im Content-Management-System, wurden neue Tools, Plugins, AddOns installiert oder Quellcode externer Anbieter eingebunden?

Übrigens: Den in dieser Aufzählung des Öfteren erwähnten Effekt, dass das generelle Interesse an bestimmten Keywords durchaus nachlassen kann, sollte man nicht vernachlässigen. Jahrelang betrieb ich selbst sehr erfolgreich ein Informationsportal für Selbstständige und rankte dort mit dem recht lukrativen und damals schon umkämpften Keyword „Geschäftsidee/Geschäftsideen“ auf Platz eins bei Google. Dennoch gingen die Besucherzahlen stetig zurück. Zwar entdeckten andere, deutlich größere Unternehmen meine Content-Strategie und ahmten Sie nach, was meinem Ranking deutlich schadete. Zudem vernachlässigte ich die fortlaufende Pflege der Inhalte. Doch der eigentliche Grund für den deutlichen Besucherrückgang wurde erst mit einer Google-Trends-Analyse klar (siehe Bild 2.20).

Früher hätte ein Verkäufer ein nachlassendes Interesse daran bemerkt, dass immer mehr Kunden bestimmte Produkte im Regal zu Ladenhütern werden lassen. Heute kann er dies anhand von Web-Tools ermitteln. In diesem Fall hilft (wie in der Offline-Welt auch) meist nur die Erweiterung des Sortiments, also die Besetzung neuer Nischen- und Long Tail Keywords, oder das Verkaufen der Produkte mit einem neuen Anstrich und unter neuem Namen.

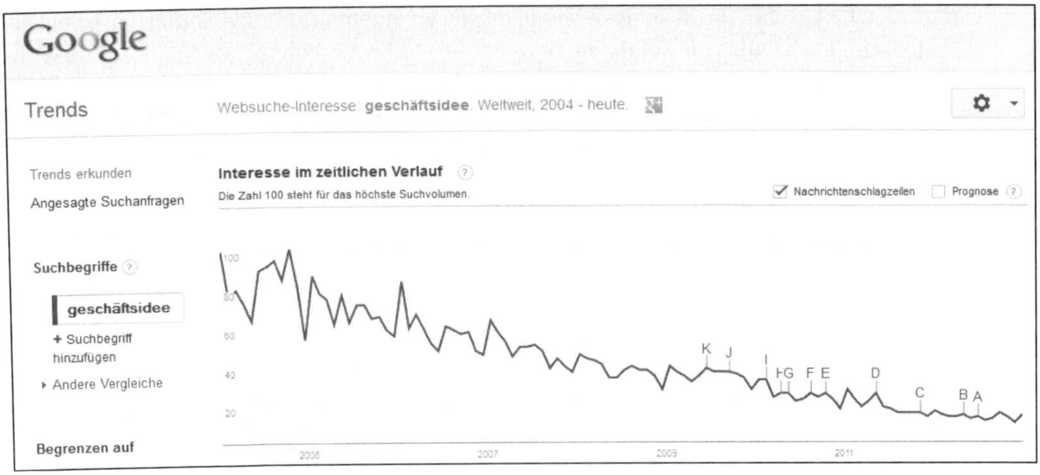

Bild 2.20 Ein solch stark nachlassendes Interesse an einem zentralen Portal-Keyword oder -Thema kann gravierende Folgen haben, die rein durch SEO-Maßnahmen auf dieses Keyword kaum auszugleichen sind.

PRAXISTIPP: Wenn das Interesse an bestimmten Keywords einer Webseite zurückgeht, die für die zugehörigen Produkte und Dienstleistungen existenziell sind bzw. waren, dann müssen die Webseiten-Inhalte meist nach und nach auf neue, inhaltlich ähnliche Schlüsselbegriffe umgestellt werden. Diese sind dann jedoch vorab genau zu analysieren, etwa hinsichtlich der Frage, ob sie überhaupt zu Ihrer Zielgruppe oder zu einem entsprechenden Kaufbedürfnis passen.

Eine solche Umstellung sollte sehr behutsam und Schritt für Schritt vorgenommen werden, wenn Sie nicht von einem Tag auf den anderen auf die Umsätze aus den bisherigen Keywords verzichten wollen. Zudem lässt sich mit einem langsamen Wechsel testen, ob die neuen Keywords tatsächlich die gewünschte Wirkung erzielen. Selbst ein „zurück" ist also noch möglich. Und: Eine allzu schnelle Umstellung sämtlicher Inhalte und Keywords dürfte Google nicht sonderlich gefallen. ■

2.4.3 Wie viel darf SEO kosten (und wie viel nicht)?

Dies ist eine, wie bei allen IT- und Online-technischen Dienstleistungen, heikle Frage. Hier treffen die oftmals unrealistischen Vorstellungen der Auftraggeber auf die (ab und an ebenfalls unrealistischen) Kalkulationen der SEOs. Wobei es durchaus verschiedene Modelle gibt – vom kleineren Selbstständigen, der sagt

> *„Maximal 500 Euro im Monat darf es kosten. Schau selbst, was du damit umsetzt, und wie weit du damit kommst",*

bis hin zum großen Unternehmen, das gut und gerne einmal eine, zwei oder gar mehr Nullen an diese Summe anhängt, was das zur Verfügung stehende Onlinemarketing-Budget anbelangt. Pauschale Abrechnungsmodelle mögen angenehm für beide Seiten sein. Sie bergen jedoch gleichzeitig die Gefahr in sich, dass der SEO ab einem bestimmten Punkt im Monat aufhört zu arbeiten, selbst wenn durchaus noch eine Menge sinnvoller Aufgabenpakete warten – oder aber umgekehrt, dass er Rest-Budgets für Maßnahmen nutzt, die nicht immer absolut zielführend sind. In der Regel wird ein sauber arbeitender Dienstleister mit Stundensätzen arbeiten, wobei natürlich dennoch eine (flexible) Obergrenze festgelegt werden muss, etwa auf Quartalsbasis. Schaut man sich in der SEO-Szene um, so reichen diese Stundensätze von ab 60 Euro bis weit in den dreistelligen Bereich. 200, 300 Euro und deutlich mehr, können es dann durchaus werden. Je gefragter ein Spezialist ist, insbesondere wenn er sich einen „Namen" gemacht hat, umso höher fällt der Satz aus.

Es ist fraglich, ob eine kleinere Firma derartige Summen aufbringen muss (wenn sie dies überhaupt kann). Nicht immer ist der SEO-Guru die beste Wahl. Insbesondere dann nicht, wenn er normalerweise für weit prominentere und größere Auftraggeber arbeitet. Dann kann es sogar gut sein, dass er mit den Niederungen und Nöten des Kleinunternehmertums nur wenig anzufangen weiß. Das muss gar keine böse Absicht sein. Er denkt, von seiner Praxiserfahrung her, schlicht in ganz anderen Dimensionen. Andererseits warne ich davor, einen SEO-Spezialisten nach der Devise „billiger geht immer" auszuwählen. Liegt der Stundensatz deutlich niedriger als der Durchschnittslohn von um die 100 Euro, dann ist es mit der Expertise möglicherweise nicht ganz so weit her. Von daher würde ich persönlich eher Unter- statt Obergrenzen festlegen. Wer sich einen sehr teuren SEO leisten kann und mag, wieso nicht. Dennoch gilt es dann ganz besonders die Eignung zu überprüfen. Die Ansatzpunkte hierfür habe ich Ihnen genannt. Denn „hochpreisig" ist nicht immer automatisch mit „hochqualifiziert" gleichzusetzen.

Folgende weiterführende Quellen sind recht aufschlussreich, wenn es um die Kostenkalkulation von SEO-Dienstleistungen geht:

- *www.tagseoblog.de/was-kostet-suchmaschinenoptimierung-seo-stundenlohn-umfrage*
- *www.seonauten.com/was-kostet-seo-was-muss-es-mindestens-kosten/*
- *www.hirschmediasolution.de/seo-preis-studie*
- *http://suma-pro.de/suchmaschinenoptimierung/wieseoskalkulieren.php*

2.4.4 Was Ihnen Ihr SEO nicht sagt

Zugegeben, diese Überschrift wirkt ein wenig provokant (schließlich möchte ja auch ich mit Inhalten arbeiten, die für Aufmerksamkeit sorgen, ganz so wie es bei Ihrem Onlineportal der Fall sein sollte). Ich will keinesfalls den Eindruck erwecken, als würden (seriöse) Suchmaschinenoptimierer generell mit bestimmten Informationen hinter dem Berg halten. Und doch ist es manchmal einfacher oder für das SEO-Projekt insgesamt sogar förderlicher, wenn ein Experte bestimmte Dinge nicht mit seinem Auftraggeber diskutiert.

Nehmen Sie diesen Ratgeber. Sie glauben gar nicht, wie oft ich bei bestimmten Themen darüber nachgedacht habe, ob ich diese überhaupt erläutern soll. Ziehen Sie einen Vorteil daraus, wenn Sie wissen, dass es Methoden der Suchmaschinenoptimierung gibt, von denen ich in der nächsten Zeile schon wieder abrate? Oder wenn ich Ihnen bestimmte Fachbegriffe, um diese verständlicher werden zu lassen, recht oberflächlich erkläre, und somit immer auch einzelne Aspekte ausklammere? Jeder SEO muss stets auf das Neue entscheiden, welche Informationen für seinen Chef oder seinen Kunden hilfreich sind, und welche ihn eher verwirren oder gar zu falschen Rückschlüssen verführen könnten. Gleichzeitig hat nahezu jede Einzeldisziplin und jede Technik im Bereich der Suchmaschinenoptimierung so viele Facetten und ist oft so sehr von einer Einzelfallbetrachtung abhängig, dass manche SEO-Experten fast gar keine öffentlichen Aussagen mehr treffen. Dies aus der Angst heraus, missverstanden zu werden, oder Wissen zu verbreiten, das sich bereits morgen als veraltet herausstellt.

Auf die Frage eines Kunden A

> *Sollte ich für mein neues Onlineprojekt eher eine Subdomain oder eine eigenständige Domain wählen*

sage ich möglicherweise „Besser die eigenständige Domain." Dies aber aus einer Menge an Fakten und Wissen heraus, welches ich über diesen Kunden sowie seine ganz spezifische Situation habe. Kunde B könnte nun entgegnen, warum ich ihm denn zu einer Subdomain rate, denn ich würde mir ja schließlich selbst widersprechen? Sie merken, als SEO ist es häufig gar nicht so einfach, eine Aussage zu treffen, die nicht gleich als allgemeingültige Grundregel für alles und jeden verstanden wird. Manche SEOs bleiben dann eben lieber stumm. Ich bin der Meinung, Sie sollten wissen, mit welchen Dingen Ihr Suchmaschinenexperte unter Umständen hinterm Berg hält – wohlwissentlich, dass man die folgenden Punkte sicherlich nicht verallgemeinern kann.

Welche Methoden kommen zum Einsatz?

Ein Suchmaschinenoptimierer wird Sie nur selten in die tiefsten Geheimnisse seines Erfolgs einweihen. Natürlich lässt er seinen Auftraggeber wissen, ob eher neue Content-Strategien oder Änderungen im Backlink-Aufbau oder beides zum Gelingen der SEO-Strategie beitragen. Aber dass er beispielsweise herausgefunden hat, wie sich wirksame Rückverweise von themenrelevanten Blogs möglichst voraussagen lassen, das wohl eher weniger. Die Gründe hierfür:

a) Nicht immer weiß ein SEO, wie lange eine solche Methode Bestand haben wird. Er will also keine falschen Hoffnungen wecken.

b) Gegebenenfalls muss er selbst erst noch evaluieren, wie oder warum eine bestimmte Methode funktioniert. Es kann sogar sein, dass er überhaupt keine Erklärung für die Wirksamkeit findet. Würden Sie mit einem solchen Nicht-Wissen vor Ihren Vorgesetzten oder Ihren Kunden treten?

c) Jeder SEO hat seine eigenen kleinen „Betriebsgeheimnisse", die er sich nicht nehmen lassen möchte.

d) Hinzu kommt: Würden bestimmte Handlungsweisen öffentlich werden, so fänden sie von heute auf morgen unzählige Nachahmer. Das wiederum könnte die ursprüngliche Wirkung der Methode schnell wieder zunichtemachen.

Als Unternehmer müssen Sie nicht immer bis in das letzte Detail wissen, wie genau die gemeinsam erarbeitete SEO-Strategie letztendlich umgesetzt wird. Solange Sie sicher gehen können, dass keine riskanten Methoden aus dem Grey-Hat- oder Black-Hat-Umfeld zum

Einsatz kommen. Darauf sollten Sie Ihren Berater oder Mitarbeiter verpflichten, gegebenenfalls auch vertraglich festgelegt.

> **HINWEIS:** Grey-Hat- und Black-Hat-Methoden sind nicht in allen Fällen vollkommen scharf von „erlaubten" Maßnahmen zu trennen. Deswegen kann es durchaus sein, dass sich ein SEO-Experte gegen eine solche vertragliche Vereinbarung wehrt, ohne dabei Böses im Schilde zu führen. Einzelne Techniken (siehe beispielsweise Abschnitt 1.2.3) lassen sich jedoch auf jeden Fall als Tabu benennen und ausklammern. ■

Was sind die Link-Quellen?

Nun geht es ins Detail. Die meisten SEOs werden ebenso verschwiegen sein, wenn es darum geht, wie sie an einzelne Backlinks zu Ihrem Onlineauftritt gelangen. Dabei macht es sehr wohl einen Unterschied, ob ein solcher Link aus einer exklusiven Quelle, wie einem persönlichen Kontakt des Spezialisten, stammt oder aber aus irgendeiner Massen-Sammelstelle für zu kaufende oder zu mietende Backlinks. In Abschnitt 1.4.1 habe ich Ihnen gezeigt, wie man in diesem Zusammenhang gute von weniger guten Links unterscheidet.

Es macht großen Sinn, den eigenen Mitarbeiter oder den Berater dahingehend zu verpflichten, sehr sorgfältig bei der Auswahl an Link-Quellen vorzugehen. Nicht gerade wenige Suchmaschinenoptimierer gehen durchaus den einfachsten Weg, melden sich bei einer Linkkauf-Börse an, um dort relativ unkompliziert und anonym an die gewünschten Verweise zu gelangen. Das kann funktionieren, muss es aber nicht. Zudem bleibt zwar der SEO selbst bei diesem Prozess anonym, nicht aber Ihr Portal. Selbst bei unverbindlichen Anfragen zu einem einzelnen Linkkauf wird demjenigen, der seine Seiten auf einer solchen Börse zum Linkverkauf angemeldet hat klar, dass Ihr Unternehmen auf käufliche Links setzt. Und dann können Sie als Unternehmer sich nicht mehr hinter dem von Ihnen beauftragten SEO verstecken. Es stellt sich die Frage: Möchten Sie tatsächlich, dass Ihnen unbekannte Personen, Webseitenbetreiber und gar Unternehmen *wissen*, dass Sie gegen die Richtlinien von Google verstoßen? Unter Umständen macht man sich somit gar erpressbar. Dies selbst dann, wenn es aus SEO-Kreisen immer wieder heißt: „Linkkauf, das machen doch alle Portale."

Setzen Sie sich also mit Ihrem Suchmaschinenoptimierer zusammen. Definieren Sie dabei gemeinsam, welche Arten von Link-Quellen zum Einsatz kommen können, wie sorgfältig er dabei jeweils vorgeht, welche Vor- und Nachteile es gibt. Danach entscheiden Sie, auf welche Backlinks Sie setzen möchten und auf welche eher nicht. Diskutieren Sie in diesem Zusammenhang:

- Soll Linkkauf/Linkmiete generell ausgeschlossen werden?
- Sollen pro-aktiv ausgesprochene Linktausch- bzw. Artikeltausch-Angebote zum Einsatz kommen?
- Welche Rolle im Linkmix spielen Onlinedienste, bei denen man sich recht einfach einen Backlink „verschaffen" kann (Webkataloge, Linkverzeichnisse, Presseportale aber auch Kommentare in Blogs, bei denen man einen Link hinterlassen kann)?
- Sollen persönliche Kontakte des SEOs genutzt werden, die sehr häufig (und damit unter Umständen für Google erkennbar) auf unterschiedlichste externe Portale verweisen?

Generell lohnt sich also die Frage, welche Qualitätskriterien Ihr Suchmaschinenexperte an einzelne Linkpartner stellt, und welche Philosophie er in diesem Zusammenhang vertritt („Viel hilft viel“ versus „Wenige aber wirksame Qualitätslinks“).

Was sagen andere Experten?

Jeder Suchmaschinenoptimierer liest und hört in seinem Arbeitsalltag eine Unmenge an Einschätzungen sowie Tipps anderer SEO-Experten. Fortlaufend muss er filtern: Was davon lohnt einen genaueren Blick, was probiere ich selbst einmal aus, und was halte ich für weniger hilfreich? Einige Abschnitte zuvor habe ich Ihnen geraten, sich selbst die unterschiedlichsten Expertentipps anzueignen und Ihren Mitarbeiter bzw. Ihre Agentur damit zu konfrontieren. Erwarten Sie jedoch nicht, dass umgekehrt Ihr SEO ständig mit neuen Konzepten und Ideen zu Ihnen kommt. Ein guter Suchmaschinenspezialist baut auf eine nachhaltige Strategie. In diese können zwar immer wieder neue Strömungen und Erkenntnisse einfließen, die er gleichsam für Ihre Ausgangssituation als nützlich erachtet, und somit aus dem Wust an SEO-Meinungen herausfiltert. Doch mit einer Achterbahn, bestehend aus den unterschiedlichsten, teilweise gegenläufigen Optimierungsschritten, ist niemandem gedient.

Zu viel Aktionismus kann also eher schädlich sein. Wenn Ihnen ein Berater die Pros und Contras einzelner „neuer“ Technologien der Suchmaschinenoptimierung nennt und dabei aufzeigt, warum er diese Technologien in Ihrem Fall für nützlich hält oder nicht, dann ist dies ein gutes Zeichen. Das Gleiche gilt für einen fest angestellten SEO, der sich etwa auf einem Fachkongress über die wichtigsten neuen Trends in der Szene informiert und dabei lediglich die für Ihr Unternehmen wirkungsvollen Methoden in Ihre gemeinsame Strategiearbeit mit einfließen lässt.

Wie arbeiten andere Unternehmen?

Ein seriöser Berater wird Ihnen nicht auf die Nase binden, wie er andere seiner Kunden zum Erfolg führt. Und auch ein guter, loyaler Mitarbeiter wird keine persönlichen Details aus seinem früheren Berufsleben nennen. Trotzdem liegt es auf der Hand, dass sich jeder SEO von Erkenntnissen beeinflussen lässt, die er nicht nur aus dem gerade aktuellen Projekt gewinnt. Dabei sollte er jedoch sehr behutsam vorgehen. Als Suchmaschinenoptimierer kann man sich in den seltensten Fällen bereits vorgefertigter Maßnahmenkataloge bedienen. Wie bereits erwähnt: Was in Situation A bei Kunde X funktioniert, das muss es in Situation B bei Kunde Y noch lange nicht. Von daher wäre es gar gefährlich, rein aufgrund externer Erfahrungen bestimmte Handlungsempfehlungen für Ihr Unternehmen auszusprechen.

Selbst wenn zwei SEO-Projekte dem gleichen wirtschaftlichen oder inhaltlichen Sektor zuzuordnen sind, beispielsweise ein zu optimierendes Mode-Shoppingportal A und ein Mode-Shoppingportal B, so ist jedes Unternehmen einzigartig. Bereits gewachsene Portalstrukturen, unterschiedliche Außenwahrnehmungen bei den (potenziellen) Kunden, herauszuarbeitende Alleinstellungsmerkmale und vieles mehr, machen es zwingend erforderlich, jedes Projekt gesondert zu betrachten. Es wäre sogar fatal, wenn ein SEO zwei ähnliche Portale auf die fast exakt gleiche Weise behandelt. Etwa, indem er hilfreiche Backlinks immer gleich für beide Kunden „bestellt“, erfolgreiche Seitenstrukturen nachgebaut werden, oder die Keyword-Analyse zu denselben Ergebnissen kommt. Schließlich würden dann beide Portale noch mehr direkt miteinander konkurrieren. Ein wirklich fairer Spezialist würde jede Situation vermeiden, in der er für zwei sehr ähnliche Auftraggeber gleichzeitig tätig wird. Gerade Agenturen sollten Sie mit der Frage konfrontieren, ob es zu solchen Konfliktsituationen mit einem Ihrer Mitbewerber kommen könnte.

Welche Erfolge könnten von recht kurzer Dauer sein?

Ja, SEO hat immer ein wenig mit Kaffeesatzleserei zu tun. Selbst wenn man dies nur ungern zugeben mag. Wer weiß schon, welche möglicherweise teure, da ressourcenintensive, Optimierungsmaßnahme übermorgen noch ihre Gültigkeit besitzt? Wenn ein Berater oder Mitarbeiter merkt, dass die SEO-Umbauarbeiten von Anfang des Jahres durch ein neues Google-Update kaum mehr zum Tragen kommt, dann wird er sich diplomatischer ausdrücken, als mit einem „Chef/Kunde, da haben wir viel Geld möglicherweise unnütz verbrannt."

Als Ausweg bliebe in diesem Fall lediglich, sich auf jene Rankingfaktoren aus Abschnitt 1.4 zu konzentrieren, die mit einer nachhaltigen Wirkung ausgezeichnet sind. Aber zum einen stellt selbst das keine Garantie dar. Zum anderen entfaltet SEO meist nur dann seine Wirkung, wenn sich einige der eher auf Verdacht ausgeführten Maßnahmen als echter „Glückstreffer" herausstellen. Nicht zu vergessen ist in diesem Zusammenhang die indirekte Wirkung, die von so mancher Optimierung ausgehen *kann*. Zum Beispiel, wenn durch eine kleine Änderung und hierdurch entstehende zusätzliche Keyword-Rankings neue Kooperations- oder Linkpartner auf das eigene Firmenportal aufmerksam werden. SEO lässt sich nicht vorhersagen. Das mag nicht allen Unternehmern gefallen, die es gewohnt sind, für jeden Handstreich eine detaillierte Kosten-/Nutzenrechnung aufzustellen. Verleugnen lässt sich diese Tatsache dennoch nicht.

Was ging schief?

Jetzt wird es ungemütlich. Bei der Suchmaschinenoptimierung kann eine Menge schief laufen. Und nicht immer wird dies für Sie als Auftraggeber auch wirklich ersichtlich. SEO-Fehler können sich teilweise noch nach Monaten auswirken. Von welcher Art von Fehlern spreche ich? Nun:

- Einzelne Maßnahmen, die bislang in SEO-Kreisen sehr üblich waren, stellen sich nach einem neuen Google-Update plötzlich als wenig wirkungsvoll oder gar schädlich heraus. So setzten nicht wenige Portale jahrelang auf regelmäßig publizierten, aber inhaltlich sehr minderwertigen Content. Einige SEO's warnten schon lange vor Google-Panda, -Pinguin & Co. vor den Auswirkungen einer solchen Strategie. Andere nicht.
- Ein wichtiger Linkpartner stellt sich als deutlich weniger zuverlässig dar, als man ihn seinem Chef/Kunden gegenüber empfohlen hat.
- Kennzahlen aus SEO-Tools können falsch interpretiert werden, so dass die hierauf basierenden Optimierungsschritte nicht ihre Wirkung entfalten.
- Der vorgeschlagene Umbau der URL-Struktur oder die neue Keyword-Ausrichtung bringt erst einmal weniger Onlinebesucher als mehr.
- Im schlimmsten Fall: Google deutet einen oder mehrere Optimierungsschritte als möglichen Indikator für einen Richtlinien-Verstoß. Dementsprechend büßt das Portal deutlich an Rankings ein oder wird gar aus dem Suchindex verbannt.

Und dies ist nur eine kleine Auswahl dessen, was bei einer Suchmaschinenoptimierung passieren kann. Panik ist dann fehl am Platz. Nahezu jeder dieser Fehler kann wieder ausgebügelt werden. Mit Ausnahme vielleicht der schweren Regelverstöße im Black-Hat-SEO-Umfeld. In jedem Fall ist es besser, Ihr SEO „beichtet" den Fehler, als dass er ihn im Hintergrund behebt oder gar ignoriert. Sollte Ihrem (externen) SEO-Experten also ein derartiges Malheur unterlaufen, so überlegen Sie nicht immer gleich, ob es sinnvoller wäre, ihn gegen einen anderen Dienstleister auszutauschen. Dass ein SEO seinem Auftraggeber reinen Wein einschenkt, das sollte durchaus positive Beachtung finden. Jedem noch so guten Experten in diesem Umfeld unterlaufen Fehler. Natürlich muss er dann gleichzeitig die richtigen Schritte skizzieren, wie sich die ungünstige Situation schnellstmöglich beheben lässt.

2.4.5 Die Grenzen der Suchmaschinenoptimierung

Was Sie in den vorangegangenen Abschnitten lesen konnten, das wirkt so, als sei die gute Platzierung in den Suchmaschinen lediglich eine Frage der richtigen Techniken und Strategien. Doch das ist keineswegs immer der Fall. Ich kenne Unternehmer, die mittlerweile frustriert aufgegeben haben. Sie stellen sämtliche SEO-Tätigkeiten ein und arbeiten fast ausschließlich mit Bezahlt-Anzeigen über Google AdWords und ähnliche Dienste.

Ich habe immer „sauber" gearbeitet, viel Zeit und Geld investiert, und dennoch zieht die Konkurrenz mit minderwertigen Inhalten an mir vorbei.

Solche Aussagen sind keine Seltenheit. Hinzu gesellt sich ein Gefühl der Ohnmacht gegenüber dem absoluten Branchenprimus Google. Warum bevorzugt dieser ähnliche Portale, die weit weniger Wert auf Qualitätscontent legen? Die Links kaufen, mit fragwürdigen Partnern oder unzähligen Satellitenseiten arbeiten? Schnell keimt dann der Verdacht auf, dass es mit den Filterbemühungen von Google nicht allzu weit her sein kann. Schließlich will das Unternehmen aus Kalifornien auch den bezahlten Suchbereich füllen. Ja, insbesondere bei vielen kleineren und mittelgroßen Firmen mit starker Konkurrenz stößt SEO mittlerweile deutlich an seine Grenzen. Buhlen doch immer mehr Informationen weltweit darum, in den Suchergebnissen berücksichtigt zu werden. Hängt dann der Großteil des Umsatzes von Besuchern aus den Suchmaschinen ab, dann wird es schnell kritisch. Wie man aus diesem Kreislauf entrinnen kann, das wird unter anderem Kapitel 3 zum Thema Social Media zeigen. Mit viel Kreativität schaffen es dort Unternehmen aus allen möglichen Branchen, doch noch Gehör zu finden. Und dies, in gewissen Teilen, unabhängig von Google.

Wenn Sie ebenfalls den Eindruck haben, mit SEO-Maßnahmen nicht wirklich weiterzukommen, so sollten Sie insbesondere den Abschnitt zu Corporate Blogs (in Abschnitt 4.8) genau durchlesen. Zwar ist auch das kein Allheilmittel, doch in diesem Umfeld wirken qualitativ hochwertige Content-Strategien oft nach wie vor sehr gut, und das eben nicht nur über die Suchmaschinen, sondern zunehmend über Weiterempfehlungen in den diversen sozialen Netzwerken. Generell lässt sich mit Social Media so mancher Verlust aus den Suchmaschinenrankings wettmachen. Oder aber Sie platzieren sich in einem Nischenbereich. Je fokussierter Ihre Seiteninhalte ausfallen, und je weniger direkte Konkurrenz Sie hierbei fürchten müssen, umso eher werden Ihr Portal sowie Ihre Kommunikation in den sozialen Netzwerken wahrgenommen. Nicht wenigen Unternehmen gelingt es auf diese Weise, zumindest in Teilbereichen wieder erste Online-Erfolge zu erzielen. Das motiviert, und darauf lässt sich aufbauen. Möchten Sie die Struktur und die Inhalte der bisherigen Internetseiten nicht ändern, um nicht noch mehr potenzielle Kunden zu verlieren, dann kann eine Nischenausrichtung über Landingpages, Microsites oder gänzlich neue Portale zunächst angetestet werden. Wiederum beispielsweise mit Blog-Mitteln sind diese einfach und kostengünstig zu erstellen. Einige Unternehmer betreiben ein eigenes kleines Netzwerk solcher Seiten, teils zu unterschiedlichen Themen, und mit beträchtlichen Ergebnissen. Das nennt sich dann „passives Online-Einkommen". Als Beispiel wäre der Betreiber eines Onlineshops etwa im Bereich Haustierbedarf zu nennen. Durch ein angeschlossenes Content-Portal mit Tipps und Tricks sowie Nachrichten rund um Hund, Katze & Co. zieht dieser nicht nur neue Interessenten auf den E-Shop, er kann das Zweitportal gleichzeitig über Werbeeinnahmen oder Affiliate-Programme refinanzieren (beschrieben in meinem Buch *„Blog Boosting"*). Die thematische Nähe birgt zudem zahlreiche Synergieeffekte, wie Content- und Link-Kooperationen. Allerdings gilt es hierbei, den deutlich gesteigerten Aufwand für die Erstellung und inhaltliche Pflege zu berücksichtigen. Denn „passiv" ist keineswegs gleichzusetzen mit „ohne zu arbeiten". Sonst droht schnell die Gefahr, dass man sich zwischen all den zu betreuenden Portalen verzettelt. Zudem gibt es nie eine Garantie, ob oder wie gut solche alternativen Geschäftsmodelle im Einzelnen funktionieren.

Ungeachtet der eben genannten Möglichkeiten: Lassen Sie die Suchmaschinenoptimierung keinesfalls vollkommen außer Acht. Bilden Sie sich also weiterhin fort, oder beauftragen Sie weiterhin eine Fachkraft Ihres Vertrauens damit. Eventuell bei heruntergefahrenen Budgets. Denn wer weiß schon, wie sich die kommenden Google-Ranking-Updates auf Ihre ganz spezifische Portalsituation auswirken werden. Umso wichtiger ist es in diesem Fall jedoch, jegliche Mittel außen vor zu lassen, die von Google als unlauter wahrgenommen werden können. Wenn sich Ihre Mitbewerber mit Geld eine gute Platzierung erschleichen wollen, so heißt dies noch längst nicht, dass Sie sich zum gleichen Schritt genötigt fühlen sollten. Der Suchmaschinengigant hat bereits einige, auch namhafte Portale abgestraft, das ist Fakt. Weitere werden folgen. Setzt man auf kurzfristige Effekte über fragliche Methoden, so wird die Wahrscheinlichkeit immer höher, irgendwann ebenfalls vom Regen in die Traufe zu geraten.

2.5 Informationsquellen

Ob Sie Ihr eigenes SEO nun ausschließlich steuern oder gleich selbst erledigen. Für eine erfolgreiche Strategie benötigt man eigentlich nur zwei Dinge: Gesunden Menschenverstand und jede Menge Wissen. Sie können sich gar nicht genug informieren über Ranking-Faktoren, neuartige Optimierungsmethoden, SEO-Feldversuche, Erkenntnisse sowie Einschätzungen zu den aktuellen Google-Algorithmen-Updates und und und. Dies jedoch mit folgenden Einschränkungen: Sie sollten stets hinterfragen, *was* Sie da lesen, *von wem* die Information stammt, ob sie in irgendeiner Form *validiert* wurde (zwei gleich lautende Expertenmeinungen sind deutlich besser als eine), und ob Ihr Unternehmen davon überhaupt *profitieren* kann.

In den vorangegangenen Abschnitten habe ich Ihnen verdeutlich, wie wichtig es gerade im SEO-Umfeld ist, am Ball zu bleiben – und das nahezu unabhängig von Ihrem bisherigen Wissensstand. Wenn Sie nicht gerade eine fast schon wissenschaftliche Abhandlung über die exakten Berechnungsgrundlagen des PageRank-Algorithmus lesen, so wird Sie jede gute Quelle weiterbringen. Einige wertvolle Portale und sonstige Ausgangspunkte für ein fundiertes Grundwissen nenne ich Ihnen auf den folgenden Seiten.

2.5.1 Quellen von Google selbst

Es ist nahezu unerlässlich, jene Tipps zu verfolgen, die von Google selbst (oder von einzelnen Mitarbeitern dort) publik gemacht werden. Schließlich erhält man somit einen exklusiven Einblick auf die Sicht des Suchmaschinengiganten selbst, und dies ohne die ablenkende Interpretation unzähliger weiterer Experten. Hierzu muss man anmerken: Google selbst äußert sich gerade in Dingen der Suchmaschinenoptimierung meist sehr diplomatisch, man könnte auch sagen „schwammig". Nur sehr selten liest man einen Hinweis der Art

> *Wenn du dies tust, dann wird genau das mit deinen Seiten/deinem Ranking passieren*

es sei denn, es geht um verbotene Optimierungsstrategien. Typischer sind da schon vorsichtiger formulierte Äußerungen der Art

> *Der Titel eurer Startseite bzw. Homepage könnte den Namen der Website oder eurer Firma führen und ihr könntet weitere wichtige Informationshäppchen wie den Standort eures Unternehmens oder eventuell einige der Schwerpunkte und Angebote liefern…*

In diesem Fall handelt es sich um ein Zitat aus dem PDF-Leitfaden „Einführung in Suchmaschinenoptimierung", herausgegeben von Google selbst. An dieser Stelle will ich trotzdem noch einmal eben dieses Dokument vorstellen, als zentrales Element für Ihren Wissensaufbau. Denn abseits solch sehr allgemeiner Passagen liefert der Leitfaden eine gelungene Übersicht über die wichtigsten Optimierungsschritte. Manche sind zudem detaillierter beschrieben, als es aus Platzgründen in diesem Buch der Fall ist. Auch erhalten Sie einen schönen Einblick dahingehend, wie Google hinsichtlich SEO „tickt". Die Einführung ist zu erreichen unter *www.blogprofis.de/buch/seoeinfuehrung*. Ebenso empfehlenswert sind folgende Quellen aus dem Hause des Suchmaschinenanbieters:

- Unter *www.google.de/webmasters/* findet sich nicht nur die Google Webmasters Toolsammlung, sondern auch jede Menge (meist englischsprachige) Hilfeseiten zum Thema Webseitenoptimierung & SEO.
- Die Google-Richtlinien für Webmaster sollte *jeder* kennen, insbesondere die dort aufgeführten „Qualitätsrichtlinien": *www.google.de/webmasters/guidelines.html* bzw. auf Deutsch unter *www.blogprofis.de/buch/googlerichtlinien*.
- Die Webmaster-Tools-Hilfe (*www.google.de/support/webmasters/*) sowie vor allem auch das zugehörige Forum (*https://productforums.google.com/forum/#!forum/webmaster-de*) sind eine sehr gute Anlaufstelle für eigene Fragen rund um das Thema Ranking bei Google.
- Sehr nützlich: Der Google-Webmaster-Zentrale-Blog unter *http://googlewebmastercentral-de.blogspot.de/* (die Beiträge können auch als Newsletter abonniert werden).

- Matt Cutts, als führender Google-Mitarbeiter mit seinen regelmäßigen Tipps eine kleine Legende in SEO-Kreisen, informiert zudem über seinen eigenen Blog unter *www.mattcutts.com/blog/*. Aber auch private Einträge befinden sich darunter.

Insbesondere der Webmaster-Zentrale-Blog verweist dabei regelmäßig auf weitere, teils neue werthaltige Quellen, die Google in regelmäßigen Abständen ins Leben ruft.

2.5.2 Expertenportale & Blogs

SEO-Expertenportale und -Blogs sind ein ideales Mittel, um sich über die sehr vielschichten Ansätze der Szene ein Bild zu machen. Die meisten Fachblog-Autoren geben zudem tolle kostenlose Tipps über Ihre eigene SEO-Strategie, und dies ohne sich allzu viele Gedanken darüber zu machen, ob sie dabei irgendein eigenes „Geheimnis" verraten könnten. Man muss in diesem Fall unterscheiden zwischen

a) Blogs und Informationsportalen von Agenturen und sonstigen SEO-Dienstleistern,

b) Blogs von selbstständigen oder privaten SEO-Experten.

Bei der ersten Gruppe besteht immer die Gefahr, dass die gegebenen Informationen zu eigenen Werbezwecken missbraucht werden. In einem solchen Fall stehen vor allem jene Lösungswege im Vordergrund, die auch das interne Lösungsportfolio bietet. Dennoch existieren im deutschsprachigen Raum zahlreiche SEO-Agentur-Blogs, die tolle Inhalte mit Mehrwert bieten.

Die Inhalte der zweiten Portalgruppe sind oft weniger werblich. Dafür muss jeweils hinterfragt werden, wie viel Expertise der zugehörige Autor tatsächlich vorweisen kann. In der Regel sind gut frequentierte im Sinne von gut kommentierte Blogs sowie zahlreiche Social-Media-Follower ein gutes Anzeichen dafür, dass fundierte Informationen gegeben werden. Hier nun die wichtigsten Weblogs und sonstigen Portale der Suchmaschinen-Szene:

- Bei SEO-united (*www.seo-united.de/blog/*) handelt es sich um ein Gemeinschaftsprojekt verschiedener Experten auf dem Gebiet der Suchmaschinenoptimierung.
- Gute Denkanstöße allgemeiner Art präsentiert der tagSeoBlog von Martin Mißfeldt (*www.tagseoblog.de*).
- Ein schönes Projekt ist SEO Trainee (*www.seo-trainee.de*). Der von einer Agentur betreute Blog lässt nicht nur Nachwuchstalente aus der Szene zu Wort kommen.
- Wer Podcasts mag, dem sei *www.radio4seo.de* empfohlen.
- Der Tool-Anbieter Sistrix liefert Hintergrundinformationen in seinem eigenen Blog unter *www.sistrix.de/news/*.
- Beliebt: Der Affiliate-, SEO- & Webmaster Blog *www.eisy.eu*.
- Onlinemarketing-Experte Karl Kratz schreibt kontrovers und spannend. Auf jeden Fall lesenswert (*www.karlkratz.de/onlinemarketing-blog/*).
- Einen guten Namen haben sich die Seonauten mit ihrem gleichnamigen Onlinemagazin gemacht (*www.seonauten.com*).
- Spannende Hintergrundinformationen liefert das *www.seo-handbuch.de*.

- Torben Leuschner schreibt unter *www.torbenleuschner.de/blog/* zu Onlinemarketing und Optimierungsansätzen.
- Noch jung, aber mit wertvollen Hintergrundberichten und Anleitungen, gerade für Einsteiger: Der Blog *www.seo-newsticker.de* von Christina Fuchs.
- Aus dem Alltag eines Inhouse-SEO: *http://blog.kennstdueinen.de.*
- Hinter den Internetkapitänen stehen gleich mehrere SEO-Experten einer Agentur (*www.internetkapitaene.de*).
- Informationen von eher allgemeinem Charakter bietet der so genannte GoogleWatchBlog (*www.googlewatchblog.de*).

Am Schluss möchte ich noch auf meinen eigenen Blog *www.blogprofis.de* verweisen. Die Inhalte dort drehen sich zwar hauptsächlich um die Themen Corporate Blog- und Content-Marketing. Aber immer wieder auch um zugehörige Strategien aus der Welt des Onlinemarketings.

Eine sehr umfassende Auflistung deutschsprachiger SEO-Blogs liefert der seo-united-Blog unter der Adresse *www.seo-united.de/blog/seo/bersicht-deutscher-seo-blogs.htm*. Aufschlussreich: Dort werden gleichzeitig die wichtigsten SEO-Kennzahlen der einzelnen Portale genannt.

2.5.3 Communities & Foren

Inhalte von Foren sind insbesondere für SEO-Anfänger mit großer Vorsicht zu genießen. Nicht wenige Tipps, die dort von vermeintlichen Experten gegeben werden, sind veraltet oder gar schlicht und einfach falsch. Andererseits liefern die Communities so manchen spannenden Optimierungsansatz aus der Praxis, den Sie in keiner anderen Quelle finden werden. Hier eine Auswahl an deutschsprachigen und internationalen Foren unterschiedlicher Größe:

- *www.abakus-internet-marketing.de/foren/*
- *www.ayom.com/forum.html*
- *www.suchmaschinen-community.de*
- *www.promotionsite.de*
- *http://board.ranking-konzept.de*
- *http://forums.digitalpoint.com*
- *http://forums.seochat.com*

Ich habe nicht alle der Dienste im Detail überprüft, sodass Sie den jeweiligen Nutzwert selbst noch einmal einordnen sollten. Die Qualität eines Eintrags sowie des zugehörigen Forenmitgliedes lässt sich übrigens grob einschätzen, indem man auf die Anzahl der Postings, die Dauer der Mitgliedschaft sowie den Tonfall der Äußerungen achtet. Eine sensationsgierige oder auch herablassende Sprache gilt meist als Indiz dafür, dass nicht allzu viel Wissen dahintersteckt.

2.5.4 Fachbücher & Zeitschriften

Nur sehr wenige Fachbücher beschäftigen sich, so wie der Ihnen vorliegende Ratgeber, mit den Business-relevanten Aspekten der Suchmaschinenoptimierung. Doch gerade, wenn Sie tiefer in die Materie einsteigen wollen und zudem die technischen Details hinter den von mir gegebenen Tipps verstehen möchten, so gibt es eine ganze Reihe sehr guter Werke. Ich persönlich kann Ihnen empfehlen:

- Mein persönliches Lieblings-Standardwerk, das mich selbst auf den „Geschmack“ gebracht hat, mich tiefer mit der Suchmaschinenoptimierung auseinanderzusetzen, ist *Website Boosting 2.0. Suchmaschinen-Optimierung, Usability, Online-Marketing* (mitp Verlag, ISBN 978-3-8266-1703-4) vom SEO-Experten Prof. Dr. Mario Fischer. Seit 2010 ist er Herausgeber und Chefredakteur der gleich lautenden Print-Fachzeitschrift *Website Boosting* (siehe *www.websiteboosting.com*). Meines Erachtens darf das Abo dieser Zeitschrift in keinem SEO-Regal fehlen. Das Buch selbst ist Stand Drucklegung dieses Buches zwar schon ein paar Jahre alt, aber dennoch unbedingt lesenswert. Wohl kaum jemand schafft es, so leicht und gleichzeitig fundiert über SEO zu schreiben.
- Ebenfalls ein Standardwerk: *Suchmaschinen-Optimierung. Das umfassende Handbuch* (Galileo Computing, ISBN 978-3-8362-1898-6) von Sebastian Erlhofer. Da es fortlaufend aktualisiert wird, bietet es eine prima Ergänzung zu *Website Boosting.*
- Aus dem US-amerikanischen kommt *Die Kunst des SEO. Strategie und Praxis erfolgreicher Suchmaschinenoptimierung,* im Original: *The Art of SEO* (O'Reilly, ISBN 978-3-86899-375-2), unter anderem geschrieben von Rand Fishkin, Mitgründer des SEO-Tools SEOmoz (*www.seomoz.org*). Der äußerst umfangreiche Ratgeber geht sehr in die Tiefe, wobei eher Suchmaschinenoptimierer selbst und nicht unbedingt Anwender oder Unternehmer angesprochen werden.
- *Erfolgreiche Websites. SEO, SEM, Online-Marketing, Usability* (Galileo Computing, ISBN 978-3-8362-1871-9) von Esther Düweke und Stefan Rabsch deckt nicht nur die SEO-Komponenten ab, sondern bietet einen umfassenden Einstieg in Onlinemarketing-Technologien überhaupt. Auch auf benutzerfreundliche Websites wird hier eingegangen.
- Bereits kurz erwähnt: Speziell zur Optimierung von SEA-Bezahlt-Kampagnen mit Google AdWords eignet sich das gleichnamige Buch *Google AdWords* (mitp Verlag, ISBN 978-3-8266-9113-3) von Alexander Beck. Das Auffinden der richtigen Unternehmens-Keywords wird dabei ebenfalls sehr ausführlich behandelt.
- Unter *www.suchradar.de* kann regelmäßig ein kostenloses PDF-Magazin mit spannenden Inhalten rund um SEO und SEM heruntergeladen werden.

Achten Sie bei den Büchern auf den jeweiligen Schwerpunkt. Während die meisten SEO-Ratgeber sehr Technik-lastig sind, gehen andere zusätzlich auf übergeordnete Strategien ein. Bei Letztgenannten veralten die Inhalte zudem meist nicht ganz so schnell.

2.5.5 Veranstaltungen

Mit den SEO-Veranstaltungen ist es so eine Sache. Zumindest für die Leser dieses Buches. Die meisten Konferenzen richten sich in der Regel an ein sehr versiertes Publikum. Von daher ist fraglich, ob sich für Sie als SEO-„Laien“ und Unternehmer ein Besuch dieser Messen und Tagungen lohnt, zumal die Ticketpreise nicht selten recht stolz sind. Dennoch seien hier die wichtigsten Events aus dem Umfeld der Suchmaschinenoptimierung erwähnt:

- Bei der recht bekannten *dmexco* in Köln (*www.dmexco.de*) handelt es sich um „die internationale Leitmesse und Kongress für die gesamte digitale Wirtschaft“. Auch SEO-Themen nehmen dabei einen wichtigen Stellenwert ein, die größten Anbieter der Szene sind dort präsent. Ansonsten stehen jedoch eher Anbieterpräsentationen als umfangreiche Mehrwert-Informationen im Fokus.
- Die *SEMSEO* in Hannover ist, wie der Name schon sagt, ein Kongress mit angeschlossenen Fach-Workshops rund um Suchmaschinenmarketing und Suchmaschinenoptimierung. Daran angebunden ist das SEO-Networking-Event PubCon. Veranstaltet wird das Event von der ABAKUS Internet Marketing GmbH, einem Optimierungs-Dienstleister. Dieser betreibt auch das in SEO-Kreisen sehr beliebte gleichnamige Forum, welches eben bereits erwähnt wurde (*www.abakus-internet-marketing.de/foren/*). Weitere Informationen finden Sie unter *http://semseo.abakus-internet-marketing.de.*
- In Köln findet mittlerweile regelmäßig der *SEO-Day* statt (*www.seo-day.de*). Mit namhaften Sprechern und spannenden Themen hat sich die Veranstaltung recht schnell einen Namen gemacht.
- Eher unkonventionell und ungezwungen geht es bei der *SEO Campixx* zu (*www.seo-campixx.de*). Kleine aber feine Workshops und Expertenrunden stehen dabei im Vordergrund.
- Die *SMX München* (*http://smxmuenchen.de*) richtet sich hauptsächlich an Such- und Online-Marketing-Experten von Unternehmen und Agenturen. Aber auch Marketingleiter werden angesprochen. Hochrangige, teils internationale Experten sprechen auf der zweitägigen Konferenz.

Über das jeweilige Tagungsprogramm können Sie recht schnell herausfinden, welche Zielgruppe angesprochen wird. Spannend könnte hingegen der Besuch zusammen mit Ihrem Inhouse-SEO oder mit einem Dienstleister sein, so dass jemand für Sie „übersetzt“. Auch bei der Suche nach einer neuen SEO-Agentur lassen sich hier erste fruchtbare Kontakte knüpfen.

3 Social Media – die neue Marketingmacht?

3.1 Warum sind die sozialen Netzwerke so wichtig für Unternehmen?

Eigentlich ist Social Media keine neue Entwicklung. Ähnliche Netzwerke, die den Online-Austausch innerhalb einer mehr oder weniger spezifischen Interessensgruppe ermöglichen, existieren seit nunmehr über 15 Jahren. Und selbst das so genannte Web 2.0, als Schlagwort-Sammelbecken für interaktive Erweiterungen des World Wide Web gedacht, und eng verbunden mit den sozialen Netzwerken, feiert bereits sein Zehnjähriges. Was begründet also den derzeitigen Hype rund um Facebook, Twitter, Google+ und ähnliche Anbieter? Zum einen die Nutzerzahlen. Gerade am Branchenprimus Facebook kommt heutzutage kaum ein Marketing-Verantwortlicher mehr vorbei. Zumindest was die Überlegung anbelangt, ob man Facebook nutzen muss bzw. wie intensiv. Doch dazu erfahren Sie später noch mehr. Die Schallgrenze von einer Milliarde Nutzern weltweit hat das Unternehmen aus Kalifornien längst durchbrochen. Alleine in Deutschland geht man von bis zu 25 Millionen Menschen mit einem Facebook-Account aus (*http://allfacebook.de/zahlen_fakten/facebook-nutzerzahlen-2013-deutschland/*). Und längst ist es nicht mehr nur die sehr junge Zielgruppe, die Facebook nutzt. Wobei der Dienst in jüngster Zeit auch Federn lassen muss und teilweise Marktanteile an andere Netzwerke verliert (*www.socialmediastatistik.de/nutzung-von-social-networks-in-deutschland/*). Bei Twitter schwanken die Angaben hier zu Lande, je nach Betrachtungsweise, zwischen drei und fünf Millionen mehr oder weniger aktiven Nutzern. Das deutsche Business-Netzwerk Xing erreichte Ende 2012 nach eigenen Angaben die 6-Millionen-Mitglieder-Marke (gesammelt für Deutschland, Österreich und die Schweiz).

Das sind durchaus eindrucksvolle Zahlen. Zum Vergleich: Früher hieß es als Geschäftsinhaber, man müsse in Blättern wie den „Gelben Seiten" vertreten sein. Facebook hat deren (gedruckte) Gesamtauflage nun beinahe erreicht, zumindest wenn man einigen der durchaus schwankenden Reichweitenangaben des gelben Verzeichnisses Glauben schenkt. Wobei man nicht vergessen darf, dass nicht gerade wenige Nutzer der sozialen Netzwerke bis zu mehreren Stunden täglich in diesen verweilen, statt nur einmal schnell nach einer Firmenadresse zu recherchieren. Online-Vermarkter bekommen da schnell leuchtende Augen. Längst sind Facebook & Co. in den Blickpunkt der werbenden Industrie gerückt. Große Unternehmen sind schon seit Jahren in den wichtigsten sozialen Netzwerken vertreten. Doch mittlerweile entdecken auch die kleinen und mittelständischen Unternehmen (KMUs) bis hin zum „kleinen“ Selbstständigen um die Ecke, dass in den Netzwerken neue Kunden lauern. Wenn man diese denn nur richtig anspricht, und genau darum wird es in diesem Kapitel gehen. Damit kommt man zu der zweiten, weit greifbareren Dimension des Social-Media-Hypes. Die Interaktion mit Kunden und Interessenten ermöglicht den Aufbau von Beziehungen, wie sie zuvor kaum jemals möglich waren – es sei denn, in sehr persönlichen Branchen mit stets direktem Kundenkontakt. Diese Interaktion ist demokratisch, wenn man das als Unternehmer zulässt, und genau hierdurch so wirkungsvoll. Die Nutzer können selbst sehr großen, anonymisierten oder regional entfernten Firmen öffentlich die Meinung sagen, und sich untereinander eben hierüber austauschen. Das ist neu, weckt auf Seiten der Inhaber zahlreiche Ängste, birgt aber bei genauerem Hinsehen umso mehr Chancen.

Social Media ist Empfehlungsmarketing in Reinkultur. Man vertraut seinen Freunden und Bekannten mehr, als der Hochglanzbroschüre aus dem Reisebüro oder dem Qualitätsversprechen des mittelständischen Metzgerbetriebes. Zumal unter anderem die Mechanismen des Web 2.0 heutzutage vieles transparenter machen, auch das Geschäftsgebaren und die Produktqualität von Unternehmen. Niemand kann sich mehr hinter einer trügerischen Werbefassade verstecken. Schaffen Sie es hingegen, über die sozialen Netzwerke relevante, hochwertige, möglichst nicht-werbliche Inhalte zu verbreiten, die dem Empfänger in irgendeiner Form nutzen, dann wird man genau hierüber sprechen. Oder besser gesagt: Den „Gefällt mir“-Button und, je nach sozialem Netzwerk, Ähnliches mehr drücken. Besser als über eben diese Bezeichnung „Gefällt mir“ lässt sich eine Empfehlung eigentlich gar nicht aussprechen. Zumal eine solche Interaktion von jedem anderen Nutzer kommentiert werden kann. Vielleicht liegt genau in dieser einfachen Sprache beziehungsweise in diesem einfachen Prinzip eines der Erfolgsrezepte von Facebook begründet. Die Nutzer lieben es, diesen „Gefällt-mir“-Knopf zu drücken. Aber eben auch ihren Unmut kundzutun. Es verleiht ihnen eine neue, bis dahin unbekannte Macht. Wurden früher nur Stars und Sternchen, Produkttester oder Meinungsforscher in aller Öffentlichkeit zu einzelnen Produkten und Dienstleistungen befragt, so kann heutzutage jeder einem breiten Publikum gegenüber kundtun: „Seht her, ich mag diese Firma und deren Angebote, oder ich mag sie nicht“ – und das ohne größeren Aufwand, ohne Kosten.

Aber nicht nur unseren Freunden und Bekannten vertrauen wir. Eine Facebook-Seite mit vielen „likes“ oder ein Twitter-Profil mit vielen Followern genießt fast schon automatisch einen gewissen Vertrauensbonus. Man kennt das Prinzip auch vom E-Shopping Branchenprimus Amazon, mit seinen Funktionen wie *„Kunden, die diesen Artikel gekauft/angeschaut haben, haben auch gekauft/angeschaut: ...“*. Das Netz macht jegliche Interessen transparent, eine ideale Spielwiese für Marketingkonzepte der Zukunft. Das bedeutet jedoch auch: Unternehmensbotschaften müssen sich den neuen Gegebenheiten unterordnen. Dialog statt Monolog ist das Gebot der Stunde. Der Kunde gibt sich nicht mehr damit zufrieden, eine Produktbroschüre in die Hand gedrückt zu bekommen, und die Wahrheiten des Unternehmens unreflektiert akzeptieren zu müssen. Anders formuliert: Es hilft nicht mehr nur, gut über sich zu schreiben. Man muss auch wirklich gut sein und agieren, damit andere dies als Botschaft weitertragen.

Die dritte Dimension: Richtig eingesetzt und richtig gepflegt ermöglichen Social-Media-Profile eine sehr zielgerichtete Kunden- oder Interessentenansprache. Also eine Kommunikation mit nur sehr wenigen Streuverlusten, die selbst in absoluten Nischenbereichen ihre Abnehmer finden kann. Auch hier funktioniert also der „Long Tail“, den Sie bereits aus dem SEO-Teil kennen (siehe Abschnitt 1.5.1). Früher blieb vielen Unternehmen meist nur die Printanzeige, um auf sich aufmerksam zu machen – egal, ob diese in der lokalen Tageszeitung oder aber im mehr oder weniger fokussierten Fachmagazin geschaltet wurde: Sie erreichte in der Regel nur einen Bruchteil der Leserschaft, war aber dennoch teuer. Denn bezahlen musste man die komplette Reichweite. Und den Erfolg konnte man nicht wirklich bemessen. Die Kommunikation in den sozialen Netzwerken ist nicht für umsonst zu haben, das darf man nicht unterschätzen. Und ich spreche hierbei nicht von den bezahlten, nach diversen Kriterien segmentierbaren Werbeplätzen, wie sie von Facebook und anderen Netzwerken mittlerweile angeboten werden. Inhalte zu erstellen, die beim potenziellen Leser ankommen, das kostet Zeit und damit Geld. Und dennoch kann man meist relativ genau vorhersagen, welche Adressaten in welcher Menge und mit welchen Interessen angesprochen werden.

Auf Unternehmerseite hinterlassen all diese Aspekte viele Fragezeichen. Aus meinem Arbeitsalltag heraus weiß ich, dass nicht gerade wenige Unternehmer aber auch Marketingverantwortliche verunsichert sind:

- Welches soziale Netzwerk passt zu meiner Zielgruppe, aber auch zu mir als Unternehmen/Unternehmer?
- „Muss" ich auf Facebook/Twitter/Google+... präsent sein? Was verliere ich, wenn nicht? Nehmen mir dies meine Kunden/potenziellen Kunden „übel"? In welchem Netzwerk kann ich in meiner persönlichen Situation/mit meinen Angeboten/in meiner Branche überhaupt neue Kunden gewinnen? Oder geht es gar nicht um die direkte Kundengewinnung, sondern mehr um Wahrnehmung, Öffentlichkeitsarbeit, Online-Renommee und Markenbildung? Welche zuvor unabsehbaren Auswirkungen kann die öffentliche Kommunikation haben?
- Was kommuniziere ich in welchem Netzwerk, und was besser nicht? Wie ist der „Verhaltenskodex" bei welchem Anbieter? Welche Sprache wird dort jeweils gesprochen?
- Wie aktiv muss ich sein, wie viel Zeit muss ich also pro Netzwerk aufbringen, um auch wirklich wahrgenommen zu werden?
- Reicht es, dort meine normalen Beiträge aus dem Onlineportal/dem Corporate Blog zu „posten", oder muss ich individuelle Inhalte je Netzwerk erarbeiten?
- Wie interagiere ich dort geschickterweise mit welcher Art von Nutzern, wie reagiere ich auf welche Anfragen?
- Wie gehe ich mit Kritik auf den Social-Media-Seiten meines Unternehmens um, welche Risiken drohen generell? Was sind die rechtlichen Rahmenbedingungen?
- Muss ich sehr offen und onlineaffin sein, um Social-Media-Kanäle nutzen zu können? Was ist, wenn ich die dortige (junge) Ansprache nicht beherrsche? Was gar, wenn ich persönlich Facebook & Co. nicht nutze/nicht mag? Kann ich dennoch ich selbst bleiben, oder muss ich mich „verbiegen"?

In einigen dieser Fragestellungen werden Sie sich durchaus wiedererkennen. Und keine Angst: Ich kenne nicht wenige Unternehmer oder sonstige Unternehmensverantwortliche, von denen man, etwa von der Branche her, eine Social-Media-Affinität durchaus erwartet, die aber dennoch mit solchen oder ähnlichen Unsicherheiten zu kämpfen haben. So fragte mich erst jüngst eine gute Marketingkollegin im Bücher-/Autorenumfeld:

Ein Großteil meiner Autoren-Klienten ist weder „Technikfreak" noch extrovertiert – Google+ und Facebook entfallen da eher, oder? Was ist der Rat für Introvertierte, die mit ihren eigenen Stärken authentisch bleiben wollen? Ich habe gelesen, dass sie dorthin gehen sollen, wo die Kundschaft sitzt... was bedeutet das für meine Autoren?

Sie als Leser dieses Buches sind also keineswegs alleine mit Ihren vielen Fragezeichen. Hinzu kommt, dass sich leider selbst einige Social-Media-Berater die angedeuteten Fragen nicht wirklich stellen, wenn sie mit ihren Kunden arbeiten. Nach der Lektüre der folgenden Seiten wird sich der „Dschungel" deutlich gelichtet haben.

Ein kleines erstes ABC für Neulinge in der Welt der sozialen Medien, das Ihnen durch die nachfolgenden Abschnitte helfen soll:

Eine Nachricht in den sozialen Netzwerken bezeichnet man neudeutsch oft als *Post* oder *Posting*. Das entsprechende Verb ist *posten*. Nutzer der Netzwerke, die Ihrer Kommunikation dort folgen, nennt man *Fans*: Hauptsächlich – aber nicht nur – bei Facebook. Bei Twitter sind es *Follower*. Die Nachrichten dort sind *Tweets*. Leitet man die Nachricht eines anderen Twitterers an seine eigenen Kontakte weiter, spricht man von einem *Retweet*. Generell kann man Inhalte der Netzwerke teilen, auch als *Sharen* bezeichnet (eine solche Empfehlung ist dann ein *Share*). Leser können in den sozialen Medien markieren, welche Inhalte ihnen gefallen. Das ist dann ein *Like* (auf Deutsch: Ein *Gefällt mir*).

An die Anglizismen im Umgang mit sozialen Netzwerken muss man sich wohl oder übel gewöhnen. Noch ein kleiner Hinweis: Ich werde in diesem Buch nicht immer mit dem für das jeweilige Netzwerk korrekten Begriffen arbeiten, sondern diese untereinander abwechseln. Ganz einfach aus dem Grund, um nicht über mehrere Seiten hinweg ständig dieselben Begriffe nutzen zu müssen. ■

3.1.1 Motivation für die Firmen und deren Kunden

Sie haben sich noch keine Gedanken darüber gemacht, welche Ziele Ihre Social-Media-Aktivitäten überhaupt verfolgen sollen? Das muss Ihnen nicht unangenehm sein, zu Beginn geht es den meisten Unternehmern so. Man will möglichst schnell starten und merkt erst später, dass eine konkrete Zielsetzung nicht schaden kann. Je früher man sich damit auseinandersetzt, umso besser natürlich. Von daher möchte ich einige mögliche Ziele gleich zu Beginn vorstellen.

Ihre Motivation können **weiche Faktoren** sein, wie etwa:

- Sie erhoffen sich positive Impulse für die Markenbildung und das Branding
- Die Kundenbindung soll gestärkt werden
- Der Aufbau einer (Online) Reputation
- Sie möchten die Innovationsführerschaft gegenüber Ihren wichtigsten Mitbewerbern übernehmen
- Die Aktivitäten dienen der Markt- und Produktforschung/der Wettbewerbsanalyse
- Sie wollen Meinungsführer und Meinungen evaluieren, ebenso Multiplikatoren, Influencer, Schlüsselnutzer, Fürsprecher aber auch Gegner; Sie möchten Trends aufdecken (auf Ihr Geschäftsmodell bezogen, aber auch allgemeiner Art)

Harte Faktoren sind hingegen:

- Umsatzsteigerung
- Neue Fans, Follower, „Gefällt mir“ ...
- Leadgenerierung, Kundenkontakte, Werbe-Impressionen
- Gewinnung von Neukunden, Pressekontakten, Kooperationspartnern, Lieferanten, Mitarbeitern ...
- SEO

Gerade, wenn Sie ein bestimmtes soziales Netzwerk neu bedienen möchten und hierbei noch unsicher sind, so gilt: Zunächst reicht das passive Beobachten aus, um einige der genannten Ziele initial zu erreichen. Anschließend können Sie sich dann an die eigene Kommunikation heranwagen. Damit kommen Sie zwar langsamer voran, ersparen sich jedoch gegebenenfalls einige böse Überraschungen. Denn die Fehler der Mitbewerber muss man ja nicht unbedingt wiederholen.

Spricht man über Ziele, so sollte man sich gleichzeitig vergegenwärtigen, welche Motivation die Social-Media-Nutzer antreibt. Nur wenn Ihre unternehmerischen Ziele bei der Social-Media-Kommunikation möglichst mit denen der Leser/Empfänger übereinstimmen, so werden die Bemühungen von Erfolg gekrönt sein. Schauen wir uns also die wichtigsten Bedürfnisse der Mitglieder sozialer Netzwerke an, und wie diese gegebenenfalls genutzt werden können.

Ziele/Motivation	Zugehörige Unternehmenskommunikation
Sich mit anderen Nutzern unterhalten, durch Inhalte unterhalten werden	Über Beiträge Fragen aufwerfen/um Feedback bitten, Leserkommentare beantworten (auch pro-aktiv, d. h., wenn keine explizite Antwort gefordert wurde); humorige, kuriose, interaktive, multimediale, kontroverse, emotionale Beiträge; Möglichkeiten zur direkten Kontaktaufnahme mit einem Mitarbeiter bieten; ggf. Applikationen in Facebook, wie Spiele und Ähnliches bereitstellen (siehe auch Bild 4.4, S. 314)
Hilfestellung oder Feedback zu einem bestimmten Problem erhalten, sich informieren	Ratgeberbeiträge, Artikelserien, Schritt-für-Schritt-Anleitungen, bebilderte Hilfestellungen, Videos und Podcasts; Ratsuchende Kommentare evaluieren und ausführlich beantworten; erweiterte Produktdarstellungen mit nicht-werblichem Fokus (technische Details, Inhaltsangaben etc.)
Produkttests, Bewertungen, Kauftipps, Kritik	Berichte über Tests durch neutrale, externe Instanzen. Diese sollten idealerweise nicht nur rein positive Aspekte enthalten und wirken hierdurch umso authentischer. Weiterhin: Produktbewertungen und -hinweise durch Leser forcieren, etwa über Gratisproben, Produkt-Gewinnspiele und Ähnliches; exklusive Produktinformationen und -angebote speziell für die sozialen Netzwerke
Sich selbst darstellen, über eigene Texte, Fotos und Videos	Wettbewerbe, bei denen die Nutzer entsprechende Materialien einreichen können. Diese werden dann im Social-Media-Account des Unternehmens präsentiert und/oder prämiert. Aufrufe zur Mitgestaltung von Produktdesigns und Ähnlichem mehr. Ebenso: Aufrufe, seine Meinung zu bestimmten Themen kundzutun. Home Stories mit ausgewählten Kunden und Interessenten.

Ziele/Motivation	Zugehörige Unternehmenskommunikation
Sich öffentlich beteiligen und einbringen	Zu Gastbeiträgen aufrufen, etwa im Corporate Blog. Kontroverse Diskussionen anstoßen, etwa zu ethischen Fragen rund um die Herstellung eines Produkts; soziale Aktionen über Social-Media-Kanäle initiieren, an denen sich die Nutzer beteiligen können
Neue Kontakte kennen lernen	Botschaften von externen Personen einbinden: etwa Prominente, welche die Kollektion/Produkte persönlich vorstellen; Einblick in das Unternehmen und zu seinen Mitarbeitern gewähren; geeignete, für die Zielgruppe interessante Mitarbeiter selbst posten lassen, ggf. über einen eigenen persönlichen Account (im Namen des Unternehmens)

Die Tabelle dient nur als erster Überblick, welche Interessen es zu berücksichtigen gilt. Weiterführende konkrete Möglichkeiten sind in Kapitel 4 nachzulesen. Weiterhin hängen die Zielstellungen Ihrer Kunden und Leser immer auch davon ab, wie vertraut oder eben nicht vertraut diese im Umgang mit den neuen Medien sind. Man spricht in diesem Fall etwas pauschalisierend von Digital Natives oder Digital Immigrants. Wobei die Grenzen zwischen den Gruppen zunehmend aufweichen.

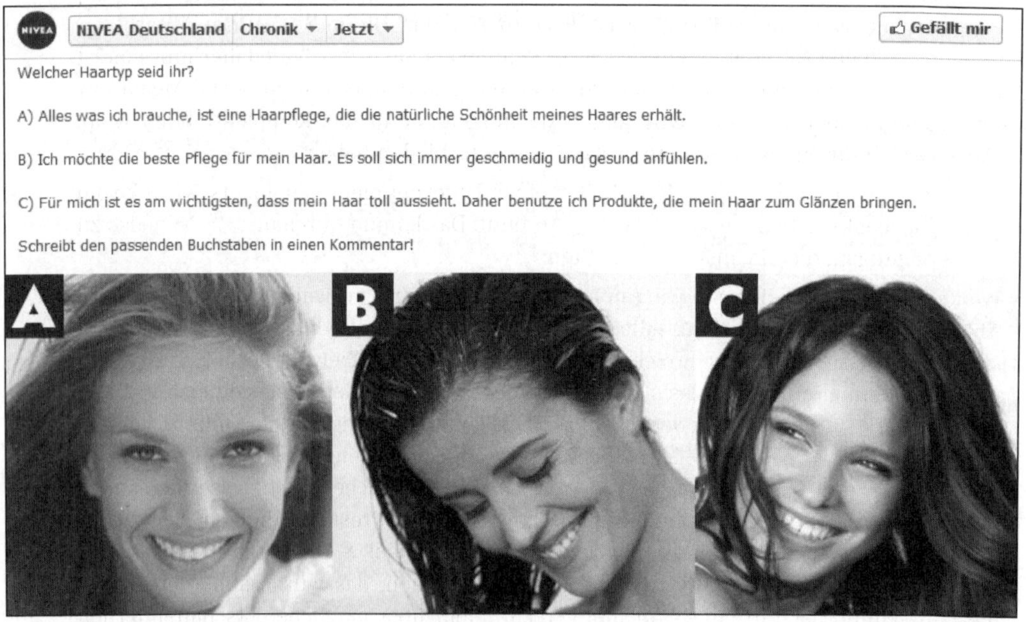

Bild 3.1 Manchmal reichen ganz einfache Mittel aus, um den Leser zu unterhalten. Dieser Beitrag bei Facebook sorgte für nahezu 300 Kommentare.

HINWEIS: Warten Sie nicht zu lange mit dem Einstieg in die Welt der sozialen Netzwerke. Je früher man einen zugehörigen Account aufbaut, umso besser ist dies für die wichtigsten Social-Media-Kennzahlen (siehe Abschnitt 3.7). Wenn Sie zunächst rein passiv vorgehen oder bestimmte Anbieter nicht nutzen wollen:

Denken Sie dennoch daran, sich gegebenenfalls Ihren Firmen- und/oder Produktnamen als Nutzername zu sichern, bevor andere dies tun (jeweilige Nutzungsbedingungen der einzelnen Netzwerke beachten). Ähnlich wie bei den Domains gilt auch hier: Nichts ist ärgerlicher, als wenn der eigene Name bereits vergeben ist. Selbst wenn Sie diesen in Einzelfällen wieder zurückgewinnen können, so wird dies schnell unangenehm teuer, oder es benötigt sehr viel Zeit. Kaum jemand will mit seiner Social-Media-Kommunikation warten, bis ein passender Nutzername freigekämpft/-gekauft wurde. ■

3.1.2 Vorüberlegungen für die Social-Media-Strategie

Neben der Zielsetzung gibt es einige Vorüberlegungen, mit denen man sich typischerweise auseinandersetzt. Entweder alleine oder noch besser im Team mit den Personen, die später mutmaßlich die Kommunikation in den sozialen Medien mit gestalten oder mit beeinflussen werden. Ich rate Ihnen, das Thema Social Media rechtzeitig im Unternehmen zu verankern. Dazu gehört es auch, die Belegschaft zu motivieren. Die meisten Ihrer Mitarbeiter werden die sozialen Netzwerke bereits besser kennen als Sie selbst. Von daher muss meist gar nicht viel Überzeugungsarbeit geleistet werden. Und dennoch kann Social Media nur dann abteilungsübergreifende Synergieeffekte nutzen, wenn das komplette Team weiß, warum Sie sich für einen Einstieg in das Web 2.0 entschieden haben.

Fatal hingegen ist es, wenn die Mitarbeiter eines Unternehmens gar nichts wissen vom eigenen Facebook-Auftritt oder dem Twitter-Account. Das kommt durchaus vor. Nun also zu den Überlegungen, die Sie anstrengen sollten:

- **Welche Botschaft wollen Sie warum kommunizieren und an wen?**
  Abhängig von Ihrer Zielstellung sollten Sie sich von Anfang an Gedanken darüber machen, welche Social-Media-Stränge welche Botschaften an welche Zielgruppen transportieren sollen. Das klingt einfacher als es ist. Nicht wenige Unternehmen legen „einfach mal los" und wundern sich dann, dass der krude Mix aus Unternehmensinterna, Stellungnahmen des Firmenleiters, Berichten über die letzte Weihnachtsfeier, zweitrangigen Produktschnäppchen und Meldungen über das Wetter bei der jährlichen Fachmesse niemanden interessiert. Auch die bisherigen Kommunikationsstränge (Pressemeldungen, Newsletter-Inhalte und so weiter) einfach nur eins zu eins nach Facebook & Co. zu schieben, das wird nicht funktionieren. Nur hierfür Social Media zu machen, das würde außerdem weder diesem Medium noch Ihrem Geldbeutel gerecht. Mehr über mögliche Botschaften lernen Sie in den nachfolgenden Abschnitten. Oftmals hilft aber ein einfacher Perspektivenwechsel weiter: Welche zusätzlichen Inhalte wünschen sich die Nutzer einzelner sozialer Netzwerke von mir und meinem Unternehmen, die ihnen bislang verwehrt bleiben? Und die auch keinesfalls immer einen direkten Bezug zu meinen Produkten haben müssen, sondern der Zielgruppe anderweitig weiterhelfen, das jeweilige fachliche Thema betreffend?
- **Wie wird Ihr Auftritt in den sozialen Medien wahrgenommen?**
  Bei manchen Unternehmen wird die Social-Media-Kommunikation vorausgesetzt, bei anderen eher neutral zur Kenntnis genommen oder gar kritisch betrachtet („Die wollen ja

nur ihr Image verbessern“). Hinzu kommt, dass Ihr Unternehmen in den sozialen Netzwerken eine andere Wahrnehmung erzielen kann, als in der bisherigen Außendarstellung. Manchmal ist diese positiver, manchmal aber auch negativer. Das gilt es genau zu beobachten.

- **Stehen genügend Ressourcen zur Verfügung?**
  Genau wie SEO lässt sich Social Media nicht einfach so nebenbei erledigen. „Das bisschen Meldungen posten kann doch nicht so schwierig sein“, wer so denkt, hat meist schon verloren. Jeder Social-Media-Kanal erfordert regelmäßig aktualisierte, teils multimediale Inhalte, die erarbeitet werden wollen. Das Ziel der Bemühungen ist es, dass die Nutzer auf diese Inhalte reagieren. Doch dann geht die eigentliche Arbeit erst los. Schließlich wird nicht nur vom Leser, sondern auch von Ihnen eine Interaktion erwartet. Können Sie oder Ihre Mitarbeiter eine solche regelmäßige Interaktion nicht leisten, so müssen interne oder externe Fachkräfte eingestellt werden.
- **Gibt es überhaupt jemanden, der entsprechenden Content bereitstellen kann?**
  Ihre Profile bei den sozialen Netzwerken leben – es war kaum anders zu vermuten – von der Qualität der Texte und sonstiger Bestandteile. Texte, die man möglichst *extra* für diese Medien erstellen und/oder aufbereiten sollte (dazu später mehr). Nur dann werden die Nutzer Ihre Seiten „liken“, dort mit Ihnen interagieren und vieles mehr. Die Contenterstellung für die eigene Webseite, dann für den Firmenblog, für Facebook, Twitter, Google+, Xing, eventuell für YouTube. All dies kann Sie beziehungsweise Ihre Mitarbeiter schnell an ihre Grenzen bringen. Selbst der Social-Media-Manager wird sich oft mehr um die Steuerung sowie die Vermarktung kümmern müssen, als dass er oder sie den ganzen Tag selbst in die Tasten hauen kann. Zudem: Gute, unterstützende, externe Autoren, die sich in Ihrem speziellen Fachgebiet auskennen, finden sich nicht immer auf Knopfdruck.
- **Steht die Unternehmensleitung hinter den Social-Media-Bemühungen?**
  Nicht nur in den Führungsetagen, selbst in Marketingabteilungen begegnet man immer wieder Facebook- oder Twitter-Skeptikern und Ähnlichem. Der Ansatz: „Social Media bringt uns doch eh nichts“, kann nicht fruchten. Auch hier gilt: Ist man als verantwortliche Person nicht gerade ein Freund der neuen Kommunikationsformen, will oder muss man aber dennoch in Social Media investieren, so sollte ein möglichst unabhängiger Fachmann/Fachfrau damit beauftragt werden. Unabhängig heißt dann: Dieser/diese muss alleine schalten und walten können, braucht Ihr vollstes Vertrauen und muss mit entsprechenden Kompetenzen ausgestattet sein. Ziehen Sie sich also zurück, sonst überträgt sich Ihre Skepsis indirekt auf die Strategie in den sozialen Netzwerken. Auch Ihre sonstige Belegschaft darf dann natürlich nicht wissen, wie Sie persönlich denken. Und trotzdem ist es kritisch zu sehen, wenn der Chef/die Chefin nur wenig mit den sozialen Medien anzufangen weiß. Schließlich lernt man durch das Zuhören bei Facebook & Co. mindestens genauso viel, als durch das aktive Veröffentlichen von Inhalten. Passen Sie also auf, dass bei der Beauftragung anderer Personen dieses Zuhören nicht zum Stille-Post-Spiel verkommt.
- **Sind Sie bereit dazu, die Kontrolle über Ihre Inhalte und Botschaften abzugeben?**
  Wie Sie noch erfahren werden, eignen sich die sozialen Medien nicht für akribische Unternehmerpersönlichkeiten, die stets und ständig die Fäden in der Hand halten wollen. Sie können nur sehr bedingt beeinflussen, wie sich die Nutzer in Ihrem Social-Media-Account äußern, oder wie Ihre Inhalte kommentiert, verfremdet, umgeschrieben und wei-

terverbreitet werden. Überlegen Sie genau, für welche unternehmerischen Bereiche Sie hierzu bereit sind, und welche Informationen Tabu bleiben sollten.

- **Wie wird Social Media in die anderen Marketingkanäle integriert?**
  Gerade bei größeren Unternehmen ist meist eine eigene kleine Stabsstelle mit der Social Media- oder auch SEO-Strategie beauftragt. Sorgen Sie dafür, dass sich die „alte“ und die „neue“ Marketingabteilung eng miteinander abstimmen. Laufen Offline- und Online-Kampagnen losgelöst voneinander, so verschenken Sie viel Potenzial. Oder die beiden Kanäle konkurrieren gar intern miteinander. Sie wundern sich über diesen Tipp? Ich habe nicht wenige Unternehmen kennen gelernt, in denen beide Abteilungen oder beide Verantwortlichen eher gegen- statt miteinander gearbeitet haben. Dahinter steckt nicht selten die Angst der Marketing-Spezialisten des alten Schlages, man wolle ihnen irgendetwas „wegnehmen“. Lösen Sie derlei Befürchtungen und Spannungen rechtzeitig auf. Machen Sie allen Beteiligten klar, dass beide Seiten von einer engen Verzahnung profitieren werden. Definieren Sie gegebenenfalls zudem entsprechende disziplin- und abteilungsübergreifende Ziele.
- **Wer legt welche Ziele fest und hat Zugriff auf Social-Media-Ressourcen?**
  Sind die ersten Erfolge in den sozialen Medien einmal da, so werden viele ehemalige Skeptiker plötzlich zu heißen Verfechtern des Mediums. Das heißt aber auch: Vom Vertriebsleiter bis hin zum Produktmanager wird jeder die Social-Media-Abteilung in Beschlag nehmen wollen. Unkoordinierte oder gar doppelte Kommunikation ist die Folge. Zudem hat nicht jeder dieser Auftraggeber ein Gespür dafür, welche Inhalte bei den Empfängern wirklich gefragt sind. Klären Sie dies vorab, und statten Sie den Social-Media-Verantwortlichen mit genügend Macht aus, um derartige Grabenkämpfe verhindern zu können.
- **Wer kümmert sich um periphere Disziplinen?**
  Insbesondere, wenn man sich keine eigene Social-Media-Fachkraft leisten kann oder möchte, so sollte dringend festgelegt werden, wer für Belange wie beispielsweise rechtliche Fragestellungen rund um die Nutzung von sozialen Netzwerken verantwortlich zeichnet. Wollen Sie hierfür (fortlaufend!) sich selbst oder einen Mitarbeiter schulen? Oder mit einer geeigneten Anwaltskanzlei zusammenarbeiten? Blind in die Kommunikation bei Facebook & Co. zu tappen, das kann recht schnell sehr teuer werden. Umgekehrt sollte die verantwortliche Person erkennen können, wenn Ihre eigenen Rechte in den sozialen Medien verletzt werden, etwa, wenn jemand unberechtigt Ihren Markennamen als Twitter-Benutzername einsetzt.
- **Wie können Sie die Social-Media-Angebote selbst bewerben?**
  Social Media ist kein autarker Werbe-Automatismus. Die wichtigsten Adressen (etwa Ihres Twitter-Accounts, Ihrer Facebook-Seite, Ihres Xing-Unternehmensprofils) sollten auf keiner Homepage, in keinem E-Mail-Footer, auf keiner Visitenkarte, auf keinem Messeaufsteller fehlen. Nur so lässt sich eine möglichst breite Nutzerbasis ansprechen, möglichst viele Kontaktkanäle nutzen (liebt der eine Kunde die Kontaktaufnahme über E-Mail, bevorzugt der andere Twitter etc.). Außerdem recherchieren Ihre Kunden und Interessenten keineswegs automatisch nach Ihren Social-Media-Aktivitäten. Gleichzeitig müssen die beworbenen Accounts jedoch bereits über eine gesunde Basis an guten, regelmäßig erweiterten Inhalten verfügen, wenn man auf diesem Wege neue Fans gewinnen möchte. Wer sagt schon zu einem halb verwaisten Onlineauftritt: „Das gefällt mir“, egal wie sehr

er das dahintersteckende Unternehmen schätzt. Und: Wirken Ihre Social-Media-Profile nur wenig hochwertig und professionell, so fällt dies immer auch auf Ihre Firma sowie die Produkte und Mitarbeiter zurück.

Anhand der Fülle dieser Überlegungen wird schnell deutlich, dass Social Media vor allem eines bedeutet: Arbeit. Arbeit, die aber möglichst nicht als solche wahrgenommen werden darf. Social Media muss Spaß machen. Alles andere würden Ihre Fans schnell merken.

HINWEIS: Was die rechtlichen Aspekte anbelangt, so gilt es unter anderem folgende Bereiche zu berücksichtigen:

- Anbieterkennzeichnungen und Impressumspflicht: Beides gilt nicht nur für Ihr Onlineportal, sondern ebenso für kommerzielle Auftritte in den sozialen Netzwerken. Für genauere Hinweise zur Einrichtung, siehe beispielsweise *www.edelmann-interactive.com/social-media-impressumspflicht/*, wobei stets aktuelle Entwicklungen zu berücksichtigen sind. Hier sollten Sie Ihren Rechtsberater mit einbinden.
- Das Wettbewerbsrecht (mehr unter *www.e-recht24.de/wettbewerbsrecht.html*).
- Urheberrechte (Bildverwendungen etc.) sowie Namensrechte, etwa bei der Benennung von Social-Media-Accounts (siehe hierzu *www.ratgeberrecht.eu/wettbewerbsrecht-aktuell/abmahnfalle-facebook.html*)
- Haftungsfragen für einzelne Inhalte, Verlinkungen, Äußerungen von Nutzern/Lesern etc.
- Gegebenenfalls das Arbeitsrecht, bezüglich der Nutzung von Social Media durch Ihre Mitarbeiter.

Da vergleichbare Fragen an dieser Stelle nur sehr oberflächlich behandelt werden könnten, möchte ich Ihnen die Bücher *Social Media Marketing und Recht* (O'Reilly, ISBN 978-3-86899-142-0) sowie *Online-Marketing und Recht* (mitp, ISBN 978-3-8266-5895-2) empfehlen. Der Autor des zweiten Ratgebers, Dr. Martin Schirmbacher, gibt viele hilfreiche Tipps übrigens auch über seinen Blog *www.online-marketing-recht.de* weiter.

3.2 Von SEO zu Social Media

Was war eigentlich die Intention, in diesem Ratgeber beide Themen zu beleuchten? Die Suchmaschinenoptimierung *und* die Kommunikation in den sozialen Netzwerken? Es ist relativ einfach. SEO ist heutzutage ohne Social Media kaum mehr denkbar. Noch ist nicht ganz klar, wie die Wechselwirkungen zwischen Aktivitäten in den einzelnen sozialen Netzwerken und dem Ranking bei Google und anderen Suchmaschinen im Detail aussehen. Dafür sind die Netzwerke zu unterschiedlich, und dafür gibt es in letzter Zeit zu häufig technische Änderungen bei Google, Bing & Co (siehe zu den Hintergründen beispielsweise den Beitrag unter *www.blogprofis.de/buch/socialsignals* sowie die anschließende recht spannende Kommentardiskussion). Klar ist jedoch, dass es eine solche Wechselwirkung gibt. Ob nun über direkte oder indirekte Effekte. Und, dass diese eine zunehmend wichtigere Rolle für den Erfolg von Unternehmenswebseiten spielt. Zahlreiche Analysen bestätigen dies, wobei nicht selten recht unterschiedliche Ergebnisse kommuniziert werden. Als Beispiel dafür, wie solche Analysen aussehen können, dienen etwa:

- *www.svenplaggemeier.de/1086/viele-follower-bei-google-verbessern-suchmaschinenranking/*
- *www.seo-united.de/blog/seo/google-rankingfaktoren-2012.htm* oder auch
- *www.searchmetrics.com/de/services/whitepaper/seo-ranking-faktoren-deutschland/*

Anhand der teilweisen Widersprüche lässt sich schnell ablesen, dass solche Untersuchungen niemals die ganze Wahrheit abbilden. Soziale Rankingfaktoren (man spricht in diesem Zusammenhang von *Social Signals*) können beispielsweise sein:

- Weiterempfehlungen und Likes bei Facebook
- Tweets und Retweets bei Twitter
- Google+-Klicks und Google+-Weiterempfehlungen bzw. das dortige Nutzen der „Teilen"-Funktion
- Aber auch die jeweilige Fan-/Follower-Anzahl in den einzelnen Netzwerken

Wirksam sind also nicht nur die Links, die in den sozialen Medien von den Nutzern veröffentlicht und generiert werden (wobei insbesondere deren Einflussgrad in der SEO-Szene umstritten ist). Sondern auch periphere Faktoren, die man dem Faktor zurechnen kann, wie gut ein Unternehmen innerhalb der Social-Media-Gemeinde vernetzt ist. Nicht nur die großen drei sozialen Netzwerke spielen eine Rolle als SEO-Faktor. Bei den kleineren Anbietern ist jedoch noch deutlich schwerer nachzuweisen, wie groß der positive Effekt tatsächlich ausfällt. Etwas pauschal formuliert kann man sagen: Durchdachte Social-Media-Aktivitäten nutzen nicht nur dem dort stattfindenden Marketing, sondern auch Ihrem Hauptportal. Wie sehr, das lässt sich schwer sagen. Klar ist hingegen, dass Sie mit einem Auftritt in den diversen Netzwerken in Ihre eigene Zukunft investieren.

Was heißt nun „durchdachte" Aktivitäten? Und wie erreicht man sie, die Social Signals und die Verlinkungen durch die Nutzer? Der Dreh- und Angelpunkt sind auch hier wieder gute Inhalte. Und spätestens an dieser Stelle schließt sich der Kreis zur Suchmaschinenoptimierung. Hierzu werden Sie noch mehr in den nachfolgenden Abschnitten erfahren.

Zunehmend werden auch Wechselwirkungen zwischen den einzelnen Netzwerken registriert. Ein Beispiel: Verknüpft man seinen Auftritt bei Google+ etwa mit Facebook, Twitter oder YouTube (erreicht werden kann dies unter *http://profiles.google.com/connectedaccounts*), so haben die Google-fremden Likes und andere Empfehlungen teilweise Auswirkungen auf das Ranking der angezeigten Suchergebnisse. Nicht nur die Google-eigenen „Plusse" sorgen dann für einen positiven Effekt (siehe Abschnitt 4.2). Dieser Trend wird sich weiter fortsetzen, teilweise auch ohne dass der Nutzer dies immer nachvollziehen oder steuern kann.

Ein weiteres Beispiel für den Einfluss sozialer Signale, in diesem Fall außerhalb der Suchmaschinen: Bei Amazon USA ist es möglich, den dortigen Nutzeraccount mit Facebook und Twitter zu verknüpfen. Stöbert man nach Büchern oder sonstigen Produkten, so sieht man, was die eigenen Social-Media-Kontakte gekauft haben und empfehlen (im deutschsprachigen Raum ist diese Funktion noch nicht komplett verfügbar). Die zunehmende Vernetzung ist nicht aufzuhalten. Marketer, egal welcher Branche, sollten sich schon einmal hierauf einstellen. In naher Zukunft gewinnt dann der, der die meisten Likes etc. für seine Produkte nachweisen kann. Je früher man damit beginnt, diese zu sammeln, umso besser die Ausgangsposition.

HINWEIS: Bei all den positiven Auswirkungen für Ihre SEO darf eines nicht vergessen werden: Erwähnungen und Verweise in sozialen Netzwerken sorgen in erster Linie einmal für zusätzlichen Traffic auf Ihrer Webseite. Sie erweitern also teilweise sehr deutlich die Reichweite. Ein entsprechender, sich viral verbreitender Beitrag – egal ob von Ihnen oder einem anderen Nutzer/Portal initiiert, kann für ordentliche Spitzen im Besucherstrom sorgen. Das stärkt den Wert Ihres Online-Portals, sorgt natürlich aber auch für viele potenzielle Kunden, Newsletter-Abonnenten und so weiter. Der Erfolg dieser Dimension kann zudem recht genau bemessen werden (siehe Abschnitt 1.7.2).

3.3 Was kann Social Media leisten, und was nicht?

Ohne allzu sehr vorweggreifen zu wollen, möchte ich Ihnen gerne schon einmal darlegen, was Social Media „kann“, und was eher nicht. Natürlich gibt es hierbei durchaus Unterschiede, je nachdem, in welcher Branche Sie sich bewegen, und wie Ihre Zielgruppen aussehen. Was ein Onlineverantwortlicher A als erfolgreiche Social-Media-Kampagne präsentiert, das muss bei Kollegen B noch längst nicht funktionieren. Sie ahnen es schon: Ähnlich wie beim Thema SEO bedeutet Social Media vor allem eines: Vorsichtiges, da in seinen Ergebnissen unmittelbar öffentlich sichtbares, Ausprobieren. Ein paar generelle Ansätze hinsichtlich der Frage „Was funktioniert und was nicht?“ lassen sich in den folgenden Abschnitten dennoch skizzieren. Sie sollen mit zwei großen Vorurteilen aufräumen, die hinsichtlich der Nutzung von sozialen Netzwerken als Marketing-Kanal leider nach wie vor weit verbreitet scheinen (woran so manche selbsternannte „Experten“ auf diesem Gebiet nicht ganz unschuldig sind):

a) Das erste Vorurteil: Social Media ist eine Art Heilsbringer, das müden Geschäften bzw. Geschäftsmodellen quasi von alleine wieder Beine macht, und diese in die Neuzeit katapultiert.

b) Das zweite, gegenläufige Vorurteil: Social Media bringt in bestimmten Branchen einfach nichts, verbrennt nur Geld und spricht grundsätzlich nicht-relevante Zielgruppen an.

Die erste dieser beiden Thesen liest man in so manchem bunt blinkenden Newsletter von Dienstleistern, die für wenig Geld den ganz großen Erfolg in den sozialen Netzwerken unterschiedlichster Art versprechen. Die zweite Meinung hört man in der Regel auf Netzwerk-Treffen von Branchen, die traditionell eher weniger mit den so genannten neuen Medien am Hut haben. Wer dort von sich behauptet, Social-Media-Ansätze seien für sein Unternehmen generell gescheitert, der ist das Thema höchstwahrscheinlich falsch angegangen, hat nicht genügend Ausdauer aufgebracht, oder seine Erwartungshaltung ist nicht realistisch. Es ist mir wichtig, Ihnen zu vermitteln, dass beide geschilderten Vorurteile in der Regel nicht zutreffend sind.

3.3.1 Social Media zur Vertriebs- und Marketing-Unterstützung

Vertriebsbemühungen und die Nutzung von Social-Media-Kanälen können sich prima ergänzen. Wenn, ja wenn man eines berücksichtigt: Es darf niemals eine plumpe im Sinne von rein werbliche Kommunikation erfolgen. Die Nutzer der sozialen Medien erwarten stets in irgendeiner Form einen Mehrwert. Von daher gelten sehr ähnliche Mechanismen, wie ich sie bereits im Abschnitt 1.4.2 „Qualitäts-Content" erläutert habe. Erschwerend kommt hinzu: Ist für die Nutzer kein Mehrwert erkennbar, so droht im besten Fall das Ignorieren der Botschaft als Strafe durch die Nutzer. Im schlimmsten Fall aber auch ein Shitstorm (mehr hierzu in Abschnitt 2.1.3). Ein Social-Media-Erfolg für Ihre Produktkommunikation stellt sich also meist nur dann ein, wenn Sie diesen gerade nicht erzwingen wollen. Die typische Vertriebler-Ansprache ist denkbar ungeeignet, um sich damit an die Nutzer sozialer Netzwerke zu wenden. Bedenken Sie dies, wenn es darum geht, *wer* in Ihrem Unternehmen soziale Kampagnen ausgestalten und verantworten soll. Oder anders formuliert: Jede gekünstelte, nur auf Gewinnmaximierung ausgerichtete Botschaft wird Ihrem Ansehen in der Social-Media-Gemeinde eher schaden als nützen. Zumindest bei den allermeisten Zielgruppen. Social Media ist kein Ersatz für bunte Postwurfsendungen oder gar Drückerkolonnen. Allzu schnelle Vertriebserfolge kann die dortige Kommunikation also nicht leisten. Zumal hier stets die Nachhaltigkeit einzelner Marketingaktionen und Produktvorstellungen im Vordergrund stehen *muss*: Eine einmal „versemmelte" Kampagne ist unter Umständen dauerhaft in den sozialen Netzwerken nachzuverfolgen und zieht den Spott der Netz-Gemeinschaft auf sich.

Ein bekanntes, anerkanntes Unternehmen mit beliebten Produkten wie beispielsweise Apple wird es in diesem Zusammenhang natürlich um ein Vielfaches leichter haben, Informationen zu lancieren, die der Absatzsteigerung dienen. Wirbt das Unternehmen auf Facebook für sein neustes Smartphone, so ist dies „cool". Macht im gleichen Netzwerk ein kleines, unbekanntes Dienstleistungsunternehmen stets und ständig auf seine Offerten aufmerksam, so wird dies nur noch als „nervig" empfunden. Doch zurück zu konstruktiveren Ansätzen, die quasi für jedes Unternehmen gelten. Der angesprochene Mehrwert, den es zu generieren gilt, kann im Rahmen der sozialen Netzwerke Folgendes bedeuten:

- **Spaß/Unterhaltung:**
  Vor allem Facebook wird genutzt, um darin Spaß zu haben. Diesen Spaß erwartet man meist auch von Unternehmensangeboten (es sei denn, eines der weiteren Mehrwert-Kriterien trifft zu). Das Streuen eines (tatsächlich) lustigen Werbe-Videoclips wird also mehr Erfolg haben, als eine langweilige Produktpräsentation. Die Fotos zur neusten, von anderen Nutzern mitgestalteten oder mit-entschiedenen Samstag-Abend-Ausgehkollektion des

Modeversenders eher ankommen, als die Offerte des Versicherungsmaklers. Spaß ist subjektiv. Als „peinlich“ aufgefasster Spaß gar kontraproduktiv. Von daher sollten Sie solche spaßigen Botschaften idealerweise an der Zielgruppe Ihres Unternehmens und des betreffenden sozialen Netzwerks testen, bevor Sie voreilig auf senden oder posten klicken.

- **Schnäppchenjäger aufgepasst:**
  Ja, leider, möchte man teilweise fast sagen, funktioniert sie in einigen sozialen Netzwerken immer noch recht gut. Die Offerte von Rabatten, Coupons, Sammel- und Cashback-Aktionen aber auch von Gewinnspielen jeglicher Art. „Empfiehl mein Angebot weiter, und du sowie dein Freund erhalten xy“, das läuft nach wie vor. Zumindest in den Netzwerken, wie etwa Facebook, bei denen die Unterhaltsamkeit im Vordergrund steht. Doch ich muss Ihnen sicherlich nicht sagen, dass diese Schnäppchen-Mentalität nicht zu jedem Unternehmen passt oder Ihre Preise kaputt machen kann, und vor allem schnell langweilig wird, wenn man sie zu sehr/zu oft ausreizt. Ich erinnere mich an einen Baumarkt, der gefühlt jeden zweiten Tag „20 Prozent auf alles“ auslobte. Auch über seine Social-Media-Kanäle. Das wird dann schnell als lästig empfunden. Nutzen Sie Rabatte & Co. also sparsam in Ihrer Onlinekommunikation.
- **Der Geheimtipp:**
  Exklusives, einzigartiges und informatives Wissen wird auch in den sozialen Netzwerken gerne gelesen und weiterempfohlen. Ganz nach dem Motto: „Wusstest du schon, dass?“. Vor allen auf Portalen, in denen die Inhalte und deren Qualität im Vordergrund stehen (etwa Twitter oder Google+). Das kann die hilfreiche Bastelanleitung ebenso sein wie der „10-beste-Tipps“-Artikel zu einem bestimmten Thema. Siehe hierzu auch die Praxisbeispiele in Abschnitt 4.8 und Kapitel 5. Nicht werbliche Inhalte, die nur sehr dezent auf einen Anbieter oder ein Produkt verweisen, sind hierbei ganz besonders wichtig. So genannte Infografiken (Beispiele hierzu gibt es unter *http://t3n.de/tag/infografik*) kombinieren diesen Mehrwert übrigens oft mit dem Faktor Spaß/Unterhaltung. Wobei nicht wenige Nutzer mittlerweile ein wenig allergisch reagieren, wenn die vermeintlich interessante Grafik keinerlei inhaltlichen Nutzen bietet.
- **Aktualität:**
  In eine ähnliche Richtung zeigt dieser Mehrwert-Faktor. Berichtet ein Onlinemagazin oder ein Elektronikhändler als Erstes über das neue iPhone oder das neue Samsung-Smartphone, und werden dabei exklusive, bislang unbekannte Fakten genannt, so ist die virale Weiterverbreitung in den sozialen Netzwerken sichergestellt. Als Unternehmen können Sie solche Effekte meist nur nutzen, wenn sie über die eigenen oder die eigenvertriebenen Produkte berichten. Dazu müssen diese erst einmal „sexy“ genug sein, damit die zugehörigen Meldungen in nennenswerten Maßen weiterempfohlen werden. Gegebenenfalls können Sie jedoch auch über spannende Produktnews Ihrer Produkt- und Medienpartner, Lieferanten und so weiter schreiben.
- **Mitmachen gefragt:**
  Interaktionsmöglichkeiten jeglicher Art haben die sozialen Netzwerke so erfolgreich gemacht. Deswegen ist es kaum verwunderlich, dass jene Kampagnen und Kommunikationen besonders gut funktionieren, welche dieses Prinzip gleichsam verlängern. Mitmach-Aktionen in allen Ausprägungen sind bei vielen Nutzern beliebt. Zwei Beispiele: Der Aufruf „Verpack dich neu“ von Activia, bei dem sich die Nutzer kreativ verkleiden sollten, um dann ein Foto von ihrer Verwandlung einzureichen (*www.facebook-kampagnen.com/2011/gewinnspiele/activia-verpack-dich-neu/*). Eher „nach hinten“ los ging hingegen die Aktion

„Mein Pril“ (*www.blogprofis.de/buch/meinpril*). Nutzer sollten den Spülmittel-Flaschen ein neues Design verpassen, diese votierten jedoch für recht unkonventionelle Vorschläge – der Hersteller musste einen peinlichen Rückzieher machen. In einer ähnlichen Kampagne reagierte das Versandhaus Otto mit Humor (*www.blogprofis.de/buch/otto*) und akzeptierte das schräge Votum der Facebook-Fans. Zwei gute kleine Lehrstücke dafür, was bei einer Social-Media-Kampagne alles auf Ihr Unternehmen zukommen kann, und wofür Sie sich im schlimmsten Fall wappnen sollten.

- **Kontroverses:**
  Gerade bei Facebook, aber nicht nur dort, funktioniert alles, was polarisiert, umstrittene Themen anschneidet, für Gesprächsstoff sorgt, Kritiker auf den Plan ruft. Doch diese Strategie ist riskant. Könnte sie nicht nur ein juristisches Nachspiel haben (vorab mit einem Anwalt oder der Rechtsabteilung klären, etwa was das Wettbewerbsrecht anbelangt), sondern die eigenen Kunden eher verärgern, als erfreuen. Ein gutes Beispiel für eine funktionierende virale Kampagne im kontroversen Umfeld ist hingegen das äußerst bekannte YouTube-Video „Dove Evolution“ (einfach diese Kombination bei Google eingeben, und über die hohe Anzahl an Treffern staunen, mehr auch unter *www.blogprofis.de/buch/dove*). Dieses Video dient bis heute als Grundlage für Diskussionen rund um das Thema „makellose Schönheit“ und hat dem Kosmetik-Hersteller einen erstaunlichen Bekanntheitsschub eingebracht. Aufmerksamkeit, aber auch Ärger mit Facebook, handelte sich hingegen Burger King USA ein. Deren Kampagne rief dazu auf, Freunde aus dem eigenen Freundeskreis zu löschen, um hierfür einen Gutschein zu kassieren (*www.website-marketing.ch/1614-burger-king-stoppt-fragwurdige-facebook-kampagne/*).

Gerade das letzte Beispiel zeigt: Der Grat zwischen „frech“ und „riskant“ ist durchaus schmal. Gut ging hingegen die iPhone-Schredder-Aktion eines US-Küchengeräteherstellers aus, zumindest in den USA (siehe *www.blogprofis.de/buch/schredder*). Was beweist, dass selbst Unternehmen mit eher als langweilig geltenden Produkten einiges an Aufmerksamkeit generieren können.

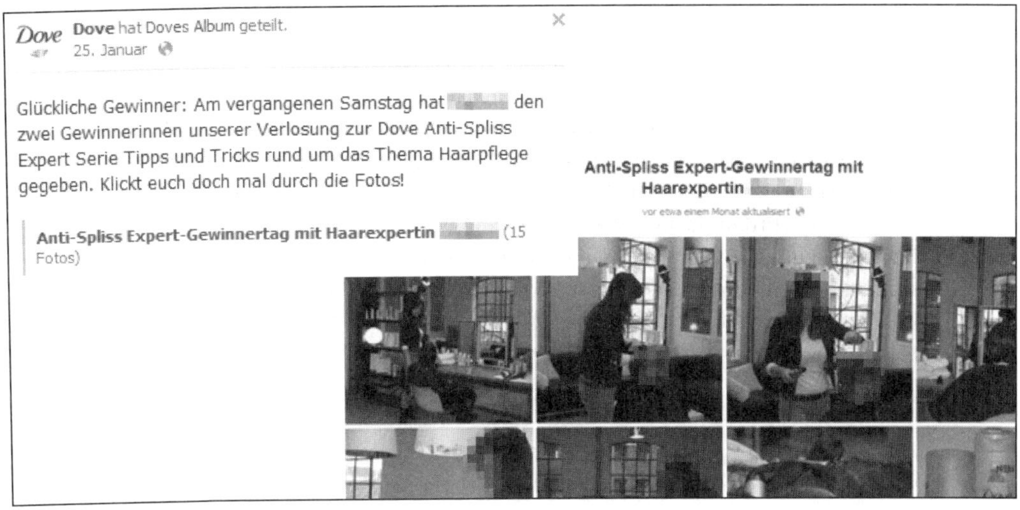

Bild 3.2 Die kreative Mitmach-Aktion einer Körperpflege-Marke: Nutzer können einen Styling-Tag gewinnen. Das Ergebnis wird in Form einer Fotostory gleich wieder auf dem sozialen Netzwerk präsentiert. Ähnliches lässt sich für fast alle Branchen und Produkte/Dienstleistungen umsetzen.

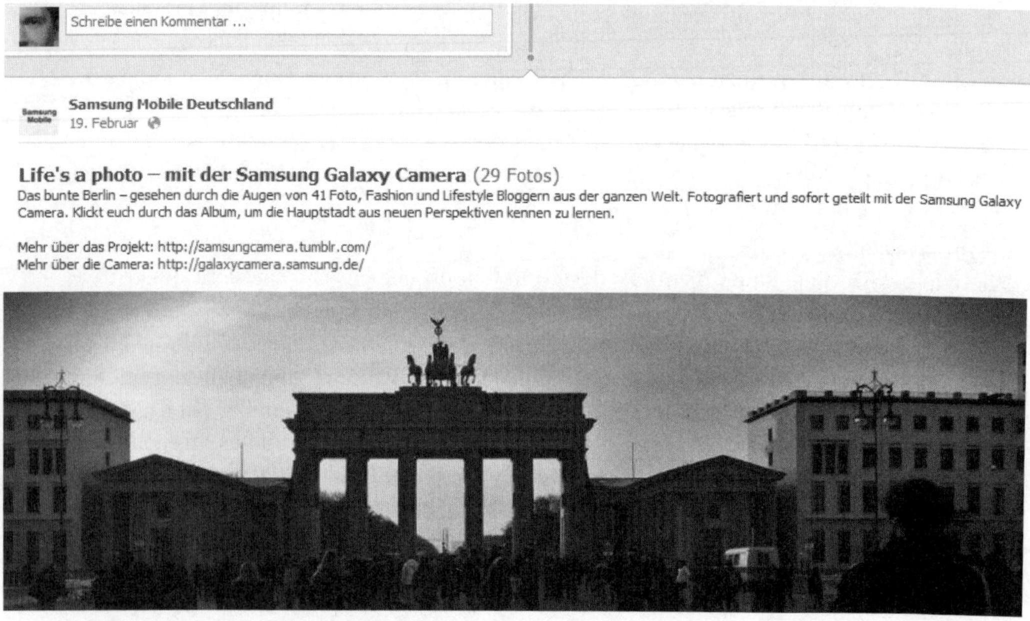

Bild 3.3 Dieser Elektronikhersteller stattet Blogger mit seinen Produkten aus und berichtet im Facebook-Kanal über die Ergebnisse. Die Inhalte werden durch diese schlaue Aktion gleich auch von den teilnehmenden Bloggern mit gestreut: Auf deren Blogportalen sowie über diverse soziale Netzwerke.

Insbesondere Facebook stellt Nutzern und Unternehmen mittlerweile zahlreiche Anwendungen bereit (oft von Drittanbietern entwickelt), mit der interaktive Prozesse wie Mitmach-Kampagnen zusätzlich unterstützt werden (siehe auch Abschnitt 4.1.2). Die Palette reicht hierbei von einfachen Kundenbefragungen auf der eigenen Facebook-Seite, bis hin zu komplexen Verkaufswerkzeugen, Gutschein-Applikationen, Spielen und mehr. Einen Überblick über die verschiedenen Möglichkeiten finden Sie unter *www.facebook.com/appcenter*, dort insbesondere unter dem Punkt „Anwendungen“.

HINWEIS: Vor allem zu den Punkten Schnäppchen/Gewinnspiele sowie bei kontroversen Kampagnen gilt es immer auch die Richtlinien der einzelnen Netzwerke zu beachten. Vielen ist beispielsweise nicht bewusst, dass Facebook seinen (Firmen-) Nutzern ganz genau vorschreibt, wie ein Gewinnspiel auf der Plattform auszusehen hat und wie nicht. Oder, dass bestimmte werbliche Aktionen, etwa in Zusammenhang mit dem Einsammeln von neuen Fans/Followern, bei einzelnen Netzwerken nicht erlaubt sind. Sie sollten sich also stets die Nutzungsbedingungen der Plattformen, die Sie nutzen, ganz genau durchlesen. Die Richtlinien der großen Drei (plus Xing für den deutschsprachigen Raum) sind zu finden unter:

- Für Facebook: *www.facebook.com/policies/* sowie *www.facebook.com/page_guidelines.php* und *www.facebook.com/ad_guidelines.php*
- Für Twitter: *http://twitter.com/tos* und *http://support.twitter.com/articles/18311-the-twitter-rules#*

- Für Google+: *www.blogprofis.de/buch/plus1* sowie *www.blogprofis.de/buch/plus2* und *www.blogprofis.de/buch/plus3*
- Für Xing: *www.xing.com/terms* und *http://groups.xing.com/deutsch/inhalt-soziales/richtlinien/*

■

Nun sind die genannten Beispiele hauptsächlich dem Bereich des Marketings und der Markenbildung zuzurechnen. Einzelne Elemente hieraus können jedoch ebenso auf eher vertriebsorientierte Social-Media-Kommunikationen angewendet werden. Wobei man grundsätzlich zwischen den Bereichen B2C beziehungsweise Konsumgütermarketing und B2B unterscheiden muss. Im B2C-Umfeld erfolgt in der Regel keine direkte aktive Ansprache einzelner Nutzer in den sozialen Netzwerken, da sich dies kaum rechnen würde. Lediglich Kommentare oder Anfragen werden beantwortet. Dort läuft die Anbahnung eher indirekt, über reine Marketingkampagnen. Wobei mit „Marketing" in diesem Fall das Streuen hochwertiger, Mehrwert-behafteter Informationen in den sozialen Netzwerken gemeint ist. Ganz im Sinne der vorherigen Aufzählung und der darin genannten Praxisfälle. Das Ganze kommt einer Art Anbahnungsprozess gleich: Über solche regelmäßig publizierten Mehrwerte versucht man einmalige oder wiederkehrende Besucher zu Facebook-Fans der dortigen Unternehmensseite zu machen, zu einem Plus/Folgen bei Google+ zu bewegen, oder vom Abo des Twitter-Kanals zu überzeugen. Denn dann erhalten diese Nutzer automatisch mehr Informationen über das Unternehmen und seine Social-Media-Aktionen, nutzen die Interaktionsmöglichkeiten, nehmen an Online-Umfragen teil und vieles mehr. Am Ende steht natürlich die Hoffnung, auf diese Weise den überzeugten und lange „gepflegten" Leser irgendwann zum Käufer zu machen, bzw. die Stammkunden unter der Gefolgschaft zu halten/zum Neukauf zu bewegen.

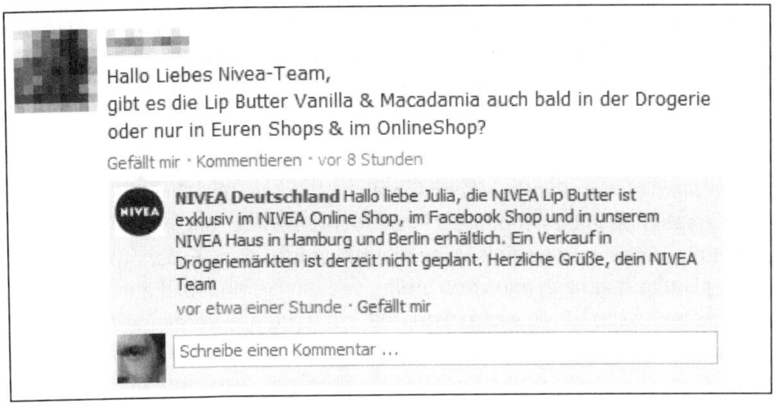

Bild 3.4 Endkunden nutzen die Interaktionsfähigkeiten, wie hier bei Facebook, sehr rege, wenn Ihr Unternehmen sich darauf einlässt (wofür Sie aber auch entsprechende Mitarbeiterkapazitäten bereitstellen müssen). Wie Sie sehen, können andere Nutzer ebenfalls in die Kommunikation mit einsteigen und einen Kommentar abgeben.

Im B2B-Bereich, aber auch bei hochwertigen Konsumgütern, kann man einen Kommentar oder die Frage eines Nutzers auf der Facebook-Seite, bei Twitter etc. oftmals noch eher dazu nutzen, direkt in einen nachgelagerten Kontakt mit der jeweiligen Person zu treten. Dann profitiert der Vertrieb unmittelbar von dem Kommunikationskanal, und nicht nur auf indirekte Weise. Wobei in der Regel ein Medienwechsel von der öffentlichen zur nicht-öffentlichen Kommunikation hin stattfindet, also etwa über die Schritte:

1. Der Nutzer hinterlässt einen für alle sichtbaren Kommentar in einem sozialen Netzwerk.
2. Ein Ansprechpartner des Unternehmens beantwortet diesen Kommentar/die Frage kurz, meldet sich jedoch gleichzeitig ausführlicher und individueller direkt an den Interessenten (über eine private Nachricht in dem sozialen Medium).
3. Gleichzeitig gibt er seine Kontaktdaten weiter/fragt die des Interessenten ab, so dass am Ende ein finaler E-Mail- oder Telefon-Austausch steht.

Die sozialen Medien können also sehr vielschichtig genutzt werden, um in Kontakt mit potenziellen und bereits bestehenden Kunden zu treten. Im weiteren Verlauf werden Sie noch zahlreiche weitere Möglichkeiten und Beispiele kennen lernen. Weiterhin gilt: Nicht wenige Nutzer bei Facebook & Co. fühlen sich einem Unternehmen näher, wenn dieses auf seinen Social-Media-Kanälen auch etwas von sich preisgibt, Fragen und Kommentare fundiert beantwortet, auf Kritik eingeht und Ähnliches mehr. Aus passiven Konsumenten werden dann im besten Fall überzeugte Fans, die sich mittels der sozialen Plattformen über ein Unternehmen und dessen Produkte informieren, aber auch mit dem Unternehmen kommunizieren, und welche diesen Kontakt über Weiterempfehlungen an Freunde und Bekannte weiter streuen.

Insgesamt geht der Trend also weg von der reinen Push- hin zur Pull-Kommunikation, oder anders formuliert, vom Push- zum Pull-Marketing. Gerade im Web 2.0 und in den sozialen Netzwerken. Das bedeutet in diesem Zusammenhang: Es nützt nicht mehr viel, den (potenziellen) Kunden mit bunten Werbebannern und schönen Sprüchen zu bombardieren (Push). Diese alten Werbeformen werden von den sozialen Medien zwar ebenfalls unterstützt, aber sie entsprechen nicht dem Prinzip der Netzwerk-Kommunikation. Das Gegenteil ist also der Fall, und es kommt eine für viele Firmen völlig neue Dimension hinzu: Der Content auf den Unternehmenswebseiten, aber eben auch in den Social-Media-Kanälen, muss so spannend und nützlich gestaltet werden, dass die Nutzer quasi von selbst aktiv werden und in Interaktion mit dem Unternehmen treten (Pull). Das kann zunächst auch nur in Form sehr einfacher Interaktionsschritte, wie der Abgabe eines „Like“, eines „Plus“ oder eines Retweets sein. Diese Dimension erfordert vor allem eines: Offenheit in der Unternehmenskommunikation, nur dann kann Social Media auch das leisten, was Sie sich davon versprechen.

3.3.2 Social Media zur Marktforschung und für das Produktmanagement

Wenn Sie bzw. Ihr Unternehmen über die Social-Media-Kanäle einiges von sich preisgeben, werden Sie auch sehr viele Informationen zurückerhalten. Die Nutzer der sozialen Netzwerke halten in der Regel kaum zurück mit ihrer Meinung über Firmen, Produkte und Dienstleistungen, Marketingaktionen und mehr. Das stellt eine große Chance dar, ist aber auch nicht ganz ungefährlich, wie Bild 3.5 zeigt.

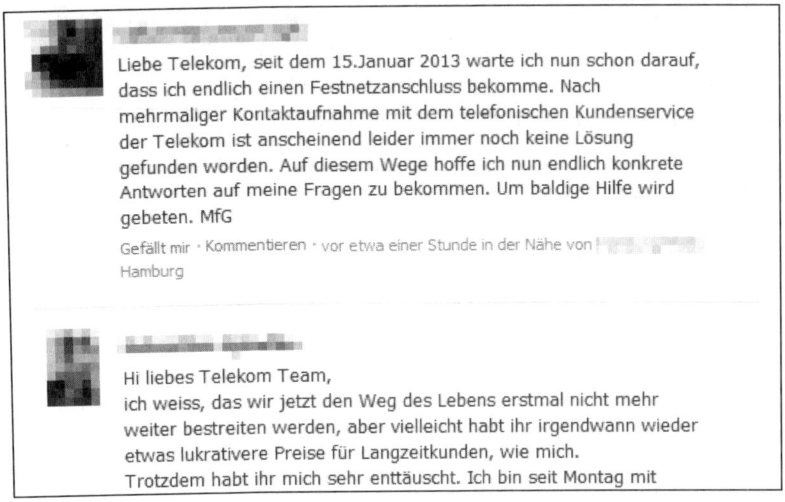

Bild 3.5 Besonders in der Telekommunikationsbranche, aber auch bei Energieversorgern und Finanzdienstleistern, wird der geballte Kundenfrust oft in die Social-Media-Seiten der Anbieter getragen – und das in einer neuen Dimension: Für jedermann öffentlich sichtbar.

Die in diesem Beispiel gezeigte Deutsche Telekom hat gar eine eigene Facebook-Seite für den Kundensupport eingerichtet (siehe *www.facebook.com/telekomhilft*). Eine mutige Entscheidung, wenn man bedenkt, dass das Unternehmen nicht gerade selten mit unzufriedenen Kunden zu kämpfen hat. Jeder kann also nun nachvollziehen, dass er mit seinen Erfahrungen (den Kundenservice betreffend) nicht alleine dasteht. Schafft ein öffentlicher Post im Facebook-Kanal der Telekom tatsächlich Abhilfe bei einem nicht funktionierenden Gerät oder einer Dienstleistung, und teilt der Kunde dies der Welt auch mit, so wird der Frust nach und nach weniger. Häufen sich jedoch die mengenmäßig nicht begrenzbaren Beschwerden, und stehen seitens der Social-Media-Mitarbeiter oder aber im Hintergrund bei der Technik nicht genügend Ressourcen zur Abarbeitung dieser zur Verfügung, dann schadet eine solche Transparenz eher.

PRAXISTIPP: Beobachten Sie doch einmal die Antworten, die von Mitarbeitern der Telekom auf der angesprochenen Facebook-Seite gegeben werden. Davon können Sie viel für Ihre eigene Social-Media-Kommunikation lernen und an die verantwortlichen Mitarbeiter in Ihrem Unternehmen weitergeben: Welche Antworten welcher Art finden Sie hilfreich, und welche weniger? Warum ist dies jeweils der Fall? Wie reagieren die Fragesteller und Kommentatoren auf einzelne Antworten, oder auch nicht? Was von alledem lässt sich auf Ihre Branche und Unternehmenssituation hin adaptieren? Recherchieren Sie zudem ganz gezielt nach weiteren Firmenseiten in diversen sozialen Netzwerken, die eine zu Ihrem Geschäftsmodell passende Zielgruppe ansprechen. Besser und praxisorientierter kann man sich auf die eigene Social-Media-Kommunikation kaum vorbereiten. ■

HINWEIS: Den Kundensupport über Social-Media-Kanäle abzubilden, das gilt als besonders „schick". Ermöglicht es doch eine moderne, transparente Art zu kommunizieren. Doch es kann auch kontraproduktiv sein. Etwa, wenn Sie ein und dieselbe Anfrage zum 1000sten Mal individuell beantworten müssen, und sei es nur durch einen Verweis auf eine bereits andernorts dokumentierte Lösung. Kaum ein Kunde macht sich die Mühe, nach bereits vorhandenen Antworten in den sozialen Netzwerken zu recherchieren (ganz abgesehen davon, dass dies bei einigen Anbietern so gar nicht möglich ist). Da kann ein Online-Support etwa über FAQs in Kombination mit einem Forum beziehungsweise einem persönlichen Kommunikationskanal deutlich effektiver sein. ■

Generell gewährt eine derartige Kundenkommunikation im Web 2.0 tiefe Einblicke, was bei welchen Produkten und Dienstleistungen noch verbessert werden könnte. Aber selbst ganze Produktideen tun sich hier manchmal auf. Die Redseligkeit liegt darin begründet, dass in den sozialen Netzwerken, allen voran in Facebook, oftmals jegliche Berührungsängste fehlen. Was man dem Mitarbeiter am Telefon nicht unbedingt sagen möchte, das lässt sich schnell und unkompliziert „posten". Vor allem, um dieser Äußerung durch die erzeugte Öffentlichkeit noch mehr Gewicht zu verleihen. In den Callcentern dieser Welt fühlen sich die meisten Kunden und potenziellen Kunden längst nicht mehr ernst genommen. Was liegt also näher, als sich zumindest theoretisch vor einem Millionenpublikum zu ärgern oder auch zu freuen? Egal ob die Rückmeldung auf Facebook, Twitter & Co. positiver oder negativer Natur ist: Sie ist Gold wert für Ihr Produktmanagement, Ihre Marktforschung, Ihre Kundenzufriedenheitsanalysen und Ähnliches mehr. Als Inhaber oder sonstiger Unternehmensverantwortlicher sollten Sie stets in allen Social-Media-Kanälen mitlesen. Sie werden dort oft deutlich mehr erfahren, als in jeder Vertriebs- oder Helpdesk-Analyse zu lesen ist. Die Stimmung in den sozialen Netzwerk-Seiten – egal ob es sich um Ihre eigenen oder aber um fremde handelt – fungiert gleichsam als Gradmesser dafür, wie gut oder eben nicht gut es um ein Unternehmen bestellt ist. Mögliche Fragestellungen hierbei sind:

- Welche Meinungen herrschen aktuell zu einzelnen Themen, Produktgruppen, Dienstleistungen, Marken sowie Unternehmen vor?
- Durch welche Social-Media-Kommunikationsmaßnahmen aber auch sonstige Aktionen wird diese Meinung wie beeinflusst?
- Wie werden einzelne Bereiche eines Anbieters/Dienstleisters beurteilt (Kundenservice, Produktqualität, Preisgestaltung, Markenimage, Online- und Offlinekommunikation, soziales und lokales Engagement, Arbeitsbedingungen ...)?
- Wie genau sieht denn die Zielgruppe aus, die sich potenziell für Ihre Produkte bzw. die Produkte eines Mitbewerbers interessiert? Wer davon nutzt welche Angebote bereits in welcher Form?
- Wo in den sozialen Netzwerken „tummeln" sich Ihre Kunden und potenziellen Kunden sonst noch? Was davon könnte Ihnen nutzen oder zur Gefahr werden?
- Welcher Mitbewerber kümmert sich wie intensiv um seinen Social-Media-Auftritt, und welche Erfolge generiert er hieraus mutmaßlich?

So viel zu dem, was Social Media hinsichtlich der Marktforschung etc. in der Theorie leistet. Denn das angesprochene Feedback kann auch trügerisch sein und eben diese Leistung schmälern. Hierfür gibt es mehrere Gründe:

- Bei den Besuchern und Kommentatoren auf Ihrer Facebook-Seite, dem Twitter-Profil etc. handelt es sich nicht immer um einen repräsentativen Durchschnitt. Gerade, wenn die Produkte eines Unternehmens nicht unbedingt die typischen Nutzer eines bestimmten sozialen Netzwerks ansprechen. Dessen sollte man sich stets bewusst sein.
- In manchen Themenfeldern dominieren leider Selbstdarsteller jeglicher Art die Onlinekommunikation in Foren aber auch in sozialen Netzwerken. Lesen Sie sich einmal die Leserkommentare etwa auf Portalen wie „Spiegel Online" durch, und Sie wissen, was ich meine. Da wird gepöbelt, sich beschwert, polemisiert, dramatisiert und vereinfacht, was das Zeug hält. Insbesondere bei jenen Netzwerken, in denen man sich hinter einem Pseudonym verstecken kann. Jedes Unternehmen kann zur Zielscheibe solcher eher weniger qualifizierten Beiträge werden. Im schlimmsten Fall ziehen Social-Media-Kanäle gar so genannte Web-Trolle an (*www.blogprofis.de/buch/trolls*), die nichts anderes als Provokation im Sinn haben. Nicht jede (nachgewiesenermaßen ungerechtfertigte) Kritik dient also als Gradmesser für die allgemeine Kundenzufriedenheit.
- Auch ein vollkommen entgegengesetzter Effekt kann der Fall sein. Nämlich dann, wenn sich in den Social-Profilen hauptsächlich jene Nutzer äußern, die Ihr Unternehmen eh schon als „Fans" gewonnen hat. Ist die Kommunikation dort lieb und nett und rosarot, so können sich andere Kunden durchaus still und heimlich enttäuscht abwenden (enttäuscht von Ihrem Unternehmen oder der Qualität der Beiträge im sozialen Netzwerk, was etwa an der deutlich sinkenden Zahl von Fans und Followern zu beobachten wäre). Oder aber die kritischen Stimmen nutzen Ihre Social-Media-Kanäle erst gar nicht.

Der zuletzt genannte Effekt kann übrigens auch dann eintreten, wenn man auf den sozialen Kanälen hauptsächlich Gewinnspiele, Prämienaktionen und Ähnliches veranstaltet. Diese werden meist von Teilnehmern genutzt, die weniger an Ihren Produkten und Dienstleistungen interessiert sind, sondern an den ausgelobten „Geschenken". Von solchen Teilnehmern darf man dann aber auch kein ehrliches konstruktives Feedback erwarten. Denken Sie daran, bevor Sie eine Social-Media-Aktion der Art starten: „Sag mir wie du unser Produkt/Angebot findest, und du kannst xyz erhalten/gewinnen".

> Wie eben bereits angedeutet, muss die Marktforschung in den sozialen Netzwerken keineswegs nur passiv erfolgen. Natürlich lernt man durch Beobachtung sehr viel. Gleichzeitig lohnt es sich, mit aktiven Fragestellungen an Ihre Nutzer, Leser und Kunden zu experimentieren. Kanäle wie beispielsweise Facebook senken bei den Teilnehmern die Hürde, sich mit Lob aber auch Kritik an einer vergleichbaren Befragung zu beteiligen. Zudem lassen sich dort zahlreiche Tools auch externer Anbieter nutzen, um ein solches Feedback möglichst intuitiv und damit bequem für den Nutzer erfassen zu können. ■

3.3.3 Crowdsourcing

Noch einen Schritt weiter gehen so genannte Crowdsourcing-Ansätze. Damit ist in diesem Fall gemeint, dass man die eigenen Kunden, aber auch Interessenten, mit in den Prozess der Produktentwicklung integriert. Die Ideen der Community sind dann gefragt. Dieses Instrument erfordert höchstmögliche Transparenz und Offenheit. Es eignet sich nicht für kontrollversessene Unternehmer, die nicht einmal Ihren eigenen Mitarbeitern wirklich freie Hand lassen können. Ist man jedoch bereit, ein Stück Verantwortung und Steuerung in die Crowd (die „Menge" oder das „Volk") abzugeben, so ergeben sich mächtige Ansätze. Schließlich wissen Ihre Kunden und potenziellen Kunden am besten, was hinsichtlich der Ausgestaltung Ihrer Angebote erwünscht ist.

Crowdsourcing kann bis hin zur Entwicklung kompletter Produkte, aber auch von Dienstleistungen, Kundenservice-Ansätzen und Ähnlichem mehr gehen. Typischerweise werden einzelne Aufgabenpakete aus diesem Prozess herausgegriffen und an die Crowd delegiert. Das kann dann von der Farbgestaltung eines Produkts über die Namensgebung bis hin zu konkreten Vermarktungsideen gehen. Entweder man lässt die Menge völlig eigene Vorschläge einreichen, oder diese stimmt lediglich über vorgegebene Varianten ab. Die Motivation beziehungsweise die Belohnung für die Teilnehmer kann recht vielseitig sein:

- Manchmal (bei Projekten mit niedrigem oder keinem Gegenwert) reicht es aus, wenn der Urheber einer Idee oder einer Entscheidung öffentlich genannt wird, quasi als Gewinner der Ausschreibung.
- Das Crowdsourcing wird mit einem Gewinnspiel oder Ähnlichem verknüpft, wobei die Gewinne ähnlich originell sein sollten, wie die zu erwartenden Beiträge. Der Kosmetikhersteller, der nach einem Namen für eine neue Produktlinie sucht, würde dann beispielsweise ein professionelles Fotoshooting zusammen mit einem Szene-Star ausloben. Etwas, was man nicht unbedingt kaufen kann, und was sich wiederum viral verbreitet, beziehungsweise über das man am Ende der Aktion erneut öffentlich in den Social-Media-Kanälen berichten kann.
- Bei umfangreichen Entwicklungen, die in Endprodukte münzen, ist aber auch eine monetäre Gegenleistung denkbar, etwa in Form einer Umsatzbeteiligung oder Lizensierung. Dies hängt sehr von der Branche und dem Gegenstand des Crowdsourcing-Projekts ab.

Was hat all dies nun mit den sozialen Netzwerken zu tun? Nun, diese eignen sich ideal dafür, Crowdsourcing-Ideen zu erarbeiten, zu kommunizieren und zu vermarkten, aber auch durchzuführen. Der angenehme Nebeneffekt: Oft sorgen die Mitmach-Aktionen für eine virale Verbreitung. Man spricht also über Sie und Ihr Unternehmen, was sich in jeder Menge Likes und neuer Fans positiv niederschlagen kann.

Einige Beispiele, wie sich Crowdsourcing (nicht nur) innerhalb der sozialen Medien umsetzen lässt, und welche Ansätze schief gehen können, finden sich hier:

- *http://go-crowdsourcing.de/tags/facebook*
- *www.socialnetworkstrategien.de/ubersicht-crowdsourcing-projekte/*
- *www.thomashutter.com/index.php/2011/11/social-media-crowdsourcing-kundenpartizipation-hat-potential/*
- *www.crowdsourcingblog.de/blog/*

Bild 3.6 Dieser Kekshersteller ließ seine Fans bei Facebook über eine limitierte Produktvariante mit entscheiden. Jeder Schritt wurde innerhalb des sozialen Netzwerks veröffentlicht und sorgte für neue Aufmerksamkeit.

3.3.4 Social Baits

Unter einem Social Bait versteht man einen Inhalt, der – gezielt hierfür generiert oder eher zufällig – eine höchstmögliche Verbreitung in sozialen Netzwerken findet, der also möglichst oft weiterempfohlen und geteilt wird. Bekannter ist das Phänomen unter dem Namen Virales Marketing (siehe *http://de.wikipedia.org/wiki/Virales_Marketing#Beispiele*), welches jedoch nicht nur im Zusammenhang mit sozialen Netzwerken genutzt wird. Auch die eben beschriebenen Crowdsourcing-Ansätze fallen unter diese Kategorie. Einen (positiv wirkenden) Social Bait zu erzeugen, das ist wohl der Traum eines jeden Online-Marketers. Gerade im unternehmerischen Kontext dürfte er recht selten gelingen. Es sei denn, Sie arbeiten für eine Firma, die bei ihren Online- und Offline-Fans Kultstatus genießt, wie Apple, Nike etc., oder aber mit einem sehr dankbaren bzw. besonders innovativen und selbsterklärenden Endkonsumenten-Produkt, zumindest dann, wenn man die geltenden Maßstäbe der Verbreitung von Social Baits berücksichtigt. Denn normalerweise sprechen die Medien nur in jenen Fällen über sich viral verbreitende Social-Media-Kampagnen, wenn Hunderttausende oder gar Millionen von Nutzern erreicht werden. Schöne Beispiele viral wirkender Kampagnen sowie weiterführende Hinweise finden sich hier:

- *www.weave.de/viralekampagnen0112/*
- *www.blogprofis.de/buch/viralerfolg*
- *www.social-media-magazin.de/artikel/magazin/heft-nr-2011-04/10/virales-marketing/*
- *www.blogprofis.de/buch/starbucks*

Ihr Ziel wird und sollte es sein, Social Baits im Kleinen zu erzeugen. Ich spreche gerne von „Mini Social Baits". Spricht das Posting eines selbstständigen Dienstleisters, beispielsweise über seinen neuen werthaltigen „10-beste-Tipps"-Blogbeitrag,

- mit 40 Weiterempfehlungen zehnmal so viele Nutzer sozialer Netzwerke an wie normalerweise, und
- befinden sich unter diesen 40 Empfehlenden bzw. unter den Lesern dieser Empfehlungen auch nur vier potenzielle Neukunden, und
- nimmt davon am Ende auch nur einer den Kontakt mit dem Unternehmen auf,

so ist das für diesen Dienstleister unter Umständen bereits ein voller Erfolg. Sie sehen, Social-Media-Erfolge sind stets relativ. Die durchdachte Kommunikation in den sozialen Netzwerken leistet also durchaus eine virale und vor allem besonders kostengünstige Marketingansprache. Jedoch, je nach Art Ihrer Branche, längst nicht immer in den Dimensionen, die gängige Positivbeispiele von Social Baits suggerieren. Egal, ob ein erfolgreicher Post bei Facebook, Twitter, Google+ etc. nun 40 oder 400 000 Empfänger erreichen soll – folgende Grundvoraussetzungen sind zu beachten.

Die Kommunikation muss

a) auf dem richtigen Social-Media-Kanal (siehe Kapitel 4),

b) zur richtigen Zeit (Abschnitt 3.6.15),

c) mit dem richtigen Thema und

d) den richtigen Inhalten,

e) an die richtige Zielgruppe (siehe jeweils Kapitel 4)

gerichtet werden. Im weiteren Verlauf werden Sie einigen Beispielen für gut funktionierende kleinere aber auch größere Social Baits begegnen.

PRAXISTIPP: Sehr viele Portale bieten die Möglichkeit, einzelne Beiträge und Seiten mit so genannten Social-Share-Buttons an Freunde und Bekannte auf Twitter, Facebook, Google+ & Co. weiterzuempfehlen (siehe Abschnitt 3.6.14). Meist wird dabei auch die Anzahl angezeigt, wie oft ein solcher Text bereits weiterempfohlen wurde. „Surfen" Sie in Zukunft mit offenen Augen für eben diese Zahlen. Nicht selten entdeckt man auf diese Weise Inhalte, die sich gut in den sozialen Medien verbreiten, und die als Inspiration für ähnliche Beiträge dienen. Selbst dann, wenn es sich inhaltlich um ein völlig anderes Thema handelt, kann man einiges aus diesen Erfolgsgeschichten lernen. Ich selbst schaue mittlerweile fast schon automatisch auf die „Facebook gefällt mir"-, „Getwittert"- oder „Google Pluspunkte"-Angaben beliebiger Seiten.

3.4 Die 10 Grundregeln der Social-Media-Kommunikation

Natürlich möchten Sie in erster Linie erfahren, wie man denn nun effiziente und erfolgreiche Beiträge in den diversen sozialen Netzwerken verfassen kann – egal, ob es sich um das mit einem Kommentar versehene Posting eines weiterführenden Links oder um einen reinen, für sich selbst stehenden Textbeitrag handelt. Auf Basis der bereits angesprochenen Mehrwerte, die stets als Grundlage dienen, lassen sich einige allgemeingültige Regeln aufstellen. Diese gelten nahezu für alle Social-Media-Kanäle. Im Folgenden stelle ich Ihnen nun meine Top 10 der wichtigsten Hinweise vor.

3.4.1 Mensch geht vor Maschine

Wenn Sie keinerlei Ressourcen für die persönliche Betreuung der wichtigsten Social-Media-Kanäle zur Verfügung haben, was durchaus vorkommen kann, ist es in Ordnung, diese ausschließlich mit automatischen Updates der Inhalte Ihrer Webseite oder Ihres Corporate Blogs zu versorgen. Das funktioniert folgendermaßen: Sie installieren in Ihrem Content-Management-System eine Erweiterung (ein Plug-in oder Ähnliches), welche neue Beiträge von alleine bei sozialen Netzwerken veröffentlicht. Ihr Webmaster kann Ihnen hierbei sicherlich weiterhelfen. Für Twitter, Facebook und Google+ gibt es zudem frei verfügbare Werkzeuge, welche derartige Automatismen für einige Content-Management-Systeme ermöglichen, und das ganz ohne zusätzlichen Programmieraufwand. Dazu zählen etwa Twitterfeed (*http://twitterfeed.com*), RSS Graffiti (*www.rssgraffiti.com*), Google+ to RSS (*http://gplusrss.com*) oder die Twitter-eigene Möglichkeit (*www.blogprofis.de/buch/twitterfacebook*). Wobei die jeweils gültigen Nutzerbedingungen beachtet werden sollten, da einige dieser Tools als Gegenleistung auf die beim Veröffentlichungsprozess gesammelten Daten zurückgreifen. In Bild 3.7 finden Sie ein kleines Beispiel für derartige Auto-Postings.

Bild 3.7 Aus einem neuen Onlineartikel (links oben) wird automatisch ein Beitrag bei Facebook **(1)** sowie Twitter **(2)** generiert und veröffentlicht. Die Inhalte und Bilder werden dabei dem Originalbeitrag entnommen und sind teilweise in ihrer Zusammensetzung frei bestimmbar.

Der Vorteil dieser Methode dürfte klar sein. Sie können den Lesern der einzelnen Netzwerke regelmäßig neue Inhalte bieten - sofern diese auch tatsächlich auf Ihrer Webseite anfallen. Und das, ohne jeweils Arbeit hierfür investieren zu müssen.

Die Nachteile im Vergleich zu manuellen, individuellen Postings per Hand:

- Den Lesern Ihrer sozialen Netzwerk-Kanäle bietet sich keinerlei Mehrwert im Vergleich zur Lektüre der normalen Unternehmens-Webseite. Im ungünstigsten Fall erhalten diese also ein und dieselbe Information gleich mehrfach: Auf Ihrem Portal, über einen abonnierten Newsletter, den RSS-Feed (*http://de.wikipedia.org/wiki/RSS*), den Facebook-Kanal, Twitter, Google+... Die Folge wird vielfach sein, dass man sich von einigen dieser Kanäle wieder abmeldet, also nicht mehr überall Ihr „Fan" ist. Oder, dass man Ihrer Inhalte gar gänzlich überdrüssig wird.
- Verlässt man sich einmal auf solch einen Automatismus, so lässt man erfahrungsgemäß die individuelle Pflege bei den entsprechenden sozialen Netzwerken gleich völlig schleifen. Das führt bis dahin, dass dortige Kommentare unbeantwortet bleiben, Aufrufstatistiken nicht mehr wahrgenommen werden, man nicht mehr bei anderen spannenden Personen und Firmen mitliest (zwecks Inspiration und Onlinemarketing-Weiterbildung) und vieles mehr. Echtes, im Sinne von nachhaltig wirksames Social Media sieht anders aus.
- Die Nutzer der einzelnen Netzwerke nehmen sofort wahr, ob ein dortiger Unternehmensauftritt manuell oder aber automatisiert betreut wird. Erledigt eine Maschine diesen Job, so wird man auch kaum bereit sein, mit Ihnen zu interagieren. Damit verschenken Sie viel Potenzial.

Von Social Media als Kanal für das Marketing und zur Steigerung der Bekanntheit können Sie also meist nur dann etwas erwarten, wenn Sie Zeit und damit Geld in die persönliche Betreuung investieren. Haben Sie selbst keine freien Kapazitäten, so sollten Sie darüber nachdenken, eine Person aus dem Unternehmen oder gar eine externe Agentur mit dieser nicht ganz anspruchslosen Aufgabe zu betreuen.

3.4.2 Schreiben Sie je Netzwerk individuell

Gehen wir noch einen Schritt weiter, und hier platzt für viele (kleinere) Unternehmen leider schon ein Teil der Social-Media-Träume. Idealerweise unterscheidet sich die Kommunikation in den sozialen Netzwerken nicht nur von der auf Ihrem eigenen Portal, denn ansonsten würde sie ja keinen Mehrwert für den Nutzer bieten. Nein, idealerweise bestücken Sie die wichtigsten Anbieter, also in der Regel Facebook, Twitter, Google+ und Xing, mit jeweils individuellen Inhalten. Natürlich müssen die einzelnen Postings hierbei nicht immer völlig unterschiedlicher Natur sein. Beitrag (bzw. Teasertext zu einem Link und damit zu einem externen Beitrag) A auf Facebook kann man durchaus als Grundlage für Beitrag B auf Twitter verwenden und umgekehrt. Aber zu mindestens 50 Prozent sollten eben auch Inhalte zum Einsatz kommen, die nur für einen einzigen Anbieter bestimmt sind. Egal, ob nun recycelter oder völlig neuer Text: Stets sollte der Inhalt auf die jeweiligen Gepflogenheiten der einzelnen Netzwerke ausgerichtet werden, die Sie im weiteren Verlauf noch kennen lernen. Die jeweilige Individualität wird dabei unter anderem durch folgende Faktoren bestimmt:

- Welche Zielgruppe wird in welchem Netzwerk angesprochen?
- Welche Inhalte und welche Aktionen kommen wo wie gut an, was wurde bereits wo abgehandelt und würde sich damit doppeln?

- Wie ist es um die vorherrschende Sprache je Anbieter bestellt (lockerer versus seriöser, technischer versus allgemeiner, werblicher versus nicht-kommerzieller Tonfall)?
- Was sind gegebenenfalls technische Voraussetzungen und Restriktionen, etwa was die Zeichengrenze bei Twitter oder aber die Nutzungsbedingungen einzelner sozialer Netzwerke anbelangt?
- Welche Reichweite erreiche ich über welchen Kanal, und wie steht dies im Verhältnis zum notwendigen Aufwand für einzelne Beiträge?

Wann immer Sie es sich leisten können, testen Sie die zielgerichtete und voneinander getrennte Kommunikation in den für Ihren Zweck wichtigsten sozialen Netzwerken. Und das eben nicht nur über einige wenige Wochen hinweg. So erhalten Sie nicht nur ein Gespür dafür, was wo wie funktioniert, und was weniger. Es lässt sich hierüber zudem je Branche und Unternehmen evaluieren, welcher potenzielle Zusatznutzen erreicht wird. Ein Zusatznutzen, der sich unter Umständen dann auch potenzieren lässt. Nehmen wir einmal an, Sie bzw. Ihr Unternehmen investieren täglich eine halbe Stunde in die Pflege eines bestimmten Netzwerks. Hieraus resultieren bestimmte Steigerungsraten, etwa hinsichtlich der Anzahl Ihrer Follower und Fans, oder aber für die Seitenaufrufe auf Ihrem Hauptportal. Dann ist in etwa absehbar, was passieren würde, wenn man die halbe Stunde Arbeitszeit verdoppelt, verdreifacht etc. Damit das keine Milchmädchenrechnung bleibt, sind zudem (wenn auswertbar) Faktoren wie gesteigerte Umsätze, aber auch der gegenzurechnende Personalaufwand zu berücksichtigen. Nach Möglichkeit aufgeschlüsselt auf die einzelnen Netzwerke.

PRAXISTIPP: Gerade die Social-Media-Kommunikation lebt von aktuellen, auch spontanen Inhalten. Um die unterschiedlichsten Netzwerke, aber auch Ihre sonstigen Onlineprojekte regelmäßig und abwechslungsreich bedienen zu können, so lohnt es sich, mit einem Redaktionsplan zu arbeiten. Dieser listet je Medium beispielsweise auf:

- Welche Themen sollen wann in den nächsten Wochen wo untergebracht werden?
- Was ist die jeweilige inhaltliche Ausrichtung/das Ziel der Kommunikationsmaßnahme (PR, Kundenaktion, Gastbeitrag, Artikel- oder Fotoserie etc.)?
- Wer erstellt den Content, wer übernimmt die Redaktion, die technische Bereitstellung zugehöriger Medien (Text, Bild, Video), das Posting?
- Wer muss bis wann fachliche Inhalte zuliefern?
- Wann und in welcher Form soll gegebenenfalls eine Nachbereitung erfolgen?

Weitere Informationen und Beispiel-Pläne hierzu finden sich unter *http://karrierebibel.de/corporate-blog-15-anregungen-fur-ihren-redaktionsplan/* sowie unter *www.toushenne.de/newsreader/der-redaktionsplan-im-social-media.html*. ■

Ein weiterer Vorteil: Liest man nicht auf allen Ihren Kanälen das Gleiche, so wird die Chance deutlich erhöht, dass man Ihrem Unternehmen bei Facebook *und* Twitter *und* Google+ folgt. Wobei wichtige Nachrichten und Aktionen über alle Netzwerke hinweg gestreut werden, möglichst jedoch mit jeweils passender Ausgestaltung. Aus der Individualität soll hingegen kein planloser Wildwuchs werden. Man kann jedes Social-Media-Profil mit unterschiedlichen Inhalten betreuen und dennoch darauf achten, dass die Kommunikation über alle Netzwerke hinweg aufeinander abgestimmt ist. Auf eine Corporate Identity hin ausgerichtete Erscheinungsbilder, gemeinsame Zielsetzung der Postings, keine inhaltliche Benachteiligung einzelner Gruppen und mehr: All dies sorgt für Synergieeffekte aber auch einen gewissen Wiedererkennungswert.

3.4.3 Reagieren Sie. Immer.

Es klang bereits an: Nicht jeder Kommunikationsversuch von Kunden und Interessenten in Ihren Social-Media-Bereichen ist besonders fruchtbar oder angenehm. Nicht selten werden Sie bzw. der verantwortliche Mitarbeiter denken „Muss ich hierauf wirklich antworten?“. Oder auch: „Was soll mir diese Anfrage/dieser Kommentar bringen?“. Social Media im unternehmerischen Kontext ist weniger eine Frage des messbaren Nutzens für jede einzelne Interaktion. Jegliche Kommunikation dort dient jedoch in jedem Fall der Markenbildung und dem Aufbau einer Online-Reputation. Die Nutzer in den einzelnen Netzwerken haben sehr feine Antennen dafür, wie sehr man sich für ihre Anliegen interessiert, oder eben auch nicht. Der Kunde bzw. der potenzielle Kunde investiert seine Zeit und seine Energie in eine Anfrage oder einen Kommentar. Egal, wie auch immer der Inhalt ausfallen mag, er möchte Ihnen damit etwas mitteilen. In mitteilen steckt das Wort teilen, also erwartet er in der Regel auch ein Feedback. Hinzu kommt: In vielen sozialen Netzwerken können auch unbeteiligte Nutzer oder gar die Öffentlichkeit sofort sehen, welche Anfragen unbeantwortet bleiben. Es handelt sich also nicht rein um eine Sache zwischen lediglich zwei beteiligten Parteien. Nicht selten entdeckt man Tweets und Facebook-Einträge der Art „Habe Unternehmen xy nach yz gefragt, bis heute keine Reaktion.“ Unterschätzen Sie niemals, welche Kreise solche Äußerungen ziehen können. Reagiert ein Mitarbeiter auf eine bestimmte Anfrage nicht, so wird dies im besten Fall als Desinteresse interpretiert. Im schlimmsten Fall als Arroganz. Und: Diese wenig schmeichelhaften Einschätzungen fallen nicht auf die persönliche Schludrigkeit des Mitarbeiters zurück, sondern auf Ihr Unternehmen selbst.

HINWEIS: Lediglich im Falle der bereits angesprochenen „Trolle“ (also bei absichtlich destruktiven Kommentaren) ist es manchmal sinnvoller, nicht (mehr) zu reagieren. „Do Not Feed The Troll“ heißt der zugehörige Verhaltenskodex in der Netzgemeinde (siehe hierzu *www.blogprofis.de/buch/trolls* und dort insbesondere den Punkt „Gegenmaßnahmen“). Auch bei großen Unternehmen, bei denen ein Eintrag in einem sozialen Netzwerk schon einmal hunderte oder tausende Reaktionen erzeugen kann, oder wenn die Nutzer anfangen, untereinander zu diskutieren: In solchen Fällen wird es kaum möglich und auch selten sinnvoll sein, auf jede einzelne Meinung einzugehen. Dann sollte man nur dann und auch nur möglichst behutsam eingreifen, wenn eine Diskussion allzu sehr aus dem Ruder läuft. Wobei eine Beteiligung Ihrerseits bei besonders hitzigen Debatten eher noch als „Brandbeschleuniger“ wirken kann.

Wägen Sie in einem solchen Fall gut gegeneinander ab, ob eine weitere Vertiefung der Thematik im Sinne Ihres Unternehmens ist, oder ob ein Eingreifen nur noch mehr ungewünschte Kommentare und Kommentatoren auf den Plan rufen würde. So mancher Online-Schlagabtausch ebbt von selbst ab, wenn ihm die Aufmerksamkeit entzogen wird. Weitet sich eine Social-Media-Diskussion jedoch zu einem echten „Shitstorm" aus (siehe Abschnitt 2.1.3), so werden Sie auf jeden Fall reagieren müssen – und das möglichst schnell. Wie bei jeder PR-Krise sollten Sie in einem solchen Fall unbedingt auf den Rat von erfahrenen Kommunikations-Profis zurückgreifen. Machen Sie sich über eine solche, kurzfristig benötigte Unterstützung (etwa durch einen externen Dienstleister) Gedanken, *bevor* eine vergleichbare Leistung in Anspruch genommen werden muss. Wer im World Wide Web kommuniziert, der sollte für den Notfall stets auf einen fachlich versierten Anwalt mit Schwerpunkt Onlinerecht sowie auf einen geeigneten PR-Manager zurückgreifen können. ■

Ansonsten gilt: Nehmen Sie jede Anfrage, jeden Kommentar ernst. Man weiß nie, aus welcher Situation heraus diese möglicherweise nicht sonderlich konstruktiv oder auch „intelligent" verfasst wurde. Eine lustlose, sehr knappe oder gar herablassende Antwort ist noch schlimmer, als gar keine. Reagieren Sie, sofern inhaltlich sinnvoll und von den Kapazitäten her machbar, ebenfalls auf Kommentare, die eigentlich gar keine Frage beinhalten oder nicht wirklich einer Antwort bedürfen. Ein einfaches, etwas persönlicher ausgestaltetes „Dankeschön" als Reaktion Ihrerseits auf einen Nutzerbeitrag ist keineswegs altmodisch. Es bewirkt manchmal kleine Wunder. Der Kunde oder Interessent wird bei den meisten Netzwerken auf Ihre Reaktion aufmerksam gemacht, und behält sie in positiver Erinnerung. Ebenfalls in diese Kategorie fällt der Rat: Reagieren Sie stets so schnell als möglich. Gerade in Zeiten der permanenten Onlinekommunikation erwarten nicht wenige Nutzer eine Antwort innerhalb von wenigen Stunden, besser noch Minuten. Bei einem größeren Dienstleistungsunternehmen sowie im B2C-Umfeld auch außerhalb der üblichen „Öffnungszeiten". Die 24/7-Bereitschaft, rund um die Uhr, stellt dabei nicht nur die Bedürfnisse der verwöhnten Online-Kundschaft zufrieden. Sie hilft gleichzeitig dabei, unbeantwortete kritische Anfragen gar nicht erst eskalieren zu lassen, etwa indem sich weitere Nutzer einschalten und in die gleiche Kerbe schlagen.

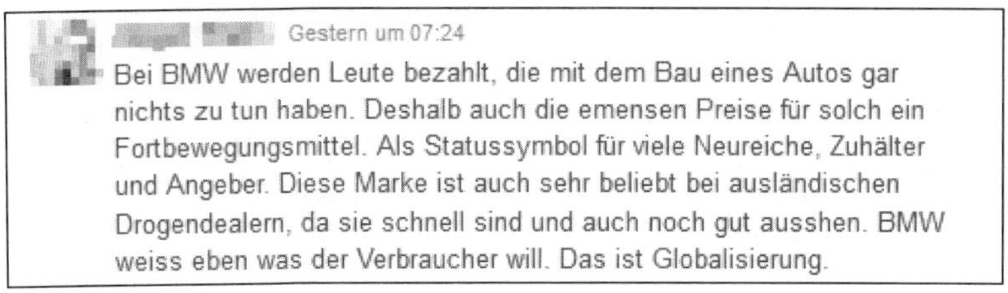

Bild 3.8 Kein Besucher Ihrer Social-Media-Profile wird erwarten, dass Sie auf derlei Kommentare (wie hier im Rahmen einer Google+-Diskussion) reagieren. Hier würde man meist nur verlieren. Auch auf das Hundertste „Gefällt mir.." oder Ähnliches zu einer Produktvorstellung müssen Sie nicht antworten, da dies schnell albern und unnatürlich wirken kann.

Zu welch unschönen Auswirkungen eine Nicht-Reaktion in den sozialen Medien führen kann, das zeigt übrigens recht eindrucksvoll das Beispiel der Tierschutzorganisation „WWF". Wie eine Krisenkommunikation nicht aussehen sollte, ist unter *www.blogprofis.de/buch/wwf* nachzulesen.

HINWEIS: Auf Spam-Nachrichten sollten Sie natürlich nicht reagieren. Diese (über die darin enthaltenen Links zu vireninfizierten Seiten) können gar gefährlich werden. Insbesondere Twitter hat in letzter Zeit verstärkt mit derlei lästigen Nachrichten zu kämpfen (berühmt berüchtigt etwa „Did you see this pic of you, lol"), die manchmal gar vom Account eines befreundeten Kontaktes zu stammen scheinen, dessen Profil zu diesem Zweck gekapert wurde. Meist erkennt man Spam am völlig unbekannten Absender oder den sinnfreien (in der Regel englischsprachigen) Inhalten.

Ich empfehle Ihnen zudem, die einzelnen Kommunikationen zumindest grob zu erfassen und regelmäßig auszuwerten. Nimmt die Kritik in den Netzwerken an meinen Produkten zu oder ab? Häufen sich bestimmte Anfragen und Kommentare? Wie vielen Personen konnte direkt innerhalb des Social-Media-Kanals weitergeholfen werden, wie viele wurden auf die Unternehmenshomepage verwiesen etc.? Dies hilft nicht nur bei der Verfeinerung der Social-Media-Strategie selbst. Auch die Prozesse in Ihrem Unternehmen lassen sich damit deutlich optimieren und kundenfreundlicher gestalten.

3.4.4 Bleiben Sie freundlich, sachlich und hilfsbereit

Wenn Sie oder Ihr Marketing-Team auf eine Frage oder einen Kommentar reagieren, dann bitte stets freundlich und sachlich. Lassen Sie sich niemals provozieren. Gerade für Selbstständige und Freiberufler, die sich nicht mit Kollegen austauschen können, gilt: Schlafen Sie lieber eine Nacht über einen Kommentar, der Sie ganz besonders ärgert, als aus dem Bauch heraus falsch zu reagieren. Manchmal übernehmen in der Zwischenzeit andere Nutzer und Fans die Moderation, und weisen den unsachlichen Kommentator zurecht. Das ist sehr viel besser, authentischer und wirkungsvoller, als wenn Sie selbst mit einer beleidigten Antwort reagieren. Oder suchen Sie gegebenenfalls zunächst den direkten Kontakt mit dem kommentierenden Nutzer, etwa wenn dieser mit Ihrem Kundenservice unzufrieden war. Nicht selten relativiert dieser daraufhin seine missverständliche Aussage (Wobei Sie selbstverständlich niemals irgendwelchen Druck ausüben sollten!). Wenn möglich, informieren Sie sich zudem darüber, ob der Kommentator normalerweise in seiner Social-Media-Kommunikation eher sachlich agiert (das wäre ein Indiz dafür, dass er mit seiner aktuellen Kritik gar nicht so Unrecht hat), oder für seine Polemik bekannt ist. Die meisten sozialen Netzwerke bieten diese Möglichkeit, etwa in dem man das öffentliche Profil des Nutzers selbst besucht. Je mehr Sie sich auf eine Antwort vorbereiten, und je mehr Aspekte Sie hierbei berücksichtigen, umso hilfreicher wird diese ausfallen.

Für größere Unternehmen gilt auch hier: Hinterfragen und kontrollieren Sie die Antworten Ihrer Mitarbeiter, gerade wenn dort nicht ausgewiesene Kommunikations- und/oder Social-

Media-Experten sitzen. Nicht selten sieht man in Social-Media-Diskussionen Beiträge von Mitarbeitern des betreffenden Unternehmens, die wenig professionell verfasst sind. Und das selbst bei ansonsten sehr souverän geführten und kommunizierenden Firmen. Wenn ein solcher Mitarbeiter an das Unternehmen gerichtete Diskussionen zu persönlich nimmt, dann ist er nicht geeignet für die Kommunikation in sozialen Netzwerken. Manche Unternehmen untersagen ihren nicht direkt zuständigen Mitarbeitern genau deswegen die Beteiligung an öffentlichen Social-Media-Auseinandersetzungen, welche in einem Zusammenhang mit der Firma und deren Produkten stehen. Oder besser: Sie schulen ihre Mitarbeiter dahingehend, in welchen Fällen zunächst Rücksprache mit den Marketingverantwortlichen zu nehmen ist. Denn möchte ein Arbeitnehmer aus falsch verstandenem Ehrgeiz die „Ehre" Ihres Unternehmens retten, so kann dies schnell nach hinten losgehen. Siehe beispielsweise den Fall TelDaFax und Facebook (*www.blogprofis.de/buch/teldafax*).

HINWEIS: Zum Punkt „Kommunikation durch Mitarbeiter": Hier gibt es auch das gegenteilige Extrem, dass manche Unternehmen ihre Mitarbeiter dazu verpflichten, in den eigenen Firmenbereichen aktiv zu schreiben. Und ich meine wohl bemerkt nicht die Mitarbeiter aus dem zuständigen Fachbereich. Davor kann man nur warnen. Denn als Pflichtveranstaltung kann Social Media nur versagen, eine vollkommen lustlose oder aber gekünstelte Atmosphäre wird das Resultat sein. Ganz zu schweigen davon, dass dies durch die Nutzer als unlauteres Mittel der Beeinflussung eingestuft werden dürfte (siehe den nachfolgenden Punkt 3.4.7).

Mit der Aussage: „Bleiben Sie hilfsbereit" meine ich Folgendes: Man sollte bei Antworten im Rahmen der Social-Media-Kommunikation stets den inhaltlichen Mehrwert im Auge behalten (siehe etwa die Abschnitt 1.4.2. oder 4.8). Dem Fragenden (aber auch den restlichen Nutzern) sollte mit Ihren Äußerungen stets weitergeholfen werden. Allgemeinplätze, vorformulierte Textbausteine oder nur wenig konkrete Aussagen werden dazu führen, dass sich Ihre Fans nach und nach von Ihrem Unternehmensauftritt in den sozialen Netzwerken abwenden. So kann der bis dahin mühsam erreichte Status (Anzahl Follower, Diskussionsaktivitäten etc.) schnell wieder zunichte gemacht werden. Sie müssen dabei das Rad nicht immer neu erfinden. Der Verweis auf einen Beitrag in Ihren Online-FAQ oder zu einer bereits in der Vergangenheit gegebenen Antwort ist vollkommen in Ordnung, wenn (!) dem Fragenden dadurch tatsächlich konkret und umfassend geholfen ist. Ansonsten fragen Sie ganz einfach zurück, oder machen dem Nutzer ein Angebot der Art: „Hilft Ihnen dieser Link weiter? Wenn nicht, dann melden Sie sich gerne noch einmal."

Mit der kundenfreundlichen Kommunikation im Social-Media-Umfeld verhält es sich wie im wahren Offline-Leben auch. Wer hinter dem Schalter oder am Telefon stets gut berät und souverän agiert, der wird mit hilfreichen Online-Botschaften kaum Probleme haben. Wählen Sie idealerweise Ihre besten Vertriebs- und Helpdesk-Mitarbeiter dafür aus, um in den sozialen Netzwerken zu antworten. Wobei diese vorab unbedingt mit den in diesem Buch vermittelten Besonderheiten der Web-Kommunikation vertraut gemacht werden sollten.

3.4.5 Stellen Sie Regeln auf

Es klang bereits an: Gerade, wenn Sie bei der Social-Media-Kommunikation auf Mitarbeiter vertrauen, die nicht absolute Experten dieser Materie sind, so sollten Sie bestimmte Regeln und Handlungsanweisungen vorgeben. Es geht mir nicht darum, durch allzu viel Bürokratie und Genehmigungsschritte jegliche originellen Inhalte im Keim zu ersticken. Denn auch das kann durchaus passieren. Die Folge wäre ein durch und durch langweiliger, wenig lebendiger Ort im Web 2.0, der kaum neue Leser und Kunden anziehen wird. Social Media lebt - wie das SEO - davon, dass eben gerade nicht alles klinisch sauber und perfekt durchgestaltet ist. Und dennoch schaden zugehörige Rahmendbedingungen nicht. In größeren Unternehmen sind sie gar existenziell, da sich dort oftmals kaum mehr kontrollieren lässt, welcher Mitarbeiter was, wann und wo postet. Und ist das Kind einmal in den Brunnen gefallen, dann verteilt sich die zugehörige Botschaft nicht nur in Windeseile. Die Netz-Gemeinde wird sich zudem kaum für Ihre Ausrede interessieren, dass hier die persönliche Meinung eines verirrten Angestellten, und eben nicht die offizielle Unternehmensmeinung zum Ausdruck gekommen ist.

Machen Sie zunächst sich und danach Ihren Mitarbeitern klar:

- Welche Philosophie verfolgt Ihre Firma in den sozialen Netzwerken? Wie kann jeder einzelne zum Gelingen dieser beitragen? Was hingegen könnte eher hinderlich sein?
- Konkreter formuliert: Wie viel Mitarbeit und Mit-Kommunikation ist auf welchem Kanal erwünscht? Darf der normal-sterbliche Angestellte die Unternehmensbeiträge in seinem privaten Umfeld lediglich weiterempfehlen oder auch kommentieren? Wenn ja, in welchem Umfang? Öffentlich erkennbar als Mitarbeiter oder auch rein als Privatperson, was schnell zu kritischen Stimmen führen könnte?
- Wie sollten Beiträge formuliert werden? Gibt es eine unternehmensinterne Netiquette (*http://de.wikipedia.org/wiki/Netiquette*), also Empfehlungen zur Sprache und der Verwendung einzelner unerwünschter Begriffe, oder Vorgaben zur einheitlichen Marken- und Fach-Terminologie? Welche Qualitätsrichtlinien gelten hinsichtlich des Umfangs der Beiträge, aber auch Rechtschreibung und Ähnliches mehr?
- Welche Arten von Beiträgen müssen mit einzelnen Fachabteilungen koordiniert werden, damit sich kein allzu uneinheitliches Außenbild oder doppelte Inhalte ergeben? Welche Anfragen, etwa technischer Natur, sollten ausschließlich von vorbestimmten Experten bearbeitet werden?
- Gelten ausschließlich belastbare Fakten als Grundlage für Social-Media-Nachrichten jeglicher Art oder auch subjektive Meinungen und Ähnliches?
- Was für Interna darf man auf keinen Fall nach außen kommunizieren (Umsatzzahlen, Ausgaben-Posten, Namen von Kunden, Löhne, inoffizielle Produktinformationen, unbestätigte Produktneuerungen etc.)?
- Wie ist mit kritischen Beiträgen von Kunden oder Nutzern umzugehen, bei wem können diese gemeldet werden, wer darf die Beantwortung dieser Kommentare übernehmen und wer nicht?
- Welche gesetzlichen Rahmenbedingungen gilt es zu beachten (Datenschutz, Wettbewerbsrecht und ähnliche Bereiche)?

Sie sehen, man muss zwar nicht, aber man kann durchaus einige Punkte berücksichtigen, was unternehmensinterne Social-Media-Richtlinien anbelangt. Hierbei ist es vor allem in größeren Unternehmen angebracht, über unterschiedliche Leitfäden für unterschiedliche Zwecke und Abteilungen nachzudenken. Je weniger marketing- bzw. onlineaffin der jeweilige Mitarbeiterkreis ist, umso klarer oder auch „strenger" würden die Vorgaben dann ausfallen.

Manche Unternehmen machen ihre Social-Media-Richtlinien öffentlich. Für Sie dient dies als ideale Quelle der Inspiration, wenn es um die Ausarbeitung eigener Vorgaben geht. Unter *www.blog.michael-ehlers.de/8-spannende-social-media-richtlinien-von-bekannten-unternehmen/* sind die Leitfäden einiger Firmen verlinkt, etwa von Daimler, 1&1, Tchibo, Datev oder der Caritas. Es ist spannend mit anzusehen, wie unterschiedlich die einzelnen Unternehmen mit dieser Aufgabe umgehen. Von restriktiv bis sehr „locker" ist dabei alles vorhanden. Übrigens: Wenn Sie nicht nur Ihre Kunden, sondern auch Ihre Mitarbeiter für die eigenen Social-Media-Kanäle begeistern wollen, dann sollten Sie zugehörige Richtlinien zusammen mit der Belegschaft oder deren Vertretern erarbeiten. Im stillen Kämmerlein „von oben" erarbeitete Vorgaben sind selten gut für die Motivation – und nur eine motivierte Ansprache in den sozialen Netzwerken ist auch eine gute Ansprache.

Bild 3.9 Eine schöne Idee: Dieses Unternehmen erklärt seinen Mitarbeitern die wichtigsten Grundlagen des Web 2.0. Denn nicht jeder weiß, was sich hinter Begriffen wie User Generated Content verbirgt. Noch besser wäre natürlich eine persönliche Schulung möglichst aller Angestellten.

3.4.6 Legen Sie sich ein dickes Fell zu

Dieser Ratschlag schließt sich nahtlos an den vorherigen an. Wenn man beobachtet, welche Kommentare so manches Unternehmen auf seinen sozialen Netzwerk-Accounts über sich ergehen lassen muss, so kann man schon einmal Mitleid mit den zuständigen Social-Media-Manager bekommen. Besonders in Branchen mit in Teilen der Gesellschaft umstrittenen Produkten oder Dienstleistungen hat man manchmal das Gefühl, dass Social Media nichts mit Freude und Spaßgesellschaft zu tun hat. Zu Zeiten des Pferdefleischskandals im Frühjahr 2012 musste so manche Fast-Food-Restaurantkette bei fast jedem zweiten Social-Leserbeitrag mit entsprechenden Äußerungen leben, eine weniger originell als die andere. Und das oftmals unter dem „Gejohle" zahlreicher hämischer Zusatzkommentare anderer Nutzer. Nicht nur Großunternehmen, auch den kleinen Mittelständler oder den Selbstständigen von nebenan kann eine solche Welle treffen. Was bis zur Gefährdung des Geschäftsbetriebs reicht, egal ob die Äußerungen nun in ihrer ursprünglichen Ursache berechtigt sind oder nicht. Das Social Web ist nicht gerade selten grausam, wenn der Internet-Mob tobt. Und im Falle von Unternehmen bzw. Unternehmern ist die Hemmschwelle niedrig, Rücksicht darf man nicht erwarten, das Mitleid hält sich in deutlichen Grenzen.

Das alles müssen Sie aushalten, wenn Sie Social Media „machen" wollen. Man kann sich gegen derlei Mechanismen kaum wehren. Zumal sich die meisten kritischen Beiträge nutzen und in einen Vorteil umwandeln lassen: Ein ehrlicheres Feedback auf die Qualität Ihrer Produkte und Dienstleistungen erhält man selten, und damit einen gratis Einblick in bislang unentdeckte Optimierungspotenziale. Kritiker sind manchmal die besten Freunde eines Unternehmens. Wenn Sie zu sehr von einzelnen Personen diffamiert werden, es strafrechtlich bedenklich wird, oder gar Sie und Ihre Mitarbeiter persönlich bedroht werden, dann können und sollten Sie handeln. In allen anderen Fällen gilt: Die Drohung mit einer wie auch immer gearteten juristischen Keule oder das Einbeziehen des Netzwerk-Betreibers wird die Situation wohl eher verschlimmern. Das Web 2.0 ist in vielen Fällen basisdemokratisch, und das ist auch gut so. Fehltritte von Unternehmen können heutzutage schneller entlarvt und kommuniziert werden. Leider trifft es jedoch manchmal die Falschen. Versuchen Sie zunächst, mit anderen, sachlichen und hilfreichen Themen sowie Postings zu reagieren, die neue, konstruktivere Besucher und Kommentare zur Folge haben. So legt sich der Sturm vielleicht von selbst. Andernfalls muss man durchaus darüber nachdenken, die Social-Media-Aktivitäten für eine gewisse Zeit ruhen zu lassen oder mithilfe einer professionellen Agentur neu zu starten.

Es gibt übrigens ganze Schattenprofile, also privat betriebene Parallel-Accounts zu offiziellen Firmenauftritten in den sozialen Netzwerken, etwa im Falle von McDonalds (*www.blogprofis.de/buch/schattenprofil*, zumindest bei der Drucklegung dieses Buches noch erreichbar, mit immerhin rund 60 000 Fans). Dort muss das betroffene Unternehmen einiges über sich ergehen lassen, zudem besteht eine Verwechslungsgefahr mit dem echten Profil.

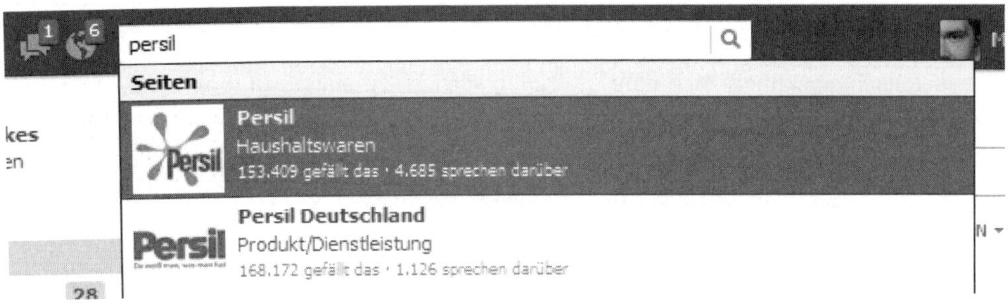

Bild 3.10 Generell eine Gefahr, etwa wie hier, bei Seiten für unterschiedliche Länder oder Sprachen: Welches ist denn nun der (aus der Sicht des Nutzers) „echte" Anbieter?

McDonalds scheint sich dafür entschieden zu haben, nicht rechtlich gegen das Angebot vorzugehen. Schließlich besteht dieses seit 2011. Vielleicht erhofft man sich mit einem solchen Schritt, allzu wilde Kritik lieber an dieser Stelle statt auf der eigenen Seite ertragen zu müssen. Bei all diesen Warnungen sollte man nicht vergessen, dass der Großteil der Social-Media-Kommunikation auf Ihren Firmenprofilen in der Regel aus positiven, hilfreichen oder zumindest neutralen Äußerungen besteht. Insofern gilt es, Social Media vor allem als Chance für einen offenen Kunden- und Interessentendialog zu begreifen.

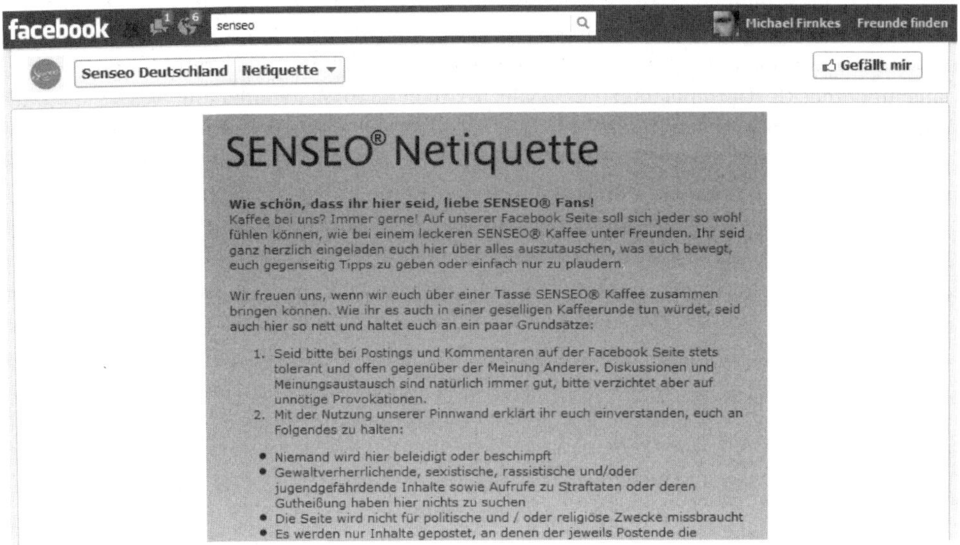

Bild 3.11 Dieser Anbieter stellt seinen Fans einen eigenen Facebook-Verhaltenskodex zur Verfügung. Auf diesen kann bei Bedarf hingewiesen werden, ohne sich in die immer gleichen Diskussionen begeben zu müssen. Zu restriktiv sollten die Regeln jedoch nicht ausfallen, um nicht gleich jede Äußerung im Keim zu ersticken.

HINWEIS: Kritik in sozialen Netzwerken muss keinesfalls immer schlecht sein. Sie kennen das von Amazon: Einem Buch mit zehn 5-Sterne- und einer 1-Sterne-Bewertung vertraut man manchmal mehr, als einem Buch mit ausschließlich 5-Sterne-Bewertungen. Zumal sich die 1-Sterne-Bewertung womöglich auf etwas bezieht, was den sonstigen Interessenten als Entscheidungskriterium völlig egal ist. Als Beispiel: Ich entdecke nicht gerade selten negative Bewertungen bei Amazon, weil das zu bewertende Buch einen Knick hatte oder zu spät versendet wurde. Das ist für den Inhalt jedoch völlig irrelevant. Zu viel Lob hat immer einen Beigeschmack, egal ob dieser nun berechtigt sein mag oder nicht.

Manchmal geschieht es gar, dass andere Nutzer und Fans für Sie übernehmen, und eine sehr schlechte Kritik mit ihren eigenen Äußerungen wieder relativieren („Ich habe andere Erfahrungen gemacht mit dem Kundendienst von xyz"). Das wiederum nutzt Ihnen mehr, als jeder Hochglanzprospekt. Dann werben andere für Sie, die keinen direkten Nutzen hieraus ziehen, und genau deswegen umso glaubwürdiger wirken. ■

Was in Abschnitt 3.4.4 bereits anklang: Kommunizieren Sie stets sachlich sowie auf Augenhöhe mit Ihren Fans. Tun Sie dies selbst dann, wenn

- Sie eine Kritik nicht verstehen, Sie sich persönlich angegriffen fühlen, oder den Tonfall als provozierend empfinden,
- eine Frage bereits kurz zuvor oder bereits sehr oft beantwortet wurde,
- die Frage absolut nicht zu Ihrem Thema passt oder ein Kommentar Dinge kritisiert, die keine Berührungspunkte mit Ihrem Unternehmen haben, und
- wenn für Sie die Antwort auf eine Frage sehr naheliegt, und Sie sich über das offensichtliche Unwissen des Nutzers wundern, oder wenn es sich um eine rhetorische Frage handelt.

Dies geht so weit, dass Sie in der Funktion des Moderators Kommentatoren auf Ihrem Profil in Schutz nehmen sollten, wenn sich diese den verbalen Angriffen anderer Fans ausgesetzt sehen. Bitten Sie dann höflich um eine Versachlichung der Debatte, beziehungsweise darum, andere Meinungen und Äußerungen zu respektieren.

HINWEIS: Bei nahezu allen Plattformen kann man einzelne Nutzer dem Betreiber melden oder sie blockieren, wenn man sich von deren Äußerungen allzu sehr belästigt fühlt. Dies sollte jedoch das letzte Mittel der Wahl bleiben – etwa dann, wenn es zu offensichtlichen Beleidigungen, manipulativem Verhalten oder Rechtsverstößen kommt. Alles andere könnte den Eindruck erwecken, Sie wollten lediglich einen unliebsamen Kritiker loswerden. Gegebenenfalls begründen Sie Ihre Entscheidung kurz in einem Kommentar, unter allgemeiner Umschreibung des Sachverhalts beziehungsweise ohne die ausgeschlossene Person zu benennen. ■

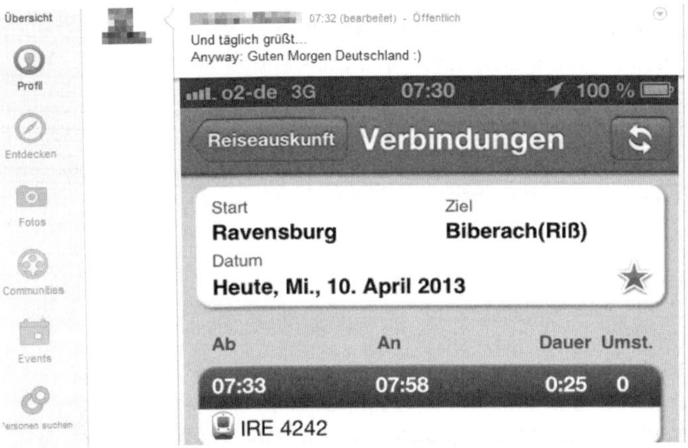

Bild 3.12 Social-Media-Nutzer posten alle möglichen Missstände. Jederzeit, überall, und ohne dass man dies kontrollieren könnte. In diesem Fall einen Smartphone-Screenshot, geteilt bei Google+.

3.4.7 Zensieren oder fälschen Sie niemals

„Dieser Punkt ist doch selbstverständlich", mögen Sie nun entgegnen. Nein, das ist er leider ganz und gar nicht. Zumindest, wenn man sich anschaut, wie oft gegen das Verbot der unlauteren Beeinflussung in sozialen Netzwerken verstoßen wird. Wobei die durch die Nutzer aufgedeckten Fälle sicherlich nur der Spitze des Eisberges entsprechen. Egal welcher Branche Ihr Unternehmen angehört, welche Zielgruppen angesprochen werden, und welcher Netzwerk-Anbieter man sich bedient. Tabu ist stets:

- Das nachträgliche Löschen oder Abändern eigener Beiträge. Es sei denn, die Abänderung, etwa aus Datenschutzgründen, wird detailliert beschrieben und den Nutzern somit transparent gemacht.
- Ebenso das Löschen und die Bearbeitung von Äußerungen der Leser. Nur wenn deren Inhalte gegen Gesetze verstoßen, Mitbewerber verunglimpfen, konkrete Personen nennen oder Ähnliches, so können diese im Notfall bearbeitet (nicht umgeschrieben, sondern an kritischen Stellen „geschwärzt"), entsprechend kommentiert oder, falls nicht anders möglich, gelöscht werden. Auch das gilt es dann jedoch in einem neuen eigenen Kommentar zu dokumentieren („Wir haben den Beitrag der Art x gelöscht/an den Stellen y unkenntlich gemacht, da ...").
- Das eigene Verfassen positiver Kommentare unter einem Pseudonym, oder die Beauftragung dritter Personen mit solch einer Maßnahme.

Denn kommen vergleichbare Manipulationsversuche (und um nichts anderes handelt es sich) ans Tageslicht, so kann der Schaden für Ihre Onlinereputation immens und vor allem dauerhaft sein. Das Internet vergisst kaum etwas. So bleiben Täuschungsversuche und die Reaktionen hierauf nicht selten für immer bestehen. Wenn nicht auf Ihren Seiten und Profilen, dann auf einem kritischen Blog oder ähnlichen Medien.

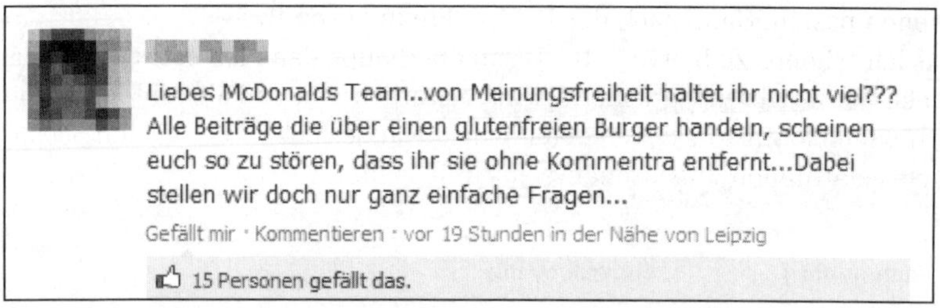

Bild 3.13 Egal ob der Vorwurf einer Zensur berechtigt ist oder nicht: Man sollte auf jeden Fall darauf reagieren. In diesem Fall traf es die Originalseite des bereits erwähnten Fast-Food-Anbieters.

Einige Beispiele dafür, wie unlautere Methoden oder schlicht Ungeschicklichkeit im Umgang mit Social Media ein großes öffentliches Echo bewirken können, finden sich unter:

- *http://pr-blogger.de/2009/06/10/socialmediakrisen/*
- *http://karrierebibel.de/ich-kann-das-nicht-ausstehen-20-todsunden-in-social-media/*
- *www.blogprofis.de/buch/webfalle*

Einige davon sind zwar schon etwas älter, aber in ihrer Aussagekraft nach wie vor aktuell.

3.4.8 Bleiben Sie bei sich und „wildern" Sie nicht

Eine schlechte Idee ist es, die (werbliche) Kommunikation von den eigenen Social-Media-Seiten auf jene anderer Nutzer oder gar Unternehmen auszudehnen. Als Unternehmen werden Sie nur in wenigen Fällen Aktivitäten kommentieren, die sich nicht auf Ihrer eigenen Facebook-, Google+-Seite etc. abspielen. Kaltakquise über soziale Netzwerke kommt in den seltensten Fällen gut an. Selbst auf ausgewiesenen Business-Netzwerken, wie etwa Xing, muss man hiermit sehr vorsichtig umgehen. Im Idealfall verzichten Sie vollkommen auf derlei Maßnahmen. Wenn überhaupt, dann kann man etwa als Selbstständiger oder Freiberufler nur sehr indirekt auf externe Kommunikationsstränge reagieren, die von einer anderen Person oder gar einem Mitbewerber initiiert wurden. Etwa, wenn Sie bei einem anderen Nutzer eine Frage entdecken, und hierauf mit einem fachlichen Rat weiterhelfen, ohne Ihre eigenen Leistungen zu erwähnen. Sie schreiben in diesem Fall als Privatperson und nicht als Geschäftsmann/Geschäftsfrau. Hält der entsprechende Nutzer Ihre Antwort für besonders hilfreich, so wird er von ganz alleine schauen, wer hinter dieser steckt.

Schleichwerbung in sozialen Netzwerken wird schnell entlarvt und ist äußerst unbeliebt, egal in welcher Form und wo man diese äußert. Die einzelnen Dienste wurden dafür geschaffen, um hauptsächlich Privatpersonen einen unterhaltsamen oder hilfreichen Austausch zu ermöglichen – nicht als Werbeplattform. Da wird ein Unternehmen schnell als Störenfried empfunden, was ebenfalls böses Blut gibt. Bei Facebook kann man etwa Links auf der Pinnwand anderer Personen posten. Ganz nach der Devise: Freunde von Person x, schaut euch doch einmal an, was ich schönes zu bieten habe. Wenn überhaupt, dann ist dies in kommerzieller Form nur nach vorheriger Absprache legitim. Natürlich gibt es Fälle, in denen Sie sich auch als Unternehmen an Diskussionen beteiligen, die außerhalb Ihres eigenen Social-Media-Hoheitsgebietes stattfinden. Insbesondere von Selbstständigen und Freiberuflern in technischen Umfeldern wird erwartet, dass sie an aktuellen fachlichen Disputen innerhalb der Netzgemeinde teilnehmen. Das gehört dann zu einem guten Ton und trägt zum positiven Online-Renommee bei. Derartige Dispute können auch pro-aktiv angestoßen werden, etwa innerhalb eines Kommentars auf einem externen Blog.

Folgende Punkte sind zu beachten, wenn Sie sich außerhalb Ihrer eigenen Profile äußern:

- Die Beiträge sollten nicht dazu dienen, Ihre eigenen Dienstleistungen oder Produkte zu verteidigen, beziehungsweise diese in einem besonders guten Licht erscheinen zu lassen. Im Fokus sollten generelle Fragestellungen stehen, die Ihre Branche oder deren Kunden betreffen.
- Gleichzeitig würde man es Ihnen übel nehmen, wenn Sie den ursprünglichen Verfasser oder seine Leser kritisieren, statt konkrete inhaltliche Punkte zu benennen. Auch dies würde den Eindruck erwecken, es gehe Ihnen rein um die Selbstdarstellung.
- Es versteht sich von selbst, dass solche Kommentare möglichst konstruktiv aber auch diplomatisch verfasst sein sollten. Von einem Unternehmen erwartet man andere Umgangsformen, als von einer Privatperson. Man geht davon aus, dass Sie sich nicht in reinen Allgemeinplätzen äußern, sondern konkrete Lösungsmöglichkeiten aufdecken. Denken Sie daran: Jede öffentliche Online-Äußerung fällt auf Ihre Firma zurück.
- Bei allzu kontroversen Themen sollten Sie eher als Privatperson in Erscheinung treten, nicht in Ihrer offiziellen Funktion als Unternehmen/Unternehmensverantwortlicher. Das Gleiche gilt für Themen, die nichts oder nur sehr wenig mit dem Gegenstand Ihrer Firma zu tun haben.

Wenn Sie diese Punkte berücksichtigen, dann wird man Sie gerne als Gast in anderen Profilen begrüßen. Selbst wenn es sich dabei um einen indirekten Mitbewerber handelt, was natürlich von den Gegebenheiten und dem Konkurrenzdruck in der jeweiligen Branche abhängt. Wer sich in dieser Form aktiv an den Fragestellungen beteiligt, die das Netz bewegen, der wird gleichfalls ähnliche Äußerungen auf seinen eigenen Plattformen ernten. Social Media ist (wie das World Wide Web insgesamt) ein ständiges Geben und Nehmen.

PRAXISTIPP: In diesem Zusammenhang macht es Sinn, darüber nachzudenken, jeweils mit einem privaten und einem geschäftlichen Social-Media-Account zu arbeiten. Die meisten Netzwerke lassen diese Trennung zu. Denn generell sollte es auf einem offiziellen Firmen-Account nicht zu privat zugehen. Andererseits könnte man es einem als „privat" erkennbaren Nutzer übel nehmen, wenn dieser plötzlich direkt oder indirekt die Interessen seines Unternehmens vertritt.

3.4.9 Werben Sie nicht (nur) für sich

Ich hatte es bereits angedeutet: Soziale Netzwerke sind außerhalb der bezahlten Anzeigenblöcke meist kein Werbemedium. Warum ich dies mit „meist" relativiere, dazu erfahren Sie gleich mehr. Ebenso sind sie kein Medium für Egozentriker, die ihre Botschaften möglichst ungestört und unreflektiert unter das Volk bringen wollen, oder die in ihren Botschaften meist mehr versprechen, als hinterher eingehalten werden kann. Im Social Web rächt sich ein solches Gebaren recht schnell. Natürlich funktioniert es bei vielen Marken und Produkten sehr gut, diese auch in den einzelnen Social-Media-Kanälen absolut in den Vordergrund zu stellen. Wer etwa die Facebook-Fanpage von McDonalds „liked", der erwartet keine Ratgeberbeiträge zu gesunder Ernährung, die nur sehr am Rande und sehr subtil auf das eigentliche Produkt eingehen. In jedem Post geht es dort rein um die Markenbotschaft – und das gefällt den Fans. Die meisten Leser dieses Buches werden jedoch vermutlich nicht in der glücklichen Lage sein, über Angebote zu verfügen, die sich, einem Kult gleich, fast schon von alleine verkaufen.

Es gibt noch einen weiteren Aspekt. Dieser dreht sich darum, nicht immer nur die eigenen Inhalte und Nachrichten zu teilen. Soziale Netzwerke eignen sich meist nicht dazu, ausschließlich die eigene Weltsicht zu verbreiten. Es sei denn, man verfügt über eine äußerst starke Produktmarke, bei der sich die Leser erkennbar rein für Neuerungen rund um diese Marke interessieren – oder aber ein Social-Media-Account dient gezielt als Kanal für sehr eng fokussierte Nachrichten an eine vorgegebene Zielgruppe (Beispiel: Ein Kunden-Kanal für Informationen zu neuen Releases eines Softwareherstellers). Insbesondere für die Kommunikation auf Twitter gilt ansonsten, dass jene Nutzer am erfolgreichsten sind, die auch Nachrichten anderer verbreiten. Das kann in folgenden Situationen der Fall sein:

- Bei Ihrer täglichen Recherche für eigene Inhalte stoßen Sie über eine Quelle, die Sie äußerst hilfreich finden, und die Sie deswegen sofort retweeten, auf Facebook empfehlen etc.
- Sie wissen, dass sich Ihre Leser für Aspekte interessieren, die nicht unbedingt im Mittelpunkt Ihres Geschäftsmodells stehen, die aber dennoch inhaltlich passen. Also empfehlen Sie ab und an spannende Quellen aus diesem Umfeld.
- Man verfolgt die Nachrichtenströme einiger wichtiger Fans oder Google+-Follower und bedankt sich für deren Treue, in dem man einen guten Beitrag an das eigene Netzwerk weiterleitet.

Gerade bei selbstständigen Beratern, freiberuflichen Kreativen und Ähnlichem sind oft sogar jene die erfolgreichsten Twitterer oder die Personen mit den meisten Facebook-Fans, bei denen die eigenen Inhalte nur einen geringen Anteil ausmachen. Denn dann bleibt der Nachrichtenstrom spannend und abwechslungsreich. Hierbei muss man natürlich gut gegeneinander abwägen, was mit der Social-Media-Kommunikation generell erreicht werden soll. Folgende grundlegende Möglichkeiten gibt es:

a) Ist eines der wichtigsten Ziele der Aufbau eines Expertenstatus, soll also etwa Ihr Twitter-Kanal nach und nach als echte fachliche Instanz wahrgenommen werden („*Der* Twitterer zum Thema xyz"), so bietet sich die eben beschrieben Vielfalt an. Und eben nicht die stets gleichen Ich-bezogenen Inhalte („Ich bin Profi in …", „(Nur) Ich habe die Lösung für …"). Wer wirklich etwas zu sagen hat, der muss dies nicht stets und ständig tun. Er kann auch andere zu Wort kommen lassen.

b) Ist Ihr Ziel hingegen die reine Markenbildung, so wird der Anteil eigener Inhalte versus Fremdinhalte natürlich deutlich höher ausfallen. Wenn auch auf die Gefahr hin, dass sie durch diese einseitigere Kommunikation weniger Zuhörer beziehungsweise Leser für sich gewinnen.

Nicht unerwähnt soll bleiben, dass in manchen Netzwerken (etwa bei Google+) eine Verwechslungsgefahr besteht, wenn man fremde Inhalte teilt. Die Leser nehmen dann nicht immer wahr, ob ein geposteter Inhalt vom Betreiber selbst stammt oder nur weiterempfohlen wurde. Aber selbst das kann einen positiven Nebeneffekt haben, den man jedoch niemals bewusst forcieren oder ausnutzen sollte: Die Follower rechnen den spannenden Inhalt dann ausschließlich Ihnen und Ihrem Profil zu.

Bild 3.14 Selbst wenn man fremde Inhalte teilt, so werden diese Tweets gerne weiterempfohlen. Auch der eigene Account wird hierdurch beworben und bleibt im Gespräch.

HINWEIS: Seien Sie vorsichtig damit, Inhalte anderer in allzu großem Wortumfang zu teilen. Niemand wird etwas dagegen haben, wenn Sie ihn zitieren, und dann über einen Link auf seine Originalquelle hinweisen – ganz im Gegenteil. Alles andere geht jedoch schnell in Richtung Content-Klau und Copyright-Verstoß. Insbesondere die Diskussionen um das neue Leistungsschutzrecht erschweren die Entscheidung zwischen: „Was ist gerade noch erlaubt?“ versus „Was ist tabu?“. Im Zweifelsfall fragen Sie Ihr Gegenüber, wie und in welchem Umfang die Verwendung seiner Inhalte erlaubt ist. ■

PRAXISTIPP: Selbst wenn Sie Inhalte anderer Personen und Unternehmen über Ihre sozialen Kanäle weiterverbreiten, so kann diese Kommunikation einzigartig gemacht werden: Viele Portale verfügen nach wie vor nicht über Social Share Buttons, obwohl werthaltige Informationen bereitgestellt werden. Macht man sich nun die Mühe, per Copy & Paste manuell einen Tweet, eine Facebook-Nachricht etc. hieraus zu verfassen (kurzer, persönlich formulierter Teaser-Text und Link zur Quelle, damit Sie die Inhalte des anderen Anbieters nicht „klauen“), so kommunizieren Sie etwas, was in keinem anderen Social-Media-Kommunikationsstrang vorkommt. Auch das kann also ein Alleinstellungsmerkmal sein. Zumal es innerhalb der sozialen Netzwerke immer wichtiger wird, sich von anderen Accounts bzw. deren Inhalten abzusetzen. Je einzigartiger man kommuniziert, umso spannender ist dies für potenzielle Follower.

Umgekehrt bedeutet dies jedoch: Wurde ein Beitrag bereits von unzähligen Personen weiterempfohlen und geteilt – waren andere also schneller als Sie –, so macht es nicht immer Sinn, sich als Tausendster anzuschließen (selbst wenn die hohe Empfehlungsrate natürlich ein Indiz für Inhalte ist, die sicherlich auch bei Ihren Lesern gut ankommen würden). Es sei denn, der Beitrag ist von sehr hoher Relevanz für Ihre Zielgruppen, oder aber, was ab und an recht gut funktioniert, man verbreitet solche Beiträge nach einer Pause von einigen Tagen, wenn sich die erste Aufmerksamkeitskurve gelegt hat.

Eine Variante dieses Tipps: Formulieren Sie vorgegebene Texte, etwa bei einem Retweet, einfach um. Durch zum Einsatz kommende Automatismen sind viele Social-Media-Botschaften bzw. deren Teaser eh nicht sonderlich originell formuliert. Gelingt es Ihnen, eine weiterzuempfehlende Nachricht spannender zu formulieren, als der ursprüngliche Urheber selbst, so werden sich nicht nur Ihre Follower freuen. Das gilt natürlich nur dann, wenn etwa Links zu Beiträgen des ursprünglichen Absenders empfohlen werden. Denn dann profitiert auch dieser von Ihrer Kreativität. Schreiben Sie hingegen für sich alleine stehende Nachrichten anderer um, so könnte dies als Plagiat und Ideenklau für Unmut sorgen. Auch Zitate und Ähnliches sollten Sie niemals verfremden. ■

Wo wir schon beim Stichwort der reinen Eigenwerbung sind: Ein absolutes No-go ist es, neue Follower und Kontakte, egal bei welchem Netzwerk, automatisch bzw. gar automatisiert mit irgendwelchen Produktangeboten und Ähnlichem zu bombardieren. Nicht nur bei Xing ist diese Unsitte immer wieder zu beobachten. Mehr und mehr Nutzer wehren sich erfolgreich hiergegen: Sie „entfolgen“ sofort.

Generell gebe ich Ihnen an vielen Stellen in diesem Buch den Tipp, nicht-werblich in die Onlinekommunikation mit Ihren Lesern und Followern zu gehen. Stellt man Lösungsansätze und Mehrwert-Informationen in den Vordergrund, statt die eigenen Produkte und Dienstleistungen, so ist dies in der Regel viel wirkungsvoller – und es sorgt für deutlich mehr Reichweite. Zusammenfassend lässt sich von einer indirekten Vermarktungsstrategie sprechen. Bei dieser zählt der Aufbau einer Reputation, einer Community oder eines Expertenstatus deutlich mehr, als der direkte Absatz. Zumal bloßes Verkaufen rein über Social-Media-Kanäle bislang in nur wenigen Fällen möglich ist. Und dennoch gibt es Branchen, bei denen werbliche Botschaften in sozialen Netzwerken erstaunlich gut funktionieren. Im Bereich Heimtierbedarf etwa, um ein Beispiel zu nennen, sind mir derlei Mechanismen aufgefallen. Viele Konsumenten scheinen sich dort an einer extrem werblichen Ansprache bei Facebook & Co. kaum zu stören. Noch schlimmer: Sie erkennen diese oftmals überhaupt nicht als Werbung. Dann wird selbst der direkte Verkaufslink als hilfreiche Empfehlung wahrgenommen. Ganz nach der Devise: „Das ist aber nett, dass sich jemand extra die Mühe macht, mir ein passendes Produkt anzubieten.“ Etwas verallgemeinernd formuliert, handelt es sich dabei um Verbraucherschichten und Zielgruppen die

a) eher weniger onlineaffin sind, insofern sie nicht zwischen werblichen und nicht werblichen Onlinetexten, Links, Empfehlungen etc. unterscheiden können,

b) generell eine eher nicht-kritische Haltung an den Tag legen,

c) auch im Offline-Leben sehr fleißig und gerne konsumieren und

d) hauptsächlich dem B2C- und Konsumgüterbereich zuzurechnen sind.

Erkennen Sie sich beziehungsweise Ihre Kunden hier wieder, so können Sie unter Umständen deutlich großzügiger mit werblichen Botschaften arbeiten. Selbst wenn ich persönlich der Meinung bin, dass man mit dem qualitativen Ansatz langfristig weiterkommt. Das Gleiche gilt – man denke an das Beispiel McDonalds – für Inhaber starker Marken: Dass deren Produkte im Vordergrund der Kommunikationsbemühungen stehen, das wird als selbstverständlich akzeptiert. Es finden sich dennoch oder gerade deswegen genügend Fans.

Weiterhin kann es sein, dass sich einzelne Produkte Ihrer Angebotspalette eher dazu eignen, unverblümter an den Mann/die Frau gebracht zu werden. Oder Sie nutzen hierfür gar einen eigenen Kanal, wie eine spezielle Facebook-Seite (siehe Abschnitt 4.1), der dann nicht mit Ihren auf Mehrwert bedachten Social-Media-Kommunikationssträngen konkurrieren muss. Über diesen ist eventuell gleich der direkte Produktabsatz möglich, der zunächst für einzelne, wenig komplexe Verkaufsstrecken mit einer breit aufgestellten Zielgruppe angetestet werden kann. Was der Spagat zwischen direktem „Verkaufen" und reinem „Appetit anregen" in den sozialen Netzwerken weiterhin für Fragen aufwirft, dazu erfahren Sie unter anderem in Abschnitt 4.1.2 mehr.

Ein gelungenes Beispiel für die ausgewogene Kombination von Mehrwert-Inhalten und Werbung beziehungsweise direktem Produktabsatz ist die Anwendung Click'n'Style von Otto (*www.blogprofis.de/buch/facebookotto*, siehe Bild 3.15).

Bild 3.15 Hier kann man sich seine eigene Kollektion zusammenstellen und anderen Nutzern präsentieren. Der Warenkorb kann direkt in Facebook befüllt werden, der letzte Kaufschritt erfolgt jedoch immer noch über den Otto-E-Shop.

Weniger schön ist dann allerdings das Ende des Verkaufsprozesses im eigentlichen Onlineshop, außerhalb von Facebook. Denn unter Umständen erfährt man erst dort, dass die gewünschte Ware ausverkauft ist, wie in Bild 3.16 zu sehen.

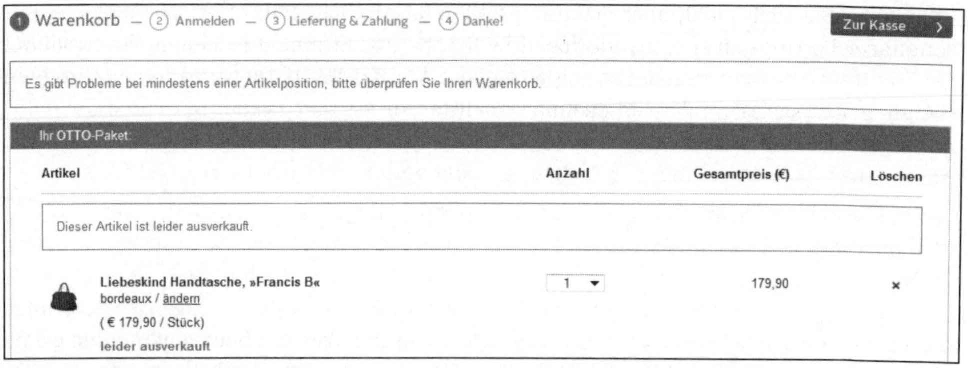

Bild 3.16 Bei einem solchen Medienbruch zwischen sozialem Netzwerk und eigentlichem Portal können unangenehme Nebeneffekte auftreten. Das vergrault potenzielle Nutzer.

3.4.10 Bleiben Sie „sauber". Und halten Sie durch.

Kommen Sie niemals auf die Idee, neue Fans bzw. Follower über nicht ganz einwandfreie oder gar unerlaubte Methoden zu generieren. Etwa über Spam-Methoden oder noch Schlimmeres (Fan-Kauf & Co.). Ich schreibe dies deswegen, weil ich weiß, dass nicht wenige Unternehmen vergleichbare Angebote von obskuren „Dienstleistern" erhalten. Und einige widerstehen der vermeintlich schnellen Lösung nicht. Zum einen kann man sich mit derlei Maßnahmen seine Online-Reputation nachhaltig zerstören. Zum anderen erkennen Anbieter wie Facebook jegliche Manipulationsversuche immer besser. Der Netzwerkriese geht inzwischen deutlich rigoroser hiergegen vor, seit er immer stärker mit Vorwürfen mangelhafter Qualität der gebotenen Inhalte konfrontiert wird.

Man geht mittlerweile sogar davon aus, dass Facebook die einzelnen Profile qualitativ einstuft. Wer dann gegen Richtlinien verstößt, der wird (ähnlich wie bei den Suchmaschinen) mit einem niedrigeren „Rang" bestraft. Das wiederum hätte eine geringere Sichtbarkeit zur Folge. Selbst Google scheint nicht jeden Link aus jedem Social-Media-Profil in gleicher Weise zu behandeln. Das spricht für eine Art netzwerkübergreifende Trust-Einstufung. In einem solchen Fall verscherzt man es sich also nicht nur mit einem einzigen Anbieter, sondern gegebenenfalls mit mehreren.

Bild 3.17 Hüten Sie sich vor Angeboten wie diesem hier bei eBay.

Versuchen Sie auch nicht, über Schattenprofile und Ähnliches für eine künstliche Verbreitung Ihrer Postings zu sorgen, oder positive Inhalte und Stimmen zu kaufen. Kontrollieren Sie in dieser Hinsicht gegebenenfalls auch Ihren Social-Media-Dienstleister. Nachrichtenströme in den sozialen Netzwerken sind sehr transparent, und das dauerhaft. Es wäre mehr als unangenehm, wenn jemand diese Versuche entdecken würde, egal ob Mensch oder Maschine. Übrigens, wie bereits kurz angedeutet: Auch Ihre Mitarbeiter müssen in dieser Hinsicht geschult werden. Niemand aus der Belegschaft sollte aus falsch verstandenem Ehrgeiz heraus versuchen, auf versteckte Art und Weise sein Unternehmen zu verteidigen oder zu loben.

Angebote wie in Bild 3.17 gibt es nur deswegen, weil die meisten Unternehmer sehr ungeduldig an das Thema Social Media herangehen. Dann soll alles von heute auf morgen gehen. Ein erfolgreiches Profil bei Facebook, Twitter, Google+ oder Xing aufzubauen, das benötigt viel Geduld und Zeit. Hier ist Ihr Durchhaltevermögen gefragt, aber auch Ihre Energie. Je mehr Sie investieren – in Form intensiver Betreuung und einzigartiger Inhalte –, umso eher wird diese Strategie aufgehen. Selbst wenn Sie früher schon einmal erfolglos die ersten Schritte in einem sozialen Netzwerk unternommen haben, so muss das längst nicht bedeuten, dass es wieder so mühsam wird. Vielleicht war damals Ihr Ansatz falsch oder Ihre Erwartungshaltung. Ich hoffe, dass dieses Buch neue Anregungen bietet. Und: Es hat sich viel getan im Social-Media-Umfeld. Selbst Branchen, die man früher nicht unbedingt bei Facebook & Co. erwartet hätte, haben heutzutage gute Chancen. Es gibt genügend Erfolgsbeispiele hierfür.

3.5 Ziele und Strategie festlegen

Nun wissen Sie, wie man trotz aller Unterschiede bei den diversen Anbietern generell im Bereich Social Media kommuniziert. Bevor Sie nun die einzelnen sozialen Netzwerke näher betrachten oder sich gar für die eine oder andere Plattform entscheiden wollen, so sollte der Fokus zunächst auf eine sehr grundlegende Frage gerichtet werden: Was möchten Sie mit einer Social-Media-Kommunikation Ihres Unternehmens erreichen? Was sind Ihre Ziele? Diese Frage klingt einfach, ist aber nur schwer zu beantworten. Konfrontiert man einen Unternehmer mit derlei Überlegungen, was er eigentlich in den sozialen Netzwerken „will“, so fängt oft das große Grübeln an. Ich kenne nicht wenige Firmeninhaber, die deswegen bei Facebook & Co. aktiv sind, weil man das „halt so machen muss, heutzutage“. Noch schlimmer: Hinter vorgehaltener Hand äußern gefühlt mehr als die Hälfte die Vermutung, dass „das alles eigentlich gar nichts bringe“. Wie soll es auch, wenn man sich vorab wenig Gedanken darüber gemacht hat, was man mit einem solchen Schritt erreichen möchte. Ergänzend, aber auch abgrenzend zu den bisherigen Online- und Offline-Kommunikationsmaßnahmen.

Im Folgenden finden sich einige Fragestellungen, die Sie bei der Ziel- und Strategiedefinition weiterbringen sollen. Diskutieren Sie diese – sofern möglich – in Ihrem Team, mit Ihren Marketingverantwortlichen, idealerweise gar mit einigen Ihnen nahestehenden Kunden. Je besser vorbereitet Sie in das Web 2.0 treten, umso eher werden die ersten Schritte auch erste Erfolgserlebnisse nach sich ziehen.

3.5.1 Wen und was möchten Sie erreichen und warum?

Sie als Leser dieses Buches haben eine bestimmte Motivation, um den nicht ganz unbeschwerlichen Weg hin zu eigenen Firmenauftritten in den wichtigsten sozialen Netzwerken zu gehen. Ansonsten könnten Sie ja alles beim Alten belassen. Ihr Unternehmen wird (hoffentlich) nicht gerade von akuten Existenznöten befallen sein, will heißen: Sie verfügen bereits über einen festen Kundenstamm sowie Akquise-Kanäle zur Gewinnung neuer Kunden. Warum also nun noch Social Media? Folgende Szenarien sind denkbar, wenn Sie sich recht neu im Umfeld der sozialen Netzwerke bewegen:

- Sie wollen **neue Märkte erschließen**. Erhoffen sich über die sozialen Netzwerke also den Kontakt zu Kundengruppen, die Ihrem Unternehmen und seinen Produkten bislang kein oder wenig Interesse entgegenbrachten. Das allerdings würde voraussetzen, einen Weg zu finden, mit neuen Ideen der Interessentenansprache zu arbeiten. Denn es wird Ihnen niemand alleine aus dem Grund zuhören, weil Sie das Kommunikationsmedium wechseln. Etwas hart formuliert: Interessieren sich die Nutzer eines sozialen Netzwerks bislang in der realen Welt nicht für Ihre Produkte, warum sollten Sie es jetzt auf einmal tun?
- Sie möchten **neue Zielgruppen erreichen**. Etwa – absichtlich ein wenig klischeehaft formuliert – die jungen, mobilen, onlineaffinen und interaktiven Käuferschichten von Facebook, oder aber technikbegeisterte, seriöser kommunizierende und individueller, „rebellischer" ausgerichtete Verbraucher, die Facebook eher verpönen, und daher auf Twitter oder Google+ setzen. Das kann funktionieren. Aber auch nur, wenn
  - Ihre Vorstellung von diesen Zielgruppen in den einzelnen Medien (noch) mit der Realität übereinstimmt, und wenn
  - auch hier wieder überhaupt ein Interesse an Ihren Waren und Dienstleistungen besteht.

  Unter Umständen sollte man sich also zunächst Gedanken über neue Produkte bzw. Produktgruppen machen, bevor man ein weiteres/anderes Publikum ansprechen will. Am Beginn eines solchen Prozesses steht die Marktforschung, erst dann die Onlinekommunikation. Auch wenn bereits vorhandene, schon gut genutzte Social-Media-Kanäle natürlich dafür verwendet werden können, neue Angebote testweise zu offerieren.
- Sie suchen hauptsächlich nach einer neuen onlinebasierten Form, um sich **mit Ihren bestehenden Kunden und Interessenten auszutauschen**. Das macht vor allem dann Sinn, wenn Ihr Webportal sehr statisch gestaltet ist, und/oder Sie nicht über einen Blog oder Ähnliches verfügen, der eine solche Web-gestützte Interaktion bieten kann. Je nach Branche lohnt es sich dann zu evaluieren, welches Netzwerk einen möglichst großen Teil Ihres Kundenkreises abdeckt. Denn die Kundenansprache über verschiedene Plattformen möglichst einheitlich (kein Nutzer möchte Informationen vorenthalten bekommen) und dennoch individuell (nach den Gegebenheiten des Netzwerks) zu gestalten, das kann schnell anstrengend werden. Und: Stellen Sie sich selbstkritisch die Frage, ob der Kanal Social Media tatsächlich (kosten-) effizienter arbeiten kann, als vorhandene Kontaktmöglichkeiten (Callcenter etc.).
- Sie wollen **mit der Zeit gehen**, keinen Online-Trend verschlafen, als Innovationsführer in Ihrer Branche gelten. Das ist eine gute und eine nützliche Motivation. Je früher man in eine neue Technologie einsteigt, umso mehr kann man sich von den Wettbewerbern absetzen. Wer etwa zu Anfangszeiten des Internets, von anderen oft belächelt, rechtzeitig auf eine eigene Webseite setzte, der profitiert noch heute sehr gut davon. Etwa was den

SEO-Effekt anbelangt. Dennoch: Einfach nur ohne genaueren Plan „mitzumachen", das wird auf Dauer wenig befriedigend sein. Machen Sie sich also jetzt schon Gedanken darüber, wie Ihr Social-Media-Engagement konkret aussehen soll.

Für eben diese Konkretisierung der Ziele/Strategie bietet der folgende kleine Leitfaden eine gute Unterstützung, den Sie Punkt für Punkt durchgehen können. Machen Sie alleine oder besser gemeinsam ein Brainstorming, etwa mit der MindMap-Methode (*http://de.wikipedia.org/wiki/Mind-Map*), so dass sich nach und nach die wichtigsten Handlungsfelder herauskristallisieren.

Fragestellung	Mögliche Antworten/Ansatzpunkte
In welchen Bereichen soll Social Media meine bisherigen Marketing- und Vertriebsbemühungen ergänzen/ersetzen?	▪ Produktkommunikation an Kunden und/oder Interessenten ▪ Streuen von PR-Maßnahmen und -Aktionen ▪ Ansprache von Multiplikatoren (Presse, Blogger, potenzielle Handelspartner, Fachorganisationen & Verbände) ▪ Alternativer Kanal für Kundenbetreuung und Support ▪ Auch: Personalakquise und andere periphere Ziele
Welches sind hierbei jeweils die konkreten Zielsetzungen?	▪ Mehr Kontakte/Leads, mehr Umsatz ▪ Mehr „Fans" ▪ Mehr Kunden-Feedback ▪ Schnellere, direktere Kommunikation ▪ Etablierung eines eigenen Kampagnenmanagement-Kanals für das Medium Social Media (so wie Newsletter, Print, Direktwerbung, Online, Events) ▪ Kostensenkung ▪ Steigerung Markenbekanntheit ▪ Aufbau Expertenstatus ▪ Alleinstellungsmerkmal gegenüber Mitbewerber
Welchen Anteil soll Social Media kurz-/mittel-/langfristig an welcher Zielerreichung haben?	Beispiele: Nach 12 Monaten sollen 15 Prozent aller Leads aus Social-Media-Kanälen gewonnen werden, mittelfristig soll das Marktforschungs-Budget für externe Dienstleister/Umfragen um 30 Prozent sinken
Welche Maßnahmen eignen sich für welches Ziel?	▪ Schaffung eigener Expertenkanäle mit zu postenden Praxistipps für die wichtigsten Netzwerke ▪ Social-Media-Kolumnen (oder eigene Kanäle), etwa der Art „Hier twittert der Produktmanager, der Kundenberater ..." ▪ Erarbeitung und Kommunikation spezieller Marketing- und Vertriebsangebote nur für die sozialen Netzwerke ▪ Einbindung von Content-Partnern, die interessante Informationen und Artikel beisteuern ▪ Hinweis auf die Social-Media-Kontaktmöglichkeiten im Kundenservicebereich etc. ▪ Aktive Bewerbung der Social-Media-Kanäle bzw. eines Kanals als Anlaufstelle für Produktvorschläge, Kunden-Feedback, die Bildung von Kunden-Nutzergruppen etc.

Fragestellung	Mögliche Antworten/Ansatzpunkte
Welche Netzwerke eignen sich jeweils?	Siehe Kapitel 4
Wer ist für die Ausarbeitung der Maßnahmen zuständig, wer für die tatsächliche Kommunikation/Beitragserstellung, wer für die Beantwortung von Leserfragen und -Kommentaren? Welche Ressourcen müssen hierfür geblockt oder aufgebaut werden?	Aufgabenteilung zwischen (Online-) Marketing, PR, Presse, Customer Service und Support, (lokalen) Vertriebsorganisationen, Technik (bei Supportanfragen), Produktmanagement, ggf. externen Agenturen ... In diesem Zusammenhang zu klären: Ist ein zentrales Social-Media-Team zuständig, oder die jeweilige Fachabteilung? Wer soll Kampagnen organisieren, wer muss gegebenenfalls Inhalte beisteuern? Dürfen diese Inhalte jeweils direkt kommuniziert werden, oder gibt es eine kontrollierende Instanz (Vorsicht: unschöner Zeitverzug)?
Wie soll der Erfolg gemessen und kontrolliert werden?	▪ Eigener Tracking-Kanal in Google Analytics & Co. ▪ Entwicklung der Anzahl Fans/Follower, Anzahl der Kommentare, Anzahl der Direktnachrichten aus einem Netzwerk etc. ▪ Anzahl beantworteter Anfragen durch Social-Media-Mitarbeiter ▪ All dies in Relation zu den Aufwendungen für die einzelnen Kommunikationsmaßnahmen

3.5.2 Lohnenswerte Themen, Empfänger und Medien evaluieren

Natürlich kann die vorangehende Tabelle nur einige Maßnahmen eher allgemeiner Art vermitteln. Die Schwierigkeit, mit der ein Fachbuch wie dieses an einem solchen Punkt zu kämpfen hat: Es gibt nicht *die* Social-Media-Ziele und auch nicht *die* Social-Media-Strategie. Was für den kleinen Imbiss um die Ecke wenig praktikabel sein mag, das funktioniert prima für die Fast-Food-Franchise-Kette. Richtig schwierig wird es, wenn man die unterschiedlichsten Branchen und Industrien gleichfalls mit beleuchten will. Und, wie in den Abschnitten zur Suchmaschinenoptimierung bereits erläutert wurde, selbst bei annähernd gleicher Betriebsgröße und gleichem Sektor können die Ergebnisse einer strategischen Analyse sehr unterschiedlich ausfallen. Zu vielfältig sind die einzelnen Einflussfaktoren, zu vielschichtig die persönliche Unternehmenssituation, die dahintersteckenden Wünsche, Hoffnungen aber auch Befindlichkeiten.

Es gibt dennoch eine ebenso wirksame wie einfache Methode, vorausschauend zu planen, die ich bereits erwähnt hatte: Schauen Sie sich an, wie andere Unternehmen in Ihrem Umfeld und mit Ihren Zielgruppen jetzt schon in den sozialen Netzwerken kommunizieren. Welcher Beitrag erzeugt wie viele ReTweets bei Twitter? Wird wie oft auf Facebook der „Daumen hoch", bei Google das Plus geklickt? Wie viele Kommentare zieht ein Posting nach sich? Auch wenn es sich seltsam anhören mag: Sie sollten einer der besten Fans der Social-Media-Auftritte Ihrer Mitbewerber werden, was das mitlesen anbelangt. Nur so erfahren Sie:

- Welche Themen lohnen sich für welches zu erreichende Ziel?
- Aber auch: Welche Themen finden keinen oder gar negativen Zuspruch?

- Welche Arten von Nutzern lesen und kommentieren typischerweise, handelt es sich also überhaupt um jene Zielgruppen, die Ihr Unternehmen ansprechen möchte?
- Für welchen Zweck und in welchem Fall funktioniert Facebook oder Twitter, Google+, Xing ... besser?

Selbstverständlich sollen Sie die Kommunikation Ihrer Konkurrenz nicht einfach nachahmen, das würde wohl nur bedingt funktionieren. Aber Sie werden immer neue Ideen entwickeln, die sich Stück für Stück ausprobieren und verfeinern lassen. Da uns der englischsprachige Raum bei der Social-Media-Nutzung – gerade in weniger online-affinen Branchen – meist deutlich voraus ist, so lohnt gleichzeitig ein Blick über die Ländergrenzen hinweg. Das hat meist gleich mehrere Vorteile:

1. Frische Marketing-Ideen aus Übersee sind hier zu Lande meist noch wenig verbreitet, Sie sichern sich damit also die nötige Aufmerksamkeit.
2. Die Kampagne eines lokal operierenden „Mitbewerbers", etwa aus den Vereinigten Staaten, lässt sich sicherlich weniger unverfänglich nachahmen, als wenn Sie die Konkurrenz aus Ihrer Stadt imitieren.
3. Durch in der Regel mehr Social-Media-Nutzer im englischsprachigen Ausland sind die zugehörigen Kampagnen an einer breiteren Basis getestet worden. Die Gefahr von Blindgängern minimiert sich also.

Dennoch sollten Sie in solchen Fällen Vorsicht walten lassen. Werbe-Sitten im anglo-amerikanischen Raum sind nicht selten deutlich rauer als hier zu Lande. Was über dem Teich als frech gilt, kann bei uns eine Provokation oder gar eine Unverschämtheit darstellen, bzw. Tabus berühren. Und Sie wissen ja: Einmal losgelassen, ist ein Ausruf in die Social-Media-Welt hinein kaum mehr zu bändigen.

PRAXISTIPP: Erfolgreiche Strategien und Kampagnen unterschiedlichster Branchen lassen sich unter anderem über Social-Media-Preisverleihungen herausfinden und studieren. Hier eine Auflistung entsprechender Initiativen aus dem englisch- aber auch dem deutschsprachigen Raum:

- The Shorty Awards (*http://shortyawards.com*)
- The Bees Awards (*www.beesawards.com*)
- Facebook Studio Awards (*www.facebook-studio.com/awards/*)
- Deutscher Social-Media-Preis (*http://socialmediapreis.twittwoch.de*)
- Award Corporate Communications (*www.facebook.com/awardcc*)

3.5.3 Hilfe bei der Umsetzung

Eine Social-Media-Strategie wird schnell recht komplex, und schreit dann förmlich nach einem/einer Kommunikationsexperten/-expertin oder einem ganzen Team. Schließlich gilt es, nicht einfach nur irgendetwas zu posten. Eine einfache Supportanfrage via Facebook mag schnell und unkompliziert beantwortet sein. Doch wenn es um die Gestaltung ausgeklügelter, mehrstufiger Kampagnen auf den einzelnen Plattformen geht, dann reicht es eben meist nicht mehr, nur zu schreiben: „Lieber Fan, wir haben dieses ganz spezielle Angebot x für dich". Vor allem mittlere bis größere Unternehmen vertrauen in diesem Fall entweder auf eigene Social-Media-Experten im Team oder auf externe Agenturen. Im Prinzip gelten hierbei sehr ähnliche Regeln und Hinweise, wie ich Sie Ihnen zum Thema SEO Mitarbeiter- und Dienstleisterakquise gegeben habe (unter anderem in Abschnitt 2.1.3 und 2.2).

Dennoch muss man im Social-Media-Umfeld fast noch genauer hinschauen, vor allem was die Unterstützung durch Agenturen anbelangt. Das ist darin begründet, dass Social Media als Thema weniger speziell, weniger genau umrissen, aber auch weniger greifbar ist, als die Suchmaschinenoptimierung. Die folgende Aussage mag nun vielleicht ein wenig böse klingen. Und dennoch ist es so, dass sich heutzutage nahezu jeder IT- und Online-Dienstleister als Social-Media-erfahren brüstet. Schließlich hat jeder schon einmal bei Facebook gepostet oder einen Twitter-Account angelegt und gepflegt. Hinzu kommt die Erwartungshaltung der Kunden. Es zählt eben nicht mehr nur, ob der Marketing-Dienstleister – egal ob Textagentur oder Bewegtbild-Spezialist – in seinem Metier gute Arbeit leistet. Nein, der Kunde als König will unbedingt auch Social-Media-Erfahrung mitbuchen. Ob das nun für den jeweiligen Auftrag zwingend notwendig ist oder nicht. So gewinnt am Ende der vermeintliche Allrounder – der dann zwar alles kann, aber nicht alles davon richtig. Bei großen Agenturen mit eingespielten, interdisziplinären Teams mag das kein Problem sein. In der Drei-Mann/Frau-Agentur schon. Versichern Sie sich also vor Vertragsunterzeichnung, analog zu den SEO-Tipps, dass

- das Arbeiten in sozialen Netzwerken nicht nebenbei gemacht wird, sondern der Großteil der Projekte der Agentur oder des entsprechenden Ansprechpartners aus reinen Social-Media-Aufträgen besteht. „Rein" bedeutet in diesem Zusammenhang: Der Auftrag bestand darin, eine Kampagne in einem oder mehreren Netzwerken von Anfang bis Ende zu konzipieren und zu begleiten. Nicht darin, einfach nur eine Facebook-Pinnwand grafisch aufzuhübschen oder einen Social-Media-Button in das CMS zu integrieren.
- nachweisliche Kampagnenerfolge vorliegen. Welche Reichweite konnte mit welcher Aktion bei welchem Kunden erzielt werden? In welchem Umfang konnte die Zahl der Fans und Follower nachhaltig (!) gesteigert werden? Wie wurden die Erfolge gemessen?
- nicht nur eine einmalige Aktion begleitet wurde, die nur kurzfristige Wirkung zeigte. Wurde ein generelles Content-Konzept für die Social-Media-Kommunikation der Referenzunternehmen erarbeitet? Welche Bestandteile enthielt diese? Auf welcher Grundlage wurden Empfehlungen für einzelne Kommunikationsmaßnahmen ausgesprochen? Wie erfolgte die Wettbewerbs-Analyse?
- der Dienstleister den Kunden nicht unnötig von sich abhängig machte. Wurden entsprechende Mitarbeiter vor Ort geschult, um einzelne oder sämtliche Kommunikationsmaßnahmen zu übernehmen? Wann waren diese so weit, alleine „loszulegen"? Wie wurden die Maßnahmen begleitet/einem langfristigen Monitoring unterzogen? In welchen Fällen musste der Dienstleister korrigierend eingreifen?

Wenn Sie einer Agentur oder einem Berater all diese Fragen stellen, dann merken Sie recht schnell, ob genügend fachliche Substanz hinter seinen Aussagen steckt.

Zudem ist es auch hier von sehr großem Nutzen, wenn der Dienstleister nicht nur das Social-Media-ABC beherrscht, sondern sich gleichzeitig mit den Gepflogenheiten Ihrer Branche, Produkte und Dienstleistungen auskennt. Es gibt bereits die ersten Agenturen im

Social-Media-Bereich, die sich auf spezielle Kundendisziplinen spezialisiert haben. Etwa im Finanzdienstleistungs- oder im industriellen Umfeld. Das kann Vorteile und Nachteile haben. Der Vorteil liegt mit echtem Insider-Wissen auf der Hand. Der Nachteil: Die Kommunikation wird schnell einmal austauschbar. Studiert man in einem solchen Fall die Social-Media-Kanäle von Dienstleister A und Dienstleister B, so ist keine individuelle Handschrift zu erkennen. Und gerade eine solche ist in den sozialen Netzwerken enorm wichtig, möchte man sich nachhaltig einen Namen aufbauen.

PRAXISTIPP: Wie Sie sehen, vereint sich hinter guter, wirksamer Social-Media-Kommunikation geballtes Fachwissen. Expertise in Onlinemarketing-Mechanismen, der PR-Arbeit, dem Texten, der Technik, der Analyse, dem fachlichen Wissen Ihrer Branche. Von daher sollten Sie Ihr hausinternes Social-Media-Team stets so facettenreich wie möglich zusammenstellen. Der eigentliche Social-Media-Manager (oder der externe Dienstleister), ergänzt um das Know-how aus dem Pressebereich, dem Vertrieb, der Produktabteilungen und mehr. Ein solches Kernteam wird unter Umständen deutlich erfolgreicher agieren, als ein noch so guter Einzelkämpfer.

Sind Sie sich nicht sicher, inwieweit ein eigener Social-Media-Mitarbeiter/Mitarbeiterin eine Unterstützung darstellen würde, so können Sie dies mithilfe einer Agentur oder eines freien Mitarbeiters zunächst ausprobieren. Wenn die Strategie erste Erfolge aufweisen kann, lässt sich immer noch über eine Festanstellung nachdenken. Dann kann Ihr Auftritt in den sozialen Medien durchaus noch einmal einen Schub erfahren, da sich ein interner Mitarbeiter ausschließlich um Ihre Belange kümmert. Vorsicht würde ich hingegen bei einem zu wilden Mix aus verschiedenen Aufgabengebieten walten lassen. Wenn die Social-Media-Fachkraft zum „Marketing-Mädchen-für-alles“ werden soll, was man leider nicht gerade selten beobachtet, sorgt das nicht nur für Frust bei dem Mitarbeiter. Kollisionen mit anderen Medien aber auch Interessen innerhalb des Unternehmens lassen sich dann kaum vermeiden – und umso weniger gut kommt die Social-Media-Strategie voran. ■

Ob man sich nun für eine interne oder eine externe Unterstützung entscheidet: Der Social-Media-Manager hat keine leichte Aufgabe vor sich. Neben den eher administrativen Tätigkeiten (Texten, Kontakte aufbauen, Analysieren) geht es vor allem darum, dass die verantwortliche Person nach und nach:

- Nicht nur den Markt, sondern jede einzelne Zielgruppe in jedem einzelnen Netzwerk intensiv kennen lernt und diese versteht.
- Ein offenes Auge für Bedürfnisse, Vorlieben, Denkweisen aber auch typische Kritikpunkte der Fans und Follower entwickelt.
- Die gleiche „Sprache“ wie diese Fans spricht (wichtig für die Art und Ausgestaltung der Kommunikationsmaßnahmen, aber ebenso im Falle von notwendig werdender Deeskalation). Dies möglichst von Natur aus, um authentisch zu wirken.
- Reichweiten von zu postenden Themen irgendwann bereits im Vorfeld abschätzen kann, und spannende sowie lohnenswerte Themen intuitiv erkennt.

- Sich intensiv mit den Social-Media-Zielgruppen vernetzt (geschäftlich und privat).
- Sämtliche Unternehmensbereiche und das dort vorhandene weiter zu kommunizierende Wissen in die Strategie mit einfließen lässt.

All diese Punkte sprechen natürlicherweise eher für einen eigenen Mitarbeiter, denn für eine doch anonymer agierende Agentur. Aber auch für einen Mitarbeiter, der a) in der Welt der Zielgruppe bereits zu Hause ist, und den Sie b) möglichst lange bei sich im Unternehmen halten. Versteht sich ein Social-Media- oder auch ein Blog-Verantwortlicher perfekt mit Ihren Fans und Followern, so kann der Schaden bei einem Mitarbeiterwechsel enorm sein. Auch diesen Aspekt gilt es zu berücksichtigen.

3.6 16 Tipps für die erfolgreiche Social-Media-Kommunikation

Im Rahmen meiner Arbeit mit Kunden aber auch bei der Recherche zu diesem Buch habe ich zahlreiche kleinere Tipps und Tricks gesammelt, die den Einstige in die Thematik sehr erleichtern, aber auch für nachhaltige Erfolge sorgen. Diese lassen sich kaum in logisch aufeinanderfolgende Unterkapitel einordnen, da sie die unterschiedlichsten Themenbereiche betreffen. Mal treffen sie zudem für ein ganz bestimmtes Netzwerk zu, mal für fast alle Anbieter. Von daher möchte ich Ihnen diese Ratschläge als lose Tipp-Sammlung präsentieren, in der man immer wieder einmal stöbern kann. Setzen Sie die Hinweise nach und nach um. Schnell wird Ihnen klar werden, was in Ihrem spezifischen unternehmerischen Kontext funktioniert und was nicht.

3.6.1 Wer folgt mir (nicht mehr)?

Ihr Auftritt in den sozialen Netzwerken lebt davon, wer Ihnen folgt. Egal, ob es sich hierbei um Facebook-Fans, Twitter-Follower, Personen in den Google+-Circles oder Xing-Kontakte handelt. Auch wenn diese Arbeit mit der Zeit recht mühsam wird: Schauen Sie stets, wer da in Ihre Kreise tritt. Die meisten Netzwerke stellen hierfür Funktionen bereit, die per E-Mail regelmäßig über neue Mitglieder und Follower berichtet. Insbesondere bei Twitter ist es gar nicht immer so einfach, die richtigen Rückschlüsse über die Art der Folgenden zu ziehen. Denn dort steht die hohe Anzahl an anonymisierten Nutzernamen im Wege. Dann lassen sich entsprechende Erkenntnisse meist nur über die (inhaltlich dünne) Vita oder aber über die getwitterten Inhalte herauslesen, was dementsprechend mühsam ist. Warum ist das Monitoring der Art „Wer folgt mir“ dennoch so wichtig?

- Sie werden immer Follower bekommen, die man gut und gerne als „Spam“ bezeichnen kann. Bei denen Sie sich wundern, warum diese, etwa bei Privatpersonen aus dem Ausland mit ganz anderen Interessen und Schwerpunkten, an Ihren Nachrichten interessiert sein sollten. Nicht selten kommen diese Personen über Automatismen zu Ihnen und hoffen, einen „Follow-Back“ zu erheischen. Also über derartige Maßnahmen ihre eigenen

Follower-Zahlen in die Höhe zu treiben. Dennoch sind die Personen, die Ihnen bzw. Ihrem Unternehmensauftritt folgen, ein guter Indikator dafür, ob Sie den richtigen Tonfall und die richtige Ansprache treffen. Entsprechen die meisten der neuen Kontakte nicht Ihren Zielgruppen, so liegt dies höchstwahrscheinlich an der Art der Inhalte, die Sie im jeweiligen Netzwerk publizieren.

- Andererseits stößt man über diese Recherche nicht selten auf Kontakte, die höchst wertvoll sind. Das können wichtige Multiplikatoren in Ihrer Branche sein (Presse- und Verbandsverantwortliche, Fachautoren und -Blogger, gar Mitbewerber) oder einflussreiche Social-Media-Nutzer mit großer Gefolgschaft. Folgen diese Personen Ihnen, so sind sie schon einmal grundlegend an Ihren Inhalten interessiert. Eine nicht werbliche (!) Direktansprache – idealerweise über das entsprechende Netzwerk – zwecks Aufbau einer Kooperation, Erfahrungsaustausch, gegenseitigen Gastartikeln, Experteninterviews für Ihren Webseiten-Content etc., fällt dann umso leichter. Sie bekommen also mögliche Partner quasi auf dem Silbertablett präsentiert – und haben zudem einen Grund, diese auch anzuschreiben.
- Zudem werden Sie beobachten können, das einzelne Beiträge, die Sie posten oder weiterteilen, direkt für deutlich mehr neue Fans sorgen, als üblicherweise. Ein wichtiges Indiz dafür, dass es sich demnach um einen besonders wirkungsvollen Inhalt handelt. Die darin enthaltenen Erfolgs-Mechanismen lassen sich somit unter Umständen in weiteren Texten und Postings nachahmen.

Umgekehrt sollten Sie gleichzeitig ein Auge darauf haben, wer Ihnen nicht mehr folgt. Lässt sich hieraus ein Muster ableiten? Sind die Inhalte für bestimmte Zielgruppen nicht mehr interessant genug? Streuen Sie zu viele werbliche Beiträge? Oder Texte zu den stets gleichen, austauschbaren Themen? Sind Sie vielleicht zu viel aktiv oder zu wenig? Diese Fragen und mehr sollen Sie sich stellen, wenn Ihre Follower-Zahlen deutlich sinken. Oder aber ein wichtiger Multiplikator aus Ihrem Netzwerk austritt. Unter Umständen können Sie bei einzelnen Personen, mit denen Sie etwa schon Kontakt hatten, nachhaken, um zu erfahren, warum diese sich für ein „Unlike" entschieden haben.

Es gibt übrigens Werkzeuge wie Quitter (*http://useqwitter.com*), mit denen man evaluieren kann, wer einem nicht mehr folgt. Auch für Facebook gab es solche Dienste, das soziale Netzwerk hat diese jedoch deaktivieren lassen. Sie entsprachen nicht dem Geschmack des marktführenden Anbieters. Für Google+ wechseln die Tools. Wenn Sie herausfinden möchten, welche aktuellen Möglichkeiten es derzeit gibt, so hilft eine Google-Abfrage der Art: „Wer folgt mir nicht mehr auf Twitter/Facebook/Google+...". Wobei Sie sehr kleine, unbekannte Anbieter lieber meiden sollten, da sich dahinter teils auch Schadprogramme verstecken können.

PRAXISTIPP: In manchen Netzwerken, etwa bei Xing, lassen sich Freundschafts- bzw. Geschäftspartneranfragen auch ablehnen beziehungsweise einfach durch Nicht-Bestätigen ins Leere laufen lassen, was einer Ablehnung gleich kommt. Ist eine Anfrage allzu werblich, inhaltlich sehr unpassend, oder können und wollen Sie nicht hinter dem Geschäftsmodell oder den sonstigen Interessen des Gegenübers stehen, dann ist dies durchaus zulässig. Im wahren Leben kann sich ein Unternehmen schließlich nicht auch ausschließlich Freunde machen.

So heischen derzeit bei Google+ Personen mit rechtsextremem Hintergrund danach, in fast beliebige Kreise aufgenommen zu werden, wohl um ihren eigenen Onlinestatus zu verbessern. Sie können diese im Falle von Google+ nicht aus Ihren Kreisen ausschließen, aber zumindest für jegliche Kommunikation aussperren. Dabei sind deren Ansichten meist erst auf den zweiten Blick erkennbar, etwa in den Postings. Ein Grund mehr, sich seine Fans, Follower etc. ganz genau anzuschauen, wenn man die Zeit hierfür aufbringen kann. Denn eine unerwünschte Gefolgschaft könnte auch für das Ansehen Ihrer Firma zum Problem werden. Ganz unabhängig davon, dass man extreme oder gar gesetzeswidrige Meinungen nicht unbedingt in seinem Umfeld haben möchte.

Aber auch Firmen mit – sagen wir einmal – zwielichtigen oder unseriösen Geschäftsmodellen machen Jagd auf Kontakte. Dies dient dem Versuch, sich mit namhaften „Fans“ einen besseren Ruf zu verschaffen. „Wenn der dem folgt, dann kann das Angebot ja nicht so schlecht sein“, diese sehr menschliche Denkweise soll somit angesprochen werden. ■

HINWEIS: Einige Experten sind der Meinung, man solle potenziell interessante Follower, die man gerne für die eigenen Profile gewinnen möchte, aktiv ansprechen. Dies nach der Art „Ich habe spannende Inhalte für dich, magst du mir nicht folgen?“ Nicht nur im unternehmerischen Umfeld halte ich dies für äußerst unseriös und wenig hilfreich. Man kann sich mit solchen Maßnahmen sehr schnell das eigene Online-Renommee zerstören. Nichts ist tödlicher, als wenn Ihr Account und damit Ihre Firma, als Spam-Schleuder die Social-Media-Runde macht.

Etwas anderes ist die Funktionalität, einen (noch nicht folgenden) Twitter-Nutzer auf den eigenen Account aufmerksam zu machen, wenn dieser auf Ihrer Webseite den Teilen/Twittern-Button nutzt. Das wird durchaus akzeptiert, und ist sogar sehr hilfreich bei der Gewinnung neuer Follower. Bei meinen eigenen Versuchen ging die Zahl der neuen folgenden Personen teilweise deutlich nach oben, sobald ich diese Funktionalität integrierte. Wie sie mithilfe des Attributs *data-related* umgesetzt werden kann, das verrät die Twitter-Hilfe unter *http://dev.twitter.com/docs/tweet-button* (dort im Teil „Related accounts“, siehe auch Bild 3.18). Sie sollten also prüfen, ob die nützliche Erweiterung auf Ihrer Homepage bereits zum Einsatz kommt. ■

Bild 3.18 So sieht die Funktion in der Praxis aus: Nach erfolgtem Klick auf den Twittern-Button lässt sich der eigene Account empfehlen. Die Box erscheint dann bei allen Twitter-Nutzern, die Ihnen noch nicht folgen.

3.6.2 Wem soll ich folgen?

„Folge jedem, der auch dir folgt", diesen Ratschlag hört man leider immer wieder. Für einen selbstständigen Berater oder Dienstleister am Anfang seiner Social-Media-Karriere mag das gelten. Etwa, wenn Personen aus der gleichen Fachrichtung ihm folgen, und er mit einem Follow-Back seinen Dank für die Unterstützung, aber auch seine Bereitschaft zum gegenseitigen Austausch ausdrückt. Oder, wenn man einen Geschäftspartner persönlich kennt/kennen gelernt hat, und dieser dann auch auf den wichtigsten Social-Media-Kanälen den Kontakt herstellt. Dann folgt man fast schon intuitiv zurück, auch das ist mehr eine Frage des Respekts und der Höflichkeit. Bei allem anderen – etwa wenn es sich um einen Firmen-Account im Konsumgüterbereich handelt, dem die Endverbraucher folgen – wird eine solche gegenseitige Interaktion nicht erwartet und kann gar etwas seltsam wirken.

„Folge den Größen deiner Branche", auch das ist kein Muss. Hinter diesem Ratschlag steckt die Hoffnung, dass man von diesen „Größen" zurückgefolgt wird. Ja, das kann durchaus passieren. Ein solches Vorgehen macht aber auf Dauer weder Spaß, noch ist es sonderlich effizient. Sie werden sich, gerade bei Twitter, schon die Mühe machen müssen, für den jeweiligen potenziellen Empfängerkreis spannende Nachrichten zu verfassen, um neue Follower zu erreichen. Und: Erfüllt man diese Erwartungshaltung an die geposteten Inhalte nicht, so ist man schnell wieder aus der Freundesliste gestrichen. Vor allem prominentere, im Sinne von sehr gut vernetzte, Twitter-Nutzer suchen sich sorgfältig aus, wem sie ihrerseits folgen. Sie tun dies nicht rein aus dem Gedanken heraus „Der war so nett, mir zu folgen, also muss ich das umgekehrt nun genauso machen". Kommunizieren Sie Mehrwert, kommunizieren Sie regelmäßig und mit Bedacht, dann kommen die Follower von ganz alleine. Und dies ohne dass Sie sich rein „strategisch" auf die Suche nach Personen machen müssen, die Ihnen irgendwann vielleicht einmal zurückfolgen *könnten*.

Mein Tipp zur Frage „Wem soll ich folgen?" mag etwas banal klingen. Doch unabhängig von den gerade aufgestellten Regeln, in welchen Fällen es sinnvoll ist, jemanden quasi automatisch als gegenseitigen Kontakt zu bestätigen: Folgen Sie den Twitterern, liken Sie die Fanpages oder nehmen Sie jene Google+-Accounts in Ihre Kreise auf, die Sie mögen. Deren Beiträge Sie gut finden, die Ihnen einen Mehrwert bringen, oder deren Produkte und Dienstleistungen Sie toll finden. Insbesondere für Twitter gibt es einige Online-Tools, die das Aufspüren potenziell interessanter Kontakte erleichtern sollen (siehe *http://tweetranking.com* oder *http://wefollow.com*). Oder Sie nutzen die Google-Suche „(Deutsche) Twitter Charts", da in diesem Bereich die Anbieter immer wieder einmal wechseln. Ebenfalls nützlich sind Listen von Meinungsführern, beispielsweise unter *www.blogprofis.de/buch/influencer.*

PRAXISTIPP: Bevor Sie anfangen, anderen Personen und Unternehmen zu folgen: Pflegen Sie Ihr Profil in dem jeweiligen Netzwerk gut. Dazu gehört (je nach Anbieter) etwa das Hinterlegen eines persönlichen Fotos (keiner nichts sagenden Dummy-Grafik), das aussagekräftige Ausfüllen der Vita bzw. Kurzbeschreibung, gegebenenfalls Kontaktmöglichkeiten, eigene Web-Projekte etc. Je mehr Mühe Sie sich hierbei geben, umso eher steigt die Chance, dass das Gegenüber zurückfolgt. Bei Google+ etwa folge ich persönlich so gut wie nie einer Person zurück, die kein Bild oder ein sonstiges beschreibendes Merkmal eingetragen hat. Denn ich möchte schon wissen, mit wem ich es „zu tun" habe, und wen ich in meine Kreise mit aufnehme. Außerdem haben sich anonyme Kontakte im Nachhinein zu oft als Spam etc. herausgestellt. ■

3.6.3 Pflegen Sie Ihre treuesten Fans

Wenn Sie bereits eine Weile auf Facebook und anderen Plattformen aktiv sind (aber auch wenn Sie treue Kunden mit in den jeweils neuen Auftritt dort mitbringen), werden sich mit der Zeit einige „Key User“ herausbilden. Diese teilen Ihre Inhalte besonders häufig, kommentieren rege Ihre Aktivitäten sowie Nachrichten, tauschen sich auf Ihren Social-Media-Seiten mit anderen Nutzern aus. Ich brauche wohl kaum zu erwähnen, dass diese Fans sehr wichtig für einen Auftritt in den sozialen Medien sind. Man nennt sie neudeutsch auch Brand Evangelisten oder Markenevangelisten/Markenbotschafter. Wobei der Begriff des Markenbotschafters nicht klar definiert ist. Oft werden damit auch Mitarbeiter bezeichnet, welche die Produkte ihres Arbeitgebers nach außen hin „leben“. An dieser Stelle sind hingegen Kunden beziehungsweise Interessenten gemeint, die sich aus der Öffentlichkeit heraus für eine Firma/Marke einsetzen. Man kennt das Phänomen von Apple. Wohl jeder ist schon einmal einem Apple-Jünger begegnet, der alle seine Kontakte von den iProdukten überzeugen wollte – ohne hieraus irgendeinen finanziellen Vorteil zu ziehen.

Da diese Personen – wenn sie bei Facebook, Twitter & Co. auftreten – in ihrer Ausprägung doch meist ein Phänomen des Web 2.0 sind, so spreche ich persönlich von dem/der Social-Media-BotschafterIn. Denn es geht den besonders aktiven Mitstreitern nicht immer nur vordergründig um Ihr Unternehmen oder Ihre Produkte. Manchmal gefällt ihnen das zu Grunde liegende inhaltliche Thema, das sie mit „unters Volk“ bringen wollen. Oder aber sie schätzen Ihre Beiträge im Facebook-Account, nutzen die Twitter- und Google+-Botschaften auch für ihren eigenen Nachrichtenstrom etc. Blogger, die regelmäßig über Ihr Unternehmen sowie dessen Aktivitäten in den sozialen Netzwerken berichten, können ebenfalls derartige Social-Media-Botschafter sein (siehe Abschnitt 3.6.3). Das kann sich zudem enorm positiv auf Ihren Backlink-Aufbau auswirken. Wichtig ist es nun, diese Mitstreiter zu pflegen, und ab und an auch einmal zu belohnen. Dann steigt nicht nur die Chance, dass man sehr lange von deren nützlichen Aktivitäten in den eigenen Social-Media-Profilen profitiert. Auch neue Botschafter werden hierdurch angezogen. Wie kann eine solche Pflege oder auch Belohnung aussehen? Zum Beispiel so:

- Die wichtigste Belohnungsart: Man erwähnt diejenige Person, mit Verlinkung ihres Social-Media-Profils, der Blog-URL etc. immer wieder einmal, etwa in einer Quellenbezeichnung, als Ideengeber für einen Beitrag. Oder man bedankt sich schlicht und einfach für die interaktive Teilnahme, für deren Beantwortung der Frage eines Nutzers, die Schlichtung einer kontroversen Diskussion etc.
- Man bittet sie über eine Direktnachricht um Rat zu einer geplanten Social-Media-Aktivität, einer Crowdfunding-Aktion etc. Dies sollte man nicht übertreiben, damit sich der Evangelist nicht ausgenutzt fühlt. Oder aber man bietet eine kleine nicht-monetäre Gegenleistung hierfür an (etwa die Verlinkung des Blogs der Person von der Unternehmensseite aus).
- Man nimmt persönlich Kontakt auf, lädt den Botschafter zu einem Firmen-Event oder zu einer spannenden Messe ein etc. Hier ist jedoch Fingerspitzengefühl gefragt: Diejenige Person sollte nicht den Eindruck gewinnen, man wolle sie „kaufen“.
- Nach erfolgter Kontaktaufnahme ist es denkbar, den Fan in Produkttests, Entscheidungsfindungen des Produktmanagements etc. einzubinden, oder aber eine Kooperation mit dessen Onlineportal/Blog einzugehen. Diese Kooperation kann auch in einer Werbe-

buchung oder Ähnlichem bestehen. Dann jedoch wird der Nutzer schnell seinen unabhängigen Status auf Ihren Social-Media-Seiten verlieren, denn andere Fans vermuten in einem solchen Fall zu Recht eine einflussnehmende Abhängigkeit. Von daher gilt es derartige Wechselbeziehungen unbedingt transparent zu machen, und zwar auf beiden Seiten (in Ihrem Unternehmensauftritt und bei dem Blogger).

- Manche Unternehmen haben einen besonders aktiven Botschafter gar ganz offiziell eingestellt, etwa als Autor oder Redakteur des Corporate Blogs. Jemanden besseren kann man eigentlich nicht finden, der sich a) mit der Social-Media-Kommunikation auskennt, und b) auf sehr authentische Weise hinter dem Unternehmen und seinen Produkten steht.

In Bild 3.19 sehen Sie ein kleines Beispiel, wie ein solches Dankeschön oder auch eine Kooperation aussehen kann.

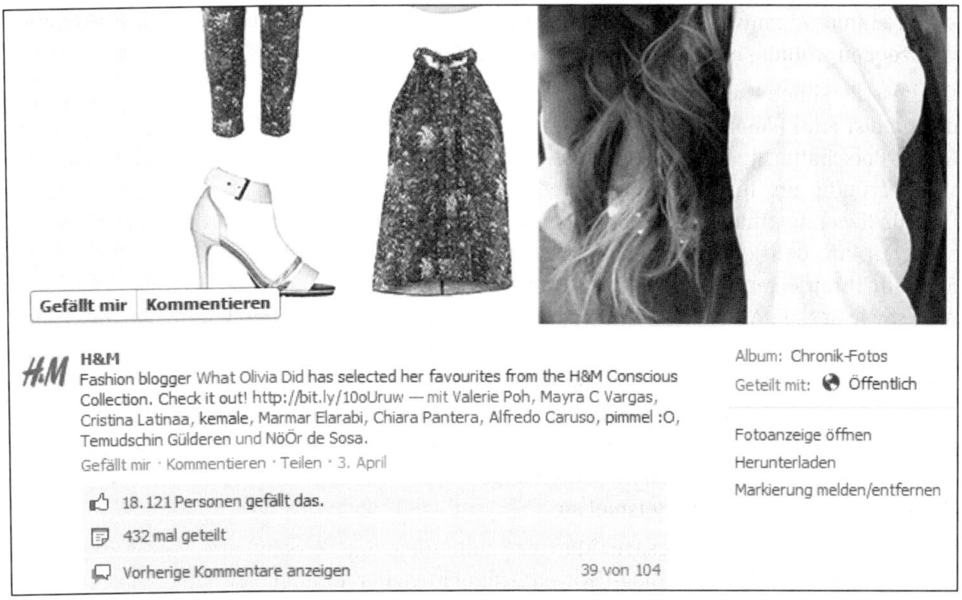

Bild 3.19 Dieses Modeunternehmen erwähnt den Beitrag einer wohl befreundeten Modebloggerin. Mit erstaunlichem Erfolg, wie man anhand der „Likes“ aber auch der Kommentare sehen kann.

Legendär und symbolhaft für die Macht von Markenfans im Social-Media-Umfeld ist übrigens das Beispiel „Nogger Choc“. Hier hatten Nutzer eines sozialen Netzwerks dazu beigetragen, ein beliebtes Speiseeis wieder neu aufleben zu lassen, wobei nicht sämtliche Aspekte zur vollen Zufriedenheit der Markenbotschafter liefen (siehe hierzu den Bericht unter *www.blogprofis.de/buch/nogger*).

Verlassen Sie sich jedoch nicht zu sehr auf Ihre Social-Media-Botschafter oder die regelmäßig rege tätigen Firmenblog-Leser. Gerade bei kleineren Unternehmen und Selbstständigen können diese eine Reichweite und Prominenz vortäuschen, über die man eigentlich gar nicht verfügt. Evangelisten schmeicheln der Unternehmerseele. Man sollte dabei jedoch nicht die hoffentlich ebenfalls wachsende Anzahl der sonstigen Besucher, Interessenten und Follower außer Acht lassen.

3.6.4 Seien Sie aktiv, nicht nur bei sich

Dieser Tipp gilt als Ergänzung und quasi Gegenpol zu Abschnitt 3.4.8. Natürlich wird man kurzfristig auf Ihren Social-Media-Account aufmerksam werden, wenn Sie jemandem neu folgen, oder ihn in Ihre Kreise aufnehmen. Von daher ist dieses schlichte Folgen durchaus ein Bestandteil des Selbstmarketings. Doch um Aufmerksamkeit zu erreichen, gibt es ein weit effizienteres und nachhaltiger wirkendes Mittel, das zudem auch noch Ihre (Firmen-) Interessen und Ihr Know-how in den Blickpunkt der Öffentlichkeit rückt. Es ist vor allem für selbstständige Experten und Freiberufler geeignet. Aber auch für Protagonisten eines Unternehmens, jedoch eher in Ihrer persönlichen Funktion, und nicht als offizielles Sprachrohr. Beteiligen Sie sich täglich so aktiv wie möglich in den für Ihren Zweck wichtigen Netzwerken. Schauen Sie nach, was andere Twittern, und antworten Sie auf einzelne spannende Tweets, zu denen Sie eine Rückfrage haben. Markieren Sie Seiten, die Ihnen gefallen, mit dem berühmten „Gefällt mir". Oder stellen Sie probeweise eine PreSales-Nachfrage an einen potenziellen Partner bzw. Lieferanten nicht per E-Mail, sondern per Twitter. Verfolgen Sie die in Ihrem unternehmerischen Kontext wichtigsten Facebook-Seiten und Google+-Profile, und beteiligen Sie sich an dortigen Fachdiskussionen. Sie werden schnell merken, welche überaus werthaltigen Kontakte hierdurch zu Stande kommen. Es gibt zahlreiche Werkzeuge, um einzelne spannende Social-Media-Profile ausfindig zu machen, und um deren Kommunikation effizient zu beobachten bzw. sich daran zu beteiligen (siehe hierzu Abschnitt 3.7.2). Ein schöner Nebeneffekt: Sie lernen so sehr schnell die Mechanismen und „How Tos" der sozialen Medien kennen, und Sie werden sicherer in Ihrer Kommunikation.

Dieses Aktiv-sein bedeutet aber, wie bereits erwähnt, gleichzeitig: Kommunizieren und teilen Sie nicht nur Ihre eigenen Nachrichten. Nicht nur bei Twitter kann Ihre Gefolgschaft insbesondere dann in die Höhe gehen, wenn Sie Nachrichten, Link- und Beitragsquellen anderer Webseiten unter Ihre eigenen mischen. Die dann natürlich bestmöglich zu Ihrer Kommunikation und den Interessen Ihrer Zielgruppen passen (aus deutschsprachigen und je nach Gefolgschaft/Thema auch aus fremdsprachigen Quellen). Manchmal werden externe Informationen sogar eher geteilt und weiterverbreitet, als Ihre eigenen. In einem solchen Fall muss man sich keinesfalls grämen. Das Renommee Ihres Social-Media-Profils profitiert dennoch davon.

PRAXISTIPP: Dieses Prinzip kann sogar so weit gehen, dass Sie den Inhalt eines indirekten Mitbewerbers streuen. Viele Unternehmer eher alten Schlages würden eine solche Vorgehensweise für verrückt halten. Doch genau so funktionieren die Mechanismen des Web 2.0. Denn authentischer kann eine Unternehmens-Kommunikation gar nicht wirken, als wenn man eben über den eigenen Tellerrand hinausschaut, und sehr freizügig mit der Empfehlung anderer Quellen umgeht. Theoretisch *könnten* Sie vielleicht den einen oder anderen Interessenten beziehungsweise gar Kunden an die „Konkurrenz" verlieren. Dafür gewinnen Sie mit einer offenen, rein auf den Mehrwert für die Leser bedachten Ansprache umso mehr neue Fans & Follower, die andernfalls wohl nie auf Sie aufmerksam geworden wären.

Ich selbst gehe sehr offen damit um, nützliche Beiträge anderer Berater in meinem Umfeld über Twitter, Google+ und Facebook zu streuen. Ganz einfach, weil ich weiß, dass meine Leser sich für diese Informationen interessieren. Zumal enthalten fremde Quellen differenzierte Standpunkte, beleuchten andere Schwerpunkte etc. Sie machen den eigenen Kommunikationsstrang also deutlich vielfältiger. Bislang habe ich mit einer solchen Vorgehensweise sehr gute Erfahrungen gesammelt. Auch wenn ich natürlich weiß, dass sie sich nicht für alle Branchen und alle unternehmerischen Philosophien gleichermaßen eignet. Probieren Sie aus, ob und wie das zu Grunde liegende Prinzip in Ihrem persönlichen Kontext wirkt. ■

Für einen Freiberufler oder eine kleine Agentur wird dieses Teilen und sich Beteiligen schon kurz nach dem Start in die Welt der sozialen Netzwerke selbstverständlich sein. Für größere Unternehmen hingegen können vergleichbare Aktivitäten durchaus ein Problem darstellen, da sie sich stets auf ein offizielles, einheitliches Sprachrohr einigen müssen, oder da – wie in Abschnitt 3.4.8 beschrieben – in vielen Fällen ein allzu werblicher Eindruck entsteht, wenn sich eine Firma äußert. Von daher kommunizieren die meisten Unternehmen – wenn es nicht um ihre eigenen Produkte und Belange geht – nur höchst neutral, oder gar überhaupt nicht öffentlich nach außen. Dann stellt sich die Frage: „Kann" ein Unternehmen und eben nicht eine Privatperson oder ein Selbstständiger etwas liken? In der offiziellen Funktion und quasi stellvertretend für möglicherweise tausende Mitarbeiter einen Kommentar abgeben? Oder eine Onlinequelle weiterempfehlen, die aus der Sicht der Personalabteilung relevant sein mag, die Vertriebsmannschaft jedoch so überhaupt nicht interessiert? In solchen Fällen macht es Sinn, neben dem offiziellen Unternehmens-Account auch einzelne, hierzu autorisierte Mitarbeiter in den sozialen Netzwerken sprechen zu lassen. Diese tun sich mit der netzwerkübergreifenden Kommunikation, also auch auf anderen Seiten und Profilen, meist um einiges einfacher.

Ein solcher Protagonist kann der Unternehmens- oder Abteilungsleiter sein, der Social-Media-Manager, der Pressesprecher, das Sammel-Profil des Support-Teams, aber auch jedweder sonstige Mitarbeiter – dann aber idealerweise (sofern in den einzelnen Netzwerken möglich) mit einem separaten unternehmensbezogenen Account, nicht mit dem rein privaten. Bei Twitter etwa ist es problemlos möglich, hierfür verschiedene Profile zu nutzen (siehe die Tipps auf *www.blogprofis.de/buch/corporatetwitter* oder *www.blogprofis.de/buch/twitteranleitung*). Ein Xing-Account ist per se personen- und gleichzeitig firmenbezogen, so dass sich dieses Problem dort weniger stellt. Bei Facebook hingegen gilt es einige weitere Punkte zu beachten, nachzulesen unter *www.blogprofis.de/buch/corporatefacebook*.

Eine andere Möglichkeit: Manche Unternehmen lassen eine Art Maskottchen für sich sprechen. Das ist Geschmackssache, ich weiß. Es kann aber dennoch dabei helfen, das Dilemma zwischen offiziellen und weniger offiziellen Äußerungen zu lösen. Ein Beispiel hierfür bietet die Bausparkasse Schwäbisch Hall mit seinem „Bausparfuchs" (siehe Bild 3.20 auf der nächsten Seite).

Bild 3.20 Der Bausparfuchs spricht auf seiner eigenen Facebook-Fanseite und hat zudem einen Firmenblog.

3.6.5 Schnelligkeit gewinnt

Soziale Medien sind schnelllebig. Das ist übrigens ein Grund dafür, warum viele Unternehmer den Aufwand für die inhaltliche Pflege scheuen. Ein Beitrag kann kurzfristig sehr wirksam sein, dann aber schnell im Nirvana von Facebook & Co. verschwinden. Trösten Sie sich: Ein guter Post ist dennoch in den Köpfen der Beteiligten verankert. Außerdem bleibt Ihnen immer noch ein gewisser SEO- aber auch Social-Media-Effekt, etwa durch hinzugewonnene neue Likes, Retweets und Fans/Follower.

Schnelllebig heißt aber eben auch schnell. Twitter etwa wird, wie Sie noch erfahren werden, für die Krisen-PR oder zur Live-Berichterstattung über Veranstaltungen eingesetzt. Dann folgen die Tweets nicht selten im Sekundentakt aufeinander, vorausgesetzt Ihre Follower akzeptieren ein solches Bombardement. Doch es kommt nicht vorrangig auf die hohe Taktzahl an, sondern auf die Aktualität. Bringt Ihr Unternehmen ein neues, für die Zielgruppe sehr spannendes Produkt heraus, so wäre es fatal, wenn zunächst Ihre Presseabteilung hierüber berichtet, und dann erst mit einiger zeitlicher Verzögerung das Social-Media-Team. Warum?

a) Die Pressemitteilung wird schnell von anderen (sozialen) Medien und Kanälen aufgegriffen. Dann verbreiten sich deren Botschaften viral. Das nützt Ihnen natürlich auch, aber die eigenen sozialen Accounts haben nichts von diesem kostenlosen Traffic und den Social Shares/Social Signals. Ist die Nachricht von hoher Bedeutung, so werden zudem die anderen Medien neue Fans generieren, und eben nicht Sie.

b) Aufgeschreckt von der Meldung werden wichtige Multiplikatoren auf Ihren Social-Media-Seiten Ausschau nach zusätzlichen Informationen halten. Ist dort nichts zu lesen, so wird das Thema oftmals nicht weiter verfolgt.

c) Der wohl gewichtigste unschöne Effekt: Ihre Fans werden es schade finden, über Dritte von der Produktneuerung erfahren zu müssen – und es gibt nichts schlimmeres, als enttäuschte Social-Media-Fans. Das kann bis hin zum Abwandern zu anderen Accounts in den sozialen Medien führen.

Im Arbeitsalltag bedeutet dies nun Folgendes: Steht irgendeine wichtige Unternehmens- und/oder Produktmeldung an, so müssen die Social-Media-Verantwortlichen rechtzeitig vorher mit ins Boot geholt werden. Schließlich gilt es, ein spannendes Event beziehungsweise dessen Kommunikation auch gut vorzubereiten. Denn die Botschaften müssen dann schnell/aktuell sein, aber auch vom Inhalt her „sitzen". Unternehmens- und PR-übergreifende Redaktionssitzungen eignen sich prima für die konzertierte Vorab-Planung.

Was man ebenfalls nicht unterschätzen sollte: Direkt nach der Veröffentlichung einer spannenden Nachricht sollten genügend versierte Fachkräfte zur Verfügung stehen, um Kommentare beantworten zu können, auf Gerüchte und Ähnliches einzugehen, gegebenenfalls kurzfristige weitere Meldungen in die sozialen Netzwerke zu streuen etc. Auch hierfür ist ein vorangegangenes ausführliches Briefing sehr wichtig (Welche Meinung darf wie durch wen an wen kommuniziert werden?), idealerweise unter Vorbereitung diverser Antworten zu möglichen auftretenden Fragen. Denn, wenn die Kommunikation über die einzelnen Kanäle hinweg nicht stringent und schlüssig ist, oder sich gar Widersprüche ergeben, so erntet man großes Chaos. Ihre Produktmanager würden in einem solchen Fall nicht gerade erfreut sein über den misslungenen Start.

PRAXISTIPP: Schnelligkeit in den sozialen Medien bedeutet jedoch auch, dass die Social-Media-Verantwortlichen jederzeit auf kritische Situationen reagieren können. Nehmen wir das Beispiel eines Lebensmittelskandals. Nicht nur direkt involvierte Unternehmen müssen dann schnell reagieren. Auch und gerade in den sozialen Netzwerken, in denen sich viele kritische Verbraucher tummeln. Äußern Sie sich mit einer unmittelbar verfassten aber dennoch intern abgesprochenen Meinung (für diesen Prozess muss es Notfallpläne in Ihrem Unternehmen geben), bevor Ihre Nutzer und Fans es tun. Der Social-Media-Manager ist gerade in Urlaub? Der Chef weiß das Passwort vom Twitter-Account nicht, während sich dort schon die Tweets anderer Nutzer zum Thema stapeln? Der Vertriebsleiter lässt sich aus seiner Verzweiflung heraus über sein privates Profil zu einem ungeschickten Facebook-Post verleiten? Das kann sich schnell zum PR-Desaster ausweiten.

Um über kritische Situationen automatisch informiert zu werden, so sollten die wichtigsten Protagonisten in Ihrem Unternehmen entsprechende Monitoring-Dienste, wie Google Alerts und Ähnliche, einsetzen (siehe Abschnitt 3.7.2.4). Aber auch hier gilt wieder: Mitarbeiter und treue Kunden, die zuerst von der Krise erfahren, müssen wissen, an wen sie sich zwecks Weitergabe der Nachricht wenden können. Und: Der Presse- bzw. Marketingverantwortliche darf in diesem Moment die Social-Media-Abteilung nicht vergessen. Das ist alles leider schon vorgekommen.

3.6.6 Persönlichkeit und Transparenz

Insbesondere Selbstständige und Freiberufler aber auch Firmeninhaber können mit der eben geschilderten Beteiligung einen Status als Social-Media-Experte erlangen. In ihrem jeweiligen fachlichen Metier wohlgemerkt, nicht als Fachmann für die Onlinemarketing-Disziplin. Es gibt in fast allen Branchen mehrere „Gurus“, mit einer entweder sehr großen, oder auch einer kleineren und dafür feinen, sehr zielgerichteten Gefolgschaft. Im Prinzip ist es heutzutage sehr viel einfacher, einen solchen Status zu erlangen. Musste man früher mühsam als Redner von Veranstaltung zu Veranstaltung reisen, Ämter in fachlichen Institutionen erlangen (Handels- und Handwerkskammern etc.) oder ein viel beachtetes Fachbuch schreiben, so gelingt dies heutzutage in nicht wenigen Fällen vom heimischen Schreibtisch aus.

Persönlichkeit lautet dabei das Erfolgsrezept. Denn diese Experten wissen nicht mehr als andere Dienstleister und Unternehmensverantwortliche in ihrem Bereich. Doch sie geben ihr Fachwissen regelmäßig online preis, das ist der große Unterschied. Und sie teilen dieses preisgegebene Wissen fleißig mit den bereits vorhandenen Followern, was schnell andere interessierte Leser auf den Plan ruft. Mit der Zeit verselbständigt sich ein solcher Prozess gar. Das Social-Media-Posting eines Experteninterviews oder -Gastbeitrags auf einem Fachblog – stets mit Ihrem Namen, einer eigenen kleinen Vita, einem persönlichen Bild sowie einer direkten Kontaktmöglichkeit (E-Mail und Social-Media-Accounts) versehen –, sorgt dann dafür, dass sich plötzlich andere, teilweise weit prominentere Medien melden. Und schon ist man im Gespräch. Wichtig hierbei: Ihre Postings sollten nicht nur bestehen aus „Ich habe hier ein Interview x gegeben und wurde auf Portal y mit meinen Tipps erwähnt“. Streuen Sie genügend gänzlich andere Nachrichten darunter, sonst wird das Ganze schnell langweilig. Und wenn man als Experte den Bogen überspannt, und sich zu sehr in den Vordergrund rückt, dann ist der Grat zwischen als nützlich betrachtetem Wissen und „Spam“ sehr schmal – selbst wenn Ihre Inhalte noch so hilfreich sein mögen.

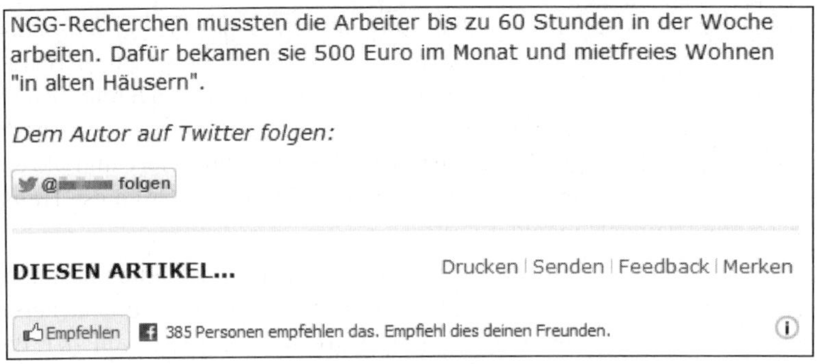

Bild 3.21 Selbst eine solche sehr einfache Funktion bedeutet ein Plus an Persönlichkeit: Bei diesem Nachrichtenmagazin kann man dem Autor des Beitrags auf Twitter folgen. Ein Vorbild auch für die Unternehmenskommunikation.

HINWEIS: Wenn Sie in den sozialen Medien Expertentipps geben oder entsprechende Online-Interviews etc. weiterverbreiten: Es versteht sich von selbst, dass die eigentlichen Inhalte dann variieren sollten. Es gibt Fachexperten, die online-medial sehr gut präsent sind. Welche jedoch die immer gleichen Fragen mit den immer gleichen Antworten streuen. Das kommt auf die Dauer bei keiner Stammleserschaft gut an.

Übrigens: Fachliche Gastbeiträge und Ähnliches zu verfassen, das kostet viel Zeit. Die Inhalte sind aber gleichzeitig eine sehr wertvolle Grundlage etwa für einen Firmenblog. Sie müssen damit das Rad nicht immer gleich neu erfinden, sondern können Texte in Teilen doppelt verwenden. Auf dem fremden und auf dem eigenen Portal. Wobei Sie stets darauf achten sollten, die Beiträge jeweils komplett umzuschreiben, unter anderen Gesichtspunkten zu beleuchten/zu ergänzen oder mit um weitere Inhalte erweiterten Ausschnitten zu arbeiten. Somit vermeiden Sie die SEO-Problematik Duplicate Content (siehe Abschnitt 1.4.2). Aber auch mit dem Portal, das den Gastbeitrag veröffentlicht, sollten Sie ein solches Vorgehen abstimmen. Sonst erhalten Sie unter Umständen den Ruf eines wenig verlässlichen Content-Partners.

Mit dem Punkt Transparenz meine ich Folgendes: Persönlichkeit wirkt auch dann, wenn Sie andere in Ihren Onlinemedien zu Wort kommen lassen, oder diese auf externen Profilen über Ihr Unternehmen schreiben. Dem Leser sollte dann jedoch stets klar sein:

a) Handelt es sich um einen (freien) Mitarbeiter des Unternehmens oder um eine außenstehende Person?
b) Gibt es ein sonstiges Abhängigkeitsverhältnis (beauftragter Journalist, PR-Agentur, Zulieferer des Unternehmens, gesponserter Beitrag)?
c) Ist der vorliegende Beitrag eine offizielle Unternehmensmeldung, ein Advertorial oder ein unabhängiger redaktioneller Beitrag?

Diese Informationen lassen sich dezent etwa in den Autorenprofilen unterbringen. Es muss nicht immer vollkommene Neutralität vorherrschen, wenn über Ihre Angebote berichtet wird. Auch dass sich beispielsweise das Autorenteam eines Corporate Blogs oder das Social-Media-Team aus internen und externen Kräften zusammensetzt, das macht die gesamte Kommunikation deutlich abwechslungsreicher. Der kritische Leser honoriert und akzeptiert dies, wenn er weiß, wer jeweils dahinter steckt. In einigen Branchen wird diese Transparenz dennoch eher gefragt sein, als in anderen.

„Ein persönliches Gesicht wirkt mehr als die Marke", diesen Grundsatz können sich aber auch größere Unternehmen zu eigen machen – und sei es nur für einzelne inhaltliche Bereiche. Hier zu Lande große Bekanntheit erlangte etwa die Marketingkampagne von 1&1, die einen „Leiter Kundenzufriedenheit" in den Vordergrund ihrer Kommunikation stellte, statt das Unternehmen selbst. Solche Prozesse wirken im Social-Media-Umfeld umso besser. Doch sie müssen auch zur Firmenphilosophie passen. Gleichzeitig bedeutet Persönlichkeit für größere Firmen aber auch, nicht immer nur die PR-Agentur für sich sprechen zu lassen, sondern auch selbst zu kommunizieren. Gerade das nicht-perfekte, nicht immer zu 100 Prozent Durchdachte macht dann attraktiv und glaubwürdig – bei nicht selten deutlich geringeren Kosten.

Bild 3.22 Eine solch umfassende Autorenbeschreibung wie in diesem Corporate Blog ist vorbildlich. So kann sich der Leser ein Bild über die Hintergründe machen. Transparenz ist ein wichtiges Aushängeschild bei der Social-Media-Kommunikation.

3.6.7 Lasst Bilder sprechen

Textbasierte Botschaften sind, nicht nur was den SEO-Effekt anbelangt, besonders wirksam. Nicht zuletzt die sozialen Netzwerke haben jedoch zur zunehmenden Verbreitung von grafischen Informationen beigetragen. Egal, ob es sich um gelungene oder besonders originelle Fotografien, Infografiken oder Videos handelt. Insofern wirkt ein Social-Media-Account sehr einseitig und langweilig, wenn er nicht immer wieder einmal derartige Bilder streut. Insbesondere im lifestyle- und mode-affinen Konsumgüterbereich arbeiten die meisten Firmen fast ausschließlich mit grafischen Informationen. Dort ist es auch nicht schwer, vergleichbare Motive zu finden. Leserwettbewerbe, Home- und Anwenderstories, bebilderte Stylingsowie Deko-Tipps und Ähnliches mehr dienen als abwechslungsreiche aber auch günstige Lieferanten. Um sich Anregungen hierfür zu holen, so reicht es aus, die bekanntesten Markenauftritte der Branche etwa bei Facebook zu studieren.

Schwieriger wird es in weniger fotogenen Produktumfeldern oder im Dienstleistungsbereich. Doch im Prinzip lassen sich dort ganz ähnliche Muster nachahmen:

- Von Fans/Kunden gemachte Fotografien sorgen dafür, dass diese zumindest in deren Kreisen weiterverbreitet werden. Das muss aber nicht immer relevant für Ihr Geschäftsmodell sein, wenn die Bekanntschaft zwar das Bild toll findet, aber nichts mit Ihrem Unternehmen und dessen geschäftlichen Gegenstand anzufangen weiß.
- Idealerweise enthalten solche Bilder also auch gleich noch eine Botschaft, die sich auf den ersten Blick erschließt. Etwa, wenn der zufriedene Kunde der Kfz-Werkstatt neben seinem Oldtimer stolz die eben erhaltene TÜV-Bescheinigung in die Kamera hält. Das gäbe zudem eine prima Fotostory beziehungsweise Bildersammlung für Facebook.
- Auch ohne Kundeneinsatz lässt sich plakativ arbeiten. Beispielsweise, indem der Steuerberater demonstriert, wie aus einem unübersichtlichen Aktenordner-Haufen die überschaubare Steuererklärung auf dem USB-Stick wird. Hier ist Kreativität gefragt.

- Quasi die Königsdisziplin: Mehrwert-Content wie Praxistipps oder Listen („Die zehn ...“), die in Form so genannter Infografiken visualisiert werden. Hier müssen zwei Dinge zutreffen: Der Inhalt muss neu und spannend sein, die Grafik professionell aufbereitet werden. Insbesondere der erste Punkt wird nur selten berücksichtigt. Mittlerweile fluten so viele nichts sagende Infografiken das Web, dass es immer schwerer wird, mit diesem an sich tollen Medium die Aufmerksamkeit der Leser zu gewinnen. Gelungene Beispiele aus der Praxis finden sich unter *www.awwwards.com/infographics-of-the-online-world.html*.
- Ganz ähnlich im Bereich Video: Hier herrscht sehr oft Aktionismus vor. Nur weil die Protagonisten sichtlich ihren Spaß haben, oder nur weil Sie eine fünfstellige Summe für die Produktion ausgeben, so muss das Ergebnis noch lange nicht den gewünschten Mehrwert bieten. Nachrichten, die erst durch den Bewegtbild-Kanal gut erklärt werden können („Wie baue ich das neue Reisebett-Produkt in zwei Minuten auf?“, „Wie starte ich mit dem neuen Softwarefeature xy in kurzer Zeit durch?“) sind hierbei gefragt, oder die eine viral wirkende, überraschende Wendung enthalten (Sie kennen sicherlich den Spot vom Rocker, der seinem Sohn stolz das via Bausparvertrag zu Stande gekommene Eigenheim präsentiert). Hier hilft es, YouTube nach Beispielen aus Ihrer Branche zu durchsuchen, die auch tatsächlich eine relevante Anzahl von Klicks sowie positive Kommentare erzeugen können.

Der Grat zwischen „interessanten“ und „nichts sagenden“ bildhaften Botschaften ist dabei generell sehr schmal. Die typischen Aufnahmen vom Messestand, dem Unternehmensleiter beim Vortrag oder der Häppchen-Platte beim Firmenevent interessieren niemanden so wirklich. Jedes Bild muss auf seine Weise eine Geschichte erzählen, nur dann wirkt es. Diese Geschichte kann humoriger, informativer, interaktiver oder rätselhafter Natur sein.

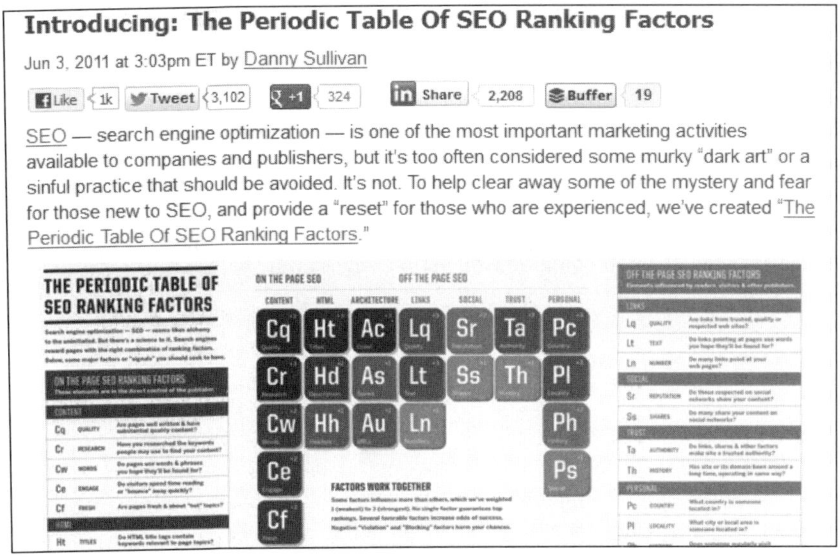

Bild 3.23 Wenn auch sehr komplex gestaltet, so verbreitete sich diese Infografik nach Art eines SEO-Periodensystems sehr gut im World Wide Web. Auch erklärungsbedürftige Informationen eignen sich also hierfür (nachzulesen unter *www.blogprofis.de/buch/periodensystem*).

Zusammen mit Ihrer Grafikabteilung aber auch mit Ihrer Vertriebsmannschaft sowie dem Produktmanagement sollten Sie abklären, an welchen Stellen sich starke Impressionen erzeugen lassen. Diese müssen nicht immer äußerst professionell gestaltet sein (siehe hierzu den Tipp in Abschnitt 3.6.13). Durchforsten Sie auch hier wieder die Auftritte direkter und indirekter Mitbewerber. Denn bei jeder Zielgruppe stoßen andere multimediale Botschaften auf Gegenliebe.

Bild 3.24 Manchmal wirken auch einfache Grafiken und Darstellungen, die einen originellen Inhalt weiterverbreiten. Wie hier das Ergebnis einer „Frühstücksstudie". Ausgestaltung und Content-Botschaft arbeiten hier Hand in Hand, beziehungsweise der eine Baustein wirkt erst durch den jeweils anderen.

HINWEIS: Vorsicht beim Einsatz von Comics und Ähnlichem: Von einem versierten Zeichner entworfen, der nicht nur seine Feder, sondern auch die zu vermittelnden Inhalte einem kritischen Blick unterwirft, kann eine vergleichbare Beitragsserie zum i-Tüpfelchen Ihres Auftritts in den sozialen Netzwerken werden. Nicht selten wirken allzu verkrampfte Versuche dieser Art jedoch eher lächerlich und „peinlich". Besonders dann, wenn dem Betrachter nicht wirklich klar wird, was die Zeichnung mit dem zu vermittelnden Geschäftsgegenstand zu tun haben soll.

3.6.8 Mitspracherecht

Social Media als Zwei-Weg-Kommunikationsform bedeutet, dass man seine Fans möglichst oft zu Wort kommen lassen sollte. Nicht nur dass Sie damit nutzergenerierte Inhalte sammeln, was insbesondere auf Ihrem Corporate Blog aber auch bei Facebook & Co. von Bedeutung ist. Als Leser fühlt man sich da am ehesten Zuhause, wo man einfach zugänglich aber auch frei seine Meinung äußern darf. Mitsamt dem Gefühl, dass diese Meinung, selbst wenn sie kritischer Natur sein sollte, auch willkommen ist. Die Nutzung dieses Mitspracherechts zu forcieren, dafür gibt es ein ganz profanes Mittel. Jedes soziale Netzwerk bietet Einstellmöglichkeiten, wie offen oder eben nicht offen externe Leser auf einem Profil interagieren können. Dazu gehören:

- Muss man angemeldet sein oder zuvor ein „Gefällt mir" abgeben/einer Community beitreten, bevor man kommentieren darf?
- Wer darf wie auf Kommentare und Fragen anderer Nutzer reagieren?
- Aber auch bereits: Wer kann überhaupt die Beiträge des Unternehmensprofils einsehen (öffentlich sichtbar oder nur auf Einladung)?
- Gibt es einzelne geschlossene Bereiche?
- Lässt man es zu, dass andere Fans oder gar Nicht-Fans auf dem eigenen Profil Meldungen veröffentlichen und teilen dürfen?

Generell gilt: Je weniger restriktiv man hierbei vorgeht, umso mehr Interaktionen erntet man. Doch gerade was den letztgenannten Punkt anbelangt, so habe ich persönlich auch durchaus negative Erfahrungen machen müssen. Etwa, wenn eine derartige Funktion dazu missbraucht wird, um werbliche Botschaften zu verbreiten. Nicht nur dass diese mit Ihren eigenen Inhalten konkurrieren oder diesen gar entgegenstehen. Bei anderen Nutzern könnte zudem der Eindruck entstehen, Sie selbst wären der Urheber der nicht immer wirklich seriösen Nachrichten. Hinzu kommen haftungsrechtliche Fragen. Probieren Sie also die diversen Einstellungsmöglichkeiten aus. Nach und nach findet man je Netzwerk einen guten Kompromiss zwischen den eigenen Bedürfnissen sowie denen der Fans und Follower.

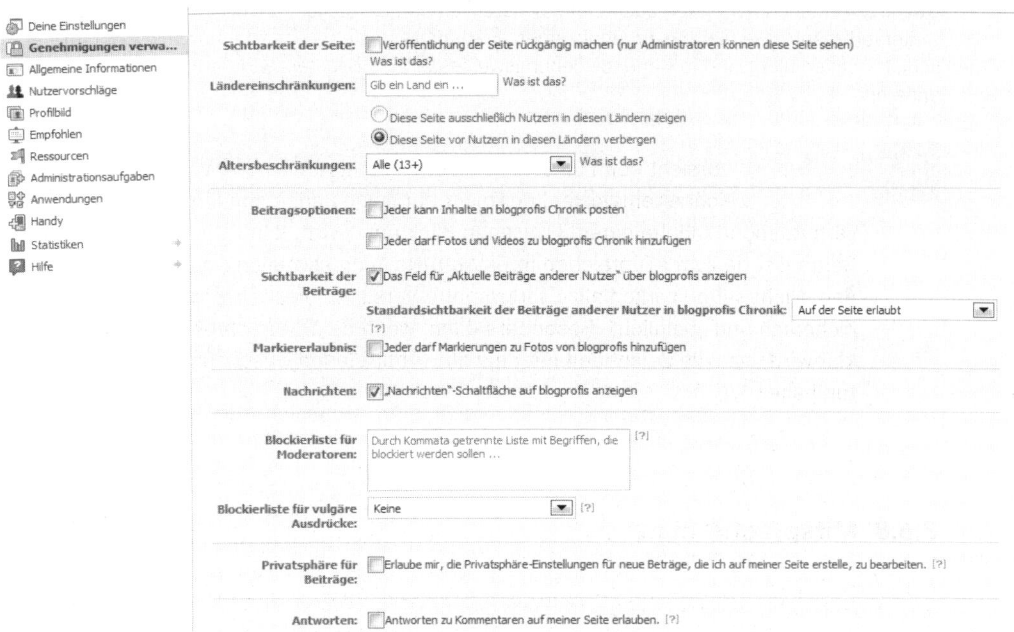

Bild 3.25 Bei Facebook kann man sehr genau einstellen, wer sich in welcher Form an einer Seite beteiligen und diese einsehen darf.

Die externe Mitsprache kann man, wie bereits erwähnt, auch forcieren. Fordern Sie die Gefolgschaft aktiv dazu auf, sich an einer Diskussion im Social-Media-Profil oder auf dem Firmenblog zu beteiligen, oder stellen Sie Ihrerseits Fragen. Manchmal kann man den Schreibfluss anregen, in dem man einige mögliche Antworten oder auch kontroverse Standpunkte vorgibt. Ganz nach der Art „Meint ihr a), dass... oder b), dass...“ Anfangs, bei noch wenigen Followern, verknüpft mit einem kleinen Gewinnspiel, lässt sich die Diskussion ebenfalls in Schwung bringen. Um daran teilzunehmen, sollen die Fans dann eine fachlich relevante Frage beantworten. Ich persönlich habe gute Erfahrungen mit vergleichbaren Aktionen sammeln können. Gewinnspielrechtlich gibt es hierbei jedoch einige Punkte zu beachten, siehe etwa *www.blogprofis.de/buch/gewinnspielrecht*. Das Mitspracherecht zur Perfektion gebracht hat man dann, wenn es gelingt, eine eigene lebendige Community zu einem bestimmten Thema zu installieren. Entweder auf dem eigenen Social-Media-Profil oder aber zusätzlich über eine Facebook-Gruppe (*www.facebook.com/help/groups*), einen YouTube-Kanal (*www.blogprofis.de/buch/markenkanal*) und Ähnliches mehr.

3.6.9 Bleiben Sie sich selbst treu

Es gibt viele Ratschläge, welche Sprache in einzelnen sozialen Netzwerken möglichst zum Einsatz kommen sollte. Auch in meinem Buch *Professionelle Webtexte* gebe ich ähnliche Tipps einer besonders wirksamen Online-Kommunikation. Sie müssen sich jedoch stets wohl fühlen mit dem, was Sie äußern, auf welche inhaltliche Weise Sie dies tun, und in welchem Kontext. Sie schätzen die fundierte, ausführliche und seriöse Kommunikation? Und tun sich dementsprechend schwer mit der jungen, „hippen“ Zielgruppenansprache? Dann belassen Sie es besser bei Ihrem Tonfall. Alles andere wirkt gekünstelt, und das merken die Leser auch, egal ob bewusst oder unbewusst (siehe auch Bild 3.26).

Es gibt durchaus Fälle, in denen die Persönlichkeit eines Firmeninhabers oder eines Marketing-Verantwortlichen nicht gerade den typischen Eigenschaften der Kunden entspricht – gerade, wenn sich Zielgruppen im Laufe der Zeit wandeln, oder der auf Traditionen bedachte Inhaber eines alt-ehrwürdigen Ladengeschäfts einen zusätzlichen Online-Vertriebskanal begründet. Dann sollten Sie die Web- und Social-Media-Kommunikation anderen überlassen (einem geeigneten Mitarbeiter, einer Agentur, einem freien Journalisten etc.). Ähnliches gilt, wie bereits kurz angedeutet, wenn Sie wissen, dass Facebook eine geeignete Werbefläche für Ihre Produkte sein kann, Sie persönlich jedoch nur wenig mit dem Netzwerkriesen anfangen können. Ich wundere mich immer wieder von neuem, wenn ich ausgewiesene Facebook-Skeptiker treffe, die aber gleichzeitig eine eigene Fanpage betreiben (und dort auch selbst posten). Ob das wirklich so viel Sinn macht? Das ist so, als wenn Sie Ihre Produkte auf einem Wochenmarkt verkaufen würden, obwohl Sie von Menschenansammlungen zutiefst verunsichert werden. Denken Sie in einem solchen Fall darüber nach, jemanden zu beauftragen, der in Facebook & Co. tagtäglich „Zuhause“ ist (mehr hierzu in Abschnitt 3.5.3).

Sich selbst treu bleiben im Social-Media-Dschungel, das bedeutet jedoch zunächst einmal: Man muss sich darüber im Klaren sein, welche Werte und Haltung man vertreten möchte. Viele Unternehmen lassen diesen Schritt aus, nicht nur in der Onlinewelt. Wie interpretieren Sie das Trennungsgebot zwischen werblichen und redaktionellen Inhalten? Welchen gesellschaftlichen Nutzen soll Ihre Kommunikation in den sozialen Netzwerken bringen, ganz abseits Ihrer Produkt- und Markenwelt? Leben Sie die Interaktion nur, weil diese neue

Bild 3.26 „Jungle Pouch"? „Upload deinen Festival-Look"? Nicht jeder kann und mag so kommunizieren wie hier ein bekanntes Modeunternehmen auf Twitter. Dann ist externe Hilfe gefragt.

Käuferschichten anlockt, oder weil sie dem Selbstverständnis Ihres Unternehmens/Ihrer Unternehmensführung entspricht? Die Beantwortung vergleichbarer Fragen gehört mit zu der Verantwortung, die ein öffentlicher Auftritt im Web 2.0 erfordert. Innerhalb der Internetgemeinde kommt manchmal sogar noch ein weiterer Aspekt hinzu. Dort werden Sie über kurz oder lang mit Fragen konfrontiert, wie Sie persönlich zu netzpolitischen Themen stehen, die auch einem kommerziell agierenden Unternehmen nicht egal sein können. Bleiben Sie auf dem Laufenden, was Urheberrechtsdebatte, Leistungsschutzrecht, Datenschutz, Medienregulierung und mehr anbelangt. Insbesondere, aber nicht nur, wenn sich Ihr Unternehmen in online-technik-relevanten Umfeldern bewegt.

3.6.10 Regionale, Produkt- oder themenspezifische Seiten

Die meisten (selbst größere) Unternehmen konzentrieren sich auf eine einzige Facebook-Seite, auf ein Google+-Profil, auf einen Twitter-Account und vieles mehr. Dabei liegt im gezielten, themenspezifischen Streuen unterschiedlicher Inhalte auf diverse Social-Media-Seiten ein unglaubliches Potenzial verborgen. Denn zielgruppengerechter kann man kaum vorgehen. Natürlich, wenn Sie jetzt schon nicht wissen, was Sie überhaupt in den einzelnen Netzwerken posten sollen, dann wird diese Möglichkeit nicht infrage kommen.

Ansonsten gibt es jedoch diverse Szenarien. Facebook etwa erlaubt es, unter *www.facebook.com/pages/create.php* Seiten zu erstellen für:

- Lokale Unternehmen vor Ort, also ist für jede Filiale ein eigener Auftritt mit eigenen Inhalten und Angeboten möglich
- Sonstige Sub-Unternehmen, Ausgründungen, firmeneigene Organisationen und Institutionen

- Ausbildungsbetriebe
- Marken und Produkte, Veranstaltungen
- Unterhaltungsangebote, gesponserte Vereine, unterstützte soziale Kampagnen und vieles mehr

Die Vorteile einer solchen Diversifizierung liegen auf der Hand, sofern nicht ein Auftritt mit dem anderen in der Gunst um Fans in Konkurrenz tritt: Es können teilweise ganz andere Nutzergruppen und potenzielle Kunden angesprochen werden, als über eine einheitliche Haupt-Fanpage. Zudem interessiert sich das Mitglied einer lokalen oder in sonstiger Weise spezifisch ausgeprägten Seite unter Umständen überhaupt nicht für die Inhalte des Mutterkonzerns selbst. Es gibt sogar Fälle, in denen sich Verbraucher von einem Konzern eher weniger angesprochen fühlen, oder sich gar distanzieren. Die Produktseite kann dennoch von Interesse für sie sein.

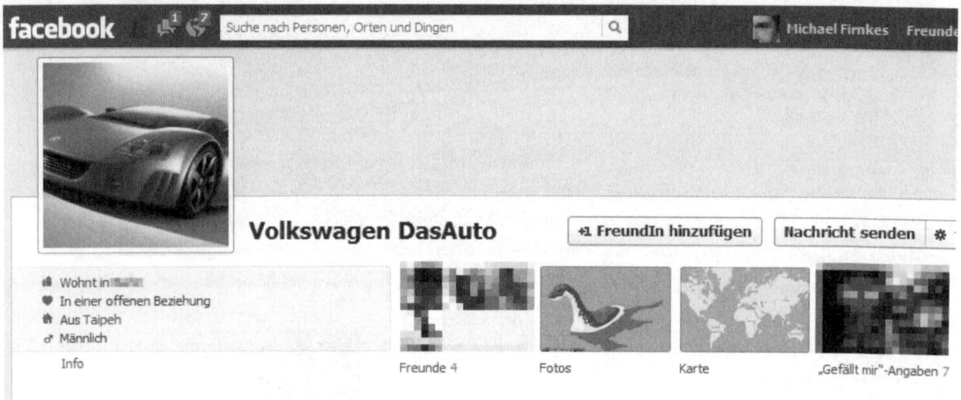

Bild 3.27 Achten Sie im Übrigen darauf, wer unter dem Namen Ihrer Marke eine Fanpage errichtet. Dieser Account dürfte wohl kaum autorisiert sein. Natürlich kann eine gut besuchte externe Seite eines realen Fans nützlich für Sie sein, zumal die juristische Keule heikel ist (Stichwort: Shitstorm). Manchmal wird Ihnen aber nichts anderes übrig bleiben, als gegen derlei Inhalte vorzugehen.

Umgekehrt lassen sich auf einer speziellen Fanpage Inhalte veröffentlichen, die für die breite Allgemeinheit nur wenig geeignet wären. Jede einzelne Seite wird dabei wohl niemals die Fan-Zahlen eines übergeordneten Auftritts erreichen. Zudem muss man natürlich den Aufwand bedenken, den die Pflege diverser Seiten mit sich bringt – zumal gerade für lokale oder inhaltlich sehr spezifische Projekte Personal vor Ort/in der zugehörigen Abteilung akquiriert werden muss. Dennoch kann sich ein solcher Aufwand deutlich lohnen.

PRAXISTIPP: Sie sollten sich langsam an einzelne Unterseiten heranwagen, bevor Sie nun enthusiastisch ein Sub-Projekt nach dem anderen ins Leben rufen. Es ist sehr unschön, wenn man einzelne Seiten nach einer gewissen Zeit mangels Inhalten oder mangels folgender Fans wieder schließen muss. Gibt man die Namen einiger großer und namhafter Unternehmen in der Facebook-Suche ein, so stößt man teilweise auf unzählige, mehr oder weniger verwaiste Profile. Einen solchen Wildwuchs gilt es dringend zu vermeiden, gegebenenfalls über Ihre

Social-Media-Richtlinien für einzelne Unter- und Filialorganisationen. Denn derartige Geisterprofile machen nicht nur einen schlechten Eindruck auf die Nutzer. Es besteht zudem die Gefahr, dass (potenzielle) Kunden einem nicht mehr genutzten Account folgen, den sie vermeintlich für den offiziellen Firmenauftritt halten (siehe Bild 3.27).

Für andere soziale Netzwerke, wie Twitter, Google Plus oder aber Xing-Diskussionsgruppen gelten im Übrigen sehr ähnliche Mechanismen der gezielten Ansprache einzelner Interessensgruppen.

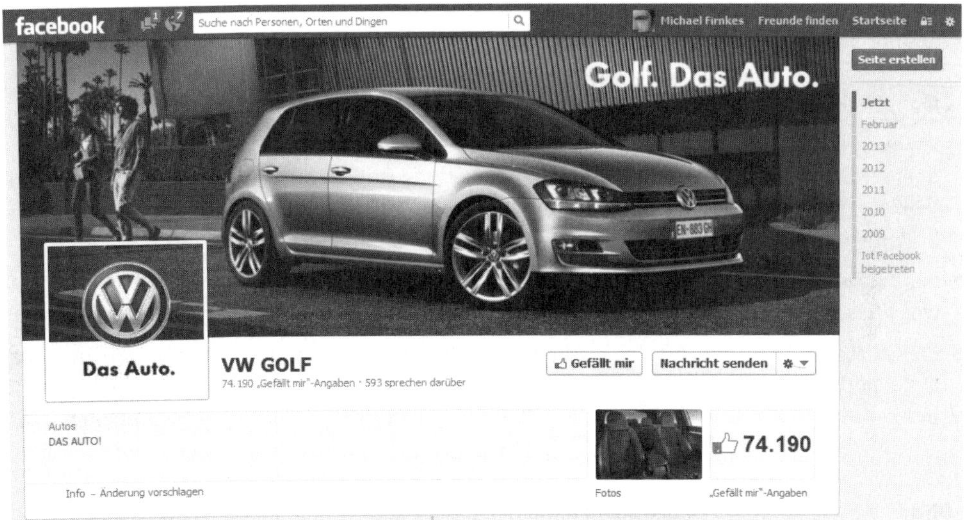

Bild 3.28 Das Beispiel einer recht erfolgreichen Produktseite bei Facebook: Eine solche kann in erheblichem Umfang zur Sub-Markenbildung beitragen.

3.6.11 Die Mischung macht es

Die Kommunikation in sozialen Netzwerken dient stets in irgendeiner Form der Unterhaltung. Möchte man sich fundierter informieren, so kann man ein Fachbuch lesen, sich an Offline-Netzwerktreffen beteiligen, oder Online-Meetings in kleinen geschlossenen Gruppen abhalten. Die Geschäftswelt drehte sich bereits vor Facebook & Co., und Sie würde sich auch ohne die Erfindungen der Mark Zuckerbergs (Gründer von Facebook) dieser Welt weiter drehen. Wer also als Nutzer am Erlebnis Social Media teilnimmt, der möchte etwas geboten bekommen. Neben dem im unternehmerischen Kontext wichtigen Mehrwert ist dies vor allem: Spaß.

Ihre Postings machen dann Spaß, wenn sie keinem strikten Muster folgen. Montags schreibt der Chef immer und ausschließlich über die neusten Veranstaltungen, dienstags der Produktmanager über aktuelle Innovationen, am Mittwoch ist die Marketingleiterin dran. Was im Einzelfall sehr gut funktionieren kann – etwa wenn bestimmte dieser regelmäßig geposteten Sitzungen und Podcasts (*http://de.wikipedia.org/wiki/Podcasting*) durch ihre Wertigkeit nach und nach eine eigene Stammleserschaft anziehen – das wirkt insgesamt schnell ermüdend. Zumal die Gefahr besteht, dass solche Inhalte, die irgendjemand aus dem Unternehmen produzieren *muss*, zur reinen Pflichtveranstaltung ohne eigene Seele verkommen. Seien Sie kreativ, auch einmal unkonventionell, und verlassen Sie vorgegebene Pfade. Social-Media-Postings lassen sich auflockern unter anderem durch:

- Hintergrund- und Testberichte aus Mitarbeiter- oder Kundenperspektive
- Anwendertipps der Woche/des Tages, idealerweise persönlich (!) präsentiert von einer neutralen Person, einem Kunden oder einem „einfachen“ Mitarbeiter. Ebenso: Die Vorstellung von Vertretern aus Ihrer Belegschaft, die einen Einblick in den jeweiligen Arbeitsalltag geben (gut auch in eher umstrittenen Branchen sowie für das Recruiting).
- Leserwettbewerbe, etwa: „Das schönste abgewandelte/getunte Produkt“ ist als Bild oder Video einzureichen. Mutiger: Der Reiseveranstalter ruft seine Kunden dazu auf zu berichten, sollte im Urlaub tatsächlich einmal etwas *nicht* funktioniert haben.
- Mitmach-Aktionen (die Leser gestalten ein neues Produkt mit, bestimmen den Produktnamen, dürfen entscheiden, wohin Spendengelder fließen, sich als Darsteller in einem Werbe-Clip bewerben, sich mit Ihrem Produkt auf der Startseite der Fanpage ablichten lassen etc.).
- Eigendarstellungen mit einem Augenzwinkern, etwa, in dem Sie darüber berichten, auf welch kreative Weise eines Ihrer Produkte von einem Kunden zweckentfremdet wurde.
- Ein Blick über den Tellerrand, beispielsweise ins Ausland („Was bedeutet Social Media für den Apotheker in Kapstadt?“, „Mit welchen kuriosen Fragen werden Spirituosenhändler in Skandinavien konfrontiert?“) oder hin zu Entwicklungen in peripheren Branchen.

Je facettenreicher sich die internen sowie externen Autoren Ihres Social-Media-Teams zusammensetzen, umso abwechslungsreicher gestalten sich die eingereichten Themen. In diesem Zusammenhang eignet es sich durchaus, ab und an über eine Neubesetzung oder ein rotierendes System nachzudenken sowie neue Abteilungen zu involvieren. Das bringt frische Gedanken für einen frischen Social-Media-Auftritt.

Ein schöner Beitrag zu dem Thema „Spannende Social-Media-Inhalte für langweilige Unternehmen/Produkte“ findet sich übrigens unter *www.selbstaendig-im-netz.de/2013/03/13/marketing/spannende-social-media-inhalte-fuer-langweilige-unternehmen/*. Weitere unkonventionelle Aktionen und zugehörige Tipps sind nachzulesen unter:

- *http://schwerdtblog.absatzwirtschaft.de/2013/01/08/social-media-marketing-2013-zwischen-witz-und-wirkung/*
- *http://onlinemarketing.de/news/facebook-kampagnen-mit-coolen-ideen-die-marke-pushen*
- *www.marcelgabor.de/2011/social-media-kampagnen-facebook-2011/*
- *http://allfacebook.de/gastbeitrag/die-10-geheimnisse-erfolgreicher-facebook-gewinnspiele/*

Zudem kommt es gerade im Fall von weniger spannenden Produkten/Dienstleistungen auf die Beobachtung der (bereits seit längerem aktiven) Mitbewerber an. Denn diese haben möglicherweise bereits einen inhaltlichen Zugang zu Social-Media-Nutzern gefunden, den man in abgewandelter Form nachahmen kann (siehe Abschnitt 3.6.12). ■

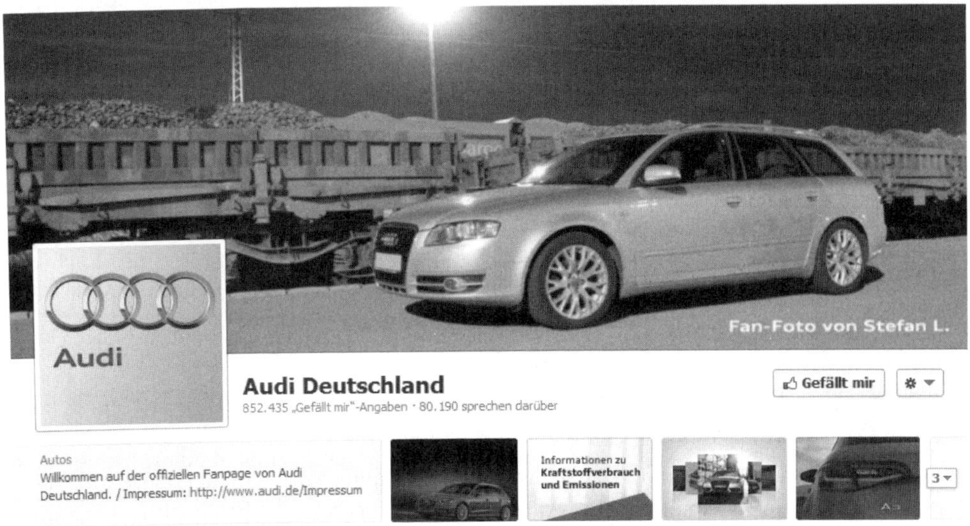

Bild 3.29 Audi bringt Leserfotos auf die vielbesuchte Facebook-Seite. Das sorgt nicht nur für Abwechslung, sondern auch für Gesprächsstoff. Zumal man zunächst etwas irritiert ist, eine doch recht amateurhafte Aufnahme in einem namhaften Unternehmensauftritt zu finden – und das wirkt mehr, als jedes Hochglanzportrait.

3.6.12 Reaktionen beobachten und daraus lernen

Mit diesem Tipp wiederhole ich mich, ich weiß. Aber man kann diesen Punkt leider nicht oft genug betonen. Die wichtigste Eigenschaft eines guten Social-Media-Managers ist, ein offenes Auge für Interaktionen, Reaktionen, Themen und Trends zu haben. Und das überall: Auf der eigenen Seite, bei Mitbewerbern, sogar bei völlig artfremden Themen. Einige Punkte haben Sie bereits kennen gelernt, oder erfahren diese an späterer Stelle. Ergänzend hierzu noch einige weitere Hinweise, wie und warum man sich auf was konzentrieren sollte:

- **Themenmix oder Fokussierung:**
  Es gibt Firmen und Branchen, in denen ein bunter Social-Media-Themenmix sehr gut funktioniert. Bei anderen wiederum vergrault ein solcher Bauchladen die Fans. Recherchieren Sie: Wie sieht es in Ihrem Umfeld aus, und bis zu welcher Grenze kann der eigenen Nachrichtenstrom diversifiziert werden?

- **Nörgler und Trolle:**
  Wieso toben sich auf dem Profil des Mitbewerbers oder der Privatperson mit dem gleichen inhaltlichen Thema die destruktiven Elemente aus? Lässt sich hieraus ein Muster ableiten, welche Themen und Positionen Sie eher meiden sollten? Nutzen einzelne kontroverse Dispute dem Anbieter mehr, als dass sie ihm schaden?
- **Nicht funktionierende Posts:**
  Auch wenn rein gar nichts passiert (keine Likes, keine Weiterempfehlungen, keine Rückfragen, nichts), so spricht dies nicht selten Bände, gerade, wenn die Gefolgschaft ansonsten recht gut auf einzelne Beiträge anspricht. Ein neuer Versuch unter einem neuen Fokus leistet gegebenenfalls Abhilfe – oder der zukünftige Verzicht auf ähnliche Inhalte.
- **Zusammensetzung der Fans und Follower:**
  Manchmal schaut man durchaus neidisch auf die Fanzahl anderer Profile. In beide Richtungen lässt sich hieraus etwas lernen. Zum einen, welcher Content Ihnen möglicherweise noch fehlt, um vergleichbare Zielgruppen zu erreichen. Zum anderen folgt nicht selten die Erkenntnis, dass man mit seiner geringeren, dafür qualitativ umso hochwertigeren/fokussierteren Gefolgschaft möglicherweise gar nicht so schlecht dasteht. Neue erweiterte Inhalte könnten diese bestehende Gefolgschaft gefährden.
- **Key User, Botschafter und Influencer:**
  Welche Nutzer bestimmen die Social-Media-Kommunikation Ihrer Konkurrenten maßgeblich mit? Sorgen für spannende Diskussionen oder Content-Partnerschaften, werthaltige Backlinks im Bereich SEO? Liefern Gastbeiträge und sorgen für Blog-Kooperationen? Vielleicht sollten Sie einmal (vorsichtig) die Fühler nach eben diesen Personen ausstrecken.
- **Generelle Social-Media-Nutzung:**
  Ein Referenz-Account in Ihrem inhaltlichen Umfeld hat ein Profil auf dem neuen sozialen Netzwerk x eingerichtet? Dafür den Account bei Netzwerk y schon wieder deaktiviert? Seine Nutzerzahlen entwickeln sich, entgegen seinen sonstigen Zahlen, bei Anbieter z nach oben oder unten? Für eine Produktlinie oder eine Dienstleistung wird ein neuer vertikaler Social-Media-Kanal oder ein Corporate Blog eingerichtet? Das lässt auch für Ihre Strategie wichtige Rückschlüsse zu. Schließlich wollen Sie Ihre Ressourcen möglichst sinnbringend einsetzen.

Diese Liste ließe sich fast nach Belieben fortsetzen. Haben Sie einmal das dahinterliegende Prinzip verstanden und für sich zu nutzen gewusst, so wird die Transparenz der sozialen Medien eine ganz neue Bedeutung für Sie gewinnen.

3.6.13 Gestaltung der Social-Media-Accounts

Ich selbst bin kein gutes Beispiel für diesen Tipp. Meine Accounts bei Twitter, Google+ und Facebook sehen (noch) recht langweilig aus, mangels Zeit bzw. Ressourcen für die grafische Gestaltung. Gerade bei mittleren bis größeren Unternehmen gilt jedoch auf jeden Fall: Beauftragen Sie Ihren Webdesigner oder einen geeigneten Dienstleister damit, die einzelnen Auftritte optisch aufzuwerten. Wenn dabei folgende Effekte auftreten, umso besser:

- Das Design sollte einen Wiedererkennungswert bezüglich Ihres Unternehmens/Ihrer Marke bieten. Durch die Übernahme einzelner Elemente Ihrer Corporate Identity wird dem Besucher damit schnell klar, „wo“ er sich befindet.

- Ein Eins-zu-eins-Abbild etwa Ihres normalen Onlineportals ist dennoch nicht zu empfehlen. Ein trotz aller Nähe eigenständiges Erscheinungsbild hilft dabei, dass die Facebook-Fanpage, die Twitter-Seite etc. im Gedächtnis der Besucher haften bleibt. Besonders großflächige, professionelle Fotografien mit einem besonders originellen/gelungenen/emotionalen Motiv eignen sich hierfür. Diese können inhaltlich auch lediglich indirekt mit dem Unternehmensgegenstand verbunden sein (das glückliche Pärchen auf dem heimischen Sofa für ein Umzugsunternehmen), in einem Element die Farbe des Logos wiederholen etc.
- Manche Firmen wählen ganz bewusst eine völlig unterschiedliche Gestaltungsweise, im Vergleich zu der eigenen Homepage. Das macht dann Sinn, wenn man sich oder sein Produkt auf subtile Art und Weise bewerben möchte. Etwa bei viralen Marketingkampagnen, bei denen erst auf den zweiten Blick erkennbar ist, wer hinter den Aktionen steckt.
- Berücksichtigen Sie die Spezifika, die jedes soziale Netzwerk für seine Seiten vorgibt (etwa bestmöglich passende Größe der Grafiken, Ihr Layout passend zu dem des Anbieters, ähnliche oder gleiche Typographie).
- Nutzen Sie, wenn möglich, den kompletten zur Verfügung stehenden Raum, der individuell gestaltet werden kann.

Ein paar besonders gelungene Beispiele solcher Seiten möchte ich Ihnen nicht vorenthalten.

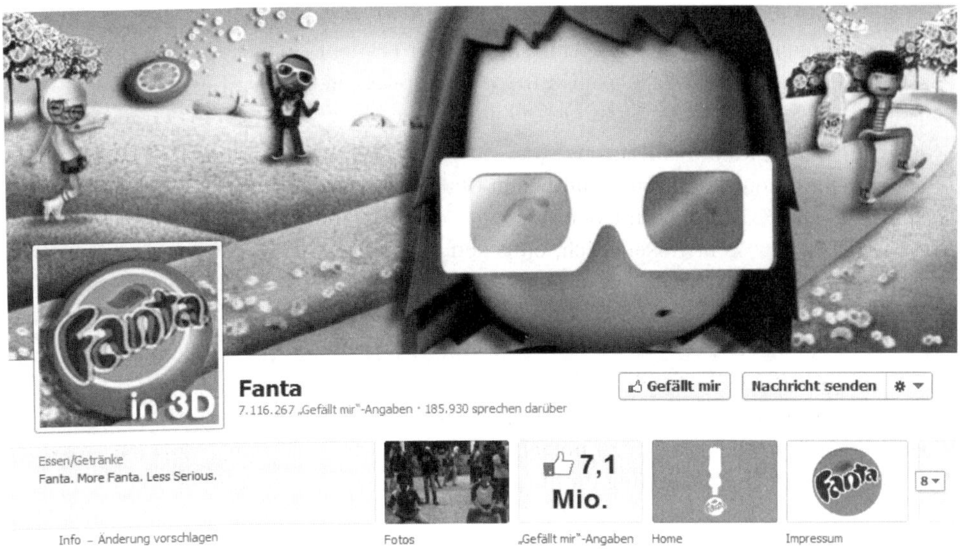

Bild 3.30 Dieser Getränkeanbieter macht bei Facebook auf 3D. Nur mit entsprechender Brille kommt man in den vollen Genuss.

Die zuvor bereits als Beispiel erwähnte Körperpflegemittel-Marke hat nicht nur kreative Social-Media-Aktionen in petto, sie widmet gar die komplette Fanpage ihren wichtigsten Protagonisten – den Kunden (siehe Bild 3.31, nächste Seite).

Bild 3.31 Nicht nur diese fünf Kundinnen dürften ihrer Marke treu bleiben.

Auch als Freiberufler kann man prima auf sich aufmerksam machen, wie das Beispiel aus Bild 3.32 unter Beweis stellt (ebenfalls bei Facebook).

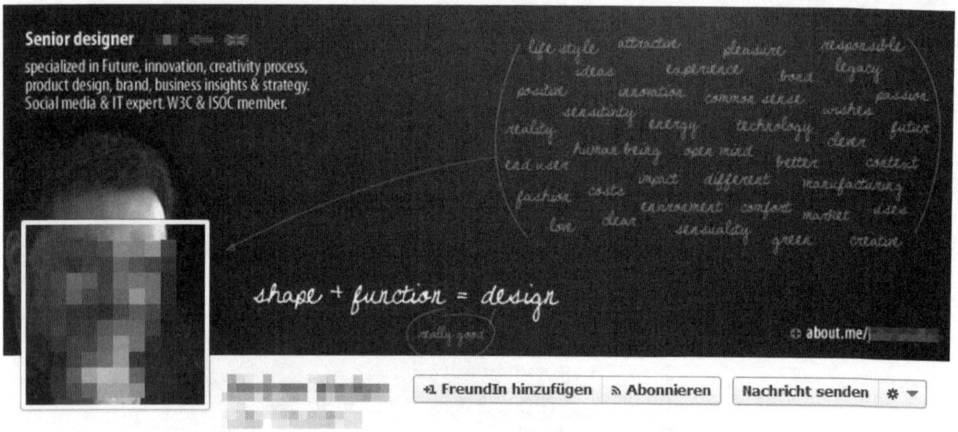

Bild 3.32 Schick und kreativ zugleich. Diesen Mann merkt man sich.

Google+ experimentiert bereits eine ganze Weile mit der Gestaltung seiner Nutzer-Profilseiten. Derzeit dominieren großformatige Einzelbilder das dortige Design. Selbst mit diesem doch recht eingeschränkten Stilmittel lassen sich schöne Ergebnisse erzielen (siehe Bild 3.33).

Einziger Kritikpunkt hierbei: Bei Drucklegung dieses Buches war das Standardformat so groß und damit bildschirmfüllend angelegt, dass die eigentlichen geposteten Beiträge erst nach seitenweisem Scrollen sichtbar wurden. Seit kurzem experimentiert Google für sein Netzwerk zusätzlich mit der Verwendung von beweglichen GIF-Bildern. Damit lassen sich animierte Profilbereiche realisieren. Ob dies nicht für allzu viel Unruhe und Ablenkung von den eigentlichen Inhalten sorgt, das bleibt abzuwarten.

Bild 3.33 Viel Raum für Bilder lässt Google+ seinen Nutzern – auch den offiziellen Geschäftsseiten, wie hier von Coca Cola USA.

In Twitter lassen die gestalterischen Möglichkeiten keine allzu spektakulären Experimente zu. Und dennoch gibt es auch hier einige schöne Ansätze, die sich aus der Masse des Alltäglichen absetzen, so etwa Audi USA. Die Gestaltung sieht nicht sonderlich spektakulär aus (siehe Bild 3.34). Sie nutzt aber auf geschickte Weise die anpassbaren Bereiche bei Twitter, so dass sich jeweils thematisch wechselnd ein großes Gesamthintergrundbild ergibt. Erst beim Scrollen bemerkt man den Effekt (*http://twitter.com/audi*).

Bild 3.34 Audi USA nutzt den bei Twitter zur Verfügung stehenden Raum komplett aus.

Sony (Bild 3.35) hingegen erzählt mit mehreren Bildern Geschichten aus der Unternehmenshistorie. Wiederum nach dem Scrollen werden weitere Bereiche sichtbar.

Bild 3.35 Sony setzt ganz auf die Wirkung von Stimmungsmotiven.

Dass es auch ohne bunt und schrill geht, das stellt der Sportartikelhersteller Nike unter Beweis – schlicht und gerade deswegen schön (Bild 3.36).

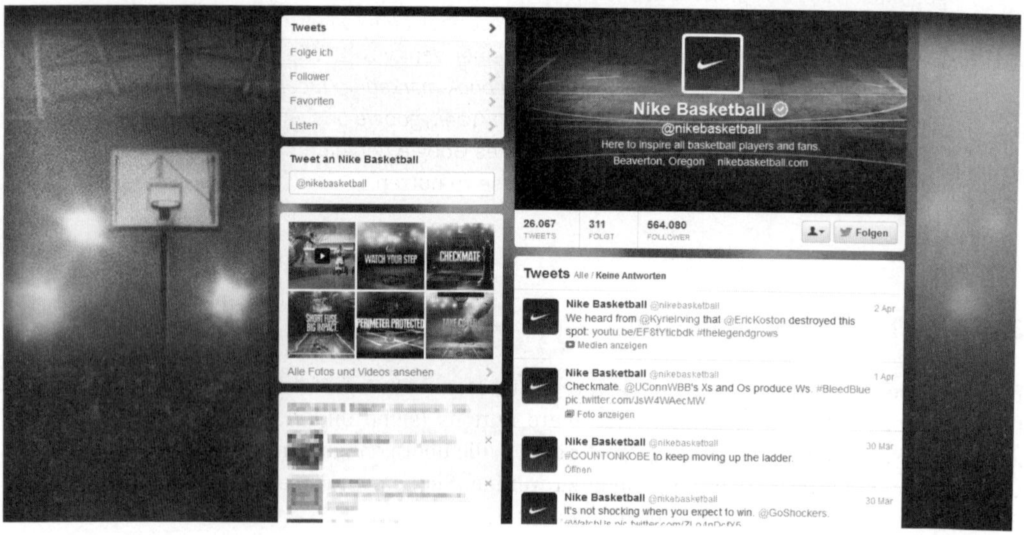

Bild 3.36 Schwarz-weiß gehalten: Das Twitter-Profil von Nike

Noch ein kleiner Tipp: Sowohl alte als auch neue Fans und Follower werden sich freuen, wenn Sie die Hintergründe Ihrer Accounts regelmäßig neu gestalten. Auch das kann sich als kleine virale Botschaft verbreiten, wenn sich Ihre Designer besonders viel Mühe geben. Die meisten „großen" Unternehmen setzen auf dieses Stilmittel. Doch selbst hier sind teilweise spezielle Richtlinien der Netzwerkanbieter zu berücksichtigen. Etwa, was die Verwendung bestimmter werblicher Botschaften in den Titelbildern anbelangt. Für Facebook ist dies nachzulesen unter *www.blogprofis.de/buch/bildrichtlinien*.

Weitere kreative Designideen finden sich in diesen Beiträgen:

- *www.blogprofis.de/buch/designs1*
- *www.blogprofis.de/buch/designs2*
- *http://sixrevisions.com/design-showcase-inspiration/35-creative-twitter-user-profile-designs/*
- *http://indeziner.com/design/50-awesome-twitter-profiles-part-1/*
- *www.simplyzesty.com/social-media/best-twitter-brand-profile-designs/*

Manche davon stammen eher aus dem privaten Bereich, sind aber dennoch nützlich als Inspirationsquelle. Es gibt auch Online-Tools, um die perfekte Bildgröße und den richtigen Bildausschnitt zu finden (siehe *www.blogprofis.de/buch/bildausschnitt* für Facebook sowie *www.hongkiat.com/blog/free-online-tools-to-spice-up-twitter-background/* für Twitter). ■

HINWEIS: Zur effizienten Nutzung und Bewerbung eines Social-Media-Accounts gehört es gleichzeitig, die zugehörige Internetadresse möglichst sprechend zu gestalten. Also beispielsweise *www.facebook.com/blogprofis* statt der initial automatisch vergebenen URL der Art *www.facebook.com/pages/xyz/12345*. Man spricht in diesem Zusammenhang von einer Vanity URL. Wie man diese erhält, das verraten *www.onlinelupe.de/facebook-marketing/facebook-vanity-url/* für Facebook sowie *www.blogprofis.de/buch/vanitygoogle* und *www.blogprofis.de/buch/vanitygoogle2* für Google+. Wobei es Google derzeit nur einigen Unternehmen erlaubt, eine solch „schicke" Adresse zu nutzen. ■

3.6.14 Verknüpfungen nutzen

Die erste und wichtigste Maßnahme für Ihre Social-Media-Strategie ist es, Ihre Internetportale und Blogs mit so genannten Social Share Buttons (siehe Bild 3.37) der wichtigsten Anbieter auszurüsten. Zumindest bei den Inhalten, die über genügend inhaltliche Substanz verfügen, um öffentlich weiter empfohlen zu werden. Sie kennen diese Buttons sicherlich, denn nahezu jedes Content-Portal bietet sie an.

Bild 3.37 Social Share Buttons im Einsatz: Manche Varianten zeigen die Anzahl der erfolgten Shares an, andere nicht.

Sie sollten dabei nicht nur auf jene Anbieter setzen, bei denen Sie selbst über ein Profil verfügen. Denn die Nutzung ist meist unabhängig von einem eigenen Account. So kann man beispielsweise den Twitter-Button auch dann auf seiner Unternehmens-Homepage einbauen, wenn man bei dem Netzwerk nicht selbst aktiv ist. Ob das sinnhaft ist, bleibt dahingestellt. Schließlich können Sie kaum verfolgen, was um die weitergetragenen Botschaften herum passiert. Welche Share Buttons lohnen sich nun? Das hängt ganz von Ihrem Thema ab. In der Regel sollten Sie die Weiterempfehlen-Tools von Facebook, Twitter und Google+ einsetzen. Bei B2B- oder Business-Ausrichtung auch Xing. Designer und ähnliche Dienstleister schwören auf Pinterest als zusätzliche Möglichkeit (siehe Abschnitt 4.6). Schauen Sie sich um, welche Dienste in Ihrem Umfeld besonders oft genutzt werden. Ich empfehle, lieber einige ausgewählte Buttons anzubieten, als einen Wildwuchs aus Dutzenden Tools. Erstens macht jeder eingebundene Dienst Ihre Webseite langsamer, und zweitens bringt Ihnen ein nicht verwendeter Dienst nur wenig. Im Gegenteil: Er lenkt den Fokus von jenen „Knöpfen" ab, die von Ihren Lesern doch bitte möglichst genutzt werden sollen. Eine Weile ausprobieren, die Resonanz beobachten, und dann entscheiden, das hilft weiter. Die großen Drei sollten Sie über einen längeren Zeitraum testen beziehungsweise dauerhaft bestehen lassen. Denn selbst wenn sich Ihr Thema nicht dafür eignet, für viele Social Shares zu sorgen, so bringen einige wenige Empfehlungen (etwa SEO-technisch) mehr, als gar keine.

Weitere ähnliche Lösungen dienen nicht nur dazu, Inhalte weiterzuverbreiten, sondern auch neue Fans oder „Gefällt mir" zu generieren. Einige weiterführende Tipps diesbezüglich:

- **Platzierung der Buttons:**
  Experimentieren Sie damit, an welcher Stelle Ihrer Inhalte die Knöpfe am meisten genutzt werden. Das ist je Portal unterschiedlich. Manche schwören auf eine Position unterhalb/ am Ende des Contents, andere direkt zu Beginn. Rechts oder links in einer kleinen Extra-Box neben dem Content ist ebenfalls recht beliebt, oder aber man nutzt mehrere Möglichkeiten, etwa „oben" und „unten".
- **Facebook-Teilen-Button:**
  Diese Möglichkeit (auch in Bild 3.37 zu sehen) hat Facebook leider offiziell nicht mehr im Programm. Dennoch wird diese alte Variante oft mehr genutzt, als der alternative „Empfehlen"-Button und Ähnliches. Auch meine Messungen bestätigen dies. Wie man den Teilen-Button nach wie vor nutzen kann, erfahren Sie unter *http://blog.schwindt-pr.com/2013/01/12/facebook-sharebutton/*.
- **Datenschutz:**
  Die meisten Social Buttons sind nicht konform mit den deutschen Datenschutzbedingungen, da sie Daten über die Nutzer weitergeben. Zwar gab es bislang nur wenige Abmahnungen diesbezüglich. Dennoch will ich auf diese Gefahr hinweisen. Es gibt Werkzeuge, welche eine Datenschutz-konformere 2-Klick-Lösung anbieten. Ein Klick zum Aktivieren der Funktion und zur Bestätigung der rechtlichen Hinweise, ein weiterer Klick zum Empfehlen selbst (siehe *www.blogprofis.de/buch/2klicks* sowie das zugehörige WordPress-Plugin unter *http://wordpress.org/extend/plugins/2-click-socialmedia-buttons/*). Der Nachteil in meinen Tests: Die Klickraten/Weiterempfehlungen gehen nach unten, da nicht jeder Besucher diese Lösung versteht oder kennt. Bei Verwendung der Standard-Buttons sollten Sie mit Ihrem rechtlichen Berater sprechen, ob und wie Ihre Datenschutzerklärungen entsprechend ergänzt werden müssen (siehe alternativ *www.e-recht24.de/impressum-*

generator.html – übrigens ein tolles Beispiel für einen typischen Mehrwert-Inhalt, bereitgestellt durch eine Anwaltskanzlei. Es wirkt viral, und erzeugt viele Backlinks/Social Shares).

- **Standards nutzen:**
Es gibt Programmierer und Webdesigner, die tolle individuell gestaltete Share Buttons entwerfen und in Ihre Homepage einbauen. Komplett an Ihre Corporate Identity angepasst. Doch Vorsicht: Zum einen erlauben die Netzwerke dieses Vorhaben nicht immer. Zum anderen: Wird hierbei nicht sehr sorgfältig vorgegangen, so können unter Umständen einige Funktionalitäten verloren gehen. Dann stimmen beispielsweise Statistiken der Anbieter nicht, oder im schlimmsten Fall wird, vereinfacht gesagt, der Inhalt nicht „richtig" empfohlen, der Anbieter und auch Suchmaschinen bekommen also nur eingeschränkt Kenntnis hiervon. Andernfalls können in einigen wenigen Fällen alternative Buttons programmiert werden, die etwa auf Datenschutzbedenken eingehen (siehe den vorangegangenen Tipp). Das bedarf jedoch fundierter Spezialkenntnisse. Zudem passen einige Netzwerke ihre Dienste immer wieder einmal an. Unter Umständen wird eine Sonderlösung dann unbrauchbar, was man nicht unbedingt sofort bemerkt. Im Zweifelsfall setzen Sie lieber auf die Standard-Buttons, deren Quellcode direkt von den einzelnen Anbietern selbst stammt.

- **Inhalte gestalten:**
Teilweise kann Einfluss darauf genommen werden, wie das Resultat der zu teilenden Inhalte in den einzelnen Netzwerken aussehen soll, etwa welches Bild Ihres Beitrags als Vorschaubild in Facebook oder Google+ dient. Die Mechanismen dahinter sind recht komplex, hier sollten Sie Ihren Webmaster hinzuziehen (siehe etwa *www.seo-united.de/blog/internet/open-graph-social-media-kontrollieren.htm*). Hüten Sie sich diesbezüglich vor Abmahnungen bei unrechtmäßig als Vorschaubild verwendeten Fotos und Grafiken (*www.blogprofis.de/buch/abmahnungen*).

- **Einfachheit gewinnt:**
Machen Sie es Ihren Webseitenbesuchern generell so einfach wie möglich, Ihre Inhalte auf den diversen Netzwerken zu empfehlen und weiterzuverbreiten. Ich selbst ertappe mich immer wieder dabei: Finde ich den Inhalt auf einer Webseite sehr gut und hilfreich für meine Leser, gibt es jedoch keinen Share Button oder finde ich diesen nicht auf Anhieb, so breche ich ab, obwohl das Copy&Paste zum manuellen Erstellen eines Beitrags nicht viel Arbeit bedeutet. Manchmal zählen aber Sekunden. Und so wie mir geht es sehr vielen Nutzern. Sie vergeben also eine große Chance, wenn Sie gute Inhalte bereitstellen, über die man in den sozialen Netzwerken nur unter erschwerten Bedingungen „sprechen" kann.

- **Social Share Widgets:**
Vor allem Facebook bietet schicke zusätzliche Werkzeuge an, so genannte Widgets und Plugins. Diese lassen sich in nahezu jedes Content Management integrieren, etwa die Like-Box (Bild 3.38 auf der nächsten Seite): Damit können Leser eine Seite mit „Gefällt mir" markieren, ohne dass sie diese zunächst hin zu Facebook verlassen müssen. Der Besucher bleibt also auf Ihrer Homepage. Nicht jeder Webseitenbetreiber „mag" diese Dienste. Sie wirken je nach Ausrichtung Ihres Unternehmensportals etwas deplatziert oder gar unseriös. Zudem sind auch diese Tools den Datenschützern ein Dorn im Auge, da innerhalb der Box andere Nutzer mit einem kleinen Profilbild angezeigt werden (dies lässt sich jedoch deaktivieren). Probieren Sie es aus. Überwiegt der Nutzen (mehr zusätzliche neue Fans), so sollte man seine Vorbehalte noch einmal überdenken.

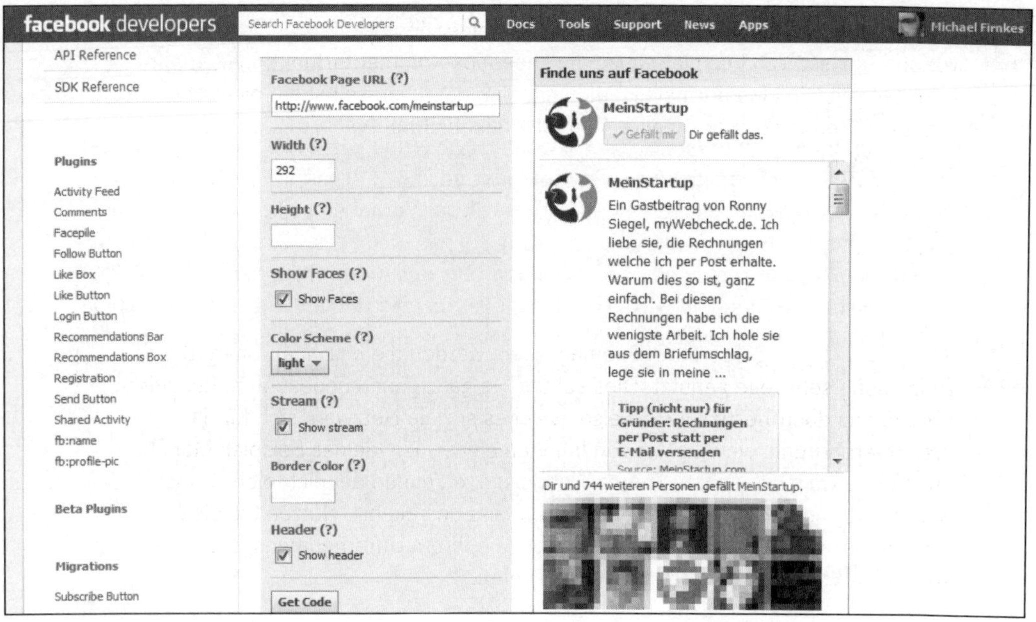

Bild 3.38 Nicht nur die Like-Box von Facebook lässt sich individuell gestalten. Ein Klick auf die Option „Show Faces" und schon werden die anderen Fans angezeigt/nicht mehr angezeigt.

- **Anzeige der erfolgten Shares/Likes etc.:**
  Bei den meisten Anbietern kann man wählen, ob der Button anzeigen soll, wie oft ein Beitrag bereits von anderen geteilt wurde. Gerade zu Beginn, wenn kaum jemand Ihre Inhalte weiterempfiehlt, kann es ratsam sein, die Zahlen nicht einzublenden. Denn mehrere Share-Buttons, alle auf „Null", das macht einen verwaisten Eindruck. Es kann den an sich sehr guten Content sogar abwerten („Da hat noch niemand geklickt, obwohl der Beitrag zwei Wochen alt ist, dann kann er nicht viel wert sein."). Sobald erste regelmäßige Empfehlungen erfolgen, so sollten Sie die Zahlen mit angeben lassen.

Die Möglichkeiten von Facebook, insbesondere der Standard-Like-Button, der Follow-Button (mit dem ein Nutzer Ihren neuen Beiträgen folgen bzw. diese abonnieren kann) sowie die Like-Box, finden sich unter *http://developers.facebook.com/docs/plugins/*. Bitten Sie Ihren Webmaster um Hilfe bei der Einbindung, unter Umständen kann dieser ein Werkzeug verwenden, um gleich mehrere Social Buttons diverser Anbieter auf einmal zu integrieren. Zudem sind meist mehrere Schritte sowie ein Eingriff in den grundliegenden Quellcode notwendig, damit die Buttons wie gewünscht funktionieren. Hilfestellungen und Einbindungsmöglichkeiten der weiteren wichtigsten Netzwerke sind nachzulesen unter:

- **Twitter:** *http://twitter.com/about/resources/buttons* sowie *www.blogprofis.de/buch/twitterbutton*
- **Google+:** *http://developers.google.com/+/plugins/+1button/* (für Buttons), *http://developers.google.com/+/web/badge/* (für Widgets)
- **Xing:** *www.xing.com/app/share*

Unabhängig davon, für welche Variante Sie sich entscheiden: Lassen Sie die Funktionalitäten nach deren Einbindung stets testen – am besten über einen Account von außerhalb.

HINWEIS: Es gibt zahlreiche Möglichkeiten einer noch weiter reichenden Integration. So lässt sich beispielsweise die Facebook-Kommentarfunktionalität ganz oder teilweise in eine normale Homepage einbinden. Ich selbst bin nicht unbedingt ein Freund solcher Dienste. Zum einen ist nicht unbedingt gewährleistet, dass diese Kommentare dieselbe SEO-Kraft entfalten, wie eine eigenständige Funktionalität. Zum anderen sind es gegebenenfalls nicht „Ihre" Inhalte. Ändert Facebook (oder welcher Anbieter auch immer dahinterstecken mag) seine Bedingungen, so geht man im schlimmsten Fall leer aus. ■

PRAXISTIPP: In größeren Onlinemagazinen werden die einzelnen Share Buttons häufig sehr rege genutzt. Dies sollten Sie ganz genau beobachten. Resultieren hieraus doch wertvolle Hinweise, welches soziale Netzwerk sich für die Weiterverbreitung, welcher Art von Inhalten eignet. Ein kleines Beispiel: Manche Themen, etwa rund um das Thema Webdesign, erzeugen deutlich mehr Google+-Shares als Facebook-Weiterempfehlungen, und umgekehrt. Nutzen Sie diese Erkenntnisse, wenn bei einzelnen Inhalten, die Ihrem Unternehmensgegenstand sehr nahe kommen, ähnliche Muster auftreten. ■

3.6.15 Weiterführende Hinweise rund um Tweets, Facebook-Postings & Co.

Zu guter Letzt noch eine kleine Sammlung von Mini-Strategien, die Ihnen bei der Ausgestaltung der Kommunikation in den einzelnen Netzwerken helfen sollen. Die meisten davon sind auf alle Anbieter anwendbar:

- Posten Sie **keine Inhalte, hinter denen Sie nicht zu 100 Prozent stehen können**, beziehungsweise bei denen Sie sich inhaltlich nicht auskennen. Manche Unternehmen kommunizieren einzelne Informationen Dritter alleine deswegen weiter, weil sie wissen, dass diese bei der eigenen Zielgruppe gut ankommen. Merken Ihre Follower jedoch, dass nur wenig eigene Substanz hinter derlei Nachrichten steckt, so machen Sie sich schnell unglaubwürdig.
- Die Google+-Nachricht über ein Gewinnspiel verweist auf die Abstimmung bei Facebook: Solch ein **Medienwechsel wird nicht bei allen Nutzern gerne gesehen**. Sie sollten Ihren Leser stets in dem Netzwerk abholen und auch bedienen, in dem er sich gerade befindet.
- Ab und an kann es sich anbieten, **ältere Ihrer Webseiteninhalte oder Blog-Beiträge erneut zu posten** – gerade, wenn diese werthaltige Informationen beinhalten, von denen viele neue Follower noch nicht profitieren konnten. Oder aber, wenn ein bestimmtes Thema aktuell wieder in der öffentlichen Diskussion steht. Mit dieser Möglichkeit muss man jedoch sehr vorsichtig und sparsam umgehen. Kein Stamm-Follower freut sich über veraltete oder sich ständig wiederholende Nachrichten. Gegebenenfalls kommentieren Sie das erneute Posting bzw. begründen, warum Sie sich für eine Wiederholung entschieden haben. Oder aber man aktualisiert/überarbeitet einen Beitrag zunächst grundlegend, bevor man ihn über einen anderen Posting-Text erneut streut.

- Generell: Beobachten Sie ganz genau, **zu welchem Zeitpunkt (Wochentag, Uhrzeit) einzelne Beiträge üblicherweise die meisten Reaktionen hervorrufen**. Leider ist dies je nach Branche und Leserschaft völlig unterschiedlich, so dass ich Ihnen keine allgemeingültigen Tipps geben kann. Dennoch kann es sein, dass ein Tweet am Montag um 11 Uhr (oder in einzelnen Segmenten gar am Wochenende) viel besser „läuft", als freitagnachmittags. Bombardieren Sie Ihre Leserschaft jedoch dann nicht an genau diesem Zeitpunkt, das wäre kontraproduktiv. Nutzen Sie derlei zeitliche Spannen viel mehr für besonders wichtige Botschaften.
- **Kommunizieren Sie zielgerichtet je Nutzerkreis:** Versuchen Sie Ihre Follower den Themen zuzuordnen, welche diese auch tatsächlich interessieren. Dann können Nachrichten immer nur an die jeweils passende Gruppe verschickt werden. Das ist insbesondere dann wichtig, wenn Ihr Portal bzw. Ihr Unternehmen diverse Zielgruppen anspricht. Bei Google+ lässt sich dies sehr gut über die dortigen Kreise steuern. In Twitter oder Facebook gegebenenfalls über unterschiedliche Accounts/Seiten.
- Eine indirekte Social-Media-Strategie: Manche größeren Onlinemagazine beobachten ganz genau, **welche Reaktionen die prominent platzierten Beiträge etwa auf der Startseite hervorrufen**. Scheint der Inhalt wenig spannend für die Leser zu sein, resultieren dementsprechend also auch nur wenige Social Shares hieraus, so wird der Artikel schneller aus der exklusiven Platzierung genommen. Dies in der Hoffnung, dass der nachfolgende Beitrag besser ankommt, länger dort verweilen kann, und deutlich mehr Reichweite in den sozialen Netzwerken aber auch auf dem Hauptportal produziert. Diese Vorgehensweise kann auch im Content-Bereich von Unternehmen wirken.
- **Werden Sie nicht politisch oder allzu privat**. Im sonstigen unternehmerischen Kontext ist diese Regel selbstverständlich. Die „lockerere" Social-Media-Kommunikation verleitet dennoch immer wieder zu derlei Äußerungen. Hier ist Vorsicht angesagt.

Bei all den Tipps, die ich in dieser Hinsicht gebe: Gehen Sie nicht zu strategisch beziehungsweise zu sehr nach dem Lehrbuch vor, wenn Sie bei Facebook, Twitter & Co. aktiv sind. Es darf auch einmal eine Nachricht darunter sein, die nicht perfekt ausformuliert und die nicht bis ins letzte Detail durchdacht ist. Selbst kleinere Fehler machen ein Profil menschlich. Social Media ist keine toternste Angelegenheit. Lockerheit im Tonus zählt hier deutlich mehr als Perfektionismus.

3.6.16 Social Media No-Gos

Wie man es besser nicht macht, dass soll dieser Abschnitt erläutern. In den sozialen Netzwerken wird immer wieder versucht, mit unlauteren Mitteln die Aufmerksamkeit anderer Nutzer auf sich zu ziehen. Doch nicht in jedem Fall handelt es sich um absichtlich verschickten Spam. Manch eine Nachricht ist einfach nur ungeschickt formuliert. Oder aber der Absender ist sich gar nicht bewusst darüber, dass seine Worte nur wenig Gefallen finden könnten. Ob nun mit einem Hintergedanken eingesetzt oder nicht, diese Methoden gelten vielen als lästig:

- Teils massenhaft Einladungen zu Google+-Communities, Xing-Gruppen etc. zu verschicken, deren inhaltliche Ausrichtung keinerlei Bezug zu den Interessen des Empfängers haben

- Autoresponder und ähnliche Funktionen („Vielen Dank, dass Sie mir folgen, ich hätte da noch ...“)
- Versenden ein und desselben Angebots mit immer neuem Wording
- Vortäuschen einer nicht-werblichen Nachricht, die dann auf eine werbliche Landingpage oder Ähnliches führt
- Personen, die jemandem folgen, nur um einen ReFollow „abzustauben“, und die danach eventuell sogar gleich wieder entfolgen.
- Inhalte werden ausschließlich bzw. regelmäßig von den eigenen Mitarbeitern geteilt, geliked etc., um den Eindruck einer hohen Reichweite zu vermitteln
- Grenzwertig: Massenhaft und nicht selektiv Freunde zu neuen Seiten oder Veranstaltungen einladen, darum zu bitten „Gefällt mir“ zu klicken etc.
- Einen Kommentar etwa auf Google+ zu beantworten mit „Bitte schreib mir doch auf Facebook, dort bin ich aktiver.“ Richtet ein Leser eine Anfrage an Sie, so hat er sich bewusst für das entsprechende Netzwerk entschieden. Dieses sollte man dann ebenfalls nutzen.
- Kontaktanfragen an demnach bislang unbekannte oder wenig bekannte Personen mit einer Bitte verknüpfen – etwa danach, sich einen bestimmten Beitrag durchzulesen, und seine fachliche Meinung hierzu abzugeben
- Meine persönliche Meinung: Geburtstagsgrüße und Ähnliches mehr von Kontakten, zu denen man ansonsten keinen wirklichen Bezug hat

Weitere Hinweise finden sich bei den jeweiligen Netzwerken in Kapitel 4. Ich möchte nicht verheimlichen, dass einige der aufgelisteten Methoden durchaus ihr Ziel erreichen können. Und dennoch: Eine seriöse und nachhaltige Kommunikation sieht anders aus.

3.7 Social Software/Social Media Monitoring

Ich habe nun viel darüber geschrieben, dass Sie Ihre aber auch fremde Social-Media-Erfolge sowie Misserfolge stets gut beobachten sollen. Erleichtert wird dies durch zahlreiche Software-Werkzeuge, die teils kostenfrei verfügbar sind. Diese fallen unter den Oberbegriff Social Media Monitoring. Nicht nur die Analyse wird damit erleichtert, auch das Selektieren und Nachverfolgen relevanter Nachrichtenströme, sowie das effiziente Verfassen von Social-Media-Beiträgen selbst. Manche dieser Tools sind so mächtig, dass sich damit ganze Social-Media-Abteilungen und deren vielfältige Aufgabengebiete managen lassen.

Ein weiterer Einsatzzweck ist das so genannte Reputation Management (*http://de.wikipedia.org/wiki/Online-Reputationsmanagement*). Was schreibt man in den sozialen Netzwerken und generell online über mich, über meine Angebote, aber auch über meine Mitbewerber? Wo kann ich ansetzen, kommentieren, Ähnliches anstoßen, mich bedanken, oder wo muss ich gegebenenfalls eingreifen? Wer gilt als Experte auf meinem Gebiet, mit dem ich kooperieren könnte? Im SEO-Bereich: Welche Backlinks wurden hierüber generiert? Die Beantwortung solcher Fragen steht hierbei im Vordergrund. Die Social-Media-Analyse liefert also immer auch ein Stimmungsbild, wie es um Ihr Unternehmen sowie Ihre Branche generell bestellt ist.

3.7.1 Social-Media-Kennzahlen

Zunächst einmal folgt nun ein kleiner Überblick, welche Kennzahlen Bestandteil des Monitorings sein können. Welche davon Sie in Zukunft beobachten wollen, das hängt ganz von Ihren persönlichen Zielen ab, aber natürlich auch davon, ob die Werkzeuge, die Sie einsetzen, eine vergleichbare Betrachtung überhaupt ermöglichen. Noch ein kleiner Hinweis: Die Kennzahlen überschneiden sich bei den einzelnen Netzwerken teilweise. So wäre etwa der Twitter Retweet laut nachfolgender Tabelle als Empfehlung einzustufen. Gleichzeitig handelt es sich jedoch auch um eine Interaktion, ganz je nach Betrachtungsweise sowie Zielsetzung.

Im Folgenden sehen Sie nun die zu analysierenden Zahlen sowie die jeweilige Erkenntnis beziehungsweise die Zielerfüllung, deren Erreichungsgrad sich jeweils ableiten lässt.

Kennzahl	Erkenntnisse/Zielerfüllung
Reichweite je Netzwerk und insgesamt: Wie oft werden welche Posts und Artikel in welchem Zeitraum angezeigt/gelesen?	Wirksamkeit der Social-Media-Strategie, Impressionen im Verhältnis zu sonstigen Marketing-Kanälen
Anzahl Fans, Follower, Kontakte in Google+-Kreisen, Xing-Kontakte, Blog-Abonnenten ... (ggf. in Relation zu Anzahl Kunden/potenzielle Kunden/Interessenten); falls vorhanden: demographische Angaben zur Art der Fans	Wirksamkeit, Nachhaltigkeit, zukünftige Reichweite, Aufbau Social-Media-Reputation, Einfluss bei der Zielgruppe, Markenbildung
Anzahl Empfehlungen: „Gefällt mir“, Retweets, Google+-Zahlen (Button-Nutzung und Teilen-Funktion), Xing-Interessant-Bekundungen ..., aber auch Einladungen zu Gruppen, Nennung in Twitter-Listen etc.	Qualität und Zielgruppenrelevanz der Inhalte, Wirksamkeit, Aufbau Social-Media-Reputation
Anzahl Erwähnungen in anderen Profilen/Blogs (unter Umständen aufgeteilt in positive und negative Erwähnungen, direkte Erwähnung des Profils inklusive Verlinkung oder nur Namens- bzw. Themennennung)	Qualität und Zielgruppenrelevanz, Aufbau Expertenstatus, Erreichbarkeit von Multiplikatoren, Reputation
Anzahl Interaktionen: Kommentare, ggf. Retweets etc. (unter Umständen aufgeteilt in positive und negative Erwähnungen)	Qualität und Zielgruppenrelevanz der Inhalte, Wirksamkeit, Nachhaltigkeit, Austausch mit Kunden und Interessenten, Marktforschung
Gegebenenfalls harte Fakten, wie erzielte Umsätze/Leads direkt aus Social-Media-Kanälen	Monetarisierung
Anzahl Influencer/Key User	Siehe Abschnitt 3.6.3
Anzahl eigener und/oder fremder Beiträge	Reichweite, Nachhaltigkeit
Anzahl beantwortete Kommentare und Fragen	Kundenzufriedenheit, Kundenservice-Quote, ggf. Bearbeitungsdauer
Anzahl und Art der Kunden-Feedbacks und Kontaktanfragen	Reichweite, Nachhaltigkeit, Produktentwicklung, Marktforschung, Kundenzufriedenheit
Klicks auf Links zu eigenen Portalen und Web-Inhalten	Konversion, Leads, ggf. Umsatz
Downloads, Video- und Bild-Impressionen	Konversion, Markenbildung, ggf. Umsatz

Kennzahl	Erkenntnisse/Zielerfüllung
Einträge in Social-Bookmarking-Dienste (siehe *http://de.wikipedia.org/wiki/Social_Bookmarks*)	Reichweite, Interesse und Bekanntheit bei der Zielgruppe
Im Corporate Blog: Verweildauer, Seiten je Besuch, Abbruchquote etc.	Qualität und Zielgruppenrelevanz, SEO-Effekt

Beobachten Sie die für Ihren Zweck schlüssigen Kennzahlen idealerweise stets zusammen mit den Zahlen der wichtigsten Mitbewerber/Referenz-Accounts in Ihrem inhaltlichen Bereich (sofern möglich). Nutzen Sie hierfür keine Monitoring Software, so hilft auch eine kleine Excel-Tabelle weiter, die in regelmäßigen Abständen aktualisiert wird.

PRAXISTIPP: Was das Messen von Interaktionen, wie Kunden-Feedbacks und Kontaktaufnahme/Lead-Generierung, anbelangt: Nicht immer werden die Netzwerk-eigenen Möglichkeiten genutzt, um in Kontakt mit Ihnen zu treten (Direktnachrichten etc.). Fragen Sie bei sonstigen Kommunikationen etwa via Telefon nach, wie man auf Ihr Unternehmen aufmerksam geworden ist. Die verschiedenen sozialen Netzwerke sollten in diesem Sinne ab sofort als neuer Kontaktkanal in Ihrem CRM-Tool berücksichtigt werden (*http://de.wikipedia.org/wiki/Customer-Relationship-Management*). Nur so lässt sich ermitteln, welche Resonanz tatsächlich via Social Media erzielt wird. ■

3.7.2 Anbieter und Werkzeuge

Nicht nur die Techniken der sozialen Netzwerke wechseln, auch die Anbieter von Social-Media-Monitoring-Lösungen und ähnlichen Werkzeugen, welche den Arbeitsalltag im Umgang mit sozialen Netzwerken erleichtern. Von daher habe ich mich im Folgenden auf Anbieter konzentriert, die in der Vergangenheit relativ beständig ihre Dienste anboten. Der Markt ist jedoch generell stark in Bewegung, so dass es sich lohnt, einschlägige Fachmagazine immer wieder einmal nach neuen Tools zu durchforsten. Insbesondere den Einsatz von Werkzeugen aus dem US-amerikanischen Markt sollten Sie mit Ihrem Datenschutzbeauftragten abstimmen. Social Media Monitoring ist in vielen Fällen nicht wirklich vereinbar mit dem Schutz der Privatsphäre.

3.7.2.1 HootSuite

Bei HootSuite (*http://hootsuite.com*) handelt es sich um ein in Social-Media-Kreisen sehr beliebtes Werkzeug. Die – wenn auch im Funktionsumfang recht eingeschränkte – Basisversion ist kostenlos. Das Tool ermöglicht unter anderem (siehe auch Bild 3.39 auf der nächsten Seite):

- Die effiziente, gleichzeitige Verwaltung mehrerer Social-Media-Accounts.
- Das optimierte Posten einzelner Inhalte, inklusive im Voraus geplanter Nachrichten (Welcher Post soll wann bei welchem Netzwerk an welchen Account/Nutzerkreis gerichtet werden?).

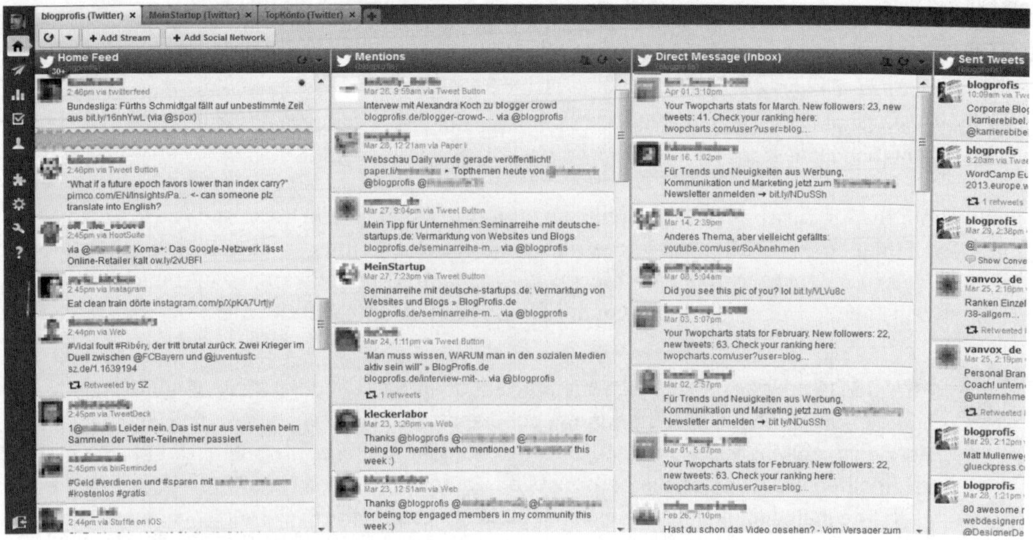

Bild 3.39 Wie gestalten sich eigene aber auch fremde Nachrichtenströme? Wer wird wo wie erwähnt? Mit HootSuite behält man den Überblick.

- Die Beobachtung von Nachrichten zu einzelnen Themen/Keywords/Marken/Unternehmensnamen.
- Monitoring: Wie oft werden Sie bzw. Ihre Accounts in welchen Netzwerken über welches Tool gesteuert und von wem erwähnt?
- Welches Netzwerk generiert welche Reichweite und welchen Traffic?
- Gebündelte Auswertungen zu den Statistiken diverser Anbieter.
- Die Organisation von Social-Media-Mitarbeitern, Aufgaben und Teams.

HootSuite stellt insbesondere für jene Unternehmen eine große Erleichterung dar, die beispielsweise mehrere verschiedene, inhaltlich unterschiedlich ausgerichtete Twitter-Accounts betreiben. Auch das Arbeiten in einem Social-Media-Team wird mit dem Tool erheblich angenehmer. Doppelte Inhalte können vermieden, verwaiste Aufgaben leichter aufgedeckt werden. Insofern hat sich der Online-Werkzeugkasten zu einer Art Standard im Umfeld der sozialen Netzwerke entwickelt.

3.7.2.2 Netvibes

Netvibes (*www.netvibes.com/de*) ist ebenfalls in einer eingeschränkten Gratis-Variante erhältlich, so dass man den Dienst zunächst einmal ausprobieren kann. Es handelt sich, im Gegensatz zu HootSuite, eher um eine Art Keyword Monitoring Tool für soziale Netzwerke. Man gibt ein bestimmtes Schlüsselwort oder eine Phrase ein, und schon spuckt Netvibes zugehörige Inhalte in den einzelnen Netzwerken aber auch in Suchmaschinen, Blogs und sonstigen Plattformen aus (Bild 3.40). Besonders spannend: Über zusätzliche Tools von Drittanbietern, so genannte Netvibes Widgets, können zusätzliche Funktionalitäten eingebunden werden (siehe *http://de.eco.netvibes.com/apps*), beispielsweise Nachrichtenströme und Zusatzinformationen aus nicht unterstützten Netzwerken und Content-Portalen.

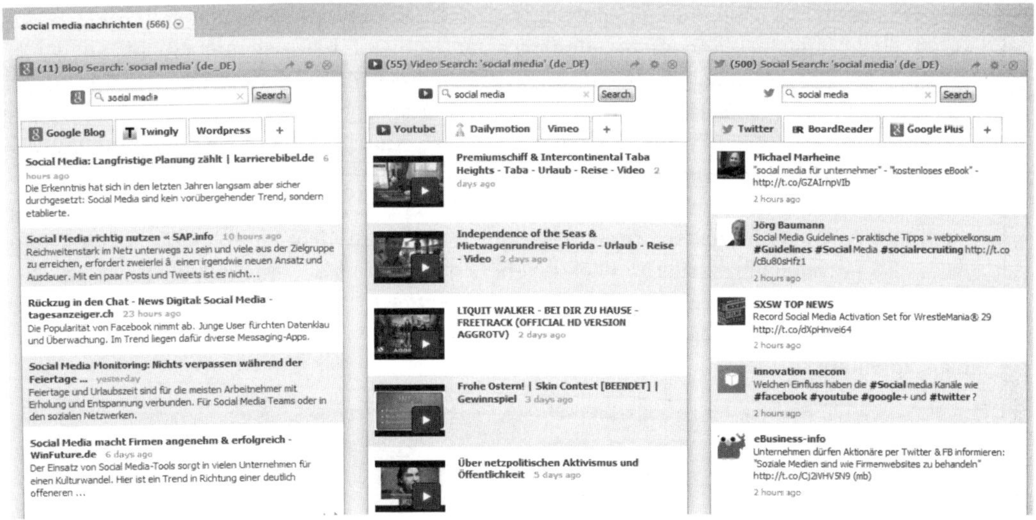

Bild 3.40 Was sagen die sozialen Medien aktuell zu einem bestimmten Stichwort (hier: „Social Media“)? Netvibes verrät es.

Natürlich kann die Plattform noch mehr:

- Automatisierte Überwachung sowie Analyse einzelner Nachrichtenströme
- Diverse Such- und Filtermöglichkeiten für die manuelle Beobachtung
- Optimiertes Lesen, Verfolgen und Organisieren von Inhalten einzelner User/zu einzelnen Themen
- Detaillierte Reportings je Netzwerk
- Alarmfunktion beim Auftreten bestimmter Ereignisse und vieles mehr

Einen ersten Einblick sowie eine Anleitung zum Einstieg in Netvibes bietet der Beitrag unter *www.blogprofis.de/buch/netvibes*. Dort wird ebenfalls darauf eingegangen, wie man beim Aufspüren relevanter Social-Media-Keywords vorgehen kann.

3.7.2.3 Klout

Die Dienste von Klout (*http://klout.com*) sind nicht ganz unumstritten. Der Anbieter gibt an, zu jedem Social-Media-Profil, unter anderem bei Facebook und Twitter, einen so genannten Klout Score ermitteln zu können (Bild 3.41 auf der nächsten Seite). Dieser Wert – auf einer Skala von 1 bis 100 – soll aufzeigen, über welche Online-Reputation ein Nutzer verfügt, wie gut er vernetzt ist, und welche Reichweite er hat. Sprich: Wie „gut“ ein Social-Media-Profil im Vergleich zu ähnlichen Accounts ist. Der durchschnittliche Wert liegt nach Unternehmensangaben bei 40 (*http://klout.com/corp/faq*). Das Ziel einer solchen Einstufung:

a) Eine Messlatte für die unternehmenseigenen Accounts zu schaffen: Wie gut bin ich im Vergleich zu meinen Mitbewerbern Social-Media-technisch aufgestellt? Und fruchten meine Bemühungen zur Optimierung überhaupt?

b) Andere Nutzer identifizieren zu können, die über genügend Social-Media-„Macht“ verfügen, so dass es sich lohnt, diesen zu folgen oder mit diesen zu interagieren.

Kritiker dieser Art PageRank-Einstufung im Social-Media-Umfeld bemängeln, dass Klout seine Einstufungskriterien nicht offenlegt. Der Anbieter hat also die Macht, selbst zu bestimmen, was im Zusammenhang mit sozialen Netzwerken „sexy" ist und was nicht. Andererseits weiß man bei Google auch nur wenig darüber, wie einzelne Rankings ganz konkret ausgestaltet sind. Andere wiederum werfen Klout vor, hauptsächlich im englischsprachigen oder US-amerikanischen Umfeld verwertbare Ergebnisse zu liefern. Als möglicherweise nicht in jedem Fall allzu ernst zu nehmender Faktor kann der Dienst dennoch auch hier zu Lande herhalten. Zumindest dann, wenn man nicht ausschließlich den Klout-Faktor als Entscheidungskriterium heranzieht (siehe hierzu auch die Artikel *www.blogprofis.de/buch/klout* sowie *www.blogprofis.de/buch/kloutlegal*). Der wohl gewichtigste Kritikpunkt neben Aspekten des Datenschutzes: Klout bewertet vor allem quantitative Faktoren, nicht qualitative.

Bild 3.41 Der Klout Score der blogprofis, basierend auf Twitter und Google+. Wie relevant dieser Wert ist, das hängt nicht nur von der Bewertung meiner (in diesem Fall kaum vorhandenen) Mitbewerber ab.

Man nimmt an, dass das Tool hauptsächlich die Anzahl von Fans/Followern, die Menge an Weiterempfehlungen sowie die eigene Schreib-/Aktivitätsfrequenz auswertet, um seinen Score zu ermitteln. Alleine diese Mischung zeigt, dass das System durchaus angreifbar und auch manipulierbar ist. Angeblich wählen erste Arbeitgeber ihre Social-Media-Mitarbeiter bereits danach aus, welchen Klout Score diese nachweisen können. Von daher ist die Dimension des Dienstes nicht immer ganz harmlos. Sie können durchaus Ihren Klout Score ermitteln lassen, und diesen gegebenenfalls, sofern möglich, mit anderen vergleichen (die Bezahlt-Variante bietet das Aufstöbern so genannter „Influencer" an). Als Voraussetzung müssen Sie dem Dienst jedoch Zugriff zu Ihren zu analysierenden Profilen gewähren – nicht jeder wird hierzu bereit sein. Wie bereits angedeutet: Nehmen Sie die Ergebnisse nicht völlig unreflektiert hin.

3.7.2.4 Weitere Tools

Es gibt unzählige weitere Werkzeuge für das Social Media Management. Die nachfolgende Auswahl berücksichtigt jene, die in der Szene derzeit favorisiert werden, oder die eine besonders innovative Funktionalität abdecken. Bitte beachten: Einige davon eignen sich eher für den englischsprachigen Raum. Diese sind dann aber – zumindest für einige Keywords und Branchen – mit Einschränkungen auch hier zu Lande nutzbar. Dennoch sollten Sie die Ergebnisse, insbesondere der Gratis-Tools, niemals völlig unreflektiert hinnehmen. Die nachfolgenden Angebote sind in der Regel kostenlos. Oft wird jedoch ein bezahlter Premium-Account notwendig, wenn man die Software intensiver nutzen möchte.

- **Social Mention** (*www.socialmention.com*):
  Dieses Online-Tool durchsucht diverse Social-Media-Quellen nach Inhalten zu einem bestimmten Stichwort. Auch relevante zugehörige Keywords werden ermittelt. Weiterhin kann man sich bei neuen Ergebnissen etwa per E-Mail informieren lassen. Im deutschsprachigen Raum sind die Ergebnisse jedoch relativ oft sehr dürftig, insbesondere bei der Verwendung von Umlauten.
- **Kurrently** (*www.kurrently.com*):
  Ein ähnlicher Suchdienst wie Social Mention, der hauptsächlich Ergebnisse für Twitter ausspuckt. Ansonsten durchaus interessant zu Recherchezwecken, da teilweise auch Nachrichten entdeckt werden, die über die jeweiligen Netzwerke selbst nicht (mehr) auffindbar sind.
- **Socialbakers** (*www.socialbakers.com*):
  Social Bakers liefert ausführliche Statistiken aus der Welt der sozialen Netzwerke. Wie aktiv sind welche Nutzer aus welchem Netzwerk in welchem Land? Was sind jeweils die Profile mit den meisten Aufrufen und Fans? Wie schneiden die einzelnen Märkte im Vergleich ab? Insbesondere für international agierende Unternehmen dürften die Zahlenwerke hilfreich sein. Etwa, um entscheiden zu können, welche Länder man vorrangig mit eigenen Social-Media-Inhalten bedient. Die besonders tiefgreifenden Statistiken sind jedoch nur für zahlende Mitglieder abrufbar.
- **Socialyser** (*http://socialyser.de*):
  Mit dem Werkzeug kann man eine oder mehrere Webseiten darauf hin untersuchen, wie oft diese bei Facebook, Twitter oder Google+ empfohlen beziehungsweise geteilt wurden.
- **Friend or Follow** (*http://friendorfollow.com*):
  Welcher meiner Twitter-Follower hat mich verlassen? Wem folge ich, der mir nicht zurückfolgt? Und wie verhält sich dies auf anderen Netzwerken, wie Instagram oder Tumblr? Eben hierauf will „Friend or Follow“ Antworten liefern. Probieren Sie die Gratis-Variante aus, bevor Sie sich für ein kostenpflichtiges Upgrade entscheiden. Denn nicht immer haben die versprochenen Erkenntnisse auf Dauer den Nutzwert, den man sich anfangs verspricht.
- **TweetDeck** (*www.tweetdeck.com*):
  TweetDeck ist als Social Media Dashboard ein recht ähnlicher Dienst wie HootSuite, jedoch von und für Twitter optimiert (es werden aber auch andere Netzwerke unterstützt). Nachrichten verfolgen, filtern und kategorisieren, Tweets zeitgesteuert veröffentlichen lassen, Trends aufspüren, verschiedene Accounts auf unterschiedlichen Endgeräten synchronisieren, das Verfassen von Inhalten vereinfachen. Dieses und mehr leistet das durchaus mächtige Tool. Insbesondere für Twitter-Fans ist dies eine gute Alternative zu vergleichbaren Anbietern.

- **Twazzup** (*www.twazzup.com*):
  Eine Suchmaschine für Tweets, Accounts und Themen bei Twitter. Besonders relevante Twitter-Nutzer zu einem Stichwort sollen ebenfalls ausfindig gemacht werden. Für Umlaute/im deutschsprachigen Raum nur begrenzt einsetzbar, als Ergänzung zur originären Twitter-Suche jedoch durchaus geeignet.
- **TweetStats** (*www.tweetstats.com*):
  Wie aktiv versende ich Tweets? Wem schreibe ich am häufigsten? Und wen retweete ich wie oft? Sehr spannend.
- **TwitterCounter** (*http://twittercounter.com*):
  Mit dem Tool lassen sich die Aktivitäten verschiedener Twitter-Nutzer direkt miteinander vergleichen. Praktisch für die Wettbewerbsanalyse.
- **Google Analytics** (*www.google.de/analytics/*):
  Wie in Abschnitt 1.7.2 erläutert, verrät Google Analytics unter anderem, wie viele Besucher über die diversen sozialen Netzwerke auf Ihr Portal oder Ihren Firmenblog gelangen.
- **Google Blogsuche** (*www.google.de/blogsearch*):
  Die Blogsuche von Google ist eine prima Möglichkeit herauszufinden, welche Blogger über ein bestimmtes Thema oder ein Unternehmen/eine Marke berichten (siehe auch Abschnitt 4.8). Zwar liefert das Werkzeug nicht immer sämtliche Beiträge aller Blogs. Und dennoch gehört es zum täglichen Arbeitswerkzeug jedes Corporate Bloggers. Übrigens: Unter den Suchergebnissen können neue Einträge zu eben dieser Suchanfrage per E-Mail oder RSS abonniert werden. So bleiben Sie ständig auf dem Laufenden und verpassen (fast) keinen Artikel, in dem Sie oder ein relevantes Thema Erwähnung finden.
- **Google Alerts** (*www.google.de/alerts*):
  Ähnlich wie mit der Blogsuche verhält es sich mit Google Alerts. Der kostenlose Dienst durchforstet das Internet (Webseiten, Blogs, Nachrichten- und Videoportale, vereinzelt auch Social-Media-Dienste) nach neuen Inhalten zu einem vorgegebenen Stichwort. Die Ergebnisse erhält man in einem einstellbaren Turnus per E-Mail. Unverzichtbar für alle Unternehmer und Selbstständigen, die wissen wollen, was das Web über die eigene Firma und die Produkte zu berichten hat.
- **Facebook-Statistiken:**
  Facebook bringt seine eigenen Auswertungsmöglichkeiten gleich mit (erreichbar unter dem Punkt *Administrationsbereich der Seite → Statistiken → Alle anzeigen*). Das Tool verrät unter anderem, welche Beiträge besonders gut ankommen, wie sich die eigenen Fans zusammensetzen, wie sich die Reichweite und die „Gefällt mir“-Angaben in dem Netzwerk entwickeln, oder aus welchen Regionen die treuesten/aktivsten Nutzer kommen. In seiner Datenmacht fast schon etwas unheimlich, aber sehr hilfreich.

Probieren Sie die für Ihre Zwecke spannendsten dieser Anbieter aus. Nach und nach werden sich erfahrungsgemäß eh einige wenige Hilfsmittel herauskristallisieren, mit denen man regelmäßig arbeitet. Denn Analysen und das Social Media Monitoring sind gut und wichtig. Es erfordert jedoch auch einiges an Zeit.

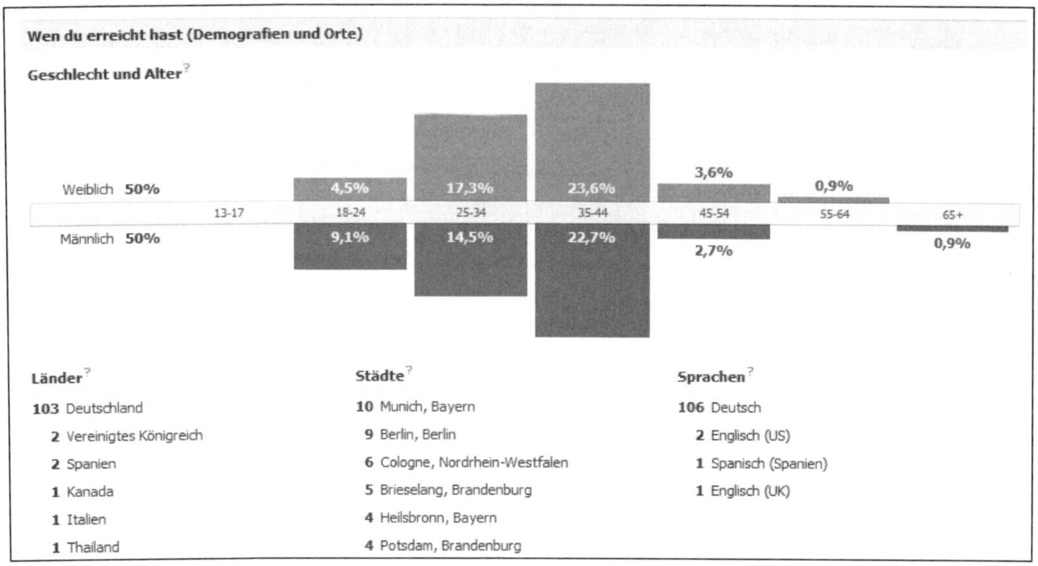

Bild 3.42 Aufgrund seiner gewaltigen Datensammlung kann Facebook in seinen Statistiken – zugänglich für alle Inhaber einer Seite – selbst detaillierte demographische Auswertungen anbieten. Solch einen tiefen Einblick in ihre (Online-) Zielgruppe dürften die meisten Unternehmen das erste Mal haben. Wobei die angezeigten Daten von der richtigen Pflege der Nutzer abhängig sind.

Weiterhin gibt es kostenpflichtige Anbieter, die sich insbesondere für größere Organisationen und umfangreiche Social-Media-Teams eignen. Ich möchte einige dieser nur kurz vorstellen:

- **Radian6/Salesforce Marketing Cloud:**
  Eine Social-Media-Monitoring-Lösung des CRM-Anbieters Salesforce (*www.salesforcemarketingcloud.com*)
- **Sproutsocial:**
  Ein Monitoring- und Management-Werkzeug hauptsächlich für kleinere und mittelständische Unternehmen (*http://sproutsocial.com*)
- **TwentyFeet:**
  Deutschsprachiger Dienst zur Auswertung der Social-Media-Aktivitäten (*www.twentyfeet.com*)
- **Visible Intelligence:**
  Positioniert sich vor allem als Suite zur Marken- und Wettbewerbsbeobachtung, im deutschsprachigen Raum eher unbekannt (*www.visibletechnologies.com*)
- **Brandwatch:**
  Umfassende Suite mit mehrsprachiger Abdeckung (*www.brandwatch.com/de/*)
- **Oracle vitrue:**
  Möglicherweise interessant für die Integration in bestehende Oracle-Landschaften; unterstützt mit mehreren Modulen das Monitoring, aber auch komplette Social-Media-Redaktionsaktivitäten (*www.vitrue.com*)

Weitere Werkzeuge finden sich unter *www.blogprofis.de/buch/socialtools*.

HINWEIS: Zur Beobachtung der Social-Media-Interaktionen gehört auch das ganz einfache Mittel, sich von den verschiedenen sozialen Netzwerken bei bestimmten Ereignissen automatisch per E-Mail benachrichtigen zu lassen (Bild 3.43), etwa dann, wenn Beiträge im eigenen Unternehmensprofil kommentiert werden und Ähnliches mehr. Fast jeder Anbieter bietet solche Funktionen. Derlei Automatismen sind insbesondere dann sehr sinnvoll, wenn man als Einzelkämpfer die Social-Media-Betreuung neben dem normalen Alltagsgeschäft erledigen muss. Somit verlieren Sie keine Interaktion aus den Augen und vergessen keine Anfrage zu beantworten.

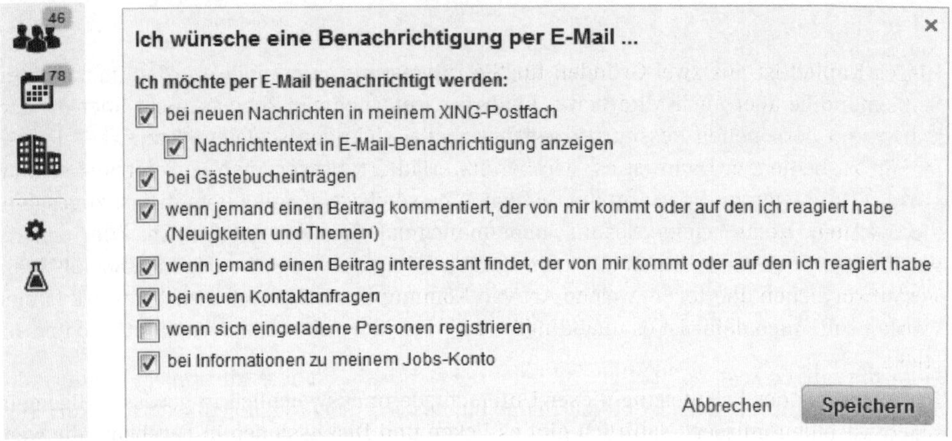

Bild 3.43 Automatische Benachrichtigungen (wie hier am Beispiel Xing) helfen gleichzeitig dabei, potenziell interessante Kontakte aufzuspüren, die sich in irgendeiner Form an Ihren Inhalten beteiligt haben. Noch deutlich weiter in seinen Optionen geht etwa Google+.

4 Grundlagen: Welches Netzwerk für welchen Zweck?

Dieses Kapitel ist aus zwei Gründen für Sie interessant. Zum einen werden insbesondere Selbstständige aber auch Mitarbeiter kleinerer Unternehmen schlicht nicht über die zeitlichen und personellen Ressourcen verfügen, alle wichtigen sozialen Netzwerke gleichermaßen zu bedienen. Dann ist es, wie bereits erläutert, besser, man konzentriert sich auf ein/zwei Anbieter, und versorgt die restlichen beispielsweise mit automatisiert zugesteuerten Inhalten. Keine schöne Lösung, aber manchmal eben unausweichlich. Zum anderen werden größere Unternehmen mit mehr Zeit beziehungsweise einem eigenen Social-Media-Verantwortlichen überlegen, welche Art von Kommunikation in welchem Netzwerk forciert werden soll. Auch dafür ist es unabdingbar zu wissen, welche Netz-Community wo und wie „tickt".

Ich werde bei der Erläuterung dieser Unterschiede unausweichlich in gewisse Allgemeinplätze verfallen müssen. Natürlich gibt es Ecken und Diskussionen in Facebook, die weniger salopp und – bewusst etwas provozierend formuliert – oberflächlich ablaufen. Auch im „seriöseren" Google+ lauern weniger ernsthafte oder gar vollkommen unnütze Inhalte. Für eine erste Einschätzung sind derartige Ansätze allgemeiner Art jedoch unerlässlich. Sie werden ohnehin in jedem sozialen Netzwerk

a) Ihre ganz eigenen Erfahrungen sammeln,

b) ganz eigen strukturierte Fan- beziehungsweise Follower- und damit Zielgruppen aufbauen,

c) von alleine einen Weg vorgegeben bekommen, wie man dort mit Ihnen was kommunizieren möchte.

Wobei hinzukommt, dass jedes individuelle Netzwerk lebendig bleibt, sich die Ansprüche und Gepflogenheiten Ihrer Fans also durchaus mehrfach wandeln werden. Manchmal reichen zwei/drei neue und besonders aktive Follower aus, um nahezu dem kompletten Firmenauftritt eine neue Ausrichtung zu verschaffen. Wer diskutiert lieber kontrovers oder wer lässt sich eher Inhalte vorgeben, welche Themen liegen gerade im Fokus der fleißigsten Mit-Leser und werden deswegen besonders oft weiterempfohlen, welche Ausrichtung gibt Ihre aktuelle Social-Media-Strategie vor, wie intensiv reagieren Ihre Mitarbeiter auf welchen Kommentar/welche Fragestellungen? All dies beeinflusst die Aktivitäten in einem Profil.

Ich habe lange überlegt, ob und wie intensiv ich im Detail auf die einzelnen Funktionen eingehen soll, die Facebook, Twitter, Google+, Xing und andere ihren Nutzern anbieten (Wie lege ich wo welche Inhalte an, welche Möglichkeiten der Einstellungen gibt es, welche zusätzlichen Tools etc.). Doch dies würde zum einen den Rahmen sprengen. Schließlich gibt es für jeden einzelnen Anbieter komplette eigene Bücher, die sich genau mit diesen Fragestellungen und einer Art Schritt-für-Schritt-Anleitung beschäftigen. Zum anderen wären die meisten Inhalte möglicherweise schon morgen nicht mehr aktuell, da die Netzwerkbetreiber aufgrund des steigenden Konkurrenzdrucks nahezu täglich neue Funktionalitäten bereitstellen, alte Möglichkeiten hingegen begraben. Was nicht bedeutet, dass Ratgeber in Buchform ungeeignet sind, um sich in die jeweilige funktionelle Thematik einzuarbeiten. Auch ich werde Ihnen im weiteren Verlauf noch den einen oder anderen Buchtipp mit auf den Weg geben. Schließlich bleiben die grundlegenden Prinzipien der Netzwerke meist erhalten. Zudem stolpern Sie in diesen Ratgebern über so manchen Tipp bezüglich der richtigen praktischen Bedienung im Arbeitsalltag, der hier zu kurz kommen mag. In Abschnitt 4.9 nenne ich Ihnen zudem einige aufschlussreiche Onlinequellen, mit deren Hilfe man sich ebenfalls sehr gut in die sich fortlaufend ändernden Arbeitsmechanismen der Social-Media-Anbieter einarbeiten kann.

An dieser Stelle soll es also mehr um die grundlegenden Strategien gehen, zumal dabei von ganz alleine die wichtigsten Funktionsweisen beleuchtet werden. Generelle, für alle Netzwerke geltende Ansätze habe ich Ihnen bereits in den vorangegangenen Abschnitten erläutert. Falls Sie gleich zu diesem Kapitel hier gesprungen sind, so sollten Sie sich also insbesondere die Abschnitte 3.1 und 3.3 zu Gemüte führen, bevor Sie fortfahren. Nach der Vorstellung der einzelnen Anbieter werde ich zudem noch auf das wichtige Thema Corporate Blogs eingehen, da viele Social-Media-Ansätze erst in Kombination mit einer solchen Content-Plattform ihre volle Wirkung entfalten.

4.1 Facebook

Der Primus unter den sozialen Netzwerken polarisiert. Die meisten Internetnutzer lieben Facebook, andere wiederum verteufeln den Anbieter fast schon. Die einen freuen sich über die ungezwungene, jederzeit verfügbare Unterhaltung mit ihren Freunden. Den anderen sind die Marktmacht, die Daten-Sammelwut und die ungebrochene Dynamik des Onlinedienstes unheimlich. Auf Seiten der Unternehmen sieht es ähnlich aus. Während manche von den dortigen Möglichkeiten der Kundenansprache schwärmen, sehen sich die Skeptiker fast schon gezwungen, in dem sozialen Netzwerk mitmachen zu *müssen*. Dass der Anbieter aus Kalifornien in letzter Zeit ständig an seinem Produkt „herumschraubt“, das lässt diese Kritiker nicht gerade milder stimmen. Muss man als Unternehmer doch ständig am Ball bleiben, was die Gestaltung aber auch die Möglichkeiten der eigenen Facebook-Seite anbelangt. Für große Firmen mit eigener Social-Media-Abteilung mag das kein Problem sein, für selbstständige Einzelkämpfer schon.

Hinzu kommt: Es lässt sich kaum mehr vorhersagen, welche Unternehmen in welcher Branche relativ schnell erste Erfolge in Facebook erzielen können, und welche nicht. Das sorgt für Euphorie („Erst ein halbes Jahr in Facebook, und schon haben wir über 1000 Fans“), aber auch für Frustration („Wir können noch so oft auf unseren Facebook-Kanal hinweisen, er wird einfach nicht genutzt“). Zumal es viele Unternehmensverantwortliche gewohnt sind, den Erfolg einer Marketing-Maßnahme in Heller und Pfennig bemessen zu können. Im

Social-Media-Umfeld hingegen zählen andere Währungen. Eher weiche Faktoren, wie die Anzahl der „Gefällt mir"-Klicks, können nicht jeden Firmenchef davon überzeugen, Ressourcen in den Aufbau des Kanals Facebook zu stecken. Bringt ein Unternehmen bereits eine umfangreiche, treue Kundschaft mit sich, die zudem eher jung bzw. jung geblieben, dynamisch und onlineaffin ist, so kann der eigene Auftritt bei Facebook meist relativ schnell mit Leben gefüllt werden. Zumal sich dieser Effekt von selbst verstärkt. Sind die ersten Daumen-hoch-Klicks einmal da, so fühlen sich andere Facebook-Nutzer eher angesprochen, ebenfalls mitzuwirken. Tut sich hingegen nichts, so wird man sich gelangweilt abwenden. Und manchmal können dann auch noch so rege geteilte und qualitativ hochwertig verfasste Inhalte keine Abhilfe schaffen. Im weiteren Verlauf werde ich Ihnen einige Ansatzpunkte mit auf den Weg geben, wie es in einem solchen Fall dennoch klappen kann.

Trotz der geringen Voraussagbarkeit gibt es natürlich einige unternehmerische Bereiche, für welche die Facebook-Kommunikation prädestiniert ist. Firmen mit angesagten, bereits bekannten oder im Alltag oft genutzten Produkten aus dem Konsumgüterumfeld tun sich in der Regel relativ leicht. Im Dienstleistungsumfeld, egal ob auf B2C- oder B2B-Ebene, wird es meist schon schwieriger, insbesondere für kleinere Unternehmen. Etwa im Bereich der Spezial-Industrie, oder bei sehr erklärungsbedürftigen Nischenprodukten gleicht die Facebook-Kommunikation nicht selten einem aussichtslosen Kampf.

Es gibt mehrere Möglichkeiten, Facebook zu nutzen. Man unterscheidet hierbei prinzipiell zwischen Profilen, Seiten und Gruppen. Ein Profil ist der persönliche beziehungsweise meist auch private Zugang zu Facebook. Es wird unter dem eigenen Namen geführt. Ein offizieller Firmen-Account wird hingegen über eine Facebook-Seite (früher auch Fanpage/Fanseite genannt) angelegt. Nutzen Sie zur sauberen Trennung von Anfang an eine Facebook-Seite für Ihre Firmen-Kommunikation, kein privates Profil. Selbst als Kleinunternehmer oder Selbstständiger bzw. Freiberufler. Solch eine Seite sollte von einem Profil aus angelegt werden (in der Regel das des Firmeninhabers), es ist dann mit diesem verknüpft. Zwar gibt es auch einen Weg ohne diese Verknüpfung auszukommen, die Nutzungsmöglichkeiten sind dann aber eingeschränkt. Ein Unternehmer bzw. ein Profil kann auch mehrere Seiten anlegen, beispielsweise für mehrere Firmen oder für einzelne Filialen.

Nicht nur der Profilinhaber kann dann die angelegten Seiten verwalten. Es lassen sich weitere Personen/Profile als Administrator festlegen. Eine Unternehmensseite lässt sich unter dem Link *www.facebook.com/pages/create/* initial erstellen. Bei einer Gruppe handelt es sich um eine Art Forum, über das sich Nutzer mit gleichen Interessen (privat/geschlossen oder offen zugänglich) austauschen. Gruppen sind jedoch eher ein Instrument von privaten Personen. Unternehmen werden dort meist nicht gerne gesehen. Es sei denn, Sie nehmen in Ihrer nicht-öffentlichen Funktion (über Ihr „privates" Profil) teil, oder gründen entsprechend eine eigene Gruppe. Gerade bei Selbstständigen und Kleinunternehmen vermischen sich beide Punkte in der Regel ohnehin miteinander. Egal ob aktiv oder passiv teilnehmend: Gruppen eignen sich sehr gut dazu, mehr über die Bedürfnisse Ihrer Zielgruppe zu erfahren.

PRAXISTIPP: Ein SEO-Vorteil von Facebook-Seiten: Deren Inhalte sind im Gegensatz zu privaten Facebook Profilen vollkommen offen durch Suchmaschinen wie Google lesbar. Von daher lassen sich einige Mechanismen der Suchmaschinenoptimierung aus Abschnitt 1.4 prinzipiell auch für eine Facebook Seite anwenden, etwa die Keyword-Optimierung. Wobei man es damit nicht übertreiben sollten, da die inhaltliche Qualität der Social-Media-Texte deutlich mehr bewirkt, als reine SEO-Faktoren. Denn noch ist der Umfang begrenzt, mit dem Google Facebook-Seiten in seinen Suchergebnissen berücksichtigt. Machen Sie sich also nicht allzu viele Gedanken zur technischen Optimierung Ihrer Social-Media-Kommunikation beim Branchenprimus. Hier zählt der Content.

4.1.1 Warum ist Facebook so attraktiv für Unternehmen?

Wer über Facebook und seine Nutzer den Kopf schüttelt – und das tun nicht gerade wenige Verbraucher, selbst wenn sie manchmal sogar über ein eigenes kaum genutztes Profil dort verfügen, der wundert sich meist hauptsächlich über den Exhibitionismus der „Heavy Facebook User“. Da ist für jedermann sichtbar, wer wann mit wem was tut, am besten noch hinterlegt mit teils intimen Bildern. Jeder kennt die Geschichten aus den Medien, wenn ein junger Mensch aufgrund seiner Partybilder nur schwer eine Anstellung findet, oder wenn die Einladung zur Geburtstagsfeier in Massenaufläufen endet. Warum sollte man sich als „seriöses“ Unternehmen auf dieser Spielwiese tummeln? Das hat einen ganz einfachen Grund: Die Nutzer bei Facebook zeigen sich eben nicht nur, welche Personen, Gegebenheiten, Musik etc. sie gut finden. Sondern auch: Welche Produkte sie nutzen oder gerade gekauft haben (siehe Bild 4.1).

Bild 4.1
Egal, ob über eine direkte oder indirekte Nennung von Marken und Unternehmen: Facebook zeigt an vielen Stellen an, was befreundete Personen tun und damit immer auch empfehlen – teilweise mit direkter Verlinkung zum jeweiligen Angebot.

Das kann sehr wirkungsvolles, quasi kostenloses Empfehlungsmarketing bedeuten. Kommt ein Produkt oder eine Dienstleistung jedoch nicht so gut an, wird unter Umständen eine weit weniger vorteilhafte Welle losgetreten. Deswegen sollte es sich ein Unternehmen, das aktuell oder gar generell sehr stark der Kritik der Verbraucher ausgesetzt ist, überlegen, wann und ob Social Media Sinn macht. Es sei denn, man möchte selbstbewusst einen Gegenpol zur öffentlichen Meinung bilden, und ist bereit, hierfür auch einige Schmähungen über sich ergehen zu lassen (Bild 4.2). Dann jedoch hilft es, wenn man zumindest über (nicht hierfür engagierte!) Fürsprecher unter den Verbrauchern verfügt, die sich ebenfalls an der

Kommunikation in den sozialen Netzwerken beteiligen. Ansonsten könnte ein allzu einseitiges, sich wiederum selbst verstärkendes PR-Desaster über Sie hereinbrechen.

Bild 4.2 Manche Branchen bekommen recht unverblümt zu hören, dass sie in den sozialen Medien wohl nicht unbedingt hoch willkommen wären.

> **PRAXISTIPP:** Sind Sie sich nicht sicher, wie Sie und Ihre Produkte in einzelnen sozialen Netzwerken ankommen werden, so schauen Sie sich vorab die dortigen Auftritte von direkten und indirekten Mitbewerbern an. In deren Profilen lernen Sie viel darüber, welche Kommunikationsmaßnahmen wie bei den Nutzern ankommen. Gleichzeitig erfahren Sie, welche Art von Kritik und welche Fragen auf Ihr Unternehmen zukommen könnten. Damit lassen sich die eigenen möglichen Reaktionen hierauf bereits im Vorfeld planen. ■

Im Übrigen können Sie durch die sehr vielfältige und offene Kommunikation in Ihrem Facebook-Firmenprofil eine Menge über Ihre Zielgruppen lernen. Ich habe es bereits erwähnt: Soziale Medien sind – das Vorhandensein einer entsprechenden Masse an Besuchern vorausgesetzt – ein Paradies für Markt- und Produktforscher. Natürlich muss man hierbei zwischen Einzelmeinungen und ablesbaren Trends sorgfältig unterscheiden. Außerdem ist nicht jede potenzielle Zielgruppe in Social-Media-Kanälen aktiv, das darf man nicht vergessen. Und dennoch verrät nicht nur Facebook:

- Welche Verbrauchergruppen sind Ihren Produkten und Dienstleistungen eher zugeneigt?
- Wer hingegen äußert sich typischerweise eher skeptisch (ein Ansatz für entsprechende zielgerichtete Marketing-Gegenmaßnahmen)?
- Welche Kommunikationsmaßnahmen erreichen alte und neue Fans am besten (Ratgeberbeiträge, Produktnachrichten, Verkaufsangebote speziell für die Facebook Nutzer, Gewinnspiele, Mitmach-Aktionen und so weiter)?
- Wofür interessieren sich Ihre Fans ansonsten noch, hieraus resultieren Ideen für mögliche Kooperationen, Produkt- und Vermarktungspartner?

Insofern können soziale Netzwerke Ihrer gesamten Marketingstrategie neue Impulse geben. Dann wird Social Media nicht zum ergänzenden Kanal, sondern zum Dreh- und Angelpunkt der Produktstrategie.

Ein weiterer Grund, warum Facebook aber auch ähnliche Anbieter für viele Unternehmen so spannend sind: Die sozialen Netzwerke bieten zahlreiche hilfreiche Funktionen, die auf den meisten Firmen-Webseiten schlicht fehlen. Sei es die Möglichkeit, ein Produkt oder eine Dienstleistung zu bewerten (zu „liken"), oder die Funktionalitäten, dass sich Kunden und Interessenten gegenseitig austauschen, Chat-Anwendungen zu nutzen und vieles weiteres mehr. Es ist schon sehr bequem, wenn man derlei Bestandteile nicht selbst programmieren muss, sondern auf Anwendungen wie Facebook verweisen kann. Zumal – und das darf man nicht unterschätzen – Facebook & Co. die zugehörige potenzielle Nutzerschaft gleich mit sich bringen. Wer etwa einmal versucht hat, ein unternehmenseigenes Forum mit Leben zu füllen, der wird dies zu schätzen wissen. Wobei man eines nicht vergessen darf: Dieses Outsourcing an interaktiven Web-Funktionalitäten mag bequem und günstig sein. Man macht sich gleichzeitig jedoch von einem externen Anbieter abhängig.

Bild 4.3
Was vielen Unternehmern deutlich weniger gefällt, ist das Werbeumfeld bei Facebook. Ob dieser Anbieter für Content-Management-Systeme weiß, was über und unter seiner Werbefläche ausgeliefert wird?

4.1.2 Möglichkeiten und Einsatzzwecke

Was soll ich denn nun bei Facebook überhaupt schreiben? Diese Frage stellt sich fast jeder Unternehmer, der sich neu im Umfeld der sozialen Medien bewegt. Wenn man die Kommunikation von Unternehmen auf Facebook beobachtet, so kristallisieren sich einige typische Ansätze heraus, die am ehesten für Reaktionen bei den Nutzern sorgen. Die nachfolgende Auflistung zeigt die wichtigsten Einsatzgebiete sowie einige Fallbeispiele auf. Dabei sind sämtliche Kommunikationsformen gemeint, egal, ob die zugehörigen Inhalte direkt und komplett bei Facebook veröffentlicht sind, oder ob lediglich ein Beitrag etwa des eigenen Onlineportals oder des Corporate Blogs angeteasert sowie verlinkt wird.

Und: Die hier beschriebenen Mechanismen lassen sich natürlich nicht nur für Facebook, sondern auch für alle anderen sozialen Netzwerke nutzen. Insofern könnte die Überschrift dieses Abschnitts auch lauten „Was soll ich twittern ...“ etc. Wobei alle Tipps in Richtung multimedialer Unterhaltung oder auch „Schnäppchen“ hauptsächlich für den Branchenprimus geeignet sind, aufgrund der dortigen Umgangsformen aber auch Nutzerstrukturen.

Aktion/Kommunikation	Ziele	Beispiele
Exklusive Produktmeldungen	Kundenbindung, Aufmerksamkeit, Marktforschung	Noch vor anderen Kanälen wird in Facebook über neue Produktlinien, neue Handelspartner im Onlineshop und Ähnliches mehr berichtet; neue Kollektionen werden direkt auf der dortigen Startseite oder über eine eigene App in Szene gesetzt. Wirkungsvoll ist dies vor allem dann, wenn es sich um ein spannendes oder besonders innovatives Produkt, etwa aus den Bereichen Mode, Lifestyle, Kosmetik, Technik etc. handelt.
Veröffentlichung von Ideen (Verwendung, Design etc.) für bestehende oder neu zu schaffende Produkte und Dienstleistungen, ggf. unter Einbeziehung der Fans	Kundenbindung, Markenbildung, virale Verbreitung, Interaktion	Das Modelabel aber auch die kleine Manufaktur lässt darüber abstimmen, welche Muster und Farben in eine neue Kollektion einfließen sollen; kreative Vorschläge für neue Produktnamen können eingereicht werden. Achtung: Die tatsächliche finale Umsetzung einiger Vorschläge sollte dann sichergestellt sein.
Generelle Mitmach-Aktionen, unabhängig von einem bestimmten Produkt, Umfragen und Ähnliches mehr	Klassische PR, Interaktion	Die Baumarktkette ruft zur Frühlingssaison dazu auf, Bilder des am schönsten gestalteten Gartenhauses einzureichen; originelle Kunden-Feedbacks werden (nach Rücksprache) abgebildet
Einblicke in das Unternehmen, Berichte über Abteilungen, Mitarbeiter, Fertigungsprozesse, Kolumnen der Firmengründer oder aus dem Produktmanagement, Stellenangebote	Authentizität, PR, Markenbildung, Branding	Die Fast-Food-Kette oder das lokale Steakhaus besucht einen wichtigen Lieferanten, zeigt wo die Produkte herkommen, und macht hieraus eine kleine Fotostory. Die Kfz-Werkstatt zeigt den stolzen Auszubildenden bei seinen ersten Handgriffen unter der Hebebühne.
Externe oder interne Fachbeiträge, Schritt-für-Schritt-Anleitungen, Leitfäden, Anwendungstipps, Selfmade-Produkt-Optimierungen etc., gegebenenfalls auch eigene Rezensionen und Produkttests	Aufbau Expertenstatus, virale Verbreitung (entsprechend exklusiver Nutzwert vorausgesetzt), Branding, neue Fans	Der Apotheker beschreibt im Herbst die wichtigsten Hausmittel zur Vorbereitung auf die Grippeperiode, inklusive Anwendungshinweisen. Die Versicherung klärt auf, was man nach einem Autounfall unbedingt beachten/erledigen sollte, oder welche Leistungen bei der Auslandsreise nicht (!) abgedeckt sind (mutig und mit Vorsicht zu genießen, aber wirkungsvoll). Das Modehaus erklärt in einer kleinen Beitragsserie, für welchen Typ und welche Figur sich welcher neue Sommertrend eignet.

Aktion/Kommunikation	Ziele	Beispiele
Humoriges	Aufmerksamkeit, virale Verbreitung	Das Online-Stellenportal veröffentlicht (anonymisiert) die lustigsten Bewerbungspannen. Der Handwerker präsentiert die ausgefallensten Kundenwünsche bzw. -Reaktionen, der Haustier-Onlineshop die niedlichsten Leserfotos. Auch Kleinigkeiten: Ein Bild vom ersten Schneemann, den man bei Wintereinbruch vom Bürofenster aus sieht.
Virales	Aufmerksamkeit, virale Verbreitung, neue Fans	Wer es schafft, bei einem Produkt einen bestimmten Fehler/eingetretenen Garantiefall nachzuweisen und dies zu posten, der erhält den Kaufpreis zurück. Fans werden dazu aufgerufen, in einer Art Flashmob die örtliche Filiale umzudekorieren. Vorsicht: Genaue Bedingungen festlegen, die gleichzeitig nicht zu sehr nach „das schafft ihr eh nicht zu erfüllen“ aussehen
Kontroverses	Aufmerksamkeit	Der Multimedia-Händler diskutiert über Vor- und Nachteile einer beliebten Technologie (Achtung: Wettbewerbsrecht). Der Supermarkt-Betreiber äußert sich zu aktuellen Lebensmittelskandalen. Solche Beiträge können viele Kommentare erzeugen, die jedoch nicht immer im Sinne des Anbieters sein werden.
Listen („Die zehn ...“)	Aufmerksamkeit, Unterhaltung, Weiterverbreitung	Dieses Mittel betrifft nicht nur die sozialen Medien, es funktioniert generell und immer noch sehr gut im Rahmen jeglicher Online-Kommunikation. Blogbeiträge und Postings der Art „15 neue Tools um ...“ oder „6 Gründer, warum nicht ...“ kommen meist gut an. Die Inhalte sollten jedoch genügend Substanz aufweisen. Ebenso: Kommentierte Listen mit Links zu werthaltigen Quellen (daraus resultieren gegebenenfalls Backlinks).
Multimediales	Interaktion, Aufmerksamkeit, Fan-Bindung	Foto-Kunden-Story eines Hochzeitsveranstalters; zusammengefasste (wacklige) Videomitschnitte einer spontanen viralen Filialaktion; die Facebook-App zum Ermitteln der richtigen Kleidergröße; der Kalorienratgeber des Pizza-Service; das Kundenbilder-Memory

Aktion/Kommunikation	Ziele	Beispiele
Angebote speziell für den Kanal Facebook, Gewinnspiele etc.	Kundenbindung, neue Fans	Nur die Facebook-Fans erhalten einen Link zu einem limitierten Shop-Angebot. Wer einen Beitrag kommentiert, der erhält eine Produktprobe etc. Fans einer Gastro-Kette aus einer bestimmten Region erhalten eine Einladung zum kostenlosen Koch-Event. Wer im Facebook-Auftritt versteckte Bilder entdeckt, der kann gewinnen. In Facebook umgesetzte Adventskalender. Vorsicht: Nutzungsbedingungen der Anbieter beachten (siehe Abschnitt 3.3.1).
Beantwortung einzelner FAQ-Fragen, Proaktives Posting von Kundenanfragen mitsamt Antwort, Produkthinweisen und Ähnliches mehr	Kundenbindung und -Betreuung	Die Bank zeigt auf, wie man sich zu Unrecht im Ausland einbehaltene Kreditkartengebühren wieder zurückerstatten lassen kann.
Aufgreifen aktueller Ereignisse und Nachrichten, Branchennews, Hinweise zu relevanten externen Veranstaltungen	Aufmerksamkeit	Der Reifendienst weist beim Wintereinbruch auf noch verfügbare Produkte hin. Der Onlinedienstleister erklärt, was die neue Urheberrechts-Regelung für seine Kunden bedeutet. Ein Reiseveranstalter berichtet zu Stornomöglichkeiten für aktuelle Krisengebiete. Vorsicht: Negative/besonders emotionale Nachrichten nicht für eigene Werbezwecke missbrauchen, dies kann schnell geschmacklos wirken.

Die Auflistung ist ebenfalls unabhängig davon, ob Text, Bilder oder Videos zum Einsatz kommen. Welches dieser Medien sich am ehesten eignet, das sollten Sie ausprobieren. Dabei spielt jedoch auch die Frage von Aufwand und Nutzen eine Rolle. Sicherlich: Speziell produzierte Videoclips lockern ein Facebook-Profil deutlich auf. Doch wenn Sie für die Produktion eine hohe vierstellige Summe oder gar mehr ausgeben müssen, und am Ende nur einige Dutzend Fans klicken, dann sollte man mit anderen Darstellungsformen, wie reinen Textberichten oder aber Infografiken, Bilderserien und mehr, experimentieren.

HINWEIS: Generell gilt im Social-Media-Umfeld: Nicht selten zeigen jene Grafiken und Videos die beste Wirkung, die (bewusst oder unbewusst) amateurhaft produziert wurden. Manche Firmen setzen diesen Effekt gar als eigenes Stilmittel ein. Nicht immer muss eine Content-Produktion jeglicher Art zu einem perfekten, aalglatten Ergebnis führen. Der Mut zur Lücke sorgt dann für genau die Authentizität und Sympathie, welche man sich als Unternehmen von einem Auftritt in den sozialen Netzwerken verspricht. Das wiederum bedeutet: Selbst mit kleinen Budgets kommen kreative Social-Media-Manager manchmal weiter.

Bild 4.4 Neben den normalen Standard-Inhalten kann ein Unternehmen auch komplette Facebook-Anwendungen (Apps) programmieren lassen, um auf sich aufmerksam zu machen. In dem hier abgebildeten Beispiel gilt es eine Art Bilderpuzzle für ein Gewinnspiel zu lösen. Zuvor muss man jedoch erst einmal Fan der Produktseite werden.

Was die konkrete Auswahl der einzelnen Inhaltsformen anbelangt, so kann ich Ihnen auch hier nur immer wieder raten: Lassen Sie sich von den Großen inspirieren, und das, je nach Branche, nicht nur im deutschsprachigen Raum. Sie betreiben eine kleine Boutique? Schauen Sie nach, wie die derzeit angesagtesten Modelabel ihre Kommunikation auf Facebook gestalten. Nicht selten erreichen diese mit wenig Aufwand eine unglaubliche Resonanz, schlicht und einfach durch die interaktive Art und Formulierung der Beiträge. Sie sind Inhaber einer kleinen Rechtsanwaltskanzlei? Verfolgen Sie ganz genau, was und wie die bundesweit bekannten Fachexperten, Buchautoren etc. posten. Wobei diese Großen nicht immer automatisch gute Social-Media-Inhalte produzieren. So mancher Facebook-Auftritt von global agierenden Unternehmen ist erstaunlich lieblos gehalten. Anhand der Nutzerreaktionen erkennen Sie jedoch schnell, welche Darstellungsformen und Inhalte von Ihrer Zielgruppe am ehesten honoriert werden.

Eine besondere Form der Produktkommunikation auf Facebook stellen die Angebote (im Original: „Offers") dar, früher als Facebook-Deals bekannt. Sie sind aktuell nur für Unternehmensseiten mit mindestens 100 „Gefällt mir"-Meldungen verfügbar. Damit können befristete Aktionen beworben werden, die online oder in einem Ladengeschäft durchgeführt werden, und die sich meist explizit an die eigenen Facebook-Fans richten. Das hauptsächliche Ziel: Die Bindung der dortigen Gefolgschaft. Über den Nutzen dieses kostenpflichtigen Dienstes gibt es widersprüchliche Angaben (siehe beispielsweise *www.gruenderszene.de/marketing/facebook-angebote*). Insbesondere Selbstständige und Unternehmen im B2C-Umfeld – vor allem Dienstleister und Ladenlokale mit einer regen aktiven Fan-Community – berichten jedoch durchaus auch über Erfolge. Von daher kann es sich für diese Zielgruppe lohnen, entsprechende Angebote probeweise einzustellen. Dann sollte man jedoch eine vergleichende Kosten-Nutzen-Rechnung im Vergleich zu normalen Facebook-Postings aufmachen. Da der Netzwerk-Anbieter die genauen Bedingungen für sein Offers-Produkt immer wieder einmal angepasst hat, so verweise ich an dieser Stelle auf die weiterführenden Informationen unter *www.facebook.com/help/pages/offers*.

Wie ein solches Angebot aussehen kann, das zeigt unter anderem der Beitrag unter *www.blogprofis.de/buch/offers*. Der dort erwähnte Anbieter hat übrigens eine recht spannende Facebook App entwickeln lassen, die weiterführende interaktive Produktinformationen präsentiert. Das Ergebnis, welches als Grundlage für ähnliche Darstellungsformen in anderen Branchen dienen kann, ist zu sehen unter *www.blogprofis.de/buch/hellofresh* (siehe Bild 4.5).

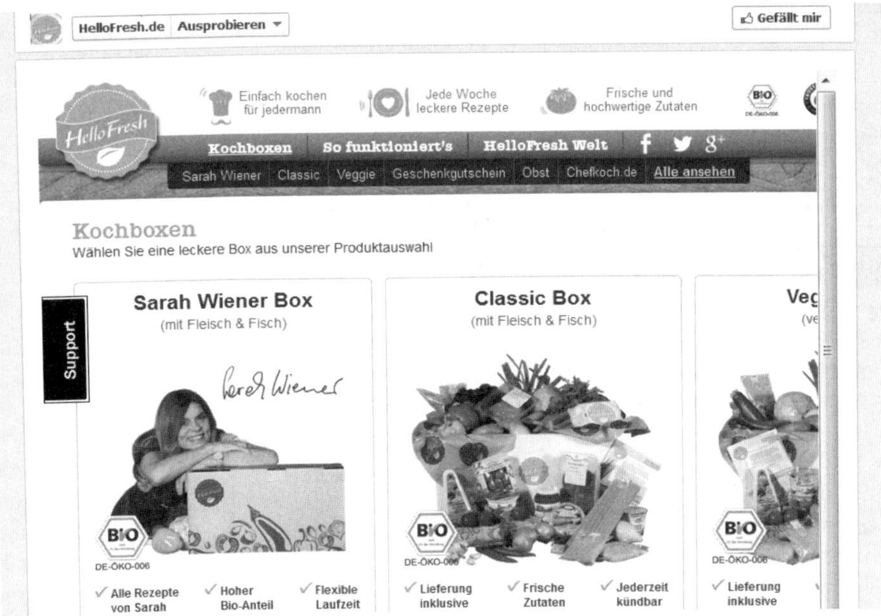

Bild 4.5 Ebenfalls über eine schön gestaltete App präsentiert dieser Anbieter verschiedene Produktvarianten, die auch gleich gekauft werden können.

Was Bild 4.5 jedoch gleichzeitig verrät: Immer mehr Unternehmen lagern auf diese Weise komplette Funktionalitäten ihres eigentlichen Onlineportals hin zu Facebook aus beziehungsweise bieten beide Möglichkeiten an. So bot BMW zum Zeitpunkt der Drucklegung dieses Buches einen kompletten Facebook-Online-Konfigurator für seine Fahrzeugflotte. Der Vorteil: Eine höhere Reichweite unter den Facebook-Fans, die möglicherweise gar nicht mehr zum eigentlichen Unternehmensportal „finden“. Der Nachteil ist in Bild 4.5 anhand des unschönen Frames auf der rechten Seite erkennbar: Man hat die Besucher nicht auf der eigenen Homepage oder im eigenen E-Shop, und dementsprechend auch nicht die volle Kontrolle über die technische Darstellung und Ähnliches. Selbst den Traffic und gegebenenfalls die SEO-Power gibt man in vergleichbaren Fällen an Facebook ab, was noch deutlich schwerer wiegen dürfte. Zusätzlich zum Aufwand für die Programmierung einer eigenen Facebook-Anwendung sollte man diese Vor- und Nachteile gut gegeneinander abwägen.

HINWEIS: Beispiele besonders erfolgreicher Facebook-Nachrichten von Unternehmen verrät *http://newsfeeder.com*. Selbst, wenn es sich dabei um Beispiele vorrangig aus dem US-amerikanischen Raum handelt: Die Ergebnisse sind nicht nur amüsant, sondern oft auch besonders aufschlussreich für die eigene Kommunikation in den sozialen Medien.

PRAXISTIPP: In Facebook können einzelne Nachrichten als „Gesponserte Meldungen“ hervorgehoben werden (auch „Promotion“ genannt, siehe Bild 4.6). Weitere Informationen zu Buchungsmöglichkeiten sind nachzulesen unter *www.blogprofis.de/buch/sponsoring*. Man bestimmt das zur Verfügung stehende Werbebudget, und schon wird das entsprechende Posting einem erweiterten Nutzerkreis angezeigt. Um welche Nutzer es sich genau handelt beziehungsweise nach welchen Kriterien diese ausgesucht werden, darüber ist bei Facebook selbst nicht viel zu erfahren. Nur so viel, dass auch Freunde und Bekannte der eigenen Fans den Beitrag sehen können.

Probieren Sie dieses Mittel einmal mit einer Meldung aus, die Ihnen besonders wichtig ist, die aber auch interessant für andere Nutzer sein sollte. Bereits ein geringes Budget von 10 US-Dollar kann hierfür ausreichend sein. Der Vorteil: Facebook weist im anschließenden Reporting genau aus, wie viele Nutzer die hervorgehobene Meldung gesehen haben. Zusätzlich erfährt man, wie viele Klicks auf enthaltene Links und wie viele „Gefällt mir“-Angaben resultierten. Meine Versuche haben ergeben, dass auf diese Weise geteilte Meldungen nicht nur eine deutlich höhere Reichweite innerhalb von Facebook erfahren. Selbst die Retweets oder Google+-Weiterempfehlungen des zugrunde liegenden Beitrags auf Ihrer Webseite steigen teilweise deutlich an.

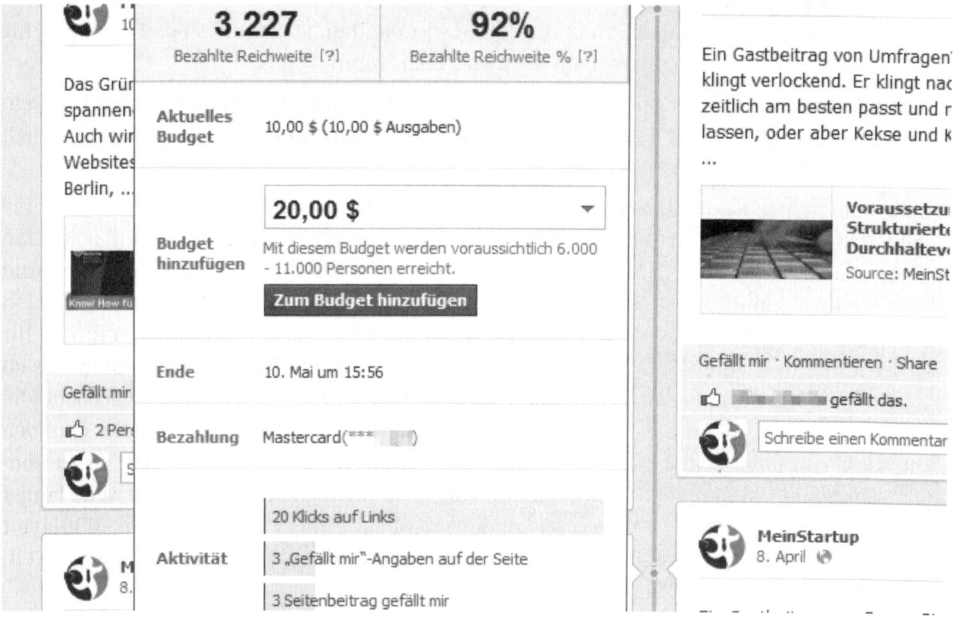

Bild 4.6 Welche Reichweite und welche Interaktionen erzielte eine gesponserte Meldung? Im Werbeanzeigenmanager von Facebook stehen noch weitere, deutlich umfangreichere Analysemöglichkeiten zur Verfügung (*www.facebook.com/ads/manage/campaigns*).

4.1.3 Facebook als Allheilmittel

Der Erfolg von Facebook hat dazu geführt, dass sich viele Unternehmen fast ausschließlich auf die Betreuung dieses Social-Media-Kanals konzentrieren. Nach der Einführung etwa von Google+ hat man recht oft Sätze wie diesen gehört: „Warum sollte ich dort aktiv werden, die Nutzerzahlen kommen doch längst nicht an Facebook heran." Es ist natürlich sinnvoll, dass man sein Marketingbudget dort einsetzt, wo die beste Wirkung erzielt werden kann. Und dennoch sprechen einige Punkte dagegen, sich auf einen einzelnen Anbieter zu konzentrieren. Egal ob dieser nun Facebook heißt oder nicht. Denn:

- Selbst sehr mächtige Onlinedienste können in relativ kurzer Zeit an Marktmacht verlieren oder gar komplett von der Bildfläche verschwinden. Man denke nur an AOL, MySpace, Yahoo oder die VZ-Netzwerke („studiVZ"). Einige der Genannten wurden übrigens durch den Erfolg von Facebook geschwächt. Nicht wenige Experten gehen davon aus, dass auch der derzeitige Branchenprimus den Zenit seines Erfolgs bereits überschritten haben könnte.
- Man macht sich von einem Anbieter abhängig. Der steigende Umsatzdruck könnte etwa bei Facebook dazu führen, dass Bezahlt-Angebote und -Inhalte des Unternehmens bevorzugt behandelt werden. Erste Tendenzen und Produkteinführungen hierzu laufen bereits (Sponsored Posts sowie kostenpflichtige Direktnachrichten). Und: In der Vergangenheit wurden bereits, wenn auch nur sehr vereinzelt, Seiten kommerzieller Anbieter gesperrt, nicht immer aus nachvollziehbaren Gründen.
- Gewinnt ein anderes soziales Netzwerk an Marktanteilen, so zahlt sich das vor allem für jene Firmen aus, die möglichst früh dort vertreten waren.
- Jeder Netzwerk-Anbieter spricht unterschiedliche Verbrauchergruppen an. Sie vernachlässigen also potenzielle Käuferschichten, wenn Sie Ihre Kommunikation auf lediglich einen Kanal fokussieren.

Hinzu kommt noch der SEO-Faktor. Suchmaschinen wie Google berücksichtigen diverse Social-Media-Kanäle als Grundlage für das Ranking eines Onlineportals. Auch hier werden also Chancen vergeben, wenn man nicht breit genug aufgestellt ist. Natürlich werden und sollen Sie Ihre Bemühungen dahingehend ausrichten, welches Netzwerk Ihnen am meisten einbringt. Ein Facebook-Post sorgt für dutzende oder gar hunderte Reaktionen, während Ihr Twitter-Kanal trotz intensiver Nutzung seit Jahren vor sich hindümpelt? Dann lohnt es sich kaum, die eigene Strategie zu überdenken. Es gibt Produktumfelder, in denen Facebook die unangefochtene Nummer eins ist. Pflegen Sie andere wichtige Profile und Anbieter dennoch zumindest rudimentär, um gegebenenfalls jederzeit auf diese Vorarbeit aufbauen zu können. Denn glaubt man manchen Brancheninsidern, so wächst Facebook mittlerweile längst nicht mehr so dynamisch. In einzelnen Ländern wird gar eine gewisse Facebook-Müdigkeit der Nutzer attestiert. Ob es sich hierbei um mehr als nur die üblichen Unkenrufe handelt, das wird erst die Zukunft zeigen.

Ganz unabhängig von Facebook kann es manchmal sogar eine Überlegung wert sein, eine eigene Community in Form eines Forums zu gründen. Nicht nur große Unternehmen, auch kleinere Agenturen oder Selbstständige können sich hierüber einen Namen machen. Einige Firmen, nicht nur im technischen Umfeld, erlangten erst durch eine solche eigen-betriebene Community ihren hohen Bekanntheitsgrad. Der Vorteil: Sie sind vollkommen unabhängig von externen Anbietern. Zudem sind die technischen Voraussetzungen und Kosten heutzutage überschaubar. Man trägt dann aber auch noch mehr Verantwortung, etwa hinsichtlich rechtlicher Fragen des Foren-Betriebs, und es bedarf einer großen potenziellen Gefolgschaft, aber auch der zeitaufwändigen aktiven Teilnahme, um ein Forum dauerhaft mit Leben zu füllen.

4.1.4 Facebook-Strategien in schwierigen Produktumfeldern

Es kann mehrere Gründe dafür geben, dass man als Unternehmen selbst bei schwieriger Ausgangssituation, etwa bei industriellen oder sehr speziellen B2B-Themen, in Facebook vertreten sein will. Nicht zurückstecken vor der Konkurrenz, keinen Trend verschlafen, einige wenige aber wichtige Nutzer beziehungsweise Kunden befriedigen: All dies sind mögliche Motivationsfaktoren. Wie sich Facebook dennoch erfolgreich nutzen lässt, das zeigt das Beispiel der „Grohe Duschbotschafter". Ein Hersteller für Badarmaturen, nicht gerade eine als äußerst sexy geltende Branche, suchte über Facebook Markenbotschafter, um einen neuen Duschkopf zu testen. Diese Botschafter sollten bereit dazu sein, im Anschluss mit Text und Bildern auf ihrem Facebook-Account genau hierüber zu berichten. Leider ist die zugehörige Facebook-Seite mittlerweile nicht mehr erreichbar. Mehr über das gelungene Beispiel, welches von einer professionellen und Social-Media-erfahrenen Marketing-Agentur begleitet wurde, ist jedoch unter *www.blogprofis.de/buch/grohe* sowie unter *www.wuv.de/digital/grohe_sucht_duschbotschafter* nachzulesen.

Je spezieller das Angebot eines Unternehmens, umso eher dient Facebook mehr der generellen PR-Arbeit und weniger der Kommunikation über neue Produkte. Ob die dynamische Gewindedichtung des Spezialklebstoffherstellers nun für gasförmigen Sauerstoff GRp-BAM-geprüft ist oder nicht, ganz ehrlich, kaum ein Facebook-Nutzer wird sich hierfür interessieren. Es sei denn, Sie können eine kleine innovationstechnische Sensation verkündigen. Obwohl selbst solche Beiträge erste Fans finden, denn auch Kunden, Lieferanten, Werkstudenten und Mitarbeiter lesen mit. Hier ist Ausprobieren angesagt. Hilfreicher sind jedoch meist Inhalte anderer Art, das kann beispielsweise sein:

- Der Content ist auf eine breitere Endnutzerschicht ausgerichtet. Ein Beispiel: Der Dämmplattenhersteller schreibt keine technische Expertise, sondern eine kleine Kolumne darüber, wie sich das neue Produkt auf die aktuelle Energiewende-Diskussion auswirkt. Oder wie der Endverbraucher ganz konkret profitieren kann, bzw. über welche Handwerker er das Endprodukt (die neue Fassade) erhält, wie man sein Haus selbst dämmen kann (bebilderte Anleitung), welche KfW-Fördermöglichkeiten es gibt und Ähnliches mehr. Hier ist Ihre Fantasie gefragt, denn vergleichbare indirekte Content-Strategien lassen sich auf alle Industrien anwenden.
- Man unterstützt eine in die Gesellschaft hinein wirkende Initiative und berichtet hierüber, etwa zur Innovationsförderung, Patent- und Arbeitsplatzsicherung, zum Thema Fachkräftemangel, Gleichstellung in Ihrer Branche, aber auch sozialer und ökologischer Art.
- Sie schließen sich in diesem Zusammenhang mit einer anerkannten Institution zusammen (Handelskammer, Kommune, TÜV, Hochschule etc.), um die potenzielle Reichweite zu erhöhen. Das ist für das eigene Firmenportal als Ziel auch SEO-Backlink-technisch unter Umständen äußerst interessant.
- „Tue Gutes und rede darüber" hilft selbst dann, wenn es nicht unmittelbar mit Ihrem Geschäftskonzept zu tun hat: Sie schaffen mehr neue Ausbildungsplätze als Sie müssten,

sponsern den örtlichen Verein, investieren, um den eigenen Energieverbrauch signifikant zu senken ... Auch wenn Vergleichbares nicht unbedingt Ihre direkte Zielgruppe anspricht, so können doch einige Social-Signals hieraus resultieren. Diese kunterbunten, wenig fokussierten Nachrichten sollten jedoch immer nur beigemischt werden.

- Berichte über Gesetzesänderungen, neue Normen, Vorschriften etc., die weit in die Branche hinein wirken
- Sie stellen Ausbildungsberufe vor, ganz konkret am Beispiel Ihrer neuen Mitarbeiter. Bieten generell Einblicke, die ein Endverbraucher ansonsten nicht erhält (Produkttests, Warenprüfungen, Fertigungsprozesse, Rohstoffgewinnung, Einkauf, Logistik ...). Dies möglichst plakativ, also mit aussagekräftigen Bildern und einer „Geschichte“ unterlegt. Unter Umständen lassen sich derartige Inhalte zusammen mit einem Partner erarbeiten (Mit welchen kreativen oder außergewöhnlichen Methoden testet die Prüfanstalt Ihre Produkte? Wie kommen diese bei einem spannenden, nicht unbedingt alltäglichen Endkunden, wie dem Fußball-Erstligisten oder dem Opernhaus, zum Einsatz?).

Wie Sie sehen, findet man mit etwas Denkarbeit doch einige Ansätze für Inhalte, die *mehr* aussagen. Und die man genau deswegen auch gerne favorisiert sowie teilt. Ein Brainstorming mit den wichtigsten Beteiligten in Ihrem Unternehmen hilft dabei weiter. Und: Nicht nur Mitbewerber-Profile bei Facebook & Co. dienen in diesem Zusammenhang der Ideenfindung. Auch hier sind es wieder die Kammern, Interessensverbände, Ausbildungsinstitutionen und mehr, deren Social-Media-Auftritt Sie gut und fortlaufend studieren sollten. Auf einige der oben genannten Inhaltstipps bin ich beispielsweise gestoßen, in dem ich den Facebook-Auftritt des Deutschen Industrie- und Handelskammertags analysiert habe (*www.facebook.com/DIHKBerlin*). Selbst wenn die Vorlagen dort jeweils nur wenige Klicks und Likes zur Folge hatten, so lassen sich hieraus abgewandelte, eventuell deutlich erfolgreichere Content-Bausteine ableiten.

Bild 4.7 Von der Anzahl der Reaktionen her zwar erst ein Anfang, aber auch das kann helfen: Prominente Unterstützer. Schwierig wird es nur, wenn die Zielgruppen der unmittelbaren Käufer (Händler, Reseller) von der des eigentlichen Endkunden abweichen. Kommt die Botschaft dann an?

PRAXISTIPP: Die Social-Media-Kommunikation in speziellen Nischen ist natürlich um einiges schwieriger, als im dankbaren Konsumgüterbereich. Dennoch sollte man die Wirkung nicht unterschätzen. Während man in diesem Umfeld wohl kaum direkte Endkunden mit Postings, Tweets & Co. generiert, so lesen andere Zielgruppen mit. Das kann ein potenzieller Technologiepartner, ein Händler, ein Erfinder, ein Finanzgeber, ein möglicher Werkstudent, ein Fachblogger, ein Journalist und Ähnliches mehr sein. Über eine englischsprachige Kommunikation lassen sich zudem Kontakte im Ausland knüpfen, was über traditionelle Medien sehr schwierig und teuer wäre. Dort ist die Nutzung sozialer Medien in speziellen Umfeldern oftmals weiter verbreitet. Sicher, man benötigt insgesamt einen längeren Atem. Aber bereits einige wenige Interaktionen können umso nachhaltiger wirken. Und: Sie werden in den einzelnen Social-Media-Kanälen (noch) kaum Mitbewerber haben.

4.1.5 Verkaufen über Facebook

In den weiteren Abschnitten wird es bereits angedeutet: Der Social Commerce/das Social Shopping steckt zumindest hier zu Lande oft noch in den Kinderschuhen. Produkte werden meist nur angeteasert, für den eigentlichen Verkauf wird zum originären Onlineshop weitergeleitet. Einige Softwareanbieter spezieller Shopping-Lösungen für Facebook existieren bereits nicht mehr. Entweder war das Interesse zu gering, oder aber die vielfältigen programmiertechnischen Änderungen beim Netzwerkriesen haben das Geschäftsmodell zunichte gemacht. Aber auch die vor allem in Deutschland sehr speziellen, sich ständig ändernden rechtlichen Rahmenbedingungen für E-Shops dürften nicht ganz unschuldig daran gewesen sein.

Was in einigen Branchen bereits sehr gut funktioniert, das ist der indirekte Verkauf über Coupons und ähnliche Instrumente. Also der Absatz immaterieller Güter. Bei diesen ist die technische Umsetzung leichter zu bewerkstelligen, es werden keine ausgeklügelten Shop-Systeme vorausgesetzt. Mit den Gutscheinen hat man es dennoch nicht immer ganz leicht. Zu viele derartige Aktionen lassen schnell das Bild eines Ramsch-Anbieters entstehen. Dennoch scheinen nicht wenige, auch sehr erfolgreiche, Händler ganz gut damit zu fahren. Und immer noch werden Schnäppchen aller Art fleißig weitergesagt. Zudem berichten spezielle Rabattportale und -Blogs gerne hierüber, auch in ihren jeweiligen Social-Media-Kanälen (auffindbar über die Facebook-Suche: „Rabatt", „Gutscheine" und Ähnliches mehr). Hier handelt es sich eher um eine persönliche Entscheidung Ihres Unternehmens, ob vergleichbare Mittel zum Einsatz kommen sollen. Wobei eine Rabattaktion auch hochwertiger abgebildet werden kann, etwa dann, wenn die Fans zuvor auf kreative Art und Weise aktiv werden müssen, es sich um ein stark limitiertes Angebot handelt, oder vergleichbare Ansätze nur sehr sparsam zum Einsatz kommen.

Es sind oft die subtilen, langfristigen Signale, die wirken. Der Verkauf wird dann durch mediale Begleitung eher begleitet, als direkt angestoßen. In einem solchen Fall dient Social Media eher als begleitender PR-Kanal, neben der eigentlichen Homepage aber auch Print, TV, Radio etc. Spannend wird es hingegen, wenn ein Kauf öffentlich durch die Fans zelebriert wird (etwa durch ein entsprechendes „Gefällt mir“ oder einen Kommentar, siehe Bild 4.1, S. 308). Dabei handelt es sich um ein Alleinstellungsmerkmal von Facebook und anderen Netzwerken. Erreichen lässt sich dies jedoch meist nur bei entsprechend angesagten Produktgruppen, oder aber indirekt über gute Inhalte, die weiterempfohlen werden.

Bild 4.8 Aktuelle Anlässe (wie hier den Gewinn eines Fußballpokals) schnell aufzugreifen und damit den eigenen Umsatz ankurbeln zu wollen, das kann funktionieren, aber auch schnell allzu durchschaubar wirken. Zudem sind Rahmenbedingungen wie etwa Bild- und Namensrechte zu berücksichtigen.

HINWEIS: Beispielsweise über die Facebook-Programmierschnittstelle lassen sich weiterführende Verknüpfungen zwischen Ihrer Homepage und Facebook realisieren, die dem Empfehlungsmarketing dienen. So kann man bei Amazon, nach erfolgtem Kauf eines Produkts, seinen Freunden auf Facebook mitteilen, was man soeben erworben hat. Zwar kommen derartige Funktionen nicht bei allen Nutzern gut an (siehe *www.blogprofis.de/buch/facebookkauf*), dennoch handelt es sich dabei um ein sehr spannendes Marketinginstrument. ■

Facebook wird seine Bemühungen dahingehend ständig weiter ausbauen. In den USA testet das Unternehmen derzeit weitere „Buttons“, wie etwa den „Ich will haben …“- oder den „Ich sammle …“-Knopf. Man darf gespannt sein, wohin die Social-Shopping-Reise zukünftig führt. Weitere Positiv- aber auch Negativbeispiele zum Thema „Facebook-Commerce“, teils mit sehr aufschlussreichen Einblicken und Praxistipps versehen, finden sich unter:

- *www.projecter.de/blog/ecommerce/facebook-commerce-in-der-praxis-best-worst-practice.html*
- *www.futurebiz.de/artikel/tag/facebook-commerce/*

- *www.blogprofis.de/buch/verkaufskanal*
- *http://etailment.de/2013/glossybox-facebook-commerce-mit-kosmetischen-maengeln/*
- *www.kassenzone.de/2013/02/21/facebook-commerce-in-reinform-bei-yourfone/*
- *www.blogprofis.de/buch/disappointing*

Über diese lässt sich abschätzen, welche direkten sowie indirekten Absatzmechanismen ein Thema für Ihr Unternehmen sein könnten. Nicht wenige Experten sagen, wie etwa in dem verlinkten FAZ-Artikel, dass der Absatzkanal Social Media aktuell da stehe, wo der E-Shop-Handel vor 15 Jahren stand. Wer rechtzeitig einsteigt, der hat einige Risiken und wohl auch Kosten zu tragen. Könnte andererseits aber langfristig von dieser Führungsposition profitieren.

Schöne indirekte Verkaufsaktionen fährt die in den Linktipps erwähnte Facebook-Seite von yourfone (*www.facebook.com/yourfone*) – wenn auch die Aufmachung sehr auf ein Schnäppchen-interessiertes Publikum hin ausgerichtet ist und somit nicht jedermanns Geschmack treffen dürfte (siehe Bild 4.9).

Bild 4.9 Ganze Produktlinien ausschließlich für Facebook Fans: Da kommt Freude bei den Nutzern des Netzwerks auf.

Einen Shop komplett in Facebook abgebildet, parallel zum eigentlichen Onlineshop, das hat das in Bild 4.10 gezeigte Unternehmen aus dem Modeumfeld. Wobei auch hier (Bild 4.11) wieder jeder Einkauf, jedes gesichtete Produkt sofort mit den Freunden und Bekannten bei Facebook geteilt werden kann.

Nicht nur der direkte Absatz lässt sich forcieren, sondern ebenso Produkttests und vergleichbare Offerten. Wenn man Aktionen wie die in Bild 4.12 abgebildete plant, so sollte man zuvor jedoch die aktuell gültigen Nutzungsbedingungen von Facebook ganz genau studieren.

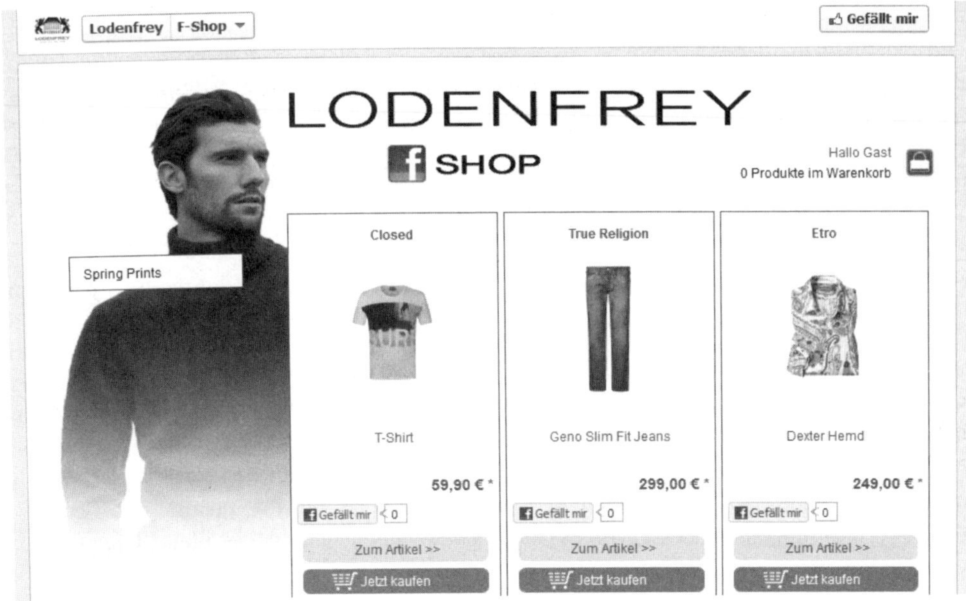

Bild 4.10 Ein Onlineshop, durchgängig innerhalb von Facebook umgesetzt

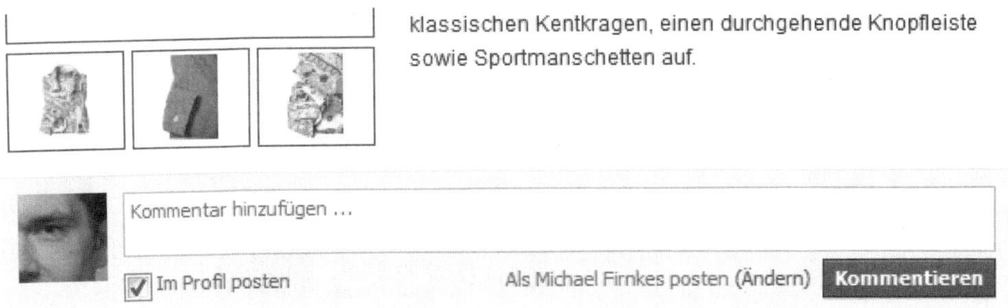

Bild 4.11 Das Hemd gefällt? Es ist schnell gepostet. Aber genauso auch: „Das Hemd gefällt nicht“.

Bild 4.12 Dieser Produkttest stellt eine recht einfache aber wirkungsvolle Bedingung.

4.1.6 Facebook Places

Bei Facebook Places (auf Deutsch: Orte) handelt es sich um einen lokalen Eintrag für Firmen, ähnlich Google Places/Google+ Local. Dieser kann unabhängig von einer bereits existierenden Unternehmensseite eingerichtet werden. Aktuell kann ein Places-Eintrag unter derselben Adresse wie für Seiten erstellt werden (*www.facebook.com/pages/create/*, dort bei „Lokales Unternehmen oder Ort"). Nicht alle Firmen nutzen dieses Mittel, oft wird auch eine ganz normale und in den Möglichkeiten flexiblere Seite je Filiale eingerichtet.

Facebook verspricht eine bessere Auffindbarkeit für diese Orte, etwa von mobilen Geräten aus. Diese können von Nutzern bewertet oder mit privat aufgenommenen Bildern versehen werden, sofern der Betreiber dies zulässt. Aber auch umliegende Ladengeschäfte und Attraktionen sind sichtbar. Das ist dann schlecht, wenn sich ein Mitbewerber in direkter Nähe befindet. Insgesamt versucht der Netzwerkriese, mit den Places auf den wachsenden Erfolg der Bewertungs-Communities aufzubauen (siehe Abschnitt 4.7). Bislang wirkt die Umsetzung noch etwas unausgegoren, auch die Nutzer scheinen das Format noch nicht wirklich für sich entdeckt zu haben. Will man bei Facebook selbst etwas über die Orte-Funktion erfahren, so ist das Ergebnis äußerst bescheiden. Von daher bleibt abzuwarten, wie sich dieser spezielle Seitentyp entwickelt. Schaden kann es nichts, als lokal ansässiges Unternehmen einen Ort anzulegen. Schließlich gilt die lokale Suche via Smartphone, Tablet & Co., bei der umliegende Geschäfte vor allen anderen angezeigt werden, als einer der Trends der Zukunft. Dann sollte man jedoch ganz genau beobachten, ob der angelegte Ort Facebook-intern mit der eigentlichen Unternehmensseite konkurriert. Denn beide werden bei der Suche nach einer Firma als Treffer ausgeliefert. Schade wäre es, wenn zahlreiche Fans und Kunden den Ort mit „Gefällt mir" markieren, aber nichts von den Angeboten auf der Hauptseite erfahren. Wobei sich beide Bereiche zumindest teilweise auch miteinander verknüpfen lassen.

Die Filiale aus Bild 4.13 existiert in Facebook übrigens nicht nur als Ort, sondern fälschlicherweise auch als Person. Wobei nicht ganz klar ist, wer diesen Account erstellt hat. Solche Dopplungen sollte man jedoch vermeiden. Sie verwirren die potenziellen Fans eher, als dass ein Nutzen entsteht. Außerdem wirken sie unfreiwillig komisch, etwa wenn die „Person" Kaufhaus einen Eintrag „Geburt" hat, oder angibt, gerne Rockmusik einer bestimmten Gruppe zu hören. Arbeiten Sie für Institutionen stets mit Firmenseiten, ergänzt eventuell um einen separaten Places-Eintrag.

HINWEIS: Da Facebook seine Möglichkeiten immer wieder einmal ändert, so sollten Sie regelmäßig überprüfen, ob noch alte verwaiste Einträge irgendeiner Form existieren. Etwa, wie eben beschrieben, eine ehemals mangels passender Alternativen eingerichtete Person. Auch alte Postings auf der Unternehmensseite gehören ab und an auf den Prüfstand, und müssen gegebenenfalls angepasst, ergänzt oder auch gelöscht werden. Wobei es in diesem Zusammenhang unbedingt die Regeln zum Thema „Zensur" zu berücksichtigen gilt (siehe Abschnitt 3.4.7).

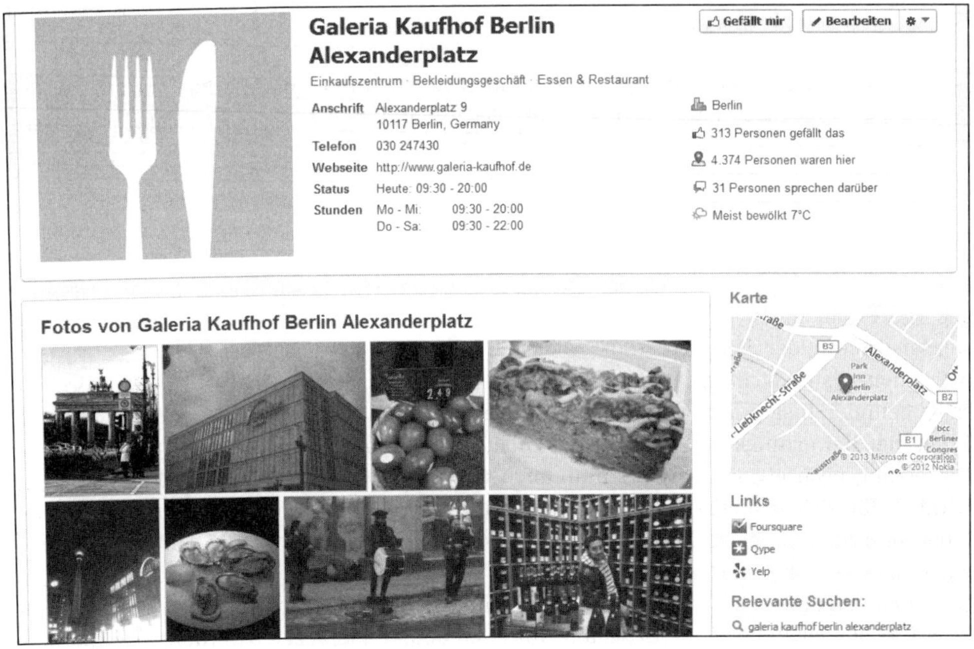

Bild 4.13 So sieht ein Facebook-Ort aus. In der Umsetzung und den Nutzerzahlen sind reine Bewertungsdienste wie Qype nicht selten weiter.

4.2 Google+

Egal, wie sehr Google sich darum bemüht hat, Google+ als eigenständige Innovation anzupreisen: Das Netzwerk des Suchmaschinengiganten ist die recht verlegene und ziemlich späte Antwort auf den erstaunlichen Erfolg von Facebook (siehe Bild 4.14 und Bild 4.15 auf der nächsten Seite). Lange Zeit hat Google Facebook schlicht ignoriert und als „Spielerei" abgetan. Schaut man sich die Bilanz der beiden Unternehmen an, so hat die Suchmaschine die Nase deutlich vorn. Google macht hauptsächlich dank seiner Bezahlt-Anzeigen satte Gewinne, während sich Facebook mit der Monetarisierung deutlich schwerer tut. Was die Umsätze anbelangt, so ist der Abstand mit einem Faktor 10 in 2012 noch weit offensichtlicher. Und dennoch: Gerade bei den jüngeren Zielgruppen hat Google Marktanteile an das soziale Netzwerk verloren. Halten sich diese oft stundenlang täglich bei Facebook auf, entfällt auf die Suchmaschine Nummer eins weit weniger Aufmerksamkeit. Und, dass solche Effekte langfristig gefährlich werden können, das haben wohl auch die Chefstrategen in Mountain View verstanden. Zumal Facebook seit Anfang 2013 mit „Graph Search" seine eigenen Suchmaschinenpläne verfolgt.

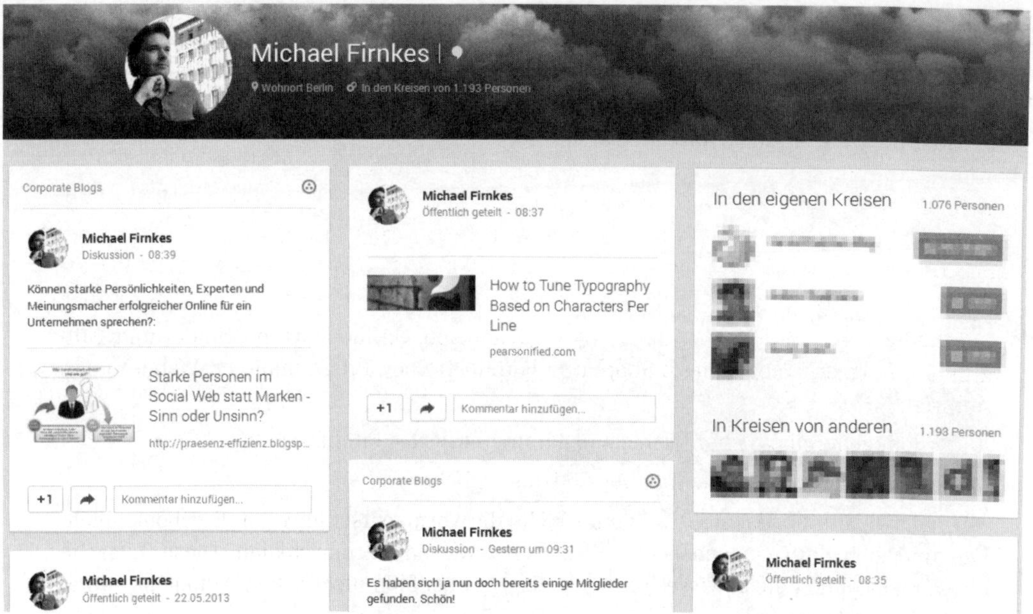

Bild 4.14 Ein typisches Google+-Profil: Angeschlossene Nutzer bzw. Freunde werden in so genannten Kreisen organisiert, so dass man Postings gezielt nur an einzelne Interessensgruppen weiterreichen kann.

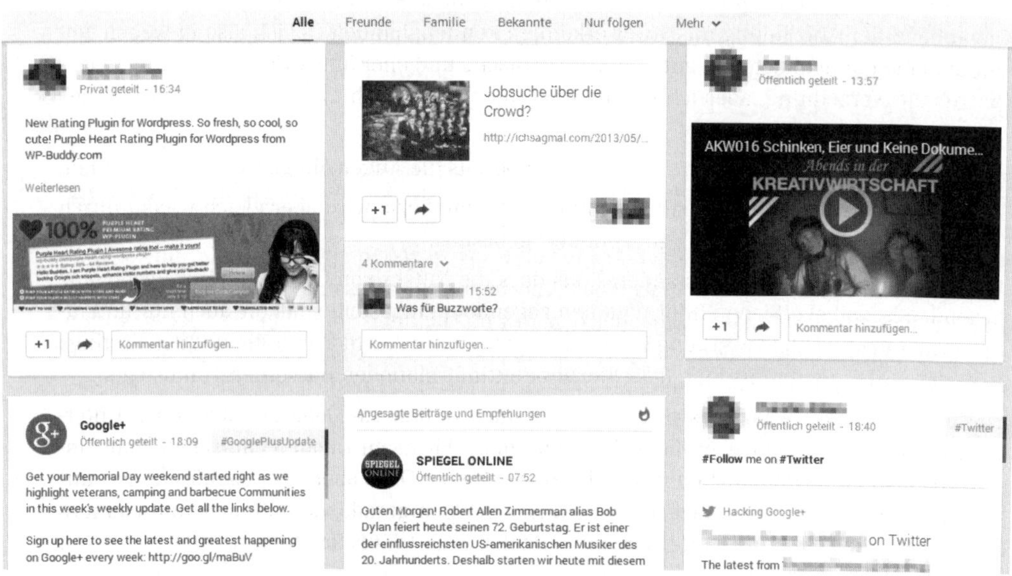

Bild 4.15 In einer Übersicht sieht man unter anderem die Nachrichten aller Nutzer, die man den eigenen Kreisen hinzugefügt hat. Beiträge kann man, für andere sichtbar, über die Vergabe eines „Plus" wertschätzen, dies entspricht dem „Gefällt mir" bei Facebook. Oder man teilt sie mit der eigenen Gefolgschaft.

Belächelte Google anfangs Facebook, so erging es dem hauseigenen sozialen Netzwerk in der breiten Öffentlichkeit sehr ähnlich. Google+ sei ein Fehlschlag, ein verwaister Ort, titelten selbst einflussreiche Blogger nur kurz nach dessen Start. Mittlerweile hat sich das Bild gewandelt. Zwar ist Google+ noch sehr weit entfernt von Facebooks Nutzerzahlen, und es ist fraglich, ob diese mittel- bzw. langfristig auch nur ansatzweise erreicht werden können. Obwohl einzelne Google+-Seiten, etwa die von Mercedes Benz mit über 2 Millionen Folgenden, durchaus beachtliche Erfolge vorweisen können (*http://plus.google.com/+MercedesBenz/*). Was das soziale Netzwerk von Google auf jeden Fall spannend für Marketingzwecke vieler Selbstständiger und Unternehmen macht, das ist die Struktur der angemeldeten Personen und Firmen. Auf Google+ sind bislang hauptsächlich unterwegs:

- Mitglieder der Netzgemeinde, also Onlinejournalisten, Online-Startup-Gründer und -Mitarbeiter, Blogger, Webseiten-, E-Shop- und Forenbetreiber, Programmierer, Webdesigner, Autoren
- Außerdem generell ein eher (IT-) technisch interessiertes Publikum
- Marketing- und Onlinemarketing-Spezialisten jeglicher Art
- Auf Individualität bedachte Personen, welche die Vormachtstellung von Facebook ablehnen und sich deswegen nach einer Netzwerk-Alternative umschauen. Diese Tatsache bleibt nicht ohne eine gewisse Ironie, da Google ebenfalls nicht selten Allmachts-Fantasien unterstellt werden.
- Neben der eher technikverliebten Zielgruppe aber auch viele Selbstständige und Unternehmer, freischaffende Künstler, Fotografen, Designer, Architekten, Texter etc.

Wobei das Netzwerk nach und nach auch bei den sonstigen Nutzerkreisen ankommt. Wie Sie anhand der Aufzählung unschwer erkennen können, handelt es sich also in weiten Teilen um eine gut gebildete, oft gut situierte, kritische und eher ältere (ich bitte alle Google+-Nutzer um Verzeihung, aber ich rechne mich hier ebenfalls hinzu) Personengruppe. Dies wiederum bedeutet:

a) Durch das „gut situiert“ und „älter“ dürften bereits die Augen einiger Marketer leuchten.

b) Diese nicht ganz schöne da allzu kommerzielle Euphorie wird aber gleich wieder durch die Attribute „kritisch“ und „gut gebildet“ gebremst.

Denn Punkt b) bedeutet nichts anderes, als dass die Nutzer von Google+ in der Regel ganz besonders sensibel all jenen Informationen gegenüber eingestellt sind, die auch nur im Entferntesten nach Schleichwerbung riechen. Es sei denn, es wird durch die Art der Postings bzw. des postenden Profils klar, dass hier Produktinformationen im Vordergrund stehen.

Diese Nutzerkreise spiegeln sich gleichzeitig auch in den auf Google+ vertretenen Unternehmen wider. So manch größere, konventionelle Firma im nicht-technischen Konsumgüterbereich ist bislang nicht auf dem Portal vertreten. Oder aber der zugehörige Account fristet ein trauriges, ungepflegtes Schattendasein. Doch gerade viele Berater und kleinere bis mittlere Dienstleistungsunternehmen nutzen Google+ oft sehr erfolgreich. Nicht wenige können in dem Netzwerk mehr Fans verzeichnen, als es etwa bei Facebook der Fall ist. Leider versuchen sich auch bei Google einige Mitglieder mit einer besonders werblichen Ansprache. Dann werden die typischen Angebote kommuniziert, die insbesondere Phrasen wie „kostenlos“, „Top“, „nur heute“, „Power-Tipps“ und Ähnliches enthalten. Zum Glück aber in der Regel ohne größeren Erfolg. Was bedeutet dies nun für Ihre Nutzung von Google+ als Kommunikationskanal? Insbesondere, wenn es um die Verbreitung von Expertentipps jeglicher Art geht, für die das Netzwerk von Google prädestiniert ist, so sollte Eigenwerbung – wenn überhaupt – nur eine sehr indirekte, untergeordnete Rolle spielen. Sie können den Hinweis auf Mehrwert-behaftete Inhalte möglicherweise nicht mehr hören. An dieser Stelle ist er jedoch wichtiger denn je, wollen Sie es sich nicht gleich wieder mit den Ihnen bei Google+ folgenden Personen verscherzen. Streut man Qualitätscontent in seinen Kreisen, so können die indirekten Effekte gerade für Selbstständige und Dienstleister sehr spannend sein. Es wäre nicht das erste Mal, dass aus einem ursprünglichen Google+-Kontakt nach und nach ein Kunde oder aber ein Kooperationspartner wird. Das muss dabei nicht einmal länger dauern als etwa bei Facebook. Zwar nutzen deutlich weniger Personen das Werkzeug von Google, dafür aber möglicherweise genau Ihre Zielgruppe und vor allem hochwertigere, im Sinne von inhaltlich passendere, Kontakte. „Klein aber fein", so lässt sich Google+ in diesem Zusammenhang umschreiben.

Was die Nutzung des Netzwerks und das Posting eigener Webseitenbeiträge dort ebenfalls sehr interessant macht, das ist der bereits angesprochene SEO-Effekt (siehe Abschnitt 1.4.8). Inhalte von Google+-Nutzern werden in der Suchmaschine von Google selbst hervorgehoben, und teils mit zusätzlichen Nutzerangaben versehen. Das ist besonders wichtig für den SEO- und Onlinemarketing-Faktor „Persönlichkeit zeigen". Inwieweit Google die Einträge von Nutzern seines Netzwerks direkt bevorzugt, etwa durch bessere Rankings, das ist umstritten. Selbst, wenn in den USA einzelne SEOs behaupten, derartige Mechanismen beobachtet zu haben. Der Suchmaschinenanbieter fürchtet hier die drohende Hand der Wettbewerbshüter. Doch wer mit seiner SEO-Strategie in die Zukunft blicken möchte, für den ist ein gut gepflegtes Google+-Profil mit regelmäßig veröffentlichten, hochwertigen Inhalten und dementsprechend möglichst vielen folgenden Personen unabdingbar. Ebenso positiv wirkt sich die Einbindung von Google+-Profilen Ihrer regelmäßig schreibenden Webseiten- und Firmenblog-Autoren aus. Siehe hierzu Abschnitt 1.4.6 und Bild 4.16. Dies macht in einigen Fällen jedoch nur dann Sinn, wenn die privaten Profile über eine gewisse inhaltliche Nähe zu Ihrem Firmenprofil verfügen. Zudem müssen Ihre Autoren mit einer solchen öffentlich einsehbaren Verlinkung (beispielsweise innerhalb der Suchergebnisse) einverstanden sein.

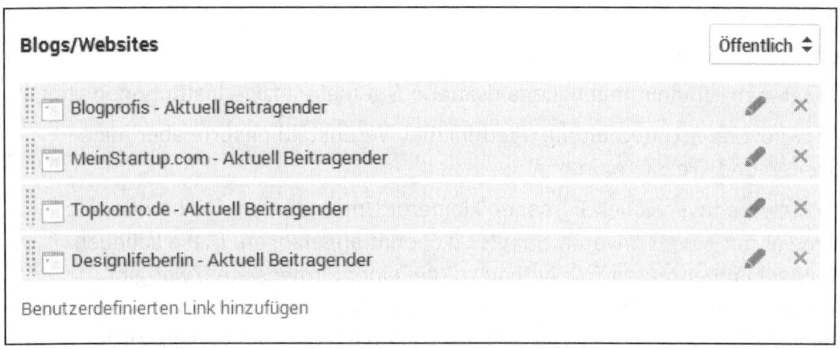

Bild 4.16 Bei welchem Portal schreibt man als Autor mit? Im eigenen Google+-Profil lässt sich dies hinterlegen. Dies wird immer wichtiger für das SEO der entsprechenden Webseiten.

Noch ein kleiner Hinweis zur Bemessung der Reichweite innerhalb von Google+: Das Netzwerk beinhaltet ein eigenes Instrument, um die Verbreitung einzelner Beiträge analysieren zu können (siehe Bild 4.17, nächste Seite). Google will diese Funktion in Zukunft jedoch noch anpassen.

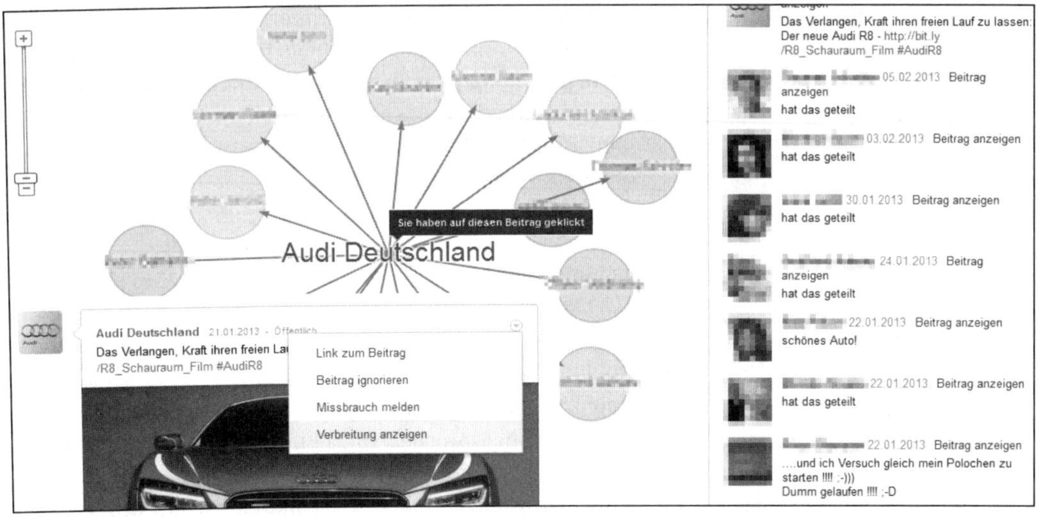

Bild 4.17 Eine schöne Funktion: Klickt man in einem Google+-Beitrag im Menü rechts oben auf „Verbreitung anzeigen", so sieht man, wie und mit welchen Kommentaren ein Posting weiterempfohlen wurde. Gerade zur Analyse wirksamer Beiträge ist dies sehr nützlich.

HINWEIS: Google+-Profile für Unternehmen (die Seiten genannt werden) sind nach außen hin zwar recht ähnlich im Vergleich zu rein privaten Profilen. In einigen Punkten unterscheiden Sie sich aber dennoch recht deutlich. So kann Privatpersonen nur unter bestimmten Bedingungen gefolgt werden, um werblichen Spam zu vermeiden. Weiterhin besteht eine Impressumspflicht (siehe hierzu *www.google.com/intl/de_ALL/+/business/*). Dort können Unternehmensauftritte zudem auch angelegt werden. Möglich ist dies derzeit unter anderem in Kategorien wie

- Lokale Geschäfte
- Produkte und Marken
- Unternehmen, Einrichtungen, Organisationen, gemeinnützige Institutionen etc.
- Kunst, Sport oder Unterhaltung (Plattenlabel, Veranstaltungsorte aber auch Webseiten und Presseorgane)

Gerade die verantwortlichen Personen kleinerer Unternehmen, Freiberufler etc. haben meist mit einem privaten Google+-Account angefangen. Diese scheuen den Wechsel und erneuten Fan-Aufbau zu/bei einer Firmenseite. Zwar gibt Google selbst Möglichkeiten an, Google+-Kreise übertragen zu können (siehe *www.blogprofis.de/buch/uebertragen*). Dies gilt nach eigenen Versuchen zum Zeitpunkt der Drucklegung jedoch nicht für den Übertrag von einem privaten zu einem Unternehmensprofil. Starten Sie also gleich mit der richtigen Business-Variante. Wächst Ihre kleine Firma, so würde man den ursprünglichen Schritt zum privaten Profil schnell bedauern. Zudem ist noch nicht absehbar, welche weiterführenden Möglichkeiten Google den Business-Profilen zukünftig einräumen wird. ■

4.2.1 Wie wird in Google+ kommuniziert?

Google+ ist – fast noch mehr als Facebook – darauf ausgerichtet, nicht nur die eigenen Beiträge zu promoten, sondern jene anderer Nutzer ebenfalls weiterzuverbreiten. Hier wird besonders deutlich: Wer reines Selbstmarketing betreiben will, der wird in Netzwerken wie diesem nicht weit kommen. Je mehr Sie auch fremde Inhalte verteilen, an umso mehr Stellen wird Ihr Profil sichtbar. Daraufhin wird man eher in die Kreise anderer Nutzer aufgenommen, wodurch die eigenen Beiträge öfter gelesen werden und so weiter und so fort. Social Media ist, ich erwähnte es bereits, ein einziges Geben und Nehmen. Man gibt Inhalte mit Mehr- oder Unterhaltungswert, und dafür erhält man andere solcher Inhalte zurück. Es fällt auf, wer rege kommuniziert, und wer den inhaltlichen Geschmack seiner Follower trifft.

In der Regel werden in diesem Zusammenhang jene Inhalte eines Unternehmens regen Anklang finden, weswegen dieses in die Kreise anderer aufgenommen wurde. Erhoffen sich die Follower durch das Hinzufügen des Profils eines Elektronik-Fachhandels höchstwahrscheinlich die aktuellsten Einzelheiten zu neuen Technik-Spielereien, so werden entsprechende Postings auch am erfolgreichsten sein. Deswegen müssen Sie sich stets die gar nicht so banale Frage stellen: Warum wird man meinem Social-Media-Account bzw. meinen Nachrichten wohl folgen wollen? Geht es um exklusive Produktnews? Fachliche Einblicke in die Disziplin, die Gegenstand Ihrer Dienstleistungen ist? Oder – bei E-Shops und Ähnlichem – doch eher um die Jagd nach Schnäppchen und Rabatten? Keine Angst, Sie müssen sich hierbei keineswegs nur auf Ihre Intuition verlassen. Ihre Leser zeigen Ihnen schnell über die Vergabe der Google-eigenen Pluspunkte, die Kommentare und die Weiterempfehlungen, welche Inhalte hauptsächlich gewollt sind. Das heißt nun keineswegs, dass Sie nur diese eine Schiene bedienen sollten. Denken Sie an den Erfolgsfaktor „Vielseitigkeit" aus Abschnitt 3.6.11. Dennoch sollte man nach und nach damit experimentieren, welche erweiterten Inhalte (Hintergrund- und Testberichte, Unternehmensnachrichten, Unterhaltsames etc.) bei dem ganz persönlichen Auditorium ankommen. Leider – oder zum Glück – gibt es auch hier kein Patentrezept, so individuell entwickeln sich die einzelnen Kreise von Google+.

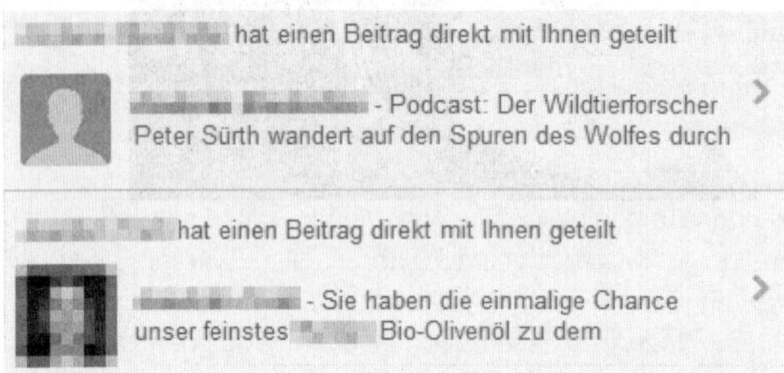

Bild 4.18 Wolfswanderung? Bio-Olivenöl? Beides interessiert mich nicht wirklich. Ordnet man die eigenen Google+-Kreise nicht sorgfältig, oder nutzt man seinen Account/seine Seite für unterschiedliche Zwecke, so schreibt man schnell Personen an, die nur sehr wenig mit dem jeweiligen Inhalt anfangen können.

Welche Inhalte werden nun typischerweise beziehungsweise besonders wirkungsvoll über Google+ kommuniziert? Dies sind:

- Verweise auf hochwertige Best-Practice-Anleitungen und entsprechende Blog- bzw. Portalbeiträge, ebenso auf Podcasts und Videoanleitungen, spannende (!) Infografiken, auf die Zielgruppe spezialisierte Veranstaltungshinweise
- Medienberichte (auch englischsprachiger Art), insbesondere kleinerer Nischen-Onlinezeitungen
- Das direkte Posting von fachlichen Tipps jeglicher Art, aber auch das Stellen von entsprechenden Fragen in die Google+-Kreise hinein
- Die Aufstellung von neuen/kontroversen/spekulativen Thesen für eine bestimmte Disziplin, die dann idealerweise zu regen Diskussionen innerhalb der Kreise führen
- Produktneuerungen zu besonders angesagten Firmen/Themen
- Hintergrundberichte zu Fragen rund um Technik, Design und Gestaltung, Marketing, Internet generell, Selbstständigkeit/Freiberufler

Aber genauso eben auch die für viele Netzwerke typischen sozialkritischen und politischen Themen. Wobei hier bei Google+, durch die besonders onlineaffine Nutzerschaft, vor allem jene Beiträge punkten können, die sich rund um kontroverse Web-Themen drehen (etwa Datenschutz, Leistungsschutzrecht, Monetarisierung von Webprojekten, mögliche Rechtsverstöße im Internet sowie die Absicherung gegen diese).

Bild 4.19 Ein Blick hinter die Kulissen eines Onlineshops, das kommt auch bei Google+ gut an. Zeigt es doch, dass es sich nicht um einen austauschbaren, anonymen Anbieter handelt. Und: nach den umstrittenen Praktiken des Marktführers Amazon wird es immer wichtiger, zufriedene Mitarbeiter zu sehen. Auch hier ist es wieder der Faktor Persönlichkeit, der zählt.

Insgesamt fällt auf, dass bei Google+ Inhalte in Nischenbereichen eine gute Chance haben, Gehör zu finden. Dies natürlich nur, wenn an entsprechenden Themen interessierte Nutzergruppen vorhanden sind. Manche Mitglieder, aber auch Seiten, finden recht schnell eine ansehnliche Gefolgschaft - schlicht, weil sie mit zu den Ersten gehören, die ein fachspezifisches Thema in dem ja noch vergleichsweise jungen sozialen Netzwerk aufgreifen. Über ein privates Profil lässt sich schnell herausfinden, ob auch Ihre unternehmerischen Themen auf genügend Interessenten stoßen könnten. Indem man einigen weiteren relevanten Personen folgt, und die Interaktionsraten im entstehenden Nachrichtenstrom analysiert.

PRAXISTIPP: Der Effekt der Nischen-Ansprache lässt sich ausnutzen: Sie können beispielsweise ganz bestimmte thematische Unterbereiche Ihrer Branche als Basis für Ihre Berichterstattung nehmen, und damit experimentieren, welcher Subbereich welche Reaktionen und Reichweite hervorruft. Dann schreibt der E-Mail-Marketing-Fachmann zunächst rein über periphere Aspekte, wie Template-Gestaltung in einer bestimmten Programmiertechnik, oder über B2B-Versandzyklen. Einzelne beleuchtete Nischen - statt dem 1000sten Beitrag zum übergeordneten Subjekt - können somit durchaus ein nicht unerhebliches Echo finden. Ein Tipp, der sich natürlich ebenso gut auf alle anderen sozialen Netzwerke übertragen lässt.

Bild 4.20 Nicht nur, dass Google+ nach und nach auch andere Nutzerbereiche anzieht, wie hier die Haustierfreunde. Manche Firmen nutzen das Netzwerk zudem ganz gezielt, um typische häufig in dem Netzwerk vertretene Interessensgruppen anzusprechen - in diesem Fall Blogger. Das ist eine zusätzliche Chance, die der Facebook-Konkurrent bietet.

Der geschilderte Anfangsbonus von Google+ schwindet natürlich umso schneller, je mehr Nutzer die Plattform nach und nach findet. Man kann davon ausgehen, dass der Suchmaschinenbetreiber nichts unversucht lässt, um seinen Einstieg in die Social-Media-Welt noch attraktiver zu machen sowie weiteren potenziellen Teilnehmergruppen gegenüber zu öffnen. Ein wenig erinnert die Situation derzeit an die Anfänge der Nutzung von Facebook. Wer damals als Unternehmen rechtzeitig eingestiegen ist, der profitiert noch heute davon. Von daher sollten Sie es sich gut überlegen, ob nicht gerade jetzt der richtige Zeitpunkt gekommen ist, um in Inhalte bei Google+ zu investieren. Selbst wenn man derzeit mehr hineinstecken muss als man herausbekommen mag: Es könnte sich mittel- und langfristig auszahlen.

4.2.2 Die Google+-Communities

Google+-Communities sind das Pendant zu moderierten Gruppen bei Facebook oder Xing. Auch Unternehmen beziehungsweise Google+-Seitenbetreiber können eine solche Community erstellen und steuern. Die dortigen Inhalte werden wahlweise öffentlich oder rein privat (nur den Mitgliedern gegenüber) sichtbar gemacht (siehe hierzu auch *www.blogprofis.de/buch/plusfragen* sowie *www.blogprofis.de/buch/pluserstellen*). Eine Übersicht über bestehende Gruppen findet sich unter *http://plus.google.com/communities*, dort kann zudem eine eigene Community eröffnet werden. Einem Forum ähnlich, bieten Communities bei Google+ den Raum, um über ganz bestimmte Themen zu diskutieren. Neue potenzielle Mitglieder können aktiv eingeladen werden (hier sollte möglichst bereits ein vorheriger Kontakt bestehen, um sich nicht dem Verdacht des Spammings auszusetzen), oder aber interessierte Nutzer melden sich von selbst an. Der Ersteller der Gruppe kann selbst entscheiden, ob derartige Beitrittsanfragen durch ihn genehmigt werden müssen oder nicht. Je weniger restriktiv diese Einstellungen ausfallen, umso eher steigt die Chance auf nachhaltig wachsende Mitgliederzahlen.

Diese Diskussionsforen bei Google+ werden noch mit sehr unterschiedlichem Erfolg betrieben. Auf der einen Seite stehen Communities mit zehntausenden Mitgliedern, auch wenn diese hauptsächlich aus dem englischsprachigen Raum stammen. Dann wiederum sind nicht gerade wenige Gruppen zu finden, die schon nach kurzer Zeit mangels öffentlichen Interesses wieder eingestellt werden. Spannend, insbesondere für Selbstständige, ist der Mittelweg: Communities mit nur einigen hundert oder gar dutzend Teilnehmern, die dafür umso hochwertiger und themenspezifischer zusammengesetzt sind. Denn befinden sich unter diesen Teilnehmern auch nur einige wichtige Multiplikatoren oder potenzielle Geschäftspartner und Kunden, so hat sich der Aufwand zur Etablierung einer Community bereits gelohnt. Natürlich sollte man eine solche nicht rein aus dem Antrieb heraus starten, einen unternehmerischen Vorteil zu erzielen. Zumal die Moderation einer Gruppe einigen Zeitaufwand mit sich bringt. Und dennoch: Es gibt fast kein besseres Aushängeschild für einen Dienstleister bzw. eine sonstige Firma, als eine lebendige Community zu betreiben. Denn egal wer sich daran beteiligt, er wird immer über Ihren Namen stolpern. Zudem werden Betreiber solcher Gruppen automatisch mit einem Expertenstatus in Verbindung gebracht.

Was sind nun die Voraussetzungen für einen solchen Erfolg? Denn natürlich steht und fällt Ihre Online-Reputation damit, welchen Anklang eine derartige Community findet? Nun:

- Sie sollten sich zunächst einen breiten Stamm an Followern aufbauen, bevor Sie eine Google+-Gruppe gründen. Nur so können Sie sicher gehen, dass die Inhalte der Community, die Sie vorab über den normalen Posting-Kanal an Ihren Lesern testen, genügend Interessenten anziehen würden. Zudem lässt sich unter den eigenen Kontakten natürlich prima für eine neue Gruppe mit gleichem thematischen Fokus werben. Bei einem solchen „breiten Stamm", der wohl je nach Thema mindestens um die 500 bis 1000 Personen umfasst, sind jedoch nur jene Follower mitzurechnen, die mutmaßlich mit den Themenschwerpunkten der geplanten Community etwas anfangen können.

- Es ist nicht anzuraten, eine Community zu einem Thema aufbauen zu wollen, zu denen bereits dutzende, meist verwaiste, Pendants existieren. In einem solchen Fall sollte man besser über einen neuen Schwerpunkt der Inhalte nachdenken.
- Wenn Sie Ihren normalen Posting-Pflichten in den sozialen Netzwerken kaum nachkommen, dann macht eine eigene Gruppe keinen Sinn. Es reicht nicht aus, diese lediglich initial zu installieren. Eine permanente inhaltliche und umfassende Beteiligung an den Diskussionen, die Moderation von aus dem Ruder laufenden Disputen, Pflege der bestehenden und neuen Mitglieder, ggf. Werbemaßnahmen für die Community - all das ist für den Erfolg ausschlaggebend, kann jedoch schnell bis zu mehrere Stunden am Tag Zeit kosten. Abhängig vom Erfolg natürlich. Doch Sie sollten von Anfang an personelle Ressourcen für eben diesen Erfolgsfall einplanen. Denn nichts wäre schlimmer, als wenn Sie die Aktivitäten der Gruppe - mangels Zeit Ihrerseits - künstlich wieder ausbremsen müssten.
- Gerade eine Gruppe in einem sozialen Netzwerk dient nicht dazu, für sich selbst zu werben. Es sei denn, Sie nutzen diese hauptsächlich zu Zwecken wie Kundensupport etc. Natürlich werden je nach Thema auch Ihre Produkte und Dienstleistungen zur Sprache kommen. Dann hilft Bescheidenheit und ein gewisses Understatement Ihrerseits meist deutlich mehr, als die Erwähnung der immer gleichen Lösungen. Etwa, indem Sie die hauseigenen Angebote nicht direkt, sondern über allgemeingültige Begriffe und Produktgruppen ansprechen.

Wenn Sie diese Punkte berücksichtigen, dann ist eine Google+-Community, genauso wie eine Facebook- oder Xing-Gruppe, eine prima Alternative etwa zu einem Forum. Erstens fällt der administrative Aufwand zur technischen Einrichtung weg. Zweitens lassen sich vorhandene Kontakte in einem Netzwerk leichter von der Nutzung einer Gruppe überzeugen, der das gleiche Medium zu Grunde liegt. Und drittens probiert man eine leicht zu erstellende Social-Media-Community doch eher einmal aus, als ein völlig neu zu gestaltendes Forum. Welches soziale Netzwerk sollten Sie nun verwenden, um eine Gruppe ins Leben zu rufen? Das hängt rein davon ab, bei welchen vorhandenen Kontakten die gewünschte Community-Zielgruppe am ehesten vertreten ist.

In Bild 4.21 sehen Sie eine Google+-Community, die sehr direkt mit der Nennung eines bestimmten Anbieters verknüpft ist. Es gibt einen weiteren Weg, um noch weniger dem Vorwurf der Werblichkeit ausgesetzt zu sein, und um damit möglicherweise noch deutlich mehr potenzielle Mitglieder ansprechen zu können. Sie oder ein inhaltlicher Spezialist in Ihrem Unternehmen ruft eine rein „private" Gruppe ins Leben, die wirklich nur dem Aufbau eines Expertenstatus dient. Über Umwege wird sich ein Erfolg dennoch auf Ihr Unternehmen auswirken. Denn natürlich werden sich manche Nutzer fragen, wie man die Dienste des Experten intensiver in Anspruch nehmen kann, als nur über die Gruppe. Andererseits kann ein bekannter Firmenname auch auf die Popularität einer Community abfärben. Hier gilt es zwischen beiden Varianten abzuwägen. Wobei folgende Kriterien zum Zuge kommen:

a) Wie beliebt ist ein Unternehmen/eine Branche bei der jeweiligen Zielgruppe?

b) Als wie authentisch bzw. nicht auf Werbung bedacht wird der „Sponsor" einer Gruppe bislang wahrgenommen?

Bild 4.21 Die Communities auf Google+ haben (wenn sie denn genügend Mitstreiter finden) einen so hohen Stellenwert, dass dort selbst Stellenanzeigen gepostet werden. Von diesem Renommee fällt auch einiges für die Firma ab, die hinter der Community steht bzw. diese initiiert hat.

Freiberufler und kleine Dienstleister mit sehr speziellen oder begehrten Produkten dürften sich hierbei in der Regel leichter tun, unter ihrem eigenen Namen zu arbeiten, als etablierte größere Konzerne in stark umkämpften Märkten. Einige weiterführende Hinweise dazu, wie sich Google+-Communities für Unternehmenszwecke einsetzen lassen, finden sich unter *www.cision.com/de/blog/google-communities-fuer-pr/*.

4.3 Twitter

Der Grund, warum ich Twitter – als ja eigentlich zweitwichtigstes soziales Netzwerk – jetzt erst erwähne, ist: Aus Abschnitt 4.2 zu Google+ lässt sich vieles übernehmen, was die Art der Nutzer aber auch deren Kommunikation anbelangt. Zumindest in Teilen spricht Twitter ein eher technisch versiertes Publikum an. Doch auch die kreative Szene schätzt den Dienst durchaus. Ich hoffe, man möge mir diese Aussage verzeihen: Twitter ist, selbst wenn dort viel Schabernack betrieben wird, erwachsener als Facebook. Twitter steht jedoch gleichzeitig für Profanes, für Selbstdarstellung, für Subversives. Kurz: Für eine eigene Kultur. Die sich der Anbieter hoffentlich nicht durch seine zunehmenden Bemühungen zunichtemacht, das Portal zu monetarisieren. Dinge, wie die Twitter-Lyrik – Gedichte im 140-Zeichen-Takt – konnten nur in diesem sozialen Netzwerk entstehen. „Und an diesem chaotischen Ort soll ich werben?", mag sich nun so mancher Leser fragen. Nein, sollen Sie eben nicht. Noch weniger als die anderen sozialen Netzwerke ist dieser Dienst für die direkte werbliche

Ansprache geschaffen. Es sei denn, in explizit als solches benannter Form, wofür Sie gleich noch Beispiele kennen lernen werden.

Twitter eignet sich neben der allgemeinen Kunden- und Interessentenansprache, durch das Teilen qualitativ sehr hochwertiger Beiträge von Blogs und anderen Contentportalen, für folgende Zwecke ganz besonders gut:

- Die direkte Kontaktaufnahme bei Produkten und Dienstleistungen mit einem sehr (Online-) technik-affinen Publikum (über Direktnachrichten)
- Die Echtzeit-Kommunikation, etwa im Rahmen von Messen und sonstigen Veranstaltungen. Ist der inhaltliche Gegenstand der Veranstaltung sowie der zugehörigen Tweets spannend genug, so folgen hierbei sowohl die Besucher als auch die verhinderten Gäste.
- Das Einsammeln von Feedbacks auf eine Frage an die Gefolgschaft („Was haltet ihr von …"), wobei man mit diesem Mittel sparsam umgehen sollte, da es sonst schnell seinen Reiz verliert. Antworten der Follower müssen dann auch betreut/kommentiert werden
- Ebenso: Zur Echtzeit-Krisenkommunikation, im Falle von negativer Berichterstattung und Ähnlichem (Achtung: Geeigneten PR-Profi hinzuziehen)
- Das Streuen von möglichst exklusiven Fachinformationen in einem bestimmten Nischenbereich, gerade wenn diese nicht immer auf das eigene Unternehmen hinweisen
- In diesem Zusammenhang besonders wirkungsvoll: Das Herausbilden einzelner Experten-Accounts, etwa von Mitarbeitern des Unternehmens. Dann twittert der Chefprogrammierer über die neusten Coding-Trends, oder der Marketingleiter über Social-Media-Ansätze und Best Practices. Beides in der Funktion als Zugehöriger eines Unternehmens, aber eben nicht werblich beziehungsweise nicht auf die eigenen Produkte und Dienstleistungen bezogen. Dennoch wird die Gefolgschaft, die bei entsprechender inhaltlicher Qualität enorm anwachsen kann, im Unterbewusstsein natürlich wahrnehmen, wer da für wen arbeitet. Das kann so weit gehen, dass die Follower den Eindruck haben, das dahintersteckende Unternehmen unterstützt bzw. duldet die eher „privaten" Posts des Mitarbeiters. Das wiederum ist positiv für das Ansehen der Firma innerhalb der Netzgemeinde.
- Botschaften im Bereich Empfehlungsmarketing („Ich lese gerade …", „Habe heute xyz ausprobiert"), die allerdings in den seltensten Fällen von den Unternehmen selbst gesteuert werden können. Im Gegenteil: Eine versuchte Einflussnahme würde eher zu negativen Reaktionen führen. Es sei denn, man arbeitet mit kostenlosen Produktproben, Gewinnspielen und Ähnlichem. Insofern kann man nur hoffen, dass über die generelle Kommunikation bei Twitter & Co., also über indirekte Wege, potenzielle Kunden auf die eigenen Angebote aufmerksam gemacht werden können. Für den Rest hilft nur noch eines: Gute Produkte bzw. gute Dienstleistungen, die gerne erwähnt und weiterempfohlen werden.

Im Übrigen entscheidet neben den Inhalten auch die Schreibfrequenz darüber, wie gut Ihr Nachrichtenstrom bei Twitter bei den Nutzern ankommt. Eine zu geringe Frequenz lässt die Aufmerksamkeit sowie die Interaktionsrate meist deutlich sinken. Eine zu hohe Frequenz kann jedoch ebenfalls schädlich sein. Etwa dann, wenn Ihre Follower das Gefühl haben, „zugespammt" zu werden. Leider kann man hier keine allgemein gültige Schlagzahl der Art „10 Tweets am Tag sind perfekt" nennen. Zu sehr hängt dies von den Inhalten selbst, dem

Verwendungszweck des Accounts aber auch der Zielgruppe ab. Nur, indem Sie die Interaktionsrate und ähnliche Faktoren (Anzahl Follower, Retweets, Direktnachrichten) ganz genau beobachten, lässt sich erkennen, was zu viel oder zu wenig des Guten ist. Oder aber Sie fragen ganz einfach Ihre (Stamm-) Follower selbst.

> Unter der Adresse *http://business.twitter.com* gibt der Anbieter selbst einige wertvolle Tipps, wie man als Unternehmen in dem Netzwerk kommuniziert. Leider sind diese Hinweise nur auf Englisch verfügbar. Besonders aufschlussreich hierbei: Die Success stories (*http://business.twitter.com/success-stories*). Auch wenn sich deren Ansatzpunkte nicht immer eins zu eins auf den deutschsprachigen Markt übertragen lassen, so sind für viele Branchen hilfreiche Kommunikationsbeispiele aufgelistet, sortiert nach Produktgruppen, Unternehmensgrößen oder gar Social-Media-Zielsetzungen. Und: Twitter bewirbt in diesen Hinweisen seine eigenen Bezahlt-Produkte. Betrachten Sie die Ratschläge also mit kritischen Augen. ■

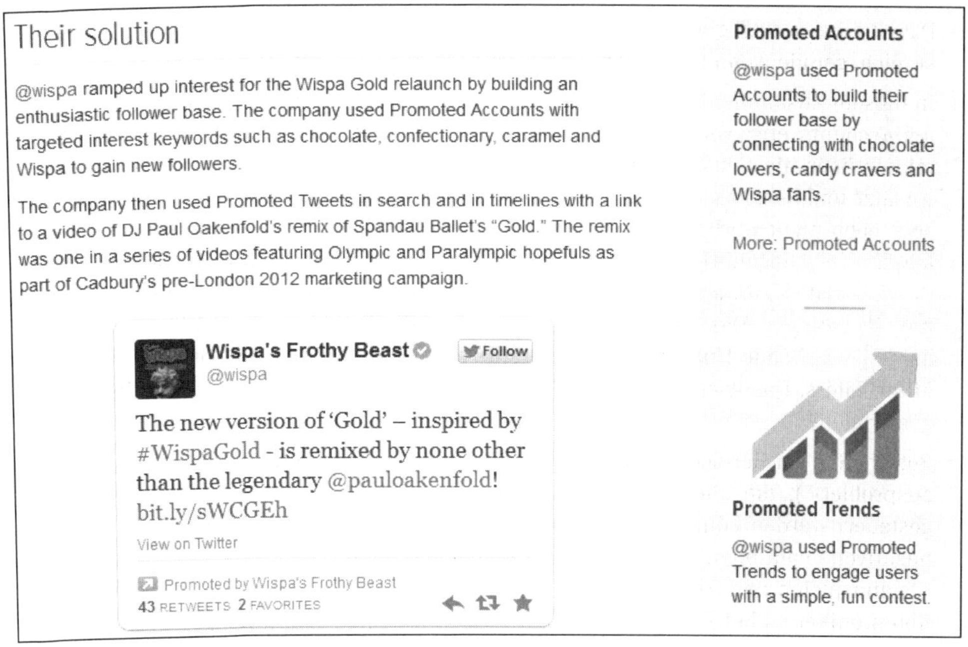

Bild 4.22 Die Success Stories von Twitter verraten, wie es mit der werblichen Ansprache in dem Netzwerk doch noch klappen kann. Wobei einige Strategien auf den US-amerikanischen Markt abzielen, wo man mit derlei Werbung deutlich entspannter umzugehen scheint.

4.3.1 Hilfsmittel und Bestandteile der Twitter-Kommunikation

Um auf Twitter effektiv kommunizieren zu können (und somit von den anderen Nutzern ernst genommen zu werden), so muss man einige grundlegende Prinzipien kennen. Diese möchte ich Ihnen an dieser Stelle kurz vorstellen:

- **Der Hashtag:**
  Definiert durch das #-Symbol, dient dieser der Verschlagwortung und Zuordnung eines Beitrags zu einem bestimmten Thema. Das Klicken auf ein derart markiertes Wort (verwendet innerhalb des Textes eines Tweets), das durch Twitter automatisch in einen Link verwandelt wird, zeigt alle anderen aktuellen Nachrichten an, die mit demselben Schlagwort markiert sind. Auch kann man explizit nach zugehörigen Tweets suchen. Das bedeutet: Mit der Verwendung solcher Hashtags kann oftmals eine weit größere Zielgruppe erreicht werden. Außerdem zeigt die Auswertung von Tags, welche Themen derzeit besonders heiß auf Twitter diskutiert werden. Eventuell können Sie sich in Ihrer Kommunikation an derartige Trends und deren Hashtags anschließen. Dann profitiert man von der aktuell prominenten Stellung. Nutzen Sie dies jedoch niemals aus, etwa um themenfremde Inhalte zu verbreiten. Denn das könnte Ihnen die Twitter-Gemeinde sehr übel nehmen. Auch eigene Hashtags können zum Einsatz kommen (siehe zur weiteren Erläuterung, inklusive einiger Beispiele, den Beitrag *www.blogprofis.de/buch/hashtags*). Das Prinzip der Hashtags ist übrigens so erfolgreich, dass nun auch Google+ diese unterstützt. Facebook bereitet wohl ebenfalls eine ähnliche Funktionalität vor.
- **Erwähnungen:**
  Über das @-Zeichen, gefolgt von einem Twitter-Benutzernamen, kann man andere Twitterer erwähnen. Etwa dann, wenn man eine andere Person zitiert, sich mit dieser zuvor ausgetauscht beziehungsweise diese (offline) getroffen hat, oder sie im Rahmen eines Tweets ansprechen möchte. Nicht nur der betroffene Nutzer wird hierüber informiert, wird also auf Ihre Nachricht sowie Ihren Account aufmerksam. Auch unbeteiligte Dritte registrieren dies teilweise, wenn sie beispielsweise mit dem/der Erwähnten verbunden sind oder nach dem/der Erwähnten suchen. Google+ bietet über die so genannten Mentions Ähnliches an (*www.blogprofis.de/buch/mentions*). Erwähnungen sind ein mächtiges Werkzeug für das Networking.
- **Direktnachrichten:**
  Hierbei handelt es sich um eine private Nachricht, die sich ausschließlich an einen zuvor bestimmten Empfänger richtet. Diese ist, im Gegensatz zu den Tweets, nicht öffentlich einsehbar. Genutzt wird sie dann, wenn man eine zuvor öffentliche Diskussion eins zu eins vertiefen möchte, oder private Kontaktdaten austauscht und Ähnliches mehr. Man kann nur eine Direktnachricht an einen Nutzer senden, der einem folgt. Umgekehrt kann man lediglich Direktnachrichten von Nutzern empfangen, die einem selbst folgen. Dies soll unerwünschtem Spam vorbeugen. Der Versand erfolgt über den Punkt „Direktnachrichten", der sich hinter dem Zahnrad auf der rechten Seite der oberen Statusleiste versteckt.
- **Listen:**
  „Bei einer Liste handelt es sich um eine zusammengestellte Gruppe von Twitter-Nutzern. Du kannst eigene Listen erstellen oder die Listen anderer abonnieren. Auf der Timeline einer Liste erscheint eine Reihe von Tweets, die nur von den Nutzern auf dieser Liste stammen". Besser als die Twitter-Hilfe selbst kann man diese Funktion eigentlich nicht

erklären (*www.blogprofis.de/buch/twitterlisten*). Wichtig für den Aufbau eines Experten-Status, wenn man eben ganz bewusst nicht nur mit den eigenen Botschaften arbeiten möchte.

- **Antworten/Replies:**
  Wie der Name schon sagt, handelt es sich hierbei um eine direkte Antwort auf einen Tweet, an den zugehörigen Absender adressiert. Sonstige Nutzer sehen die Antworten anderer im Nachrichtenstrom ihrer Startseite nur dann, wenn sie sowohl dem Absender als auch dem Empfänger der Antwort folgen.
- **Retweets:**
  Wie bereits erwähnt, handelt es sich um eine Art Währung bezüglich des Erfolgs einer Nachricht. Teilen viele andere Nutzer eine Ihrer Botschaften, so muss sie wohl interessant genug gewesen sein. Retweets werden den eigenen Followern als normale Nachricht angezeigt. Weitere Infos zur Benutzung von Retweets finden Sie unter *www.blogprofis.de/buch/retweets*. Beim ursprünglichen Verfasser der Nachricht sorgt eine @-Erwähnung übrigens nicht selten für mehr Aufmerksamkeit, als ein Retweet. Dies nur für den Fall, dass es Ihnen darum geht, jemandem zu danken oder ihn über Ihre Empfehlung zu informieren.
- **Favoriten:**
  Über einen kleinen Stern innerhalb eines Tweets oder Retweets kann man diese als Favoriten markieren, und gegebenenfalls später wieder auf eine solche „gemerkte" Nachricht zurückgreifen. Gerüchten zufolge arbeitet der Dienst daran, diese eher selten genutzte Funktionalität durch eine Art „Gefällt mir"-Pendant zu ersetzen.

Die gesammelten Nachrichten eines Twitter-Nutzers bezeichnet man übrigens als Stream. Zudem noch ein paar Hinweise dazu, was einen guten Hashtag ausmacht. Denn schaffen Sie es, einen für Ihre Branche oder Zielgruppe wichtigen Tag zu etablieren, so nutzt dies natürlich all Ihren auf diese Weise kategorisierten Nachrichten. Ein Hashtag sollte

a) möglichst kurz und prägnant sein,

b) keine (Marken-) Begriffe anderer verletzen,

c) für sich sprechen (das zu Grunde liegende Thema wird bereits durch den Begriff deutlich, was gegen kryptische Kürzel als Hashtag spricht) sowie keine Verwechslungsgefahr in sich bergen,

d) nur für einen Zweck eingesetzt werden. Also nicht beispielsweise für mehrere von Ihnen durchgeführte Veranstaltungen, sodass die Nutzer dem jeweils relevanten Strom folgen können.

Twitter selbst gibt noch einige weiterführende Hinweise, wie man den eigenen Account optimieren aber auch bewerben kann, insbesondere dann, wenn dieser noch recht neu ist. Nachzulesen ist dies unter *www.blogprofis.de/buch/twitterpromoten*. Zudem ist der Bereich „Willkommen bei Twitter" für Einsteiger zu empfehlen (*http://support.twitter.com/groups/50-welcome-to-twitter*). Dort sind ganz bodenständige Tipps („Wie twittere ich?") gepaart mit vielen Praxisbeispielen nachzulesen. Dies ist hilfreich für all jene, denen die Erläuterungen in diesem Abschnitt zu kurz greifen. Gleiches gilt für das Twitter Glossar (*www.blogprofis.de/buch/twitterglossar*) sowie die Twitter-Regeln (*www.blogprofis.de/buch/twitterregeln*).

PRAXISTIPP: Es gibt eine sehr einfache Möglichkeit herauszufinden, wer wiederum Ihre Nachrichten weiterempfohlen hat, oder in anderer Weise mit Ihnen interagiert. Ist man bei Twitter angemeldet, so verrät der Reiter „Verbinden“ in der oberen Menüleiste:

- Von wem wurden Ihre Nachrichten retweetet oder favorisiert?
- Wer hat Sie beziehungsweise Ihren Twitter Account in seiner Kommunikation erwähnt?
- Von wem haben Sie eine Direktnachricht erhalten?
- Wer folgt neu Ihrem Twitter-Kanal?

Nicht nur zu Analysezwecken sollte man diese Funktion regelmäßig nutzen (welcher Tweet kommt wie gut an). Auch die E-Mail-Benachrichtigungsfunktion bei neuen Direktnachrichten funktioniert nicht immer zuverlässig. So kann man sichergehen, keine Anfrage zu verpassen.

HINWEIS: Es dürfte sich von selbst verstehen, dass man Ihre Nachrichten umso eher weiterverbreiten wird, wenn auch Sie rege von der Tweeten- sowie Retweeten-Funktion Gebrauch machen. Natürlich sollten Sie nur Inhalte weiterempfehlen, die Ihnen auch zusagen, beziehungsweise die Sie besonders nützlich für Ihre eigenen Follower finden. Stolpern Sie im Netz über einen äußerst hilfreichen Beitrag für Ihre Zielgruppe, sollte der Klick auf den Twitter-Button nicht ausgelassen werden. Man muss sich hierbei nicht immer direkt bzw. eins zu eins bei Retweetern bedanken („Du empfiehlst mich, also empfehle ich dich“), das erwartet niemand. Dennoch registriert die Twitter-Gemeinde sehr wohl, wer sich wie aktiv an der gegenseitigen Kommunikation beteiligt.

Bild 4.23 Gerne wird Twitter auch genutzt, um Kritikpunkte loszuwerden – ein Zeichen dafür, welche Bedeutung einem fundierten Social Media Monitoring zukommt, unabhängig davon, ob Ihr Unternehmen nun direkt oder nur indirekt betroffen sein mag.

4.3.2 140 Zeichen – Fluch oder Segen?

Für so manchen Marketer stellt die Konversation auf Twitter eine echte Herausforderung dar. Bekanntermaßen sind die dortigen Nachrichten auf 140 Zeichen begrenzt. Zumal man in diesem Rahmen ja meistens auch noch eine URL als Verweis auf einen ausführlichen Bericht hinter der Nachricht unterbringen möchte, selbst wenn diese Web-Adresse bei diversen Twitter-Anwendungen automatisch auf um die 10 bis 14 Zeichen gekürzt wird. Wer sein Leben lang Pressemitteilungen verfasst hat, die jeweils mindestens um die 3000 Zeichen umfassen mussten, der tut sich anfangs mit dem Mini-Umfang bei Twitter extrem schwer. Doch keine Sorge: Je fleißiger man tweetet und retweetet, desto eher bekommt man ein Gespür für die Botschaften der kurzen Worte. Irgendwann verfällt man ganz von alleine in die Twitter-Sprache, die Ergebnisse werden flüssiger zu lesen, und damit auch erfolgreicher in ihrer Weiterverteilung bzw. Reichweite.

HINWEIS: Wenn Sie die Nachricht eines anderen Twitter-Nutzers manuell retweeten, also ihren eigenen Followern weiterempfehlen und mitteilen: Achten Sie darauf die ursprüngliche Nachricht nicht zu verfälschen, in dem Sie etwa, bedingt durch Ihren eigenen ergänzenden Kurzkommentar, wichtige Textbestandteile weglassen. Idealerweise nutzt man stets die Original-„Retweeten"-Funktion von Twitter, die in jeder dortigen Nachricht eingebunden ist. Dann bleibt der ursprüngliche Text erhalten, und es ist dennoch sichtbar, wer der Urheber aber auch der Weiterempfehlende ist. ■

Sie sollten diese 140 Zeichen als Chance begreifen. Erfolgreiche Web-Kommunikation jedweder Art muss immer auf den Punkt kommen. Die Zeit ist vorbei, in denen man sich in mehrseitigen Hochglanzbroschüren über ein Produkt austoben konnte, ohne wirklich etwas *auszusagen*. Twitter-Nachrichten können daher als Test dafür herhalten, wie sehr es Ihnen gelingt, kurze, im Sinne von prägnanten, Botschaften mit Mehrwert zu generieren. Erzeugen Ihre 140 Zeichen beim Leser das Bedürfnis den enthaltenen Link zu klicken, um mehr zu erfahren, dann haben Sie es schon geschafft. Bei durchschnittlich hunderten oder gar tausenden Nachrichten, die jeden Twitter-Nutzer täglich theoretisch erreichen (meist wird er nur einen kleinen Teil davon tatsächlich wahrnehmen), ist dies gar nicht so einfach, wie man vielleicht denken mag. Nicht nur für den Leser wichtige sowie spannende Inhalte sind hierfür eine Grundvoraussetzung, sondern eine gelungene Formulierung. Einige solcher Beispiele werde ich Ihnen gleich noch näherbringen. Weitere Vorteile der Mini-Botschaften sind:

- Selbst wenn auf Twitter stets eine möglichst natürliche Sprache zum Einsatz kommen sollte, so werden Sie relativ schnell einige Schlüsselwörter und Hashtags identifizieren, auf deren Verwendung Ihre Leser besonders aufmerksam reagieren. Diese sollten Sie dann jedoch variieren, denn nichts ist langweiliger als ein zu einseitiger Kommunikationsstrang.
- Twitter-Botschaften, die ankommen, sind gute Ideengeber für Aufmerksamkeit-erregende Beitragsüberschriften auf Ihrer Homepage oder Ihrem Blog. Zumal Sie auf Twitter durch eine höhere Schreibfrequenz und einen „lockeren" Umgangston mehr Raum zum Experimentieren haben.

- Wer regelmäßig twittert, der fasst sich auch in den anderen sozialen Netzwerken kurz. Und zu viel Prosa ist dort meist genauso schädlich.
- Ein indirekter Effekt: Sich beim Schreiben fokussieren zu müssen, das hilft immer auch dabei, sich auf die Kernkompetenzen Ihres Unternehmens und Ihrer Produkte zu konzentrieren. In diesem Sinne wirkt Social Media weit über seinen ursprünglichen Einsatzzweck hinaus.

Doch wie gelingt sie nun, die knappe und dennoch wirkungsvolle Botschaft in wenigen Worten? Wenn man sich erfolgreiche Tweets einmal genauer anschaut, so sind – neben dem inhaltlichen Mehrwert an sich – vor allem folgende Ansatzpunkte hilfreich:

- **Füllwörter streichen:**
  Ja, der Platz bei Twitter-Botschaften ist knapp. Man sollte ihn also bestmöglich nutzen. Formulieren Sie die Nachricht so, wie Sie sie eigentlich gerne verfassen würden. Sie werden erstaunt feststellen, dass sich viele Wörter streichen lassen, ohne dass dies den Sinn entstellt oder dem Lesefluss schadet. Ganz im Gegenteil, meist gewinnt die Kommunikation an Prägnanz aber auch an Deutlichkeit. Ein kleiner Tipp: Wenn Sie in Google nach „Füllwörter finden" recherchieren, so finden sich einige Online-Tools, die unnütze Füllwörter in einem Text identifizieren.
- **Satzbau umstellen:**
  Ihre Botschaft lässt sich beim besten Willen nicht weiter kürzen, oder aber sie wirkt ungelenk und hölzern? Die Wörter durcheinanderwürfeln und den Satzbau komplett umstellen, das kann wahre Wunder wirken. So finden sich neue Formulierungsoptionen, aber auch grammatikalische Varianten, die weniger Platz benötigen.
- **Nachricht zweiteilen:**
  Nicht selten lässt sich insgesamt knapper formulieren, wenn man den Inhalt in zwei Teile gliedert. Dadurch müssen Sätze nicht ausformuliert werden, und das Ganze wirkt dennoch lebendig. Ein Beispiel:

  „Fünf Schritte zum PR-Start – Darauf müssen Startups achten",

  statt

  „Unsere fünf besten Tipps für Startups, die erfolgreich mit der PR-Arbeit beginnen wollen."
- **Mehrere Tweets verfassen:** Zwar sollte man stets je Nachricht mit einem Tweet auskommen. Ab und an kommt man jedoch nicht umhin, aus einem umfassenden Thema mehrere Botschaften zu formen. Diese können dann zudem auf einzelne logisch voneinander getrennte Unter-Zielgruppen hin ausgerichtet werden.
- **Aufzählungen nutzen:**
  Auch zusammenfassende Aufzählungen können helfen, wenn man nicht zu viele verschiedene Unterpunkte unterbringen möchte. Beispiel:

  „Botschaft, Zielgruppe, Schlüsselmedien: Das macht den PR Erfolg aus."
- **Bewusstes Weglassen:**
  Manchmal können gerade Tweets interessant sein, bei denen der wichtigste Satz-Bestandteil durch den weiterführenden Link ersetzt wird. Beispiel:

  „Wer schick durch den Sommer kommen will, der [Link]".

  Der Inhalt, der sich hinter dem Link verbirgt, muss die aufgebaute Erwartungshaltung dann jedoch auch erfüllen. Sonst handelt man sich den Ärger der Follower ein.

Diese Punkte helfen nicht nur dabei, möglichst die 140-Zeichen-Grenze einzuhalten. Sie machen selbst dann Sinn, wenn Sie bei Ihrer Botschaft gar kein akutes Platzproblem haben. Denn mit je weniger Worten man auskommt, umso eher nehmen die Leser meist Notiz von einer Nachricht.

Abschließend noch ein paar Beispiel-Formulierungen beziehungsweise -Tweets, und wie diese jeweils optimiert werden könnten. Sie basieren auf Nachrichten von Unternehmen, wie ich sie so oder so ähnlich bei Twitter entdeckt habe. Sicherlich keine allumfassende Betrachtung, die sämtliche Fallstricke und Verbesserungspotenziale identifiziert. Auch erheben die Vorschläge nicht den Anspruch, die bestmögliche Lösung darzustellen. Oft sind sie nur der Anfang eines kontinuierlichen Denkprozesses, zudem passen sie nicht für alle Branchen oder Situationen. Und dennoch sollen Sie ein Gespür dafür bekommen, wie man sich nach und nach an eine gute Twitter-Sprache herantastet. Starten wir mit dem

> *E-Book über Möglichkeiten, wie man mit wenig Aufwand die Wohnung neu gestaltet*

Man könnte stattdessen auch schreiben:

> *Tristesse in deinen vier Wänden? E-Book hilft beim Entrümpeln.*

Ähnlich langwierig fand ich folgenden Tweet:

> *Was können wir tun, um uns gesund zu ernähren? Einige Tipps und Hinweise zum Thema finden Sie hier*

Mehr Aufmerksamkeit erregen ließe sich in diesem Fall mit einer doppelten Provokation, je nachdem, welche Position der jeweilige Adressat persönlich einnimmt:

> *Gesunde Ernährung: Nutzloser Hype oder Überlebensstrategie?*

Der Vorteil: Man spricht – kurz und einprägsam – gleich zwei Zielgruppen an. Die Pragmatiker ebenso wie die Verfechter nachhaltiger Lebensweisen. Schwierig wird es bei dem folgenden Tweet, der lediglich aus dieser Botschaft bestand:

> *Das sollte man nicht verpassen! Tolles Programm für jeden startet neu ...*

Was soll uns diese allzu generische Botschaft sagen? Sicherlich, man möchte Interesse wecken. Aber worauf? Auf einen Volkshochschulkurs für Yoga? Oder die Vorschau vom Kino nebenan? Zudem ist der Text unschön werblich. Der dahinterliegende verlinkte Inhalt wohl auch, weswegen eine Optimierung nur des Tweets eigentlich gar nichts bringen würde. Und dennoch: Etwas der Art,

> *Yoga gleich Askese? Von wegen: [Link]*

würde sicherlich mehr bringen, wenn man einmal beim Gesundheitskurs als Thema bleibt. Aber wie gesagt: Der Inhalt dahinter muss die Erwartungshaltung erfüllen, sollte also praktische Tipps enthalten und nicht nur Eigenwerbung. Schwierig wird es zudem, wenn die für den Leser eigentlich spannende Botschaft am Ende des Tweets versteckt wird, so wie hier:

> *Alle fünf Antworten des Quiz „xyz" eingeben und mit Glück einen Kindle Fire HD gewinnen!*

Vielleicht wäre eine einfache Umstellung zielführender:

> *Kindle Fire HD gewinnen? Quiz mitmachen:*

Obwohl die Aussicht auf ein undefinierbares Quiz generell wenig verlockend wirkt. „Lieblings-xyz-Foto einreichen" oder „Sag uns, wann der Frühling kommt" oder Ähnliches wäre wohl spannender und interaktiver, um ein beliebiges Beispiel zu nennen. Was den Punkt

„Social-Media-Kommunikation in schwierigen Umfeldern" anbelangt, so muss das Tweeten für erklärungsbedürftige Produkte dennoch nicht gleich mit „langweilig" assoziiert werden.

xyzBank besitzt deutsche Banklizenz. Kundeneinlangen unterliegen der deutschen #Einlagensicherung.

Mit diesem Tweet wollte ein Kreditinstitut wohl Vertrauen schaffen, angesichts der Bankenkrise. Zwar kann eine griffigere Formulierung schnell zu werblich-platt oder zu populistisch werden. Aber dennoch:

Geldanlage in D: Wie sicher ist das sicher in #Einlagensicherung?

Oder ein

100 000 Euro: Gilt die Grenze für Sparanlagen nun, oder gilt sie nicht?

ist wohl griffiger. Wenn (!) dahinter ein Beitrag steht, der tatsächlich Klartext spricht, Chancen aber auch Gefahren anspricht. Aber diesen Einwand kennen Sie nun ja schon. Zu einem anderen Thema: Das

#xyz veröffentlicht kostenfreien Praxisratgeber zu Vorschaubildern in sozialen Netzwerken

wäre mit einem konkreteren

Facebook-Vorschaubilder: Abmahnungen vermeiden

besser bedient. Selbst wenn es sich des nicht ganz ungefährlichen Stilmittels bedient, mit Ängsten zu arbeiten. Die Klickrate wird wohl dennoch deutlich höher sein. Noch ein Tipp, konkreter aber auch Mehrwert-orientierter zu arbeiten bei:

Impressionen vom #xyz-Themenabend „Mobile Advertising"

ein

Mobile Advertising: 5 Tipps zur Konversion-Optimierung #xyz

würde nicht nur die für den Leser tatsächlich relevanten Inhalte herausstellen, denn so wäre der Tweet eben gerade auch für jene Personen interessant, die nicht bei dem Themenabend anwesend sein konnten. Auch die Reihenfolge funktioniert nach dem Prinzip „das Wichtigste zuerst". In diesem Fall: →*Thema* → *Botschaft* → *Wo/Wer*. Wenig effizient gestaltet sich der folgende Tweet:

#Stellenangebote für unterschiedliche Bereiche. Unter anderem beim Naturheilzentrum xyz. Informationen:

Er vermischt ein sehr generisches Angebot („Stellen für unterschiedliche Bereiche") mit einem konkreten und wird hierdurch verwässert. Der Inhalt sollte stets eine spezifische Zielgruppe ansprechen, selbst wenn diese in einem Nischenbereich liegt. Dann erreicht der Tweet zwar weniger Empfänger, dafür jedoch die richtigen. Also:

Physiotherapeut/in gesucht: Naturheilzentrum in xyz

sehr schlicht und kurz, ja, aber zielführend. Noch ein kleiner genereller Tipp: Oft werden Tweets sehr gerne gelesen und weiterempfohlen, die aus einer persönlichen Perspektive heraus berichten. Egal, ob man für sich oder einen anderen Nutzer spricht. Also statt einer Formulierung wie

Produkt xyz im Test

etwas der Art

Wie mir die neue xyz Kollektion gefällt bzw. So hat xy sein yz zum Laufen gebracht

Probieren Sie diesen und die anderen Hinweise einmal aus. Nur so lässt sich herausfinden, was für den jeweiligen unternehmerischen Kontext passt und bei den Lesern auch tatsächlich gut ankommt.

HINWEIS: Die Twitter-eigene Suche (unter *http://twitter.com/search-home*) sowie die erweiterte Suche (*http://twitter.com/search-advanced*) eignen sich sehr gut dafür, ähnliche Beispiele in Ihrem thematischen Umfeld zu finden. Gleichzeitig erfahren Sie dort, was und wie andere Nutzer über Ihre Branche oder zugehörige Produkte und Dienstleistungen berichten. Von den erfolgreichsten dieser privaten Tweets lässt sich einiges lernen, was die effektive Textgestaltung anbelangt.

Mit Diensten wie TweetBeep (*www.tweetbeep.com*) oder TweetAlarm (*www.tweetalarm.com*) kann man sich gar automatisiert benachrichtigen lassen, beispielsweise, wenn jemand über Ihre Marke twittert. Welche Themen und Tweets aktuell bei Twitter besonders angesagt sind, das wiederum verraten Tools wie Twitter Trends (*www.twitter-trends.de*) oder Trendsmap (*http://trendsmap.com*). ■

HINWEIS: Mit den so genannten *Twitter Cards* besteht seit einiger Zeit die Möglichkeit, Tweets um bestimmte Inhalte zu erweitern. Hierzu sind programmiertechnische Erweiterungen auf dem eigenen Portal notwendig. So können beispielsweise Produktinformationen, Apps oder Grafik-/Videoinformationen eingebunden werden (siehe hierzu *www.blogprofis.de/buch/twittercards* sowie *http://dev.twitter.com/cards*). ■

Die 140 Zeichen bieten übrigens noch einen weiteren Vorteil. Auch Kunden und Interessenten fassen sich kurz und beschränken sich auf das Wesentliche, wenn sie in Kontakt mit Ihnen treten. Ebenso prägnant können Ihre eigenen Antworten, ergänzt etwa um weiterführende Links, hierauf ausfallen – ohne dass sich jemand an der fehlenden Prosa stören würde. Das spart durchaus Zeit.

4.3.3 Twitter als Special-Interest-Kanal

Twitter eignet sich also, wie man eben sehen durfte, insbesondere für die kreative, nichtwerbliche Kunden- und Interessentenansprache. Die Werkzeuge hierfür haben Sie in den vorangegangene Abschnitten und Kapiteln bereits kennen gelernt. Was nicht bedeutet, dass speziell als solches angelegte und nach außen kommunizierte Absatzkanäle nicht ebenfalls gut funktionieren können, wie das Beispiel in Bild 4.24 zeigt.

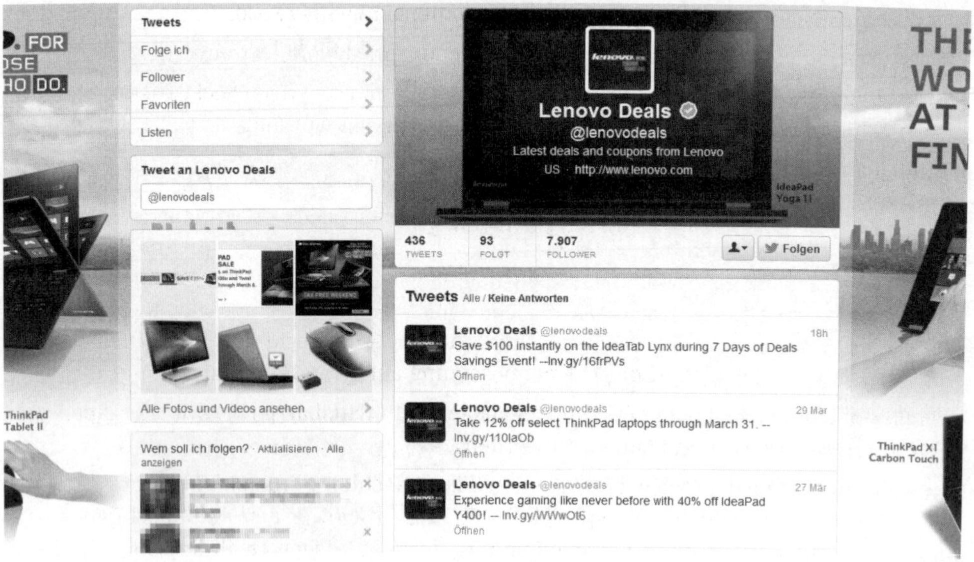

Bild 4.24 Ein spezieller Herstellerkanal, über den ausschließlich reduzierte Produktangebote kommuniziert werden

Die Voraussetzungen hierfür sind jedoch eine deutliche Kennzeichnung als unternehmerisches bzw. werbliches Angebot, ein möglichst „sexy" Produkt sowie entsprechend attraktive Angebote. Möchte man den zugehörigen Twitter-Account besonders forcieren, so sollten dort sogar ausschließlich exklusive Offerten gelistet sein, quasi eine Art Twitter-Angebote. Eine weitere Möglichkeit, soziale Medien wie Twitter für gezielte Kommunikationsmaßnahmen zu nutzen, sind Recruiting-Kanäle wie in Bild 4.25.

Bild 4.25 Die Deutsche Bahn sucht auch via Twitter nach neuen Auszubildenden und Mitarbeitern. Das zuständige Personalteam wird dabei persönlich vorgestellt.

Die Vorteile solcher und ähnlicher Spezial-Accounts bei Twitter & Co.:

- Man erreicht eine sehr fokussierte Zielgruppenansprache ohne Streuverlust.
- Unterbringung von Themen, die in anderen Twitter- und sonstigen Social-Media-Accounts eher fehl am Platz wären bzw. zu wenig Interesse finden würden.
- Gleichzeitig entfällt der Aufwand, sich ständig neue abwechslungsreiche sonstige Inhalte ausdenken zu müssen. Man kann sich also ganz auf das jeweilige Fachgebiet konzentrieren, ohne dass die Follower dies übel nehmen.
- Die Nutzer erwarten meist auch, nicht allzu regelmäßig mit neuen Inhalten versorgt zu werden.
- Die Zahl der Interessenten zu einem Spezialthema kann recht genau ermittelt werden, diese Analyse lässt sich für die Themenbesetzung auf Ihren Hauptkanälen nutzen.
- Follower können gegebenenfalls mit niedrigerer Eintrittsbarriere sowie aus einem vordefinierten Grund direkt kontaktiert werden.

Ein weiterer Vorteil, der gleichzeitig aber auch zum Nachteil werden kann: Interessiert sich ein Follower nicht mehr für die speziellen Inhalte, so wird er dem Kanal schnell wieder entfolgen, ohne dass er diese Entscheidung an der inhaltlichen Qualität festmacht. Er ist dann aber auch erst einmal „weg“ für Sie. Generell sollte man diese Spezial-Accounts nicht mit zu viel Beiwerk ausschmücken. Statt Prosa und die Bedienung peripherer Themengebiete zählt hier in der Regel nur eines: Die Fokussierung auf jene Inhalte, die bereits aus dem Accountnamen heraus zu erwarten sind.

In Bild 4.26 sehen Sie ein Praxisbeispiel für die erwähnte Möglichkeit, mit Twitter Echtzeit-Kommunikationen umzusetzen.

Bild 4.26 Ein typischer Messekanal bei Twitter: Er dient der Besucherinformation, aber natürlich auch der Außendarstellung.

Dies kann insbesondere bei Veranstaltungen und Kongressen sehr sinnvoll sein, um alle anwesenden Teilnehmer aber auch die Daheimgebliebenen auf dem Laufenden zu halten. Unternehmen können dieses Instrument für einen eigenen kleinen Messekanal nutzen (ggf. mit dem Veranstalter absprechen) oder aber für in Eigenregie durchgeführte Events.

Wie bereits erwähnt, lässt sich auch der Kundensupport über Twitter abwickeln (Bild 4.27). Besonders gerne genutzt natürlich von Unternehmen aus der IT- und Telekommunikationssparte.

Bild 4.27 Dieses Unternehmen setzt auf den Kundensupport via Twitter.

Kann man auf viele weiterhelfende Onlinequellen (FAQ) verweisen, so ergibt sich in manchen Branchen unter Umständen eine deutliche Zeitersparnis. Und manchmal hat das Social-Media-Team eines Unternehmens gar einen eigenen, vom eigentlichen Unternehmensgegenstand losgelösten Account, über den Interessantes (nicht nur) aus der Welt der neuen Medien geteilt wird. Etwa die Deutsche Telekom mit ihrem Twitter-Profil „Telekom erleben“ (*http://twitter.com/telekomerleben*). Immerhin über 5000 Follower wollen wissen, wie Social Media bei dem Telekommunikationsdienstleister gelebt wird.

Zum Abschluss sehen Sie in Bild 4.28 noch ein kleines Lehrstück für alle, die glauben, mit Twitter ließe sich nur für Massen-Konsumgüter eher im Niedrigpreis-Segment kommunizieren. Wobei Social Media hier eher dazu dient, der Welt mitzuteilen, welche Initiativen und Trends man unterstützt bzw. beobachtet. Den Armreif für 34 000 Dollar dürfte man wohl kaum direkt über Twitter verkaufen. Und dennoch: Das Netzwerk wird auch von Personen genutzt, die etwa im IT-technischen Umfeld einen guten Job oder ein eigenes Unternehmen haben, und damit sehr gut situiert sind.

Bild 4.28 Selbst dieser Hersteller im absoluten Luxussegment twittert.

4.4 Xing

Als „Plattform für Geschäft, Job und Karriere“ positioniert sich das Business-Netzwerk Xing. Der Dienst ist ein zweischneidiges Schwert. Zum einen für viele unverzichtbar, um neue Geschäftskontakte zu knüpfen. Zum anderen ist durchaus zu beobachten, dass die Betreiber – ohne viel dafür zu können – mit Spam-Problemen zu kämpfen haben. Nicht umsonst kann man in dem Netzwerk unerwünschte Nachrichten oder Kontaktanfragen melden. Und nicht umsonst hat Xing eine Netiquette, also einen Verhaltenskodex für seine Mitglieder veröffentlicht (abzurufen unter *www.blogprofis.de/buch/xingregeln*). Ein Netzwerk mit dem Fokus auf geschäftliche Kontakte lockt leider eben immer wieder auch jene Personen an, die das Internet ausschließlich als ganz große Werbemaschinerie in eigener Sache verstehen.

Natürlich kontaktiert man einen anderen Xing-Kontakt nicht nur, um lieb und nett einen schönen Tag zu wünschen. Was dennoch nicht geht, aber leider häufig genug vorkommt:

- Unter einem Vorwand einen Kontakt herzustellen („Wir sind doch in der gleichen Xing-Gruppe, von daher dachte ich mir ...“), nur um die entsprechende Person gleich im Anschluss oder fortan mit werblichen Angeboten von der Stange (Copy & Paste lässt grüßen) zu bombardieren
- Die Nachrichten- oder „Link empfehlen“-Funktion in ähnlicher Weise zu missbrauchen
- Nach Belieben Kontakte zu initiieren, dies ohne jegliche Begründung bzw. ohne erkennbare ähnliche Interessen und Themenschwerpunkte
- In Diskussionen etc. ausschließlich auf die eigenen Produkte, Newsletter, Veranstaltungen und Weiteres mehr aufmerksam zu machen

- Über Nachrichten an kaum bekannte Personen, nach konkreten Problemlösungen zu fragen („Sie sind doch Experte in x, helfen Sie mir mal schnell - kostenlos - bei y.")
- Teils gar unseriöse Angebote zu lancieren (Multi-Level-Marketing, Schneeballsysteme, Vertrieb undurchsichtiger Produkte und Ähnliches mehr)

Doch ich möchte natürlich nicht rein schwarzmalen - zumal diese Probleme, auch wenn sie sehr nervend sind, meist nur von einer recht kleinen, aber dafür umso reger aktiven Nutzergruppe ausgehen. Xing ist, neben seinen Communitys auf geschäftlicher Ebene, insbesondere im B2B-Umfeld sehr sinnvoll, um andere Social-Media-Kontakte zu intensivieren. Auf ein solches Beispiel bin ich bereits an anderer Stelle eingegangen: Sie entdecken auf Ihrer Facebook-Seite, in einer dortigen Diskussion oder innerhalb eines spannenden Tweets eine Person, mit der Sie sich gerne näher austauschen würden, etwa, um über die Möglichkeiten einer Kooperation zu sprechen. Dann macht es manchmal mehr Sinn, diese über ein Netzwerk wie Xing statt über den ursprünglichen Kanal zu kontaktieren. Denn

a) zum einen eignen sich die Kontaktmechanismen des „lockeren" Facebook oder Twitter nicht immer für eine doch etwas „intimere", persönliche Ansprache. Zumindest kann ich die Hürde vieler Facebook- und Twitter-Nutzer recht gut verstehen, sich dort über mehr als nur allgemeine Themen auszutauschen - und das selbst, wenn es Mechanismen wie Direktnachrichten gibt.

b) zum anderen hat die Interaktion über Xing den Vorteil, dass sich damit gleich das eigene Kontakte-Portfolio erweitern lässt. Und wie bei den Facebook-Fans, den Google+-Kreise-Zahlen oder den Twitter-Followern handelt es sich auch hier um eine Art inoffizielle Währung, die anzeigt, wie vernetzt und damit „begehrt" ein Experte oder auch ein Unternehmen ist.

Eine solche Kontaktaufnahme setzt natürlich voraus, dass man von einem gegenseitigen Interesse beziehungsweise einer Win-Win-Situation ausgehen kann. Insbesondere dann, wenn die Anbahnung „kalt" erfolgt, also ohne dass es zuvor irgendwelche Berührungspunkte gegeben hat.

HINWEIS: In Xing wird ebenfalls zwischen rein privaten Accounts sowie Unternehmensprofilen unterschieden. Auf einer Unternehmensseite können Nutzer etwa

- Nachrichten abonnieren,
- ein Unternehmen weiterempfehlen,
- ja sogar über ein externes Partnerunternehmen von Xing den eigenen Arbeitgeber bewerten.

Diese beiden Kanäle (privat und geschäftlich) sollte man auch entsprechend nutzen. Die offizielle Stellenausschreibung wird dann über den Firmenaccount kommuniziert, während der Personalleiter zum gleichen Zweck die eher private Ansprache über sein eigenes Profil nutzt. Somit lässt sich ein und dieselbe Botschaft in unterschiedlichem Tonfall an unterschiedliche Zielgruppen richten - bei gleichzeitig deutlich höherer Reichweite. Nur muss man in einem solchen Fall aufpassen, dass Personen, die dem Mitarbeiter und der Firma gleichzeitig folgen, nicht ständig mit stets gleich lautenden Botschaften versehen werden.

Bild 4.29 Gelebte Transparenz in sozialen Netzwerken: Auf der Xing-Unternehmensseite können Mitarbeiter ihren Arbeitgeber bewerten. Die Ergebnisse sind für alle sichtbar.

Was die Nutzung von Xing-Gruppen anbelangt, so gelten hierbei die gleichen Hinweise wie im Abschnitt 4.2.2 zu den Google+-Communities. Ergänzend sei bemerkt: Bei Xing steht hier noch mehr die Vermittlung von potenziellen Geschäftspartnern, Mitarbeitern etc. im Vordergrund. Man hilft sich gegenseitig, im unternehmerischen Kontext, und das ohne immer gleich eine direkte Gegenleistung zu erwarten. Auch hier gilt: Zu viel Werbung – egal ob für die eigene Sache oder befreundete Unternehmer/Firmen – wird nicht gerne gesehen. Auf der anderen Seite entstanden bei Xing einige Fachgruppen mit erstaunlich guter inhaltlicher Qualität, bei denen echte Profi-Tipps weitergegeben werden, beispielsweise im IT-technischen oder im Marketing-Umfeld. Wer darin mit dem eigenen Expertenwissen nicht geizt, der hat schnell die Chance, eine qualifizierte Kundenanfrage in der Postbox von Xing zu finden. Eine Xing-Gruppe kann übrigens in einzelne thematische Unter-Foren gegliedert werden, wie Sie anhand von Bild 4.30 und Bild 4.31 gleich sehen werden. Nutzen Sie diese Chance, um den Inhalten eine Struktur zu geben, aber auch um eine noch zielgruppengerechtere Kommunikation zu ermöglichen.

Ein kleines Negativbeispiel für eine allzu werbliche Ansprache zeigt Bild 4.30.

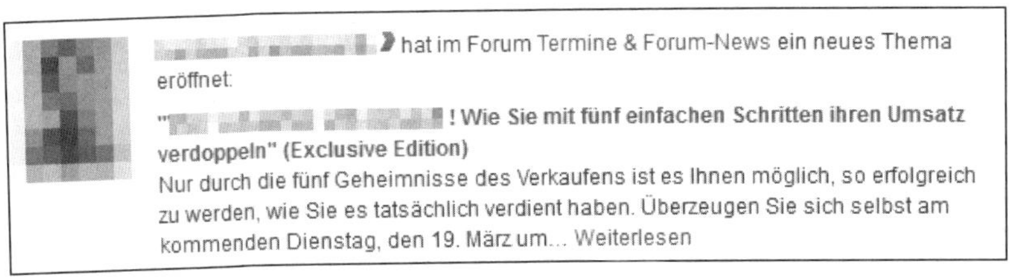

Bild 4.30 Solche vermeintlich sehr einfachen und schnellen Lösungen sind auch in den Business-orientierten Xing-Gruppen nicht wirklich gerne gesehen.

Hilft man hingegen ohne den eigenen Umsatz im Hinterkopf zu haben, so sorgt dies oft für nützliche Kontakte jeglicher Art (Bild 4.31).

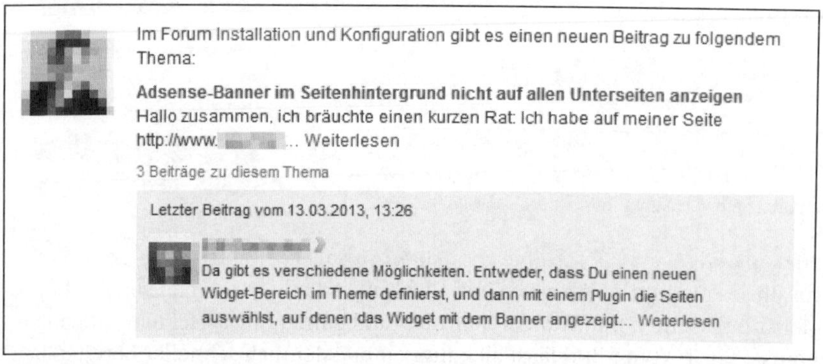

Bild 4.31 Nicht immer steht bei Xing nur die Geschäftsanbahnung im Vordergrund – wobei es werblichere und weniger werbliche Gruppen gibt.

PRAXISTIPP: Über je mehr Kontakte man bei Xing verfügt, umso größer ist die Chance, dass sich hieraus relevante Anfragen und Kooperationen ergeben. Zudem: Wenn eine Person Sie als Kontakt bestätigt, so wird dies auch dem Netzwerk eben dieser Person als Nachricht mitgeteilt. Ein kontinuierliches Wachstum der eigenen Kreise ist die Folge. Bauen Sie sich einen Grundstock an ersten Kontakten auf, indem Sie gezielt nach bestehenden und ehemaligen Arbeitskollegen, Geschäftspartnern, Lieferanten etc. recherchieren. Kennt man sich bereits, so freut sich in der Regel jeder über eine entsprechende Kontaktanfrage. Auch nach jedem Geschäftstermin lohnt es sich, sein Gegenüber nach einem Xing-Kontakt zu fragen. Das dient der Erinnerung, der Bindung und lässt Ihr eigenes Profil spannender wirken.

Xing wird insbesondere von eher kreativen Selbstständigen gerne unterschätzt. Dabei muss jeder Designer, jeder Texter aber auch jeder Programmierer auf Kundenakquise gehen. Bei dem Business-Netzwerk sind sie nun einmal in konzentrierter Form vorhanden, die potenziellen Auftraggeber. Die gelebte Distanz lässt sich jedoch auch damit erklären, dass viele potenzielle Nutzer nur wenig mit dem geschäftlichen, vertriebslastigen Tonfall anfangen können, der dort vorherrscht. Dann hilft nur eines: Die Kommunikation, etwa in thematisch passenden Xing-Gruppen, eine ganze Weile beobachten, bis man sich nach und nach selbst aktiv beteiligt. Ein zu Grunde liegendes Verkaufs- und Selbstmarketingtraining kann ebenfalls nicht schaden, um einen Einstieg in die Welt der großen aber eben auch kleinen Geschäfte zu finden.

Wie Bild 4.29 (S. 351) vermuten lässt, eignet sich Xing für mittlere und größere Unternehmen recht gut dazu, geeignete Mitarbeiter zu akquirieren. Als ich selbst noch als Angestellter arbeitete, wurde ich regelmäßig über mehr oder weniger spannende Angebote anderer Unternehmen informiert. Meist jedoch über den Umweg einer ebenfalls bei Xing vertretenen Personalagentur, um den gebotenen Abstand zwischen den konkurrierenden Firmen zu wahren. Die Suche nach geeignetem Personal kann jedoch jeder selbst übernehmen.

Premium-Mitglieder von Xing können sehen, wer ihr Profil besucht hat. Nicht selten folgt dann ein Rückbesuch beziehungsweise eine Kontaktaufnahme durch den potenziellen neuen Mitarbeiter.

4.5 YouTube

Video-Marketing wird seit Jahren als *der* Trend der Zukunft ausgerufen. Tatsächlich bieten die Bewegtbilder tolle Chancen für einzelne Branchen. Tatsache ist aber auch, dass die Einstiegshürden für dieses Medium recht hoch sind. Dies selbst dann, wenn man von der Erwartungshaltung der Interessenten und Kunden her nicht unbedingt mit perfektem Videomaterial aufwarten muss. Ein Text mit Bild lässt sich nun einmal deutlich schneller bereitstellen, als ein Videoclip. Dennoch wirken gerade die Bewegtbild-Formate besonders oft viral. Vor allem, wenn man als Unternehmen starke Botschaften mit starken Bildern verknüpfen kann. An Marktführer YouTube – seit 2006 im Besitz von Google – kommt dabei niemand vorbei (*www.youtube.com*). Zudem sorgt der Dienst für ein positives SEO. Sei es über direkte Backlinks auf begehrte Videos, die in Ihre Unternehmensportale eingebunden sind, über die immer stärkere Integration in Google+, oder aber als direkter sowie indirekter Ranking-Faktor (siehe beispielsweise *www.tagseoblog.de/video-seo-youtube-ranking-faktoren-infografik*). Je aktiver man sich dabei an der YouTube-Community beteiligt, umso besser – und das nicht nur über das Hochladen eigener Videos, sondern auch über den Austausch in den dortigen Rubriken, genannt Channels. Unternehmen können einen eigenen Kanal etablieren. Wie das geht verrät *www.blogprofis.de/buch/markenkanal*. Der Punkt „Best Practices für Markenkanäle“ am Ende des dortigen Beitrags gibt hilfreiche Tipps zur Gestaltung.

Obwohl es sich bei YouTube nicht um ein soziales Netzwerk im eigentlichen Sinne handelt (dieser Punkt ist in Fachkreisen umstritten), so sorgen eben diese Austauschmöglichkeiten der YouTube-Nutzer für den notwendigen interaktiven Rahmen. Videomarketing über YouTube und ähnliche Anbieter ist vor allem geeignet für Branchen die

- über besonders emotionale Produkte verfügen, die sich entsprechend inszenieren lassen,
- eine eher junge beziehungsweise jung gebliebene Zielgruppe ansprechen,
- oder aber, wenn man erklärungsbedürftige Dienstleistungen anbietet, die über Bewegtbilder sehr gut erklärbar sind.

Außerdem eignet sich das Videoformat vor allem in der Onlinebranche dazu, Produkte anschaulich zu machen, die nicht vor Ort in einem Ladengeschäft erhältlich sind. Dann ersetzt der Clip die Live-Begutachtung durch den potenziellen Kunden. Modeportale im Internet setzen zunehmend auf diesen Trend, indem sie ihre Kollektionen anhand von Videos aber auch in Form von multimedialen, interaktiven Formaten präsentieren (siehe beispielsweise die Anwendung unter *http://anprobe.qiero.de*, in der man eine virtuelle Kundin ganz nach eigenem Wunsch „anziehen“ kann). Das kann den Internetnutzer noch deutlich eher binden. Hat aber zugleich den Nachteil, dass Google diese Informationen weniger gut einschätzen kann, als ein YouTube-Video.

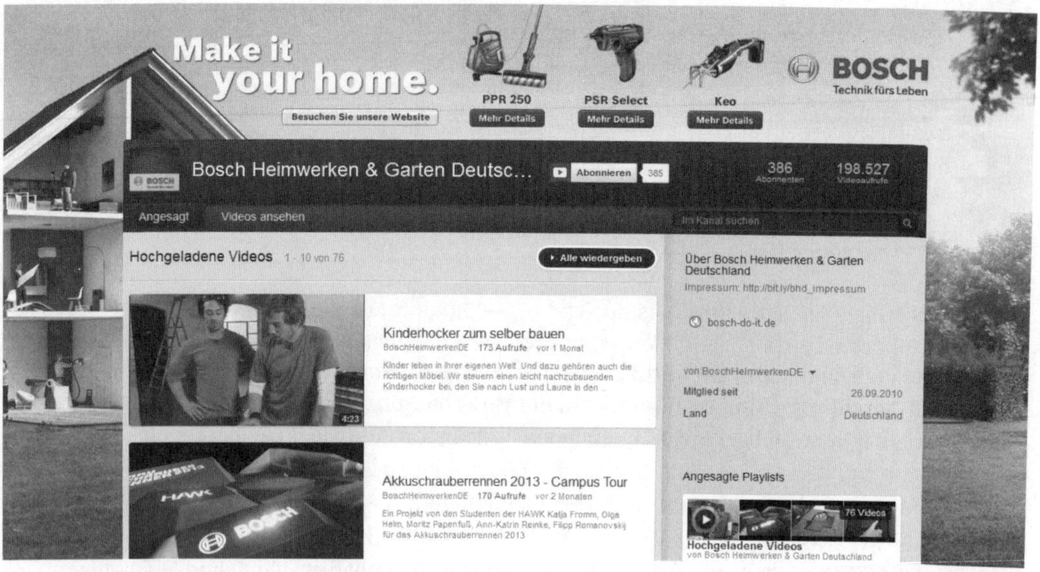

Bild 4.32 Dieser Herstellerkanal bei YouTube setzt ganz auf Do-it-yourself-Anleitungen und kreative Kundenwettbewerbe – eine gute Strategie, selbst wenn sich der Erfolg sowie die Nutzerzahlen noch in Grenzen halten. Eine Kosten-Nutzen-Rechnung ist hierbei wichtig, wenn man nicht ausschließlich den PR-Effekt im Auge hat.

Doch Videomarketing ist keineswegs nur etwas für hippe Produkte und Kundengruppen. Auch viele Berater, Agenturen und ähnliche Dienstleister schwören auf das Format, um sich einen Expertenstatus aufzubauen. Das funktioniert dann meist durch den Faktor „Persönlichkeit“: Der Profi gibt sein Fachwissen vor laufender Kamera wieder, was natürlich eine prima Referenz für das eigene Beratungsportfolio darstellt. Gleichzeitig merkt man sich das Gesicht des Referenten. Video-Blogs, kostenlose Video-Seminare aber auch regelmäßige Screen-, Pod- und Videocasts eignen sich hierfür ganz besonders (einige Beispiele zu diesen Technologien finden Sie unter *www.blogprofis.de/buch/videocasts*). Und wenn man sich schon den Aufwand der Videoerstellung macht, so kann man diese anschließend gleich bei YouTube hochladen und dort hosten, also dort technisch hinterlegen, wobei sich der Aufwand dieser Erstellung in Grenzen hält, wenn schlicht eine Person und deren Erzählung im Vordergrund stehen, ohne weitere sonstige Bilder und Animationen.

HINWEIS: Selbst, wenn derartige Formate vergleichsweise einfach zu erstellen sind, so sollten Sie hierfür, wenn möglich, einen Profi engagieren. Die richtige Kamera, eine gute Beleuchtung, der Ton, die Maske für den Redner aber auch der professionelle Videoschnitt: Gerade, wenn Sie sich als Experte ja immer auch selbst „verkaufen“ möchten, so zählt der erste Eindruck ganz besonders. Wacklige Amateuraufnahmen sind hierbei eher hinderlich, zumindest im professionellen/geschäftlichen Kontext.

Das Hosting eigener Videos bei YouTube hat den Vorteil, dass man keine eigene teure Technik hierfür vorhalten muss. Zudem lassen sich YouTube-Videos meist sehr einfach in die eigene Homepage integrieren, denn dann haben Sie den Besucher bei sich auf der Seite. Jedes gängige Content-Management-System hält hierfür entsprechende Mechanismen bereit. Der Nachteil: Die Abhängigkeit von YouTube als Dienstleister. Weitere Vor- und Nachteile sind nachzulesen unter *www.gruender.de/video-auf-homepage/*.

Video-Tutorials und ähnliche Bausteine können insbesondere dann sehr wirkungsvoll sein, wenn man werthaltige Tipps zu erzählen hat, und dies in eine passende Rahmengeschichte packt, wenn kein oder kaum ein Mitbewerber die gleichen Informationen in diesem Bewegtbild-Format bereitstellt. Sind in Ihrem Umfeld also schon unzählige textbasierte Contentportale vorhanden, so stellt das Ausweichen auf Video eine gute Möglichkeit dar, sich stärker abzugrenzen.

Als schönes Beispiel für solch einen Expertenkanal dient der bekannte Videoblog Law Vodcast (*www.law-vodcast.de*), betrieben von einer Rechtsanwaltskanzlei (Bild 4.33). Selbst wenn in diesem Fall nicht YouTube zum Einsatz kommt, so sind die inhaltlichen Mechanismen dieselben.

Bild 4.33 Ein solcher Videoblog bindet einiges an Ressourcen. Ist aber, wenn auch wirklich relevantes Wissen preisgegeben wird, äußerst wirkungsvoll, um potenzielle Kunden auf sich aufmerksam zu machen.

Wie Onlinevideo-Marketing abseits der reinen Fachexperten-Beiträge funktioniert, um ein eigenes Branding zu etablieren, das zeigt auf perfekte Weise der Kanal von Sami Slimani alias HerrTutorial. Er ist hauptberuflicher „YouTuber“ (siehe *www.youtube.com/user/HerrTutorial*). Mit seinen Tipps zum Thema Mode und Lifestyle erreicht er ein Millionenpublikum (siehe den Hintergrundbericht unter *http://karrierebibel.de/von-beruf-youtuber-was-sami-slimani-alias-herrtutorial-noch-vorhat/*) – eine Referenz auch für alle Unternehmen, die auf YouTube aktiv werden wollen.

4.6 Weitere soziale Netzwerke

An dieser Stelle möchte ich Ihnen einige weitere soziale Netzwerke vorstellen, die hauptsächlich für bestimmte Nischenbereiche interessant sind. Um den Rahmen nicht zu sprengen, kann ich leider nur recht kurz auf diese eingehen. Im World Wide Web finden sich jedoch zahlreiche Quellen zu deren Nutzung (Google-Suche *„Netzwerkname Beispiele"*, *„Netzwerkname Vorteile Nachteile"*, *„Netzwerkname Anleitung"* und Ähnliches mehr). Außerdem verweise ich auf lohnende weiterführende Links.

Netzwerk	Beschreibung	Einsatzzwecke
LinkedIn (*http://de.linkedin.com*)	Quasi das internationale Xing: Das weltweit größte Business-Netzwerk, welches hier zu Lande meist immer noch im Schatten seiner deutschsprachigen Konkurrenz steht.	Als Business-Kontaktbörse in IT-technischen Branchen sowie für international agierende Unternehmen (weitere Informationen unter *www.likesmedia.de/2012/linkedin-oder-xing/*)
Flickr (*www.flickr.com*)	Ein Community-Portal zum Hochladen, Teilen und Diskutieren von Fotografien und Bildern aller Art	Etwa als Online-Portfolio für Fotografen, Designer und entsprechende Agenturen. Doch Vorsicht: Der Anbieter verbietet die Nutzung für kommerzielle Aktivitäten. Es dürfen also keine Bilder zum Einsatz kommen, welche dem direkten Produktabsatz dienen. Das wiederum macht nur eine sehr indirekte Vermarktung möglich (siehe hierzu die Richtlinien unter *www.flickr.com/help/guidelines/*).
Pinterest (*http://pinterest.com*)	Eine Art interaktive Pinnwand. Mit Informationshäppchen versehene Bilderkollektionen dienen der Visualisierung von Informationen jeglicher Art (Bild 4.35).	In der kreativen Unternehmensszene, als eine Art Online-Schauplatz, wird Pinterest immer beliebter. Auch für das Onlinemarketing (siehe hierzu zahlreiche Beispiele bei *www.blogprofis.de/buch/pinterest1* sowie den Artikel unter *www.blogprofis.de/buch/pinterest2*). Nicht nur „fotogene" Branchen berichten über zusätzlichen Traffic durch Beiträge in dem Netzwerk, sondern auch Portale etwa im Gesundheits- oder Lebensmittelumfeld (siehe *www.blogprofis.de/buch/pinterest3*). Andere wiederum haben nur sehr mäßigen Erfolg. Ausprobieren, wenn die in den Links erwähnten Praxisbeispiele relevant für Sie sind.

Netzwerk	Beschreibung	Einsatzzwecke
Tumblr (*www.tumblr.com*)	Bei Tumblr handelt es sich um eine so genannte Mikroblogging-Plattform. Man kann dort sehr einfach Texte, Bilder, Videos, Links und andere Inhalte veröffentlichen. Man ist dafür aber im Vergleich zu normalen Blogs (siehe Abschnitt 4.8) in seinen Möglichkeiten eingeschränkt. Der Anbieter gehört, wie der nachfolgende Dienst, zu den Plattformen, die sich aktuell am dynamischsten entwickeln.	Das Tool wird bereits als mögliche Alternative zu Blogs aber auch zu Twitter gehandelt (bei Tumblr kann man etwa rebloggen, ähnlich dem retwittern). In wieweit dies für den nachhaltigen unternehmerischen Einsatz gilt, bleibt derzeit noch abzuwarten. Erste Beispiele im Firmeneinsatz und weitere Informationen gibt es unter *www.blogprofis.de/buch/tumblr* sowie bei *http://mashable.com/2012/10/11/tumblr-brands/*. Firmen, die ihr Marketing besonders innovativ und vorausschauend planen wollen, sollten den Anbieter antesten.
Foursquare (*http://de.foursquare.com*)	Ein standortbezogenes soziales Netzwerk und daher momentan sehr angesagt. Man kann dort seinen derzeitigen Aufenthaltsort veröffentlichen, sich mit Personen in der Nähe austauschen, aber auch Orte bewerten (Genaueres zur Funktionsweise unter *http://de.wikipedia.org/wiki/Foursquare*).	Unternehmen können Foursquare für den großen Trend des Mobilen Marketings einsetzen. Also um mit (potenziellen) Kunden in der Umgebung zu kommunizieren sowie diesen spezielle Angebote zu unterbreiten. Steigen die Nutzerzahlen im deutschsprachigen Raum weiter an, oder ist Ihre Zielgruppe dort besonders aktiv, so lohnt sich ein erster Test (siehe auch *www.blogprofis.de/buch/foursquare1* und *www.blogprofis.de/buch/foursquare2*).

Bild 4.34 Coca Cola bei Tumblr: Nicht alle Auftritte dort sind so schrill und bunt.

Zahlreiche einstige Größen der internationalen und deutschsprachigen Social-Media-Szene haben hingegen deutlich an Einfluss verloren, oder sind gar gänzlich vom Markt verschwunden. So musste das ehemals hoch gehandelte soziale Netzwerk SchülerVZ – mit Jugendlichen aus Deutschland als Zielgruppe – Anfang 2013 sein Aus bekanntgeben. Das ähnliche StudiVZ besteht nach wie vor, eignet sich meist aber nur dann als Kommunikationskanal, wenn man speziell die Zielgruppe der Studierenden anspricht (*www.studivz.net*). Doch auch hier gilt es, die zukünftige Entwicklung der Mitgliederzahlen zu betrachten.

Einige weitere hauptsächlich hier zu Lande aktive Anbieter im Umfeld der sozialen Medien sind meinVZ (*www.meinvz.net*), Wer kennt wen (*www.wer-kennt-wen.de*), Lokalisten (*www.lokalisten.de*), Stayfriends (*www.stayfriends.de*) sowie das internationale MySpace (*http://de.myspace.com*). Letzteres Netzwerk ist ebenfalls ein Paradebeispiel dafür, wie ein ehemals gefeierter Internetstar jäh abstürzen kann. Einst war es einer der größten Anbieter weltweit seiner Art.

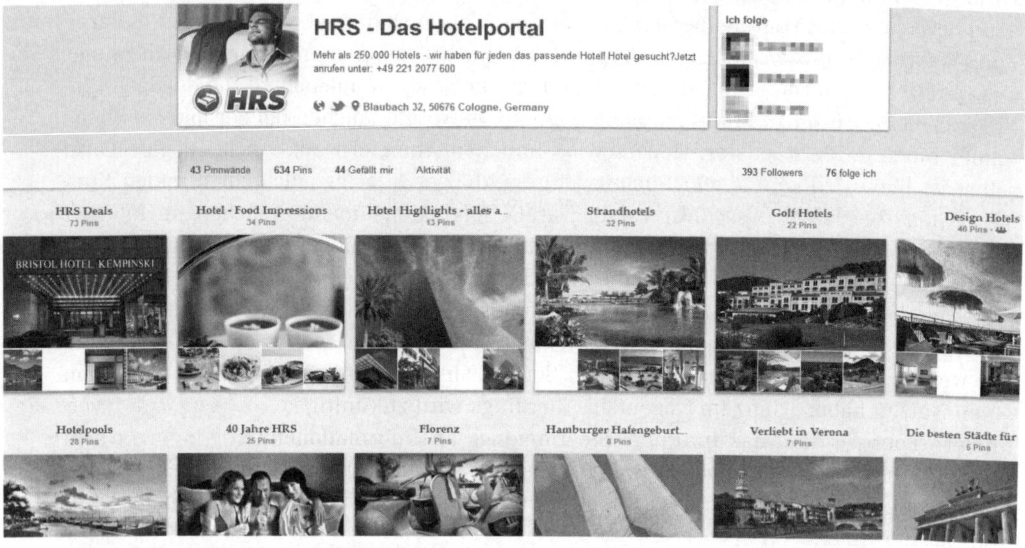

Bild 4.35 Auch die Tourismusbranche setzt teilweise auf Pinterest. Das Netzwerk eignet sich besonders für alle Branchen mit plakativen Produkten. „Pins" sind hier die Währungseinheiten, die darüber Auskunft geben, wie oft ein Inhalt weiterempfohlen wurde.

Teilweise werden auch Frage-Antwort-Dienste als Bestandteil des Web 2.0 gesehen. In Einzelfällen eignen sich diese zum Aufbau eines Expertenstatus. Wobei die Wirkung hinsichtlich SEO und persönlicher Profilbildung meist eine sehr indirekte ist. Die wichtigsten Plattformen sind gutefrage.net (*www.gutefrage.net*), wer-weiss-was (*www.wer-weiss-was.de*), Quora (*www.quora.com*) sowie Yahoo Clever (*http://de.answers.yahoo.com*).

4.7 Empfehlungsplattformen

Der Grund, warum ich diese Dienste vorstelle, ist nicht etwa, dass sie in Teilen ähnliche Möglichkeiten bieten wie soziale Netzwerke. Oder, dass man Empfehlungsplattformen oft in einem Atemzug mit Twitter & Co. nennt. Sondern: Lokal operierende Unternehmer berichten mir immer öfter, dass sie darüber Neukunden gewinnen – in diesem Fall über Qype (*www.qype.com*). Ob nun der örtlich ansässige Optiker beziehungsweise alle Einzelhändler, der Rechtsanwalt und sonstige Dienstleister (auch die lokal vernetzte Agentur), das Kosmetikstudio, der Veranstalter oder das Restaurant: Alle Inhaber mit ortsbezogenen Geschäftsmodell können dieses Akquiseinstrument nutzen (siehe Bild 4.36, nächste Seite).

Wie funktionieren diese Dienste? Unternehmen tragen bei Qype, um am Beispiel zu bleiben, ihr Ladengeschäft, ihr Lokal etc. ein (es gibt sowohl eine kostenlose als auch eine Bezahlt-Variante), Kunden können diesen Eintrag beziehungsweise die zu Grunde liegende Firma dann bewerten. Dies sowohl über ein Sterne-System als auch über einen frei formulierbaren Text. Was macht diesen Service so attraktiv? Viele Verbraucher informieren sich immer öfter auf der Plattform, bevor Sie ein Lokal oder ein Geschäft aufsuchen. Die dortigen Einträge lösen die Mund-zu-Mund-Empfehlungen ab. In Google tauchen bei der lokalen Suche immer öfter die Beiträge von Qype sowie ähnlichen Anbietern auf. Auch Google+ Local selbst ist hierzu zu zählen, der Suchmaschinen-Ableger trägt genauso zur direkten Kundenakquise bei (siehe Abschnitt 1.4.8). Daraus folgt: Konsumenten suchen im Internet gezielt nach Informationen zu Unternehmen in Ihrer Umgebung, und werden immer öfter fündig. Mit dem Web 2.0 kommt nun die interaktive Dimension der Bewertungen hinzu. Das bedeutet aber auch hier wieder: Der Unternehmer benötigt ein gewisses Maß an Mut und Transparenz, sich an den empfehlenden Diensten zu beteiligen. Weiß er, dass seine Kunden nur wenig zufrieden mit ihm und seinem Service sind, so wird er von Qype & Co. kaum einen Nutzen haben. Ganz im Gegenteil. Allerdings wird zukünftig kein Unternehmer verhindern können, dass das Internet eine Unmenge an Informationen über ihn und sein Geschäftsgebaren ausspuckt. Es profitieren jedoch vor allem jene Unternehmen von den Empfehlungsplattformen, die ausschließlich gute bis sehr gute Bewertungen erhalten. Der Verbraucher freut sich.

Noch funktionieren diese Plattformen hauptsächlich in Ballungszentren. Doch die Zahl der Einträge wächst rasant. Ich kann jedem lokal operierenden Geschäftsinhaber raten, es mit einem Eintrag beispielsweise bei Qype zu probieren. Und das so früh wie möglich. Denn je mehr Mitbewerber ebenfalls über ein Profil dort verfügen, umso schwieriger wird es, sich von diesen abzusetzen. Außerdem genießt der einen Vorteil, der so früh wie möglich damit beginnt, Kundenbewertungen zu generieren. Wobei vor einem Einstieg in Qype sowie in Google+ Local genau beobachtet werden sollte, wie etwa die Mitbewerber dort abschneiden, beziehungsweise welche Kritikpunkte man unter Umständen ertragen muss, denn die Bewertungen der Nutzer sind nicht immer sehr schmeichelhaft. Auch kann im schlimmsten Fall ein unliebsamer Konkurrent hinter einem Schmäh-Eintrag stecken. Wer ein sehr junges Geschäft betreibt, keine zufriedene Kundenbasis vorweisen kann oder gar etwas zu verbergen hat, der muss mit Rückschlägen rechnen, die dann dauerhaft sichtbar sind. Andererseits bitten immer mehr Geschäftsinhaber ihre (zufriedenen) Kunden, sie doch bei Qype & Co. zu empfehlen. Qype selbst forciert dies gar, etwa mit Schaufenster-Aufklebern der Art „Zufrieden? Sag es auf Qype" (siehe *http://de.business.qype.com/tipps-tricks/der-qype-*

Bild 4.36 Ein typischer Eintrag bei Qype: Dieses Geschäft scheint sehr gut anzukommen bei seinen Kunden.

aufkleber/). Diese Art des Empfehlungsmarketings ist durchaus legitim, solange man sich keine Bewertungen erschleicht oder gar erkauft.

Wenn Empfehlungsdienste für Ihre Marketingstrategie infrage kommen, so sollten Sie sowohl Google+ Local als auch Qype nutzen, um Ihr Unternehmen darzustellen. Je nach Branche und Region funktioniert mal der eine Dienst besser, mal der andere. Bei Google+ Local kommt der sehr wertvolle SEO-Effekt mit hinzu. Qype hat einen solchen – in abgeschwächter Form – ebenfalls zu bieten. Weiterhin gibt es zahlreiche ähnliche Plattformen für spezielle Branchen. Im Tourismussegment etwa ist Holidaycheck ein bekanntes Beispiel (*www.holidaycheck.de*). Das Portal startete ursprünglich als reiner Bewertungsdienst, vermittelt mittlerweile aber selbst Reiseangebote. Sie sollten evaluieren, welche Nischen-Empfehlungsplattformen in Ihrem Segment eine Rolle spielen, und sich gegebenenfalls daran beteiligen. Web-Dienste zur Produktbewertung wie *www.ciao.de* sowie Special Interest Communities wie SoundCloud (*http://soundcloud.com*) gehören ebenfalls hierzu.

PRAXISTIPP: Empfehlungsplattformen dienen zusätzlich der Markt- und Kundenforschung im Kleinen. Lesen Sie sich die Bewertungen Ihres Unternehmens aber auch fremder Firmen gut durch. Egal, ob diese ein eher positives oder negatives Fazit beinhalten: Darin enthalten sind meist jede Menge Optimierungsansätze für Ihre Kundenbetreuung (siehe hierzu Abbildung 1.27). Natürlich erhält man immer wieder einmal wenig konstruktive Einträge. Andere Kunden wiederum geben sich sehr viel Mühe mit einem Eintrag und listen nahezu seitenweise detailliert Kritikpunkte sowie Lob auf. Insbesondere dann sollten Sie als Unternehmen auf den Erfahrungsbericht eingehen und diesen beantworten. Sowohl Google+ Local als auch Qype bieten entsprechende Möglichkeiten an (siehe hierzu die Tipps unter *www.qype.com/business_pitch/faq#FAQ8*).

Und: Die lokalen Einträge eignen sich keineswegs nur für den Italiener oder die Metzgerei um die Ecke. Auch beratende Berufe können stark profitieren. Am Beispiel Coaching-Berufe ist dies schön dokumentiert unter *www.blogprofis.de/buch/localcoach*. ■

HINWEIS: Gütesiegel auf Ihrem Portal können ebenfalls ein Mittel sein, um mehr Vertrauen bei den Besuchern zu gewinnen. Dieses Vertrauen wirkt sich indirekt auch auf Ihr SEO aus, durch geringere Abbruchquoten. Ebenso wird gegebenenfalls die Weiterempfehlungsrate in den sozialen Netzwerken positiv beeinflusst. Insbesondere im E-Shop-Bereich wird damit gerne gearbeitet. Dort gibt es die recht bekannten Anbieter *Trusted Shops* (*www.trustedshops.de*) oder das Siegel des Bundesverbands des Deutschen Versandhandels (*www.bvh.info/bvh/leistungen/guetesiegel/*).

Doch Vorsicht: Mittlerweile handeln zudem einige weniger seriöse Dienstleister mit solchen Empfehlungsgebern. Dann sind die Kosten oft hoch, der Nutzen hingegen gering. Aber auch günstige oder kostenlose Siegel können schädlich sein, etwa wenn als Gegenleistung ein Backlink zum wenig vertrauenswürdigen Portal des Herausgebers verlangt wird. Je offizieller die Institution, auf die Sie verweisen (im Content-Bereich: Mitgliedschaft in einem anerkannten Verband), und je bekannter sowie anerkannter diese bei Ihren Lesern ist, umso besser. ■

4.8 Corporate Blogs

Bei Firmenblogs handelt es sich nicht um Social-Media-Portale im eigentlichen Sinn. Selbst wenn diese, etwa bei reger Kommentartätigkeit der Leser, durchaus zu einer Art Special Interest Social Network in ihrem jeweiligen inhaltlichen Bereich werden können. Dennoch möchte ich an dieser Stelle näher auf die Möglichkeiten der Vermarktung mit Corporate Blogs eingehen, da mir immer mehr Unternehmer unterschiedlichster Branchen berichten, wie erfolgreich sie damit operieren. Dies geht so weit, dass ich jüngst eine meiner Seminarreihen mit „Akquisemaschine Corporate Blogs“ betiteln konnte: Gerade einige Selbstständige berichten, dass sie mittlerweile bis zu 100 Prozent ihrer Neukunden rein über einen Blog gewinnen. Aber auch für größere Unternehmen stecken zahlreiche Chancen in dem Medium, wenn man denn richtig an die Aufgabe herangeht. Wie das funktioniert, dazu erfahren Sie gleich mehr. Hinzu kommt, dass sich die unternehmerische Social-Media-Kommunikation und Corporate Blogs prima ergänzen. Aufeinander abgestimmt, kann man eine feine aber kleine Marketingwaffe kreieren sowie ein Alleinstellungsmerkmal gegenüber den Mitbewerbern. Doch eines nach dem anderen.

Ein Blog ist im Prinzip nichts anderes, als eine spezielle Art von Internetportal, die fortlaufend um neue Inhalte und Beiträge erweitert wird. Also ein Web-Tagebuch, diese Umschreibung trifft es eigentlich ganz gut. Hinzu kommen Blog-spezifische Komponenten wie:

- Leser haben die Möglichkeit der Interaktion mit dem Betreiber und anderen Lesern, durch Kommentare und ähnliche Bausteine (daher die Nähe zu den sozialen Netzwerken).
- Hieraus resultieren erweiterte, nutzergenerierte Inhalte („User generated Content"), welche für eine fortlaufende Aktualisierung sowie ein ständiges Wachsen der einzelnen Artikel sorgen.
- Blogs (auch Firmenblogs) gehen sehr offen mit der Verlinkung hin zu anderen Weblogs und -Portalen um. Das geht so weit, dass selbst auf spannende Beiträge der vermeintlichen Konkurrenz verwiesen wird.
- Die Leserschaft und andere Blogger werden meist in die Gestaltung der Inhalte mit einbezogen. Sei es durch Gastbeiträge, Blog-Interviews, Blog-übergreifende Artikelserien, Umfragen.
- Es erfolgt ein gegenseitiger Erfahrungsaustausch auf dem Blog und in der Blogosphäre, auch auf einer Metaebene. Dann wird nicht nur über das dem Portal zu Grunde liegende Thema berichtet und diskutiert, sondern über die Blog- (Marketing-) Mechanismen selbst. Das kann zum Beispiel dahin führen, dass ein Firmenblog seine Reichweite oder seine Social-Media-Kennzahlen in einem Blogbeitrag öffentlich macht, um mit anderen Bloggern genau hierüber zu diskutieren. Dies macht natürlich nur Sinn, wenn die Leserstruktur entsprechend Blog- bzw. onlineaffin ausgeprägt ist.

Viele Unternehmen nutzen ihren Firmenblog als eine Art Online-Kundenmagazin, denn nicht immer weiß die zugehörige Leserschaft etwas mit dem Begriff „Blog" anzufangen. Dann werden die Weblog-Mechanismen eher in Form eines interaktiven Content-Management-Systems genutzt, denn als „Philosophie". Es gibt aber noch weitere Möglichkeiten der Nutzung, etwa zur Auslagerung von regelmäßig erweiterten Content-Bestandteilen aus dem eigentlichen Unternehmensportal (Pressebereich, Veranstaltungsseite, FAQ-Portal oder Investor-Relations-Plattform) oder zum Aufbau von Satelliten-/Landingpages für die Vertriebsunterstützung (mehr hierzu in Abschnitt 2.2.4). Blog-Systeme wie WordPress (*http://wpde.org*) sind mittlerweile so erfolgreich und ausgefeilt, dass nicht wenige, vor allem junge, Unternehmen ihr komplettes Onlineportal damit gestalten. Und eben nicht „nur" einen Blog. Wobei sich die Blog-Technologie hauptsächlich für Content-basierte Portale eignet, nicht etwa für E-Shops und Ähnliches mehr. Die Vorteile sind niedrige Umsetzungskosten, eine enorm vielseitige Erweiterbarkeit, einfache Bedienbarkeit, eine große Nutzer- und Entwicklergemeinde für den gemeinsamen Austausch und SEO-Funktionalitäten, quasi „out of the box".

Google liebt Blogs meist sehr, da

a) diese von Hause aus über eine natürlich wachsende, interne und externe Linkstruktur verfügen,

b) Blogsysteme von den Suchmaschinen sehr einfach zu lesen und zu „verstehen" sind,

c) unterstützt durch das System, zahlreiche Metadaten gepflegt werden (siehe Abschnitt 1.4.3),

d) wie bereits erwähnt, regelmäßig neuer sowie aktualisierter Content hinzukommt,
e) die einzelnen Artikel und Seiten auf unterschiedlichste Keywords hin ausgerichtet sein können,
f) Blogbeiträge meist unter persönlicher Nennung und Vorstellung der Autoren publiziert werden (siehe Abschnitt 4.8),
g) der vielseitige Content für sehr gute SEO-Kennzahlen im Bereich „Seitenaufrufe je Besuch“ oder im Rahmen der Verweildauer/niedrige Abbruchquote sorgt (siehe Abschnitt 1.7.2),
h) hochwertige Bloginhalte von den Nutzern gerne in diversen sozialen Netzwerken weiterempfohlen werden,
i) die Vernetzung innerhalb der Blogosphäre für eine natürliche, sehr hochwertige Linkstruktur sorgt.

Die Kunden- und Interessentenansprache, Kommunikation mit weiteren Nutzergruppen (Journalisten, Partnern, Lieferanten, bestehende und potenzielle Mitarbeiter, Investoren etc.), die indirekte Vermarktung durch den inhaltsbasierten Aufbau eines Expertenstatus, PR-bildende Maßnahmen, Branding, höhere Reichweite, vertrauensbildende Maßnahmen, lokale Vernetzung – all dies sind typische Zielsetzungen von Unternehmensblogs. Denn all diese Ziele erreicht man kaum mit einem rein oder hauptsächlich statischen Internetauftritt, der stets dieselben Inhalte bereithält, und damit an die immer gleichen möglichen Besucher aus Google herantritt.

(Corporate) Blogs wurden mit zunehmendem Erfolg der sozialen Netzwerke immer wieder einmal totgesagt. Nicht wenige Experten nahmen an, dass sich die interaktive Blog-Kommunikationsstränge komplett hin zu Facebook, Twitter etc. verlagern würden. Das Gegenteil ist eingetreten. Insbesondere Dienstleister rund um Corporate Blogs – egal ob Entwickler, Designer oder Blogmarketing-Spezialisten – berichten teilweise von einem „Run“ auf ihre Dienstleistungen. Die Gründe hierfür sind recht einfach. Einen Blogleser hat man bei sich auf dem eigenen Portal, unter eigener Kontrolle sozusagen. Die hochwertigen Inhalte, die man extra für einen Firmenblog bereitstellt, bleiben ebenfalls im eigenen Eigentum. Man hat den SEO-Effekt für sich alleine und nicht hauptsächlich bei irgendeinem externen Anbieter. Man macht sich unabhängig von inhaltlichen Vorgaben aber auch wachsenden kommerziellen Interessen der sozialen Netzwerke.

4.8.1 Erfolgsbeispiele und -Faktoren

Bleibt noch die Frage, warum und in welchen Fällen ein Blog zu einer Art Akquisemaschine werden kann? Erfolgreiche (Corporate) Blogger berichten immer wieder davon, dass sie fast von Anfang an „automatisch“ in Google gefunden werden. Zudem lässt sich diese Auffindbarkeit über immer neue Beiträge bis zu einem gewissen Grad skalieren. Nicht nur neue potenzielle Leser und damit Kunden werden hierdurch erreicht, die Zahl der Kooperationsanfragen steigt in gleichem Maße. Und: Zumindest in Teilen kann ein regelmäßig erweitertet und gepflegter Firmenblog Ihre sonstigen SEO-Maßnahmen ersetzen.

Was sind nun die Voraussetzungen für eine wirkungsvolle Blog-Kommunikation? Genau das sollen die nachfolgenden Abschnitte aufzeigen. Zunächst einige Beispiele aus der Praxis, welche bereits die wichtigsten Mechanismen verdeutlichen. Die dahintersteckenden Prinzipien lassen sich nicht nur für Blogs, sondern auch für Ihre generelle Homepage- und Social-Media-Kommunikation nutzen.

PRAXISTIPP: Nutzen Sie die Google Blogsuche (erreichbar unter *www.google.de/blogsearch*), um andere Blogs und Firmenblogs, aber auch einzelne Blogbeiträge, in Ihrem thematischen Umfeld zu finden. Sie sollten die wichtigsten Mitbewerber stets kennen. Sowohl von den erfolgreichen als auch von den weniger erfolgreichen Weblogs Ihrer Branche lässt sich einiges lernen. Private bzw. semiprofessionelle Blogs sind zudem extrem wichtig, um eventuelle Kooperations- und Verlinkungspartner ausfindig zu machen. Für die Vermarktung Ihres Blogs ist nichts so wertvoll, wie eine gute Vernetzung innerhalb der Blogosphäre. Zudem bringt ein Blogger, mit dem Sie zusammenarbeiten, immer auch äußerst kostbare Social-Media-Kontakte mit, an die er gegebenenfalls Ihre Inhalte weiterverbreitet.

Wenn Sie einen privaten Blogger diesbezüglich ansprechen, so sollte dies jedoch stets so wenig werblich wie möglich erfolgen. Der Blogbetreiber darf nicht das Gefühl haben, man wolle ihn „kaufen". Obwohl es durchaus ein Modell sein kann, einen privaten Blog offiziell und transparent sichtbar zu sponsern, etwa über eine entsprechende Werbebuchung. Zudem muss im Vordergrund stehen, wieso beide Parteien von einer inhaltlichen Kooperation profitieren würden. Kontakte in die Blogosphäre aufzubauen, das ist nicht ganz einfach. Corporate Blogger können für einen entsprechenden Erfahrungsaustausch Bloggertreffen und -Konferenzen nutzen (Näheres hierzu finden Sie über die Google-Suche unter „WP Meetups" bzw. „WordPress Meetups" oder aber unter *http://wpcamp.de* und *http://wpde.org/wordcamp/*).

4.8.1.1 Content is King

Um nicht schon wieder den oft strapazierten Begriff „Mehrwert" verwenden zu müssen, der die Wirksamkeit von Firmenblogs zu einem Großteil bestimmt, nenne ich diesen Abschnitt einmal „Content is King". Gemeint ist damit die gleiche Herangehensweise. Ähnlich wie im Abschnitt 4.3 zu Twitter beschrieben, gilt auch hier: Man bietet Problemlösungen zu Fragen der Leser, nicht Produkte zu Kaufinteressen. Für Zweites gibt es E-Shops und Landingpages. Deutlich wird dieses Prinzip anhand des Weblogs *www.allesverhandlungssache.info* (siehe Bild 4.37). Der Corporate Blogger hinter dem Projekt ist Coach und Trainer rund um die Themen Vertrieb, Verhandlungsführung und Kommunikation. Er konfrontierte mich als einer der ersten mit der Aussage:

> *Interessenten, die über das Internet auf mich aufmerksam werden, kommen mittlerweile zu fast 100 Prozent über den Blog. Meine normale Webpräsenz spielt nur noch eine untergeordnete Rolle.*

Gut, natürlich funktionieren Blogportale hauptsächlich bei freiberuflichen und selbstständigen Dienstleistern so gut. Denn gerade diese können aus einem großen Fundus an potenziellen Geschichten, Wissen und damit Inhalten für ihren Blog schöpfen. Zudem sind sie niemandem Rechenschaft schuldig und können von daher sehr offen berichten. Ich denke, das ist einer der Hauptgründe, warum Corporate Blogs ausgerechnet in diesem Umfeld so

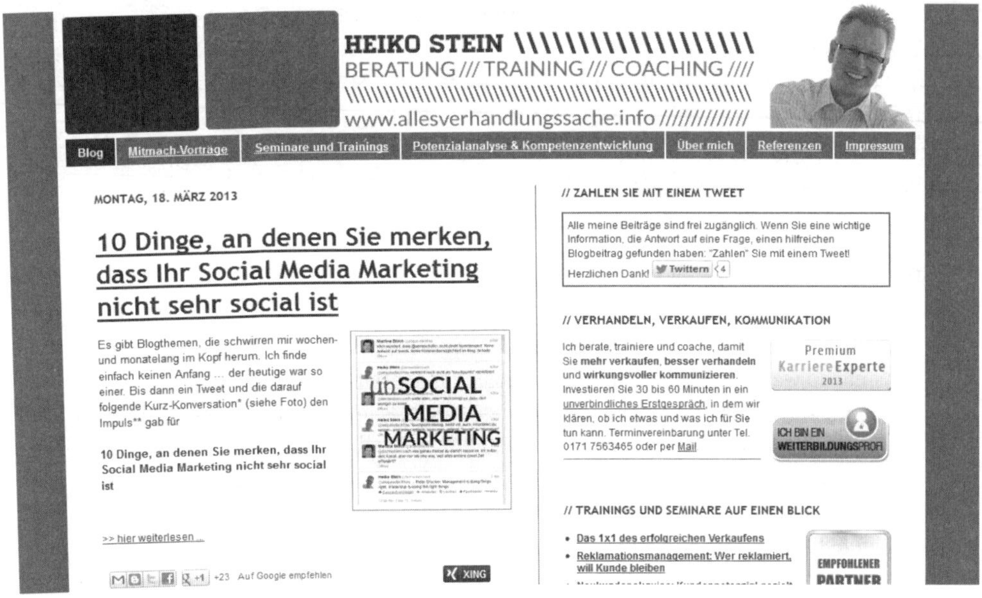

Bild 4.37 Die Domain und der Name des Blogs ist Programm: Alles Verhandlungssache. Genau dafür bietet der Trainer Coachings an – auch ein SEO Faktor.

wirkungsvoll sind. Und dennoch ist die Aussage des Zitats auch für alle anderen Branchen bemerkenswert. Gerade da es sich bei Portalen wie Weblogs um eine recht günstige Kommunikationsmaßnahme handelt, so könnte man bereits mit 10 statt 100 Prozent Leads oder Verkäufen einen tollen Hebel erreichen.

Allesverhandlungssache.info veröffentlicht Beiträge wie etwa *„10 Dinge, an denen Sie merken, dass Ihr Social Media Marketing nicht sehr social ist"* oder *„Sieben Fragen, die Sie sich vor der Coach-Suche stellen sollten"*. In einer Mischung aus Aufmerksamkeit-erregenden Überschriften (Welcher Kunde auf der Suche nach einem Coach möchte nicht wissen, welche Fragen man sich dabei stellen sollte) und Inhalten, die weiterhelfen. Jeweils kurz und prägnant, und dennoch wirkungsvoll.

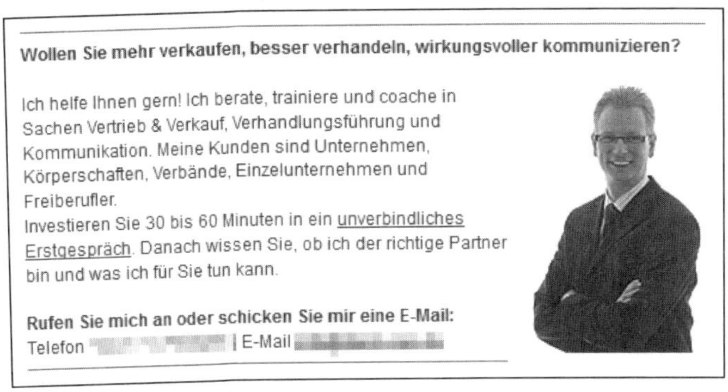

Bild 4.38 Ebenfalls hilfreich: Jeweils unter den Beiträgen führt eine Infobox zu den angebotenen Leistungen, persönlich präsentiert vom Blogger selbst. Stimmt der Content, dann wird auch diese Form der Eigenwerbung gerne akzeptiert.

Oder nehmen wir den Handwerkerblog unter *www.befestigungsfuchs.de/blog/*. Darin berichtet ein Versandhandelsunternehmen für Handwerkerbedarf über die richtigen Techniken für den Bauerfolg. Das können Beiträge zu Themen sein wie etwa:

- Welcher Dübel hilft, wenn man eine schöne Altbauwohnung hat, aber keine Lampe an der Decke hält?
- Ungebetene Tiere im Dach, was nun?
- Firstrollen verlegen leicht gemacht
- 13 Methoden, um Fräser zu reinigen

Die Ergebnisse – zum Zeitpunkt der Drucklegung waren bereits um die 200 solcher Artikel im Bestand des Blogs – sehen dann beispielsweise wie in Bild 4.39 aus.

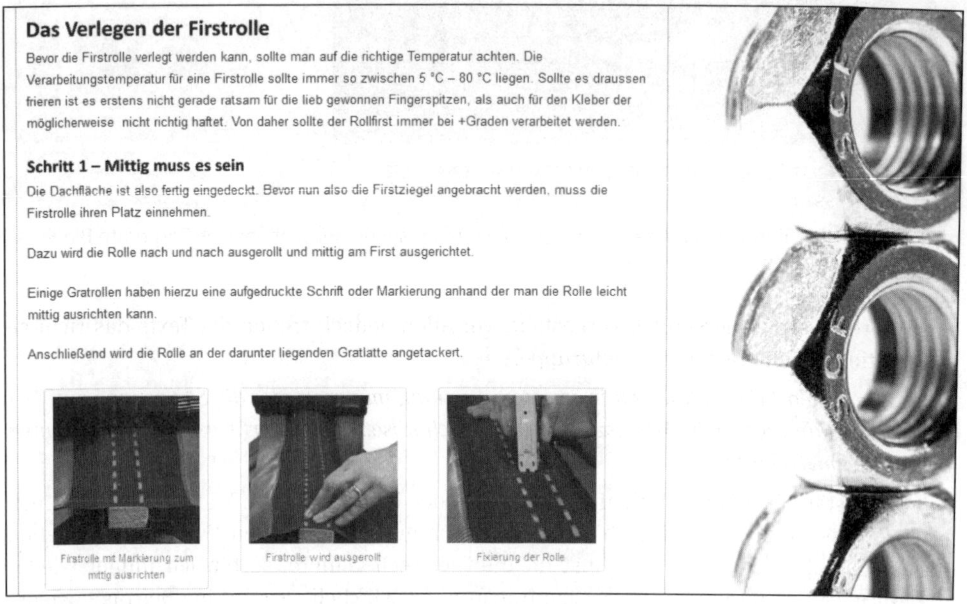

Bild 4.39 Fast egal, um welches Thema es auf dem Befestigungsfuchs-Blog geht: Das „wie" steht im Vordergrund, nicht das „mit welchem Produkt". Onlinekommunikation, die wirkt.

Egal, ob Sie handwerklich begabt sind oder nicht, ob Sie also mit diesem Thema etwas anfangen können oder nicht, die Intention dürfte klar und auf diverseste Geschäftsmodelle hin adaptierbar sein. Derartige Texte sprechen sich unter der Zielgruppe schnell herum. Und gerade bei den ab und an austauschbaren Online-Geschäftsmodellen ist ein solches Alleinstellungsmerkmal das Zünglein an der Waage. Man kauft wieder zunehmend bei dem Anbieter, dem man Vertrauen hat, und den man kennt. Früher war das kleine Schwätzchen am Verkaufstresen ausschlaggebend für die Kundengewinnung und -Bindung. Heutzutage sind es Web-Inhalte mit Tiefgang.

Und noch ein letztes schönes Beispiel: Mit dem Firmenblog „Meine Firma und Ich" (*http://blog.meine-firma-und-ich.de*, siehe Bild 4.40) ist ein Anbieter für Business-Software sehr erfolgreich. Nicht nur die Gestaltung des Portals ist vorbildlich, sondern auch die Inhalte. Hochwertige Gastbeiträge und Experteninterviews sorgen für die notwendige Abwechslung,

Bild 4.40 Nicht nur schön zu lesen, sondern auch noch schön anzusehen: Der Corporate Blog „Meine Firma und ich".

die Autoren werden persönlich vorgestellt. Vor allem jedoch treffen die Texte das richtige Informationsbedürfnis bei der Zielgruppe.

> *Auf den ersten Plätzen tauchen in unserem Ranking immer wieder die Steuertipps auf. Der Post „Wie kann ich mein Arbeitszimmer steuerlich absetzen", gehört beispielsweise zu unseren All-Time-Favorites.*

sagt die zuständige Onlinemarketing-Managerin des Unternehmens. Was kann man daraus lernen? Dass es zuvor wohl noch keinen wirklich guten, hilfreichen Web-Artikel zu eben diesem Thema gab. Wenn ich selbst im Internet recherchiere, so bin ich immer wieder erstaunt darüber, zu wie vielen Suchanfragen nicht wirklich vernünftige Beiträge existieren. Egal, um welches Thema es sich dabei auch immer handeln mag. Vorhandene Treffer-Texte sind dann entweder zu werblich, veraltet oder nicht zielgerichtet genug. Würde nur ein Selbstständiger oder eine Firma auf die Idee kommen, in einem solchen konkreten Fall für Abhilfe zu sorgen, so könnten sie ganz ähnliche All-Time-Favorites erzielen. Und das mit eigentlich recht einfach zu erstellenden Texten.

Wie man Inhalte mit Mehrwert originell verpacken kann, das zeigt beispielsweise das „Social-Media-ABC" unter *www.blogprofis.de/buch/socialabc*. Zu jedem Buchstaben gibt es dort einen kleinen Tipp. Wohl auch deswegen wurde der Blogbeitrag in den einzelnen Netzwerken recht gut weiterempfohlen. Aber auch zum Thema Social Media generell können Sie in dem Artikel noch etwas lernen.

Auch in schwierigen/komplexen Produktumfeldern ist die Ideenfindung für Mehrwert-Beiträge nicht immer ganz einfach. Die effiziente Gestaltung erklärungsbedürftiger Inhalte wird am Beispiel unter *www.biegeprofis.de/einmaleins-des-biegens/biegekoordinaten/* deutlich, inklusive der dortigen weiterführenden

Informationen. Inhaltlich geht es dabei um die „Ermittlung und Verwendung von Biegekoordinaten für Werkstoffe“, mitsamt zugehörigem „Einmaleins des Biegens“. Kein leichter Stoff also. Selbst, wenn die Informationen dort noch ausführlicher sein dürften, und selbst, wenn Sie absolut nichts mit dieser Materie anfangen können: Ganz ähnliche Content-Konzepte lassen sich für jedes Produkt- und Dienstleistungsumfeld nutzen. ■

Emotional diskutierte Inhalte eignen sich ebenfalls dazu, für wirkungsvollen Content zu sorgen. Doch der Einsatz eines solchen Instruments will wohl überlegt sein. Im Frühjahr 2013 kündigte die Deutsche Telekom an, über eine Drosselung der DSL-Tarife nachzudenken. Zahlreiche private Blogger griffen dieses Thema sofort auf. Die Telekom wiederum reagierte mit einem eigenen Blogbeitrag (nachzulesen unter *http://blogs.telekom.com/2013/03/22/neue-spielregeln-fuer-dsl/*), der schnell über 1000 Kommentare und zahlreiche Verlinkungen nach sich zog. Wohl wissend, dass die Reaktionen sicherlich nicht allzu freundlich ausfallen würden. Hier muss man gut gegeneinander abwägen: Transparenz und Interaktion auf der einen Seite, ein zusätzliches Aufkochen der geladenen Stimmung auf der anderen. Der Kommentarstrom in dem erwähnten Beitrag ist zudem ein gutes Lehrstück dafür, welche Reaktionen auf ein Unternehmen zukommen können. Aber auch dafür, wie teilweise Leser und Kunden die Pro- und Contra-Moderation übernehmen. Die Telekom hatte sich in diesem Fall wohl dazu entschieden, nicht in die Diskussion einzugreifen.

HINWEIS: Bietet man auf seinem Blog oder seinem Portal sehr wertvolle, zielgerichtete Informationen an, so gibt es eine weitere spannende Möglichkeit, die Reichweite zu erhöhen. Eventuell haben andere Blogger und Webseitenbetreiber ein Interesse daran, die spannenden Inhalte auszugsweise bei sich einzubinden, und so ihren eigenen Content zu erweitern. Möglich ist dies über so genannte Mashups oder auch Widgets (*www.blogprofis.de/buch/mashup*). Diese aggregieren Inhalte der Ursprungsseite und verweisen jeweils auf die Originalquelle. Ein Beispiel hierfür ist unter *www.bloggerjobs.de/widgets/* zu sehen. ■

4.8.1.2 Authentizität

Die soeben zitierte Onlinemarketing-Managerin sagt übrigens noch etwas anderes:

> *Außerdem bestätigen uns die Leser immer wieder, dass wir durch den Blog als Marke noch authentischer und sympathischer wirken.*

Ein guter Weblog sorgt für etwas, was im Onlinemarketing generell immer mehr an Bedeutung gewinnt: Vertrauen in Sie und Ihre Leistungen, im englischen Fachbegriff „Trust“. Das Web ersetzt den direkten persönlichen Austausch. Umso mehr muss man sich heutzutage auf Onlinepartner jeglicher Art verlassen können, egal, ob auf den Betreiber eines einem bislang unbekannten Shops oder aber auf einen hauptsächlich Online-operierenden Dienstleister im B2B-Umfeld. Ist die Kommunikation in Ihrem Blog authentisch, in dem Sie viel von Ihrer Persönlichkeit preisgeben, aber auch einmal Schwächen beziehungsweise Fehler oder Wissenslücken zugeben, so gewinnen Sie enorm viel. Schon ein kleines, kaum fassbares Quäntchen dieser „Echtheit“ kann den Ausschlag dafür geben, ob ein Leser den „Jetzt Kaufen“-Button drückt, das Kontaktformular ausfüllt, oder das Impressum zwecks Herausfinden der Telefonnummer aufruft.

Doch selbst bei den vielen guten alten Offline-Tätigkeiten wird der Online-Trust immer wichtiger. Schließlich recherchieren längst nicht mehr nur junge, onlineaffine Verbraucher in den Suchmaschinen nach Waren und Dienstleistungen jeglicher Art. Neuer Hausarzt gesucht? Man fragt Google. Nicht mehr zufrieden mit dem bisherigen Friseur? Google. Welcher Rechtsanwalt ist auf Erbrecht spezialisiert, welche Videothek hat jetzt noch offen? Google. Selbst bei sehr speziellen Themen, die ein ganz besonderes Vertrauensverhältnis voraussetzen, bemüht man immer öfter zunächst einmal die Web-Recherche. Nehmen wir das Beispiel einer Praxis für Psychotherapie (Bild 4.41).

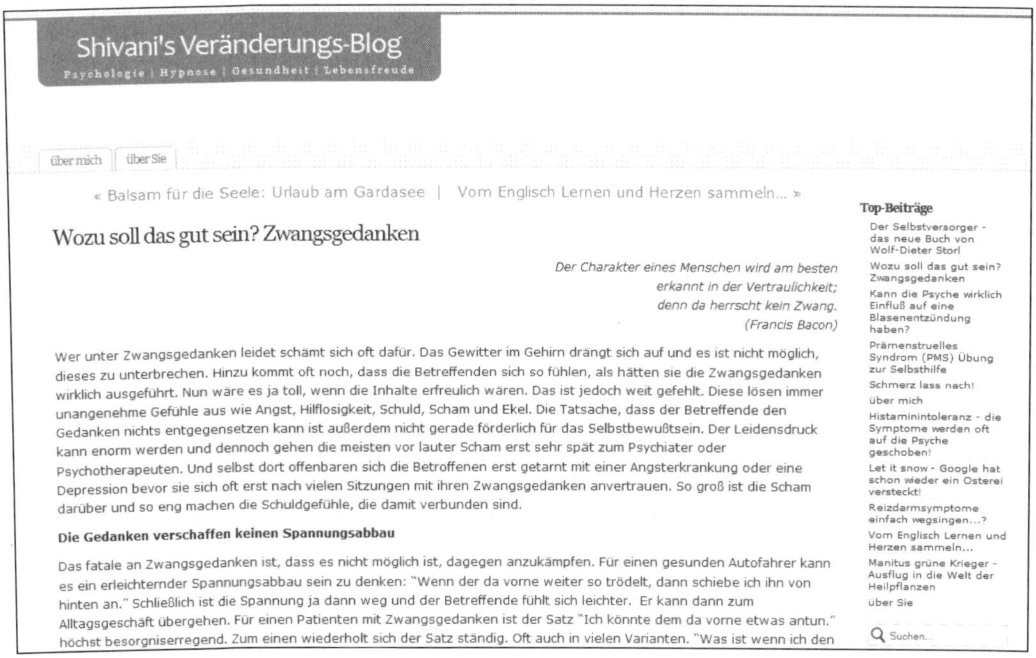

Bild 4.41 Ein solch sensibles Thema als Grundlage für einen Blog? Keineswegs. Gerade hier kann die Onlineinformation helfen, Berührungsängste abzubauen. Zudem kann sich der Patient vorab informieren, ob die Behandlungsmethoden, aber auch „die Chemie“, passen.

Die Anbieterin hinter dem zugehörigen Weblog hat mir dankenswerter Weise einen Einblick in ihre tägliche Arbeit mit dem Medium gegeben. Sie sagt:

> *Ich pflege den Blog, weil ich mich für meine Klienten transparent machen möchte ... Diese sollen die Gelegenheit haben, mich kennen zu lernen bevor sie einen Termin bei mir vereinbaren ... Sie können durch die Artikel auf meinem Blog erkennen, welche Werte ich vertrete.*

sowie

> *Transparenz für die Kunden und der Dialog mit ihnen ist eine sehr große Bereicherung für beide Seiten. Für mich drückt das Wertschätzung aus und dass ich bereit bin, meinen Klienten auf Augenhöhe zu begegnen.*

Gerade im psychologisch-/medizinischen Bereich würden die Selbstständigen über die erforderliche Schlüsselqualifikation verfügen, die im Web 2.0 gebraucht wird: Emotionale Kompetenz. Und dennoch gibt es (noch) kaum Kolleginnen und Kollegen, die ihrem Beispiel in dieser offenen Form folgen. Ich bin der Meinung, dass es über kurz oder lang ohne eine solche Online-Transparenz sehr schwierig werden wird, neue Kunden zu gewinnen. Wohl dem, der dann schon vorgesorgt hat. Wobei gerade für den Faktor „Authentizität" ein ehrliches inneres Bedürfnis des Bloggers zu solch einer Form der Kommunikation notwendig sein dürfte. Zum Glück lässt sich Vertrauen nicht künstlich konstruieren. Denn fast jeder einzelne, persönlich formulierte Satz in einem solchen Therapeuten-Blog bestimmt, ob eine Beziehung zwischen dem Leser und dem Anbieter entstehen kann. Und das wohlgemerkt, schon bevor ein einziges direktes Wort am Telefon oder von Angesicht zu Angesicht gesprochen wurde.

Diese „Echtheit" ist ein weites Feld. Das geht hin bis zu dem in Bloggerkreisen äußerst bekannten Beispiel des Shopbloggers (*www.shopblogger.de/blog/*), ein gänzlich anderes Tätigkeitsfeld also. Dieser avancierte mit einer Art Live-Berichterstattung aus seinem Supermarkt zu einem der erfolgreichsten deutschsprachigen Geschäftsblogs überhaupt. Er erreicht bis zu 30 000 Visits – pro Tag. Und warum? Weil der Betreiber sagt:

> *Es war niemals meine Absicht, auf diese Weise (d. h. mit dem Blog) irgendwelche geschäftlichen Vorteile zu erlangen.*

Wer den Shopblogger liest, der weiß, dass es sich hierbei nicht nur um eine hohle Phrase handelt. Will heißen: Wer mit seinem Blog ausschließlich die Leser und deren Interessen im Hinterkopf hat, und nicht den eigenen Gewinn, der hat Erfolg. Es liegt an Ihnen, diesen gordischen Knoten der Vermarktung durch Nicht-Vermarktung zu lösen. Nein ganz im Ernst: Die Rezepte hierzu sollten Sie nun bereits kennen. Wie war das noch einmal mit dem Mehrwert?

Bild 4.42 Dieser Hersteller lässt seine Auszubildenden bloggen. Auch das macht und wirkt authentisch. Ebenso können einzelne Mitarbeiter oder Abteilungen als Quelle für Inhalte dienen, die einen Blick hinter die Kulissen erlauben.

4.8.1.3 Kritikfähigkeit und Mut

Wie generell im Social-Media-Umfeld, so braucht auch der Corporate Blogger eine dicke Haut. Damit ein Blog seine Wirkung entfalten kann, muss er über typische Interaktionsfunktionen wie die Kommentarfunktion verfügen. Früher oder später kann es dabei unsachlich oder unschön werden. Etwa, wenn enttäuschte Kunden ihrem Frust freien Lauf lassen – und das oft auch innerhalb von Beiträgen, die thematisch so gar nicht dazu passen. Einen erfolgreichen Firmenblogger zeichnet jedoch gerade aus, dass er genau das auch einmal aushalten kann. Denn, wenn man Kritik zulässt, nicht zensiert, und gut darauf reagiert, so steigt man eher noch im Ansehen der Leser. Generelle Hinweise zum Umgang mit negativen Kommentaren sind unter anderem in Abschnitt 3.4.6 nachzulesen.

Fürchten Sie – aus welchen Gründen auch immer – das geballte Feedback Ihrer Kunden, so sollten Sie nicht bloggen – wohl auch nicht twittern, und auch nicht unbedingt auf Facebook oder Google+ etc. aktiv sein. Das Netz macht sehr vieles transparent. Eine auf Verschlossenheit basierende Firmenphilosophie wird sich darin keinen Gefallen tun. Wer jedoch nichts zu verbergen hat, der kann die interaktive Dynamik von Blogs & Co. selbst in weniger positiv gestimmten Fällen in einen Vorteil verwandeln.

Bild 4.43 Das Thema „Große Größen" sorgte regelmäßig für kontroverse Diskussionen in dem Corporate Blog von Tchibo. Das Unternehmen reagierte kreativ und lud die Blogleser sowie über Facebook zu einem „Große Größen Workshop" ein. Dort konnten Vor- und Nachteile im Umgang mit dem sensiblen Thema direkt vor Ort diskutiert werden.

Der Tchibo-Blog ist übrigens generell in vielen seiner Beiträge ein gutes Beispiel dafür, wie man erfolgreich mit seiner Zielgruppe kommuniziert (siehe *http://blog.tchibo.com*). Auch kann man Mut beweisen, wenn man sich als Corporate Blogger ganz bewusst kontroversen Fragen stellt. Viel authentischer geht es nicht, um an den im vorherigen Abschnitt erläuterten Erfolgsfaktor anzuknüpfen. Eine kleine Instanz unter den Corporate Blogs ist beispielsweise der Frosta-Blog (*www.frostablog.de*). Das dahintersteckende Lebensmittelunternehmen selbst arbeitet gerne transparent. So kann man auf dem Hauptportal die einzelnen Produkte bewerten und mit (natürlich auch kritischen) Kommentaren versehen. Diese Transparenz setzt sich im Firmenblog fort:

> *Besonders spannend finde ich die vergleichsweise große Offenheit des Blogs. Das Frosta-Blogteam schreibt gerne mal über kritische Themen und veröffentlichungswürdige Interna – davor schrecken viele andere Corporate Blogs nach wie vor zurück.*

so beschrieb einmal eine Blogger-Kollegin das Portal. Zu Zeiten des Pferdefleisch-Skandals (siehe Bild 4.44) duckte sich das Onlineteam nicht mit belanglosen Beiträgen „weg", sondern es beteiligte sich. *„Pferdefleischskandal in Frankreich"* oder *„WDR zeigt Herkunft aller Zutaten für die Frosta Paella"*, lauteten dann etwa die Aufmacher – und das, obwohl der zweitgenannte Bericht bzw. die zugehörige TV-Dokumentation eben nicht nur rein vorteilhaft für das Unternehmen war. Dazu gehört Mut, und eine solche Strategie ist riskant. Sie kann aber genau den Unterschied zwischen einem belanglosen und einem „angesagten" Onlineportal ausmachen. Das Frosta-Beispiel zeigt: Selbst in nicht gerade äußerst spannenden Branchen, wie der Tiefkühlindustrie, kann es gelingen, mit Onlinelösungen in den Kundendialog zu treten, und auf sich aufmerksam zu machen.

Bild 4.44 Ein Beitrag über einen Lebensmittelskandal bei einem Lebensmittelhersteller, das ist mutig. Setzt das Unternehmen jedoch deutlich von der Masse ab. Gut zu sehen, in diesem Fall: Die fortlaufende Aktualisierung des Blogbeitrags durch das Redaktionsteam.

Einen ganz ähnlichen Fall zeigt Bild 4.45. Hier bloggt ein Fleischermeister über das kontroverse Thema „Hygiene-Ampel". Das vielleicht nicht unbedingt vollkommen im Sinne seiner Kunden, diese scheinen es ihm dennoch – oder gerade deswegen – zu danken.

Bild 4.45 Die Gespräche verlagern sich weg von der Ladentheke hin zum Internetaustausch – so wie bei diesem Fleischer. Willkommen in der Unternehmenswelt von morgen.

PRAXISTIPP: Keine gute Idee ist es, sich mit anderen Bloggern anzulegen, die kritisch über Sie und Ihr Unternehmen berichten. Hier sollte man stets das Gespräch und die konstruktive Auseinandersetzung suchen und nicht den Weg zum Anwalt beschreiten. Selbst vermeintlich „kleine" Blogger verfügen in der Regel über ein extrem gutes Netzwerk. Die Solidarität innerhalb der Blogosphäre mit Mitgliedern, die sich von Unternehmen bedrängt fühlen, ist groß. Man kann die Kritik gar für sich nutzen. In dem man auf diese eingeht, Fehler eingesteht, und dem Blogger sowie seinen Lesern anbietet, bei der Behebung der Missstände mitzuwirken. So lässt sich eine negativ wirkende, virale Botschaft in eine positive umwandeln.

4.8.1.4 Beständigkeit, Fleiß sowie Geduld

Nicht gerade wenige Corporate-Blog-Projekte scheitern in den ersten Monaten oder Jahren. Die Gründe hierfür sind vielfältig:

- Eine zu hohe Erwartung in der ersten Phase, was Leserzahlen, Kunden-Feedbacks, Nutzung der Kommentarfunktion und Empfehlungen in den sozialen Netzwerken anbelangt
- Ein fehlender kontinuierlicher Schreibprozess (Mitarbeiter A soll es eigentlich richten, der aufgrund anderer Projekte jedoch an Mitarbeiter B delegiert, der hierzu nicht wirklich Lust hat etc.)

- Generell: Zu wenig zur Verfügung gestellte Zeit und Ressourcen
- Mangelndes Networking und fehlender Erfahrungsaustausch mit anderen (Corporate) Bloggern (in vielen größeren Städten gibt es Stammtische und Ähnliches für Blogger, einige Beispiele hierfür finden Sie unter anderem auf meinem Blog)
- Ein personeller Wechsel in der Unternehmensführung oder der Marketingabteilung und die damit verbundene strategische Neuausrichtung

Zudem lässt sich aus meiner Erfahrung heraus nur sehr schwer abschätzen, wie viel Zeit und Texter-Energie man in einen neuen Firmenblog stecken muss, bis die ersten regelmäßigen Besucher oder gar Interaktionen hieraus resultieren. Die allermeisten Corporate Blogger berichten von einer initialen Durststrecke, die ein halbes Jahr, aber im schlimmsten Fall auch ein Jahr und mehr, dauern kann. Zumal der Blog von Beginn an kontinuierlich mit sehr hochwertigen Inhalten versorgt werden möchte (unter anderem für die Einstufung durch Google), deren Wirkung jedoch mangels Besuchermasse begrenzt ist. Diese in Teilen vergebene Liebesmühe erfreut keinen Blogredakteur. Andererseits: Durchwandert man das Tal der Tränen, ohne in seinen Anstrengungen nachzulassen, so stellen sich bei gefühlt 90 Prozent der Unternehmen erste Erfolge ein. Auf die sich dann aufbauen lassen. Nach und nach werden einzelne Bausteine des Firmen-Bloggens dann zu einer Art Selbstläufer, etwa die Ideenfindung, aber meist auch die Leserentwicklung.

In diesem Buch angesprochene Hilfsmittel, wie Artikelserien, Experteninterviews oder Gastbeiträge, helfen dabei, den Aufwand nicht nur in der anstrengenden ersten Phase zu mildern. Und: Die Fleißarbeit zahlt sich aus. Gut gepflegte Corporate Blogs belohnen ihre Initiatoren mit:

- Einer zunehmend offenen Unternehmenskultur
- Einem Alleinstellungsmerkmal in der Kunden- sowie Interessentenansprache
- Wachsendem Interesse an den Blog- aber auch sonstigen unternehmensbezogenen Themen
- Unzähligen neuen Kontakten
- Einem Ersatz für die klassische PR-Arbeit (in Teilen)

Welche diversen Mittel zum Einsatz kommen können, um einen (Firmen-) Blog erfolgreich zu machen, das verrate ich unter anderem in meinem Buch *Blog Boosting* (mitp Verlag, ISBN 978-3-8266-9238-3).

In meinem eigenen Blog habe ich zahlreiche Interviews mit erfolgreichen Unternehmensbloggern geführt, aus denen sich eine Menge lernen lässt. Sie finden die in den vorangegangenen Abschnitten angesprochenen Praxisbeispiele und weitere Fälle unter:

- *www.blogprofis.de/buch/befestigungsfuchs*
- *www.blogprofis.de/buch/hypnoseblog*
- *www.blogprofis.de/buch/shopblogger*
- *www.blogprofis.de/buch/firmaundich*
- *www.blogprofis.de/buch/tchiboblog*
- sowie generell in der Rubrik *www.blogprofis.de/category/corporate-blogs/*.

4.8.2 Gelungene Blog-Kommunikation: Den Mehrwert für die Leser einschätzen

Regelmäßige Selbstreflektion ist gefragt, wenn man als Unternehmen in den sozialen Medien aktiv ist. Und dies nicht nur von der Geschäftsführung, der Marketing-Leitung oder den Social Media- sowie Blog-Redakteuren. Jeder Autor, gar jeder Mitarbeiter ist hierbei gefragt. Ebenso gute Kunden und Geschäftspartner. Schließlich können außenstehende Personen oftmals am besten einschätzen, ob die verfassten und empfohlenen Beiträge den Nerv der Zielgruppe treffen. Das Einsammeln solcher Meinungen ist schon alleine deswegen so wichtig, da jeder Social-Media-Manager und jeder Corporate Blogger mit der Zeit eine Art Tunnelblick entwickelt. Die Profile in den sozialen Netzwerken oder die Blog-Kommunikation laufen dann vermeintlich gut, so „wie immer“ eben. Nuancen, die auf ein schwindendes Interesse der Leser hindeuten, werden in solchen Fällen nur sehr schwer, oder aber zu spät erkannt.

Um den Mehrwert Ihrer Blog- und Social-Media-Texte selbst einschätzen zu können, so sollten Sie sich vor dem Texten beziehungsweise vor dem Veröffentlichen die folgenden Fragen stellen, und die Inhalte gegebenenfalls korrigieren/ergänzen:

- Wer wird meine Beiträge voraussichtlich lesen?
- Was erwarten diese Leser/meine Zielgruppen?
- Welche Fragen stellen sich diese, welche Antworten wollen sie finden?
- Welchen konkreten (!) Nutzen haben diese von meinem Text?
- Gebe ich genügend weiterführende Hinweise und Links (intern, extern)?
- Ist der Beitrag so hilfreich, dass man diesen gerne in den sozialen Netzwerken, per E-Mail etc. weiterempfiehlt (Würden Sie ihn selbst Ihren eigenen Kontakten empfehlen? Falls nicht, warum?)

In Bild 4.46 sind die wichtigsten Merkmale gelungener Blog- und generell Onlinetexte noch einmal kurz und knapp zusammengefasst.

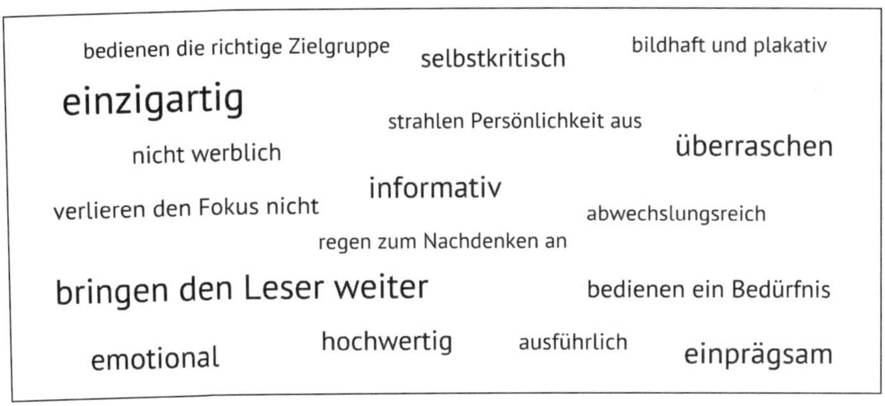

Bild 4.46 Auf wirkungsvolle Blogtexte treffen diese Attribute zu.

4.8.3 Häufige Fragen beim Start eines Corporate Blog

Der Blog-Erfolg kann mächtig sein, ist aber keineswegs leicht zu haben. Viel Arbeit und keine Erfolgsgarantie, auf diese Aussage lässt sich das Thema herunterbrechen. Die häufigsten Fragen, die mir in diesem Zusammenhang gestellt werden sind:

- **Wie oft soll/muss ich neue Texte veröffentlichen?**
  Wie so oft lässt sich das nicht pauschal beantworten, zu sehr hängt dies von Ihren Zielen und der zu Grunde liegenden Branche ab. Dennoch: Um mittelfristig einen Erfolg zu spüren, sollten Sie beim Start beziehungsweise bei der initialen Bewerbung eines Firmenblogs mindestens bereits 30 hochwertige Beiträge veröffentlicht haben. Danach gilt: Zwei bis drei neue Beiträge pro Woche sind fast schon Pflicht. Je mehr (ohne die Qualität zu vernachlässigen), umso besser.
- **Kann ich hierfür bereits vorhandene Texte verwenden/„recyceln"?**
  Ja, wenn diese nicht bereits andernorts online veröffentlicht wurden (Duplicate-Content-Problematik, siehe Abschnitt 1.4.2). Andernfalls gilt: Wandeln Sie die Inhalte so lange ab, bzw. ergänzen Sie diese um neue Aspekte, bis ein menschliches Auge diese nicht mehr als Kopie einschätzen würde. Dann haben Sie auch keine Probleme mit Google & Co.
- **Worüber soll ich schreiben?**
  Storytelling, Geschichten erzählen – das ist das A&O erfolgreicher Blogs. Ratgeberartikel, nicht werbliche Produktanleitungen, Hintergrundberichte, User Stories, Experteninterviews, Gastbeiträge von Fachjournalisten, die ausführliche Beantwortung regelmäßig auftauchender Kunden- und PreSales-Fragen, Vorstellung der Mitarbeiter, inklusive deren wichtigster Tipps, und und und. Selbst für Unternehmen aus weniger spannenden Bereichen bieten sich hier zahlreiche Möglichkeiten. Holen Sie sich Anregungen bei anderen Weblogs, egal ob diese Ihrer Branche angehören oder nicht. Lesen Sie die Abschnitte 4.1.2, 4.8.1 und Kapitel 5 aufmerksam durch. Dort finden Sie zahlreiche Ansatzpunkte für kreative Beitragsideen.
- **Wie viel kostet das Ganze?**
  Haben Sie die notwendigen Technikexperten nicht selbst im Haus, so lässt sich ein einfacher Corporate Blog bereits für ab etwa 2000 bis 4000 Euro umsetzen. Achten Sie bei der Dienstleisterauswahl darauf, dass dieser nicht nur die technischen Grundlagen von WordPress & Co. beherrscht, sondern möglichst auch mit den Besonderheiten der Blog-Vermarktung vertraut ist, und Sie dahingehend berät. Das eigentlich teure an einem Firmenblog sind die Inhalte. Diese müssen Sie oder Ihre Mitarbeiter entweder selbst erstellen (Zeit ist Geld), oder möglichst qualitativ hochwertig in Auftrag geben. Deutlich authentischer wird stets die Erstellung in Eigenregie sein.

Zum letzten Punkt: Wie sich die Content-Erstellung dennoch outsourcen lässt, dazu gibt folgender Beitrag auf meinem Blog einige Tipps und weiterführende Hinweise: *www.blogprofis.de/buch/contentplattformen*. Zur Frage: „Wer in meinem Unternehmen soll bloggen?", kann ich Ihnen folgende Tipps geben. Geeignet ist grundsätzlich wer

- Spaß am Schreiben hat, wobei nicht die „perfekte" Schreibe zählt (ein authentischer Blogbeitrag darf ruhig einmal den einen oder anderen grammatikalischen Flüchtigkeitsfehler enthalten),
- einen Blogbeitrag auch grafisch gestalten kann (sicherer Umgang mit Beitragsbildern, Textauszeichnungen, Layout etc.),

- über Interesse und genügend Kenntnisse bezüglich des zu bloggenden fachlichen Themas verfügt,
- bereit ist, die technischen Grundlagen des Bloggens zu erlernen (Bedienung des CMS wie etwa WordPress),
- über die Offenheit verfügt bzw. besser verfügen darf, etwas über sich sowie die Produkte und Dienstleistungen des Unternehmens preiszugeben,
- bestenfalls eigene Kontakte und ein eigenes (Blogger-) Netzwerk mitbringt, da nicht gerade wenige Mitarbeiter nebenbei in ihrer Freizeit bloggen,
- das Einmaleins der Onlinekommunikation sowie die wichtigsten rechtlichen Grundlagen beherrscht (Wie verhält man sich/kommuniziert man im World Wide Web, und wie besser nicht?).

Ansonsten gilt: All diese Punkte lassen sich auch erlernen, es gibt genügend Seminaranbieter für vergleichbare Themen der Onlinepublikation. Was ein Unternehmensblog-Verantwortlicher hingegen nicht sein sollte: Perfektionistisch veranlagt, einzelkämpferisch, introvertiert oder besonders sicherheitsbewusst bzw. kontrollierend. Denn, wie bei der Social-Media-Kommunikation generell, haben Sie es nicht immer in der Hand, welche Auswirkungen und Leser-Reaktionen ein Blogbeitrag mit sich bringt.

Übrigens eignen sich Firmenblogs auch gut zur Vermarktung erklärungsbedürftiger Produkte. Der Neuronation-Blog etwa (*www.neuronation.de/de/science*) gehört zu einem jungen Unternehmen, das Lösungen für personalisierte Online-Gehirntrainings anbietet – auf wissenschaftlich fundierter Basis (Bild 4.47). Der Gründer und Geschäftsführer meint Folgendes:

> *Wir haben festgestellt, dass die meisten Premiumnutzer vor dem Kauf einige bestimmte Artikel aus unserem Blog gelesen haben. Wir sind sicher, dass erst das sie vom Produkt überzeugt und zum Kauf bewegt hat.*

Bild 4.47 Der Neuronation-Blog setzt auf Hintergrundberichte und ausführliche Erklärungsansätze zu den angebotenen Produkten.

Und:

Der Blog ist bei aus einer weiteren Perspektive von unschätzbarem Wert: Das SEO. Die meisten Keywords, über die wir gut ranken, kommen nicht durch die Startseite, sondern primär über den Blog, weil hier der Content eben sehr speziell ist.

Nachzulesen ist das komplette Interview unter *www.blogprofis.de/buch/neuronation*.

4.9 Weiterführende Informationsquellen

Nicht nur SEO, auch gute Social-Media-Arbeit bedeutet Lernen, Lernen, Lernen. Zudem werden Sie einige der in den vorangehenden Absätzen erläuterten Themen sicherlich noch weiter vertiefen, zugehörige Netzwerkanbieter näher kennen lernen wollen. Über welche Medien ist dies möglich?

4.9.1 Onlineportale & Blogs

Es gibt viele wertvolle Social-Media-Informationsquellen im deutschsprachigen aber auch internationalen Netz. Hier kann ich leider nur einige davon nennen. Dies in unsortierter Reihenfolge, da sich die meisten Portale nicht wirklich kategorisieren lassen. So kann der Blog zu Facebook gleichzeitig wertvolle Informationen zu anderen sozialen Netzwerken geben. Von daher lohnt es sich, all diesen Empfehlungen einen Besuch abzustatten:

- *http://allfacebook.de:* Der Name spricht für sich – Wissenswertes rund um das Facebook-Marketing
- *http://blog.facebook.com*: Nützlich, um über die zahlreichen Produktänderungen von Facebook auf dem Laufenden zu bleiben
- *http://blog.twitter.com*: Nachrichten und Praxisbeispiele des Twitter-Teams
- *http://googleplusplatform.blogspot.de*: Der offizielle Google+-Blog, jedoch sehr technisch ausgerichtet
- *http://blog.xing.com/category/german/*: Nachrichten sowie Tipps von und zu Xing, teils recht werblich
- *www.socialmedia-blog.de*: Alles zu Monitoring, Social Commerce aber auch Social CRM
- *http://blog.social-media-team.de*: Aufschlussreiches aus der Welt der sozialen Medien
- *http://netzwertig.com*: Neuigkeiten und Trends aus dem Web 2.0
- *http://t3n.de/tag/social-media*: Die Social-Media-Sparte des bekannten Web-Magazins
- *http://karrierebibel.de/tipps/watchblog/*: Social-Media- und Reputation-Tipps (nicht nur) für Personalverantwortliche
- *www.blogprofis.de*: Mein eigener Blog, rund um Blogmarketing, Corporate Blogging und Content Strategien
- *http://pr-blogger.de*: Corporate Blogs, Online-Reputation und Content Marketing sind die Hauptthemen von PR-Profi Klaus Eck.

- *http://corporate-dialog.ch/blog/*: Wissenswertes und Praxisbeispiele rund um Dialogstrategien sowie Krisenkommunikation im Social Web.

Die gelisteten Blogs verweisen meist auf weitere wertvolle Quellen rund um Onlinemarketing-Themen. Etwa jeweils in der „Blogroll", einem Verzeichnis für befreundete und gerne gelesene Weblogs.

4.9.2 Bücher

Trotz des recht kurzen Lebenszyklus einiger Social-Media-Innovationen kommt man um gute Bücher zu dem Thema nicht herum, wenn man sich umfassend aber auch kompakt zusammengefasst in ein soziales Netzwerk oder zugehörige Vermarktungsstrategien einarbeiten möchte. Welche Ratgeber ich persönlich spannend finde, das lesen Sie hier:

- Jacques Frisch, *Facebook für Selbstständige – 10 Lektionen für Ihren Geschäftserfolg* (Addison-Wesley, ISBN 978-3827331465)
- Michael Rajiv Shah, *Twitter für Einsteiger: Social Media Minis* (Addison-Wesley, ISBN 978-3827332196)
- Ron Faber, *Google+: Das Plus für Ihr Social-Media-Marketing* (Carl Hanser Verlag, ISBN 978-3446432598)
- Isabella Mader & Michael Rajiv Shah, *Xing & LinkedIn – Die besten Erfolgsstrategien im Business-Networking* (Data Becker, ISBN 978-3815831045)
- Weinberg/Pahrmann/Ladwig, *Social Media Marketing – Strategien für Twitter, Facebook & Co* (O'Reilly, ISBN 978-3868992366)
- Anne Grabs & Karim-Patrick Bannour, *Follow me!: Erfolgreiches Social Media Marketing mit Facebook, Twitter und Co.* (Galileo Computing, ISBN 978-3836218627)
- Reto Stuber, *Erfolgreiches Social Media Marketing mit Facebook, Twitter, Google+, XING, LinkedIn & YouTube* (Data Becker, ISBN 978-3815830635)
- Michael Bernecker & Felix Beilharz, *Social Media Marketing: Strategien, Tipps und Tricks für die Praxis* (Johanna Verlag, ISBN 978-3937763293)
- Dirk Schiff, *Social SEO: Unternehmer-Ratgeber zu Social Media, Google, SEO & SEM* (bhv, ISBN 978-3826675737)
- Marco Hassler, *Web Analytics: Metriken auswerten, Besucherverhalten verstehen, Website optimieren* (mitp Business, ISBN 978-3826691225)
- Thomas Schwenke, *Social Media Marketing und Recht* (O'Reilly, ISBN 978-3868991420)
- Manuel Ziegler, *Facebook, Twitter & Co. – Aber sicher!: Gefahrlos unterwegs in sozialen Netzwerken* (Carl Hanser Verlag, ISBN 978-3446434660)

Noch ein kleiner Hinweis: Insbesondere, wenn das jeweilige Buch auf die konkrete Bedienung einzelner sozialer Netzwerke eingeht, so sollten Sie angesichts der fortlaufenden Änderungen in diesem Bereich auf eine aktuelle Auflage achten.

4.9.3 Veranstaltungen

Beim Netzwerken via Facebook, Xing & Co. sollte man die „realen“ Kontakte nicht außer Acht lassen. Von daher diese abschließenden Veranstaltungshinweise, rund um Social Media sowie tangierende Themen:

- **Social Media Week:** Nach eigenen Angaben „Germany's biggest free web conference“. Die Veranstaltung findet simultan in mehr als zehn Städten weltweit statt. Trends der Netz-Szene aber auch digitale Geschäftsmodelle spielen dabei eine Rolle (*http://socialmediaweek.org/berlin/*).
- **re:publica:** Das deutschsprachige Event zum Web 2.0 schlechthin. Der Umgang mit den neuen Medien innerhalb der Gesellschaft steht im Vordergrund, ebenso das Neuste aus der Blogosphäre. Dennoch ein Pflichttermin für alle Social-Media-Verantwortliche, die über den Tellerrand hinausschauen wollen (*http://re-publica.de*).
- **webinale:** Aktuelle Herausforderungen rund um E-Commerce, Social Media, Onlinemarketing und Mobile sind Bestandteil der Berliner Konferenz, es gibt diverse Sub-Veranstaltungen (*http://webinale.de*).
- **Social Media Dialog:** Regelmäßig veranstaltet vom Bundesverband Digitale Wirtschaft (BVDW) e.V. Networking sowie Diskussionsrunden für Werbetreibende, Social-Media-Manager und -Berater (*www.bvdw.org/veranstaltungen/social-media-dialog.html*).
- **Social Media Conference:** Nicht ganz günstige Veranstaltung, bei welcher hauptsächlich der B2B-Umgang mit Netzwerken wie Facebook, Twitter, Youtube & Co. im Vordergrund steht (*www.socialmediaconference.de*).
- **Online Marketing Forum:** Alles rund um Onlinemarketing, SEO aber auch Social-Media-Strategien. An wechselnden Orten in Deutschland angeboten (*www.onlinemarketingforum.de*).
- **Medientage München:** Fachkongress und Messe nicht nur für Onlinemedien (*www.medientage.de*).
- **Social Media Economy Days:** Event rund um Social-Media-Tools, -Prozesse und -Einsatzmöglichkeiten, veranstaltet vom W&V Verlag (*http://socialmediaeconomy.de*).
- **Swiss Online Marketing:** Schweizer Fachmesse rund um das Digitale Marketing (*www.swiss-online-marketing.ch*).

Die Veranstaltungsszene zu digitalen Themen ändert sich recht schnell. Hinzu gibt es immer wieder einzelne kleine aber feine Veranstaltungen, etwa zu spezifischen Netzwerken. Die in Abschnitt 4.9.1 aufgeführten Blogs berichten regelmäßig über derlei Events. Ebenfalls hilfreich: Die Veranstaltungsrubrik von t3n unter *http://t3n.de/tag/veranstaltungen-und-events*.

5 Praxisbeispiele für die SEO- und Social-Media-Strategie

An dieser Stelle möchte ich Ihnen noch einige Praxisbeispiele unterschiedlicher Branchen mit auf den Weg geben. Es geht dabei nicht um eine detaillierte Analyse, welches Meta-Tag nun zu welchen SEO-Erfolgen führte, oder welcher konkrete Satz zu wie vielen „Daumen hoch" bei Facebook animierte. Beides wäre nicht nur kaum zu beantworten. Es würde zudem keinesfalls direkt nachzuahmen sein. Vielmehr sollen Sie ein Gefühl dafür bekommen, wie man erfolgreiche Strategien aufspürt und „liest", wenn man online unterwegs ist. Wir alle bewegen uns täglich meist mehrere Stunden im World Wide Web, und vergessen dabei, wie viele Anregungen sich darin bieten, für unseren eigenen Geschäftserfolg. Dabei ist es wichtig, über den Tellerrand hinauszuschauen. Fixieren Sie sich nicht nur auf Ihre Mitbewerber, denn diese machen das Gleiche mit Ihnen. Eine reine Austauschbarkeit der Inhalte und Maßnahmen wäre die Folge. Ich selbst habe bezüglich SEO, Content-Strategien und Social Media nicht selten dann am meisten gelernt, wenn ich mich in völlig artfremden Fachgebieten bewegte. Von daher sollten Sie sich die nachfolgenden Abschnitte komplett durchlesen, auch wenn Sie Ihre Firma nicht in jedem Beispiel wiederfinden. Aus den untersuchten Fällen kann jeder etwas lernen.

Viele der nun folgenden Praxisbeispiele habe ich gefunden, indem ich mir schlichte Alltagsfragen gestellt habe, mit denen ich dann Google fütterte. Nichts anderes macht der normalsterbliche Internetnutzer. Oder ich schaute, welche Unternehmen im Verhältnis zu ihrer Größe, Bekanntheit oder Kundenzahl besonders viele Social Shares erzielen, beziehungsweise besonders gut in den Suchmaschinenrankings aufgestellt sind. Um einmal eine komplette SEO- und Social-Media-Analyse zu erleben, so kann ich Ihnen auch hier das Magazin *Website Boosting* empfehlen (siehe Abschnitt 2.5.4). In regelmäßigen Abständen nehmen sich die Macher dort ein Portal vor und untersuchen dieses in der so genannten „Site-Klinik" auf Herz und Nieren. Dies meist in Zusammenarbeit mit den Portalbetreibern, um an die jeweiligen Kennzahlen zu gelangen. Hieraus lässt sich stets eine Menge an Hinweisen für die eigene Webseite mitnehmen.

5.1 Dienstleister & Selbstständige

Wann finden Sie die besten Beispiele dafür, wie gute, suchmaschinenwirksame Inhalte aussehen? Oder aussehen *sollten*, für den häufigen Fall, dass man nicht fündig wird? Wenn Sie sich selbst auf die Google-Suche machen. Dabei ist es egal, ob die Suche im geschäftlichen oder privaten Kontext stattfindet. Oder, ob sie etwas mit Ihrem unternehmerischen Umfeld zu tun hat. Notieren Sie sich positive aber auch negative Erfahrungen. Mitsamt Hinweisen, wie sich die gewonnenen Erkenntnisse für Ihr Portal nutzen lassen. Dieser Tipp mag sich ein wenig seltsam anhören, aber er hilft. Wenn alle Unternehmer ihn berücksichtigen würden, dann gäbe es deutlich weniger frustrierende Such-Erlebnisse. Und sehr viel mehr Umsätze kämen rein online zu Stande.

Ich etwa habe das dahinterliegende Prinzip noch besser verstanden, nachdem mich Google bei einer eher privaten Recherche im Regen stehen ließ. Es war mir nicht gelungen, eine vernünftige Antwort auf die Frage zu finden: „Wie splitte ich korrekt die Nebenkosten bei einem häuslichen Arbeitszimmer?“. Erst einige Zeit später stolperte ich über einen Eintrag, der in Bild 5.1 zu sehen ist.

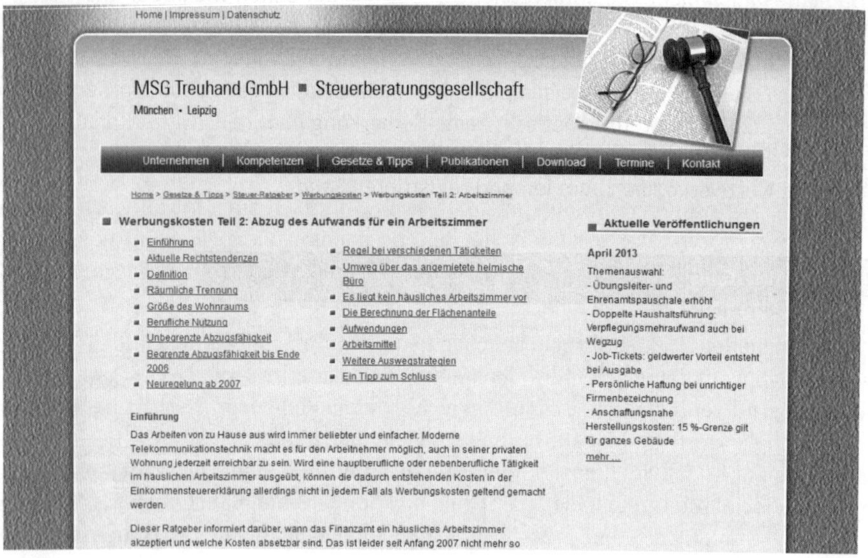

Bild 5.1 Dieser Steuerberater stellt wertvolle Tipps kostenlos zur Verfügung. Seinem Geschäft wird es nicht schaden, eher im Gegenteil. Denn wenn man feststellt, dass die Umsetzung der Tipps Zeit und Nerven kostet, so liegt der Klick auf „Kontakt“ durchaus nahe.

Genau so funktioniert das, was man heutzutage unter dem Schlagwort „Content Marketing“ als Trend ausruft. Dabei handelt es sich nicht etwa um eine neue Geheimdisziplin, sondern nach der Definition in Wikipedia schlicht um die Verbreitung von „nützlichen Informationen und weiterbringendem Wissen“. Dies ist idealerweise gepaart mit einer individuellen, persönlichen Ansprache. Expertenbildung und Online-Reputation lautet das oberste Ziel – nicht das Streuen von Marketingbotschaften, die eh keiner mehr glauben mag. Statt „Wir sind die Besten/Größten/Billigsten“, also ein „Wir helfen euch erst einmal weiter. Und wenn ihr wollt, dann bleibt, greift zum Telefonhörer, schickt uns eine Anfrage ...“

Inhalte wie in Bild 5.1 sind ideal für Dienstleister und Agenturen, die erst einmal auf sich aufmerksam machen müssen. Sie lassen sich jedoch ebenso gut für jede andere Unternehmensgröße und Branche umsetzen. Zumal der gezeigte Beitrag durchaus noch verbesserungswürdig ist, also noch genügend Platz für weiteren Content dieser Art bleibt. Zwar sind die gegebenen Tipps hilf- und umfangreich, in manchen Abschnitten jedoch wohl nur für Steuerexperten verständlich. Wie eine kleine Analyse des Portals aus Bild 5.1 zeigt, taugt der Inhalt ebenso zur Gewinnung von Backlinks. Die ersten entsprechenden Verweise existieren bereits, und dürften mit einer offensiveren Vermarktung durchaus deutlich zu steigern sein. Schade nur, dass in diesem Fall auf Social Buttons zur Weiterverbreitung verzichtet wurde.

HINWEIS: Generell verstecken viele Unternehmen Ihre Hinweise, dass sie auch bei Facebook, Twitter & Co. aktiv sind. Dabei sind eben solche Hinweise extrem wichtig, um die ersten Fans aus den Reihen der bereits existierenden Webseitenbesucher rekrutieren zu können. Aber auch, um diese Zahlen ständig auszubauen. Nicht jeder potenzielle Facebook-Fan kommt auch tatsächlich über Facebook zu Ihnen. Erst eine prominent platzierte Verlinkung innerhalb Ihres Portals verleitet diesen dazu, sich Ihre Social-Media-Präsenz einmal näher anzuschauen. Da hilft es auch nicht, die entsprechenden Buttons auf Seiten wie „Über uns" zu verbergen – leider sehe ich solche Beispiele jedoch immer wieder (Bild 5.2). Auch untereinander muss die gegenseitige Vermarktung stimmen. Die Webseite oder das Google+-Profil verweisen nicht oder nicht deutlich genug auf den Corporate Blog, dort wiederum findet sich keine Bemerkung über den Twitter-Kanal: Auf diese Weise macht man sich umsonst sehr viel Arbeit mit der Betreuung der sozialen Netzwerke, die kaum jemand registrieren *kann*.

Bild 5.2 Der vertikale Reiter links zu den sozialen Netzwerken ist eigentlich nicht zu übersehen. Ich habe ihn dennoch nicht gefunden. Das kann passieren, wenn Social-Media-Verweise zu sehr von den üblichen Verlinkungen und Buttons abweichen. Im Zweifelsfall gilt auch hier wieder: Über A/B-Tests ausprobieren.

Aus einem ganz anderen Umfeld als mein erstes Praxisbeispiel stammt die nachfolgende Webseite in Bild 5.3. Nach Inhalten rund um den Dauerbrenner „Gesundheit" wird gerne recherchiert. Doch findet und registriert man diese Informationen auch als solche?

Bild 5.3 Gute Inhalte, die jedoch nicht für sich sprechen. Was mag sich wohl hinter Einträgen wie „Level" oder „Liebe" verbergen?

Bei diesem Portal stehen ein kostenloses E-Book sowie schön gemachte, ausführliche und ebenfalls gratis verfügbare Trainingsvideos im Vordergrund. Gesundheitstipps und Experteninterviews runden das Ergebnis ab. Schade nur, dass ...

- ... die Begriffe im Menü nicht für sich sprechen. Weder der Leser noch Google weiß, was sich hinter „Dauer" verbirgt. „Trainings nach Level" und „Trainings nach Dauer" wäre schon besser, wenn auch natürlich recht lang. Ein ausführliches Brainstorming zur möglichst zielführenden Benennung sowie gegebenenfalls einige A/B-Tests dürften hier deutlich weiterführen.
- ... zwar mit einer eigenen Landingpage für das E-Book gearbeitet wird, die durchaus Gefallen findet, wie die Anzahl der Facebook-Likes im (für diesen Bereich sehr guten) vierstelligen Bereich zeigt. Auf der Landingpage selbst wird jedoch nicht ersichtlich, wer hinter dem Angebot steckt. Es fehlt dort also der Faktor Persönlichkeit.
- ... das Portal eine sehr hohe Zahl von PR-0 Backlinks aufweist, im Verhältnis zur sonstigen PageRank-Verteilung. Diese stammen aus unzähligen Web-Katalogeinträgen, die zudem in vielen Fällen thematisch sehr artfremder oder gar fragwürdiger Natur sind (etwa ein Backlink-Portal für Videospiele-Fans). Google wird dies nicht wirklich mögen.

Dies ist nur eine beispielhafte, längst nicht abschließende Auflistung von Verbesserungspotenzialen. Sie merken: Gerade bei vermeintlich kleinen Webprojekten von Selbstständigen und kleineren Unternehmen lässt sich oftmals einiges optimieren.

Mit gutem Content arbeiten sehr viele weitere Praxisbeispiele aus unterschiedlichsten Fachgebieten, die mir bei der Recherche für dieses Buch begegnet sind – etwa das einer Zahnarztpraxis, welche auf ihrer Homepage verständlich erklärte, wie man bei welchen Zahnschmerzen zunächst einmal selbst reagieren kann, oder die Inhalte eines Radiologen, der bestimmte Behandlungsmethoden für seine Patienten zunächst online erklärte. Auf alle diese Beispiele stieß ich über relevante Suchanfragen, wie sie täglich zu Tausenden durchgeführt werden. Und jeweils war die Anzahl der Inhalte, die ich dabei fand, sehr überschaubar.

HINWEIS: Bei solchen lokal ansässigen Selbstständigen und Firmen gilt: Natürlich werden auch jede Menge Besucher auf die zugehörigen Inhalte aufmerksam, die nicht im Einzugsgebiet des Anbieters wohnen. Selbst so manche nicht zielführende Anfrage mag hieraus resultieren. Und dennoch: Was überregional hilft, das dient gleichzeitig der Kundenakquise vor Ort. Findet man ein Unternehmen bundesweit, dann findet man es natürlich auch im jeweiligen Bundesland, in der betreffenden Stadt oder Gemeinde etc. Dieses Vorgehen ist oftmals der einzige Hebel, um auf sich aufmerksam zu machen. Insbesondere dann, wenn lokale Mitbewerber (noch) vor dem eigenen Unternehmen gelistet werden, bei Google & Co. Die guten Inhalte erzeugen Backlinks, aber auch neue und zusätzliche Keyword-Kombinationen. Irgendwann „rutschen“ Sie dann an Ihrer Konkurrenz vorbei. Bei speziellen Long Tail Keywords, die ein werthaltiger Beitrag generiert, werden Sie von Anfang an sehr gute Positionen oder gar den „Platz eins“ erreichen. ■

Über eigene Sub-Web-Projekte und Backlinks von Kunden hat sich der nachfolgende Webdesigner sehr gute SEO-Kennzahlen erarbeitet (siehe Bild 5.4 auf der nächsten Seite). Zwar ist es in diesem Umfeld natürlich relativ einfach, in einem Kundenprojekt einen solchen Verweis einzubauen. Doch andere Dienstleister können ähnliche Mittel ebenfalls einsetzen, was aus meiner Erfahrung heraus leider viel zu selten geschieht. Wichtig ist es hierbei, dass nicht immer nur so genannte Footer-Backlinks zum Einsatz kommen, die also von jeder Unterseite aus auf die Homepage des ausführenden Designers etc. verweisen. Ein exklusiver Link auf einer einzelnen Unterseite – PageRank-technisch gut aufgestellt – ist hier oftmals sehr viel zielführender – und sei es innerhalb einer gemeinsamen Presseerklärung oder verpackt als Anwenderstory bzw. Experteninterview auf dem Blog des jeweiligen Unternehmens. Gegebenenfalls kann man dem Auftraggeber hierfür auf andere Weise entgegenkommen, aber Sie wissen ja: Eine käufliche Verlinkung sollte es nicht sein.

Bei der Backlink-Ermittlung zur Seite des Webdesigners ist mir übrigens ein an sich sehr wertvoller PR-6-Link aufgefallen. Das linkgebende Portal war jedoch mit einem Virus, einem so genannten trojanischen Pferd, verseucht. Es ist also nicht alles PageRank-Gold, was glänzt. Entdeckt Google diese Schadsoftware, dann kann der Link schnell entwertet werden. Somit wäre wohl auch der PageRank des Webdesigners geschwächt, oder – etwa bei mehreren verdächtigen Backlinks – es droht gar Schlimmeres.

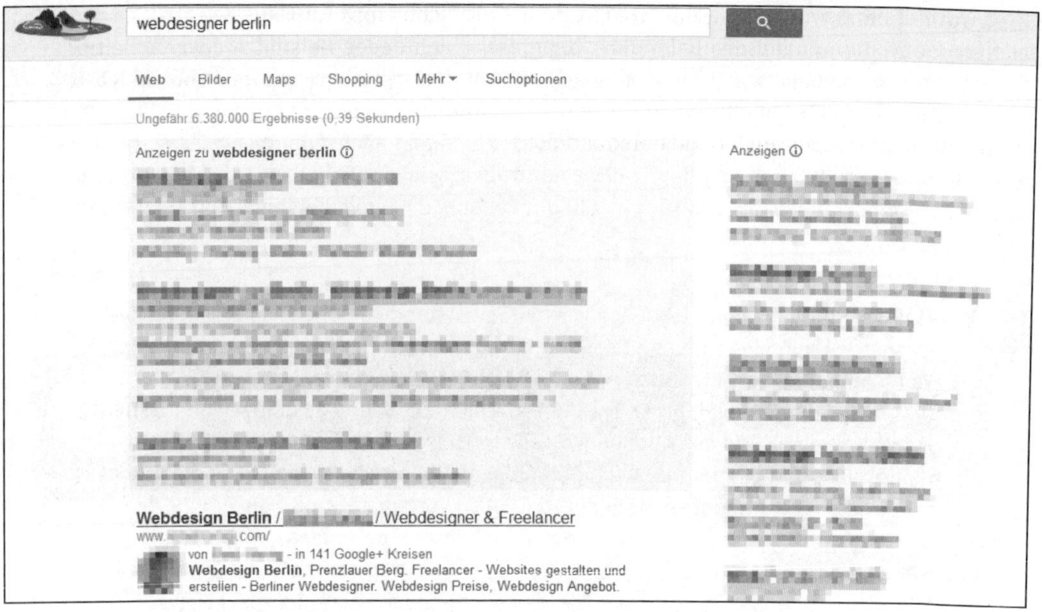

Bild 5.4 In einem derart stark umkämpften Umfeld auf Platz eins der organischen Suche zu gelangen, und das auch noch als Einzelkämpfer, das ist nicht ganz einfach.

All diese Hinweise sind natürlich ebenso für größere Unternehmen aus dem Dienstleistungsumfeld geeignet. Auch für diese gilt: Die Inhalte sollten zum Gegenstand der Dienstleistung passen. Beiträge wie in Bild 5.5 etwa, findet man sehr häufig, aber ob sie auch zielführend sind?

Bild 5.5 Die Bausparkasse will auf Facebook wissen, wie ich Ostern feiere. Warum?

Hier wäre die Konzentration auf wertvolle, nicht-werbliche Tipps für Häuslebauer wohl effizienter. Gerne mit einem saisonalen Bezug, aber eben treffender. Beispielsweise ein Beitrag der Art „Gartenhaus bauen: 10 Tipps, um Ärger mit dem Nachbarn zu vermeiden". Natürlich darf es ab und an auch einmal ein schlichter Feiertagsgruß sein. Eine eh noch kaum vorhandene SEO- aber auch Social-Media-Reichweite lässt sich damit jedoch nicht steigern.

Nun noch ein schönes Beispiel dafür, wie sich über einen Expertenblog nicht nur die positive Wahrnehmung bei der Zielgruppe, sondern auch das SEO stärken lässt. In diesem Content-Portal zum Thema IT-Sicherheit (Bild 5.6) kommen namhafte Partner, Schirmherren und Autoren zum Einsatz. Zumindest nach eigenen Angaben ist der Blog dennoch herstellerübergreifend ausgerichtet.

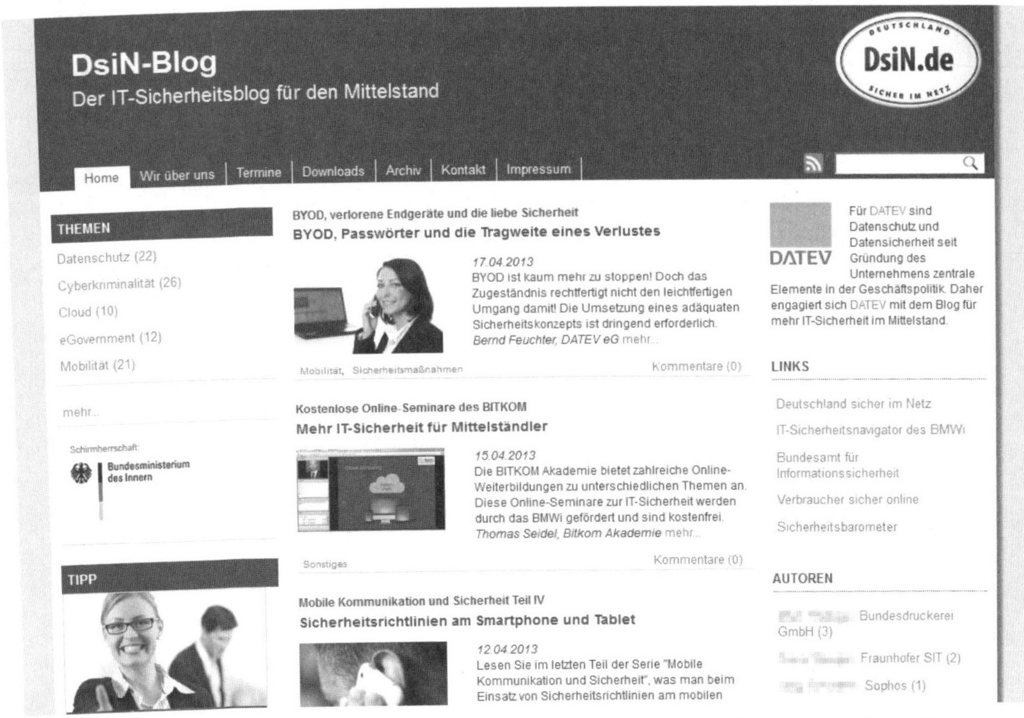

Bild 5.6 Ein Hersteller von Unternehmens-Software betreut beziehungsweise sponsert diesen Blog, der von einem gemeinnützigen Verein angeboten wird. Unter anderem das Bundesministerium des Innern dient als Schirmherr.

Eine derartige Initiative ist immer auch eine wichtige, indirekte sowie direkte Backlinkquelle. In einem solchen Umfeld zählen nicht-werbliche Inhalte jedoch ganz besonders. Insbesondere dann, wenn man derart hochwertige Partner für eine Zusammenarbeit gewinnen möchte. Sind ähnliche Konstellationen in Ihrem inhaltlichen Umfeld denkbar? Denken Sie einmal in Ruhe darüber nach, der hohe Aufwand könnte sich deutlich auszahlen.

Zu guter Letzt noch ein Dienstleister (Bild 5.7, nächste Seite), der zeigt, wie man mit nicht gerade schmeichelhaften Inhalten dennoch in die Social-Media-Offensive gehen kann. Wie bereits erwähnt eignet sich Twitter nicht zuletzt für die Krisenberichterstattung in Echtzeit. Die Lufthansa nutzt dies für Ihre Kommunikation im Rahmen von Mitarbeiterstreiks.

Bild 5.7 Ein Streik zieht auf? Die Lufthansa beugt live auf Twitter vor.

Ein vergleichbares Vorgehen erfordert Mut und Transparenz, auch wenn das Ereignis selbst natürlich eh schon von den Medien aufgegriffen wird. So bleiben die Follower jedoch direkt beim Twitter-Kanal der Firma, um sich zu informieren, anstatt bei News-Portalen und anderen Anbietern zu landen. Sind wieder bessere Unternehmensnachrichten zu vermelden, so profitiert die Lufthansa genau hiervon.

PRAXISTIPP: Ein kleiner Tipp noch, (nicht nur) für Selbstständige und Kleinunternehmer: Sie wissen nicht, was geeignete Inhalte für Ihre Content-Strategie sein könnten? Lesen Sie regelmäßig die wichtigsten großen aber auch kleinen Onlinemagazine, um entsprechende Themen aufzugreifen. Selbst auf anscheinend artfremden Webseiten, wie dem „Spiegel Online“, der „Süddeutschen“ etc. stößt man immer wieder auf Nachrichten und Recherchen, die sich als Aufhänger für unterschiedlichste Branchen eignen. Die Krankenkassen fordern ein neues Gesetz? Der Arzt kann daraufhin im Rahmen seiner rechtlichen Möglichkeiten online schildern, was dies ganz konkret für seine Patienten bedeuten würde (aber bitte ohne reißerisch und durchschaubar nur die eigene Klientelpolitik zu wiederholen, denn das liest niemand gerne). Ein bekannter Fußballmanager wird der Bestechlichkeit bezichtigt? Der Trikotbedrucker antwortet möglichst zeitnah mit einer eigenen Beitragsserie oder einer moderierten Umfrage, was Fair Play im Alltag kleiner Vereine bedeutet.

5.2 Kleinere Betriebe

Insbesondere im Bereich des Handwerks durfte ich erfahren, wie wirksam Social-Media-Mittel wie das eines Firmenblogs sein können. Das war für mich umso erstaunlicher, als ich dieses thematische Umfeld lange Zeit nicht wirklich mit erfolgreicher Blog-Kommunikation in Verbindung brachte.

Aussagen und Zitate erfolgreicher Handwerker wie:

Bebilderte Anleitungen in unserem Blog haben dazu geführt, dass wir mit wichtigen Nischen-Keywords auf Platz eins bei Google gelangten

oder:

Es wird sich in den nächsten Monaten und Jahren ein sehr starkes, emotionsgesteuertes Kaufverhalten entwickeln, so dass solche Social Media-Aktivitäten nicht mehr wegzudenken sind

sowie Zugriffszahlen im hohen fünfstelligen oder gar im sechsstelligen Bereich monatlich belehrten mich eines Besseren (siehe etwa den sehr bekannten Weblog unter *www.malerdeck.de/blog/*, mit über 138000 Besuchern im Monat). Auch musste ich mich zunächst daran gewöhnen, dass mittlerweile selbst Bestatter erfolgreich im Social-Media-Umfeld kommunizieren. Aber wieso auch nicht? Gerade einst eher verschlossene Branchen können deutlich von den Möglichkeiten des Web 2.0 profitieren. Die Kunden freuen sich über entsprechende Transparenz. Nicht nur wenn Sie in einem Handwerksberuf unterwegs sind lohnt sich ein Blick auf die Interviews, welche ich in diesem Bereich geführt habe. Sie bieten zahlreiche Einblicke in die erfolgreiche Social-Media-Kommunikation von kleineren Unternehmen:

- *www.blogprofis.de/buch/handwerkblogs*
- *www.blogprofis.de/buch/malerblog*
- *www.blogprofis.de/buch/wohnideenblog*
- *www.blogprofis.de/buch/socialmediahandwerk*

Manche dieser Handwerks-Blogger berichten zudem selbst regelmäßig über Ihre Erfolge in den sozialen Netzwerken, oder sind gar als gefragte Experten diesbezüglich unterwegs (siehe beispielsweise *www.blogprofis.de/buch/socialhandwerk*). Der Malermeister und Social-Media-Fachmann hinter dem zugehörigen Blog postet auch schon einmal (fast) live von der Baustelle (siehe Bild 5.8).

Bild 5.8 Die neuste Baustelle auf Facebook, und die Leser kommentieren fleißig. Das nennt man wohl Kundenbindung 2.0.

Andere wiederum veröffentlichen neben fachlichen Tipps positive aber auch weniger gute Kundenstimmen, oder sie binden Ihre Mitarbeiter mit in die Kommunikation ein. Stets äußerst persönlich und damit besonders authentisch. Sich wie in Bild 5.8 in den sozialen Medien zu präsentieren, das liegt nicht jedem Inhaber eines lokal ansässigen Betriebs. Doch, es scheint sich auszuzahlen: Nicht nur, dass zahlreiche Fans mitlesen. Spricht man mit den Verantwortlichen, so werden die Betriebe besonders oft weiterempfohlen, online aber auch offline. Wie einige Handwerker damit inzwischen über 50 Prozent und mehr Ihrer Aufträge über das Internet generieren, das verrät der Beitrag unter *www.blogprofis.de/buch/impulse*.

Bild 5.9 Auch hier werden kontrovers diskutierte Themen angesprochen, wie in diesem Beitrag zum Thema Dumpingpreise ersichtlich.

Storytelling lautet hierbei das Zauberwort. Fast all die im Web 2.0 erfolgreichen Kleinunternehmer setzen auf die Macht dieser kleinen, aber feinen persönlichen Geschichten. Und sie haben dabei einen Heimvorteil. Welcher Handwerker und sonstige Gewerbetreibende kann nicht aus einem großen Repertoire ähnlicher Geschichten schöpfen. Man sollte nur aufpassen, dass man mit den Inhalten keinen Kunden vor den Kopf stößt. Eine sorgfältige Anonymisierung sowie die Abwägung zwischen für die Öffentlichkeit tauglichen und weniger geeigneten Inhalten sind hierbei unabdingbar. Die Grenzen des guten Geschmacks müssen stets gewahrt bleiben. Eine kleine Grundregel hierzu: Was Sie über sich nicht gerne im World Wide Web lesen würden, egal ob anonymisiert oder nicht, das sollten Sie auch nicht über eine andere Person oder Personengruppe schreiben.

Unabhängig von den eben genannten Beispielen, die eher der Unterhaltung oder der viralen Diskussion dienen: Auch im Handwerk und in ähnlichen Branchen funktionieren vor allem Inhalte mit Mehrwert. Um am nicht gerade alltäglichen Beispiel der Bestattungsbranche zu bleiben, so stieß ich bei meiner Analyse bei Google sehr schnell auf den Beitrag, der in Bild 5.10 zu sehen ist.

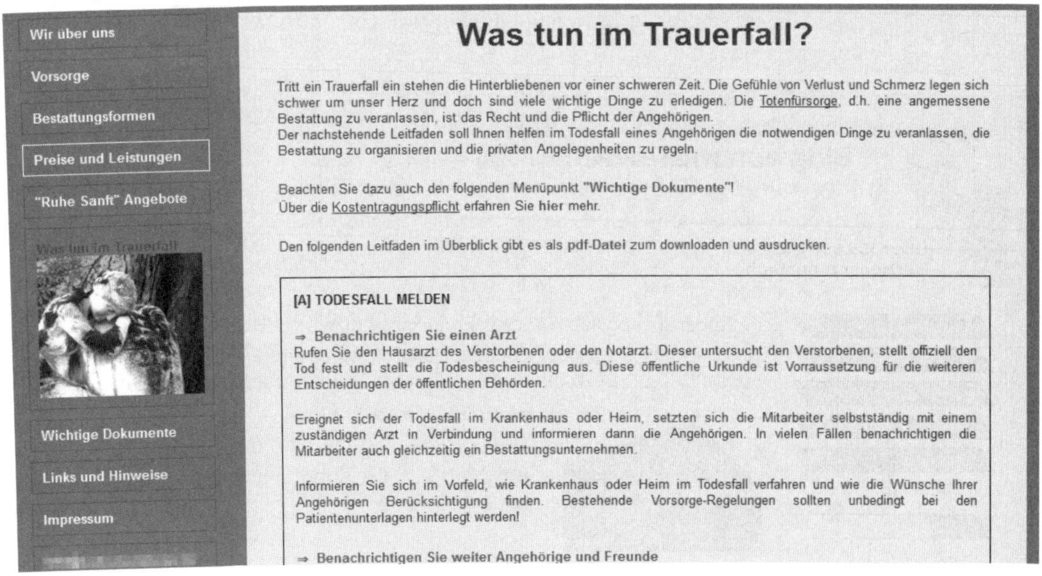

Bild 5.10 Das Internet ersetzt heute in vielen Fällen das persönliche Gespräch, auch im unschönen Ernstfall.

Obwohl das Portal dahinter nicht wirklich mustergültig gestaltet ist, und obwohl man augenscheinlich auch wenig Wert auf eine Suchmaschinenoptimierung gelegt hat, so gelangt dennoch eben dieser Text ganz nach oben bei Google. Ganz einfach deswegen, weil die Nutzer hier genau jene Informationen fanden, nach denen sie gesucht hatten. In weiten Teilen ist die Content-Strategie für Kleinunternehmer nicht nur besonders einfach umzusetzen, da es oftmals kaum konkurrierende Angebote gibt. Sie wirkt in derlei Fällen schnell, und ist ohne spezielles SEO-Budget zu haben.

HINWEIS: Kleinere Unternehmen haben oft nicht die Mittel, um sich einen professionell gestalteten Internetauftritt eines Profis leisten zu können, der zudem regelmäßig den neusten Bedürfnissen der Onlinetechniken angepasst wird. Nicht selten sehe ich insbesondere bei Portalen von wenig technik-affinen Selbstständigen und Freiberuflern:

- Zum Einsatz kommende Technologien, wie Frames, Flash & Co., die Suchmaschinen kaum zugänglich sind.
- Unzulänglich oder gar falsch umgesetzte SEO-Elemente, wie fehlende Meta-Informationen, ins Leere laufende Verlinkungen, extrem lange Ladezeiten, unnötig eingebundene Skripte und vieles mehr.

- Layouts und Programmierungen, die über einen mobilen Zugriff nicht oder nicht in vollem Umfang zu nutzen sind.
- Die fehlende Möglichkeit, Inhalte selbst zu pflegen oder neue Beiträge selbst anzulegen. Dann wird die Pflege durch den Dienstleister meist deutlich teurer, als die Webseite selbst. Und das nur, um ab und an einen einfachen Text anzulegen. Einige wenige schwarze Schafe der Branche betreiben dies gar als Geschäftsmodell.

und ähnliches mehr. In diesen Fällen wird nicht selten an der falschen Stelle gespart. Denn was nützt ein günstiger Internetauftritt, wenn dieser aufgrund seiner Unzulänglichkeiten von kaum jemandem gefunden wird, oder wenn die spärlich kommenden Besucher schnell wieder das Weite suchen. Lassen Sie sich ganz genau erläutern, welche Referenzen ein Webdesigner oder -Programmierer vorweisen kann. Sprechen Sie mit befreundeten Unternehmern, die ihre Webseite erfolgreich betreiben, welche Dienstleister diese weiterempfehlen können. Jemand, der die Erstellung von Onlineprojekten nebenbei als Hobby betreibt, der kann kaum eine suchmaschinengerechte Internetseite entwickeln. Angebote im dreistelligen Bereich sind selten seriös. Eine durchdachte Webseite ist ohne größeres individuelles Design ab etwa 1000 Euro und aufwärts zu haben. Schließlich soll diese zumindest grundlegend auf die Bedürfnisse Ihres Unternehmens, aber auch auf die Bedürfnisse Ihrer Kunden sowie der Suchmaschinen eingehen. ■

Bewegen wir uns einmal Weg von der Welt des traditionellen Handwerks. Auch im Bereich der Startups lässt sich sehr gut ermitteln, was einen gelungenen Start in die Welt der sozialen Medien ausmacht. Deren Gründer sind nicht selten bereits mit den sozialen Netzwerken groß geworden, und das merkt man der ungezwungenen, kreativen und hierdurch so erfolgreichen Kommunikation auch an. Manche lagern gar komplette Prozesse und Funktionalitäten in die Netzwerke aus, was den idealen Community-Aufbau ermöglicht. Ebenso verfügen die Nachwuchsunternehmer meist über grundlegende Onlinemarketing- und SEO-Kenntnisse. Dies ist ein Grund für die oftmals vorbildliche Portalgestaltung. Die jungen Unternehmen sind in ihrer Struktur noch nahe dran an den Herausforderungen kleinerer Betriebe. Durchforsten Sie die wichtigsten Online-Gründerportale regelmäßig nach Startups aus Ihrer Branche, oder etwa im Bereich Einzelhandel nach Firmen, die Ihr Geschäftsmodell online statt offline umsetzen. Denn erfolgreiche Social-Media- aber auch Webportal-Konzepte dieser Unternehmen lassen sich nachahmen: Ob ein dahinter stehendes Geschäft nun rein virtuell oder aber tatsächlich existiert, das ist eher zweitrangig. In einem solchen Fall schlagen die Offline-Geschäftsinhaber ihre Web-Konkurrenz quasi mit den eigenen Social-Media-Waffen.

Lernen lässt sich dabei nicht nur durch die Inhalte in den sozialen Netzwerken, sondern ebenso in den Bereichen Webdesign und Mobile Design, Usability, Online-Kundenservice, Interaktionsmöglichkeiten, wie Live-Chat-Support, Onlinevermarktung und -Kooperationen, suchmaschinengerechte Aufbereitung des Contents und vieles weitere mehr.

HINWEIS: Viele dieser jungen modernen Webseiten sind im so genannten Flat Design umgesetzt (siehe Bild 5.11). Dabei handelt es sich um besonders schlanke Strukturen, bei denen stets die Funktion im Vordergrund steht. Verspielte Grafikelemente, Navigationen und animierte Inhalte fallen hingegen weg. Der Flat-Design-Ansatz ist aus mehreren Gründen sehr spannend:

a) Er ist in der Regel von sich aus für die Anzeige auf mobilen Endgeräten geeignet.

b) Webseiten haben hierdurch deutliche SEO-Vorteile (siehe Abschnitt 1.4.4).

c) Die Umsetzung kann meist ebenfalls recht schlank und damit vergleichsweise günstig gehalten werden.

Mehr zum Flat Design sowie Praxisbeispiele unterschiedlicher Branchen finden sich unter *www.blogprofis.de/buch/flatdesign* sowie *http://fltdsgn.com.*

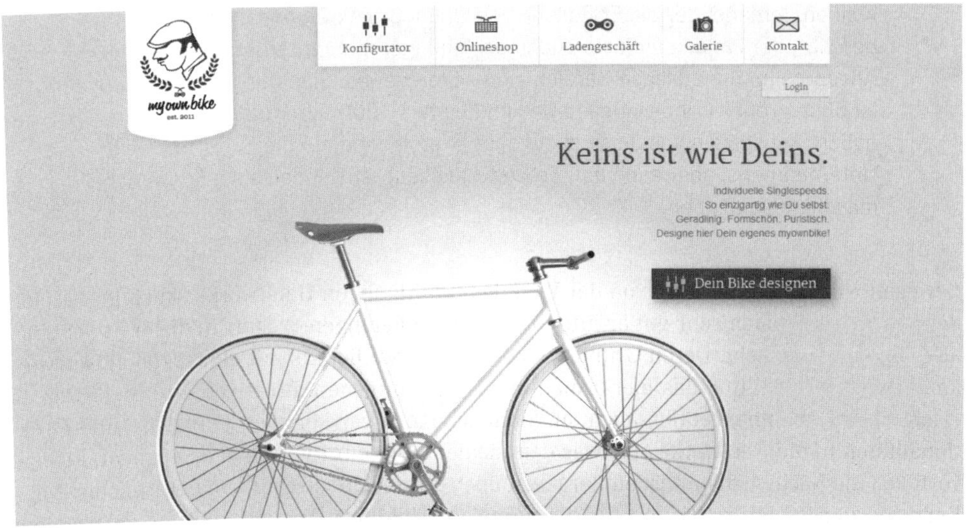

Bild 5.11 Ein typisches Beispiel für ein Unternehmensportal im Flat Design: Ähnlich aufgeräumte Konzepte lassen sich gut für E-Shops aber auch reine Content-Seiten umsetzen. Dann stehen statt dem Design, die wesentlichen Inhalte im Vordergrund, was Besucher und Suchmaschinen gleichermaßen freut.

Die einzige Gefahr bei einem Designansatz wie in Bild 5.11: Eine zu deutliche Reduzierung des textbasierten Contents. Denn dann fehlt Google & Co. die Grundlage für eine korrekte Einstufung der Inhalte.

Bei der Betrachtung von Startup-Strategien darf man sich nicht davon täuschen lassen, dass die Fan- und Like-Zahlen teilweise noch recht überschaubar sind. Schließlich fangen die meisten von null an. Mehrere hundert Social Shares in wenigen Monaten sind dabei schon ein kleines Erfolgserlebnis. Das in Bild 5.12 (S. 394) dargestellte Jungunternehmen nutzt den Gegenstand seines Geschäftsmodells und die eigene Datenbasis, um eine spannende Infografik für Facebook bereitzustellen. Darauf werden nicht nur Fans, sondern gegebenenfalls auch Multiplikatoren wie Presseorgane und Blogger aufmerksam.

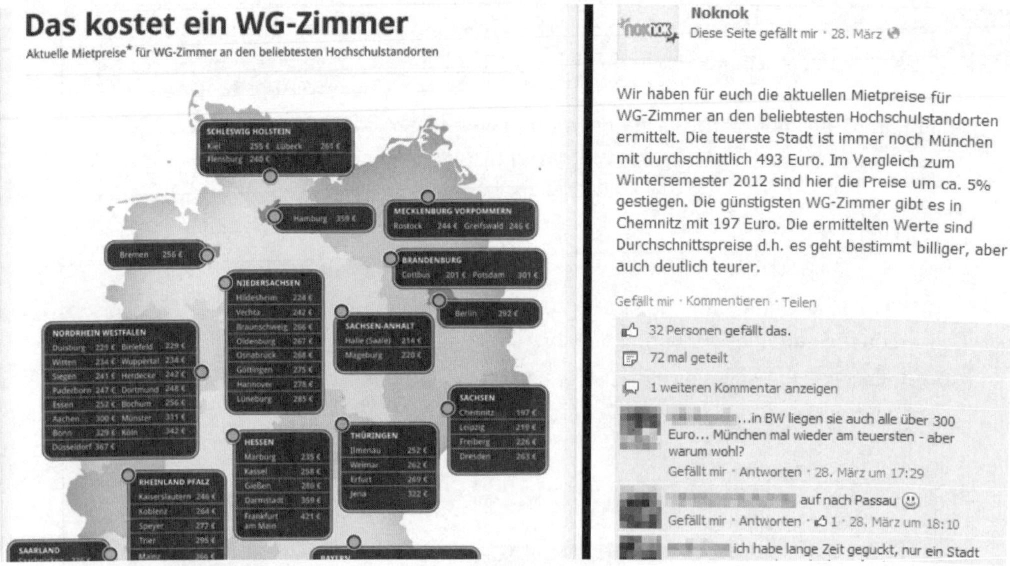

Bild 5.12 Geht es anderen besser oder schlechter als mir? Wohne/Lebe/Arbeite/Kaufe ich in einem attraktiven oder weniger attraktiven Umfeld? Die Beantwortung solcher Fragen stößt meist auf Interesse. Dabei gilt: Die Ergebnisse von Infografiken sollten möglichst einfach und schnell aufgenommen werden können.

In das eigene Portal bzw. den Firmenblog eingebunden eignen sich vergleichbare Inhalte zur passiven oder aktiven Generierung von Backlinks. Manche Unternehmen gestalten gar ein eigenes kleines Onlinelexikon. Bei dem dann nicht die eigenen Produkte, sondern lesenswerte Hintergrundinformationen im Vordergrund stehen. Insbesondere bei Onlineshops lässt sich somit der nicht immer sehr umfangreiche Content strecken. Das ist gut für das SEO und für den Aufbau relevanter Long Tail Keywords. In Bild 5.13 sehen Sie dazu ein Beispiel.

Es liegt nahe, dass Freunde des edlen Gerstensafts auch online recherchieren, wenn sie eine bestimmte Frage beantwortet haben möchten. Alleine nach dem Begriff „Reinheitsgebot" recherchieren monatlich über 12 000 Google-Nutzer – bei niedrigem Wettbewerb (siehe Abschnitt 1.5.2). Stößt man dabei über einen bislang nicht bekannten Onlineshop für begehrte Biere aus aller Welt, so wird man sich dieses Angebot sicherlich einmal näher anschauen. In ähnlichen Keyword-Kombinationen hat es der Anbieter aus Bild 5.13 schon auf sehr gute Plätze bei Google geschafft – und das nach nur wenigen Monaten. Man merke: SEO bedeutet immer auch, „um die Ecke" zu denken. Übrigens läuft auch der Facebook-Auftritt des E-Shops bereits recht gut. Unter anderem mit Beiträgen zum Thema „Welches Bier passt perfekt zu welchem Gericht", aber auch – ebenfalls anwendbar für viele Unternehmen – mit informativen Hintergrundgeschichten der Lieferanten und Hersteller.

Dass in diesem Abschnitt keine Beispiele aus Google+ und Twitter zum Einsatz kommen, das hat insbesondere damit zu tun, dass sich dort der Aufbau einer Gefolgschaft oft deutlich langwieriger gestaltet. Was jedoch vom Geschäftsmodell selbst abhängt, und welche Zielgruppe damit anvisiert wird. Bei Startups mit eher technischen Themen kann die Entwicklung genau umgekehrt verlaufen.

Bild 5.13 Alles was man über Bier wissen sollte: Eine kleine Recherche, wenn sich die abendliche Kollegenrunde mal wieder eine zugehörige Frage stellt, und schon landet man auf der Seite.

PRAXISTIPP: Nicht nur kleinere Unternehmen sollten neue Startups aufmerksam beobachten. So durfte ich jüngst einen Gründer interviewen, der eine äußerst spannende Community für Leser-Rezensionen im Kulturumfeld geschaffen hatte – eine Art Holidaycheck für hochwertige Veranstaltungen aller Art. Diese Idee hätte eigentlich von einem der mittlerweile zahlreichen Buchungsportale für Events kommen müssen, um das bestehende Geschäftsmodell mit hochwertigen Inhalten auf einer separaten Domain zu unterfüttern. Zusätzliches Vertrauen und Sympathie bei der Zielgruppe, aber auch SEO-Power wären die Folge gewesen. So besteht jedoch immer noch die Möglichkeit einer fruchtbaren Kooperation mit den Existenzgründern, oder gar des Portal-Sponsorings. Letzteres ist eine dezente aber wirkungsvolle Werbemöglichkeit, der man im deutschsprachigen Raum leider noch relativ selten begegnet. ■

■ 5.3 Mittelstand & Industrie

Industrieunternehmen, selbst wenn sie sich in einem eher weniger werbewirksamen Umfeld bewegen sollten, haben einen deutlichen Vorteil gegenüber den meist recht unbekannten Kleinunternehmen: Sie bringen ihre potenzielle Social-Media-Gefolgschaft gleich mit, über den eigenen Kundenstamm. Zumindest für den Anfang ist dies sehr hilfreich, um die kritische Masse von um die 1000 Fans (abhängig von der Branche) bei Facebook, Twitter oder Google+ zu erreichen. Verbraucherthemen jeglicher Art sind ein guter Ansatz, um diese Gefolgschaft zu erreichen, aber auch um neue Interessenten-Kontakte zu gewinnen. Der Weg geht hierbei oftmals zunächst über das Unternehmensportal. Transparente Angaben zu Inhaltsstoffen brachte diesem Nahrungsmittelhersteller gute Rankings bei Suchanfragen rund um das immer wichtiger werdende Thema Allergien (siehe Bild 5.14).

Bild 5.14 Das freut nicht nur Allergiker: Sämtliche Inhalts- und Zusatzstoffe werden detailliert aufgelistet.

Wobei die Inhalte in Tabellenform für Suchmaschinen nicht allzu einfach zu interpretieren sind, so kommen dennoch genügend relevante Keywords darin vor – und das in einem natürlichen Kontext. Als weiteren Mehrwert bietet der Hersteller einen Live Chat auf der Homepage an. Nur ein Klick, und man ist mit einem Mitarbeiter verbunden. Für den Fall, dass die gebotenen Inhalte nicht sämtliche Fragen ausreichend beantworten. Genau so funktioniert eine erfolgreiche Interaktion im Web 2.0. Leider erst im weniger sichtbaren unteren Bereich folgt dabei der prominente Hinweis auf die zugehörige Facebook-Seite (*www.facebook.com/frosta.de*). Dort – in Kombination mit angeteaserten Inhalten des Firmenblogs (bereits vorgestellt in Abschnitt 4.8) – setzt sich der Mehrwert in Form von interaktiven Leseraktionen fort. Ob es sich dabei um die Suche nach Geschmackstestern, kontroverse Diskussionen zum Thema Lebensmittelqualität oder den gemeinsamen Blick hinter die Kulissen des Unternehmens geht: Besser kann vertrauensbildendes Branding kaum umgesetzt werden. Noch mehr Transparenz folgt auf einem separaten Portal, auf dem man erfahren kann, wo die Zutaten zu einzelnen Gerichten herkommen (*www.zutatentracker.de*): Ein gelungener Mix also aus Portal-, Blog- und Social-Media-Kommunikation, den sich jeder Unternehmer und Marketingverantwortliche einmal näher anschauen sollte. Ebenfalls empfehlenswert im Bereich Lebensmittel ist die Homepage der „Backschwestern" (*http://backschwestern.de*), betrieben von einem Hersteller für Grundnahrungsmittel. Das Problem dort: Nicht alle am zu Grunde liegenden Thema „Rezepte" interessierte Leser werden das Unternehmen und seine teils recht speziellen Produkte tatsächlich kennen. Somit können an sich gelungene Kommunikationsmaßnahmen auch durchaus am ursprünglichen Ziel vorbeilaufen, wenn die inhaltliche Nähe zwischen dem Medium und den eigentlichen Angeboten beziehungsweise Kundengruppen fehlt. Es sei denn, rein die Markenbildung steht an oberster Stelle der zu erreichenden Ziele.

In einem ganz anderen Produktumfeld, aber ähnlich erfolgreich wie Frosta, arbeitet Opel. Dort sind es Kunden-Fotos oder Mitmach-Aktionen, wie die Wahl des beliebtesten Young- und Oldtimers, die insbesondere den Facebook-Auftritt sehr lebendig halten (*www.facebook.com/OpelDE*). Das funktioniert so gut, dass sich eine eigene Fan-Community entwickelt hat: Mit eigener Sprache, regelmäßigem gegenseitigen Austausch, der Weitergabe von Tipps zum geliebten Wagen etc. Man kennt sich dort, und man fachsimpelt. Nicht zuletzt daraus dürften die beinahe 300 000 „Gefällt mir"-Angaben für die Seite resultieren (siehe auch den Beitrag zur Social-Media-Strategie von Opel unter *www.blogprofis.de/buch/opel*). Bei allen Unternehmen beziehungsweise Produkten, die eine ähnliche emotionale Nähe erlauben, kann Vergleichbares gelingen. Indem man die Fans regelmäßig zur Interaktion anregt, mit unterhaltsamen aber auch kontroversen Inhalten. Und indem man sich, insbesondere in der Anfangsphase, selbst rege an den Diskussionen beteiligt, technische oder inhaltliche Fragen ausführlich beantwortet und Ähnliches mehr. Die Leser in den unterschiedlichen sozialen Netzwerken haben ein sehr feines Gespür dafür, auf welchen Seiten ihnen tatsächlich weitergeholfen wird. Wo es sich also lohnt, eine Frage zu stellen, und wo man nicht nur mit Standardantworten abgespeist wird. Das kann der Interaktion einen enormen Anschub verpassen, bindet jedoch auch einiges an Ressourcen.

Der folgende Großkonzern (Bild 5.15) arbeitet mit Incentives, um die Fans bei Laune zu halten. Wobei auffällig ist, dass dabei vor allem jene Gewinnspiele besonders viel Anklang finden, die einen eher ungewöhnlichen Gewinn versprechen. Auch das gehört zur kreativen Social-Media-Kommunikation: Umso mehr Ideen und Energie man in eine Aktion steckt, umso viraler verbreitet sich diese. In Sparten wie der Elektronikbranche oder dem Versandhandel mag es nach wie vor funktionieren, schlichte Gutscheine oder Geld auszuloben. Andere Unternehmen müssen sich deutlich mehr Mühe geben.

Bild 5.15 Dieser Preis ist nicht mit Geld zu kaufen – und gerade deswegen so begehrt.

Schwierig in diesem Fall: Das Unternehmen aus Bild 5.15 bietet auf seiner Facebook-Seite Inhalte mal auf Deutsch, mal auf Englisch an. Nicht jeder Fan wird dies akzeptieren. Dann sollte man besser mit unterschiedlichen Seiten für unterschiedliche Zielregionen arbeiten.

Mit diversen Spezialkanälen, unter anderem für Schüler und Auszubildende, versucht es der Chemiekonzern-Riese BASF (siehe Bild 5.16). Er spricht damit nicht nur die Arbeitskräfte sowie Zielgruppen der Zukunft an. Auch die oftmals recht heikle Außendarstellung in einer umstrittenen Industrie wird auf diese Weise umgangen. Denn Inhalte, wie in Bild 5.16 dargestellt, bei dem diverse Ausbildungsberufe und deren Protagonisten im Detail vorgestellt werden, sind wenig verfänglich. Hierdurch sind sie zwar offen in der Kommunikation, aber dennoch kaum anfällig dafür, kontroverse Diskussionen auszulösen.

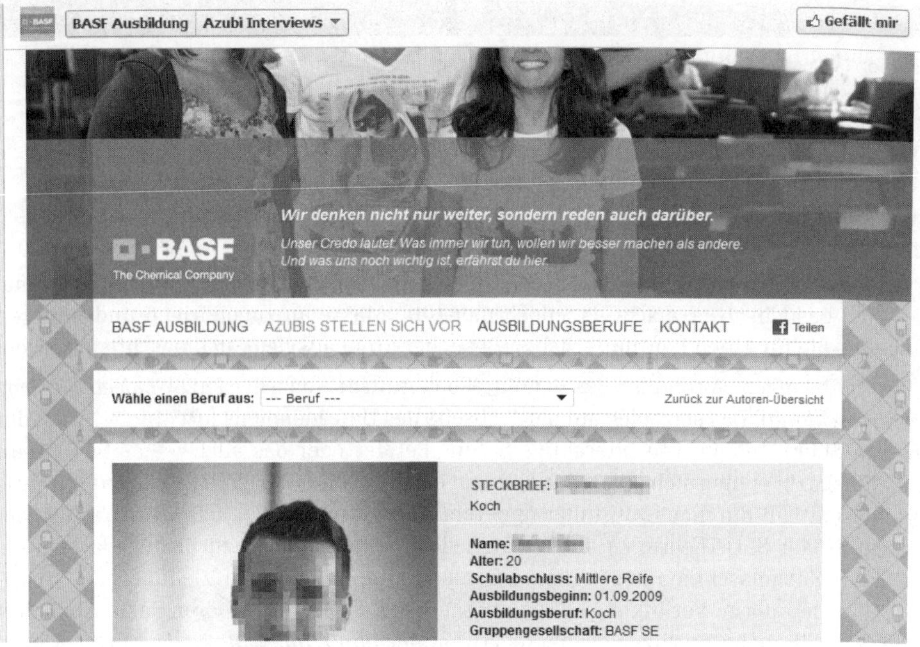

Bild 5.16 Azubi-Steckbriefe auf Facebook dienen hier als PR- aber auch als Recruiting-Instrument.

Zwar verzeichnet die Ausbildungsseite aus Bild 5.16 beinahe 10 000 Likes, doch dienen vergleichbare Plattformen meist der PR, als der tatsächlichen Personalbeschaffung, was auch die Inhalte sowie die recht überschaubaren Leserreaktionen unter *www.facebook.com/BASFAusbildung* nahelegen.

Einen guten Weg in einem ganz anderen Social-Media-Bereich, dem Video-Marketing, hat der nachfolgende Anbieter von Elektrowerkzeugen gefunden (siehe Bild 5.17). Sehr praxisnahe Anleitungen zur Bedienung der Produkte locken regelmäßig Zuschauer in den entsprechenden Kanal bei YouTube. Das schlägt sich auch in den positiven Rankings bei Google nieder. Gibt man dort den stark umkämpften Suchbegriff „Pendelstichsäge" ein, so führt gleich der dritte Beitrag zum zugehörigen Video. Viele weitere gute Rankings auf das Unternehmensportal selbst folgen. Entweder landet der Interessent also bei der Bewegtbild-Anleitung von Youtube, oder direkt beim Hersteller. Die Mitbewerber ärgern

Bild 5.17 In der Summe erzeugen die einzelnen Videoanleitungen eine beträchtliche Reichweite.

sich so oder so. Zwar wird der alleinstehende Begriff „Pendelstichsäge" nur rund 800-mal monatlich gesucht. Hier macht es jedoch meist die Masse an zugehörigen und weiteren Keywords, die für einen kontinuierlichen Besucherstrom aus den Suchmaschinen sorgen.

In vielen Belangen vorbildlich ist der Facebook-Auftritt von Nivea (*www.facebook.com/niveadeutschland*). Das setzt sich auf der Webseite des Unternehmens fort (Bild 5.18 auf der nächsten Seite). Inhalte wie interaktive Styling-Berater oder das auch online verfügbare Kundenmagazin eignen sich eigentlich sehr gut dazu, Leser und Backlinks anzuziehen (was es in diesem Fall durchaus tut, unter anderem mit wertvollen Verweisen durch Fashion-Blogger). In der SEO-Theorie ist der Ansatz jedoch teilweise nicht zu Ende gedacht. Teils schwer für Suchmaschinen zugänglicher Content, eine nicht immer zielführende Navigation, fehlende interne Verlinkungen, kryptische URLs und mehr gehören dazu. Ähnliches gilt für Blog-ähnliche Ansätze der Marke, etwa unter *http://dialog.nivea.de*. Dortige Unterartikel, inhaltlich durchaus spannend, sind kaum aufzuspüren, und trotz zu Grunde liegender Weblog-Technik nicht wirklich als interaktive Beiträge zu erkennen. Das ist schade, bei dem Aufwand, der für die Erstellung der Artikel in den diversen Portalbereichen betrieben wird. Dennoch sind gerade die Webseiten der Kosmetik- aber auch der Modebranche immer einen Besuch wert. In Sachen „frische Content-Ideen" dienen sie oftmals als Referenz.

Ursache für derartige unschöne Medien- und damit SEO-Brüche sind meist nicht miteinander kompatible IT- beziehungsweise Content-Management-Systeme. Treten solche Konflikte in Ihrem Unternehmen auf, dann sollten Sie diese unbedingt lösen – und sei es, in dem die Inhalte für eine Übergangszeit aufwändig konvertiert werden müssen. Nun kann man natürlich entgegnen, dass es eine Marke wie Nivea aufgrund seiner Produkte und Kundenstruktur sehr leicht hat, wirkungsvolle Inhalte bereitzustellen. Doch selbst in deutlich weniger „fotogenen" Umfeldern funktioniert die gezielte, SEO-konforme Ansprache von Kunden und Interessenten. So wie bei einem führenden Anbieter von „Solar-Wechselrichtern". Auf seiner Homepage (siehe Bild 5.19) bietet dieser eine spezielle Rubrik namens

Bild 5.18 Eigentlich eine gute, SEO-wirksame Idee: Das Kundenmagazin von Nivea ist auch online verfügbar. Leider jedoch teilweise nur schwer zugänglich für Mensch sowie Suchmaschine. So werden wichtige Ranking-Positionen verschenkt.

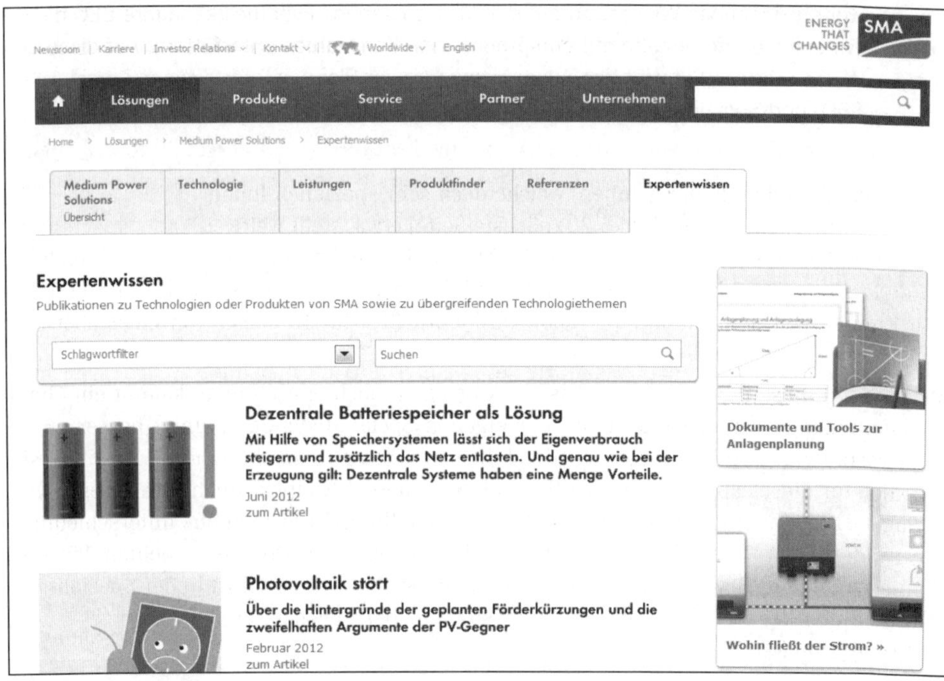

Bild 5.19 Auch sehr spezielle Inhalte stoßen bei Google auf entsprechende Suchanfragen – zwar nicht in Masse, doch wenn nur einige wenige Multiplikatoren oder gar potenzielle Kunden darunter sind, so hat sich der Aufwand bereits gelohnt.

Expertenwissen an. Die dortigen Beiträge, Dokumente und Hilfsmittel teils namhafter Spezialisten der Solarbranche sind nicht nur qualitativ sehr hochwertig, sie werden auch genauso qualifiziert und vor allem rege kommentiert (siehe zum Beispiel die Interaktion sowie die Social Shares unter *www.sma-sunny.com/2012/06/15/dezentrale-batteriespeicher-als-loesung/*). Damit macht sich das Unternehmen nicht nur einen Namen in Fachkreisen. Es werden umfangreiche und vor allem sehr relevante, nutzergenerierte Inhalte für Google & Co. erzeugt. Bei diversen SEO-Kennzahlen hilft dies dem Anbieter deutlich, wie eine erste Analyse ergibt. Ganz unabhängig davon, dass die Inhalte zudem potenzielle Multiplikatoren und Kunden überzeugen.

PRAXISTIPP: Bewegt sich Ihr Unternehmen in einem sehr speziellen Produkt- oder Dienstleistungsumfeld, dann schauen Sie sich einmal die Portale der Konzerne aus DAX, MDAX, SDAX, TecDAX etc. genauer an. Selbst wenn man nichts mit den jeweiligen Inhalten anzufangen vermag: Schnell merkt man auf den ersten Blick, wer sich bei seiner Content-Strategie Mühe gibt, und wer nicht. Genau diese unabhängige Betrachtungsweise benötigen Sie übrigens für Ihre eigene Homepage, was nur über Tests von außenstehenden Personen erreicht werden kann (siehe hierzu Abschnitt 1.6).

Tauchen Sie in jene Portale tiefer ein, die Ihnen auf Anhieb gefallen. Mit welchen Mitteln gelingt es den Unternehmen jeweils, den Leser zu halten, und ihm weiterbringendes Wissen mit auf den Weg zu geben? Eventuell kann Ihre SEO die Wirksamkeit der Inhalte mit entsprechenden Kennzahlen unterfüttern. Auf diese Weise erhalten Sie wichtige Ausgangspunkte zur Planung Ihrer eigenen Portal-, SEO- und Social-Media-Strategie. ■

Manchmal mag man kaum glauben, welche doch sehr speziellen Inhalte online wirken können. Das Unternehmen aus Bild 5.20 (nächste Seite) etwa, stellt weltweit Anlagentechnik für die Getränkeindustrie zur Verfügung. Nicht gerade ein Produkt, das Außenstehende als besonders emotional bezeichnen würden. Und dennoch sorgen Fotos wie das in Bild 5.20 – von Kunden gemacht und auf Facebook veröffentlicht – für Hunderte von Likes aber auch begeisterte Kommentare.

Was ich mit diesem Beispiel zum Ausdruck bringen möchte: Ab und an kommt ein Thema bei den eigenen Kunden und damit der eigenen Social-Media-Community besser an, als man vermuten würde. Der Vorteil: Hier Liken und Posten ausschließlich Nutzer, die sich wirklich für dieses absolute Nischenthema interessieren. Hauptsächlich werden es mit der Anlagetechnik vertraute Mitarbeiter der unterschiedlichsten Firmen aus unterschiedlichsten Ländern sein – also genau jene, die mit über einen Folgeauftrag entscheiden. Für mich ist dieses Bild der Beweis, dass Facebook und andere Netzwerke selbst in der Spezialindustrie eine deutliche PR-Wirkung entfalten können. Bei gleichzeitig sehr überschaubarem Aufwand. Und damit allen Social-Media-Unkenrufen zum Trotz.

Schaut man sich hingegen die Twitter-Kommunikation etwa der DAX-Konzerne an, so fällt das Ergebnis deutlich ernüchternder aus. Manchmal verweisen die dortigen Profile lediglich auf das Unternehmensportal, oder es existieren Markenkanäle für die USA, Asien etc., weil man sich von der dortigen Twitter-Nutzung mehr verspricht, aber keine Mitteilungen für den deutschsprachigen Markt. Es ist ein Henne-Ei-Problem: Weil man keinen guten

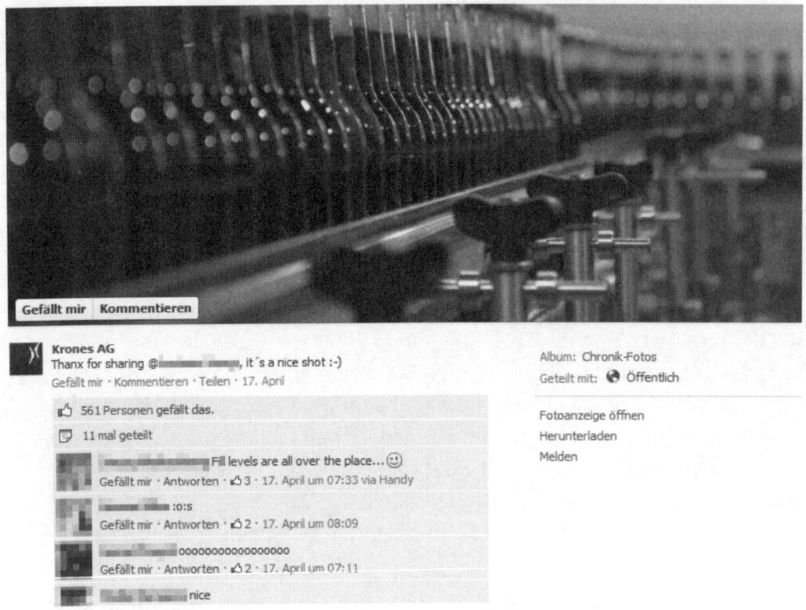

Bild 5.20 561 Likes für das Bild einer Flaschenabfüllanlage.

Content in dem 140-Zeichen-Medium bereitstellt, so gibt es auch keine Follower. Und das wiederum deuten die Konzerne als fehlende Relevanz. Ein Blick über die Grenzen hilft. Twittert man etwa an den Kanal des Computerherstellers Dell eine Frage, so kommt innerhalb von Minuten eine Antwort zurück. Selbst außerhalb der ortstypischen Öffnungszeiten (*http://twitter.com/DellCares*). Das bringt dem Dell-Account (es ist lediglich eines von vielen Profilen des Herstellers) stolze Nutzerzahlen ein. Nur wenige Großunternehmen hier zu Lande setzen Twitter so vorbildlich ein wie der Social-Media-Manager der Allianz (*http://twitter.com/allianz_de*). Er ist sich nicht zu schade, Antworten auf versicherungstechnische Fragen einzelner Kunden zu geben (siehe hierzu auch das Interview unter *www.blogprofis.de/buch/allianz*). Weitere Positivbeispiele zu Twitter finden sich in Abschnitt 4.3.

■ 5.4 (Online) Handel

Im Bereich Handel, ob online oder offline, ist es insbesondere für die kleineren und mittleren Anbieter nicht ganz einfach, sich gegen Platzhirsche wie Amazon, Zalando oder auch Otto durchzusetzen. Von den Unternehmen im eCommerce-Umfeld werden so viele Aktionen gefahren, dass so mancher Verbraucher regelrecht immun dem gegenüber wird. Was immer noch recht gut funktioniert, das sind Angebote in Kombination mit authentischen Erfahrungsberichten. Im Beispiel aus Bild 5.21 lässt ein Unternehmen seine Kunden – in diesem Fall Blogger – ein von ihm vertriebenes Produkt testen. Nicht nur die doppelte Reichweite resultiert hieraus, weil beide Seiten den Ergebnisbeitrag vermarkten. Dem Blogger und seinen auch durchaus einmal negativen Kritiken vertrauen die Leser mehr, als dem Unternehmen.

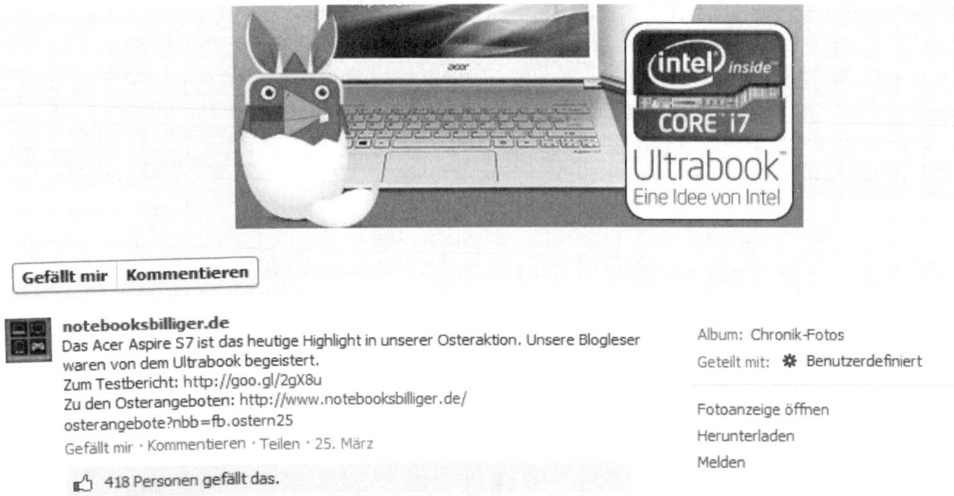

Bild 5.21 Der Testbericht des Lesers und Kunden wird sogleich in eine aktuelle Sonderaktion bei Facebook eingebunden.

Hinzu kommt: Derartige Produkttests werden innerhalb der Blogosphäre gerne verlinkt – nicht zuletzt deswegen, weil der linkgebende Blog ebenfalls von einem so genannten automatischen Blog-Trackback, also einem Gegenlink, profitiert (*http://de.wikipedia.org/wiki/Trackback*). Eine typische Win-Win-Situation für den Corporate- und den privaten bzw. semiprofessionellen Blog, mit gegenseitigem Linkbuilding. Das Unternehmen aus Bild 5.21 arbeitet ansonsten sehr viel mit Comics, kuriosen Bildern der Fangemeinde und sonstigen humoristischen Inhalten (siehe *www.facebook.com/Notebooksbilliger*). Zu seiner Zielgruppe scheint dies zu passen, wenn man sich die Anzahl der Feedbacks auf diese Inhalte anschaut. Professionelle (Firmen-) Kunden könnten hingegen unter Umständen weniger davon angetan sein.

Gerade im Einzelhandel steht und fällt der Erfolg eines Social-Media-Kanals mit dem Kundenservice, dem man dort seinen Fans zukommen lässt. Wie man es richtig macht, das zeigt diese Interaktion auf Facebook in Bild 5.22.

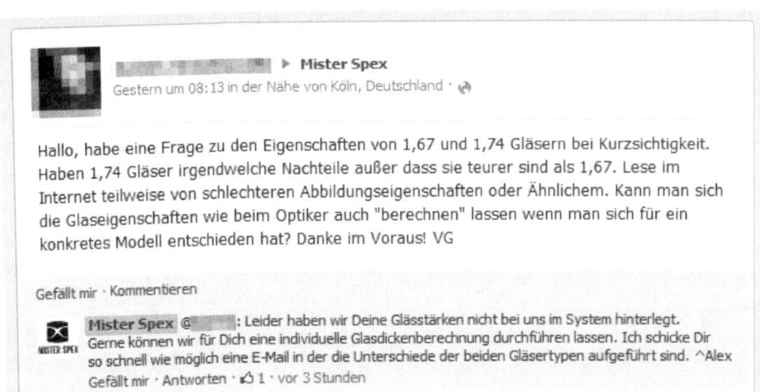

Bild 5.22 Das wünscht man sich als Facebook-Fan: Eine ausführliche und vor allem hilfreiche Antwort.

Eine zumindest initial nicht sehr schnelle Reaktion, dafür jedoch mit perfekter Dienstleistung versehen. Und mit einem geschickten – da in diesem Fall zielführenden – Medienwechsel hin zur E-Mail. So fühlt sich der Leser ernst genommen, und dürfte, wenn er es nicht bereits ist, spätestens nach diesem Dialog zum Fan werden. Was die zu postenden Inhalte anbelangt, so hatte die Baumarktkette in Bild 5.23 eine schöne Idee. Die detaillierte Anleitung zum Bau eines Gartencaddys (an sich schon sehr kreativ) wurde in zahlreiche immer wieder aufeinanderfolgende Facebook-Postings aufgeteilt. So konnten sich die mitmachenden Leser täglich über weitere Tipps freuen, und besuchten ganz nebenbei ebenfalls täglich das Social-Media-Profil des Unternehmens. Die einzelnen Beiträge erzeugten zwar jeweils keine spektakulären Feedback- und Social-Share-Werte. In der Summe gesehen, ergibt sich jedoch ein ganz anderes Bild. Bei vergleichbaren Aktionen sollte man darauf achten, dass diese nicht zu viel Raum im Verhältnis zu den sonstigen Kommunikationssträngen einnehmen. Denn wer sich als Baumarktkunde nicht für den Gartencaddy interessiert, der wendet sich unter Umständen schnell gelangweilt oder gar genervt ab.

Bild 5.23 Jeder Teil der Beitragsserie erklärt einen neuen Schritt des Bauvorhabens. Die Verweise führen auf das Portal des Anbieters und sorgen dort für zusätzlichen Traffic.

HINWEIS: Bei der Recherche zu diesem Beispiel ist mir übrigens noch eine SEO-Herausforderung aufgefallen, die bislang unerwähnt blieb. Manche Firmen und Produkte müssen in den Ergebnislisten der Suchmaschinen nicht nur mit der eigentlichen Konkurrenz um die besten Plätze kämpfen. Gibt man in Google den „Caddy“ als Suchbegriff ein, so landet man nicht etwa bei Herstellern für die Trolleys oder auch Carts beim Golfspiel. Sondern bei einem gleichnamigen Automodell. Derlei Beispiele gibt es viele. In einem solchen Fall bleibt oftmals nur, auf ein passenderes Long Tail Keyword auszuweichen. Beim „Caddy“ verrät Google Suggest gleich die passende Alternative: Den „Caddy Golf“ oder „Caddy Golfsport“.

Wenn es um SEO-wirksame Bestandteile auf den Onlineportalen der Handelsunternehmen selbst geht, so finden sich zahlreiche Positivbeispiele. Zumindest was die ursprüngliche Intention anbelangt, in der Umsetzung hapert es oft. Ein Reiseveranstalter versucht es mit Reiseberichten der Kunden (Bild 5.24). Eine zwar nicht neue, aber dennoch effektive Methode. Mit dem Schmankerl einer teilweisen Live-Berichterstattung, direkt vom Urlaubsort aus. Schade nur, dass die Umsetzung teilweise so lieblos erfolgte. Die Gestaltung der einzelnen Beiträge ist wenig einladend, was sich etwa an dem unmotivierten Blocksatz ohne auflockernde (und SEO-wirksame) Zwischenüberschriften und Ähnlichem mehr zeigt. Social-Media-Elemente fehlen gleich ganz. So ist es fast kein Wunder, dass die Kommentare sowie die Verweise von anderen Webseiten ausbleiben. Zwar konnten die Inhalte erste Backlinks auf sich ziehen, doch das ließe sich sicherlich noch deutlich steigern.

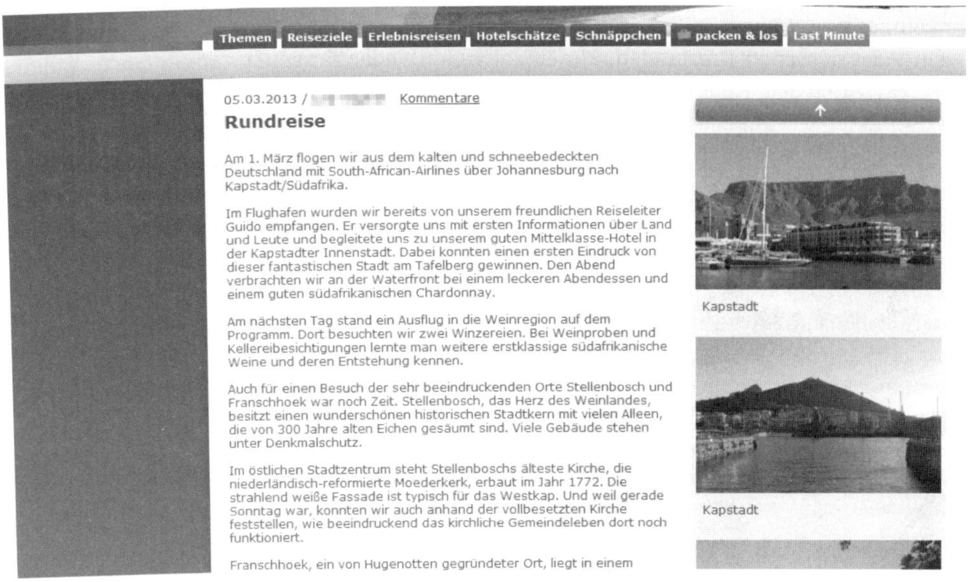

Bild 5.24 In der Idee gut, doch dieser Leser-Reisebericht ließe sich durchaus schöner und interaktiver gestalten.

Einen interessanten Content-Ansatz verfolgt das Portal für Gartenfreunde unter *http://garten2null.de*. Dieser Ansatz ähnelt einer stark erweiterten Microsite. Von einem Fachbuch-Verlag ins Leben gerufen, geht es dabei ausschließlich um einen einzelnen Subbereich aus dessen Portfolio, ohne direkten Produktbezug. Denn da man die Webseite zunächst einmal überhaupt nicht mit Büchern zu dem Thema in Verbindung bringt, sondern rein mit Tipps zur gerade aktuellen Gartensaison, so ist eine Art dezentes Werbe-Sponsoring möglich. Die Angebote des herausgebenden Verlags werden dabei nur am Rande erwähnt. Sehr viele Unternehmen verfügen über solche Subbereiche und Verticals, für die sich ein eigenes Portal oder eine komplette Online-Kommunikationslinie einrichten ließe. Der Vorteil: Jedes Subportal kann mit einer eigenständigen, weit verzweigten Keyword-Welt ausgestattet werden. In diesem Beispiel eben alles rund um „Garten", statt den „Büchern" etc. des Hauptportals. So werden neue Besucherströme aus den Suchmaschinen erschlossen. Nur bei der Querverlinkung könnten sich Probleme ergeben, da die Inhalte hinter den Backlinks nichts oder nur sehr wenig miteinander zu tun haben.

Ab und an stoßen Onlineunternehmen in gänzlich andere Themengebiete vor, als ihr Kerngeschäft vermuten ließe. Ein Beispiel ist die Existenzgründer-Initiative von Immobilienscout24 sowie das zugehörige Portal You is Now (erreichbar unter *www.youisnow.de* sowie *www.facebook.com/youisnow*). SEO-Interessen standen sicherlich nicht im Vordergrund, als das Unternehmen sein Gründerprogramm ins Leben rief. Zudem ist *www.immobilienscout24.de* SEO-Kennzahlen-technisch bereits erfolgreich aufgestellt. Und dennoch: You is Now konnte innerhalb kurzer Zeit ein ebenfalls sehr gutes Standing erreichen, und hilft damit natürlich dem Hauptportal. Selbst wenn die fehlende inhaltliche Nähe diesen Effekt ein wenig trüben sollte. Hinzu kommt, dass solche Initiativen dem guten Ruf innerhalb einer spezifischen Community oder auch darüber hinaus zu Gute kommen. Immobiliensout24 ist generell vorbildlich darin, sein Geschäftsmodell mit peripheren Onlinediensten attraktiver zu machen. Umzugsplaner, Mietrecht-Datenbank, ein Subportal zum Thema Umbau & Renovieren, Baufinanzierungs-Rechner, Baulexikon, Standortanalysen und vieles mehr: Es ist kein Wunder, dass das Unternehmen bei so vielen Suchanfragen an erster Stelle gelistet wird. So wurde aus der reinen Wohnungssuch-Maschine für Umzugswillige eine komplette Welt rund um das Thema „Zuhause". Und damit vervielfachte sich die Zielgruppe.

Gerade im Online- und Handelsumfeld sollten Sie sich zudem regelmäßig die jungen, aufstrebenden Firmen ganz genau anschauen. Wie in Abschnitt 5.2 bereits beschrieben, haben diese weniger mit eingefahrenen Konventionen zu kämpfen, und setzen hierdurch auf unkonventionelle Content-Formate. Unternehmen wie TastyBox (*http://tastybox.de*) oder Foodist (*http://foodist.de*, Bild 5.25) stellen die Geschichten hinter den von ihnen vertriebenen Lebensmitteln in den Vordergrund. Dann erzählt der Metzger in einer Art Homestory, mit welchen Gewürzen er seinen Schinken veredelt, und woher dieser Brauch stammt, oder die Food-Journalistin steuert launisch geschriebene Rezepte und Anekdoten bei. Auf solchen Portalen können nicht nur Gourmets lange verweilen. Google freut es.

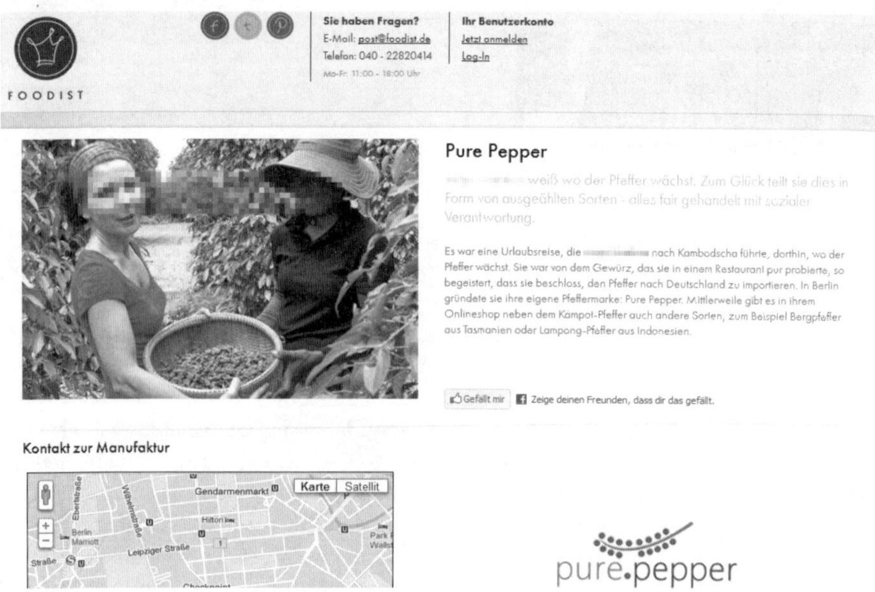

Bild 5.25 Dieser so genannte Abo-Commerce-Anbieter stellt seine Manufakturen und Lieferanten persönlich vor – inklusive Adresse. Auch auf die Gefahr hin, dass die Kunden dann direkt dort einkaufen.

Wie eine durchgängige Bildersprache für Mehrwert sorgen kann, das zeigt der Lieferant für individualisierte Bürosnacks Bitebox (*www.bitebox.com*). Etwa auf Unterseiten wie „So geht's“ oder „Wissenswertes“ sorgen eine einheitliche Symbolsprache sowie Infografiken dafür, kurz und prägnant das Prinzip des Lieferdienstes zu erklären. Das hilft neuen Kunden beim Einstieg. Der Nachteil: Die gestalterischen Elemente sind nur zum Teil durch Suchmaschinen zu lesen. SnackSelect, ein ähnlicher Anbieter, geht eine Kooperation mit einer Lifestyle-Bloggerin ein, um eine spezielle Kollektion für deren Leser aber auch alle anderen Kunden zu präsentieren. Das bringt wertvolle externe Reichweite (siehe *www.snackselect.de/blog.html*). Kleiderhelden (*www.kleiderhelden.com*), der Onlineshop für Männerunterwäsche, lässt zu Beginn des Besuchs auswählen, ob ein männlicher oder ein weiblicher Kunde vor dem Bildschirm sitzt. Je nach Auswahl werden teilweise individualisierte Inhalte zugesteuert. Auch solche kreativen Ideen sorgen für erweiterten Content – und bei entsprechender technischer Ausgestaltung für zusätzliche Positionierungen in den Suchergebnislisten von Google & Co.

Das man im E-Shop-Bereich mit Produktbeschreibungen punkten kann, die über das übliche „Maße, Material, Verfügbarkeit, Preis“ hinausgehen, das zeigen innovative Anbieter wie Pink Milk (*www.pinkmilk.de*). Bei jeder Kategorie des Shops wird links in der Sidebar ein liebevoll gemachter Text zugesteuert, der die enthaltenen Produktwelten in einer Art kleiner Geschichte schildert, und Lust auf mehr macht. Damit wird das fehlende Kauferlebnis zumindest teilweise wettgemacht, das sonst nur Ladengeschäfte vor Ort bieten können. Die Produkte selbst werden ähnlich kreativ umschrieben. Auch oder gerade weil diese Texte nicht vollgespickt sind mit relevanten Keywords: Ein nicht spektakulärer aber wirksamer SEO-Wettbewerbsvorteil im Vergleich zu konventionellen Onlineshops. Ebenso ein Garant für E-Shop Texte der der etwas anderen Art ist der Anbieter unter *www.mey-edlich.de* (Bild 5.26).

Bild 5.26 Nicht nur in der gedruckten Variante, auch online wirken solche frischen Produktbeschreibungen: Den Nutzer bei Laune zu halten, und somit möglichst lange auf der Seite (statt früher im Laden) zu halten, auch das gehört mit zu einer effektiven SEO-Strategie.

Ebenso einfach aber effizient macht es Krawatten.com. Auf einer Landingpage werden dort detaillierte Anleitungen mit Text und Bild geliefert, wie man unterschiedliche Varianten des Accessoires bindet. Damit besetzt das Unternehmen zahlreiche wichtige Long Tail Keywords. Eigentlich eine nahe liegende Idee, doch viele Handelsunternehmen verzichten auf derlei nette Beigaben. Der Shop von Paduno (*www.paduno-kaffeepads.de*) vertreibt Kafeepads. Schildert aber gleichzeitig, wenn auch recht knapp, wie man diese Pads auch selbst herstellen kann. Damit macht sich der Anbieter zwar im schlimmsten Fall selbst Konkurrenz, doch der informative Nutzen für die Webseitenbesucher überwiegt.

Beim Portal „dreizehn grad" (Bild 5.27) zum Thema hochwertige Weine steht generell erst einmal der Inhalt im Vordergrund, an zweiter Stelle der zugehörige Onlineshop (*www.13grad.com*). Eine Wein-Community, ein persönlicher Weinberater, die Vorstellung von Weingütern, -regionen und Rebsorten, Rezepte und mehr bieten den Content, den die Besucher sowie Google in erster Linie suchen. In den zugehörigen Social-Media-Profilen von Twitter und Facebook setzt sich dieses Prinzip fort. Wer seinen Kunden so vieles bietet, der macht sich schnell einen Namen in der jeweiligen Hobby-Szene.

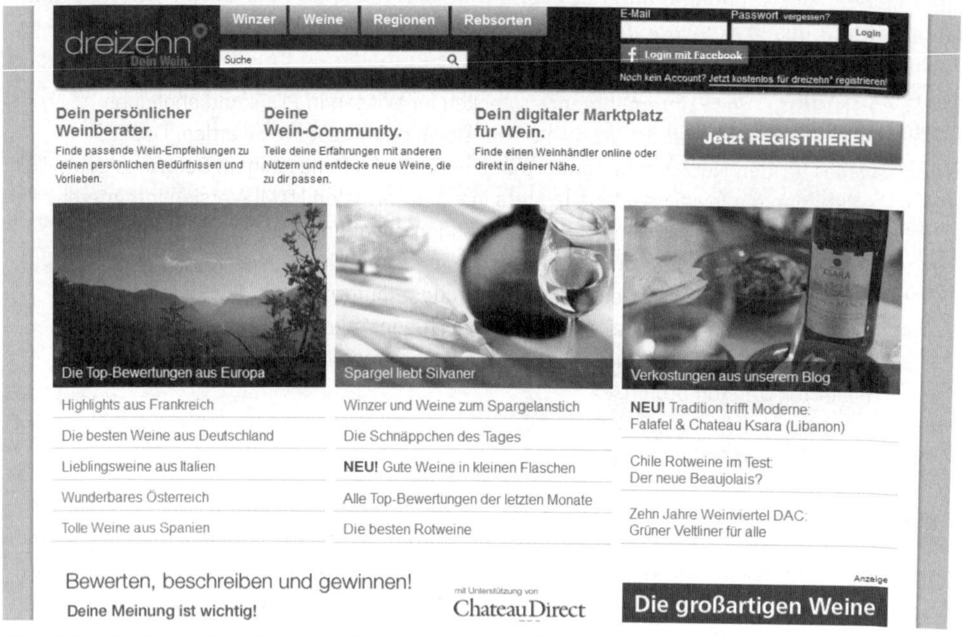

Bild 5.27 Zunächst einmal Content-Portal, dann erst Onlineshop. Beides kann monetarisiert werden, die Abwechslung ist gut für die Suchmaschinenoptimierung.

Mit einem eigenen sozialen Nischen-Netzwerk geht „Unser Dinner" an den Start (*www.unser-dinner.de*). Die Mitglieder verabreden sich dort zum gemeinsamen Kochen oder Essen gehen, und um ganz nebenbei neue Freunde kennen zu lernen. Solch ein Portal könnte man sich auch als Image-fördernde Ausgründung beziehungsweise Diversifizierung eines herkömmlichen Anbieters aus dem Lebensmittelhandel oder der Gastronomie vorstellen. Aber auch als Erweiterung einer Dating-Webseite. Das SEO kommt bei diesem viral wirkenden Konzept gleich mit. Und die suchmaschinenwirksamen Inhalte, sofern öffentlich sichtbar, werden teilweise durch die Nutzer selbst generiert. Etwa Bewertungen, Beschreibungen,

Profile etc. Allerdings benötigt man in der Regel ein hohes Werbebudget, um gerade zu Beginn die kritische Masse an potenziellen Teilnehmern zu erreichen. Aktuell entstehen gleich mehrere solcher Special-Interest-Netzwerke, so im Gesundheitsbereich das „Social Medwork" DocCheck (*www.doccheck.com/de/*) – ein spannender Ansatz, nicht nur für Startups. Besonders SEO-wirksam ist bei DocCheck die angeschlossene medizinische Datenbank. Zu unzähligen Gesundheitshemen sind dort Informationen abrufbar, wenn auch teilweise nur in einem geschlossenen Bezahlt-Bereich oder in Form von E-Books, und damit nicht für die Suchmaschinen verfügbar.

Ähnlich arbeitet das Stellenportal Jobmensa (*www.jobmensa.de*), aber auch Marktführer wie StepStone (*www.stepstone.de*). Ein eigener Servicebereich widmet sich jeweils ausführlich der Beantwortung von Fragen rund um das Thema Studentenjobs beziehungsweise Karriere- und Bewerbungstipps. Nicht nur aus reiner Kundenfreundlichkeit werden derlei Ratgeber aufgebaut, sondern oftmals in erster Linie zur Unterstützung der Onlinemarketing-Strategie. Ich wundere mich immer wieder darüber, wie selten dieses einfache Mittel von anderen Branchen genutzt wird. Denn, ob es sich nun um den Online-Auftritt der Stellenbörse, der Möbelmanufaktur oder des Fleischfachhändlers dreht: Jeder hat eine Menge wertvolles Praxiswissen weiterzugeben.

HINWEIS: Viele Unternehmen verstecken ihr Wissen in PDFs und ähnlichen Dokumenten, die auf der Webseite zum Download angeboten werden. Das ist weder für den Nutzer sehr komfortabel, noch für Suchmaschinen. Sofern es geht, sollte man die jeweiligen Inhalte stets in einer normalen HTML-Version integrieren. Sehr umfangreiche PDFs und E-Books können gegebenenfalls in eine Artikel- oder Tipps-Serie aufgegliedert werden. Ähnlich ist es mit Videos, welche das Produkt oder die Funktionsweise einer Dienstleistung erläutern sollen. Solche multimedialen Inhalte sind gerade bei erklärungsbedürftigen Angeboten sehr sinnvoll. Gleichzeitig kann man jedoch auch die parallel zu veröffentlichende Variante einer textbasierten Version prüfen.

Wenn man vergleichbare Funktionalitäten anbietet, sollte man jedoch keinesfalls falsche Tatsachen vortäuschen. So begegnete ich jüngst einem Anbieter, der in seinem Hauptmenü in großen Lettern eine eigene „Community" ankündigte. Besuchte man den entsprechenden Portalbereich, so versteckte sich dahinter lediglich eine dünne, Facebook-basierte Standard-Kommentarfunktion, die zudem nur sehr selten genutzt wurde. Das vergrault die Besucher, statt sie zur Interaktion zu bewegen.

Um dieses Prinzip des „Gebens" von Informationen noch weiter zu erläutern, hier noch ein Beispiel aus einem gänzlich anderen Umfeld, das jedoch symbolisch für sämtliche Branchen steht. Bei fembike (*www.fembike.de*) handelt es sich um einen absolut lesenswertes Onlinemagazin von weiblichen Motorradfans für weibliche Motorradfans. Das Portal ist wahrscheinlich nur deswegen so gut und authentisch, weil eine private Betreiberin dahinter steckt. Und dennoch: Müssten solche Inhalte nicht eigentlich auch von einem Motorradhersteller kommen, der damit eine ganz bestimmte Nische bedient? Schauen Sie sich das Magazin einmal an. Dann wissen Sie, warum ich Ihnen den Ratschlag gegeben habe, sich im privaten beziehungsweise redaktionellen Onlineumfeld Ihres Geschäftszweiges zu orientieren. Das gilt auch für das Umfeld interaktiver Anwendungen, wie sie zur viralen Verbrei-

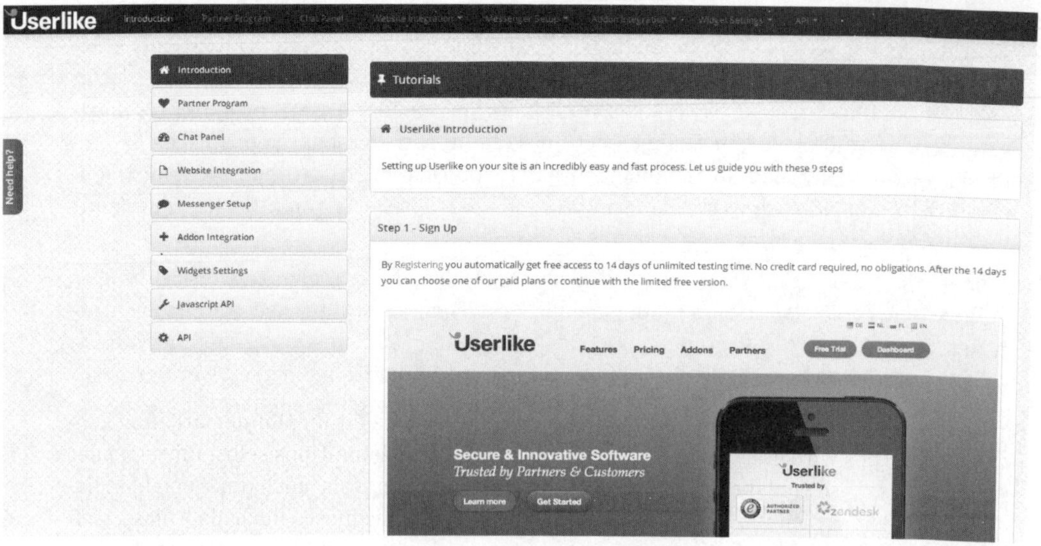

Bild 5.28 Auch das hilft der Content-Strategie: Dieser Softwareanbieter macht alle seine Anleitungen und Tutorials frei zugänglich, statt sie in einem geschlossenen Bereich zu verstecken. Ein solches Vorgehen erzeugt Suchmaschinentreffer. Aber auch Backlinks auf einzelne Tipps, wie eine entsprechende Analyse zeigt.

tung bei Facebook & Co. immer wichtiger werden. So wäre der innovative Online-Gemüseplaner für Gartenfreunde unter *www.anbeeten.de* ein tolles Konzept für einen Bau- oder Gartenfachmarkt gewesen, oder für einen Fachverlag. Dort kann man kostenlos und virtuell das eigene Gemüsebeet planen, inklusive Kalender mit saisonalen Handlungsaufforderungen, sowie tollen Tipps rund um Anbau, Pflege und Ernte. Vergleichbare Inhalte „liked" und verlinkt man gerne. SEO und Social Media bedeutet auch, sich von der Masse abzuheben. Ausgefallene Ideen, wie die eben beschriebenen, helfen hierbei.

Bild 5.29 Ein schönes Kanal-Konzept, in wenigen Worten auf den Punkt gebracht: Dieser Online-Blumenhändler bietet einen klaren Mehrwert, wenn man ihm bei Twitter folgt.

Ausblick

Sie haben nun zahlreiche Techniken und strategische Ansätze für Ihr Onlinemarketing kennen gelernt. Dies wird erst der Anfang sein. Ob man nun einzelne Tipps selbst umsetzt oder umsetzen lässt, sowohl bei der Suchmaschinenoptimierung als auch im Social-Media-Bereich handelt es sich um fortlaufende Prozesse. Nehmen Sie dieses Buch als Anlass, sich von nun an weiterzubilden. Ein offenes Ohr (wie machen es befreundete Unternehmer?) und ein offenes Auge (was schreiben SEOs in ihren Blogs, in Foren, in Magazinen etc.?) – viel mehr braucht es hierfür nicht. Bleiben Sie dabei stets kritisch. Versuchen Sie zu jedem Tipp eine Zweitmeinung zu finden, welche die ursprüngliche Aussage stützt. Im SEO- und Social-Media-Umfeld sind viele Halbweisheiten unterwegs. Zudem kann kein Experte von sich behaupten, die vollkommene Wahrheit zu kennen. Dafür ist die Materie zu vielschichtig und zu schnelllebig. Und sie ist in jedem Einzelfall, bei jedem Portal differenziert zu bewerten. Doch was werden die kommenden Jahre mit sich bringen? Wohin bewegt sich der Markt? Und was bedeutet all dies für Ihr Unternehmen?

Neue Technologien lassen SEO und Social Media miteinander verschmelzen

Im SEO-Umfeld ist die Szene jetzt schon in Aufruhr. Google hat so mancher Milchmädchenrechnung vergangener Tage ein Ende gesetzt. Niemand weiß so wirklich, welche Bewertungsprinzipien hinter dem nächsten größeren Ranking-Update stecken werden, oder welche neuen Faktoren hinzukommen: Derzeit ist das Stichwort Author Rank und Author Trust in aller Munde. Es geht also dahin, einzelnen Personen mit starker, über Social Signals zu bemessender Onlinereputation einen SEO-Vorsprung einzuräumen. Wobei jeder Experte aus jeder Branche eine solche Reputation erlangen kann, wenn er nur gut genug vernetzt ist. Und wenn er – für Suchmaschinen als Autor identifizierbar – hilfreiche Inhalte schreibt, die oft weiterempfohlen, verlinkt und kommentiert werden. Googles aktuelle Produktentwicklungen wie Google Glass – eine Art Minicomputer, der als Brille getragen wird, und relevante Informationen direkt in das Sichtfeld des Nutzers einblendet –, lassen vermuten, dass sich der lange prophezeite Hype rund um „Mobile" endlich auch auf die Suchmaschinen durchschlägt. Unterscheidet sich deren mobile Nutzung bislang kaum von den Desktop-Varianten am heimischen Bildschirm, so werden in Zukunft automatisch relevante Informationen eingeblendet. Davon profitiert hauptsächlich der zweite ausgerufene Megatrend: „Local". Die meisten der über Googles Brille zugesteuerten Inhalte werden einen räumlichen, kombiniert mit einem zeitlichen Bezug haben. Die durch Glass erfassten Zustände „Mittagszeit" und „aus dem Bürogebäude gehend" ergibt dann eine Liste, welches Restaurant in der Nähe offen hat, einen Mittagstisch anbietet, noch über freie Plätze verfügt, und gut von anderen Nutzern bewertet wurde. Insbesondere Unternehmen im Bereich Einzelhandel und ähnliche Branchen müssen sich hierauf einstellen, indem sie jetzt schon aktiv bei Diensten wie Google+ Local oder Qype werden. Aber auch Onlinehändler: Der Glass-Träger sieht ein schickes Kleidungsstück und schon werden ihm passende E-Shop-Produkte angeboten. Nicht nur eine gute Positionierung bei Google ist dann erforderlich, sondern eine möglichst genaue Verschlagwortung der eigenen Angebote. Die Nutzer mit in diese Katalogisierung einzubeziehen, das ist eine weitere wichtige Herausforderung. In nicht allzu ferner Zeit bestimmen Ihre Kunden darüber, ob und wie Sie in den Welten der Augmented Reality von Google Glass & Co. gefunden werden. Solche Maschinen nutzen die Intelligenz des Schwarms. SEO und Social Media wird damit zunehmend fremdbestimmter. Jeder Unternehmer sollte sich einmal das Demonstrationsvideo zu Googles Innovation anschauen, zu erreichen unter *www.google.com/glass/start/how-it-feels/*. Die darin enthaltene Vision verrät viel darüber, wie Unternehmen in Zukunft mit ihren Kunden interagieren werden.

Dieser Hardware-Trend bedeutet aber gleichzeitig: Immer öfter werden Apps auf Suchmaschinenergebnisse zurückgreifen, egal ob nun über einen eigenen Datenbestand oder in Kooperation mit einem bestehenden Anbieter. Die Rolle der klassischen Suchmaschinen wird dann schwinden. Zumal Google mit seiner Datenbrille sicherlich nicht alleine auf weiter Flur wandeln wird. Smartphone-Giganten wie Apple oder Samsung warten mit eigenen, ähnlichen Produkten auf. Kurznachrichten werden durch Google Glass & Co. ebenfalls eine noch wichtigere Rolle spielen. Zugehörige Bedienelemente sind wohl kaum dazu gedacht, sich in literarischen Ergüssen zu ergehen. Aber man kann mit vergleichbaren Geräten sehr leicht und schnell Bilder beziehungsweise Videos aufnehmen und sofort veröffentlichen. Davon werden weitere Technologien profitieren, etwa leicht zu bedienende Content-Management-Systeme wie Tumblr. Private und semiprofessionelle Nutzer produzieren dann noch öfter noch mehr Onlineinhalte. Die mit den Botschaften der Unternehmen konkurrieren. Nimmt ein Nutzer mit der Datenbrille ein Video seiner neuen Fahrrad-Errungenschaft auf, und teilt dies seinen Freunden mit, dann wird dies deutlich mehr bewirken, als jeder noch so schöne Videoclip des Herstellers. Die Folge aus all diesen Trends:

- Markenbotschaften sind in Zukunft noch weniger gut zu kontrollieren.
- Der Einfluss indirekter Vermarktungsstrategien steigt weiter.
- Derjenige Hersteller gewinnt, der die meisten Social-Media-Botschafter hinter sich vereinen kann.

Inhalte werden also persönlicher, SEO wird persönlicher, Social Media wird persönlicher. Anbieter wie Google unterstützen diesen Trend, denn personalisierte Einstufungen und Bewertungen sind der Hebel, um immer hochwertigere, passendere Suchergebnisse liefern zu können. All dies sind wichtige Gründe dafür, Ihre Kunden mit guten Produkten und gutem Service zu versorgen. Gegen den Willen der Crowd, der Menge zu arbeiten, das wird sich zukünftig kein Anbieter mehr leisten können. Stellt sich das neue Sommerkleid als minderwertige Qualität heraus, dessen Produktschild zudem eine zweifelhafte Herkunft aus einem Billigproduktions-Land verrät, ist diese Information noch schneller dem gesamten Freundeskreis publik gemacht. Oder wenn sich der Serviceanbieter weigert, eine beanstandete Dienstleistung nachzubessern, landet der Ton-Mitschnitt hiervon innerhalb von Sekunden in der Daten-Cloud.

Mit Google Glass steigt zudem die Relevanz der sprachgesteuerten Suche. Ob sich Suchbegriffe dann mehr anhand natürlicher Sätze und Semantik ausrichten werden, oder ob die Nutzer weiterhin den Keyword-basierten Stil pflegen, der mittlerweile fast schon zu einer eigenen Sprachevariante geworden ist, das bleibt abzuwarten. Einen weiteren Trend gibt Facebook mit seinen eigenen Suchmaschinenplänen vor, selbst wenn diese aktuell noch nicht wirklich ausgereift und zu Ende gedacht scheinen. Wir werden immer öfter auf Produkte und Dienstleistungen zurückgreifen, mit denen irgendeiner unserer Freunde und Bekannten schon einmal positive Erfahrungen sammeln konnte. Zumal Facebook seine Nutzer endgültig 24 Stunden an sich binden möchte, unter anderem durch die im Frühjahr 2013 eingeführte Smartphone-App „Facebook Home". Und so kommt es zu einem Wettkampf der beiden Big Player Google und Facebook. Am Ende dieses Prozesses steht vermutlich die Verschmelzung der beiden Prinzipien „Suchmaschine" und „soziales Netzwerk". Dann wird SEO endgültig nicht mehr von Social Media zu trennen sein, und umgekehrt.

Die Frage, welches Unternehmen diesen Machtkampf für sich entscheiden wird, wird nicht zuletzt an der Datenfront entschieden. Wer mehr Nutzer, mehr Inhalte und mehr Interaktionen bieten kann, der macht das Rennen. Für Unternehmensverantwortliche ist dies keine gute Nachricht. Schon jetzt wird immer mehr Content produziert, der miteinander konkurriert. Teilten sich früher zwei oder drei Unternehmen die Rankings zu bestimmten Nischen- und Long Tail Keywords, oder buhlten früher einige wenige Social-Media-Seiten mit sehr ähnlicher Ausrichtung um neue Leser, so explodieren die Angebote derzeit förmlich. Für neue, junge Unternehmen ist es schon jetzt sehr schwierig, einen relevanten Suchmaschinenplatz zu belegen, oder die Kundschaft davon zu überzeugen, auch noch bei ihrem Social-Media-Auftritt Fan zu werden. Der Verdrängungswettbewerb wird zunehmend härter.

Wie können Unternehmer auf diese Herausforderungen reagieren?

All das spricht dafür, sich möglichst rasch über gute, innovative und mutige Kommunikation sowie gute Produkte eine möglichst große Fan-Basis bei Facebook aber auch bei Google+ und anderen Netzwerken aufzubauen. Warum Google+? Das eben erwähnte Google Glass wird auf den hauseigenen Dienst zurückgreifen. Und die Marktmacht des Suchmaschinengiganten wird wohl beide Systeme zu einem Erfolg bringen. Beobachten Sie die neu entstehenden Technologien gut. Die Erfahrung zeigt: Je früher man bei einem prosperierenden Anbieter oder einem neuen Onlinetrend mit eigenen inhaltlichen Angeboten einsteigt, umso besser. Dann ist es nicht schlimm, wenn einzelne Bemühungen ins Leere laufen, weil sich das ursprünglich große Interesse an einem der neuen Web-Angebote als nicht tragfähig erweist. Immer mehr Onlineunternehmen versuchen die Erfolge von Google, Facebook, Twitter & Co. nachzuahmen. Nur ein Bruchteil davon wird langfristig überleben. Und dennoch könnte es sich bei einem der Anbieter um das „nächste große Ding" handeln, nach dem alle Ausschau halten.

Nicht nur im Social-Media-Umfeld, auch im SEO-Bereich werden gute Inhalte immer wichtiger. „Content is king", dieser Leitsatz wird zwar immer wieder einmal totgesagt, und dennoch kann der Weg nur hierüber gehen. Gerade wenn Märkte transparenter und Onlineprozesse demokratischer werden, dann entscheidet rein die Qualität. Was sich jedoch diesbezüglich ändern wird, das ist die Anzahl der relevanten Medienformate. Derzeit kommen die Suchmaschinen hauptsächlich mit Textinhalten gut zurecht. In den kommenden Jahren werden Bilder, Videos, Audio, digitalisierte Inhalte von Büchern und sonstige Multimedia-Daten immer lesbarer. Bis dahin wird das geschriebene Wort sowie die bestmögliche Nutzung von beschreibenden Metadaten für alle anderen Formate am wichtigsten bleiben.

Die Basis dafür, was gute Inhalte ausmacht, und wie man diese weiterverbreitet, die haben Sie in diesem Buch kennen gelernt. Doch alleine darauf zu setzen, das wird angesichts des eben beschriebenen Verdrängungswettbewerbs nicht ausreichen. Jeder macht heute SEO, und jeder macht Social Media. Wenn nur ein Teil Ihrer Mittbewerber eine vernünftige Strategie diesbezüglich fährt, so haben Sie schon ein Problem. Nicht umsonst sind Ratgeber zu beiden Themen begehrt. Gutes Onlinemarketing zu machen, das ist längst nicht mehr den Big Playern der einzelnen Branchen vorbehalten. Ich staune immer wieder darüber, wie professionell und unkonventionell insbesondere kleine StartUps diese Disziplinen angehen. Dann bleibt meist nur der Hebel der Differenzierung. In meinen eigenen Onlineprojekten, aber auch bei Kunden, konnte ich immer wieder feststellen, wie schnell sich erste Erfolge erzielen lassen, wenn man Nischen besetzt. Ob nun der Onlinehändler die Vermarktung einer begehrten aber seltenen Marke aus dem Ausland in den Mittelpunkt seiner Bemühungen stellt, der Webdesigner sich in seiner Web-Kommunikation auf die Portalgestaltung für Apotheken konzentriert, oder ob aus dem Spezialisten für Fassadendämmung der Spezialist für organische Fassadendämmung wird: Das Prinzip dahinter ist das Gleiche. Solch eine Spezialisierung kann über ihren ursprünglichen Zweck hinauswachsen, dann folgt Ihr „reales“ Geschäftsmodell irgendwann dem Onlinetrend. Oder aber ein bestehendes breit gefächertes Angebot greift auf die einzelnen, spezifischeren Besucheranfragen und Leads zu, die sich aus Subportalen, Landingpages aber auch unterschiedlichen Social-Media-Profilen und Ähnlichem mehr generieren lassen.

Zu guter Letzt

Abschließend möchte ich Ihnen einige Hinweise mit auf Ihren Weg hin zur besseren Onlinevermarktung geben. Diese sind zwar eher allgemeiner Natur, und dennoch nicht weniger wichtig, als die konkreten Tipps und Handlungsanweisungen in diesem Buch. Wenn Sie erfolgreiche Suchmaschinenoptimierung betreiben und erfolgreiche Social-Media-Präsenzen aufbauen wollen, dann

1. **Übertreiben Sie es niemals.**
   Weder die eine noch die andere Disziplin eignen sich dazu, allzu sehr vom Reißbrett aus geplant zu werden. Im SEO-Umfeld ist jegliche Überoptimierung gar schädlich. Onlinemarketing muss Spaß machen. Nur so kann es seine Wirkung entfalten.
2. **Bleiben Sie ehrlich.**
   Verkaufen Sie nicht Ihre Seele, nur um für teures Geld an einen vermeintlich existenziellen Backlink zu gelangen. Nehmen Sie keine unlautere Abkürzung, um an neue Social-Media-Fans und Shares zu gelangen. Fälschen Sie keine Leserkommunikation, Produktbewertungen, Likes und Ähnliches mehr, und erzwingen Sie diese auch nicht.
3. **Bleiben Sie natürlich.**
   Man muss nicht jeden Webtrend ungefragt aufgreifen, oder sich in der Kommunikation mit den „Fans“ verbiegen, um erfolgreich im World Wide Web bestehen zu können. Sagen Sie durchaus einmal Ihre Meinung, wenn auch öffentlichkeitstauglich. Nehmen Sie Position ein, selbst wenn Ihnen andere Experten auf Ihrem fachlichen Gebiet widersprechen werden. Eine gute Online-Reputation bedeutet keineswegs, dass diese aalglatt sein muss. Ganz im Gegenteil. Die angesagtesten Web-Experten polarisieren mit ihrer Meinung.

4. **Bleiben Sie kritisch.**
   SEO-Tipps aus unterschiedlichen Quellen widersprechen sich nicht selten. Forschen Sie in diesem Fall weiter nach einer möglichst „offiziellen" Meinung, etwa bei Google selbst. Auch ansonsten sollten Sie sich darüber im Klaren sein: Vieles, was Sie heute im SEO- oder Social-Media-Umfeld lesen, das kann morgen schon wieder veraltet sein. Und beide Bereiche ziehen selbst ernannte Experten fast schon magisch an. Die wirklichen Profis weisen in der Regel auf zu beachtende Ausnahmen, ungesicherte Erkenntnisse oder auch mögliche Gefahren hin, wenn sie sich äußern.
5. **Nutzen Sie Ihren gesunden Menschenverstand.**
   Die Kooperations- oder Linkanfrage löst ein ungutes Gefühl aus? Der SEO kommt mit einer Maßnahme, die Ihnen so gar nicht geheuer ist? Der Dienstleister will für teures Geld ein Social-Media-Profil gestalten, welches bislang so rein gar nichts einbringt? Lassen Sie es sein. Oder holen Sie sich eine Zweitmeinung ein.
6. **Konzentrieren Sie sich auf Ihre Stärken.**
   Die Anbahnung von Kooperationen im realen Umfeld liegt Ihnen, die virtuelle Ansprache weit weniger? Tags, Keywords oder auch Shares & Co. haben sich nach der Lektüre dieses Ratgebers nicht wirklich als Ihre Welt herausgestellt? Unterstützen Sie die Onlinemarketing-Strategie Ihres Unternehmens da, wo es Sinn macht. Für alles andere gibt es interne oder externe Spezialisten. Deren Handlungsempfehlungen sollten Sie zwar verstehen und steuern können, auch kann man für die richtigen Rahmenbedingungen und den notwendigen Spielraum sorgen. Aber Sie müssen nicht selbst aktiv mit anpacken. Zu viele Köche verderben den Brei.
7. **Hören Sie zu.**
   Sie werden nie wieder so viele indirekte aber auch direkte Möglichkeiten haben, die Motivation Ihrer Zielgruppen zu ergründen. Produkte sollen sich am Menschen ausrichten, und nicht der Mensch nach dem Produkt. Dieser Grundsatz wird durch die Mechanismen des Web 2.0 deutlich greifbarer. Nutzen Sie diese einmalige Chance.

Bleibt mir nur noch, Ihnen meine eigenen Social-Media-Kanäle zu nennen. Sie wissen ja nun, auch die Offline-Werbung hierfür ist wichtig. Ich würde mich freuen, Sie als Leser in meinen Kreisen begrüßen zu dürfen. Ganz nach der Devise, „konzentriere dich auf die für deine Zielgruppe wichtigen Netzwerke", bevorzuge ich hierbei folgende Möglichkeiten:

- Twitter: *www.twitter.com/blogprofis*
- Google+: Aufgrund der kryptischen URL am besten über meine Webseite *www.blogprofis.de* zu erreichen (Google verweigert mir als Einzelkämpfer bislang eine Vanity URL)
- Xing: *www.xing.com/profile/Michael_Firnkes*

Ob Ihnen das Buch gefallen hat oder auch nicht – ich freue mich über Ihre Nachricht. Ebenso natürlich, wenn Sie Hinweise und Wünsche für eine Folgeauflage haben. Und nun: Viel Erfolg bei der Umsetzung!

Index

A

Absprungrate 112 f.
Abstrafung 47, 49, 189
A/B-Tests 106, 171, 383
Add-ons 147
AdWords 13, 34
Affiliate-Links 25, 27
Alexa-Rank 20
Alleinstellungsmerkmal 366
alt-Attribut 59
alternate-Tag 126
Anbieterkennzeichnung 220
Ankertext 44
Anmeldung bei Suchmaschinen 10
Anonymisierung 390
Artikelverzeichnissen 42
Ausstiege 113
Ausstiegsrate 113
Austin-Update 25
Authentizität 368
Author Rank 68, 413
Author Trust 413
Autorenprofile 273

B

Backlinks 5, 9, 27, 40, 43, 52, 383, 394, 399
- Aufbau 18
- Auswertung 41
- Ermittlung 40
- kostenlose 9
Backlink-Mix 46
Backlink-Profil 42
Backlinkquellen 387
Bad Neighbourhood 43
Bad-Neighbourhood-Links 82
Besuche 109
Besucherfluss 115
Besuchergruppen 7
Besucherquellen 115
Besucherzahlen 106
Bezahlte Suche 12
Bildersuche 76
Bing 1, 24
Black-Hat-SEO 14, 153
Blogosphäre 373, 403
Blogs 46, 52, 362
Bounce-Rate 83, 113
Bourbon-Update 26
Branding 214, 363
Breadcrumb-Navigation 62, 69
Brückenseiten 15

C

Call-to-Action-Element 121, 170
canonical-Tag 126
Click Through Rate 119
Cloaking 15
Content 8, 48, 218, 385, 408
- Aktualisierung 52
- Content is King 28, 364
- Gliederung 63
- Ideenfindung 367
- kontroverser 225
- natürlicher 92
- Qualität 53, 55
- Reihenfolge 63

- Sichtbarer Bereich 79
- Struktur 51
- Umfang 52
- versteckter 83

Content-Aggregatoren 27
Content-Erstellung 376
Content-Keywords 127
Content-Keyword-Verteilung 87
Content-Management-Systeme 56, 147, 399
Content Marketing 37, 382
Content-Nischen 98
Content-Strategien 381, 388, 410
Conversions 120
Corporate Blogs 8, 361, 376, 388
- Akquise mit 363
- Erfolgsbeispiele 364

Corporate Blog, SEO 362
Corporate Identity 79
CPC 96
Crawling-Fehler 122
Crawling-Statistiken 122
Crowd 412
Crowdsourcing 232
CSS 63

D

Data Mining 26
Datenschutz 108, 175, 247, 290, 300
Delicious 81
Differenzierung 414
Diversifizierung 408
dmoz 81
DoFollow 21, 43, 49, 82
Domainalter 80
Domainpopularität 41
Duplicate Content 27, 83, 129, 273
Durchschnittliche Besuchsdauer 112
Durchschnittliche Position 119

E

Echtzeit-Kommunikation 336, 347
eCommerce 28
Eindeutige Besucher 109
Einstiege 113
Empfehlungsmarketing 72, 212, 308, 321, 336, 360
Empfehlungsplattformen 359
Erfolgsmessung 6
Expertenbildung 272, 382
Expertenblog 387
Experteninterviews 17, 145, 366
Expertenstatus 35, 37, 176, 252, 363

F

Facebook 1, 77, 211, 226, 236, 286, 292, 306, 363, 383, 396, 401, 408, 413
- Einsatzzwecke 310
- Gesponserte Meldungen 316
- Gruppen 307
- Profil 307
- Seiten 279, 307
- SEO 308
- Verkaufen über 320
- Werbeumfeld 310

Facebook Angebote 314
Facebook Apps 314
Facebook-Commerce 321
Facebook Graph Search 325
Facebook Home 413
Facebook Places 324
Facebook Promotion 316
Facebook-Shop 323
Facebook-Statistiken 302
Fans 214, 262, 266
Fan-Community 397
Fan-Kauf 254
Fanpage 280, 285
Flash 63 f., 391
Flat Design 393
Flickr 356
Florida-Update 25
Follower 214, 262
Footer-Backlinks 385
Foren 46, 317
Foursquare 357
Frage-Antwort-Portale 42
Frames 391
Frames-Technologie 63
Freie Mitarbeiter 151

G

Gastbeiträge 145, 272
Gefällt-mir-Button 212
Gewinnspiele 224, 231, 278, 397
Google 24, 411
Google AdSense 81
Google AdWords 12, 88
Google AdWords Keyword Tool 94, 99 f., 169
Google Alerts 302
Google Analytics 86, 107, 302
Google Bildersuche 75
Google Blogsuche 302, 364
Google Glass 411
Google Insights for Search 84
Google Instant 97
Google-Richtlinien 14, 16, 22, 47
Google Suggest 97, 100
Google Trends 84 f., 100
Google-Update 24 f., 48
Google Webmaster-Tools 40, 87, 89, 121
Google+ 67, 77, 221, 236, 251, 292, 325, 383, 413
- Analyse 328
- Autorenanbindung 328
- Communities 333
- Kreise 330
- Local 71, 359 f., 412
- Nutzergruppen 327
- Profil 68, 326, 329
- Unternehmensseiten 329
Grey-Hat-SEO 14, 153
Gütesiegel 361
Gutscheine 226, 320

H

Hacking 15
Hashtag 338
Haupt-Keywords 101
HootSuite 297
HTML 63, 409
- Optimierung 127

I

iFrames 63
Impressumspflicht 220, 329
Indexierungsstatus 123
Influencer 214
Infografiken 17, 224
Informationsüberflutung 65
Inhouse-SEO 184
Innovationsführerschaft 214
In-Page-Analyse 117
Interaktion 30, 212 f., 224, 277, 297, 392
Interaktionsrate 61
interne Links 125
interne Verlinkung 46, 63, 399
IP-Popularität 41

J

Java 63
Javascript 63

K

Kampagnenmanagement 175
Kategorien 61
Key User 266
Keywords 7, 27, 35, 45, 73, 80, 83, 162, 396
- Entstehung 86
- lokale 100
- not provided 108
- Umverteilung 23
- Wettbewerb 95
Keyword-Analyse 85, 94, 97
Keyword-Dichte 79, 92
Keyword Diversifizierung 91
Keyword-Domains 80
Keywordgestaltung 88
Keyword-Gewichtung 93
Keyword-Gruppen 86 ff., 169
Keyword-Ideen 94, 102
Keyword-Kannibalismus 94
Keyword-Kombinationen 89, 93, 100
Keyword-Links 44, 49
Keyword-Mix 101
Keyword-Monitoring 159
Keyword-Optimierung 34
Keyword-Recherche 84, 98, 104
- Tools 98
Keyword-Stuffing 89, 92
Keyword-Tabelle 89, 105
Keywordverteilung 89
Klickrate 119

Klout 299
Kommentare 52, 228, 240, 247, 368
Kommentarfunktion 53
Konversions 170
Kosteneinsparung 33
Krisenkommunikation 240
Krisen-PR 270, 387
Kritikfähigkeit 371
Kundenbindung 389

L

Ladegeschwindigkeit 80
Landingpage 35, 65, 167, 169 f., 173, 176, 384, 408, 414
Layer 83
Leadgenerierung 167, 174, 215
Lesbarkeit 53
Like 214
Links 40 f., 124
- Alter 42
- Broken 82
- Exklusivität 43
- Gestaltung 44 f.
- Platzierung 42
- versteckte 15
Linkaufbau 6, 28, 48, 163
- natürlicher 16
Linkbaits 16 f.
Linkbuilding 6, 50
LinkedIn 356
Linkkauf 15, 22, 28, 43, 47, 50, 153
- Melden von 50
Linkkauf-Portale 49
Link-Kooperation 144
Linklisten 27
Linkmiete 15, 47
Link-Mix 46, 82
Linknetzwerk 41
Linkpopularität 19, 41
Linkprofil 43, 46
Link-Qualität 29
Link-Quellen 9, 200
Link Research Tools 134
Linkstruktur 59, 82
- natürliche 9
Linktausch 21, 143
- nicht-reziproker 26
Link-Tausch-Spam 145
Linktext 44, 88
Linktracking 121
Linkwachstum 43
Linkziel 45
Live-Berichterstattung 270
Location Based Marketing 34
lokale Firmeneinträge 71
lokale Suche 34, 71, 359
lokale Suchergebnisse 25
Long Tail Keywords 8, 84, 93, 385, 394, 404 408, 413

M

Malware 123
Manipulation 26, 247
Markenbildung 214
Markenbotschafter 266
Markenfans 267
Marketing-Dienstleister 149
Marktforschung 360
Mashups 368
Massenlinks 41
Medienwechsel 228, 404
Mehrwert 9, 27, 37, 51, 98, 223, 236, 252, 375
Metadaten 55, 414
Metainformation 88
Meta-Tag description 58
Meta-Tag keywords 58
Microsite 167, 172 f., 176, 405
Mitarbeiterfindung 185
mobile Suche 121
Money-Keywords 44, 50
Multimedia-Inhalte 17
Multiplikatoren 35, 214, 401

N

Nachrichtenseiten 46
Natürliches SEO 16
Navigation 47, 62, 399
Navigationselemente 65
Negatives SEO 38
Netiquette 242, 349
Neue Besuche 112, 114
Nischenkeywords 93
Nischen-SEO 414

Nischen-Webseiten 17
NoFollow 21, 82
- Anzeige von 23
NoFollow-Links 21

O

OffPage SEO 11
Online-Branchenbücher 42
Onlinemarketing 2, 175
Onlinereputation 36, 214, 252, 382, 411
Onlineshop 59, 62, 76, 98, 126, 159, 162, 174, 253, 361, 393, 402, 412
- Content 407
Online-Support 230
OnPage.org 137
OnPage SEO 11
organisches SEO 16
organische Suche 12
organische Suchergebnisse 71

P

PageRank 19 f., 42, 65, 385
- Ermittlung 20
PageRank-Mix 46
PageRank Sculpting 23
PageRank-Verteilung 384
Panda-Update 27, 51
PDFs 409
Peaks 106
Persönlichkeit 272, 384, 412
Pinguin-Update 28, 47
Pinterest 290, 356
Platz eins bei Google 7
Podcasts 17, 282
PopUps 83
Postings 214
- individuelle 236
Presseportale 9, 42
Produktseite 280 f.
Produktsuche 76
Providerdaten 175
Pseudonyme 67
Pull-Kommunikation 228
Push-Kommunikation 228

Q

QR-Codes 174
Quellcode 11, 55, 63
- sauberer 63
Qype 359 f., 412

R

Ranking 2, 8, 19, 44
Ranking-Algorithmus 10
Rankingfaktoren 38
- negative 82
Reporting 6
Reputation 35, 38
Reputationsmanagement 36, 295
Return-on-Investment 33
Retweet 214, 252, 339
RSS Graffiti 235

S

Salesgenerierung 174
Schattenprofile 244, 255
Schleichwerbung 248
Schlüsselwörter 83
SEA 12, 13, 37, 159
Seiten je Besuch 110
Seitenaufrufe 110
- eindeutige 110
Seitenstruktur 61, 63, 65, 183
Selbstmarketing 268
Selbstständiger SEO-Experte 186
SEM 13, 157
Semantik 415
SEO 1, 141, 157, 220, 381, 385
- in Eigenregie 153
- Fachbereich 156
- für den Außendienst 176
- für die Personalabteilung 180
- für das Produktmanagement 181
- für den Support 178
- für den Vertrieb 166
- gefährliches 10
- kontrollieren 193
- Kooperationsanfragen 143
- Kosten 197
- Kostenkalkulation 198

- zur Marktforschung 181
- outsourcen 183
SEO-Agenturen 146, 150, 186
SEO-Analyse 134, 137
SEO-Blogs 206
SEO-Dienstleister 146, 184
- Qualität 188
SEO-Erfolgsmessung 105, 194
SEO-Fachbücher 208
SEO-Fachkräfte, externe 157
SEO-Foren 207
SEO-Informationsquellen 204
SEO-Kennzahlen 7
SEO-Koordination 160
SEO-Kosten 6
SEO-Methoden 199
SEO-Mitarbeiter 156, 159
- Ausbildung 160
- Fragen an 191
SEO-Referenzen 190
SEO-Spezialisten 156
SEO-Strategie 29, 151
SEO-Tools 130, 146
SEO-Veranstaltungen 209
SEO-Ziele 7, 29, 32
SERPs 14
Share 214
Shitstorm 152, 239
Sichtbarkeitsindizes 133
Sitelinks 69, 129
Sitemap 126 f.
Social-Baits 233 f.
Social Bookmarking-Dienste 81
Social-Commerce 320
Social Media 2, 17, 152, 157, 161, 165, 211, 220, 381, 411
- B2B 227
- B2C 227
- Bilder 274
- Diversifizierung 280, 317
- Integration 219
- Kontrolle 218
- Kritik 246
- Kundenservice 229
- zur Marktforschung 228
- No-Gos 294
- Nutzernamen 217
- Öffnungszeiten 239
- für das Produktmanagement 228
- Qualitätsrichtlinien 242
- Regionales 279
- Reichweite 237, 296
- Ressourcen 218
- Strategie 217, 255, 381
- Themenfindung 258
- für den Vertrieb 223
- Ziele 214, 255
- Zielgruppen 256
Social-Media-Accounts 249
- Gestaltung 284
Social-Media-Analyse 295
Social-Media-Blogs 378
Social-Media-Botschaften 217
Social-Media-Botschafter 266
Social-Media-Bücher 379
Social-Media-Dienstleister 255, 260
Social-Media-Experten 260
Social-Media-Grundregeln 235
Social-Media-Kanäle 223
Social-Media-Kennzahlen 296
Social-Media-Links 77
Social-Media-Manager 261
- Aufgaben 261
Social-Media-Monitoring 295
Social-Media-Profile 212
Social-Media-Recht 219
Social-Media-Richtlinien 243
Social-Media-Sprache 237
Social-Media-Themen 283
Social-Media-Tools 295
Social-Media-Veranstaltungen 380
Social-Share-Buttons 234, 251, 289, 383
Social-Shares 381
Social-Share-Widgets 291
Social-Shopping 320
Social Signals 221, 411
Software-Ergonomie 63
Soziale Netzwerke 116
- Richtlinien 226, 254
Spam 6, 15, 22, 254
Spam Links 82
Special-Interest-Netzwerke 409
Spezialkanäle 398
sprachgesteuerten Suche 413
Storytelling 390
Streuverlust 212

Subdomain 80
Suchalgorithmus 24
Suchanfragen 8, 95, 119, 124
Suchbegriffe 7
Suchergebnisse 2, 14
- Personalisierung 14
Suchergebnislisten 69
Suchindex 10
Suchmaschinen 3, 25, 412
Suchmaschinenoptimierung 1, 32, 141, 411
- Grenzen 203
Suchmaschinen-Ranking 2
Suchvolumen 84
Synonyme 55, 91, 102

T

Tags 11, 55, 105
Texte, SEO-optimiert 52
Text-Spinning 55
title-Attribut 59
Title-Tag 25, 55, 57
Top-Level-Domains 82
Trackbacks 403
Traffic 33, 93
Transparenz 272, 372, 389, 396
Trust 42, 368
Trust-Faktoren 25
Trustlink 50
Tumblr 357, 412
Tweets 214
- Optimierung 343
Twitter 77, 211, 236, 250, 265, 270, 287, 292, 311, 335, 363, 383, 388, 408
- 140 Zeichen 341
- Direktnachrichten 338
- Erwähnungen 338
- Experten-Accounts 336
- Kundensupport mit 348
- Schreibfrequenz 336
- Special-Interest-Kanäle 345
Twitter-Cards 345
Twitter-Favoriten 339
Twitterfeed 235
Twitter-Listen 338
Twitter-Recruiting 346
Twitter-Suche 345

U

Überoptimierung 25, 43
Überschriften, Auszeichnung von 78
Umsatzsteigerung 32
Unique Content 146
Unlauterer Wettbewerb 10, 47
Unterverzeichnisse 61, 80
Urheberrecht 220, 251
URLs 44, 59
- blockierte 122
- Entfernung von 127
URL-Format 128
URL-Parameter 130
URL-Struktur 61, 183
Usability 11, 30, 63, 164, 392
User generated Content 52, 276, 362

V

Vanity URL 289
Verlinkung
- einseitige 26
- reziproke 26
- Themenrelevanz 25
Verschlagwortung 412
Verzeichnispfade 62
Verzeichnisstruktur 61
Videos 75, 79, 275, 313, 412
Video-Blogs 354
Videocasts 354
Video-Marketing 353 f., 398
Virale Kampagnen 233
Virale Methoden 18
Virale Verbreitung 51

W

WDF*P*IDF-Formel 92
Webhosting 80
Webkataloge 42, 46
Webseiten-Relaunch 182
Webseiten-Status 122
Webseitenstruktur 61
Website-Geschwindigkeit 120
Web-Verzeichnisse 9
Werbliche Kommunikation 248, 250, 252
Wettbewerb 394
Wettbewerbsanalyse 214

Wettbewerbsrecht 220
Wettbewerbssituation 7
White-Hat-SEO 14, 16
Widgets 368
Wikipedia 81

X

Xing 211, 227, 248, 292, 304, 349
- Gruppen 351
- Kontakte 352

Y

YouTube 75, 353, 398
- Markenkanal 353

Z

Zensur 247
Zielgruppe 17, 30, 35, 52, 104, 213, 224, 230, 236, 252, 309
Zielgruppen-Segmentierung 35
Zielseiten 42, 119
Zugriffe 124